建筑工程施工质量验收
应 用 讲 座

主　编　吴松勤　戚立强
副主编　侯立梅　牛祺跃

中国建材工业出版社

图书在版编目（CIP）数据

建筑工程施工质量验收应用讲座/吴松勤，戚立强
主编；侯立梅，牛祺跃副主编 . --北京：中国建材工
业出版社，2022.10

ISBN 978-7-5160-3353-1

Ⅰ.①建… Ⅱ.①吴… ②戚… ③侯… ④牛… Ⅲ.
①建筑工程－工程验收－建筑规范－中国 Ⅳ.
①TU711-65

中国版本图书馆 CIP 数据核字（2021）第 240637 号

建筑工程施工质量验收应用讲座

Jianzhu Gongcheng Shigong Zhiliang Yanshou Yingyong Jiangzuo

主　编　吴松勤　戚立强
副主编　侯立梅　牛祺跃

出版发行：中国建材工业出版社
地　　　址：北京市海淀区三里河路 11 号
邮　　编：100831
经　　销：全国各地新华书店
印　　刷：北京印刷集团有限责任公司
开　　本：787mm×1092mm　1/16
印　　张：28.25
字　　数：800 千字
版　　次：2022 年 10 月第 1 版
印　　次：2022 年 10 月第 1 次
定　　价：**99.00 元**

前　言

    针对《建筑安装工程质量检验评定统一标准》GBJ 300—1988，1989 年、1993 年笔者编制了该标准的"应用讲座"；针对之后修订的《建筑工程施工质量验收统一标准》GB 50300—2001，笔者多次编制了该标准的"应用讲座"。"应用讲座"对贯彻执行该标准起到了很好的作用，受到了广大读者的好评。

    为了更好地配合质量验收规范的贯彻落实，在《建筑工程施工质量验收统一标准》GB 50300—2013 修订后"应用讲座"也相应地做了修改。主要修改内容有以下几方面：

    1. 本讲座根据施工过程主要环节节点的特点落实控制措施，细化了检验批质量控制的重点和分部（子分部）工程质量验收的安全和功能控制重点，进一步细化了单位工程的质量验收，将其单独列为一章，同时突出了优良工程的验收评定，也单独列为一章。内容增加了，但篇幅减少了，可读性更强了。

    2. 做好检验批质量控制。本讲座以工程项目为载体控制施工过程的质量。开工前根据工程项目特点确定质量目标，编制施工组织设计、专项施工方案、操作规程，对工程项目施工过程做出总体规划和具体控制措施，再针对施工过程重点环节做好质量控制。过程控制是建筑工程生产的特点，重点在检验批施工的过程，要从事前、事中、事后做好控制工作。

    事前：每项检验批施工前，必须有施工操作依据，主要有"施工操作规程""施工工艺标准"或"企业标准"等，并针对工程项目特点进行技术交底，以此来规范施工操作；做好材料、设备质量验收，不合格的不得进场，且不得在工程中应用；做好施工前期条件的验收，前道工序质量验收合格，隐蔽工程验收完成及放线等技术复核。各项条件具备后，开始正式施工。也可用首道工序样板验证施工依据的有效性，并做出实物质量样板标准，经验收合格再施工。

    事中：按施工操作依据施工，形成实物质量样板，展示施工的规范性，出现不规范行为要及时纠正，使质量达到目标要求。做好施工记录，落实施工过程的有效性、效果及可追溯性。

    事后：在施工完成后，施工班组应先自行检查是否达到质量要求；专业工长、质量检查员应按规范规定和质量要求随机抽样检查评定，达到一次验收合格并做好验收评定原始记录。做好事后控制验收，使质量控制真正落到实处。

    3. 做好分部（子分部）工程的质量验收，突出质量验收的重点。

    做好所含分项工程质量核查和汇总，分项工程必须全部合格。

    检查质量控制资料的完整性，资料要覆盖到工程的各个部位；核查分部（子分部）工程安全和使用功能，以及节能环保监测结果的正确性，展示施工控制的有效性及工程质量水平的程度，做到一次检测即达到规范规定、设计和质量目标。

4. 单位工程质量验收，汇总分部工程质量验收，并抽查或核查工程的观感质量，达到规范规定的综合性。

本讲座参编人包括高新京、吴洁、姚新良、李辅、沈黎兴、付长亭。

吴松勤

2021 年 2 月

目　录

第一章　建筑工程质量验收一般规定

第一节　建筑工程质量的重要性及其管理的特点

一、建筑工程质量的重要性

1. 建筑工程是人们生活、生产的场所。建筑工程的建设是为人们创造良好的生活、生产平面及空间环境条件，其质量的好坏直接影响到人们生活的方便与舒适。生产的工艺条件及生产产品的质量对人们的生活、生产至关重要。建筑工程质量还关系到人们的生命财产安全、社会安定，影响着人们的情绪。保证建筑工程质量对人们生活、生产质量起重要的作用，对改善人们的生活环境起着关键作用。俗语说"安居乐业"，建好工程就是为安居乐业做出贡献。

2. 建筑工程质量承载着很高的艺术性和文化性。建筑工程质量的高低不仅代表了一个国家和民族的文化和技术特征，还代表了民族艺术，称之为"凝固的音乐""立体的艺术"。建筑工程传承了一个国家和民族几千年的文明史以及民族智慧。

3. 建筑工程代表了一个国家和民族的经济技术水平，体现着经济建设的成就，是城市建设的元素，更体现着一个国家的建筑技术水平。

4. 建筑工程是固定资产，是一个国家民族的财富积累。建筑工程存在的衡量尺度通常是几十年、几百年，甚至上千年，其质量决定着国家的财富。

二、建筑工程质量管理的特点

1. 建筑工程的生产是单一性的。一个工程一个样，没有两个完全一样的工程，因为工程是在地球的表面上建设的，即便是同一个设计图纸、由同一个施工单位施工，其基础都不可能是在同一地表位置，不可能是在同一个施工时间施工建设的。因为人工操作多，同一个施工工艺操作过程变化也是较大的。由于是露天作业，施工过程中的气候变化也是不同的，工程的质量水平也就随之不同。

2. 建筑工程是先订合同后生产的产品。产品质量是先提指标，后采取措施保证施工质量达到合同指标，是选择施工企业的技术水平和质量信誉来保证工程质量水平的，生产出产品没有挑选的可能。

3. 建筑工程是由多个部门单位共同完成的，工程质量也就受多个单位不同的技术水平影响。建设单位自身的技术水平决定着建设工程的质量水平。建设地点的条件，工艺设计资料的全面性、准确性，设计依据、工程的决策，以及参与建设的勘察、设计、施工、监理单位的技术水平等影响，都可能影响到工程质量的高低。例如勘察地质报告提供的参考建议对设计、施工的影响；设计过程对设计生产工艺资料的领会、设计程序的控制，以及设计人员的经验及水平的影响；施工单位对施工图设计文件的学习领会，对国家规范标准的贯彻落实的全面性；监理单位验收过程中对执行标准的松紧程度掌握，都会影响建筑工程质量水平。建筑材料作为工程的基础，其材料选择、质量验收的差异性都会影响工程的质量。所以，建筑工程施工过程必须有一个总包单位，统管整个工程质量。

4. 建筑工程是顺序施工的。程序性很重要，例如先地下后地上，先主体后装饰装修及设备安装，这些顺序通常是不能改变的。所以，施工过程中必须前道工序完工后，经过检查评定合格和验收后，才能进行下道工序施工。有的后道工序会将前道工序覆盖，例如混凝土工程先安装钢筋，安装完检验评定合格验收后，才能浇筑混凝土，如果混凝土将钢筋全部包覆起来，钢筋有什么缺陷，也来不及修改了，例如一层的柱、梁板施工后，才能施工二层的柱、梁板，一层的柱、梁板就不能拆卸更换或更换非常困难。

5. 建筑工程质量是过程控制和过程验收

（1）建筑工程的生产是先订合同后生产产品，而且验收单位及勘察、设计等有关单位也参加过程生产的管理，是边施工边验收。建筑工程质量必须选择过程控制的方法进行施工和质量管理。工程质量过程控制必须做好质量控制计划，在每个工序工程施工前，编制好施工技术措施。在每个工程项目施工前做工程质量计划，做好施工组织设计、做好专项施工方案，做好各项准备工作，并进行培训工人，把各项技术措施落实下去。为了证明编制的各项技术措施是有效的、有针对性的、有可操作性的，可以先做实物样板，做出样板工程，经过检查评定，认定实物样板达到质量计划的要求后，再正式开始大面积施工，保证过程质量控制达到计划目标。同时也是施工企业用事实向业主证明企业的技术能力、质量保证能力。

（2）过程控制也是施工企业生产的特点，没有过程控制能力，不能把过程质量控制好，工程最终的质量目标就很难达到，所以，过程控制是施工企业生产管理的特点，施工企业首先在投标及施工合同中承诺了质量目标，实施时就必须采取措施，以达到施工合同约定的工程质量目标，否则施工企业就会失去信誉，企业就无法在社会上立足。过程控制的生产特点是工程建设的必然做法。施工企业必须研究过程控制技术管理，以工程项目为载体，以过程控制为手段，保证达到施工合同约定、设计文件要求和国家工程技术标准规定的质量标准。

（3）施工过程控制的主要内容在《建筑工程施工质量验收统一标准》GB 50300—2013 第 3.0.3 条中做出了具体规定，与 GB 50300 配套的各质量验收规范规定了其具体内容。

系列标准包括：《建筑工程施工质量验收统一标准》GB 50300—2013、《建筑地基基础工程施工质量验收标准》GB 50202—2018、《砌体结构工程施工质量验收规范》GB 50203—2011、《混凝土结构工程施工质量验收规范》GB 50204—2015、《钢结构工程施工质量验收标准》GB 50205—2020、《屋面工程质量验收规范》GB 50207—2012、《地下防水工程质量验收规范》GB 50208—2011、《建筑装饰装修工程质量验收标准》GB 50210—2018、《建筑地面工程施工质量验收规范》GB 50209—2010、《建筑给水排水及采暖工程施工质量验收规范》GB 50242—2002、《通风与空调工程施工质量验收规范》

GB 50243—2016、《建筑电气工程施工质量验收规范》GB 50303—2015、《电梯工程施工质量验收规范》GB 50310—2002、《智能建筑工程质量验收规范》GB 50339—2013、《建筑节能工程施工质量验收标准》GB 50411—2019 及燃气工程等。

① 建筑工程采用的主要材料、半成品、成品、建筑构配件、器具和设备应进行进场检验。凡涉及安全、节能、环境保护和主要使用功能的重要材料、产品，应按各专业工程施工规范、验收规范和设计文件等规定进行复验，并应经监理工程师检查认可；

② 各施工工序应按施工技术标准进行质量控制，每道施工工序完成后，经施工单位自检符合规定后，才能进行下道工序施工。各专业工种之间的相关工序应进行交接检验，并应记录；

③ 对于监理单位提出检查要求的重要工序，应经监理工程师检查认可，才能进行下道工序施工。

施工质量过程控制的规定体现了质量验收标准编制原则的"过程控制"。把好施工质量关，主要有 3 个方面：

第一，对建筑材料、构配件、成品、非成品、器具、设备的进厂检验。其具体包括材料的数量、品种、规格、外观质量等，以及必要的性能检测，以保证进场质量，并形成进场验收记录表格，保证材料进场与订货合同要求的一致。对涉及结构安全、节能、环保和主要使用功能的，应按各专业施工规范、质量验收规范、设计文件的要求对其技术性能进行复试。复试包括 3 个方面：一是进场时的复试，用一般手段检查不能了解其技术性能时应进行现场抽样试验，以了解材料质量情况和分清合同双方的质量责任，达不到要求的不得进入现场；二是材料使用前的复试，有些材料在进场时是合格的，由于在施工现场放置一段时间以及保管条件的影响，可能会降低其质量，例如水泥、保温材料、防水材料等，在使用前必须进行复试，以保证工程所用材料合格，保证工程质量，不合格的不得使用；三是对涉及结构安全、节能、环保的材料检测，要求进行见证的，应按规定进行见证取样送检。

第二，控制好施工过程的质量。施工质量的控制应从工序质量开始，要采取有效措施，编制施工技术措施、工艺标准、企业标准等来规范操作技术。将每道工序质量控制好，分项、分部及单位工程的质量就控制好了，这是工程质量控制的基础。在每道工序施工完成后，施工单位应进行自检，符合规定后，才能进行下道工序，并做好检查记录。对于下道工序是其他班组，或其他专业工种之间的相关工序的交接施工，应进行交接检验。前道工序施工班组应保证本工序施工的质量，为下道工序提供良好的条件，下道工序施工班组应检查认可上道工序的质量是符合规定的，在保证施工条件的基础上确保自己施工工程的质量，并保护上道工序的质量不受到损害，做好质量交接记录，以明确质量责任，使各工序之间和各专业工种之间形成一个有机的整体，使单位工程质量达到标准的要求。

第三，对一些重要工序监理单位提出检查的，无论是工序自检或交接检，都应报告监理检查认可后，才能进行下道工序施工。对提交监理检查认可的工序质量，在施工单位完成施工后，应先进行自行检查评定合格，并形成记录，才能提交监理单位检查认可，并经监理工程师签认，才能进行下道工序施工，以确保过程控制的落实。

（4）过程质量验收。工程质量生产是先订合同后生产产品，在施工企业做好过程控制的基础上，建设单位必须做好过程质量验收，才能保证工程质量达到计划目标。国家专门对建筑工程质量验收标准做出规定，建设单位必须进行工程质量的过程验收，完成一项验收一项，并要督促施工企业做好过程质量的管理，督促必须使用合格的材料、构配件、设备，要经过检验复试、检查确认；要对工序质量控制措施检查认可，对每项工序质量检查认可，才能对工序质量进行验收。只有把施工过程的每个工序质量验收好，达到质量标准，整个工程质量才有保证。

（5）建设单位为了做好工程质量验收，限于自身专业技术人才不足，会专门请监理单位代表其进行，对施工过程施工企业技术管理、施工过程质量控制进行监理检查和质量验收。过程质量验收是建筑工程按施工承包合同约定和质量验收统一规定进行质量管理。施工单位必须把每个工序工程施工过程做好，达到质量标准，建设单位和监理单位必须按国家标准、施工合同约定和设计文件要求进行验收。建筑工程质量管理和工程质量验收是工程建设保证工程质量的正确做法。

6. 建筑工程质量验收程序

由于建筑工程的建设特点是先订施工合同后生产产品，建筑工程的质量目标是施工合同约定的，建筑企业在施工过程中必须采取措施保证工程质量达到施工合同约定的质量目标，又必须达到设计文件的质量要求和国家质量验收规范规定的质量目标。为了保证这个质量目标的实现，国家规定了建筑工程质量的过程验收，就是建筑工程施工过程中，完成一项验收一项，达不到要求须及时返工修理，达到要求以保证整个工程的质量水平。

1）建筑工程质量验收是过程验收，将一个工程项目划分成分项工程、分部（子分部）工程和单位（子单位）工程来逐项依次验收。分项工程为了施工及验收方便，又可分为若干个检验批来验收。

（1）首先在工程施工前对施工工程进行划分

① 将具有独立施工条件并能形成独立使用功能的建筑物确定为一个单位工程进行施工和验收。在规模较大的单位工程，可将其能形成独立使用功能的部分划分成一个子单位工程进行工程质量验收。

② 将一个单位工程按其专业性质、工程部位能形成工程质量指标的部分，可划分成分部工程来验收。当分部工程较大或较复杂时，可按材料种类、施工特点、施工程序、专业系统及类别将分部工程划分成若干个子分部工程进行工程质量验收。

③ 为了加强过程质量控制，可按主要工种、材料、施工工艺、设备类别划分成分项工程进行施工控制和质量验收。

④ 为了更好地加强施工过程质量控制和验收，对分项工程可根据施工顺序、质量控制和专业验收的需要，按工程量、楼层、施工段、变形缝等划分成检验批来进行质量控制和验收，检验批是分项工程分批验收的批次，其质量指标同分项工程完全一致。

（2）过程质量验收

施工工程划分是为过程控制，由大到小进行划分，从单位工程、分部工程、分项工程，到检验批工程等，其目的是方便过程质量验收。工程质量过程验收是由小到大的顺序进行，先是检验批的质量验收，由于其工程单一、层次较少、工程质量便于过程控制、便于发现不足，及时改正是质量控制的重点，把检验批的质量控制好，后续的质量就有了保证。

① 检验批质量控制，由于其施工过程质量控制，能及时发现不足、及时改正，因此其是工程质量控制的重点。检验批的质量验收就是落实了过程控制的方法和手段，每个检验批的质量验收必须达到标准的要求，否则不得验收，如果没有严格执行则整个过程验收就形同虚设。只有检验批质量控制好了，整个工程的质量就有了保证，检验批就是质量控制的重点。

② 分项工程质量控制。检验批质量分项工程的分批验收，是落实分项工程质量的方法。而分项工程质量的验收，是检验批质量验收的汇总，是核查检验批是否覆盖了分项工程的全部内容，以及在检验批不能及时核查的工程，例如全高垂直度、混凝土、砂浆强度的评定等，在分项工程进行检查，完善检验批质量管理的不足。总体来说，分项工程是检验批质量验收的汇总。

③ 分部（子分部）工程质量控制。分部工程是质量形成使用功能的载体，是各分项工程质量的综合核验，分项工程是保证分部工程质量的基础。每个分部工程都包含某种功能的形成，构成了单位工程的各项功能。分部工程质量验收就是分别验收单位工程的功能质量，必须在验收时控制好功能性能。各分部工程验收通过就说明单位工程的安全和使用功能有了保障。分部工程是验收的重点，必须掌握其功能指标，达不到指标不能验收。其各项检测报告必须规范、正确。观感达到标准规定，其"差"的点不能影响到工程的安全和使用功能，以及环保节能等各方面，否则不得通过验收。

④ 单位工程验收质量控制。单位工程验收是工程项目质量的整体验收，是达到施工合同约定、设计要求和规范标准规定的综合检验，也是各分部工程质量的汇总；其质量是整体检验施工过程控制结果，是各参建单位的共同成果，是各参建单位向建设单位交付合同约定的质量要求，是向国家交付符合建设标准的建成结果，是一个工程项目单位工程完成合同约定的全面交付过程。

2）工程质量过程控制和验收，一方面要分清质量责任，一方面又是要共同负责的。

（1）施工单位先检验评定合格，再由监理单位核查验收。由于是先订合同后生产产品，工程质量是过程验收。按规范规定过程验收是检验批、分项工程、分部（子分部）工程和单位工程。为分清质量责任，每项质量验收都分为两个阶段。

① 施工单位在工程施工过程中应进行质量控制，完工后自行检验评定合格，并形成质量验收记录，再交监理单位进行检查验收。分项工程要分成若干个检验批来进行验收。施工单位首先在施工前与监理单位协商，划分好检验批。在每个检验批施工完成后，按照各专业质量验收规范的规定，对主控项目逐项检查合格，有抽样检验的项，按随机抽样的方法，抽样检验评定合格，再交给监理单位检查验收。

② 分项工程的自查自评，施工单位应做好自查自评的记录和辅助资料的汇总，复核分项工程包括的检验批工程检验评定都符合标准要求；应确认检验批是否将分项工程全覆盖了，有没有覆盖不到的部分；在检验批检查不了的项目在分项工程进行检查，并应符合标准要求，做好记录。评定合格后，交监理单位验收。

③ 分部工程的自检自评，施工单位应做好各分项工程验收资料的汇总；检查该检测的项目检测了没有，能检测的项目尽量在分部工程检测好，不要拖到单位工程去检

测；检查各检测报告的规范性、检测数据和结论，都应达到标准规定。自检判定达到标准规定后，再交监理单位检查验收。

④ 单位工程按施工合同内容已全部完成，各分部工程验收正确，其控制资料、安全与功能检测资料，以及观感质量检查评定资料整理完整，交监理单位进行预验收，预验收符合标准后，编写申请竣工验收报告，交建设单位组织竣工验收。

各个层次的验收，都是施工单位先自检评定符合标准要求，再由监理单位、建设单位按规定进行检查、验收，即施工单位应按标准做好自检评定，合格后再交监理单位组织验收。施工单位的自检评定一定要做好验收评定记录，使监理单位一次检查验收通过，提高施工单位控制的正确性，取得监理单位的认可。

（2）工程竣工验收规范规定了相关责任和权限

① 检验批工程由施工单位专业质量员、专业工长自评合格后，附上施工操作依据、施工记录、质量验收原始记录及检验批质量验收记录表，提交监理单位，由专业监理工程师组织施工单位项目专业质量检查员、专业工长等进行验收。

② 分项工程由施工单位项目专业技术负责人组织自行评定合格后，附上所含检验批质量验收记录表、分项工程验收项目记录等相关完整资料，交监理单位，由专业监理工程师组织施工单位项目专业技术负责人等进行验收。

③ 分部工程完工后，按检测计划全部检测合格，由施工单位项目负责人和项目技术负责人组织有关人员自行评定合格后，附上所含分项工程验收资料、质量控制资料、有关安全/节能/环境保护和主要使用功能的检验资料及观感质量检查记录表，交监理单位，由总监理工程师组织施工单位项目负责人和项目技术负责人等进行验收。勘察、设计单位项目负责人和施工单位技术、质量部门负责人要参加地基与基础分部工程的验收；设计单位项目负责人和施工单位技术、质量部门负责人要参加主体分部、节能分部工程的验收。

④ 单位工程完工后，由项目技术负责人组织有关人员整理好有关资料，包括所含分部工程质量验收记录、质量控制资料、所含分部工程中有关安全/节能/环境保护和主要使用功能的检验资料、主要使用功能的抽查结果资料及观感质量检查记录资料等。由施工单位技术、质量部门负责人组织项目负责人、项目技术负责人包括分包单位及各专业质量员、专业工长及项目施工现场的八大员进行自行检验评定，检验符合标准规定、设计要求及合同约定后，连同全套竣工资料，交监理单位，由总监理工程师组织各专业监理工程师进行竣工预验收，施工单位有关人员密切配合，需要整改的应及时整改，预验收通过后，由施工单位编写申请竣工验收报告。由建设单位项目负责人组织监理、施工、设计、勘察等单位项目负责人进行单位工程竣工验收。

第二节　验收阶段和验收表格应用

一、施工现场质量管理检查记录表

《建筑工程施工质量验收统一标准》GB 50300—2013 第 3.0.1 条的附表 A（表 1-2-1），

体现了健全的质量管理体系的具体要求。一般一个标段或一个单位工程检查一次，在开工前检查，该表由施工单位现场负责人填写，由监理单位的总监理工程师（建设单位项目负责人）组织施工单位有关人员验收。该表是保证开工后连续施工和工程质量的技术条件，开工前应准备好。以下分析填表要求和填写方法。

表 1-2-1 施工现场质量管理检查记录

开工日期：

工程名称			施工许可证号		
建设单位			项目负责人		
设计单位			项目负责人		
监理单位			总监理工程师		
施工单位		项目负责人		项目技术负责人	

序号	项目	主要内容
1	项目部质量管理体系	
2	现场质量责任制	
3	主要专业工种操作岗位证书	
4	分包单位管理制度	
5	图纸会审记录	
6	地质勘察资料	
7	施工技术标准	
8	施工组织设计、施工方案编制及审批	
9	物资采购管理制度	
10	施工设施和机械设备管理制度	
11	计量设备配备	
12	检测试验管理制度	
13	工程质量检查验收制度	
14		

自检结果：	检查结论：
施工单位项目负责人： 年 月 日	总监理工程师： 年 月 日

1. 表头部分填写

填写参与工程建设各方责任主体的名称及项目负责人，名称应与承包合同中一致。由施工单位的现场负责人填写。

工程名称栏，应填写工程名称的全称，与合同或招投标文件中的工程名称一致。

施工许可证号栏，填写当地建设行政主管部门批准发给的施工许可证的编号。

建设单位栏，填写合同文件中的甲方，单位名称应写全称，与合同签章上的单位名称相同。建设单位项目负责人栏，应填合同书上明确的项目负责人，或以文字形式委托的代表。

设计单位栏，填写设计合同中签章单位的名称，应与印章上的名称一致。设计单位的项目负责人栏，应是设计合同书明确的项目负责人，或以文字形式委托的该项目负责人。

监理单位栏，填写单位的名称，应与合同或协议书中的名称一致。总监理工程师栏，应是合同或协议书中明确的项目总监理工程师，也可以是监理单位以文件形式明确的该项目监理负责人，要求必须有监理工程师任职资格证书，专业要对口。

施工单位栏，填写施工合同中签章单位的全称，应与签章上的名称一致。项目负责人栏、项目技术负责人栏，填写的应分别与合同中明确的或以文字形式委托该项目负责人、项目技术负责人一致。

2. 项目主要内容填写

项目共有 13 项，填写各项文件的名称或编号，并将文件（复印件或原件）附在表的后面供检查，检查后应将文件归还。各种文件可以是针对本工程制定的，也可以是公司已有适用的。

（1）项目部质量管理体系。主要是设计交底、技术交底、岗位职责制度、质量控制资料管理、工序交接、质量检查评定验收制度、质量奖罚办法，以及质量例会制度、质量问题处理制度等。

（2）现场质量责任制。质量负责人的分工、各项质量责任的落实规定、岗位质量责任制、定期检查及有关人员奖罚制度等。

（3）主要专业工种操作岗位证书。测量工，起重、塔吊等垂直运输司机，模板、钢筋、混凝土、焊接、瓦工、防水工等建筑结构工程以及各专业质量验收规范规定的专业操作人员。其中，岗位上岗证书应编制名单表格，各项工种的上岗证，应以当地建设行政主管部门的规定为准。

（4）分包单位管理制度。专业承包单位的资质应在其承包业务的范围内承建工程。有分包的情况下，总承包单位应有管理分包单位的制度，主要是质量、技术的管理制度等。

（5）图纸会审记录。一是总包单位自己也应有相应表 1-2-1 的有关内容，设计单位向施工单位进行的技术交底；二是施工单位组织各专业技术人员对图纸的集中学习讨论，以及设计单位的设计解答。

（6）地质勘察资料。有勘察资质的单位出具的正式的勘察报告、地基承载力推荐、建筑及场地周边安全评估、地下部分施工方案制定和施工组织总平面图编制时需参考的内容等。

（7）施工技术标准。一是操作的依据可以是承建企业应编制不低于国家质量验收规范的操作规程等企业标准，施工现场应有的施工技术标准，也可以是详细的技术交底文件，可作培训工人、技术交底和施工操作的主要依据；二是工程质量验收规范，凡工程项目的验收内容都应为正式的国家现行的质量验收规范。

（8）施工组织设计、施工方案编制及审批。检查编写内容，应有针对性的具体措施、编制程序、内容，有编制人、审核人、批准人，并有贯彻执行的措施。

（9）物资采购管理制度。包括物资采购制度、物资进场检验验收制度及复试检测制度、物资现场保管制度等，保证进场合格物资用到工程中。

（10）施工设施和机械设备管理制度。包括施工设施的设置及管理制度，机械设备的进场、检查验收，安全施工的有关管理制度，以及现场安全制度及落实情况等。

（11）计量设备配备。常用的计量设备、检测设备、长度/质量/温度/湿度等计量器具，其中有特殊要求、精度高的需有租借协议及使用计划，设备的精度应能满足要求。列出名称表附在表后。

（12）检测试验管理制度。检测试验是工程质量管理和验收的重要手段，工程质量检测主要包括 3 个方面的检验：一是原材料、设备进场检验制度；二是施工过程的试验报告；三是竣工后的实体检测。应专门制定检测项目计划、检测时间、检测单位等计划，使监理、建设单位等都做到心中有数。计划可以单独制作，也可作为施工组织设计中的一项内容。应形成管理制度，制定检测计划，委托有资质的检测机构检测，按计划及时进行检测，并重视检测的取样、选点、随机性、代表性和真实性，以及检测的规范性、判定标准的规范性等。

（13）工程质量检查验收制度。为贯彻落实工程质量的验收，应建立一个检查验收的管理制度，做好质量验收技术准备、人员准备及工具表格的准备，做出检查验收计划，从检验批、分项、分部到单位工程的质量验收，做到及时、规范，按标准检查评定，并有申报验收制度。

施工单位的项目技术负责人应事前备齐资料，填写好表格，并有落实各项措施的质量记录等。总监理工程师在工程项目开工前，应逐项检查，有关资料应有落实措施。资料应附在表格后面，检查完后退还施工单位。

3. 主要内容核查

主要内容的检查分为两个阶段，首先由施工单位自行检查，然后由监理单位核查。

自检结果栏：施工单位检查重点是本表格的内容资料不仅要求具备，并要求进行落实，体现在工程质量管理的全过程。施工单位项目负责人应事前对表 1-2-1 的内容进行落实，填写自检结果，必要时可说明落实的情况，并为总监理工程师核查提供各项目落实情况的必要资料。

检查结论栏：总监理工程师的核验。这栏由总监理工程师核查项目后填写。主要是两方面：一是项目中资料的完整性，是不是该有的资料都有了，如有关制度等；二是该应用落实的是否按要求落实了，或制定了落实计划和措施，如第 12 项检测试验管理制度，应检查是否具备检测项目计划、是否委托有资质的检测机构、管理制度是否落实了执行人和负责人。对做到的项目填写通过，没做到的督促施工单位在施工前整改做到，然后填写检查结果。检查结果认可后，才能正式开始施工。

表 1-2-1 是要求施工前做好技术准备，使工程开工后能连续施工，以保证工程质量的，也可以称为"技术施工许可证"。

二、检验批质量验收

提供验收记录用表是标准《建筑工程施工质量验收统一标准》GB 50300—2013 的任务之一。该标准给出检验批、分项、分部、单位工程验收记录表的通用格式，但因建筑工程所涉专业众多，给出的表格不可能适用于所有专业，具体的验收表格可以由各专业验收规范编制，但基本内容格式一致。

1. 现场验收检查原始记录的要求

本次修订要求在检验批检验时，为能正确验收评定，施工单位自行验收时应做好原始记录，供监理验收时核查，这是加强施工质量过程控制的重要环节，也是规范施工单位质量验收评定的过程。填写"现场验收检查原始记录"分为两种形式：一是使用移动验收终端进行原始记录，二是手写检查原始记录。有条件的建议使用移动验收终端原始记录形式，以便于对验收情况核对和提高管理效率。

使用移动验收终端原始记录，实质就是利用现代移动互联网云计算技术，实现施工现场质量状况图形化显示在设计图纸上，有明确的检查点位置、真实的照片和数据。这个原始记录是全过程记录，在单位工程验收前全部保留并可追溯。

检验批施工完成，施工单位应自行检查评定。检查评定过程中，要求形成检查原始记录，由专业质量检查员、专业工长依据检查评定情况形成"现场验收检查原始记录"，重点是记录检查的部位和结果，以完善检查评定的过程。施工单位自行检查评定合格后，由专业监理工程师组织施工单位的专业质量检查员、专业工长等进行验收时，可依据施工单位自行验收情况形成的"现场验收检查原始记录"进行核查。依据过程控制的要求，检查原始记录应由施工单位形成，说明在自行评定检查的过程中，由专业监理工程师核查，监理工程师认为太不完善时，可以补充完善或推翻重做。这样做的目的是促进施工单位加强过程控制。

（1）在使用移动验收终端原始记录时，应依据评定验收程序软件，以确保获取真实可追溯的数据和情况，其应符合如下要求：

① 检验批、分项、子分部层次清晰，名称、编号准确。

② 检验批部位、检验批容量设置及抽样明确。检验批容量具体抽样还应按专业质量验收规范的规定进行。

③ 检查点必须在电子图纸上进行标识，验收数据齐全，终端应有电子图纸功能。应在电子图纸上标出抽查的房间、部位，以及各项验收的项目和数据。

④ 对于验收过程中发现的质量问题可直接拍照，留存证据。有问题的项目，要将部位记录清楚。如需整改的应提出整改要求，整改完后需复查的应说明，并应提供复查结果资料。

⑤ 数据自动汇总、评定和保存，严禁擅自修改。

⑥ 主控项目和一般项目分别列出，并有重点，规范内容齐全，验收有据可依。

⑦ 原始记录必须有效存储，可以采用云存储方式，也可以存储于终端本机或PC上。

⑧ 将验收结果直接导入工程资料管理软件检验批表格内，保证资料数据真实（详细可参照软件技术说明书使用）。

⑨ 目前规范组已推荐有配套软件可选择使用。

（2）手写现场验收检查原始记录

手写现场验收检查原始记录格式示例见表1-2-2。该现场验收检查原始记录应由施工单位专业质量检查员、专业工长共同检查填写和签署，必须手填，禁止机打，在检验批验收时由专业监理工程师核查认可并签署，并在单位工程竣工验收前存档备查。以便于建设、施工、监理等单位对验收结果进行追溯、复核，单位工程竣工验收后可由施工单位继续保留或销毁。现场验收检查原始记录的格式可在本表基础上深化设计，由施工、监理单位自行确定，但应包括表 1-2-2 包含的检查项目、检查位置、检查结果等内容。

表 1-2-2 现场验收检查原始记录（手写）

单位（子单位）工程名称		××住宅楼		
检验批名称	二层砌砖	检验批编号		02020102
编号	验收项目	验收部位	验收情况记录	备注
5.2.1	（主控项目）砖、砂浆强度	二层砌墙	MU10 烧结普通砖，二组强度复试报告，编号×××，××××，强度合格。M7.5 水泥砂浆，留有一组试块，编号××	砂浆配合比报告编号××××
5.2.2	灰缝砂浆饱满度墙水平灰缝≥80% 柱水平灰缝、竖向缝≥90%	二层砌墙		
		墙水平灰缝①轴墙一步架	95%、90%、88%，平均 91%	
		④轴墙一步架	90%、92%、94%，平均 92%	
		⑧轴墙一步架	95%、92%、89%，平均 92%	
		⑩轴墙二步架	90%、89%、91%，平均 90%	
		⑫轴墙二步架	90%、90%、89%，平均 90%	
5.2.3	砌体转角处，交接处，斜槎	二层砌体在一步架时留有 10 处斜槎，二步架没有留槎，抽查 5 处	②墙、⑤墙、⑧墙、⑪墙、⑬墙，斜槎符合 2/3	
5.2.4	临时间断处，留直槎，敷设拉结筋	二层砌体中，有 9 个施工洞，墙无直槎	9 处均为凸槎，ϕ6 拉结筋二根埋入 500mm，外留 500mm，7 皮砖设一道	
5.3.1	（一般项目）组砌方法（混水墙）	外墙纵墙各查 3 处，山墙各查 1 处，房间查 3 间，全数检查	外墙按①轴顺序，全外墙无大于 200mm 的通缝，一顺一丁组砌较规范。内墙②③房无通缝。⑤⑥房有 2 皮砖的通缝 2 处。⑨⑩房无通缝，窗向墙上无通缝	
5.3.2	灰缝厚度水平、竖缝 8～12mm	外墙查 2 处，内墙 3 间，每间 2 处，共查 8 处，水平、竖向同时查	轴⑥⑦间，①轴山墙，内墙④⑤房，⑧⑨房，②③房。水平缝 10 皮砖厚度 5 皮数杆 10 皮砖厚 631mm。比较差，都在 10mm 以内，厚度在 8～12mm 之间，竖缝 2m 折算差也在 10mm 之内，在房间竖缝个别有大于 12mm 的，最多二面墙上有 4～5 处	
5.3.3 砖体尺寸、位置允许偏差	1. 轴线位移 10mm	①～⑭轴承重墙全数检查	依次分别为：6、8、7、4、10、5、8、7、6、9、⑫、8、7、9	一点超
	2. 层高垂直度 5mm	两山墙各 1 处，内墙 3 间房，每间承重墙 2 处，共 8 处	①山墙，5、⑭4 ②③房②③墙 5、5 ⑦⑧房⑦⑧墙 4、4 ⑪⑫房⑪⑫墙 5、5	

编号	验收项目	验收部位	验收情况记录	备注
5.3.3 砖体尺寸、位置允许偏差	3. 墙、柱顶标高±15mm	2 山墙，2 纵墙各 1 点，内墙 2 点共 6 点	⑥点＋8，①点＋11，14 点＋12，⑥点＋6，⑥点＋8，⑩点＋2	
	4. 表面平整度混水墙 8mm	抽查 3 间，两承重墙各 1 点，共 6 点	②③房，②墙 6，③墙 8 ⑦⑧房，⑦墙 8，⑧墙 7	一点超
		（横、竖、斜测 4 次取最大值）	⑪⑫房⑪10，⑫墙 8	
	5. 水平灰缝平直度混水墙 10mm	抽 3 间，同表面平整度房间	②墙 8，③墙 5，⑦墙 10，⑧墙 12，⑪墙 10，⑫墙 7	一点超
	6. 门窗洞口高宽后塞口±10mm	抽查门窗各 5 个口（门口高度不好量）共 30 点	窗口：②③高＋8、＋10，宽＋10、＋9 ⑤⑥高＋10、＋10，宽＋8、＋9 ⑪⑫高＋6、＋7，宽＋10、＋13 ②高＋10、＋10，宽＋9、＋10 ⑤⑥高＋9、＋8，宽＋10、＋17	一点超
			门口：⑧②③宽＋8、＋10，高一、— ⑤⑥宽＋15、＋16，高一、— ⑦⑧宽＋10、＋10，高一、— ⑨⑩宽＋9、＋10，高一、— ⑪⑫宽＋6、＋8，高一、—	
	7. 外墙上下窗口位移，20mm	查 5 个窗口，⑤⑥、⑦⑧、②③、⑤⑥、⑦⑧	10、6，12、15、8、13、9、15、15、20	吊线，一层窗口为准两边各 1 点

监理校核：张××　　　检查：王××　　　记录：刘××　　　验收日期：××××年××月××日

（3）填写依据及说明

① 单位（子单位）工程名称、检验批名称及编号按对应的"检验批质量验收记录表"填写；

② 编号：填写验收项目对应的规范条文号；

③ 验收项目：按对应的"检验批质量验收记录表"的验收项目的顺序，填写现场实际检查的验收项目的内容，如果对应多行检查记录，验收项目不用重复填写；

④ 验收部位：填写本条验收的各个检查点的部位，每个检查项目占用一格，下个项目另起一行；

⑤ 验收情况记录：采用文字描述、数据说明或者打"√"的方式，说明本部位的验收情况，不合格和超标的必须明确指出；对于定量描述的抽样项目，直接填写检查数据；

⑥ 备注：发现明显不合格的检查点，要标注是否整改、复查是否合格；

⑦ 校核：监理单位现场验收人员签字；

⑧ 检查：施工单位现场验收人员签字；

⑨ 记录：填写本记录的人签字；

⑩ 验收日期：填写现场验收当天日期。

（4）注意事项

对验收部位，可在图上编号，不一定按本示例这样标注，只要说明部位就行。

抽样仍按《建筑工程施工质量验收统一标准》GB 50300—2013 的规定抽样。

2. 经过几年的执行，有些单位对现场验收原始记录提出了一些实用做法和建议，笔者认为是可以考虑的。

（1）现场验收检查记录表格是否必须按书上样式和规范组推荐的原始记录表格来记录？首先应明确在正常情况下应按要求填写。编者认为，这个原始记录表格，主要目的是规范检验批检验评定的规范性，在检验批完工后，专业质量检查员和专业工厂在检验评定各项目时，是真实地根据施工现场抽样检验评定填写的，而不是事前挑选好的部位或不到现场而在办公室填写表格。表格代表不了工程质量的真实情况，监理工程师验收时，还必须到施工现场核实，如果表格与真实情况两者差距很大，就失去了施工单位自查自评和质量控制的作用。因为大家知道检验批是施工过程控制的重点，若发现达不到标准规定的项目，能及时改正、返工或修理，如果错过这个机会就再也得不到及时纠正的机会。希望施工单位认真做好检验批质量的过程控制，记录表格是可以由施工单位自己设计，监理单位认可即可。因为这个表格不入资料归档，只是过程控制使用的，但同一个施工单位应该对此予以统一。

（2）有的企业开展"过程精品"活动，质量指标由操作班组负责自查自评，专业质量检查和专业工长按班组提供的自检自评资料来验收，充分信任班组的数据和资料，这是一种非常好的做法，应该提倡。原始记录表可以改进。不管什么表格，质量控制的目标都不能受到影响。表格的内容必须反映工程质量的真实情况，过程控制必须得到保证。企业也可创名牌、品牌，取得用户信任，原始记录表就不是什么必须的。有的企业反映"原始记录表"是强化过程控制，是促进施工企业认真施工、真实检查评定，才要求填写这个表，他们实行"过程精品"活动，施工班组保证工程质量，各项质量指标都达到规定，并得到监理确认，这个原始记录就可以不记了，或者只记验收结果，不计检查位置。因为这个表太复杂，不如把精力放在提高质量上去。

3. 检验批质量验收记录的要求

1）参照《建筑工程施工质量验收统一标准》GB 50300—2013 的检验批样表，根据现场验收检查原始记录表的记录内容，对检验批质量验收记录逐项进行检验评定，填入表格。

2）检验批质量验收记录填写可用手工填写，也可利用电脑打印。参见表 1-2-3 某工程砖砌体检验批质量验收记录示例。

表 1-2-3　砖砌体检验批质量验收记录

单位（子单位）名称	××住宅楼	分部（子分部）工程名称	主体分部工程砌体子分部	分项工程名称	砖砌体
施工单位	××建筑公司	项目负责人	王××	检验批容量	250m³
分包单位	/	分包单位项目负责人	/	检验批部位	二层墙 A～C/1～14
施工依据	《砌体结构工程施工规范》GB 50924—2014 《砌体结构砌筑工艺标准》Q201		验收依据	《砌体结构工程施工质量验收规范》GB 50203—2011	

续表

	验收项目	设计要求及规范规定	最小/实际抽样数量	检查记录	检查结果
主控项目	1	5.2.1条	砖强度 MU10	15万块为一批	MU10烧结普通砖,强度符合设计要求复试单编号××××	√
			砂浆强度 M7.5	每检验批一组试中	M7.5水泥砂浆试块编号×××	√
	2	5.2.2条	水平灰缝≥80%	5/5	查5处,全部大于80%	√
			竖向缝≥90%	5/5	查5处,全部不透光	√
	3	5.2.3条	转角、交接处斜槎	5/10	抽查5处,斜槎符合2/3	√
	4	5.2.4条	直槎、拉结筋放置	5/9	抽查5处凸槎,拉结筋符合要求	√
一般项目	1	5.3.1条	组砌方法	11/11	抽查11处,全部无通缝	√
	2	5.3.2条	水平、竖向灰缝厚度	8/8	抽查8处,均符合要求	√
	3	5.3.3条	尺寸、位置允许偏差			
			轴线位移	8～12mm	8/8	抽查8处,均符合要求	100%
			墙柱面标高	±15mm	6/6	抽查6处,均符合要求	100%
			层高垂直度	≤5mm	8/8	抽查8处,均符合要求	100%
			表面平整度	≤8mm	6/6	抽查6处,一点有超过	83.3%
			水平灰缝平直度	混水墙≤10mm	6/6	抽查6处,均符合要求	100%
			门窗洞口高宽	层塞口±10mm	30/30	抽测30点,4点超	87%
			外窗上下洞口偏移	≤20mm	10/10	抽测10点,均符合要求	100%
施工单位检查结果		暂评合格(待砂、浆强度评定)一般项目符合规范规定			专业工长:李×× 项目专业质量检查员:王×× ××××年××月××日	
监理单位验收结论		合格 专业监理工程师:张×× ××××年××月××日				

3)填写依据及说明

检验批施工完成,施工单位自检合格后,应由项目专业质量检查员填报"检验批质量验收记录"。按照《建筑工程施工质量验收统一标准》GB 50300—2013 的规定,检验批质量验收由专业监理工程师组织施工单位项目专业质量检查员、专业工长等进行验收。

"检验批质量验收记录"的检查记录应与"现场验收检查原始记录"相一致,原始记录是验收记录的辅助记录。检验批里的非现场验收内容，例如材料质量"检验批质量验收记录"中应填写依据的资料名称及编号，并给出结论。"检验批质量验收记录"作为检验批验收的成果，若没有"现场验收检查原始记录"，则"检验批质量验收记录"就缺少了依据。

（1）检验批名称及编号

检验批名称：按验收规范给定的分项工程名称，填写在表格名称前划线位置处。

检验批编号：检验批表的编号按《建筑工程施工质量验收统一标准》GB 50300—2013 附录表 B 规定的分部工程、子分部工程、分项工程的代码、检验批代码（依据专业验收规范）和资料顺序号统一为 11 位数的数码编号写在表的右上角，前 8 位数字均印在表上，后留下画线空格，检查验收时填写检验批的顺序号。其编号规则具体说明为：第 1、2 位数字是分部工程的代码；第 3、4 位数字是子分部工程的代码；第 5、6 位数字是分项工程的代码；第 7、8 位数字是检验批的代码；第 9、10、11 位数字是各检验批验收的顺序号。

同一检验批表格适用于不同分部、子分部、分项工程时，表格分别编号，填表时按实际类别填写顺序号加以区别；编号按分部、子分部、分项、检验批序号的顺序排列。

（2）表头的填写

①"单位（子单位）工程名称"填写全称，如为群体工程，则按群体工程名称的单位工程名称形式填写，子单位工程标出该部分的位置，画"√"。

②"分部（子分部）工程名称"按《建筑工程施工质量验收统一标准》GB 50300—2013 规定的分部（子分部）名称填写。子分部工程标出该部分的位置，画"√"。

③"分项工程名称"按《建筑工程施工质量验收统一标准》GB 50300—2013 附录表 B 的规定填写。

④"施工单位"及"项目负责人"："施工单位"栏应填写总包单位名称，或与建设单位签订合同的专业承包单位名称，宜写全称，并与合同上的公章名称一致，并应注意各表格填写的名称应相互一致。"项目负责人"栏填写合同中指定的项目负责人的名字，表头中人名由填写表人填写即可，只是标明具体的负责人，不用签字。

⑤"分包单位"及"分包单位项目负责人"："分包单位"栏应填写分包单位名称，即与施工单位签订合同的专业分包单位名称，宜写全称，并与合同上公章名称一致，并应注意各表格填写的名称应相互一致。没有分包单位时不填，画"/"。"分包单位项目负责人"栏填合同中指定的分包单位项目负责人的名字，表头中人名由填表人填写即可，只是标明具体的负责人，不用签字。没有分包单位时不填，画"/"。

⑥"检验批容量"：指本检验批的工程量，按工程实际填写，项目数量和计量单位按专业验收规范中对检验批容量的规定。

⑦"检验批部位"是指一个分项工程中验收那个检验批的抽样范围，要按实际情况标注清楚。

⑧"施工依据"栏，应填写施工执行标准的名称及编号，可以填写所采用的企业标准、地方标准、行业标准或国家标准；要将标准名称及编号填写齐全；也可以是技术交底或企业标准、工艺标准、工法等。

⑨"验收依据"栏，填写验收依据的标准名称及编号。

（3）"验收项目"的填写

"验收项目"栏制表时按以下4种情况：

直接写入：当规范条文文字较少，或条文本身就是表格时，按规范条文写入。

简化描述：将质量要求作简化描述主题的内容，作为检查的提示。

填写条文号：在后边附上条文内容。

将条文项目直接写入表格。

（4）"设计要求及规范规定"栏的填写

直接写入：当条文中质量要求的内容文字较少时，直接将条文写入；当为混凝土、砂浆强度符合设计要求时，直接写入设计要求强度等级值。

写入条文号：当文字较多时，只将条文号写入。

写入允许偏差：对定量要求，将允许偏差直接写入。

（5）"最小/实际抽样数量"栏的填写

① 对于材料、设备及工程试验类规范条文，非抽样项目，直接写入要求即可。

② 对于抽样项目且样本为总体时，写入"全/实际数量"，例如"全/10"，"10"指本检验批实际包括的样本总量。

③ 对于抽样项目按工程量抽样时，写入"最小/实际抽样数量"，例如"5/3"，即按工程量计算最小抽样数量为5，实际抽样数量为3。

④ 本次检验批验收不涉及此验收项目时，此栏写入"/"。

检验批的容量和每个检查项目的容量，通常是不一致的，检验批是整个项目的范围常常可以用工程量来表示，具体检查项目，用"件""处""点"来表示。

（6）"检查记录"栏填写

① 对于计量检验项目，采用文字描述方式，说明实际质量验收内容及结论；此类多为对材料、设备及工程试验类结果的检查项目。

② 对于计数检验项目，必须依据对应的"检验批验收现场检查原始记录"中验收情况记录，按下列形式填写：抽样检查的项目，填写描述语，例如"抽查5处，合格4处"或者"抽查5处，全部合格"；全数检查的项目，填写描述语，例如"共5处，检查5处，合格4处"或者"共5处，检查5处，全部合格"。

③ 本次检验批验收不涉及此验收项目时，此栏写入"/"。

（7）对于"明显不合格"情况的填写要求

对于计量检验和计数检验中全数检查的项目，发现明显不合格的个体，此条验收就不合格。

对于计数检验中抽样检验的项目，明显不合格的个体可不纳入检验批，但应进行处理，使其满足有关专业验收规范的规定，对处理的情况应予以记录并重新验收；按"检验批验现场检查原始记录"中验收情况记录填写，例如"1处明显不合格，已整改，复查合格"或"1处明显不合格，未整改，复查不合格"。

（8）"检查结果"栏填写

① 采用文字描述方式的验收项目，合格打"√"，不合格打"×"。

② 对于抽样项目为主控项目，无论定性还是定量描述，全数合格为合格，有1处不合格即为不合格，合格打"√"，不合格打"×"。

③ 对于抽样项目为一般项目，"检验结果"栏填写合格率，例如"100％"。

定性描述项目所有抽查点全部合格（合格率为100％），此条方为合格。

定量描述项目，其中每个项目都必须有80％以上（混凝土保护层为90％）检测点的实测数值达到规范规定，其余20％按各专业施工质量验收规范规定，不能大于1.5倍，钢结构为1.2倍，就是说有数据的项目，除必须达到规定的数值外，其余可放宽的，最大放宽到1.5倍。

④ 本次检验批验收不涉及此验收项目时，此栏写入"/"。

（9）"施工单位检查结果"栏的填写

施工单位质量检查员按依据的规范、规程判定该检验批质量是否合格，填写检查结果。填写内容通常为"符合要求""不符合要求""主控项目全部合格，一般项目符合验收规范（规程）要求"等评语。

如果检验批中含有混凝土、砂浆试件强度验收等内容，应待试验报告出来后再做判定，或暂评符合要求。待试验结果出来后，补填写。若试验结果不满足要求，应进行处理，并做出记录。

施工单位专业质量检查员和专业工长应签字确认并按实际填写日期。

（10）"监理单位验收结论"的填写

此栏应由专业监理工程师填写。填写前，应对"主控项目""一般项目"按照施工质量验收规范的规定对照原始记录逐项核查验收，独立得出验收结论。认为验收合格，应签注"合格"或"同意验收"。如果检验批中含有混凝土、砂浆试件强度验收等内容，可根据质量控制措施的完善情况，暂备注"同意验收"，应待试验报告出来后再作确认，但可进入下道工序施工。

检验批的验收是过程控制的重点，一定要正确按规范来检查，质量指标必须满足规范规定和设计要求。

4. 检验批是质量控制重点的体现，必须研究工序质量的规范管理，使检验批的质量控制真正落实，达到工程质量管理的真正落实。

（1）首先必须认识工程建设是以工程项目来完成的，企业领导层要改变企业管理的侧重点，要重视工程项目的经营管理和质量管理。企业的生产管理活动就是工程项目，经营效果也来自工程项目。要针对工程项目来制定有关质量经营管理制度，并落实到工程项目，一切管理活动不能只停留在企业层面上，企业领导必须深入工程项目，研究以工程项目为载体的质量经营管理和各项管理制度。有针对性地做好工程项目的施工组织设计等施工准备，做好人、财、物等的优化配置，选配好工程项目管理班子，明确工程项目班子的工程质量、成本保证等各项管理目标任务，并监督检查，保证完成任务。

建筑企业要以工程项目为中心来开展工程质量管理活动和生产经营活动，把以工程项目为质量经营管理活动作为企业的重点工作，作为持续质量突破的载体，来提高质量效益和企业的竞争优势。

企业要把工程质量管理转移到质量经营管理上来，实现现代质量经营管理的质量发展战略。重视质量第一、用户满意第一、社会效益第一的前提下，来追求企业资本增值利润的最大化目标，这是企业发展的最佳途径。

（2）企业的技术人员必须很好地学习和执行相关规范、标准，针对规范标准规定，制定操作细则、质量控制措施，落实到操作过程中，并不断改进完善细则和措施，以便形成企业较统一、相对固定的技术措施，来落实规范、标准，做好工程质量。

工程建设的规范标准多是对工序质量做出了规定，从施工过程控制技术到工序质量验收指标，这是基础技术措施，又是较宏观的统一措施。更重要的是一定要在学习规范标准的原则性措施的基础上，结合本地区的资源环境条件、工程项目的结构特点和设计交底的要求，以及本企业的技术条件，提出工序工程质量的控制措施，措施要有针对性、有效性和可操作性。将这些措施以文字形式，形成一定的制度，将其固定下来，作为企业的技术能力进行规范和应用。

学习工程建设规范、标准必须有一定的制度和形式，不能只停留在口头上，用口号来学习。很多施工企业的领导不带头深入学习执行规范标准，特别是企业的总工程师没有带头学习规范标准，没有制定学习规范的制度和检查督促学习和学习成效的考核制度。一些企业的总工程师和一般副经理一样只管行政事务，职责不相匹配。企业的总工程师应该是企业的技术领导人，应该是企业技术人员的带头人，应该做好5件事：

① 团结企业的技术人员，是企业技术人员的核心。把技术人员组织起来做好企业的技术工作，总工程师要从技术上关心他们，制定学习计划，培训考核计划，使技术人员能在技术上得到进步，在工作中得到锻炼，干一个工程完成一篇论文，干一件事写一个总结；工作好的、进步快的应得到表彰奖励。

② 组织技术攻关，将不同档次的技术人员都组织起来，参加到企业技术活动中去，将企业的技术进步计划落实到技术人员中去。

③ 促进学习规范标准，制定贯彻落实规范标准的细则，以形成企业施工操作工艺标准，提高规范化施工水平。

④ 将企业有效的施工工艺，经过组合完善研究，形成企业的综合施工工法；将企业内部的技术成果，吸收学习其他企业好的做法，组合成综合工法，形成企业的技术优势，以保证工程质量和企业经济效益。

⑤ 创新自己的施工技术，形成自主技术，创出企业的特色，占领市场，提高企业的技术水平。

（3）工程质量必须通过不断地改进来提高。其改进提高的方法很多，要有针对性地选择适用的方法，例如因果分析法、排列图、质量控制图等全面质量管理方法和首道工序样板制，是很多企业常用的。首道工序样板制是在首道工序正式施工前，有针对性地制定质量控制措施，应用正确的措施，将每项工程的第一个工序做成实物样板，经过验收达到质量计划要求后，其后的工程质量就按其标准验收。首道工序样板为后续工序提供了实物样板标准和有针对性的施工工艺标准，是一个适用的方法。

要认清建筑工程质量受多因素的影响，质量管理协调难度大，且工程质量内容多、项目多、工期长、参与人员多等，质量品牌的形成要有一定的过程，逐步来完成，控制措施要逐步完善，施工技术逐步提高。企业必须有计划有步骤地改进质量管理，最终才能达到质量目标。工程质量管理是动态管理。

5. 检验批的质量控制是质量控制的重点，要做好规范化施工，必须做好以下几个方面的工作：

（1）编制好施工操作依据。施工依据可以是企业标准、操作工艺标准、规范标准实施细则、技术交底文件等。目前行业中最常用的是企业要有一个自己的施工工艺标准做基础，再结合施工工程的特点，提出技术安全交底的重点。而且施工工艺标准要不断完善和改进，技术交底要有针对性地突出重点，真正能指导施工。最好的是能经过首道工序施工样板制，把工序工程质量的实物样板做出来，经过验收达到质量计划的要求；施工工艺标准也经过完善改进，有相应的针对性；技术交底可把质量、安全重点项目列出来，并补充相应的技术安全措施。这样既保证了工程质量和安全，又做到了规范施工。

（2）做好施工记录。施工记录也叫施工日志，是企业规范化施工的见证。以往施工企业是以工地为单位记录每天工作的流水账，只能算作工作账本。严格意义的施工记录是以检验批范围及内容，说明施工过程质量控制措施是否到位、质量的完成情况、各环节控制的有效性等，来证明施工的规范性，是对企业技术管理水平、技术水平的展示，是企业技术能力的体现，是规范自身生产过程规范化管理、产品控制有效程度的记录，是向社会和合同方展示的，应高度重视。施工记录内容要全面、具体、真实，突出重点，主要内容有：施工起止时间、气候情况、施工内容，材料、机具准备情况，技术条件准备情况，前道工序验收情况，施工技术措施及技术交底情况，施工过程措施落实情况，质量安全达到目标及处理情况，质量自检合格情况，收工现场环境保护情况等，并由记录人员签字，项目专业工长签字验收等。

（3）质量验收原始记录。这是《建筑工程施工质量验收统一标准》GB 50300—2013提出的加强检验批质量验收过程控制的一项重要措施，目的是规范施工企业在检验批质量验收评定中的真实性、规范性，真正起到过程控制的效果，防止各种不规范的做法。要做好这项工作，工作量很大，规范组还开发了原始记录的软件供使用。其内容就是将检验批质量验收评定中，每个质量项目每一抽查点，质量指标的检查结果都记录清楚，以便监理（建设）单位验收时检查的一致性。

由于记录每检查点质量指标结果，工作量大，影响工作效率，一些企业推出了首道工序质量样板制，控制工程质量指标都达到规范规定。有的企业开展了施工班组质量自评制度，来保证质量指标的控制，企业质量员检验批质量验证评定，采用班组自检质量指标结果，使质量指标达到规范规定的标准率大大提高，不记录抽查点的位置，只记录标准规定值。而工程最大程度达到标准值，促进了工程质量的控制达标值的水平。同时，验收原始记录就好记多了，这是一种好现象。

（4）要做好检验批验收评定，各项质量指标的达标率、各项验收结果的达标率、一些质量控制记录、检查结果符合性等，应附上各项记录表等来说明。

（5）检验批质量验收记录要附的主要资料有：

① 施工工艺标准、企业标准或操作规程。施工工艺标准是施工现场操作的基本要求，企业必须制定，并在具体工程施工时，结合工程特点提出技术交底，说明工程质量、工程安全的特点及注意事项。施工工艺标准的基本内容有：适用范围、施工准备、操作工艺、质量标准、成品保护、注意事项、质量记录、安全及环保措施等。全面说明一个工序工程的施工环节，规范施工过程。技术交底是补充具体工程的要求。

② 施工技术交底记录表，见表1-2-4。

表 1-2-4　施工技术交底记录

××工程

工程名称		工程部位		交底时间	年　月　日
施工单位		分项工程		项目经理	
交底提要					

说明：

　　施工技术交底是施工依据的重要内容，应该有一个基本的该项目专属的《施工工艺标准》《操作规程》《企业标准》之类的操作依据，这是一个企业的基本技术水准。施工工艺标准的基本内容主要有：适用范围、施工准备、操作工艺、质量标准、成品保护、质量记录、安全环保措施等。作为施工的主要依据。同时，在工程项目施工时，结合工程的设计图纸特点、当地气候情况、材料、交通等情况，以及企业人力、物力的实际，提出技术交底文件。技术交底就是将这些情况再补充到施工工艺标准，来保证工程质量、安全的正确生产程序，就是把工程的难点、重点提出来，并提出一些技术措施来保证工程项目的质量、安全目标实现，以及成本利润的实现。

　　在正常情况下施工工艺标准和技术交底两者都必须有。

交底人专业工长：　　年　月　日　　　　　　　　　　　施工班组长：　　年　月　日

　　③ 施工记录表，见表 1-2-5。

表 1-2-5　施工记录

××工程

工程名称		工程部位		分项工程	
施工单位		项目经理		施工班组	
施工期限	年　月　日　时至年　月　日　时	气候		××℃　晴　雨　雪　风	

说明：

　　施工记录是说明施工过程执行标准，以及保证质量、安全的生产活动情况，是展示企业生产组织能力、组织调度水平的记录，以及说明生产过程的正确进行及发生意外情况的处理方法与结果等。若发生质量、安全问题时，可检查记录的处理措施，以便追查原因和改正等。其主要内容有：

　　① 施工期限及气候情况。

　　② 施工部位及工作量。

　　③ 施工准备情况，材料、人员、设备的到位，基层或首道工序样板的验收。

　　④ 施工过程，按技术措施正常施工、控制工程质量的到位情况。施工过程中的主要技术情况，例如混凝土的模板、钢筋工程已验收合格，隐蔽工程验收已完成，混凝土试块已制作，时间、地点、数量等符合规范规定等。施工缝及后浇带的处理、模板及预埋件的保护等。

　　⑤ 质量自检。凡是能施工完即可检查的质量指标，施工班组应自行检查做好记录，以了解施工成果。不能只管干，不管质量，由质量员、施工员来检查。应该施工班组自行检查，质量员、施工员验收检查。

　　⑥ 发生的质量、安全问题的原因，及改进措施等，返工修补情况等。

　　⑦ 环保措施落实情况，落地灰、建筑垃圾的清理利用等。

　　施工记录应可看到施工过程的规范化管理、技术措施落实，给用户和社会一个真实的保证质量的生产过程。

专业施工员：　　　　　　　　　　　　　　　　　　　　　　　年　月　日

④ 验收评定检查原始记录，见表 1-2-6。

表 1-2-6 验收评定原始记录

××工程

工程名称		工程部位		分项工程	
施工单位		项目经理		施工班组	

说明：

　　这是《建筑工程施工质量验收统一标准》GB 50300—2013 修订增加的一项重点内容，以保证过程质量控制的落实。实际上这是一种控制施工企业质量过程验收的做法，以保证其抽样及评定的真实性、规范性。要求检验批质量验收评定抽样的随机性、质量指标的真实。防止质量验收评定抽样不规范，质量指标弄虚作假。由于其记录的抽样位置、质量指标检查结果的对应，工作量大，太细、太繁，很难记录好。有些企业提出控制质量达到规范、标准规定，抽样随机性就不重要了，因为绝大多数或是全部质量指标都达到规范规定了，即使达不到的个别指标，也不超过规定值的 1.5 倍。不记录抽查点，验收时随机抽查也能达到规范规定，保证达到合格。这些企业与监理协商不要求必须做验收原始记录，不需要记得那样细，只将质量指标列出就行了。这些做法编者认为是领会了规范、标准的精神，规范标准规定达到了控制质量的目的。

　　验收原始记录若是能保证质量指标都达到规范规定，不记那么细也是可以的。只记达到规范的指标值就行了。但是如果做不到这个要求，还是记全为好。按规范规定记，证明验收评定的真实性、规范性，以便取得监理的认可。

　　如何做好，企业可以自己选择。

专业质量员： 　　年 　月 　日 　　　　　　　施工员： 　　年 　月 　日

⑤ 隐蔽工程验收记录，见表 1-2-7。

隐蔽工程验收多数是用在检验批质量验收中，那些会被后道工序覆盖再看不到了的工程检查验收。在施工过程中，检验批要施工，对前道工序质量的验收应合格，其中有些项目不属于其检验批内容的，或是属于其内容，已经又做了一些其他工作的，或几个内容完成后，后边的工序施工会将其全部覆盖，对被覆盖的内容作一个检查验收，确认符合规范规定，即可进行下道工序的施工，这些工作称之隐蔽验收记录。例如混凝土浇筑前，对其中预埋件预留洞孔的敷设、对钢筋工程的复核、对模板的检查，以及模板清理、浇水湿润情况等，再进行一次检查验收。又如抹灰工程在抹灰前对墙上的预埋件安装及基层进行符合抹灰条件的检查验收等。凡是后道工序会将前道工序覆盖的，可以合格验收，也可做隐蔽验收，其内容各不相同。不同规范标准都做了一些具体规定。进行隐蔽工程验收，以证明前道看不见的工序质量是符合规范标准规定的。这些项目多数是在检验批施工前完成的，在检验批验收中，也会检查其施工的条件，故本书认为放在此处检查验收较为合适，作为该检验批验收的一个附件。

表 1-2-7 隐蔽工程验收记录

××工程

施工单位		工程名称			
隐检项目		检查日期			
检查部位		层	轴线	标高	

检查依据：施工图图号（设计变更号）（设计变更号）＿＿＿＿＿＿＿＿＿＿＿＿＿＿＿＿＿＿＿＿＿＿＿＿＿＿＿＿＿＿＿，
＿＿＿＿＿＿＿＿＿＿＿＿＿＿＿＿＿及有关国家现行标准等及施工方案做法。

　主要材料名称及规格/型号：＿＿＿＿＿＿＿＿＿＿＿＿＿＿＿＿＿＿＿＿＿＿＿＿＿＿＿＿＿＿
＿＿＿＿＿＿＿＿＿＿＿＿＿＿＿＿＿＿＿＿
＿＿＿

续表

隐检内容：

影像资料：

检查意见及结论：

专业监理工程师：	施工员：
	质检员：
年 月 日	年 月 日

⑥ 工序交接检记录，见表1-2-8。

在工序施工中，当有中间交叉施工的情况时，为了分清质量责任，应该有中间工序交接检的程序，以便保证前项工作能够为后项工作创造条件。后项工作能为前项工作做好成品保护，共同把相关的工序质量做好，这也是检验批质量（工序）控制的重要环节。列入检验批质量控制的重要内容，施工中遇到这种情况时，必须做好工序交接检记录。

表1-2-8 工序交接检记录

××工程

工程名称		分项工程	
移交班组		接收班组	
交接部位		检查日期	

交接内容：

简图及说明：

检查结果及意见：

移交专业工长： 年 月 日　　　接收专业工长： 年 月 日

⑦ 施工班组工序质量检查记录（班组自检记录），见表1-2-9。

一些优秀企业为了做好过程控制，开展了生产者质量自控活动。由施工班组自身来控制自己施工的工程质量，保证达到质量目标。这种经验是真正的质量控制，能保证工程质量、施工工期和企业的经济效益。有些实践中，质量员不必再专门到工地上随机抽取检查点，进行质量验收评定，采用班组自检的结果就能验收评定检验批的质量。这是最好的过程质量控制制度，最有效的质量控制方法。

表1-2-9 施工班组工序质量检查记录

××工程

工程名称						分项工程					
施工单位						施工班组					
施工操作依据											

检查内容：

项目	标准允许偏差 (mm)	测点									
		1	2	3	4	5	6	7	8	9	10
实测数据											

检查结果：

施工班组长：　　　　　　　质检员：　　　　　　　　　　年　月　日

⑧ 检验批质量控制是施工质量控制的关键环节，是过程控制的重点。只要每个检验批质量控制好，整个工程质量就控制好了。而且达不到目标，修理返工也能及时进行，是真正的质量控制。

做好检验批（工序）质量的控制，《建筑工程施工质量验收统一标准》GB 50300—2013规定的做好施工依据和质量验收评定原始记录是主要措施，前述做好施工过程的记录、隐蔽工程验收、工序交接记录、班组工序质量检查记录也是很重要的措施。施工企业应发挥企业的创新精神，来创新检验批（工序）质量控制的有效措施，例如有的企业加强施工过程中的技术复核，对放线、材料质量进行复验等技术复核，防止出现错误，把差错控制在发生之前；有的企业开展了预检、预验收，把差错控制在施工过程中；有的企业开展了班组施工控制及首道工序样板制度，这些都是过程控制的好做法。把工程质量控制好，控制工序质量得到保证，各企业都有好的做法，应该总结推广开来。

做好工序（检验批）质量控制，是质量控制的重点，各企业应该认真研究控制的方法，切实将质量控制好，保证工程质量。

三、分项工程质量验收

依据《建筑工程施工质量验收统一标准》GB 50300—2013 的样表，以主体结构为砖砌体的分项工程为例，说明其验收和表格的填写。

1. 砖砌体分项工程质量验收记录，见表 1-2-10。

表 1-2-10　砖砌体分项工程质量验收记录

单位（子单位）工程名称	××住宅楼工程		分部（子分部）工程名称	主体结构分部/砌体结构子分部	
分项工程数量	1.（1500m³）		检验批数量	6	
施工单位	××建筑公司	项目负责人	××	项目技术负责人	××
分包单位	/	分包单位项目负责人	/	分包内容	/
序号	检验批名称	检验批容量	部位/区段	施工单位检查结果	监理单位验收结论
1	砖砌体	250m³	一层	符合要求	合格
2	砖砌体	250m³	二层	符合要求	合格
3	砖砌体	250m³	三层	符合要求	合格
4	砖砌体	250m³	四层	符合要求	合格
5	砖砌体	250m³	五层	符合要求	合格
6	砖砌体	250m³	六层	符合要求	合格
7					
说明：检验批施工操作依据质量验收记录资料完整					
施工单位检查结果	符合要求 项目专业技术负责人：×××　　　　　　　　　　××××年××月××日				
监理单位验收结论	合格 专业监理工程师：×××　　　　　　　　　　　　××××年××月××日				

2. 填写依据及说明

分项工程完成，即分项工程所包含的检验批均已完工，施工单位自检合格后，应由专业质量检查员填报"分项工程质量验收记录"。分项工程应由专业监理工程师组织施工单位项目专业技术负责人等进行验收。分项工程主要是汇总检验批的，但也有少数检验项目在分项工程进行检验。

（1）表格名称：按验收规范给定的分项工程名称，填写在表格名称前的划线位置处。

（2）分项工程质量验收记录编号。编号按"建筑工程的分部工程、子分部工程、分项工程划分"《建筑工程施工质量验收统一标准》GB 50300—2013 的附录表 B 规定的分部工程、子分部工程、分项工程的代码编写，写在表的右上角。对于一个单位工程而言，一个分项只有一个分项工程质量验收记录，所以不编写顺序号。其编号规则为：第 1、2 位数字是分部工程的代码；第 3、4 位数字是子分部工程的代码；第 5、6 位数字是分项工程的代码，共 6 位数。

同一个分项工程有的适用于不同分部、子分部工程时，填表时按实际情况填写其编号。

（3）表头的填写

①"单位（子单位）工程名称"填写全称，如为群体工程，则按群体工程的单位工程名称形式填写，子单位工程标出该部分的位置。

②"分部（子分部）工程名称"按《建筑工程施工质量验收统一标准》GB 50300—2013 划定的分部（子分部）名称填写。

③"分项工程数量"：指本分项工程的数量，通常一个分部工程中，同样的分项工程是 1 个，按工程实际填写，可以填写分项工程的容量，也可以不填写。

④"检验批数量"指本分项工程包含的实际发生的所有检验批的数量。

⑤"施工单位及项目负责人""项目技术负责人"："施工单位"栏应填写总包单位名称，宜写全称，并与合同上公章名称一致，并应注意各表格填写的名称应相互一致。"项目负责人"栏填写合同中指定的项目负责人姓名；"项目技术负责人"栏填写本工程项目的技术负责人姓名；表头中人名由填表人填写即可，只是标明具体的负责人，不用签字。

⑥"分包单位"及"分包单位项目负责人"："分包单位"栏应填写分包单位名称，即与施工单位签订合同的专业分包单位名称，宜写全称，并与合同上公章名称一致，并注意各表格填写的名称应相互一致；"分包单位项目负责人"栏填写合同中指定的分包单位项目负责人姓名；表头中人名由填表人填写即可，只是标明具体的负责人，不用签字。没有分包即不填写。

⑦"分包内容"：指分包单位承包的本分项工程的范围，有的工程这个分项工程全由其分包，没有分包即不填写。

（4）"序号"栏的填写

按检验批的排列顺序依次填写，检验批项目多于一页的，增加表格，顺序排号。其名称多数情况下是一致的。

（5）"检验批名称、检验批容量、部位/区段、施工单位检查结果、监理单位验收结论"栏的填写

① 检验批名称按本分项工程汇总的所有检验批依次排序，并填写其名称。

② 检验批容量按相应专业质量验收规范检验批填的容量填写，有时检验批的容量和主控项目、一般项目抽样的容量不一致，按各检查项目的具体容量分别进行抽样。部位、区段按实际验收时的情况逐一填写齐全，一般指这个检验批在这个分项工程中的部

位/区段。

③"施工单位检查结果"栏，由填表人依据检验批验收记录填写，填写"符合要求"或"验收合格"；在有混凝土、砂浆强度等项目时，待其评定合格，确认各检验批符合要求后，再填写检查结果。

④"监理单位验收结论"栏，由专业监理工程师依据检验批验收记录填写，检查同意后填写"合格"或"符合要求"，有混凝土、砂浆强度项目时，待评定合格，再填写验收结论，如有不同意，项目应做标记但暂不填写，并指出问题所在，提出处理要求和完成时间。

（6）"说明"栏的填写

通常情况下，可填写验收过程的一些表格中反映不到的情况，如检验批施工依据、质量验收记录、所含检验批的质量验收记录是否完整等情况。

（7）"施工单位检查结果"栏的填写

①由施工单位项目专业技术负责人填写，填写"符合要求"或"验收合格"，填写日期并签名。

②分包单位施工的分项工程验收时，分包单位人员不签字，但应将分包单位名称及分包单位项目负责人、分包内容填写到对应的栏格内。

（8）"监理单位验收结论"栏的填写

该栏由专业监理工程师在确认各项验收合格后，填入"合格"或"不合格"，填写日期并签名。

（9）注意事项

①核对检验批的部位、区段是否全部覆盖分项工程的范围，有无遗漏的部位。

②一些在检验批中无法检验的项目，在分项工程中直接验收，例如有混凝土、砂浆强度要求的检验批，到龄期后评定结果能否达到设计要求；主体工程的全高垂直度检测结果等。

③检查各检验批的验收资料应完整并统一整理，为分部工程验收打下基础。

④分项工程验收相应较简单，很大部分是汇总检验批验收记录，因为其质量指标是一致的。

四、分部（子分部）工程质量验收

1. 依据《建筑工程施工质量验收统一标准》GB 50300—2013 的样表，以主体结构分部工程为例，说明分部（子分部）质量验收及表格的填写，参见示例表 1-2-11。

表 1-2-11　主体结构分部工程质量验收记录

单位（子单位）工程名称	××住宅楼工程	子分部工程数量	2	分项工程数量	4
施工单位	××建筑公司	项目负责人	王××	技术（质量）负责人	李××
分包单位	/	分包单位项目负责人	/	分包内容	/

续表

序号	子分部工程名称	分项工程名称	检验批数量	施工单位检查结果	监理单位验收结论
1	混凝土结构	钢筋	6	符合要求	合格
		混凝土	6	符合要求	合格
		现浇结构	6	符合要求	合格
2	砌体结构	砖砌体（填充墙）	6	符合要求	合格
质量控制资料				共4项，有效完整	符合要求
安全和功能检验结果				抽查6项，符合要求	符合要求
观感质量检验结果				检查6点，"好"6点	"好"
综合验收结论			主体结构分部工程质量验收合格		

施工单位	勘察单位	设计单位	监理单位
项目负责人：××× ××××年××月××日	项目负责人：××× ××××年××月××日	项目负责人：××× ××××年××月××日	总监理工程师：××× ××××年××月××日

注：1. 地基与基础分部工程的验收应由施工、勘察、设计单位项目负责人和总监理工程师参加并签字。
    2. 主体结构、节能分部工程的验收应由施工、设计单位项目负责人和总监理工程师参加并签字。

2. 填写依据及说明

分部（子分部）工程完成，施工单位自检合格后，应填报"分部工程质量验收记录"。分部工程应由总监理工程师组织施工单位项目负责人和施工项目技术负责人等进行验收。勘察、设计单位项目负责人和施工单位技术、质量部门负责人应参加地基与基础分部工程的验收。设计单位项目负责人和施工单位技术、质量部门负责人应参加主体结构、节能分部工程的验收。

（1）表格名称及编号

表格名称：按《建筑工程施工质量验收统一标准》GB 50300—2013 附录表 B 给定的分部工程名称，填写在表格名称前划线位置处。

分部工程质量验收记录编号：编号按《建筑工程施工质量验收统一标准》GB 50300—2013 附录表 B 规定的分部工程代码编写，写在表的右上角。对于一个工程而言，一个单位工程只有一个分部工程质量验收记录，所以不编写顺序号，其编号为两位数。

（2）表头的填写

①"单位（子单位）工程名称"填写全称，如为砌体工程，则按砌体工程名称的单位工程名称形式填写，子单位工程时应标出该子单位工程的位置。

②"子分部工程数量"：指本分部工程包含的实际发生的所有子分部工程的数量。

③"分项工程数量"：指本分部工程包含的实际发生的所有分项工程的总数量。

④"施工单位"及"施工单位项目负责人"、施工单位"技术（质量）负责人"，"施工单位"栏应填写总包单位名称，写全称，并与合同上公章名称一致，并应注意各表格填写的名称应相互一致；施工单位项目负责人填写合同指定的施工单位项目负责人、技术（质量）负责人。表头中人名由填表人填写即可，只是标明具体的负责人，不用签字。

⑤"分包单位"及"分包单位负责人","分包单位"栏应填写分包单位名称,写全称,与合同上公章名称一致,并应注意各表格填写的名称应相互一致;"分包单位负责人"栏填写合同中指定的分包单位项目负责人;分包内容填写其承包的分项工程、子分部工程名称。表头中人名由填表人填写即可,只是标明具体的负责人,不用签字;没有分包工程分包单位可以不填写。

(3)"序号"栏的填写

按子分部工程的排列顺序依次填写,分项工程项目多于1页的,增加表格,顺序排号。

(4)"子分部工程名称、分项工程名称、检验批数量、施工单位检查结果、监理单位验收结论"栏的填写

① 填写本分部工程汇总的所有子分部工程名称、分项工程名称并列在子分部工程后依次排序,并填写其名称、检验批只填写数量,注意要填写完整。

②"施工单位检查结果"栏,由填表人依据分项工程验收记录填写,填写"符合要求"或"合格"。

③"监理单位验收结论"栏,由总监理工程师检查同意验收后,填写"合格"或"符合要求"。

(5)质量控制资料

①"质量控制资料"栏应按"单位(子单位)工程质量控制资料核查记录"相应的分部工程的内容来核查,各专业只需要检查该表内对应于本专业的那部分相关内容,不需要全部检查表内所列内容。

② 核查时,应对资料逐项核对检查,应核查下列内容:资料是否完整,该有的项目是否都有,项目中的资料是否齐全,有无遗漏;资料的内容有无不合格项,资料中该有的数据和结论是否齐全;资料是否相互协调一致,有无矛盾,不交圈;各项资料签字是否齐全;资料的分类整理是否符合要求,案卷目录、份数页数等有无缺漏。

③ 当确认能够基本反映工程质量情况,达到保证结构安全和使用功能的要求时,该项即可通过验收。全部项目都通过验收,即可在"施工单位检查结果"栏内填写检查结果,标注"检查合格""符合要求""有效完整",并说明资料份数,然后送监理单位或建设单位验收,监理单位总监理工程师组织核查,认为符合要求,则在"验收意见"栏内签注"验收合格"或"符合要求"意见。

④ 对一个具体工程是按分部还是按子分部进行资料验收,需要根据具体工程的情况自行确定,通常可按子分部工程进行资料验收,按分部工程汇总。

(6)"安全和功能检验结果"栏应根据工程实际情况填写

安全和功能检验是指按规定或约定需要在竣工时进行抽样检测检验的项目。这些项目凡能在分部(子分部)工程验收时进行检测的,应在分部(子分部)工程验收时进行检测。具体检测项目可按"单位(子单位)工程安全和功能检验资料核查及主要功能抽查记录"中的相关内容在开工之前加以确定,编制检测项目计划。设计有要求或合同有约定的,按要求或约定执行。

在核查时,要检查开工之前确定的检测项目是否全部进行了检测。要逐一对每

份检测报告进行核查，主要核查每个检测项目的检测方法、程序是否符合有关标准规定；检测结论是否达到规范规定和设计要求；检测报告的审批程序及签字是否完整等。

如果每个检测项目都通过核查，施工单位即可在检查结果标注"合格"或"符合要求"，并说明资料份数。由项目负责人送监理单位验收，总监理工程师组织核查，认为符合要求后，在"验收意见"栏内签注"合格"或"符合要求"意见。

（7）"观感质量检验结果"栏的填写应符合工程的实际情况

只作定性评判，不作量化打分。观感质量等级分为"好""一般""差"共3档。"好""一般"均为合格，"差"为不合格，需要修理或返工。

观感质量检查的主要方法是观察和简单尺量等检验，但除了检查外观外，还应检查整个工程的宏观质量，例如下沉、裂缝、色泽等；还应对能启动、运转或打开的部位进行启动或打开检查；并注意应尽量做到全面检查，对屋面、地下室及各类有代表性的房间、部位、建筑四周都应查到。

观感质量检查首先由施工单位项目负责人组织施工单位人员按划分的点、处进行现场检查，检查合格后填表，由项目负责人签字后交监理单位验收。

监理单位总监理工程师组织专业监理工程师对观感质量进行验收，并确定观感质量等级。认为达到"好""一般"，均视为合格，在"观感质量验收意见栏内填写"好""一般"。评为"差"的项目，应由施工单位修理或返工。如确实无法修理，且不影响工程安全和使用功能的可经协商验收，并在验收表中注明。

（8）"综合验收结论"的填写

由总监理工程师与各方协商，确认符合规定，取得一致意见后，可在"综合验收结论"栏填入"××分部工程验收合格"。

当出现意见不一致时，应由总监理工程师与各方协商，对存在的问题提出处理意见或解决办法，待问题解决后再填表。

（9）签字栏

制表时已经列出了需要签字的参加工程建设的有关单位，应由各方参加验收的代表亲自签名，以示负责，通常不需盖章。勘察、设计单位需参加地基与基础分部工程质量验收，由其项目负责人亲自签认。

设计单位需参加主体结构和建筑节能分部工程质量验收，由设计单位的项目负责人亲自签认。

施工总承包单位由项目负责人亲自签认，分包单位不用签字，但必须参与其负责的那个分部工程的验收。

监理单位作为验收方，由总监理工程师签认验收。未委托监理的工程，可由建设单位项目技术负责人签认验收。

（10）注意事项

① 核查各分部工程所含分项工程是否齐全，有无遗漏。

② 核查质量控制资料是否完整，分类整理是否符合要求。

③ 核查安全、功能的检测是否按规范、设计、合同要求全部完成，未作的应补作，

核查检测结论是否合格。

④ 对分部工程应进行观感质量检查验收，主要检查分项工程验收后到分部工程验收之间，工程实体质量有无变化，如果有应修补达到合格，才能通过验收。

3. 分部（子分部）工程是质量验收的重点

分部（子分部）工程是形成系统质量和部位质量，也是形成使用功能质量的基础，其质量指标的检验代表了单位工程的安全和使用质量的，包括如下几方面原因：

（1）分部（子分部）工程相对来讲具有一定的独立性，完成将会形成一定的安全质量指标和使用功能质量指标，保证质量的技术措施也基本相同或相近。有的分部（子分部）工程是由专业施工队伍来承担施工的。一个分部（子分部）施工完成，该部分即可能竣工，专业施工队伍可能要完工离场，其质量验收相当于该部分的竣工验收。

在竣工验收过程中，在分部（子分部）验收时做好质量指标控制，比在单位工程竣工验收相比有以下 3 个好处：

① 分部（子分部）工程多数是专业队伍施工，验收也是组织相应的专业技术人员，由于专业质量项目较少，检查起来方便，相对的质量指标也少，便于突出重点，正确控制质量指标，不会过高或不足，发现质量问题，也较容易准确查找原因。

② 发现了质量问题，整改比较容易。首先是相对于其他工程，比如装饰装修工程等还未做，整改起来较方便，修理返工对其他工程影响较小。

③ 施工队伍尚在，修整返工较及时。因为专业队伍分部（子分部）工程完工后，施工队伍所负责的工程竣工，将离开现场，如果等单位工程验收时才发现问题再修理，要重新叫回施工队伍，就很不方便了。所以，分部（子分部）工程质量验收，要细要全面，按规范标准验收。

（2）分部（子分部）工程质量验收要重点检查所含分项工程质量必须全部合格，各项质量指标都要符合标准规定。在检验批不能验收的项目，在分项工程质量验收时，必须进行验收合格。混凝土、砂浆等强度评度必须合格；不能有覆盖不到的部位和项目没有验收到，然后把分项工程质量验收资料整理汇总。

（3）分部（子分部）工程的检质量控制资料检查，要特别重视检测项目一次检测达到规范规定。这代表工程施工过程中质量控制是有效的，控制措施是有针对性的，其落实也是好的。工程质量控制制度是完善的和有效的。

（4）在分部（子分部）质量验收中，对保证安全和使用功能的检测项目的检测报告要详细审核，要明确一次检测达到规范、设计规定的质量目标、项目的比例，强调百分之百达到一次检测符合规范规定，是质量验收追求的目标。突出工程质量控制的一次成活、一次成优的高质量水平。

五、单位工程质量竣工验收

1. 依据《建筑工程施工质量验收统一标准》GB 50300—2013 标准的样表，以某住宅楼单位工程为例，说明表格的填写（表 1-2-12）。

表 1-2-12 某住宅楼单位工程质量竣工验收记录

工程名称	××住宅楼工程	结构类型	砖混结构	层数/建筑面积	地下三层地上十层/5000m²
施工单位	××建筑公司	技术负责人	陈××	开工日期	××××年××月××日
项目负责人	王××	项目技术负责人	白××	竣工日期	××××年××月××日

序号	项目	验收记录	验收结论
1	分部工程验收	共 8 个分部，经查符合设计及标准规定 8 个分部（无通风与空调、智能、有燃气未检查）	合格
2	质量控制资料核查	共 29 项，经核查符合规定 29 项	合格
3	安全和使用功能核查及抽查结果	共核查 24 项，符合规定 24 项，共抽查 6 项，符合规定 6 项，经返工处理符合规定 0 项	合格
4	观感质量验收	共抽查 17 点，达到"好"的 17 点，经返修处理符合要求的 0 点	好

综合验收结论	工程质量合格				
参加验收单位	建设单位	监理单位	施工单位	设计单位	勘察单位
	(公章) 项目负责人： ××× ××××年××月××日	(公章) 总监理工程师： ××× ××××年××月××日	(公章) 项目负责人： ××× ××××年××月××日	(公章) 项目负责人： ××× ××××年××月××日	(公章) 项目负责人： ××× ××××年××月××日

注：单位工程验收时，验收签字人员应由相应单位法人代表书面授权。

2. 填写依据及说明

"单位工程质量竣工验收记录"是一个建筑工程项目的最后一道验收，应先由施工单位自行检查合格后填写，然后监理单位由总监理工程师组织预验收，再提交建设单位组织验收，最后由建设单位组织正式验收。

（1）单位工程完工，施工单位组织自检合格后，应由施工单位填写"单位工程质量验收记录"并整理好相关的控制资料和检测资料等。报请监理单位进行预验收，通过后向建设单位提交工程竣工验收报告，建设单位应由项目负责人组织设计、监理、施工、勘察等单位项目负责人进行工程质量竣工验收，通过验收后，验收记录上各单位必须签字并加盖公章，验收签字人员应为由相应单位法人代表书面授权的项目负责人。

（2）进行单位工程质量竣工验收时，施工单位应同时填报"单位工程质量控制资料核查记录""单位工程安全和功能检验资料核查及主要功能抽查记录""单位工程观感质量检查记录"，作为"单位工程质量竣工验收记录"的配套附表。

（3）表头的填写。

①"工程名称"：应填写单位工程的全称，应与施工合同中的工程名称相一致。

②"结构类型"：应填写施工图设计文件上确定的结构类型，子单位工程无论属于哪个范围，也是照样填写。

③"层数/建筑面积"：说明地下几层地上几层，建筑面积填竣工决算的建筑面积。

④"施工单位、技术负责人、项目负责人、项目技术负责人"："施工单位"栏应填

写总承包单位名称，宜写全称，与合同上公章名称一致，并注意各表格填写的名称应相互一致；"项目负责人"栏填写合同中指定的项目负责人；"项目技术负责人"栏填写本工程项目的技术负责人。

⑤"开、竣工日期"：开工日期填写领到"施工许可证"的实际开工日期；完工日期以竣工验收合格、参验人员签字通过日期为准。

（4）"项目"栏按单位工程验收的内容逐项填写，并与"验收记录""验收结果"栏一并相应填写；"分部工程验收"栏根据各"分部工程质量验收记录"填写，应包括所含各分部工程。

（5）该表由竣工验收组成员共同逐项核查。对表中内容如有异议，应对工程实体进行检查或测试。

（6）分部工程核查。核查并确认合格后，由监理单位在"验收记录"栏注明共验收了几个分部，符合标准及设计要求的有几个分部，并在右侧的"验收结论"栏内填入具体的验收结论。在"验收记录"栏填写检查×个分部，符合要求的×个分部，不符合要求0个分部。若有不符合要求的，必须整改到符合要求。

（7）"质量控制资料核查"栏根据"单位工程质量控制资料核查记录"的核查结论填写。建设单位组织由各方代表组成的验收组成员，或委托总监理工程师，按照"单位工程质量控制资料核查记录"的内容，对实际发生的项目进行逐项核查并标注。确认符合要求后，在"验收记录"栏填写共核查××项，符合规定的××项，并在"验收结论"栏内填写具体实际查的项符合规定的验收结论。

（8）"安全和使用功能核查及抽查结果"栏根据"单位工程安全和功能检验资料核查及主要功能抽查记录"的核查结论填写。对于分部工程验收时已经进行了安全和功能检测的项目，单位工程验收时不再重复检测，但要核查以下内容：

① 单位工程验收时按规定、约定或设计要求，需要进行的安全功能抽测项目是否都进行了检测；具体检测项目有无遗漏。

② 抽测的程序、方法及判定标准是否符合规定。

③ 抽测结论是否达到设计要求及规范规定。

对实际发生的检测项目进行逐项核查并标注，认为符合要求的，在"验收记录"栏填写核查的项数及符合项数，抽查项数及符合规定的项数，没有返工处理项；并在"验收结论"栏填入核查、抽测项目数符合要求的结论。如果发现某些抽测项目不全，或抽测结果达不到设计要求，可进行返工处理。

（9）"观感质量验收"栏根据"单位工程观感质量检查记录"的检查结论填写。

参加验收的各方代表在建设单位主持下，对观感质量抽查共同做出评价。如果确认没有影响结构安全和使用功能的项目，符合或基本符合规范要求，应评价为"好"或"一般"；如果某项观感质量被评价为"差"，应进行修理。如果确难修理时，只要不影响结构安全和使用功能的，可采用协商解决的方法进行验收，并在验收表上注明。

观感质量验收不只是外观的检查，实际是实物质量的一个全面检查，能启动的启动一下，有不完善的地方可记录下来，如裂缝、损缺等。实际是对整个工程的一个综合的实地的总体质量水平的检查。

对观感质量验收检查抽查的点（项）数，达到"好""一般"的在"验收记录"栏记录，并在"验收结论"栏填写"好"或"一般"。

（10）"综合验收结论"栏应由参加验收各方共同商定，并由建设单位填写，主要对工程质量是否符合设计和规范要求及总体质量水平做出评价。

3. 单位工程质量控制资料核查

（1）依据《建筑工程施工质量验收统一标准》GB 50300—2013标准的样表，进行核查，说明核查方法（表1-2-13）。

表1-2-13 单位工程质量控制资料核查记录

工程名称		××综合楼工程	施工单位		××建筑公司		
序号	项目	资料名称	份数	施工单位		监理单位	
				核查意见	核查人	核查意见	核查人
1	建筑与结构	图纸会审记录、设计变更通知单、工程洽商记录	13	完整有效		合格	
2		工程定位测量、放线记录	16	完整有效		合格	
3		原材料出厂合格证书及进厂检验、试验报告	87	完整有效		合格	
4		施工试验报告及见证检测报告	56	完整有效		合格	
5		隐蔽工程验收记录	15	完整有效	×××	合格	×××
6		施工记录	27	完整有效		合格	
7		地基、基础、主体结构检验及抽样检测资料	9	完整有效		合格	
8		分项、分部工程质量验收记录	28	完整有效		合格	
9		工程质量事故调查处理资料	/	/		/	
10		新技术论证、备案及施工记录	/	/		/	
1	给水排水与供暖	图纸会审记录、设计变更通知单、工程洽商记录	5	完整有效		合格	
2		原材料出厂合格证书及进厂检验、试验报告	26	完整有效		合格	
3		管道、设备强度试验、严格性试验记录	6	完整有效	×××	合格	×××
4		隐蔽工程验收记录	3	完整有效		合格	
5		系统清洗、灌水、通水、通球试验记录	22	完整有效		合格	
6		施工记录	12	完整有效		合格	
7		分项、分部工程质量验收记录	10	完整有效		合格	
8		新技术论证、备案及施工记录	/	/		/	
1	通风与空调	图纸会审记录、设计变更通知单、工程洽商记录	/	/		/	
2		原材料出厂合格证书及进厂检验、试验报告	/	/		/	
3		制冷、空调、水管道强度试验、严密试验记录	/	/		/	

续表

序号	项目	资料名称	份数	施工单位		监理单位	
				核查意见	核查人	核查意见	核查人
4	通风与空调	隐蔽工程验收记录	/	/	×××	/	×××
5		制冷设备运行调试记录	/	/		/	
6		通风、空调系统调试记录	/	/		/	
7		施工记录	/	/		/	
8		分项、分部工程质量验收记录	/	/		/	
9		新技术论证、备案及施工记录	/	/		/	
1	建筑电气	图纸会审记录、设计变更通知单、工程洽商记录	6	完整有效	×××	合格	×××
2		原材料出厂合格证书及进厂检验、试验报告	18	完整有效		合格	
3		设备调试记录	4	完整有效		合格	
4		接地、绝缘电阻测试记录	15	完整有效		合格	
5		隐蔽工程验收记录	4	完整有效		合格	
6		施工记录	14	完整有效		合格	
7		分项、分部工程质量验收记录	10	完整有效		合格	
8		新技术论证、备案及施工记录	/	/		/	
1	智能建筑	图纸会审记录、设计变更通知单、工程洽商记录	9	/	×××	/	×××
2		原材料出厂合格证书及进厂检验、试验报告	25	/		/	
3		隐蔽工程验收记录	30	/		/	
4		施工记录	30	/		/	
5		系统功能测定及设备调试记录	25	/		/	
6		系统技术、操作和维护记录	20	/		/	
7		系统管理、操作人员培训记录	10	/		/	
8		系统检测报告	1	/		/	
9		分项、分部工程质量验收记录	9	/		/	
10		新技术论证、备案及施工记录	2	/		/	
1	建筑节能	图纸会审记录、设计变更通知单、工程洽商记录	4	完整有效		合格	
2		原材料出厂合格证书及进厂检验、试验报告	20	完整有效		合格	

续表

序号	项目	资料名称	份数	施工单位		监理单位	
				核查意见	核查人	核查意见	核查人
3	建筑节能	隐蔽工程验收记录	4	完整有效	×××	合格	×××
4		施工记录	20	完整有效		合格	
5		外墙、外窗节能检验报告	4	完整有效		合格	
6		设备系统节能检测报告	15	完整有效		合格	
7		分项、分部工程质量验收记录	10	完整有效		合格	
8		新技术论证、备案及施工记录	/	/		/	
1	电梯燃气	图纸会审记录、设计变更通知单、工程洽商记录	3	完整有效	×××	合格	×××
2		设备出厂合格证书及开箱检验记录	2	完整有效		合格	
3		隐蔽工程验收记录	4	完整有效		合格	
4		施工记录	8	完整有效		合格	
5		接地、绝缘电阻试验记录	2	完整有效		合格	
6		负荷试验、安全装置检查记录	4	完整有效		合格	
7		分项、分部工程质量验收记录	2	完整有效		合格	
8		新技术论证、备案及施工记录	/	/		/	
1	燃气	—	/	/	×××	/	×××

检查结论	结论：工程质量控制资料完整、有效，各种材料、设备进场验收、施工记录、施工试验、系统调试记录等符合有关规范规定，工程质量控制资料核查通过，同意验收。 　施工单位项目负责人：×××　　　　　　　　　总监理工程师：××× 　　　　×××年××月××日　　　　　　　　　　×××年××月××日

注：抽查项目由验收组协商确定。

（2）填写依据及说明

① 单位工程质量控制资料是单位工程综合验收的一项重要内容，核查目的是强调建筑结构安全性能、使用功能方面主要技术性能的检验。施工单位应将全部资料按表列的项目分类整理附在表格后，供审查用。其每一项资料包含的内容，就是单位工程包含的有关分项工程中检验批主控项目、一般项目要求内容的汇总。对一个单位工程全面进行质量控制资料核查，可以了解施工过程质量受控情况，防止局部错漏，从而进一步加强工程质量的过程控制。

②《建筑工程施工质量验收统一标准》GB 50300—2013 中规定了按专业分别设置共计61项内容。其中，建筑与结构10项，给排水与采暖8项；通风与空调9项；建筑电气8项；智能建筑10项，建筑节能8项，电梯8项。燃气工程由于没有更新验收规范，统一标准没有列出检查项目。

③ 表1-2-13由施工单位按照所列质量控制资料的种类、名称进行检查，各项该有的项目有了，按项目逐项检查，确认完整有效；没有的项目不查。达到完整、有效后，填写份数，然后提交给监理单位验收。

④ 表 1-2-13 其他各栏内容先由施工单位进行自查和填写。监理单位应按分部工程逐项核查，独立得出核查结论。监理单位核查合格后，在监理单位"核查意见"栏填写对资料核查后的具体意见，如"有效完整""符合要求""合格"。施工、监理单位具体核查人员在"核查人"栏签字。

⑤ 总监理工程师确认符合要求后，施工单位项目负责人和总监理工程师，在"检查结论"栏内，填写对资料核查后的综合性结论，达到"同意验收"，并签字确认。

4. 单位工程安全和使用功能资料核查及抽查

（1）依据《建筑工程施工质量验收统一标准》GB 50300—2013 的样表进行检查，说明检查方法（表 1-2-14）。

表 1-2-14　单位工程安全和功能检验资料核查和主要功能抽查记录

工程名称		××综合楼工程		施工单位		××建筑公司
序号	项目	安全和功能检查项目	份数	核查意见	抽查结果	核（抽）查人
1	建筑与结构	地基承载力检验报告	2	完整、有效	合格	施工：×××　监理：×××
2		桩基承载力检验报告	/	/	/	
3		混凝土强度试验报告	6	完整、有效	合格	
4		砂浆强度试验报告	6	完整、有效	合格	
5		主体结构尺寸、位置抽查记录	6	完整、有效	合格	
6		建筑物垂直度、标高、全高测量记录	1	完整、有效	合格	
7		屋面淋水或蓄水试验记录	1	完整、有效	合格	
8		地下室渗漏水检测记录	/	/	/	
9		有防水要求的地面蓄水试验记录	1	完整、有效	合格	
10		抽气（风）道检查记录	2	完整、有效	合格	
11		外窗气密性、水密性、耐风压检测报告	2	完整、有效	合格	
12		幕墙气密性、水密性、耐风压检测报告	/	/	/	
13		建筑物沉降观测测量记录	2	完整、有效	合格	
14		节能、保温测试记录	5	完整、有效	合格	
15		室内环境检测报告	2	完整、有效	合格	
16		土壤氡气浓度检测报告	1	完整、有效	合格	
1	给水排水与供暖	给水管道通水试验记录	1	完整、有效	合格	施工：×××　监理：×××
2		暖气管道、散热器压力实验记录	2	完整、有效	合格	
3		卫生器具满水试验记录	2	完整、有效	合格	
4		给水消防管道、燃气管道压力试验记录	12	完整、有效	合格	
5		排水干管通球试验记录	14	完整、有效	合格	
6		锅炉试运行、安全阀及报警联动测试记录	/	/	/	
1	通风与空调	通风、空调系统试运行记录	/	/	/	
2		风量、温度测试记录	/	/	/	
3		空气能量回收装置测试记录	/	/	/	
4		洁净室净度测试记录	/	/	/	
5		制冷机组试运行调试记录	/	/	/	

续表

序号	项目	安全和功能检查项目	份数	核查意见	抽查结果	核（抽）查人
1	建筑电气	建筑照明通电试运行记录	2	完整、有效	合格	施工：××× 监理：×××
2		灯具固定装置及悬吊装置的载荷强度试验记录	/	/	/	
3		绝缘电阻测试记录	36	完整、有效	合格	
4		剩余电流动作保护器测试记录	/	/	/	
5		应急电源装置应激持续供电记录	/	/	/	
6		接地电阻测试记录	6	完整、有效	合格	
7		接地故障回路阻抗测试记录	6	完整、有效	合格	
1	智能建筑	系统试运行记录	/	/	/	
2		系统电源及接地检测报告	/	/	/	
3		系统接地检测报告	/	/	/	
1	建筑节能	外墙节能构造检查记录或热工性能检验报告	12	完整、有效	合格	施工：××× 监理：×××
2		设备系统节能性能检查记录	2	完整、有效	合格	
1	电梯	运行记录	2	完整、有效	合格	施工：××× 监理：×××
2		安全装置检测报告	6	完整、有效	合格	
1	燃气工程	—			/	

结论：资料完整有效、抽查结果符合要求"合格"。同意验收。

施工单位项目负责人：×××　　　　　　　　　　　　总监理工程师：×××

　　　　　　　　××××年××月××日　　　　　　　　　　××××年××月××日

注：抽查项目由验收组协商确定。

（2）填写依据及说明

① 建筑工程最为重要的是要确保安全和满足功能性要求。涉及安全和使用功能的项目性能应有检验资料，质量验收时确保对满足安全和使用功能的项目进行检测是强化验收的重要措施，对主要项目的检测资料记录进行抽查是落实质量的内容，施工单位应在竣工验收时，先将"单位工程安全和功能检验资料核查及主要抽查记录"确认好，竣工验收时监理进行核查，填写核查意见。

② 抽查项目是在核查资料文件的基础上，由参加验收的各方人员协商确定，然后按有关专业工程施工质量验收标准进行检查。

③ 安全和功能的各项主要检测项目，在"单位工程安全和功能检验资料核查及主要抽查记录"中已经列明。如果设计或合同有其他要求，经监理认可后可以补充。

如果条件具备，安全和功能的检测应在分部工程验收时进行。分部工程验收时凡已经做过的安全和功能检测项目，单位工程竣工验收时可不再重复检测，只核查检测报告是否符合有关规定。可核查检测项目是否有遗漏，应与检测项目计划对应检查，核查抽测项目程序、方法、判定标准是否符合规定；检测结论是否达到设计要求及规范规定；如果某个项目检测结果达不到设计要求，应允许进行返工处理，使之达到要求再填表。

核查抽查的项目可以有核查原始记录，把核查的检测报告列表逐个检查判定。判定结果附在每个检测报告后面。

④ 表 1-2-14 由施工单位按所列内容检查并填写份数后，提交给监理单位核查。

⑤ 表 1-2-14 其他栏目由总监理工程师或建设单位项目负责人组织核查、抽查并由监理单位填写。

⑥ 监理单位经核查和抽查，认为符合要求，由总监理工程师在表中的"检查结论"栏填入综合性验收结论，施工单位项目负责人签字负责。

⑦ 表 1-2-14 将全部分部工程的内容都列出，可供有关人员参考，没有的项目可在检查时划去。

5. 单位工程观感质量检查

（1）依据《建筑工程施工质量验收统一标准》GB 50300—2013 的样表进行检查，说明检查方法（表 1-2-15）。

表 1-2-15　单位工程观感质量检查记录

工程名称		××综合楼工程	施工单位	××建筑公司
序号		项目	抽查质量状况	质量评价
1	建筑与结构	主体结构外观	共检查 10 点，好 9 点，一般 1 点，差 0 点	好
2		室外墙面	共检查 10 点，好 8 点，一般 2 点，差 0 点	好
3		变形缝、雨水管	共检查 6 点，好 6 点，一般 0 点，差 0 点	好
4		屋面	共检查 5 点，好 4 点，一般 1 点，差 0 点	好
5	建筑与结构	室内墙面	共检查 15 点，好 8 点，一般 7 点，差 0 点	好
6		室内顶棚	共检查 10 点，好 9 点，一般 1 点，差 0 点	好
7		室内地面	共检查 10 点，好 9 点，一般 1 点，差 0 点	好
8		楼梯、踏步、护栏	共检查 10 点，好 8 点，一般 2 点，差 0 点	一般
9		门窗	共检查 10 点，好 8 点，一般 2 点，差 0 点	一般
10		雨罩、台阶、坡道、散水	共检查 10 点，好 8 点，一般 2 点，差 0 点	一般
1	给水排水与供暖	楼道接口、坡度、支架	共检查 10 点，好 9 点，一般 1 点，差 0 点	好
2		卫生器具、支架、阀门	共检查 10 点，好 9 点，一般 1 点，差 0 点	好
3		检查口、扫除口、地漏	共检查 10 点，好 9 点，一般 1 点，差 0 点	好
4		散热器、支架	共检查 10 点，好 9 点，一般 1 点，差 0 点	好
1	建筑电气	配电箱、盘、板、接线盒	共检查 10 点，好 9 点，一般 1 点，差 0 点	好
2		设备器具、开关、插座	共检查 10 点，好 9 点，一般 1 点，差 0 点	好
3		防雷、接地、防火	共检查 10 点，好 9 点，一般 1 点，差 0 点	好
1	电梯	运行、平层、开关门	共检查 10 点，好 10 点，一般 0 点，差 0 点	好
2		层门、信号系统	共检查 10 点，好 10 点，一般 0 点，差 0 点	好
3		机房	共检查 10 点，好 9 点，一般 1 点，差 0 点	好
1	燃气		本工程未验收	
观感质量综合评价			好	

结论：评价为好，观感质量验收合格。

施工单位项目负责人：×××　　　　　　　　　　　总监理工程师：×××

　　　　　　　　××××年××月××日　　　　　　　　　　　××××年××月××日

注：1. 对质量评价为差的项目进行返修；

　　2. 建筑节能工程的观感质量都包括在其他分部工程中；

　　3. 燃气工程未检查。

（2）填写依据及说明

① 单位工程观感质量检查是在工程全部竣工后进行的一项重要验收工作，是对一个单位工程的外观及使用功能质量的全面评价，可以促进施工过程的管理、成品保护，提高社会效益和环境效益。观感质量检查绝不是单纯的外观检查，而是实地对工程的一个全面检查。

②《建筑工程施工质量验收统一标准》GB 50300—2013 规定，单位工程的观感质量验收划分为点、区、片进行检查，综合评价分为"好""一般""差" 3 个等级，差的部分进行整改。观感质量检查的方法、程序、评判标准等均与分部工程相同，不同的是检查项目较多，属于综合性验收，主要内容包括：核实质量控制效果，检查检验批、分项、分部工程验收的正确性，对在分项工程中不能检查的项目进行检查，核查各分部工程验收后到单位工程竣工时之间的成品保护措施，工程的观感质量有无变化、损坏等。本表施工单自检评定合格后，交竣工验收时复查。

③ 本表由总监理工程师组织参加验收的各方代表，按照表 1-2-15 中所列内容，共同实际检查，协商得出质量评价、综合评价和验收结论意见。由于施工单位应有一个观感质量的验收表，在总监理工程师组织观感质量检查时，可单独重新填写一个新表，也可在施工单位的验收表上核查。通常都是重新填写表，检查结果可做对比。

④ 单位工程观感质量检查项目施工单位检查时，可记录原始记录表，把检查各点的情况原点记录下来，供竣工验收时检查；也可将其作为正式表的附表，放在检查记录表格后。

（3）注意事项

① 参加验收的各方代表经共同实际检查，如果确实没有影响结构安全和使用功能等问题，可共同商定评价意见。评价为"好"和"一般"的项目，由总监理工程师在"观感质量综合评价"栏填写"好"或"一般"，并在"检查结论"栏内填写"工程观感质量综合评价"为"好"或"一般"，"验收合格"或"符合要求"。

② 如有评价为"差"的项目，能返修的应予以返工修理。重要的观感检查项目修理后需重新检查验收。

③ "抽查质量状况"栏，可填写具体检查数据。当数据少时，可直接将检查数据填在表格内；当数据多时，可简要描述抽查的质量状况。

④ 评价规则：由于标准只是原则规定，内容都在各验收规范中，细则可现场协商，现场评价共同确定。

六、优良工程质量验收

1. 优良工程评定标准

《建筑工程施工质量评价标准》GB/T 50375—2016 是为建筑工程制订的优良工程质量标准，是建筑工程评优良施工质量的标准。建筑工程施工质量评价是在建筑工程按照《建筑工程施工质量验收统一标准》GB 50300—2013 及其配套的质量验收规范验收合格的基础上，抽查评定该工程质量的优良等级。建筑工程施工质量合格验收和优良评价是一个规范体系，是质量验收的两个阶段。其原始资料是一致的，评价标准也是以检验批、分项、分部（子分部）工程的验收资料及其相关资料为基础，以分部工程质量为单元进行抽查核定，来评价该工程优良质量等级的，所以，这里只列出评优良的资料，作为工程质量验收资料的一部分。也就是说，优良工程评价资料和合格质量验收资料共同组成了工程质量验收资料。《建筑工程施工质量评价标准》GB/T 50375—2016 是为建筑工程优良工程提出了内容和方法。

优良工程在合格工程基础上提高，主要有 5 个方面的内容：

（1）提高工程质量控制措施及落实的有效性，将施工依据操作工艺细化，制定成有针对性、有可操作性的措施，依据其施工就能保证工程质量。措施制定好，贯彻落实执行好。

（2）提高工程质量强度的匀质性和精度，确保工程的等强度；控制施工偏差，提高施工精度，保证工程质量，尺寸偏差符合规范规定，控制偏差的最大值、最小值，使平均值代表性得到保证。

（3）提高使用功能的完善。在设计图提出使用功能的基础上，保证实现工程的使用功能，并针对不同的使用人群，将工程的使用功能细化，保证全面实现设计的使用功能。

（4）提高工程的装饰及整体工程的效果。在工程结构安全得到保证、使用功能得到满足的前提下，建筑工程的装饰效果对工程本身、周围环境及城市的整体面貌都有重要影响，是不可忽视的一个重要方面，它体现工程的艺术性、社会性、文化性等诸多因素。要实现工程的整体效果，要经过精心组织、精心操作、精心施工，提高工程施工精准度才能达到目的。

（5）提高工程资料的完整性。工程资料是工程质量的一部分，体现了工程施工组织、质量记录、结构安全及使用功能。其资料的真实、准确、及时十分重要，能有力反映施工过程、工程使用及维修利用的全部情况。应努力做到使其规范、真实、有效和完整。

2. 在合格工程基础上创优良工程的方法

（1）建筑工程施工质量评价应实施目标管理，健全质量管理体系，落实质量责任，完善控制手段，提高质量保证能力和持续改进能力。

（2）建筑工程质量管理应加强对原材料、施工过程的质量控制和结构安全、功能效果检验；应具有完整的施工控制资料和质量验收资料。

（3）评优良的过程应完善检验批的质量验收；具有完整的施工操作依据和现场验收检查原始记录。

（4）建筑工程施工质量评优应对工程结构安全、使用功能、建筑节能和观感质量等进行综合核查。

（5）建筑工程施工质量评优应按分部工程、子分部工程进行。

3. 采用评分的办法进行评定优良工程

（1）建筑工程施工质量评优良工程是将建筑工程分为地基与基础工程、主体结构工程、屋面工程、装饰装修工程、安装工程及建筑节能工程共 6 个评优部分，13 个评优项目来进行的，如图 1-2-1 所示。

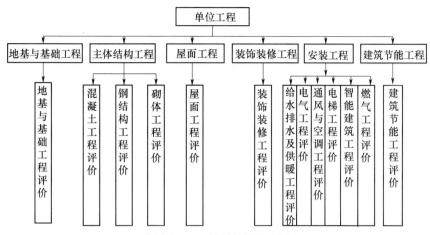

图 1-2-1　工程质量评优框图

注：1. 地下防水工程的质量评优列入地基与基础工程；

　　2. 地基与基础工程中的基础部分的质量评优列入主体结构工程。

每个评优部分应根据其在整个工程中所占工作量及重要程度给出相应的权重，见表 1-2-16。

表 1-2-16　工程评优部分权重

工程评分部分	权重（%）
地基与基础工程	10
主体结构工程	40
屋面工程	5
装饰装修工程	15
安装工程	20
建筑节能工程	10

注：1. 主体结构、安装工程有多项内容时，其权重可按实际工作量分配，但应为整数；

　　2. 主体结构中的砌体工程若是填充墙时，最多只占 10% 的权重；

　　3. 地基与基础工程中基础及地下室结构列入主体机构工程中评价。

（2）每个评优部分应按工程质量的特点，分为性能检测、质量记录、允许偏差、观感质量共 4 个评价项目。

每个评价项目应根据其在评优部分中所占的工作量及重要程度给出相应的项目分值，见表 1-2-17。

表 1-2-17　评优项目分值

序号	评价项目	地基与基础工程	主体结构工程	屋面工程	装饰装修工程	安装工程	节能工程
1	性能检测	40	40	40	30	40	40
2	质量记录	40	30	20	20	20	30
3	允许偏差	10	20	10	10	10	10
4	观感质量	10	10	30	40	30	20

注：各检查评分表检查评分后，将所得分换算为本表项目分值，再按规定换算为表 1-2-16 的权重。

（3）每个评优项目应包括若干项具体检查内容，对每一具体检查内容应按其重要性给出分值。其判定结果分为两个档次：一档应为 100％的分值；二档应为 70％的分值。

（4）结构工程、单位工程施工质量评优综合评分达到 85 分及以上的建筑工程应评为优良工程。

4. 优良工程评分

将一个单位工程分为 6 个部分（具体分为 13 个部分），每个部分又分为性能检测、质量记录、允许偏差、观感质量 4 个评优项目。每个项目中有若干个质量指标，按规定对每个质量指标进行评定。

（1）性能检测评分方法

检查标准：检查项目的检测指标一次检测达到设计要求及规范规定的应为一档，取 100％的分值；按相关规范规定，经过处理后满足设计要求及规范规定的应为两档，取 70％的分值。

检查方法：核查性能检测报告。

（2）质量记录评价方法

检查标准：材料、设备合格证、进场验收记录及复试报告、施工记录及施工试验等资料完整，能满足设计要求及规范规定的应为一档，取 100％的分值；资料基本完整并能满足设计及规范要求的应为两档，取 70％的分值。

检查方法：核查资料的项目、数量及数据内容。

（3）允许偏差评价方法

检查标准：检查项目 90％及以上测点实测值达到规范规定值的应为一档，取 100％的分值；检查项目 80％及以上测点实测值达到规范规定值，但不足 90％的应为两档，取 70％的分值。

检查方法：在各相关检验批中，随机抽取 5 个检验批，不足 5 个的取全部进行核查其允许偏差值。

（4）观感质量评价方法

检查标准：每个检查项目以随机抽取的检查点按"好""一般"给出评价。项目检查点 90％及其以上达到"好"，其余检查点达到"一般"的应为一档，取 100％的分值；项目检查点 80％及其以上达到"好"，但不足 90％，其余检查点达到"一般"的应为两档，取 70％的分值。

检查方法：核查分部（子分部）工程质量验收资料。

5. 优良工程评定表格

（1）性能检测项目评分表

《建筑工程施工质量评价标准》GB/T 50375—2016 对评分项目、评分标准有具体规定，如混凝土结构工程性能检测项目及评分表。本书结合评分办法做了具体评分举例，见表 1-2-18。

表 1-2-18　混凝土结构工程性能检测项目及评分表

工程名称	××××		建设单位		××××	
施工单位	××××		评价单位		××××	
序号	检查项目	应得分	判定结果		实得分	备注
			100%	70%		
1	结构实体混凝土强度	40	40		40	
2	结构实体钢筋、保护层厚度	40	40		40	
3	结构实体位置与尺寸偏差	20	20		20	
4	合计得分	100	100		100	
核查结果	性能检测项目分值 40 分。 应得分合计：100 实得分合计：100 混凝土结构工程性能检测得分×40＝$\frac{100}{100}$×40＝40 分 评价人员：××　　　　　　　　　　　　　　　　　　　××××年××月××日					

（2）质量记录项目评分表

《建筑工程施工质量评价标准》GB/T 50375—2016 对评分项目、评分标准都有具体规定，例如混凝土工程结构工程质量记录项目及评分表。本书结合评分办法作了具体评分举例，见表 1-2-19。

表 1-2-19　混凝土结构工程质量记录项目及评分表

工程名称	××××		建设单位		××××	
施工单位	××××		评价单位		××××	
序号	检查项目		应得分	结果		实得分	备注
				100%	70%		
1	材料合格证、进场验收记录及复试报告	钢筋、混凝土拌合物合格证、进场坍落度测试记录、进场验收记录，钢筋复试报告，钢筋连接材料合格证及复试报告	30		21	21	小直径钢筋合格证偏少
		预制构件合格证、出厂检验报告及进场验收记录					
		预应力锚夹具、连接器合格证、出厂检验报告、进场验收记录及复试报告					
2	施工记录	预拌混凝土进场工作性能测试记录	30	30		30	
		混凝土施工记录					
		装配式结构安装连接施工记录					
		预应力筋安装、张拉及灌浆封锚施工记录					
		隐蔽工程验收记录					

续表

序号	检查项目		应得分	结果 100%	结果 70%	实得分	备注
3	施工试验	混凝土配合比试验报告、开盘鉴定报告	40	40		40	
		混凝土试件强度试验报告及强度评定报告					
		钢筋连接试验报告					
		无黏结预应力筋防腐检测记录，预应力筋断丝检测记录					
		装配式构件安装连接检验报告					
	合计得分		100	70	21	91	
核查结果	质量记录项目分值30分。 应得分合计：100 实得分合计：91 混凝土结构质量记录得分 = $\dfrac{\text{实得分合计}}{\text{应得分合计}} \times 30 = \dfrac{91}{100} \times 30 = 27.3$ 分 评价人员：×××　　　　　　　　　　　　　　　　　　　　　　　　　××××年×月×日						

（3）允许偏差项目评分表

《建筑工程施工质量评价标准》GB/T 50375—2016 对评价项目、评分标准有具体规定，例如混凝土结构工程的允许偏差项目及评分表，本书结合评分办法作了具体评分举例，见表 1-2-20。

表 1-2-20　混凝土结构工程的允许偏差项目及评分表

工程名称	×××住宅楼	建设单位	××房地产公司
施工单位	×××建筑公司	评价单位	××××

序号	检查项目			应得分	判定结果 100%	判定结果 70%	实得分	备注
1	混凝土现浇结构	轴线位置	墙、柱、梁8mm	40		28	82	
		标高	层高±10mm，全高±30mm					
		全高垂直度	$H \leqslant 300m$　118m　24mm $H/30000 + 20mm$ $H > 300m$ $H/10000$ 且 $\leqslant 80mm$	40	40			
		表面平整度	8mm	20		14		
2	装配式结构	装配轴线位置	柱、墙8mm	40				
			梁、板5mm					
		标高	柱、梁、墙板、楼板底面±5mm	40				
		构件搁置长度	梁、板±10mm	20				

续表

序号	检查项目	应得分	判定结果		实得分	备注
			100%	70%		
3	合计得分	100	40	42	82	
核查结果	观感质量项目分值 20 分。 应得分合计：100 实得分合计：82 混凝土结构工程允许偏差得分=$\dfrac{实得分合计}{应得分合计}\times 20=\dfrac{82}{100}\times 20=16.4$ 分 评价人员：质量员×××　　　　　　　　　　　　　　　　　　　　×××ｘ年××月××日					

（4）观感质量项目及评分表

《建筑工程施工质量评价标准》GB/T 50375—2016 对评分项目、评分标准有具体规定，例如混凝土结构工程观感质量项目及评分表。本书结合评分办法作了具体评分举例，见表 1-2-21。

表 1-2-21　混凝土结构工程观感质量项目及评分表

工程名称	××××		建设单位	××××	
施工单位	××××		评价单位	××××	

序号	检查项目	应得分	判定结果		实得分	备注
			100%	70%		
1	露筋	15	15		15	好 10 点 一般 0 点
2	蜂窝	10		7	7	好 8 点 一般 2 点
3	孔洞	10	10		10	好 10 点 一般 0 点
4	夹渣	10	10		10	好 10 点 一般 0 点
5	疏松	10		7	7	好 10 点 一般 2 点
6	裂缝	15	15		15	好 12 点 一般 3 点
7	连接部位缺陷	15	15		15	好 14 点 一般 1 点
8	外形缺陷	10		7	7	好 8 点 一般 2 点
9	外表缺陷	5	5		5	好 10 点 一般 0 点
10	合计得分	100	70	21	91	
核查结果	观感质量项目分值 10 分。 应得分合计：100 实得分合计：91 混凝土结构工程观感质量得分=$\dfrac{实得分合计}{应得分合计}\times 10=\dfrac{91}{100}\times 10=9.1$ 分 　评价人员：××　　　　　　　　　　　　　　　　　　　　　　　×××ｘ年××月××日					

6. 施工质量综合评分

在每个评优部位的择优项目性能检测、质量记录、允许偏差、观感质量评分后，对评分核算为每个部位的权重分值。

在对单位工程评优良过程中，施工质量优良等级评价分为结构工程质量评价和单位工程质量评价两个阶段。因为优良工程首先必须结构工程质量优良，然后才能继续评价单位工程质量优良。如果结构工程质量达不到优良工程，单位工程则不必再评，因为已失去了评优工程的基础。

1）结构工程质量评优良评分计算

① 结构工程质量评价包括地基与基础工程、主体结构工程。

② 地基与基础工程按《建筑工程施工质量验收统一标准》GB 50300—2013，评价包括了地基与桩基工程、地下防水工程。有关基坑支护、地下水控制、土方、边坡不参加质量评价的核查，基础工程和地下室工程不参加地基与基础工程质量的评价核查，而参加相应的主体结构的核查，其权重占整个工程的10%。

③ 主体结构工程按《建筑工程施工质量验收统一标准》GB 50300—2013，主要列出了混凝土结构、钢结构和砌体结构工程，包括基础中相应内容的部分，其权重占整个工程的40%。当混凝土工程、钢结构工程、砌体结构工程的两种结构或三种结构全有时，每种结构的权重按在工程中占的比重及重要程度来综合确定，见表1-2-22。

表1-2-22　结构工程质量评价实得分

序号	评价项目	地基与基础工程	主体结构工程		
			混凝土结构	钢结构	砌体结构
1	性能检测	32.8	40.0	40.0	40.0
2	质量记录	35.2	27.3	30.0	27.3
3	允许偏差	10.0	16.4	20.0	17.0
4	观感质量	7.6	9.1	9.0	8.5
合计		85.6×0.1=8.56	92.8×0.3=27.84	99.0×0.06=5.94	92.8×0.04=3.71
		（8.56+27.84+5.94+3.71）/0.5=92.1			

④ 结构工程质量优良评价，参见表1-2-23。

表1-2-23　结构工程质量优良评价表

项目名称	××××		
建设单位	××××	勘察单位	××××
施工单位	××××	设计单位	××××
监理单位	××××		
工程概况	框剪结构，高度134m，混凝土及钢结构混合结构，砌块填充墙，地下3层，地上3层，大开间商用房，38层写字楼，建筑面积24.6万 m^2，工期2年8个月。地基为钢筋混凝土灌注桩496根，钢套管护壁，桩径1400mm。地上大开间用钢模板，标准层用定型钢模板。预拌混凝土C40、C35		
工程评价	基础施工期间正是雨季，地下水位较高，后采取地面排水并加强抽排水，采用钢套管，保证桩位控制、混凝土浇筑排除雨天等措施，桩基础质量得到保证。主体结构期间，接受基础教训，重新制定措施，质量得到保证。监理对主要材料核验签认，对控制措施审查认可，加强工序质量验收，起到了好的作用		

评价结论	结构质量评价得分达到 92.1 分。其中桩基质量只达到 85.6 分，主体质量评价得分达到 93.73 分，且质量较均衡。达到合同约定。 评为结构优良工程　　　　　　　　　　　　　　　　　　　　×××× 年 ×× 月 ×× 日		
建设单位意见： 　同意验收。 项目负责人：××× （公章） 　　　　　××××年××月××日		施工单位意见： 　同意验收。 项目负责人：××× （公章） 　　××××年××月××日	监理单位意见： 　同意验收。 总监理工程师：×× （公章） 　　××××年××月××日

2）单位工程质量评优良评分计算

（1）结构工程质量评价的基本规定也适用于单位工程的质量评价。

（2）单位工程质量评价包括结构工程、屋面工程、装饰装修工程、安装工程及建筑节能工程。

（3）凡在施工中采用绿色施工、先进施工技术并获得省级及以上奖励的，可在单位工程核查后直接加 1～2 分。

（4）安装工程应包括建筑给水排水及供暖工程、建筑电气工程、通风与空调工程、电梯工程、智能建筑工程、燃气工程全部内容时。当 6 项工程不全有时，可按所占工程量大小分配权重，但权重总值 20 分不变，且分配时取整数值，以方便计算。

（5）单位工程质量评分及评价，分为以下两种情况。

① 单位工程在结构工程评价得分达到 85 分及以上，可继续评单位工程的质量评分；结构工程评价达不到优良，则单位工程不再继续评优。

单位工程＝地基与基础＋主体结构＋屋面工程＋装饰装修工程＋安装工程＋建筑节能工程＋附加分，见表 1-2-24。

表 1-2-24　单位工程核查评分汇总表

序号	评价项目	地基与基础工程	主体结构工程	屋面工程	装饰装修工程	安装工程	建筑节能工程	备注
1	性能检测	3.04	16.0	2，0	4.5	7.62	4.0	
2	质量记录	3.52	11.08	1.0	2.46	3.5	2.1	
3	允许偏差	1.0	6.8	0.5	1.37	1.76	0.91	
4	观感质量	0.76	3.61	1.5	5.28	5.53	1.87	
	合计	8.32	37.49	5.0	13.61	18.41	8.88	91.71%
		83.2%	93.7%	100%	90.7%	92.1%	88.8%	

② 单位工程质量优良评价

将各评价项目分值核查结果，填入"单位工程核查评分汇总表"，计算分析各评价项目质量水平、各评价部分质量水平，以及单位工程总体质量水平。本工程没有附加分，见表 1-2-25。

表 1-2-25 单位工程质量优良评价表

项目名称：××××

建设单位	××××	勘察单位	××××
施工单位	××××	设计单位	××××
监理单位	××××		

工程概况	框剪结构，高度 134m，混凝土及钢结构混合结构，地下 3 层，地上 3 层大厅，38 层写字楼，建筑面积 24.6 万 m²，工期 2 年 8 个月。精装饰竣工，工程质量合同签订为优良工程
工程评价	工程开始由于雨季，地下水位也较高，桩基控制不够严格，后经各方办公会议确定，接受桩基教训，责成施工单位加强控制，主体结构期监理加强措施核验，控制较好。屋面工程质量最好。装饰期间，由于抢工，又受到一些影响。总体质量较好
评价结论	总体质量评分达到 91.71%，大于 85 分。并且质量较均衡，达到合同约定的优良工程目标。建设、施工、监理三方验收通过 　　　　　　　　　　　　　　　　　　　　　　　　　××××年××月××日

建设单位意见： 　同意评为优良工程。 项目负责人：××× （公章） 　　　××××年××月××日	施工单位意见： 　评为优良工程。 项目负责人：××× （公章） 　　　××××年××月××日	监理单位意见： 　同意评为优良工程。 总监理工程师：××× （公章） 　　　××××年××月××日

第二章　建筑与结构各分部工程质量验收

本章包括地基基础分部工程、主体结构分部工程的混凝土结构、钢结构及砌体结构子分部工程、屋面分部工程、装饰装修分部工程、建筑节能分部工程等。

第一节　建筑地基基础分部工程质量验收

建筑地基基础分部工程质量验收内容由《建筑地基基础工程施工质量验收标准》GB 50202—2018 及《地下防水工程质量验收规范》GB 50208—2011 的内容组成，与《建筑工程施工质量验收统一标准》GB 50300—2013 所提出的项目验收评定有一些不同。三个标准的质量验收内容，基础部分与主体结构一致，建筑装饰与建筑装饰装修内容一致。其验收做法分为：在建筑地基基础分部工程进行质量验收的，与主体结构的混凝土工程、钢结构工程及砌体结构工程共同验收内容验收的及只进行检查不参加质量验收的三部分，将分别列出。

一、建筑地基基础分部工程检验批质量验收用表

建筑地基基础分部工程检验批质量验收用表目录，见表 2-1-1。建筑地基基础分部工程（只检查不参加工程验收）检验批质量验收用表目录，见表 2-1-2。建筑地基基础分部工程中 0102 基础的砌体工程、混凝土工程、钢结构工程的检验批验收表，其内容与主体结构中的相应工程相同，表格共用，其表格目录见表 2-1-3。

二、建筑地基基础分部工程质量验收规定

分部（子分部）工程质量验收的基本规定是该部分工程质量验收的一般知识。贯穿于各检验批、分项、分部工程质量验收过程中，它不是验收内容，但对做好验收很重要，在检验批验收前应先做好。本分部工程主要由两个规范：《建筑地基基础工程施工质量验收标准》GB 50202—2018、《地下防水工程质量验收规范》GB 50208—2011 的内容组成。

（一）《建筑地基基础工程施工质量验收标准》GB 50202—2018 中的质量验收基本规定

（1）地基基础工程施工质量验收的基本规定（3.0.1～3.0.8 条）

3.0.1　地基基础工程施工质量验收应符合下列规定：

1　地基基础工程施工质量应符合验收规定的要求；

2　质量验收的程序应符合验收规定的要求；

3　工程质量的验收应在施工单位自行检查评定合格的基础上进行；

4　质量验收应进行分部、分项工程验收；

5　质量验收应按主控项目和一般项目验收。

3.0.2 地基基础工程验收时应提交下列资料：
1 岩土工程勘察报告；
2 设计文件、图纸会审记录和技术交底资料；
3 工程测量、定位放线记录；
4 施工组织设计及专项施工方案；
5 施工记录及施工单位自查评定报告；
6 监测资料；
7 隐蔽工程验收资料；
8 检测与检验报告；
9 竣工图。

表 2-1-1　建筑地基基础分部各子分部工程检验批质量验收用表格目录

分项工程的检验批名称		子分部工程名称及编号			
		0101	0102	0105	0107
		地基	基础	土方	地下防水
序号	名称				
1	素土、灰土地基	01010101			
2	砂和砂石地基	01010201			
3	土工合成材料地基	01010301			
4	粉煤灰地基	01010401			
5	强夯地基	01010501			
6	注浆地基	01010601			
7	预压地基	01010701			
8	砂石桩复合地基	01010801			
9	高压旋喷注浆地基	01010901			
10	水泥土搅拌桩地基	01011001			
11	土和灰土挤密桩复合地基	01011101			
12	水泥粉煤灰碎石桩符合地基	01011201			
13	夯实水泥土桩复合地基	01011301			
1	钢筋混凝土预制桩		01020701		
2	泥浆护壁成孔灌注桩（钢筋笼）		01020801		
3	泥浆护壁成孔灌注桩（混凝土）		01020802		
4	干作业成孔桩（钢筋笼）		01020901		
5	干作业成孔桩（混凝土）		01020902		
6	长螺旋钻孔压灌桩（钢筋笼）		01021001		
7	长螺旋钻孔压灌桩（混凝土）		01021002		
8	沉管灌注桩（钢筋笼）		01021101		
9	沉管灌注桩（混凝土）		01021102		
10	钢桩（成品）		01021201		
11	钢桩		01021202		
12	锚杆静压桩		01021301		

续表

分项工程的检验批名称		子分部工程名称及编号			
		0101	0102	0105	0107
		地基	基础	土方	地下防水
序号	名称				
13	岩石锚杆		01021401（暂无表格）		
14	沉井与沉箱		01021501		
1	土方开挖			01050101	
2	岩质基坑开挖			01050102	
3	土方回填			01050201	
4	场地平整			01050202	
5	场地平整			01050301（暂无表格）	
1	防水混凝土				01070101
2	水泥砂浆防水层				01070102
3	卷材防水层				01070103
4	涂料防水层				01070104
5	塑料防水板防水层				01070105
6	金属板防水层				01070106
7	膨润土防水材料防水层				01070107
8	施工缝				01070201
9	变形缝				01070202
10	后浇带				01070203
11	穿墙管				01070204
12	埋设件				01070205
13	预留通道接头				01070206
14	桩头				01070207
15	孔口				01070208
16	坑、池				01070209

注：基础 0102 中的砌体、混凝土钢结构工程等基础的检验批验收表格及内容与主体结构中的相应工程相同，共用。

表 2-1-2　建筑地基基础分部各子分部工程（只检查不参加工程验收）检验批质量验收用表目录

分项工程的检验批名称		子分部工程名称及编号			
		0103	0104	0106	0107
		基坑支护	地下水控制	边坡	地下防水
1	灌注桩排桩围护墙（钢筋笼）	01030101			
2	灌注桩排桩围护墙（混凝土）	01030102			
3	板桩围护墙（重复用）	01030201			

续表

分项工程的检验批名称		子分部工程名称及编号			
		0103	0104	0106	0107
		基坑支护	地下水控制	边坡	地下防水
4	混凝土板桩围护墙	01030202			
5	咬合桩围护墙	01030301（暂无表格）			
6	型钢水泥土搅拌墙	01030401（暂无表格）			
7	土钉墙	01030501			
8	地下连续墙	01030601			
9	水泥土重力式挡墙	01030701（暂无表格）			
10	钢或混凝土支撑系统	01030801			
11	锚杆	01030901			
12	与主体结构相结合的基坑支护	01031001（暂无表格）			
1	降水与排水		01040101		
2	回灌		01040201（暂无表格）		
1	喷锚支护			01060101（暂无表格）	
2	挡土墙			01060201（暂无表格）	
3	边坡开挖			01060301（暂无表格）	
1	喷锚支护				01070301
2	地下连续墙结构防水				01070302
3	盾构隧道				01070303
4	沉井				01070304
5	逆筑结构				01070305
6	渗排水、盲沟排水				01070401
7	隧道排水、坑道排水				01070402
8	塑料排水板排水				01070403
9	预注浆、后注浆				01070501
10	结构裂缝注浆				01070502

表 2-1-3 建筑地基基础分部工程中 0102 基础工程与主体工程对应表

（与主体结构中的相应工程相同，表格共用）

	分项工程的检验批名称	子分部工程名称及编号	
		0102	0201～0204
		基础	主体
1	砖砌体	01020101	02020101
2	混凝土小型空心砌块砌体	01020102	02020201
3	石砌体	01020103	02020301
4	配筋砌体	01020104	02020401
5	模板安装	01020201 01020301	02010101
6	钢筋材料	01020202	02010201
7	钢筋加工	01020203 01020303	02010202
8	钢筋连接	01020204 01020304	02010203
9	钢筋安装	01020205 01020305	02010204
10	混凝土原材料	01020206 01020306	02010301
11	混凝土拌合物	01020207 01020307	02010302
12	混凝土施工	01020208 01020308	02010303
13	现浇结构外观	01020209 01020309	02010501
14	现浇结构位置及尺寸偏差	01020210 01020310	02010502
15	钢结构焊接	01020401	02030101
16	焊钉（栓钉）焊接	01020402	02030102
17	紧固件连接	01020403	02030201
18	高强度螺栓连接	01020404	02030202
19	钢零部件加工	01020405	02030301
20	钢结构组装	01020406	02030401
21	钢构件预拼装	01020407	02030402
22	单层钢结构安装	01020408	02030501
23	多层及高层钢结构安装	01020409	02030601
24	压型金属板	01020410	02030901
25	防腐涂料涂装	01020411	02031001

分项工程的检验批名称		子分部工程名称及编号	
		0102	0201～0204
		基础	主体
26	防火涂料涂装	01020412	02031101
27	钢管构件进场验收	01020501	02040101
28	钢管混凝土构件现场拼装	01020502	02040102
29	钢管混凝土柱脚锚固	01020503	02040201
30	钢管混凝土构件安装	01020504	02040202
31	钢管混凝土柱与钢筋混凝土梁连接	01020505	02040301 02040401
32	钢管内钢筋骨架安装	01020506	02040501
33	钢管内混凝土浇筑	01020507	02040601
34	型钢混凝土结构	01020601 （暂无表格）	暂无表格

3.0.3 施工前及施工过程中所进行的检验项目应制作表格，并应做相应记录、校审存档。

3.0.4 地基基础工程必须进行验槽，验槽检验要点应符合本标准附录 A 的规定。

3.0.5 主控项目的质量检验结果必须全部符合检验标准，一般项目的验收合格率不得低于80%。

3.0.6 检查数量应按检验批抽样，当本标准有具体规定时，应按相应条款执行，无规定时应按检验批抽样。检验批的划分和检验批抽检数量可按照现行国家标准《建筑工程施工质量验收统一标准》GB 50300 的规定执行。

3.0.7 地基基础标准试件强度评定不满足要求或对试件的代表性有怀疑时，应对实体进行强度检测，当检测结果符合设计要求时，可按合格验收。

3.0.8 原材料的质量检验应符合下列规定：

1 钢筋、混凝土等原材料的质量检验应符合设计要求和现行国家标准《混凝土结构工程施工质量验收规范》GB 50204 的规定；

2 钢材、焊接材料和连接件等原材料及成品的进场、焊接或连接检测应符合设计要求和现行国家标准《钢结构工程施工质量验收标准》GB 50205 的规定；

3 砂、石子、水泥、石灰、粉煤灰、矿（钢）渣粉等掺合料、外加剂等原材料的质量、检验项目、批量和检验方法，应符合国家现行标准有关的规定。

（2）地基工程质量验收的一般规定（4.1.1～4.1.7 条）

4.1.1 地基工程的质量验收宜在施工完成并在间歇期后进行，间歇期应符合国家现行标准的有关规定和设计要求。

4.1.2 平板静载试验采用的压板尺寸应按设计或有关标准确定。素土和灰土地基、砂和砂石地基、土工合成材料地基、粉煤灰地基、注浆地基、预压地基的静载试验的压板面积不宜小于 $1.0m^2$；强夯地基静载试验的压板面积不宜小于 $2.0m^2$。复合地基静载试验的压板尺寸应根据设计置换率计算确定。

4.1.3 地基承载力检验时，静载试验最大加载量不应小于设计要求的承载力特征值的 2 倍。

4.1.4 素土和灰土地基、砂和砂石地基、土工合成材料地基、粉煤灰地基、强夯地基、注浆地基、预压地基的承载力必须达到设计要求。地基承载力的检验数量每 $300m^2$ 不应少于 1 点，超过 $3000m^2$ 部分每 $500m^2$ 不应少于 1 点。每单位工程不应少于 3 点。

4.1.5 砂石桩、高压喷射注浆桩、水泥土搅拌桩、土和灰土挤密桩、水泥粉煤灰碎石桩、夯实水泥土桩等复合地基的承载力必须达到设计要求。复合地基承载力的检验数量不应少于总桩数的 0.5%，且不应少于 3 点。有单桩承载力或桩身强度检验要求时，检验数量不应少于总桩数的 0.5%，且不应少于 3 根。

4.1.6 除本标准第 4.1.4 条和第 4.1.5 条指定的项目外，其他项目可按检验批抽样。复合地基中增强体的检验数量不应少于总数的 20%。

4.1.7 地基处理工程的验收，当采用一种检验方法检测结果存在不确定性时，应结合其他检验方法进行综合判断。

（3）基础工程质量验收的一般规定（5.1.1～5.1.7 条）

5.1.1 扩展基础、筏形与箱形基础、沉井与沉箱，施工前应对放线尺寸进行复核；桩基工程施工前应对放好的轴线和桩位进行复核。群桩桩位的放样允许偏差应为 20mm，单排桩桩位的放样允许偏差应为 10mm。

5.1.2　预制桩（钢桩）的桩位偏差应符合表 5.1.2 的规定。斜桩倾斜度的偏差应为倾斜角正切值的 15%。

表 5.1.2　预制桩（钢桩）的桩位允许偏差

序	检查项目		允许偏差（mm）
1	带有基础梁的桩	垂直基础梁的中心线	≤100+0.01H
		沿基础梁的中心线	≤150+0.01H
2	承台桩	桩数为 1~3 根桩基中的桩	≤100+0.01H
		桩数大于或等于 4 根桩基中的桩	≤1/2 桩径+0.01H 或 1/2 边长+0.01H

注：H 为桩基施工面至设计桩顶的距离（mm）。

5.1.3　灌注桩混凝土强度检验的试件应在施工现场随机抽取。来自同一搅拌站的混凝土，每浇筑 50m³ 必须至少留置 1 组试件；当混凝土浇筑量不足 50m³ 时，每连续浇筑 12h 必须至少留置 1 组试件。对单柱单桩，每根桩应至少留置 1 组试件。

5.1.4　灌注桩的桩径、垂直度及桩位允许偏差应符合表 5.1.4 的规定。

表 5.1.4　灌注桩的桩径、垂直度及桩位允许偏差

序	成孔方法		桩径允许偏差（mm）	垂直度允许偏差	桩位允许偏差（mm）
1	泥浆护壁钻孔桩	D<1000mm	≥0	≤1/100	≤70+0.01H
		D≥1000mm			≤100+0.01H
2	套管成孔灌注桩	D<500mm	≥0	≤1/100	≤70+0.01H
		D≥500mm			≤100+0.01H
3	干成孔灌注桩		≥0	≤1/100	≤70+0.01H
4	人工挖孔桩		≥0	≤1/100	≤50+0.005H

注：1. H 为桩基施工面至设计桩顶的距离（mm）；
　　2. D 为设计桩径（mm）。

5.1.5　工程桩应进行承载力和桩身完整性检验。

5.1.6　设计等级为甲级或地质条件复杂时，应采用静载试验的方法对桩基承载力进行检验，检验桩数不应少于总桩数的 1%，且不应少于 3 根，当总桩数少于 50 根时，不应少于 2 根。在有经验和对比资料的地区，设计等级为乙级、丙级的桩基可采用高应变法对桩基进行竖向抗压承载力检测，检测数量不应少于总桩数的 5%，且不应少于 10 根。

5.1.7　工程桩的桩身完整性的抽检数量不应少于总桩数的 20%，且不应少于 10 根。每根柱子承台下的桩抽检数量不应少于 1 根。

（4）地基与基础工程验槽的规定（附录 A）

A.1　一般规定

A.1.1　勘察、设计、监理、施工、建设等各方相关技术人员应共同参加验槽。

A.1.2　验槽时，现场应具备岩土工程勘察报告、轻型动力触探记录（可不进行轻型动力触探的情况除外）、地基基础设计文件、地基处理或深基础施工质量检测报告等。

A.1.3　当设计文件对基坑坑底检验有专门要求时，应按设计文件要求进行。

A.1.4　验槽应在基坑或基槽开挖至设计标高后进行，对留置保护土层时其厚度不应超过 100mm；槽底应为无扰动的原状土。

A.1.5　遇到下列情况之一时，尚应进行专门的施工勘察。

1　工程地质与水文地质条件复杂，出现详勘阶段难以查清的问题时；

2　开挖基槽发现土质、地层结构与勘察资料不符时；

3　施工中地基土受严重扰动，天然承载力减弱，需进一步查明其性状及工程性质时；

4　开挖后发现需要增加地基处理或改变基础型式，已有勘察资料不能满足需求时；

5　施工中出现新的岩土工程或工程地质问题，已有勘察资料不能充分判别新情况时。

A.1.6　进行过施工勘察时，验槽时要结合详勘和施工勘察成果进行。

A.1.7 验槽完毕填写验槽记录或检验报告，对存在的问题或异常情况提出处理意见。

A.2 天然地基验槽

A.2.1 天然地基验槽应检验下列内容：

1 根据勘察、设计文件核对基坑的位置、平面尺寸、坑底标高；

2 根据勘察报告核对基坑底、坑边岩土体和地下水情况；

3 检查空穴、古墓、古井、暗沟、防空掩体及地下埋设物的情况，并应查明其位置、深度和性状；

4 检查基坑底土质的扰动情况以及扰动的范围和程度；

5 检查基坑底土质受到冰冻、干裂、受水冲刷或浸泡等扰动情况，并应查明影响范围和深度。

A.2.2 在进行直接观察时，可用袖珍式贯入仪或其他手段作为验槽辅助。

A.2.3 天然地基验槽前应在基坑或基槽底普遍进行轻型动力触探检验，检验数据作为验槽依据。轻型动力触探应检查下列内容：

1 地基持力层的强度和均匀性；

2 浅埋软弱下卧层或浅埋突出硬层；

3 浅埋的会影响地基承载力或基础稳定性的古井、墓穴和空洞等。

轻型动力触探宜采用机械自动化实施，检验完毕后，触探孔位处应灌砂填实。

A.2.4 采用轻型动力触探进行基槽检验时，检验深度及间距应按表 A.2.4 执行。

表 A.2.4　轻型动力触探检验深度及间距（m）

排列方式	基坑或基槽宽度	检验深度	检验间距
中心一排	<0.8	1.2	一般 1.0～1.5m，出现明显异常时，需加密至足够掌握异常边界
两排错开	0.8～2.0	1.5	
梅花形	>2.0	2.1	

注：对于设置有抗拔桩或抗拔锚杆的天然地基，轻型动力触探布点间距可根据抗拔桩或抗拔锚杆的布置进行适当调整：在土层分布均匀部位只可在抗拔桩或抗拔锚杆间距中心布点，对土层不太均匀部位以掌握土层不均匀情况为目的，参照上表间距布点。

A.2.5 遇下列情况之一时，可不进行轻型动力触探：

1 承压水头可能高于基坑底面标高，触探可造成冒水涌砂时；

2 基础持力层为砾石层或卵石层，且基底以下砾石层或卵石层厚度大于 1m 时；

3 基础持力层为均匀、密实砂层，且基底以下厚度大于 1.5m 时。

A.3 地基处理工程验槽

A.3.1 设计文件有明确地基处理要求的，在地基处理完成、开挖至基底设计标高后进行验槽。

A.3.2 对于换填地基、强夯地基，应现场检查处理后的地基均匀性、密实度等检测报告和承载力检测资料。

A.3.3 对于增强体复合地基，应现场检查桩位、桩头、桩间土情况和复合地基施工质量检测报告。

A.3.4 对于特殊土地基，应现场检查处理后地基的湿陷性、地震液化、冻土保温、膨胀土隔水、盐渍土改良等方面的处理效果检测资料。

A.3.5 经过地基处理的地基承载力和沉降特性，应以处理后的检测报告为准。

A.4 桩基工程验槽

A.4.1 设计计算中考虑桩筏基础、低桩承台等桩间土共同作用时，应在开挖清理至设计标高后对桩间土进行检验。

A.4.2 对人工挖孔桩，应在桩孔清理完毕后，对桩端持力层进行检验。对大直径挖孔桩，应逐孔检验孔底的岩土情况。

A.4.3 在试桩或桩基施工过程中，应根据岩土工程勘察报告对出现的异常情况、桩端岩土层的起伏变化及桩周岩土层的分布进行判别。

（二）《地下防水工程质量验收规范》GB 50208—2011 的质量验收基本规定

（1）地下防水子分部工程质量验收规定（9.0.1～9.0.9 条）

9.0.1 地下防水子分部工程质量验收的程序和组织，应符合现行国家标准《建筑工程施工质量验收统一标准》GB 50300 的有关规定。

9.0.2 检验批的合格制定应符合下列规定：

1 主控项目的质量经抽样检验全部合格；

2 一般项目的质量经抽样检验 80% 以上检测点合格，其余不得有影响使用功能的缺陷；对有允许偏差的检验项目，其最大偏差不得超过本规范规定允许偏差的 1.5 倍；

3 施工具有明确的操作依据和完整的质量检查记录。

9.0.3 分项工程质量验收合格应符合下列规定：

1 分项工程所含检验批的质量均应验收合格；

2 分项工程所含检验批的质量验收记录应完整。

9.0.4 子分部工程质量验收合格应符合下列规定：

1 子分部工程所含分项工程的质量均应验收合格；

2 质量控制资料应完整；

3 地下工程渗漏水检测应符合设计的防水等级标准要求；

4 观感质量检查应符合要求。

9.0.5 地下防水工程竣工和记录资料应符合表9.0.5的规定。

表9.0.5　地下防水工程竣工和记录资料

序号	项目	竣工和记录资料
1	防水设计	施工图、设计交底记录、图纸会审记录、设计变更通知单和材料代用核定单
2	资质、资格证明	施工单位资质及施工人员上岗证复印证件
3	施工方案	施工方法、技术措施、质量保证措施
4	技术交底	施工操作要求及安全等注意事项
5	材料质量证明	产品合格证、产品性能检测报告、材料进场检验报告
6	混凝土、砂浆质量证明	试配及施工配合比，混凝土抗压强度、抗渗性能检验报告，砂浆黏结强度、抗渗性能检验报告
7	中间检查记录	施工质量验收记录、隐蔽工程验收记录、施工检查记录
8	检验记录	渗漏水检测记录、观感质量检查记录
9	施工日志	逐日施工情况
10	其他资料	事故处理报告、技术总结

9.0.6 地下防水工程应对下列部位作好隐蔽工程验收记录：

1 防水层的基层；

2 防水混凝土结构和防水层被掩盖的部位；

3 施工缝、变形缝、后浇带等防水构造做法；

4 管道穿过防水层的封固部位；

5 渗排水层、盲沟和坑槽；

6 结构裂缝注浆处理部位；

7 衬砌前围岩渗漏水处理部位；

8 基坑的超挖和回填。

9.0.7 地下防水工程的观感质量检查应符合下列规定：

1 防水混凝土应密实，表面应平整，不得有露筋、蜂窝等缺陷；裂缝宽度不得大于0.2mm，并不得贯通；

2 水泥砂浆防水层应密实、平整、黏结牢固，不得有空鼓、裂纹、起砂、麻面等缺陷；

3 卷材防水层接缝应粘贴牢固、密封严密，防水层不得有损伤、空鼓、皱折等缺陷；

4 涂料防水层与基层黏结牢固，不得有脱皮、流淌、鼓泡、露胎、皱折等缺陷；

5 塑料防水板防水层应铺设牢固、平整，搭接焊缝严密，不得有下垂、绷紧破损现象；

6 金属板防水层焊缝不得有裂纹、未熔合、夹渣、焊瘤、咬边、烧穿、弧坑、针状气孔等缺陷；

7 施工缝、变形缝、后浇带、穿墙管、埋设件、预留通道接头、桩头、孔口、坑、池等防水构造应符合设计要求；

8 锚喷支护、地下连续墙、盾构隧道、沉井、逆筑结构等防水构造应符合设计要求；

9 排水系统不淤积、不堵塞，确保排水畅通；

10 结构裂缝的注浆效果应符合设计要求。

9.0.8 地下工程出现渗漏水时，应及时进行治理，符合设计的防水等级标准要求后方可验收。

9.0.9 地下防水工程验收后，应填写子分部工程质量验收记录，随同工程验收资料分别由建设单位和施工单位存档。

（2）地下防水子分部工程质量验收的基本规定（3.0.1～3.0.14条）

基本规定是质量验收应了解的一般知识，贯穿于各检验批、分项、子分部工程的质量验收过程中，它不是验收内容，但对做好验收是重要的，在做验收之前应先学习好。

3.0.1　地下工程的防水等级标准应符合表3.0.1的规定。

表3.0.1　地下工程防水等级标准

防水等级	防水标准
一级	不允许渗水，结构表面无湿渍
二级	不允许漏水，结构表面允许有少量湿渍 房屋建筑地下工程：总湿渍面积不应大于总防水面积（包括顶板、墙面、地面）的1/1000；任意100m²防水面积上的湿渍不超过2处，单个湿渍的最大面积不大于0.1m²； 其他地下工程：总湿渍面积不应大于总防水面积的2/1000；任意100m²防水面积上的湿渍不超过3处，单个湿渍的最大面积不大于0.2m²；其中，隧道工程平均渗水量不大于0.05L/（m²·d），任意100m²防水面积上的渗水量不大于0.15L/（m²·d）
三级	有少量的漏水点，不得有线流和漏泥砂； 任意100m²防水面积上的漏水或湿渍点数不超过7处，单个漏水点的最大漏水量不大于2.5L/d，单个湿渍的最大面积不大于0.3m²
四级	有漏水点，不得有线流和漏泥砂； 整个工程平均漏水量不大于2L/（m²·d）；任意100m²防水面积上的平均漏水量不大于4L/（m²·d）

3.0.2　明挖法和暗挖法地下工程的防水设防应按表3.0.2-1和表3.0.2-2选用。

表3.0.2-1　明挖法地下工程防水设防

工程部位		主体结构							施工缝						后浇带				变形缝、诱导缝					
防水措施		防水混凝土	防水卷材	防水涂料	塑料防水板	膨润土防水材料	防水砂浆	金属板	遇水膨胀止水条或止水胶	外贴式止水带	中埋式止水带	外抹防水砂浆	外涂防水涂料	水泥基渗透结晶型防水涂料	预埋注浆管	补偿收缩混凝土	外贴式止水带	预埋注浆管	遇水膨胀止水条或止水胶	中埋式止水带	外贴式止水带	可卸式止水带	防水密封材料	外贴防水卷材	外涂防水涂料
防水等级	一级	应选	应选一种至二种						应选二种							应选	应选二种		应选	应选二种					
	二级	应选	应选一种						应选一种至二种							应选	应选一种至二种		应选	应选一种至二种					
	三级	应选	宜选一种						宜选一种至二种							应选	宜选一种至二种		应选	宜选一种至二种					
	四级	应选	—						宜选一种							应选	宜选一种		应选	宜选一种					

表 3.0.2-2　暗挖法地下工程防水设防

工程部位	衬砌结构							内衬砌施工缝						内衬砌变形缝、诱导缝			
防水措施	防水混凝土	防水卷材	防水涂料	塑料防水板	膨润土防水材料	防水砂浆	金属板	遇水膨胀止水条或止水胶	外贴式止水带	中埋式止水带	防水密封材料	水泥基渗透结晶型防水涂料	预埋注浆管	中埋式止水带	外贴式止水带	可卸式止水带	防水密封材料
防水等级 一级	必选	应选一种至二种						应选一种至二种					应选	应选	应选一种至二种		
防水等级 二级	应选	应选一种						应选一种					应选	应选	应选一种		
防水等级 三级	宜选	宜选一种						宜选一种					应选	应选	宜选一种		
防水等级 四级	宜选	宜选一种						宜选一种					应选	应选	宜选一种		

　　3.0.3　地下防水工程必须由持有资质等级证书的防水专业队伍进行施工，主要施工人员应持有省级及以上建设行政主管部门或其指定单位颁发的执业资格证书或防水专业岗位证书。

　　3.0.4　地下防水工程施工前，应通过图纸会审，掌握结构主体及细部构造的防水要求，施工单位应编制防水工程专项施工方案，经监理单位或建设单位审查批准后执行。

　　3.0.5　地下防水工程所使用防水材料的品种、规格、性能等必须符合现行国家或行业产品标准和设计要求。

　　3.0.6　防水材料必须经具备相应资质的检测单位进行抽样检验，并出具产品性能检测报告。

　　3.0.7　防水材料的进场验收应符合下列规定：

　　1　对材料的外观、品种、规格、包装、尺寸和数量等进行检查验收，并经监理单位或建设单位代表检查确认，形成相应验收记录；

　　2　对材料的质量证明文件进行检查，并经监理单位或建设单位代表检查确认，纳入工程技术档案；

　　3　材料进场后应按相关规定抽样检验，检验应执行见证取样送检制度，并出具材料进场检验报告；

　　4　材料的物理性能检验项目全部指标达到标准规定时，即为合格；若有一项指标不符合标准规定，应在受检产品中重新取样进行该项指标复验，复验结果符合标准规定，则判定该批材料为合格。

　　3.0.8　地下工程使用的防水材料及其配套材料，应符合现行行业标准《建筑防水涂料中有害物质限量》JC 1066 的规定，不得对周围环境造成污染。

　　3.0.9　地下防水工程的施工，应建立各道工序的自检、交接检和专职人员检查的制度，并有完整的检查记录；工程隐蔽前，应由施工单位通知有关单位进行验收，并形成隐蔽验收记录；未经监理单位或建设单位代表对上道工序的检查确认，不得进行下道工序的施工。

　　3.0.10　地下防水工程施工期间，必须保持地下水位稳定在工程底部最低高程 500mm 以下，必要时应采取降水措施。对采用明沟排水的基坑，应保持基坑干燥。

　　3.0.11　地下防水工程不得在雨天、雪天和五级风及其以上时施工；防水材料施工环境气温条件宜符合表 3.0.11 的规定。

表 3.0.11　防水材料施工环境气温条件

防水材料	施工环境气温条件
高聚物改性沥青防水卷材	冷粘法、自粘法不低于 5℃，热熔法不低于 -10℃
合成高分子防水卷材	冷粘法、自粘法不低于 5℃，焊接法不低于 -10℃
有机防水涂料	溶剂型 -5～35℃，反应型、水乳型 5～35℃

防水材料	施工环境气温条件
无机防水涂料	5~35℃
防水混凝土、防水砂浆	5~35℃
膨润土防水材料	不低于-20℃

3.0.12　地下防水工程是一个子分部工程，其分项工程的划分应符合表 3.0.12 的要求。

表 3.0.12　地下防水工程的分项工程

子分部工程		分项工程
地下防水工程	主体结构防水	防水混凝土、水泥砂浆防水层、卷材防水层、涂料防水层、塑料防水板防水层、金属板防水层、膨润土防水材料防水层
	细部构造防水	施工缝、变形缝、后浇带、穿墙管、埋设件、预留通道接头、桩头、孔口、坑、池
	特殊施工法结构防水	锚喷支护、地下连续墙、盾构隧道、沉井、逆筑结构
	排水	渗排水、盲沟排水、隧道排水、坑道排水、塑料排水板排水
	注浆	预注浆、后注浆、结构裂缝注浆

3.0.13　地下防水工程的分项工程检验批和抽样检验数量应符合下列规定：

1　主体结构防水工程和细部构造防水工程应按结构层、变形缝或后浇带等施工段划分检验批；

2　特殊施工法结构防水工程应按隧道区间、变形缝等施工段划分检验批；

3　排水工程和注浆工程应各为一个检验批；

4　各检验批的抽样检验数量：细部构造应为全数检查，其他均应符合本细则质量验收的有关规定。

3.0.14　地下工程应按设计的防水等级标准进行验收。地下工程渗漏水调查与检测应按本规范附录 C 执行。进行渗漏水调查，渗漏水检测，做好渗漏水检测记录。

三、检验批质量验收评定示例（干作业成孔灌注桩）

（一）干作业成孔灌注桩检验批质量验收记录表

以干作业成孔灌注桩为例，其检验批质量验收记录表见表 2-1-4。

表 2-1-4　干作业成孔灌注桩检验批质量验收记录

单位（子单位）工程名称		××住宅楼	分部（子分部）工程名称	基础子分部工程	分项工程名称		干作业成孔灌注桩
施工单位		××建筑公司	项目负责人	王××	检验批容量		286 根桩
分包单位		—	分包单位项目负责人	—	检验批部位		基础桩基
施工依据		企业施工工艺标准 Q205、技术交底文件		验收依据	质量验收标准 GB 50202—2018		
主控项目		验收项目	设计要求及规范规定	最小/实际抽样数量	检查记录		检查结果
	1	承载力	不小于设计值		符合要求		合格
	2	孔深及孔底土岩性	不小于设计值		符合要求		合格

续表

		验收项目	设计要求及规范规定		最小/实际抽样数量	检查记录	检查结果
主控项目	3	桩身完整性				I 类桩符合要求	合格
	4	混凝土强度	不小于设计值			符合要求	合格
	5	桩径	≥0			符合要求	合格
	6						
一般项目	1	桩位	≤70+0.01H			符合要求	合格
	2	垂直度	≤1/100			符合要求	合格
	3	桩顶标高	mm	+30−50		符合要求	合格
	4	混凝土坍落度	mm	90~150		符合要求	合格
	5	钢筋笼质量 主筋间距	mm	±10		符合要求	合格
		长度	mm	±100		符合要求	合格
		钢筋材质	设计要求			符合要求	合格
		箍筋间距	mm	±20		符合要求	合格
		钢筋笼直径	mm	±10		符合要求	合格
施工单位检查结果			符合要求 专业工长：王× 项目专业质量检查员：李×× ××××年××月××日				
监理单位验收结论			合格 专业监理工程师：李×× ××××年××月××日				

（二）检验批质量验收内容及检查方法（GB 50202—2018 5.7.1～5.7.4 条）

5.7.1 施工前应对原材料、施工组织设计中制定的施工顺序、主要成孔设备性能指标、监测仪器、监测方法、保证人员安全的措施或安全专项施工方案等进行检查验收。

5.7.2 施工中应检验钢筋笼质量、混凝土坍落度、桩位、孔深、桩顶标高等。

5.7.3 施工结束后应检验桩的承载力、桩身完整性及混凝土的强度。

5.7.4 人工挖孔桩应复验孔底持力层土岩性，嵌岩桩应有桩端持力层的岩性报告。干作业成孔灌注桩的质量检验标准应符合表 5.7.4 的规定。

表 5.7.4 干作业成孔灌注桩质量检验标准

项目	序号	检查项目	允许值或允许偏差		检查方法
			单位	数值	
主控项目	1	承载力	不小于设计值		静载试验
	2	孔深及孔底土岩性	不小于设计值		测钻杆套管长度或用测绳、检查孔底土岩性报告
	3	桩身完整性	—		钻芯法（大直径嵌岩桩应钻至桩尖下 500mm）、低应变法或声波透射法
	4	混凝土强度	不小于设计值		28d 试块强度或钻芯法
	5	桩径	本标准表 5.1.4		井径仪或超声波检测，干作业时用钢尺量，人工挖孔桩不包括护壁厚

续表

项目	序号	检查项目	允许值或允许偏差		检查方法
			单位	数值	
一般项目	1	桩位	本标准表5.1.4		全站仪或用钢尺量，基坑开挖前量护筒，开挖后量桩中心
	2	垂直度	本标准表5.1.4		经纬仪测定或线锤测量
	3	桩顶标高	mm	＋30 －50	水准测量
	4	混凝土坍落度	mm	90～150	坍落度仪
	5	钢筋笼质量 主筋间距	mm	±10	用钢尺量
		长度	mm	±100	用钢尺量
		钢筋材质检验	设计要求		抽样送检
		箍筋间距	mm	±20	用钢尺量
		钢筋笼直径	mm	±10	用钢尺量

（三）施工操作依据（作为表 2-1-4 的附件 1）

1 范围
2 施工准备
本工艺标准适用于民用建筑中地下水以上的一般黏土、砂土及人工填土地基螺旋成孔的灌注桩。
2.1 材料及主要机具
2.1.1 水泥：宜用 42.5 号矿渣硅酸盐水泥。
2.1.2 砂：中砂或粗砂，含泥量不大于 5％。
2.1.3 石子：卵石或碎石，粒径 5～32mm，含泥量不大于 2％。
2.1.4 钢筋：钢筋的级别、直径必须符合设计要求，有出厂证明及复试报告，表面应无老锈和油污。
2.1.5 垫块：用 1∶3 水泥砂浆埋 22 号火烧丝提前预制成或用塑料卡。
2.1.6 火烧丝：规格 18～20 号铁丝烧成。
2.1.7 外加剂；掺合料：根据施工需要通过试验确定。
2.1.8 主要机具：
2.1.8.1 螺旋钻孔机：常用的主要技术参数见表 2.1.8.1。
2.1.8.2 机动小翻斗车或手推车，装卸运土或运送混凝土。

表 2.1.8.1 常用螺旋钻孔机的主要技术参数

机械名称	电机功率（kW）	回转速度（r/min）	回转扭矩（N·m）	钻进下压力（N）	钻进速度（m/min）	外形尺寸 长×宽×高（m×m×m）
履带式 LZ 型	30	81	3400	28000	2	8.0×3.21×21.78
汽车式 QZ-4 型	17	120	1400	—	1	7.3×2.65

2.1.8.3　长、短棒式振捣器。部分加长软轴、混凝土搅拌机、平尖头铁锹、胶皮管等。

2.1.8.4　溜筒、盖板、测绳、手把灯、低压变压器及线坠等。

2.2　作业条件

2.2.1　地上、地下障碍物都处理完毕，达到"三通一平"。施工用的临时设施准备就绪。

2.2.2　场地标高一般应为承台梁的上皮标高，并经过夯实或碾压。

2.2.3　分段制作好钢筋笼，其长度以 5～8m 为宜。

2.2.4　根据图纸放出轴线及桩位点，抄上水平标高木橛，并经过预检签证。

2.2.5　施工前应作成孔试验，数量不少于两根。

2.2.6　要选择和确定钻孔机的进出路线和钻孔顺序，制定施工方案，做好技术交底。

3　操作工艺

3.1　工艺流程

3.1.1　成孔工艺流程：

钻孔机就位→钻孔→检查质量→孔底清理→孔口盖板→移钻孔机。

3.1.2　浇筑混凝土工艺流程：

移盖板测孔深、垂直度→放钢筋笼→放混凝土溜筒→浇筑混凝土（随浇随振）→插桩顶钢筋。

3.2　钻孔机就位

钻孔机就位时，必须保持平稳，不发生倾斜、位移，为准确控制钻孔深度，应在机架上或机管上作出控制的标尺，以便在施工中进行观测、记录。

3.3　钻孔

调直机架挺杆，对好桩位（用对位圈），开动机器钻进、出土，达到控制深度后停钻、提钻。

3.4　检查成孔质量

3.4.1　钻深测定。用测深绳（锤）或手提灯测量孔深及虚土厚度。虚土厚度等于钻孔深的差值。虚土厚度一般不应超过 10cm。

3.4.2　孔径控制。钻进遇有含石块较多的土层，或含水量较大的软塑黏土层时，必须防止钻杆晃动引起孔径扩大，致使孔壁附着扰动土和孔底增加回落土。

3.5　孔底土清理

钻到预定的深度后，必须在孔底处进行空转清土，然后停止转动；提钻杆，不得曲转钻杆。孔底的虚土厚度超过质量标准时，要分析原因，采取措施进行处理。进钻过程中散落在地面上的土，必须随时清除运走。

3.6　移动钻机到下一桩位

经过成孔检查后，应填好桩孔施工记录。然后盖好孔口盖板，并要防止在盖板上行车或走人。最后再移走钻机到下一桩位。

3.7　浇筑混凝土

3.7.1　移走钻孔盖板，再次复查孔深、孔径、孔壁、垂直度及孔底虚土厚度。有不符合质量标准要求时，应处理合格后，再进行下道工序。

3.7.2　吊放钢筋笼：钢筋笼放入前应先绑好砂浆垫块（或塑料卡）；吊放钢筋笼时，要对准孔位，吊直扶稳，缓慢下沉，避免碰撞孔壁。钢筋笼放到设计位置时，应立即固定。遇有两段钢筋笼连接时，应采取焊接，以确保钢筋的位置正确，保护层厚度符合要求。

3.7.3　放溜筒浇筑混凝土。在放溜筒前应再次检查和测量钻孔内虚土厚度。浇筑混凝土时应连续进行，分层振捣密实，分层高度以捣固的工具而定。一般不得大于 1.5m。

3.7.4　混凝土浇筑至桩顶时，应适当超过桩顶设计标高，以保证在凿除浮浆后，桩顶标高符合设计要求。

3.7.5　撤溜筒和桩顶插钢筋。混凝土浇到距桩顶 1.5m 时，可拔出溜筒，直接浇灌混凝土。桩顶上的钢筋插铁一定要保持垂直插入，有足够的保护层和锚固长度，防止插偏和插斜。

3.7.6　混凝土的坍落度一般宜为 8～10cm；为保证其和易性及坍落度，应注意调整砂率和掺入减水剂、粉煤灰等。

3.7.7　同一配合比的试块，每班不少于一组。50m³ 一组，单桩基础应有一组。

3.8　冬、雨期施工

3.8.1　冬期当气温度低于 0℃ 以下浇筑混凝土时，应采取加热保温措施。浇筑时，混凝土的温度按冬施方案规定执行。在桩顶未达到设计强度 50% 以前不得受冻。当气温高于 30℃ 时，应根据具体情况对混凝土采取缓凝措施。

3.8.2　雨期严格坚持随钻随浇筑混凝土的规定，以防遇雨成孔灌浇水造成塌孔。雨天不能进行钻孔施工。现场必须有防雨排水的各种措施，防止地面水流入槽内，以免造成边坡塌陷或基土沉陷、钻孔机倾斜等。

4　质量标准

4.1 主控项目

4.1.1 承载力不小于设计值。

4.1.2 灌注桩的原材料和混凝土强度必须符合设计要求和施工规范的规定。

4.1.3 成孔深度和孔底岩性必须符合设计要求。以摩擦力为主的桩,沉渣厚度严禁大于300mm;以端承力为主的桩,沉渣厚度严禁大于100mm。

4.1.4 实际浇筑混凝土量,严禁小于计算体积。

4.1.5 桩身完整性必须符合设计要求。

4.1.6 浇筑混凝土后的桩顶标高及浮浆的处理,必须符合设计要求和施工规范的规定。

4.1.7 桩径不小于设计直径。

4.2 一般项目

4.2.1 混凝土坍落度控制在160～220mm。

4.2.2 垂直度≤1/100,允许偏差在(+30,−50)单位为:mm。

4.2.3 桩顶标高

4.2.4 混凝土充盈系数≥1.0。

4.2.5 钢筋笼笼顶标高±100mm。

4.2.6 灌注桩桩位允许偏差:$D<1000$mm时,$\leqslant 70+0.01H$;$D\geqslant 1000$mm时,$\leqslant 100+0.01H$。

注:D 设计桩径(mm);

H 桩基施工面基设计桩顶的距离(mm)。

5 成品保护

5.1 钢筋笼在制作、运输和安装过程中,应采取措施防止变形。吊入钻孔时,应有保护垫块,或垫管和垫板。

5.2 钢筋笼在吊放入孔时,不得碰撞孔壁。浇筑混凝土时,应采取措施固定其位置。

5.3 灌注桩施工完毕进行基础开挖时,应制定合理的施工顺序和技术措施,防止桩的位移和倾斜,并应检查每根桩的纵横水平偏差。

5.4 成孔内放入钢筋笼后,要在4h内浇筑混凝土。在浇筑过程中,应有不使钢筋笼上浮和防止泥浆污染的措施。

5.5 安装钻孔机、运输钢筋笼以及浇筑混凝土时,均应注意保护好现场的轴线桩、高程桩。

5.6 桩头外留的主筋插铁要妥善保护,不得任意弯折或压断。

5.7 桩头混凝土强度,在没有达到5MPa时,不得碾压,以防桩头损坏。

6 应注意的质量问题

6.1 孔底虚土过多:钻孔完毕,应及时盖好孔口,并防止在盖板上过车和行走。操作中应及时清理虚土。必要时可二次投钻清土。

6.2 塌孔缩孔:注意土质变化,遇有砂卵石或流塑淤泥、上层滞水层渗漏等情况,应会同有关单位研究处理。

6.3 桩身混凝土质量差:有缩颈、空洞、夹土等,要严格按操作工艺边浇筑混凝土边振捣的规定执行。严禁把土和杂物混入混凝土中一起浇筑。

6.4 钢筋笼变形:钢筋笼在堆放、运输、起吊、入孔等过程中,没有严格按操作规定执行。必须加强对操作工人的技术交底,严格执行加固的质量措施。

6.5 当出现钻杆跳动、机架摇晃、钻不进尺等异常现象,应立即停车检查。

6.6 混凝土浇到接近桩顶时,应随时测量顶部标高,以免过多截桩和补桩。

6.7 钻孔进入砂层遇到地下水时,钻孔深度应不超过初见水位,以防塌孔。

7 质量记录

本工艺标准应具备以下质量记录:

7.1 水泥的出厂证明及复验证明。

7.2 钢筋的出厂证明或合格证以及钢筋试验单复印件。

7.3 试桩的试压记录。

7.4 补桩的平面示意图。

7.5 灌注桩施工记录。

7.6 混凝土试配申请单和试验室签发的配合比通知单。

7.7 混凝土试块28d标养抗压强度试验报告。

7.8 商品混凝土的出厂合格证。

(2)施工技术交底

施工技术交底参见表2-1-5。

表 2-1-5　施工技术交底记录

工程名称	××住宅楼	工程部位	基础	交底日期	××××年××月××日
施工单位	××建筑公司	分项工程		干成孔灌注桩	
交底摘要		检查孔的质量、钢筋笼质量，浇筑混凝土注意事项			

干作业成孔灌注桩，桩径400mm，桩长20m。钢筋HRB400，主筋$\phi25$，间距150mm，箍筋$\phi8$，间距200mm。

应按企业《螺旋钻孔灌注桩施工工艺标准》Q205施工，同时应重点注意以下几点。

1）钻孔作业注意：

（1）钻孔应事前选择履带式钻机，其功率、转速、回转扭矩、外形尺寸等符合工程和现场情况，土质为含少量砂石黏土层。

（2）预先规划钻机行进路线，做到钻机移位规范，不压桩位控制桩，不压已钻好的桩孔，行进平稳，路线最短，进出场方便等。

（3）桩位控制桩径测量放线。每桩设X、Y轴线方向控制桩，设置控制水平位置及标高标志，能及时检查校对桩位，孔口使用对位圈及孔口护圈控制，做到事前控制、事中校对、事后检查。检查成孔质量，验收实际成孔桩位偏差、孔深、孔径及孔底虚石厚度，达到不超出规范允许偏差值，逐孔形成检查记录，记录施工记录。应及时放置钢筋笼和浇筑混凝土，或盖好孔口盖板。

2）钢筋笼安装注意：

（1）钢筋笼质量检查。钢筋笼加工应做好出厂检查，有出厂检查记录。进场应全面检查，钢筋材质、桩笼长度、直径，主筋间距、箍筋间距，直径偏差，长度偏差值以及拼接筋的长度等全部符合规范要求。笼的整体稳定性要好，不变形，笼成型时应标出笼的吊点位置，保证笼的吊起不变形，垂直进孔，并系好保护层垫块、垫板或垫管，垂直、精准、稳妥入孔，不碰孔壁。

（2）笼的拼接，笼加工分成三段7m、7m、6m。进场后现场拼接，要在拼接架上拼接，保证笼的拼接质量及垂直度。

（3）笼入孔前应对桩孔进行全面检查，桩径偏差应≥0，桩位偏差≤$70+0.01H=70+25=95$mm，垂直度偏差≤1/1000=250mm，孔底虚土厚度应≤50mm。

（4）笼垂直入孔，绑好砂浆垫块或塑料卡，防止晃动使孔壁土散落，增加虚土厚度。

（5）控制笼的标高到位。标出控制线，孔口固定笼的位置，混凝土浇筑时，设置控制笼位移及上浮的措施。

（6）笼放置到位后，再次测量孔底虚土厚度≤80mm，超过时应进行处理。

3）浇筑混凝土注意：

（1）混凝土质量复核确认。强度等级C30，有配合比、开盘鉴定报告、强度报告，坍落度90mm，初凝时间90min，无添加剂，普通硅酸盐水泥。

（2）拌合物进场逐车进行验收，坍落度检查90 ± 20mm，有运输单、初凝起始时间（搅拌加水时间）、运输量及到场时间，保存运输单，记录坍落度测量值备查。

（3）复核钢筋笼的位置。中心线、孔口固定的措施、标高控制线，以及孔底虚土厚度等。

（4）放置混凝土溜筒，及时浇筑混凝土。浇筑应有计量设施，对每桩浇筑量进行控制，其浇筑量不小于计算体积3.45m³。振捣方法用插入式振捣器及人工辅助振捣，分层浇筑，每层宜为1~1.5m，连续施工，溜筒逐步提升，浇筑至桩口1~1.5m时，取出溜筒直接浇筑，桩顶超过地面部分，应将事前准备好的成型模板，放置固定好，浇筑至桩顶标高，并超过50~70mm，以便清理浮浆。并按设计要求插入预埋钢筋，并保证插入深度，垂直度及位置正确。

（5）按规定每50m³，不足50m³，每个台班做一组标养试件。每班取3组试件。

4）成孔、放钢筋笼。浇筑混凝土应连续进行，中间最好不停顿，当天成孔并当天完成浇筑混凝土。

专业工长：×××　　　　　　　　　　　　　　　　施工班组长：×××

××××年××月××日

（四）施工记录表（作为表 2-1-4 的附件 2）

施工记录参见表 2-1-6。

表 2-1-6　螺旋钻孔灌注桩施工记录

单位（子单位）工程	××住宅楼	分部工程	桩基	分项工程	灌注桩
施工时间	××××年××月××日×时×分到×时×分	气候	××℃晴 阴 雨 雪 风		

1. 施工内容。钻孔，钢筋笼，混凝土浇筑。以单桩记录并以天记录汇总，并已完工汇总。286 根桩，按计划 7d 完成。

2. 钻孔施工。选用履带式 LZ 型钻机 4 台，技术参数能满足工程要求，地基为砂黏土，摩擦桩，孔深 20m，按施工技术交底进行，桩位设 X、Y 控制轴线，用对位圈孔护孔圈控制，孔位允许偏差小于规范值；垂直度以钻机垂直线控制，孔深度及孔底虚土厚度用测绳量测。钻孔虚土厚度控制在≤50mm。

每孔都进行记录（286 个桩孔），桩孔径孔垂直度及孔深都在允偏差内，桩径≥0，桩位≤75mm，264 孔≤60mm，垂直度≤1/100m（200mm）。有 16 孔经过二次清底达到虚土厚度≤50mm（详见每孔施工记录）。

3. 钢筋笼安装施工。按技术交底进行，复校孔的质量，实测桩位及孔深及孔底虚土厚度，有 16 孔进行了补充清理孔底虚土，达到≤50mm。检查钢筋笼质量，不符合要求的进行了修理，达到符合规定，固定了保护层垫块。吊装入孔。标高控制线，桩位固定措施到位。防上浮措施到位。笼入孔后复查孔底虚土厚度，有 11 孔进行了再次清理，达到≤80mm（见每孔笼入孔安装记录）。

4. 浇筑混凝土施工。对混凝土拌合物质量进行复核，坍落度等符合施工方案规定。复核钢筋笼安装到位情况，标高，桩位固定措施，防浮起措施。钢筋笼安装后孔底虚土检查，确认虚土厚度≤80mm，及时浇筑混凝土。

施放溜筒浇筑混凝土，按施工方案技术交底施工，分层浇筑，振捣规范，充盈参数符合规定。成孔后及时浇筑混凝土，桩顶标高控制到位，插筋数量、深度、垂直度符合设计要求（详见每桩浇筑记录）。

5. 桩基工程验桩。在桩孔挖至设计标高后，逐孔对桩间土及孔底岩土进行检验。符合地质勘察报告及设计要求，为含少量砂、石的黏土层。按勘察报告对钻孔过程进行观察，桩端岩土层变化及桩周岩土层没出因地质因素的异常情况，桩孔未出现塌方等。

项目技术负责人：王×× 　　××××年××月××日 　　　　记录人：李×× 　　××××年××月××日

（五）验收评定检查原始记录表

原始记录表示例见表 2-1-7。

表 2-1-7　螺旋钻孔灌注桩施工验收评定检查原始记录

主检项目：

（1）承载力。抽取 3 根桩静载试验。结果承载力均大于两倍设计值。见试验报告。

（2）孔深及孔底土岩性。为含少量砂、石的黏土层，每桩用测绳量测，均达到设计要求，见测量记录。

（3）桩身完整性。抽取桩数的 20%，取 57 根用低应变检测，53 根桩为 I 类桩，4 根为 II 类桩，I 类桩为 93%，见检验报告。

（4）混凝土强度。用 28d 标养试件评定，每天留取 4 组试件，一共 28 组，28d 龄期，每 4 组一评定。均满足规范规定。见混凝土试件抗压强度试验报告及统计方法评定结果。

（5）桩径。用 420mm 钻头钻孔，保证桩径偏差均≥0。

一般项目：

（1）桩位允许偏差。规范规定≤70+0.01H=75mm。成桩后检测均小于 75mm。其中≤50mm 的 248 根，其余均小于 70mm。见测量记录表。

（2）桩垂直度。允许偏差 1/100=200mm，钻孔过程中钻身垂直度控制在 1/200。测桩顶地面上的部分，均小于 200mm，其中小于 150mm 的达 257 根。见测量记录。

（3）桩顶标高。允许偏差 +30～-50mm。桩顶高出地面 450mm，施工中又超出 50mm，共高出地面 500mm。地面控制标高线用尺量检查，实际桩顶高见测量记录。

续表

（4）预拌混凝土进场坍落度检测 70～90mm 范围内。见进场检测记录。

（5）钢筋笼质量。加工厂出厂进行全面检查，见检查记录。

钢筋笼进场对其进行全面检查。

① 核查钢筋笼进场验收记录 1 个。合格证 5 个及钢筋复试报告 5 个，ϕ25 及 ϕ8 钢筋复试合格，ϕ25 有 5 个复试报告，ϕ8 有 1 个复试报告，都满足使用钢筋数量。见进场验收记录及合格证及复试报告。

② 主筋间距检查。逐个进行检查，不符合±10mm 偏差的进行了修理，都达到在±10mm 之内。

③ 钢筋笼的长度。主筋长度符合要求，笼以笼底为主筋放齐，笼的上端虽有不齐，在允许偏差±100mm 之内，286 根桩都符合规定。见检测记录。

④ 箍筋间距。均符合允许偏差±20mm。

⑤ 笼直径。出厂进行全面检查，现场进行抽样复查，控制在±10mm 之内。见出厂检查记录。

专业质量检查员：王×× 　　　　　　　　　　　　　　　　　　　　　　　　　×××× 年××月××日

四、分部（子分部）工程质量验收评定

（一）灌注桩子分部工程质量验收记录

参见表 2-1-8。

表 2-1-8　灌注桩子分部工程质量验收记录

单位（子单位）工程名称	××住宅楼	分部工程数量	基础分部	分项工程数量	4
施工单位	××建筑公司	项目负责人	王××	技术（质量）负责人	李××
分包单位	—	分包单位负责人	—	分包内容	—

序号	子分部工程名称	分项工程名称	检验批数量	施工单位检查结果	监理单位验收结论
1		成孔分项	28	符合规定	合格
2		钢筋笼验收	28	符合规定	合格
3		钢筋笼安装	28	符合规定	合格
4		混凝土浇筑	28	符合规定	合格
5					
6					
7					
8					

质量控制资料	共 23 项审查合格 23 项	符合规定
安全和功能检验结果	共 3 项审查合格 3 项	符合规定
观感质量检验结果	共 7 项详"好"的 7 项	好

综合验收结论	合格

施工单位 项目负责人：王×× ×××× 年××月××日	勘察单位 项目负责人：王×× ×××× 年××月××日	设计单位 项目负责人：王×× ×××× 年××月××日	监理单位 总监理工程师：张×× ×××× 年××月××日

注：1. 地基与基础分部工程的验收应由施工、勘察、设计单位项目负责人和总监理工程师参加并签字；

　　2. 主体结构、节能分部工程的验收应由施工、设计单位项目负责人和总监理工程师参加并签字。

（二）所含分项工程质量验收汇总

螺旋钻孔灌注桩。规范规定是一个分项工程，但实际施工中，主要分为 4 个阶段，钻孔（即成孔）、钢筋笼加工（按钢筋工程应有原材料、钢筋加工、钢筋连接及钢筋安装）、钢筋笼安装及混凝土浇筑等。各阶段施工人员不同，工艺要求、质量要求都不同，应按 4 个阶段进行质量控制，分为 4 个分项工程对质量控制有利。同时，钢筋笼也可按钢筋工程分阶段进行质量控制；也可按钢筋笼在加工厂加工按材料认可、加工进场验收认可，将安装单独认可，形成成孔、钢筋笼加工，钢筋笼安装及混凝土浇筑 4 个质量控制验收记录，来进行质量控制，即可作为 4 个分项工程。《建筑工程施工质量验收统一标准》GB 50300—2013 是分为两个分项工程（钢筋笼和混凝土浇筑）。

作为桩和各种灌注桩，都是逐个完成的，质量控制记录是按成孔、钢筋笼加工、安装、浇筑的。重点应按单桩质量控制，也可组批质量汇总控制。本书按工作班分成 4 个分项工程，每个分项工程分为 7 个检验批来控制检查验收的。每个分项工程应总汇成一个表，由 28 个检验批组成。

（1）干作业钻孔成孔分项工程质量验收表。示例参见表 2-1-9。

表 2-1-9　干作业钻孔成孔分项工程质量验收表

单位（子单位）工程名称	××住宅楼		分部（子分部）工程名称		干作业成孔灌注桩	
分项工程数量	4		检验批数量		28	
施工单位	××建筑公司		项目负责人	王××	项目技术负责人	李××
分包单位	—		分包单位项目负责人	—	分包内容	—
序号	检验批名称	检验批容量	部位/段位	施工单位检查结果	监理单位验收结论	
1	干作业成孔	6	1-41 号桩	符合规范规定	合格	
2	干作业成孔	6	41-82 号桩	符合规范规定	合格	
3	干作业成孔	6	82-123 号桩	符合规范规定	合格	
4	干作业成孔	6	123-164 号桩	符合规范规定	合格	
5	干作业成孔	6	164-205 号桩	符合规范规定	合格	
6	干作业成孔	6	205-246 号桩	符合规范规定	合格	
7	干作业成孔	6	246-286 号桩	符合规范规定	合格	
8						

说明：附成孔操作依据 4 份（施工工艺标准 Q205 及技术交底）；施工记录，按每桩每台班记录，每台钻机 7 份供验收；按台班验收 6 个孔抽样原始记录 7 份；7 个检验批质量验收记录。

施工单位检查结果	符合规范规定 项目专业技术负责人：张××	××××年××月××日
监理单位验收结论	合格 专业监理工程师：李××	××××年××月××日

（2）干作业成孔灌注桩钢筋笼加工，分 7 次进场验收，按进场检查验收处理，有 7 个进场验收记录；7 个加工合格证，并附钢筋质量证明，复试报告；形成 7 个钢筋笼加工检验批质量验收记录，不再列表汇总。将资料附在钢筋笼安装分项工程质量记录后。

（3）干作业成孔灌注桩钢筋笼安装，形成 7 个桩检验批质量验收记录，附一个施工依据《钢筋笼加工施工工艺标准》Q205 及技术交底 1 份；共 28 份安装验收记录；28 份施工记录，28 份钢筋笼安装质量验收记录。分项工程验收汇总表（略）。

（4）干作业成孔灌注桩（混凝土）分项工程验收评定。示例参见表 2-1-10。

表 2-1-10　干作业成孔灌注桩（混凝土）分项工程验收记录

单位（子单位）工程名称	××住宅楼	分部（子分部）工程名称		地基基础干作业成孔灌注桩子分部		
分项工程数量	1	检验批数量		7		
施工单位	××建筑公司	项目负责人		王××	项目技术负责人	李××
分包单位	—	分包单位项目负责人		—	分包内容	—

序号	检验批名称	检验批容量	部位/段位	施工单位检查结果	监理单位验收结论
1	桩（混凝土）	6	1-41	符合规范规定	合格
2	桩（混凝土）	6	41-82	符合规范规定	合格
3	桩（混凝土）	6	82-123	符合规范规定	合格
4	桩（混凝土）	6	123-164	符合规范规定	合格
5	桩（混凝土）	6	164-205	符合规范规定	合格
6	桩（混凝土）	6	205-246	符合规范规定	合格
7	桩（混凝土）	6	246-286	符合规范规定	合格
8					
9					

说明：附浇筑施工依据《钢筋笼加工施工工艺标准》Q205 及技术交底 1 份；施工记录 28 份；验收评定原始记录 28 份。

施工单位检查结果	符合规范规定 项目专业技术负责人：张××	××××年××月××日
监理单位验收结论	合格 专业监理工程师：李××	××××年××月××日

有的子分部工程只有一个分项工程时，可以不用分项工程汇总表，只有分项工程质量验收记录就行了，因其内容基本相同。本文全部工程，有 4 个分项工程，只列出 2 个钢筋笼进厂验收（加工）安装分项工程汇总表（略）。

（三）质量控制资料

（1）《钢筋笼加工施工工艺标准》Q205 及施工技术交底 1 份。

（2）钢筋笼加工或进场质量检查验收，即是现场加工，安装前必须进行核查，全面检查其质量，本书按进场检查验收进行处理。附《钢筋笼加工施工工艺标准》Q205 及施工技术底 1 份。钢筋笼进场质量检查记录，按进场批检查验收 7 份。

（3）钢筋笼安装，质量验收 28 份，《钢筋笼加工施工工艺标准》Q205 及施工技术交底 1 份。

（4）混凝土浇筑，质量验收记录 28 份，《钢筋笼加工施工工艺标准》Q205 及施工技术交底 1 份。

（5）同时还应有子分部工程质量验收的资料，见表 2-1-11。

表 2-1-11　干作业成孔灌注桩子分部工程验收应提交的控制资料

工程名称		××住宅楼		施工单位		××建筑公司	
序号	项目	资料名称	份数	施工单位		监理单位	
				检查意见	核查人	核查意见	核查人
1	螺旋钻孔灌注桩子分部工程	岩土工程地质勘察报告	1	符合要求	刘××	合格	王××
2		工程测量定位放线记录	1	符合要求		合格	
3		设计文件、图纸会审技术交底资料	4	符合要求		合格	
4		施工组织设计及专项施工方案	2	符合要求		合格	
5		混凝土拌合物、钢筋笼合格证	4	符合要求		合格	
6		施工记录及自查评定报告	8	符合要求		合格	
7		监测资料	—	/		/	
8		隐蔽工程验收资料	1	符合要求		合格	
9		检测与检验报告	4	符合要求		合格	
10		竣工图	1	符合要求		合格	

结论：合格

施工单位项目负责人：王××　　　　　　　　　　　　总监理工程师：李×

××××年××月××日　　　　　　　　　　　　　××××年××月××日

设计文件、图纸会审资料各 1 份，技术交底资料 2 份；施工组织设计及专项施工方案各 1 份；混凝土拌合物进场合格证 1 份，钢筋笼进场检验记录、合格证各 1 份；施工记录 7 份，检查评定记录 1 份；桩承载力检测报告 1 份，桩身完整性检测报告 1 份；混凝土强度评定报告 1 份；其余项目的资料都是 1 份。

（四）安全和功能检验资料

地基基础分部工程安全和功能检验资料，是工程验收资料中的重点资料，是用实体工程实测数据来说明工程总体质量的。灌注桩子分部工程安全和功能检验资料见表 2-1-12。

表 2-1-12 干作业成孔灌注桩子分部工程安全和功能检验结果

工程名称		××住宅楼	施工单位		××建筑公司		
序号	项目	安全和功能检验项目		份数	检查意见	抽查结果	检查人
1	地基基础	桩基承载力检验报告		1	符合规定	合格	
2		桩身完整性检验报告		1	符合规定	合格	王××
3		混凝土强度试验报告（评定报告）		1	符合规定	合格	

结论：合格

施工单位项目负责人：王××   总监理工程师：李××

×××年××月××日   ×××年××月××日

附：（1）桩基承载力检验报告，静载试验 3 根桩，随机抽取 7 号桩、135 号桩、221 号桩，试验结果，承载力大于设计值 2 倍，检测报告附后。

（2）桩身完整性检验报告，随机抽取 20%，取 57 根桩用低应变方法检测。检测结果 53 根桩为Ⅰ类桩，占 93%，4 根桩为Ⅱ类桩，占 7%。桩号为 135 号、221 号、65 号、160 号。检测报告附后。

（3）混凝土强度试件评定，每 50m³ 取 1 组试件，每台班取 3 组试件，共取 21 组试件，按统计方法一进行评定，每 3 组评定一次，都满足规范规定。评定表及 21 组 28d 试验报告附后。

（五）观感质量评定

桩基观感项目较少，主要是桩顶露出部分混凝土外观及桩顶端插筋情况。由于桩顶露出部分是用成型模板外观质量、尺寸都比较规范，桩顶插筋是按图纸先把插筋绑扎好，并进行固定，经验收后再浇筑混凝土，位置、锚固长度都控制在允许偏差值之内。共 7 份总体评定为"好"。

将评定结果填入表 2-1-11 中。

第二节 主体结构混凝土结构子分部工程质量验收

一、混凝土结构子分部工程检验批质量验收表

混凝土子分部工程检验批质量验收表目录见表 2-2-1。

表 2-2-1 检验批质量验收表目录

	分项工程的检验批名称	子分部工程名称及编号	
		0201	0102
		混凝土结构	地基基础的基础部分
1	模板安装	02010101	01020201 01020301
2	钢筋材料	02010201	01020202 01020302
3	钢筋加工	02010202	01020203 01020303

分项工程的检验批名称		子分部工程名称及编号	
		0201	0102
		混凝土结构	地基基础的基础部分
4	钢筋连接	02010203	01020204 01020304
5	钢筋安装	02010204	01020205 01020305
6	混凝土原材料	02010301	01020206 01020306
7	混凝土拌合物	02010302	01020207 01020307
8	混凝土施工	02010303	01020208 01020308
9	预应力材料	02010401	
10	预应力制作与安装	02010402	
11	预应力张拉与放张	02010403	
12	预应力灌浆与封锚	02010404	
13	现浇结构外观质量	02010501	01020209 01020309
14	现浇结构位置尺寸偏差	02010502	01020210 01020310
15	装配式结构预制构件	02010601	
16	装配式结构安装与连接	02010602	

表 2-2-1 中有与地基与基础的基础部分共用表格，也在表中标出。共用表格是混凝土现浇混凝土部分。基础与主体结构内容相同。模板安装只检查验收，不参加分部工程评定和验收。

二、混凝土结构子分部工程质量验收规定

（一）混凝土结构工程质量验收的基本规定（《混凝土结构工程施工质量验收规范》GB 50204—2015 3.0.1～3.0.9 条）

3.0.1 混凝土结构子分部工程可划分为模板、钢筋、预应力、混凝土、现浇结构和装配式结构等分项工程。各分项工程可根据与生产和施工方式相一致且便于控制施工质量的原则，按进场批次、工作班、楼层、结构缝或施工段划分为若干检验批。

3.0.2 混凝土结构子分部工程的质量验收，应在钢筋、预应力、混凝土、现浇结构和装配式结构等相关分项工程验收合格的基础上，进行质量控制资料检查、观感质量验收及本规范第 10.1 节规定的结构实体检验。

3.0.3 分项工程的质量验收应在所含检验批验收合格的基础上，进行质量验收记录检查。

3.0.4 检验批的质量验收应包括实物检查和资料检查，并应符合下列规定：

1 主控项目的质量经抽样检验应合格；

2 一般项目的质量经抽样检验应合格；一般项目当采用计数抽样检验时，除本规范各章有专门规定外，其合格点率应达到 80% 及以上，且不得有严重缺陷；

3　应具有完整的质量检验记录，重要工序应具有完整的施工操作记录。

3.0.5　检验批抽样样本应随机抽取，并应满足分布均匀、具有代表性的要求。

3.0.6　不合格检验批的处理应符合下列规定：

1　材料、构配件、器具及半成品检验批不合格时不得使用；

2　混凝土浇筑前施工质量不合格的检验批，应返工、返修，并应重新验收；

3　混凝土浇筑后施工质量不合格的检验批，应按本规范有关规定进行处理。

3.0.7　获得认证的产品或来源稳定且连续三批均一次检验合格的产品，进场验收时检验批的容量可按本规范的有关规定扩大一倍，且检验批容量仅可扩大一倍。扩大检验批后的检验中，出现不合格情况时，应按扩大前的检验批容量重新验收，且该产品不得再次扩大检验批容量。

3.0.8　混凝土结构工程采用的材料、构配件、器具及半成品应按进场批次进行检验。属于同一工程项目且同期施工的多个单位工程，对同一厂家生产的同批材料、构配件、器具及半成品，可统一划分检验批进行验收。

3.0.9　检验批、分项工程、混凝土结构子分部工程的质量验收可按本规范附录A记录。

（二）混凝土结构子分部工程（《混凝土结构工程施工质量验收规范》GB 50204—2015 10.1.1～10.2.4条）

10.1　结构实体检验

10.1.1　对涉及混凝土结构安全的有代表性的部位应进行结构实体检验。结构实体检验应包括混凝土强度、钢筋保护层厚度、结构位置与尺寸偏差以及合同约定的项目；必要时可检验其他项目。

结构实体检验应由监理单位组织施工单位实施，并见证实施过程。施工单位应制定结构实体检验专项方案，并经监理单位审核批准后实施。除结构位置与尺寸偏差外的结构实体检验项目，应由具有相应资质的检测机构完成。

10.1.2　结构实体混凝土强度应按不同强度等级分别检验，检验方法宜采用同条件养护试件方法；当未取得同条件养护试件强度或同条件养护试件强度不符合要求时，可采用回弹-取芯法进行检验。

结构实体混凝土同条件养护试件强度检验应符合本规范附录C的规定；结构实体混凝土回弹取芯法强度检验应符合本规范附录D的规定。

混凝土强度检验时的等效养护龄期可取日平均温度逐日累计达到600℃·d时所对应的龄期，且不应小于14d。日平均温度为0℃及以下的龄期不计入。

冬期施工时，等效养护龄期计算时温度可取结构构件实际养护温度，也可根据结构构件的实际养护条件，按照同条件养护试件强度与在标准养护条件下28d龄期试件强度相等的原则由监理、施工等各方共同确定。

10.1.3　钢筋保护层厚度检验应符合本规范附录E的规定。

10.1.4　结构位置与尺寸偏差检验应符合本规范附录F的规定。

10.1.5　结构实体检验中，当混凝土强度或钢筋保护层厚度检验结果不满足要求时，应委托具有资质的检测机构按国家现行有关标准的规定进行检测。

10.2　混凝土结构子分部工程验收

10.2.1　混凝土结构子分部工程施工质量验收合格应符合下列规定：

1　所含分项工程质量验收应合格；

2　应有完整的质量控制资料；

3　观感质量验收应合格；

4　结构实体检验结果应符合本规范第10.1节的要求。

10.2.2　当混凝土结构施工质量不符合要求时，应按下列规定进行处理：

1　经返工、返修或更换构件、部件的，应重新进行验收；

2　经有资质的检测机构按国家现行相关标准检测鉴定达到设计要求的，应予以验收；

3　经有资质的检测机构按国家现行相关标准检测鉴定达不到设计要求，但经原设计单位核算并确认仍可满足结构安全和使用功能的，可予以验收；

4　经返修或加固处理能够满足结构可靠性要求的，可根据技术处理方案和协商文件进行验收。

10.2.3　混凝土结构子分部工程施工质量验收时，应提供下列文件和记录：

1　设计变更文件；

2　原材料质量证明文件和抽样检验报告；

3　预拌混凝土的质量证明文件；

4　混凝土、灌浆料试件的性能检验报告；

5　钢筋接头的试验报告；

6　预制构件的质量证明文件和安装验收记录；

7　预应力筋用锚具、连接器的质量证明文件和抽样检验报告；

8　预应力筋安装、张拉的检验记录；

9　钢筋套筒灌浆连接预应力孔道灌浆记录；

10　隐蔽工程验收记录；

11　混凝土工程施工记录；

12　混凝土试件的试验报告；

13　分项工程验收记录；

14　结构实体检验记录；

15　工程的重大质量问题的处理方案和验收记录；

16　其他必要的文件和记录。

10.2.4　混凝土结构工程子分部工程施工质量验收合格后，应将所有的验收文件存档备案。

（三）混凝土结构子分部工程质量评定验收内容

混凝土结构子分部工程质量验收内容有分项工程汇总，质量控制资料、结构实体检验报告及观感质量检验。

1）混凝土结构子分部工程包括的分项工程

（1）现浇结构包括模板、钢筋、混凝土及现浇结构4个分项工程。

①　模板工程只验收，不参加质量评定验收，是混凝土形成的控制措施，对混凝土形成很重要，必须控制好。首先要做好设计及安装方案，安装后要做好验收，是保证施工安全和混凝土质量的重要措施。应编制设计安装方案、安装施工记录及验收记录文件备查。

②　钢筋分项工程分为材料、钢筋加工，钢筋连接及钢筋安装4个分项工程进行质量控制和验收。

③　混凝土分项工程分为原材料、混凝土拌合物、混凝土施工3个分项工程进行质量控制和验收。原材料在使用预拌混凝土时没有检查实物，只有在混凝土配合比中说明，通常只有混凝土拌合物及混凝土施工2个分项工程进行质量控制和验收。

④　现浇结构分项工程分为外观质量和位置、尺寸偏差2个分项工程进行质量控制和验收。分项工程都必须验收合格，并覆盖到各部位，做好汇总，填写分项工程项数。

（2）预应力混凝土结构子分部工程是在混凝土结构子分部工程基础上增加预应力分项工程。

预应力分项工程又分为材料、制作与安装，张拉和放张、灌浆与封锚4个分项工程进行质量控制与验收。

（3）装配式结构子分部工程，尚应增加装配式结构分项工程；对于全部由预制构件拼装而无现浇混凝土结构的，其子分部工程仅全指装配式结构一个分项工程。

装配式结构分项工程又分为预制构件和安装与连接2个分项工程进行质量控制与验收。

2）混凝土结构子分部工程应具备10.2.3条的16项质量控制资料文件，没有发生的项目可以没有。

3）混凝土结构子分部工程质量验收应具备结构实体检验，包括混凝土强度，钢筋保护层厚度、结构位置与尺寸偏差以及合同约定的项目；必要时可检验其他项目。

（1）结构实体混凝土同条件养护试件强度检验

①　试件取样不应少于3组，不宜少于10组。连续2层楼不小于1组，每2000m³不少于1组；取样应均匀分布，在浇筑入模处取样。放在相应构件的适当位置，同条件养护。

②　同一强度等级的同条件养护试件，600℃·d且不少于14d，其强度值除以0.88后，进行评定达到要求评定为合格，判定结构主体混凝土强度为合格。说明见《混凝土结构工程施工质量验收规范》GB 50204—2015附录C。

（2）结构实体混凝土回弹-取芯法强度检验

① 当未取得同条件养护试件强度或同条件养护试件强度不符合要求时，可采用回弹-取芯法进行检验。回弹法取样应符合柱、梁、墙、板取样最小数量，均匀分布；每个构件5个测区，最小回弹值排序，在最小值的3个测区各取1个芯样。取样方法及芯样应符合相关规定；

② 按规定3个芯样抗压强度值平均值不小于设计要求的混凝土强度等级值的88%；3个芯样强度值最小值不小于设计要求的混凝土强度等级值的80%，结构实体混凝土强度则为合格。

取样最小数量，回弹定位，取芯测定强度值判定，详见《混凝土结构工程施工质量验收规范》GB 50204—2015附录D。

（3）结构实体钢筋保护层厚度检验

① 取样符合规定。悬挑构件之外的梁板构件，取构件数量的2%且不少于5个构件进行检验；对悬挑梁应取构件数量的5%且不少于10个构件，当少于10个时应全数检验；对悬挑板应取构件数量的10%且不少于20个构件，不足20个时应全数检验。

② 对选定的梁类构件，全部纵向受力筋的保护层厚度进行检验，对选定的板类构件，应抽取不少于6根纵向受力筋的保护层厚度进行检验。每根筋应选有代表性的不同部位量测3点取平均值。

③ 允许偏差值梁为（+10，−7），板（+8，−5），单位为mm。

④ 当全部保护层厚度检测的合格率为90%及以上时为合格。

⑤ 当全部保护层厚度检测的合格率小于90%，但不小于80%时，可再抽取相同数量的构件进行检测，当按两次总和计算的合格率为90%及以上时，仍可判为合格。

⑥ 每次抽样检验结果中不合格点的最大偏差值均不应大于允许偏差值的1.5倍。详见《混凝土结构工程施工质量验收规范》GB 50204—2015附录E。

（4）结构实体位置与尺寸偏差检验

① 选取构件应均匀分布。梁、柱抽取构件数量的1%，且不应少于3件，墙、板应按有代表性自然间抽取1%，且不应少于3间；层高应按有代表性的自然间抽查1%，且不应少于3间。

② 检验项目及检验方法，见表2-2-2。

表2-2-2　检验项目及检验方法

项目	允许偏差（mm）		检验方法
	现浇	装配	
柱截面尺寸	+10，−5	±5	选取柱的一边量柱中部、下部及其他部位，取3点平均值
柱垂直度	≤6或10	5	沿两个方向分别测量，取较大值
	>6或12	10	
墙厚	+10，−5	±4	墙身中部量测3点，取平均值；测点间距不应小于1m
梁高	+10，−5	±5	量测一侧边跨中及两个距离支座0.1m处，取3点平均值；量测值可取腹板高度加上此处楼板的实测厚度

项目	允许偏差（mm）		检验方法
	现浇	装配	
板厚	+10，-5	±4	悬挑板取距离支座 0.1m 处，沿宽度方向取包括中心位置在内的随机 3 点取平均值；其他楼板，在同一对角线上量测中间及距离两端各 0.1m 处，取 3 点平均值
层高	±10	±5	与板厚测点相同，量测板顶至上层楼板板底净高，层高量测值为净高与板厚之和取 3 点平均值

③ 当检验项目的合格率为 80% 及以上时，可判为合格。当检验项目的合格率小于 80% 但不小于 70% 时，可再抽取相同数量的构件进行检验，当按两次抽样总和计算的合格率为 80% 及以上时，仍可判为合格。详见《混凝土结构工程施工质量验收规范》GB 50204—2015 附录 F。

4）观感质量检查验收结果

全面检查混凝土结构的质量，凡能看到的都应查看。对严重缺陷由施工单位制定处理方案，经监理认可，处理后重新验收。一般缺陷也应处理，并进行验收。对位置和尺寸偏差也应宏观检查。查看实测实量控制的结果。观感质量应分处分点检查、综合判定"好""一般"和"差"。"好"和"一般"都是合格。

（1）现浇结构

现浇结构外观、位置和尺寸偏差，不应有严重缺陷及一般缺陷，严重缺陷应提出处理方案，处理后应重新验收；一般缺陷应做处理，处理后应重新验收。不能有影响结构性能和使用功能的尺寸偏差，对超过尺寸允许偏差且影响到结构性能、安装、使用功能的应提出处理方案，处理后应重新验收。位置和尺寸偏差应符合规范规定。

（2）装配式结构

预制构件外观质量不应有严重缺陷，不应有影响结构性能和安装、使用功能的尺寸偏差，构件上的预埋件、预留插筋、预埋管线的规格数量，以及预留孔、预留洞位置、数量应符合设计要求，构件不应有一般缺陷。装配式结构施工后，其外观不应有严重缺陷，预制构件与现浇结构连接部位表面平整度应符合要求。

三、检验批质量验收评定示例（混凝土施工）

（一）检验批质量验收合格

（1）主控项目的质量经抽样检验均应合格；

（2）一般项目的质量经抽样检验合格，当采用计数抽样检验时，其合格点率应达到 80% 及以上，且不得有严重缺陷。

（3）应具有完整的质量检验记录，重要工序应具有完整的施工操作记录。

检验批抽样样本应随机抽取，并应满足分布均匀，具有代表性的要求。

检验批质量首先操作班组应进行控制检查，工程项目专业质量员和专业工长进行检验评定合格，并做好质量验收原始记录和完整的操作依据、施工记录等，交专业监理工程师组织验收。

（二）混凝土施工检验批质量验收记录

（1）推荐表格

示例参见表 2-2-3。

表 2-2-3　混凝土施工检验批质量验收记录

<table>
<tr><td>单位（子单位）
工程名称</td><td>××住宅楼</td><td>分部（子分部）
工程名称</td><td>主体混凝土
子分部工程</td><td>分项工程名称</td><td colspan="2">混凝土施工</td></tr>
<tr><td>施工单位</td><td>××建筑公司</td><td>项目负责人</td><td>李××</td><td>检验批容量</td><td colspan="2">450m³</td></tr>
<tr><td>分包单位</td><td>—</td><td>分包单位项目
负责人</td><td>—</td><td>检验批部位</td><td colspan="2">一流水段
三层柱墙</td></tr>
<tr><td>施工依据</td><td colspan="2">施工工艺标准、
施工方案</td><td>验收依据</td><td colspan="3">《混凝土结构工程施工质量验收规范》
GB 50204—2015</td></tr>
<tr><td colspan="3">验收项目</td><td>设计要求及
规范规定</td><td>最小/实际
抽样数量</td><td>检查记录</td><td>检查结果</td></tr>
<tr><td>主控项目</td><td>1</td><td>混凝土强度等级及试件
的取样和留置</td><td>第 7.4.1 条</td><td>全数检查</td><td>符合规定</td><td>合格</td></tr>
<tr><td rowspan="2">一般项目</td><td>1</td><td>后浇带和施工缝的位置和处理方法</td><td>第 7.4.2 条</td><td>全数检查</td><td>符合规定</td><td>合格</td></tr>
<tr><td>2</td><td>养护措施</td><td>第 7.4.3 条</td><td>全数检查</td><td>符合规定</td><td>合格</td></tr>
<tr><td>施工单位
检查结果</td><td colspan="4">符合规范规定
专业工长：王×
项目专业质量检查员：张××</td><td colspan="2">××××年××月×日</td></tr>
<tr><td>监理单位
验收结论</td><td colspan="4">合格
专业监理工程师：张××</td><td colspan="2">××××年××月×日</td></tr>
</table>

（2）验收内容及检验方法

参见《混凝土结构工程施工质量验收规范》GB 50204—2015 7.1.1～7.1.6 条"一般规定"、7.4.1～7.4.3 条施工的"主控项目"和"一般项目"。

7.1.1　混凝土强度应按现行国家标准《混凝土强度检验评定标准》GB/T 50107 的规定分批检验评定。划入同一检验批的混凝土，其施工持续时间不宜超过 3 个月。

7.1.5　大批量、连续生产的同一配合比混凝土，混凝土生产单位应提供基本性能试验报告。

7.1.6　预拌混凝土的原材料质量、制备等应符合现行国家标准《预拌混凝土》GB/T 14902 的规定。

7.4.1　混凝土的强度等级必须符合设计要求。用于检查结构构件混凝土强度的试件应在浇筑地点随机抽取。

检查数量：对同一配合比混凝土，取样与试件留置应符合下列规定：

1　每拌制 100 盘且不超过 100m³ 时，取样不得少于一次；

2　每工作班拌制不足 100 盘时，取样不得少于一次；

3　连续浇筑超过 1000m³ 时，每 200m³ 取样不得少于一次；

4　每一楼层取样不得少于一次；

5　每次取样应至少留置一组试件。

检验方法：检查施工记录及混凝土强度试验报告。

7.4.2　后浇带的留设位置应符合设计要求，后浇带和施工缝的留设及处理方法应符合施工方案要求。

检查数量：全数检查。

检验方法：观察。

7.4.3　混凝土浇筑完毕后应及时进行养护，养护时间以及养护方法应符合施工方案要求。

检查数量：全数检查。

检验方法：观察，检查混凝土养护记录。

（3）验收说明

施工操作依据：《混凝土结构工程施工规范》GB 50666—2011，相应的专业技术规范施工工艺标准，并制订专项施工方案、技术交底资料。

验收依据：《混凝土结构工程施工质量验收规范》GB 50204—2015，相应的现场质量验收检查原始记录。

注意事项：

① 主控项目的质量经抽样检验均应合格；

② 一般项目的质量经抽样检验合格。当采用计数抽样时，合格点率应符合有关专业验收规范的规定，且不得存在严重缺陷；

③ 具有完整的施工操作依据、质量验收记录；

④ 本检验批的主控项目、一般项目已列入推荐表中，并有具体内容及检查方法。

⑤ 黑体字的条文为强制性条文必须严格执行，预先制定控制措施；

⑥ 本推荐表还可供"钢筋混凝土扩展基础"01020208 及"筏形与箱形基础"01020308 检验批验收使用。

（三）施工操作依据：施工工艺标准及技术交底

本工程现浇混凝土框架结构混凝土浇筑前，已完成了模板及钢筋安装工程的验收，监理已签字，并做了钢筋预埋件等的隐蔽验收记录。

施工中，应按企业施工工艺标准及技术交底操作。

（1）企业标准《现浇框架结构混凝土浇筑施工工艺标准》Q223

1 范围

本工艺标准适用于一般现浇框架及框架剪力墙混凝土的浇筑工程。

2 施工准备

2.1 材料及主要机具：

2.1.1 水泥：42.5 及以上矿渣硅酸盐水泥或普通硅酸盐水泥，进场时必须有质量证明书及复试试验报告。

2.1.2 砂：宜用粗砂或中砂。混凝土低于 C30 时，含泥量不大于 5%，高于 C30 时，不大于 3%。

2.1.3 石子：粒径 0.5～3.2cm，混凝土低于 C30 时，含泥量不大于 2%，高于 C30 时，不大于 1%。

2.1.4 掺合料：粉煤灰，其掺量应通过试验确定，并应符合有关标准。

2.1.5 混凝土外加剂：减水剂、早强剂等应符合有关标准的规定，其掺量经试验符合要求后，方可使用。

2.1.6 主要机具：混凝土搅拌机、磅秤（或自动计量设备）、双轮手推车、小翻斗车、尖锹、平锹、混凝土吊斗、插入式振捣器、木抹子、长抹子、铁插尺、胶皮水管、铁板、串桶、塔式起重机等。

2.2 作业条件：

2.2.1 浇筑混凝土层段的模板、钢筋、预埋件及管线等全部安装完毕，经检查符合设计要求，并办完隐检、预检手续。

2.2.2 浇筑混凝土用的架子及马道已支搭完毕，并经检查合格。

2.2.3 水泥、砂、石及外加剂等经检查符合有关标准要求，试验室已下达混凝土配合比通知单。

2.2.4 磅秤（或自动上料系统）经检查核定计量准确，振捣器（棒）经检验试运转合格。

2.2.5 工长根据施工方案对操作班组已进行全面施工技术交底，混凝土浇筑申请书已获批准。

3 操作工艺

3.1 工艺流程：

作业准备→混凝土搅拌→混凝土运输→柱、梁、板、剪力墙、楼梯混凝土浇筑与振捣→养护。

3.2 作业准备：浇筑前应将模板内的垃圾、泥土等杂物及钢筋上的油污清除干净，并检查钢筋的垫块或塑料卡是否垫好。如使用木模板时应浇水使模板湿润。柱子模板的扫除口应在清除杂物及积水后再封闭。剪力墙根部松散混凝土已剔掉清净。

3.3 混凝土搅拌：

3.3.1 根据配合比确定每盘各种材料用量及车辆重量，分别固定好水泥、砂、石各个磅秤标准。在上料时车车过磅，骨料含水率应经常测定，及时调整配合比用水量，确保加水量准确。

3.3.2 装料顺序：一般先倒石子，再装水泥，最后倒砂子。如需加粉煤灰掺合料时，应与水泥一并加入。如需掺外加剂（减水剂、早强剂等）时，粉状应根据每盘加入量预加工装入小包装袋内（塑料袋为宜），用时与粗细骨料同时加入；液状应按每盘用量与水同时装入搅拌机搅拌。

3.3.3　搅拌时间：为使混凝土搅拌均匀，自全部拌合料装入搅拌筒中起到混凝土开始卸料止，混凝土搅拌的最短时间，可按表 3.3.3 规定采用。

表 3.3.3　混凝土搅拌的最短时间（s）

混凝土坍落度（cm）	搅拌机机型	搅拌机出料量（L）		
		＜250	250～500	＞500
≤3	自落式	90	120	150
	强制式	60	90	120
＞3	自落式	90	90	120
	强制式	60	60	90

3.3.4　混凝土开始搅拌时，由施工单位主管技术部门、工长组织有关人员，对出盘混凝土的坍落度、和易性等进行鉴定，检查是否符合配合比通知单要求，经调整合格后再正式搅拌。

3.4　混凝土运输：混凝土自搅拌机中卸出后，应及时送到浇筑地点。在运输过程中，要防止混凝土离析、水泥浆流失、坍落度变化以及产生初凝等现象。如混凝土送到浇筑地点有离析现象时，必须在浇筑前进行二次拌和。混凝土从搅拌机中卸出后到浇筑完毕的延续时间，不宜超过表 3.4 的规定。

表 3.4　混凝土从搅拌机卸出后至浇筑完毕的时间（min）

混凝土强度等级	气温（℃）	
	低于 25	高于 25
＜C30	120	90
＞C30	90	60

注：掺用外加剂或采用快硬水泥拌制混凝土时，应按试验确定。

泵送混凝土时必须保证混凝土泵连续工作，如果发生故障，停歇时间超过 45min 或混凝土出现离析现象，应立即用压力水或其他方法冲洗管内残留的混凝土。

3.5　混凝土浇筑与振捣的一般要求：

3.5.1　混凝土自吊斗口下落的自由倾落高度不得超过 2m，浇筑高度如超过 3m 时必须采取措施，用串桶或溜管等。

3.5.2　浇筑混凝土时应分段分层连续进行，浇筑层高度应根据结构特点、钢筋疏密决定，一般为振捣器作用部分长度的 1.25 倍，最大不超过 50cm。

3.5.3　使用插入式振捣器应快插慢拔，插点要均匀排列，逐点移动，顺序进行，不得遗漏，做到均匀振实。移动间距不大于振捣作用半径的 1.5 倍（一般为 30～40cm）。振捣上一层时应插入下层约 5cm，以消除两层间的接缝。表面振动器（平板振动器）的移动间距，应保证振动器的平板覆盖已振实部分的边缘。

3.5.4　浇筑混凝土应连续进行。如必须间歇，其间歇时间应尽量缩短，并应在前层混凝土初凝结之前，将次层混凝土浇筑完毕间歇的最长时间应按所用水泥品种、气温及混凝土凝结条件确定，一般超过 2h 应按施工缝处理。

3.5.5　浇筑混凝土时应经常观察模板、钢筋、预留孔洞、预埋件和插筋等有无移动、变形或堵塞情况，发现问题应立即处理，并应在已浇筑的混凝土凝结前修正完好。

3.6　柱的混凝土浇筑：

3.6.1　柱浇筑前底部应先填以 5～10cm 厚与混凝土配合比相同减石子砂浆，柱混凝土应分层振捣，使用插入式振捣器时每层厚度不大于 50cm，振捣棒不得触动钢筋和预埋件。除上面振捣外，下面要有人随时敲打模板。

3.6.2　柱高在 3m 之内，可在柱顶直接下灰浇筑，超过 3m 时，应采取措施（用串桶）或在模板侧面开门子洞安装斜溜槽分段浇筑。每段高度不得超过 2m，每段混凝土浇筑后将门子洞模板封闭严实，并用箍箍牢。

3.6.3　柱子混凝土应一次浇筑完毕，如需留施工缝时应留在主梁下面。无梁楼板应留在柱帽下面。在与梁板整体浇筑时，应在柱浇筑完毕后停歇 1～1.5h，使其获得初步沉实，再继续浇筑。

3.6.4　浇筑完后，应随时将伸出的搭接钢筋整理到位。

3.7　梁、板混凝土浇筑：

3.7.1　梁、板应同时浇筑，浇筑方法应由一端开始用"赶浆法"，即先浇筑梁，根据梁高分层浇筑成阶梯形，当达到板底位置时再与板的混凝土一起浇筑，随着阶梯形不断延伸，梁板混凝土浇筑连续向前进行。

3.7.2　和板连成整体高度大于 1m 的梁，允许单独浇筑，其施工缝应留在板底以下 2～3cm 处。浇捣时，浇筑与振捣必须紧密配合，第一层下料慢些，梁底充分振实后再下二层料，用"赶浆法"保持水泥浆沿梁底包裹石子向前推进，每层均应振实后再下料，梁底及梁帮部位要注意振实，振捣时不得触动钢筋及预埋件。

3.7.3　梁柱节点钢筋较密时，浇筑此处混凝土时宜用小粒径石子同强度等级的混凝土浇筑，并用小直径振捣棒振捣。

3.7.4 浇筑板混凝土的虚铺厚度应略大于板厚，用平板振捣器垂直浇筑方向振捣，厚板可用插入式振捣器顺浇筑方向辅助振捣，并用铁插尺检查混凝土厚度，振捣完毕后用长木抹子抹平。施工缝处或有预埋件及插筋处用木抹子找平。浇筑板混凝土时不允许用振捣棒铺摊混凝土。对梁板在混凝土初凝前，可进行二次振捣或抹压平，使表面气孔去掉和使上层钢筋下混凝土密实。

3.7.5 施工缝位置：宜沿次梁方向浇筑楼板，施工缝应留置在次梁跨度的中间 1/3 范围内。施工缝的表面应与梁轴线或板面垂直，不得留斜槎。施工缝宜用木板或钢丝网挡牢。

3.7.6 施工缝处须待已浇筑混凝土的抗压强度不小于 1.2MPa 时，才允许继续浇筑。在继续浇筑混凝土前，施工缝混凝土表面应凿毛，剔除浮动石子，并用水冲洗干净后，先浇一层水泥浆，然后继续浇筑混凝土，应细致操作振实，使新旧混凝土紧密结合。

3.8 剪力墙混凝土浇筑：

3.8.1 如柱、墙的混凝土强度等级相同时，可以同时浇筑，反之宜先浇筑柱混凝土，预埋剪力墙锚固筋，待拆柱模后，再绑剪力墙钢筋、支模、浇筑混凝土。

3.8.2 剪力墙浇筑混凝土前，先在底部均匀浇筑 5cm 厚与墙体混凝土成分相同的水泥砂浆，并用铁锹入模，不应用料斗直接灌入模内。

3.8.3 浇筑墙体混凝土应连续进行，间隔时间不应超过 2h，每层浇筑厚度控制在 60cm 左右，因此必须预先安排好混凝土下料点位置和振捣器操作人员数量。

3.8.4 振捣棒移动间距应小于 50cm，每一振点的延续时间以表面呈现浮浆为度，为使上下层混凝土结合成整体，振捣器应插入下层混凝土 5cm 左右。振捣时注意钢筋密集及洞口部位，为防止出现漏振，须在洞口两侧同时振捣，下灰高度也要大体一致。大洞口的洞底模板应开口，并在此处浇筑振捣。

3.8.5 混凝土墙体浇筑完毕之后，将上口甩出的钢筋加以整理，用木抹子按标高线将墙上表面混凝土找平。

3.9 楼梯混凝土浇筑：

3.9.1 楼梯段混凝土自下而上浇筑，先振实底板混凝土，达到踏步位置时再与踏步混凝土一起浇捣，不断连续向上推进，并随时用木抹子（或塑料抹子）将踏步上表面抹平。

3.9.2 施工缝位置：楼梯混凝土宜连续浇筑完，多层楼梯的施工缝应留置在楼梯段 1/3 的部位。

3.10 养护：混凝土浇筑完毕后，应在 12h 以内加以覆盖和浇水，浇水次数应能保持混凝土有足够的润湿状态，养护期一般不少于 7 昼夜。

3.11 冬期施工：

3.11.1 冬期浇筑的混凝土掺负温复合外加剂时，应根据温度情况的不同，使用不同的负温外加剂。且在使用前必须经专门试验及有关单位技术鉴定。柱、墙养护宜采用养护灵。

3.11.2 冬期施工前应制定冬期施工方案，对原材料的加热、搅拌、运输、浇筑和养护等进行热工计算，并应据此施工。

3.11.3 混凝土在浇筑前，应清除模板和钢筋上的冰雪、污垢。运输和浇筑混凝土用的容器应有保温措施．

3.11.4 运输浇筑过程中，温度应符合热工计算所确定的数据，如不符时，应采取措施进行调整。采用加热养护时，混凝土养护前的温度不得低于 2℃。

3.11.5 整体式结构加热养护时，浇筑程序和施工缝位置，应能防止发生较大的温度应力，如加热温度超过 40℃时，应征求设计单位意见后确定。混凝土升、降温度不得超过规范规定。

3.11.6 冬期施工平均气温在 −5℃ 以内，一般采用综合蓄热法施工，所用的早强抗冻型外加剂应有出厂证明，并要经试验室试块对比试验后再正式使用。综合蓄热法宜选用 42.5 以上普通硅酸盐水泥或 R 型早强水泥。外加剂应选用能明显提高早期强度，并能降低抗冻临界强度的粉状复合外加剂，与骨料同时加入，保证搅拌均匀。

3.11.7 冬施养护：模板及保温层，应在混凝土冷却到 5℃ 后方可拆除。混凝土与外界温差大于 15℃ 时，拆模后的混凝土表面，应临时覆盖，使其缓慢冷却。

3.11.8 混凝土试块除正常规定组数制作外，还应增设两组与结构同条件养护，一组用以检验混凝土受冻前的强度，另一组用以检验转入常温养护 28d 的强度。

3.11.9 冬期施工过程中，应填写"混凝土工程施工记录"和"冬期施工混凝土日报"。

4 质量标准

4.1 主控项目：

4.1.1 混凝土所用的水泥、水、骨料、外加剂等必须符合规范及有关规定，检查出厂合格证或试验报告是否符合质量要求。

4.1.2 混凝土的配合比、原材料计量、搅拌、养护和施工缝处理，必须符合施工规范规定。

4.1.3 混凝土强度的试块取样、制作、养护和试验要符合《混凝土强度检验评定标准》GB/T 50107—2010 的规定。

4.1.4 设计不允许裂缝的结构，严禁出现裂缝，设计允许裂缝的结构，其裂缝宽度必须符合设计要求。

4.1.5 施工缝后浇带的留置位置应符合设计要求，其设置和处理方法应符合施工方案要求。

4.1.6 混凝土浇筑完后应及时养护，其养护时间及方法应符合施工方案的要求。

4.2 一般项目：

混凝土应振捣密实；不得有蜂窝、孔洞、露筋、裂缝、夹渣、疏松、连接部位缺陷、外形缺陷、外表缺陷等缺陷。

4.2.1　现浇结构的位置和尺寸偏差及检验方法见表 4.2.1。

表 4.2.1　现浇混凝土位置、尺寸和允许偏差及检查方法

项次	项目		允许偏差（mm）		检验方法
			国家标准	企业标准	
1	轴线位移	柱、墙、梁	8	5	尺量检查
2	标高	层高	±10	±8	用水准仪或尺量检查
		全高	±30	±30	
3	柱、墙、梁截面尺寸		+10 −5	±5	尺量检查
4	柱、墙垂直度	每层	10	8	用经纬仪或吊线和尺量检查
		全高	$H/3000+20$	$H/3000+20$	
5	表面平整度		8	8	用 2m 靠尺和楔形塞尺检查
6	预埋钢板中心线位置偏移		10	10	尺量检查
7	预埋管、预留孔中心线位置偏移		5	5	
8	预埋螺栓中心线位置偏移		5	5	
9	预留洞中心位置偏移		15	15	
10	电梯井	井筒长、宽对中心线	10	10	吊线和尺量检查
		长、宽尺寸	+25 0	+25 0	
		井筒全高垂直度	$H/1000$ 且不大于 30	$H/1000$ 且不大于 30	

注：H 为柱、墙全高。

5　成品保护

5.1　要保证钢筋和垫块的位置正确，不得踩楼板、楼梯的弯起钢筋，不碰动预埋件和插筋。

5.2　不用重物冲击模板，不在梁或楼梯踏步模板吊帮上蹬踩，应搭设跳板，保护模板的牢固和严密。

5.3　已浇筑楼板、楼梯踏步的上表面混凝土要加以保护，必须在混凝土强度达到 1.2MPa 以后，方准在面上进行操作及安装结构用的支架和模板。

5.4　冬期施工在已浇的楼板上覆盖时，要在铺设的脚手板上操作，尽量不踏脚印。

6　应注意的质量问题

6.1　蜂窝：原因是混凝土一次下料过厚，振捣不实或漏振，模板有缝隙使水泥浆流失，钢筋较密而混凝土坍落度过小或石子过大，柱、墙根部模板有缝隙，以致混凝土中的砂浆从下部涌出而造成。

6.2　露筋：原因是钢筋垫块位移、间距过大、漏放、钢筋紧贴模板、造成露筋，或梁、板底部振捣不实，也可能出现露筋。

6.3　麻面：拆模过早或模板表面漏刷隔离剂或模板湿润不够，构件表面混凝土易粘附在模板上造成麻面脱皮。

6.4　孔洞：原因是钢筋较密的部位混凝土被卡，未经振捣就继续浇筑上层混凝土。

6.5　缝隙与夹渣层：施工缝处杂物清理不净或未浇底浆等原因，易造成缝隙、夹渣层。

6.6　梁、柱连接处断面尺寸偏差过大，主要原因是柱接头模板刚度差或支此部位模板时未认真控制断面尺寸。

6.7　现浇楼板面和楼梯踏步上表面平整度偏差太大：主要原因是混凝土浇筑后，表面不用抹子认真抹平。冬期施工在覆盖保温层时，上人过早或未垫板进行操作。

7　质量记录

本工艺标准应具备以下质量记录：

7.1　水泥出厂质量证明及进场复试报告。

7.2　石子试验报告。

7.3 砂试验报告。

7.4 掺合料出厂质量证明及进场试验报告。

7.5 外加剂出厂质量证明及进场试验报告、产品说明书。

7.6 混凝土试配记录。

7.7 混凝土施工配合比通知单。

7.8 混凝土试块强度试压报告。

7.9 混凝土强度统计评定表。

7.10 混凝土分项工程质量检验评定。

7.11 混凝土施工日志（含冬期施工记录）。

7.12 采用预拌混凝土时，应具有混凝土配合此通知单、开盘鉴定报告、进场运输单及进场坍落度检验记录。

（2）技术交底

示例参见表 2-2-4。

表 2-2-4　施工技术交底记录

工程名称	××住宅楼	工程部位	三层一段	交底时间	××××年××月××日
施工单位	××建筑公司	分项工程		混凝土浇筑	
交底提要	模板、钢筋检查验收完成混凝土浇筑注意事项				

本工程为 26 层框架结构住宅楼，框加柱混凝土 C40 级，梁板 C35 级，每层分两段流水施工。每段分垂直结构和水平结构两个检验批，连续施工，一个台班完成。

混凝土为预拌混凝土，由预拌厂供应，运输时间为（25±5）min，未加缓凝剂。初凝≤90min。有配合比试验报告，开盘鉴定资料，强度、工作度满足施工要求的条件，每车留有运输单，进场做坍落度试验，允许偏差为（90±20）mm。入场后 30min 内入模振捣完。C40 级、C35 级每台班在工作面混凝土各留一组强度试件。单层第一流水段 C40 级 C35 级应各留置一组同条件养护试件。

浇筑前，模板、钢筋工程已验收合格，预埋件钢筋构造等隐蔽验收已完成，并形成记录。

施工前要清理模板上的杂物及垃圾，并用水浇湿润，但不得有明水。

施工缝按工艺标准清理，湿润，用同配合比无粗骨料砂浆铺 3～5cm，再正常浇筑。柱浇筑中注意分层捣振，约每 50cm 一层。梁板按已安排顺序浇筑振捣。注意梁柱接头部位混凝土的密实。在混凝土初凝前，注意混凝土表面的二次抹压或平板微振捣，以减少上层钢下的空隙及清除表面浮浆。

柱混凝土浇筑至梁板标高，注意在到达深梁端约 50cm 的位置设隔挡措施，留直槎。板也适当隔挡，初凝前取掉隔挡浇筑梁板混凝土。注意接槎处的振捣。

两个流水段间的施工缝，在水平结构梁板的跨 1/3 范围处，注意隔挡牢固及混凝土的密实。施工缝的处理严格按施工工艺标准进行，并在施工记录中说明，留下处理后的照片或录像。

浇筑混凝土中，注意保护预埋件的位置，钢筋的位置及钢筋保护层的位置正确。混凝土的振捣均匀，以及重点部位的密实。如发现模板变形、变位及其他不正常情况时，及时提出问题并及时解决。

水平构件养护选草帘覆盖洒水养护，垂直构件的养护选用养护灵，不得缺水，混凝土表面保持湿润状态。

混凝土浇筑完，注意不要过早上去踩踏和堆放重物，在上层模板安装中，立柱下面一定得有垫板，垫板不小于 100mm×100mm，或通长木垫板，50mm 厚，150mm 宽。

专业工长：李××

施工班组长：王××

××××年××月××日

（四）检验批施工过程记录

以主体结构混凝土框架结构柱、墙浇筑检验批混凝土现浇结构为例（表 2-2-5）。

工程概况：框架结构，26 层住宅楼，层高 2.9m，开间 2.7～3.3m，主体柱、墙设计 C40 级混凝土，梁板设计 C35 级混凝土。由预拌厂供应混凝土，运输时间 30～35min。分两个流水段施工，每个流水段为一检验批，设一处施工缝。

表 2-2-5　3 层 1 段混凝土浇筑检验批施工记录

单位工程名称	××住宅楼	分部工程名称	主体结构 混凝土 3 层	分项工程 名称	混凝土浇筑
施工单位	××施工单位	项目负责人	王××	施工班组	混凝土 2 班
施工期限	××××年××月××日×时×分至×时×分			气候	<25℃晴

一、施工部位：

主体结构三层柱、墙Ⅰ、混凝土浇筑，工程是 93.4m³。

二、材料情况：

C40 级混凝土，由××预拌厂供应，罐车运输，预拌厂提供有主要原材料、水泥、砂石及外加剂质量说明，配合比报告，开盘鉴定报告（强度报告、工作度、凝结时间、耐久性、防水性等）。未加外加剂，初凝时间≤90min。运输车每车有运输单。

每车进场检查运输单，从加水搅拌至到场时，混凝土的外观检查，坍落度检查，规范 90min，误差±20mm。

三、施工前准备：

选择泵送输送方式、施工前湿润与混凝土接触部位；钢筋已验收，模板内杂物已清理，模板已洒水润湿，没有积水。倾落高度 2.9m，直接浇筑。

施工措施按企业《现浇框架结构混凝土浇筑施工工艺标准》Q223 及技术交底施工。

四、施工过程：

按控制措施施工，施工正常，注意要点：

① 施工缝处施工前先浇筑同配合比无粗骨料砂浆 3～5cm 铺底；

② 分层 50cm；

③ 插入式振捣器加人工辅助振捣；

④ 注意预埋件及钢筋保护；

⑤ 初凝前，对板、梁表面进行二次抹压或平抹振捣器二次振捣；

⑥ 共浇筑混凝土约 93.4m³；

⑦ 按规定制作一组标养试件及一组同条件养护试件。编号为：××.××。

五、环保处理：

对多余及泵管内混凝土及泵周边落地混凝土，收集制作预制空心砌块；清洗水排入沉淀池回收利用。

专业施工员：李××　　　　　　　　　　　　　　　　　　　　　××××年××月××日

（五）质量验收评定原始记录

质量验收评定原始记录参见示例表 2-2-6。

表 2-2-6　混凝土浇筑检验批质量验收评定原始记录

××住宅楼，主体结构三层一段柱、墙混凝土浇筑检查评定记录

1. 主控项目：

混凝土强度试件取样及留置。施工方案按规定 100 盘，100m³，1 个工作班，一楼层，同一配合比的混凝土应留一组试件。本工程具体按 100m³，一个工作班，一楼层，一个检验批，同配合比的混凝土在施工浇筑地点取一组标养试件，同时每层楼取一组同条件养护试件（单层取）。在浇筑地点取样制作。

标养试件编号：×××

同条件养护试件编号：×××

2. 一般项目：

（1）后浇带和施工缝设计位置及处理方法。本工程未设后浇带，只设一处施工缝，在两流水段之间，在施工方案中已确定，并规定了设置及处理方法，经设计单位及监理工程师认可。

柱、墙水平施工缝设在楼层结构顶面，墙施工缝与结构上表面的距离为+50mm，柱施工缝与结构上表面的距离+30mm。

梁、板竖向施工缝留在次梁跨 1/3 范围内，楼梯段施工缝留在休息平台上段楼段板 1/3 处（第三踏步处）。

施工缝设置规整，垂直缝、界面用专用材料封挡，并有保护钢筋不受污染等措施。浇筑时清理界面，凿去松动、有空隙的部分石子及浮浆层，并用水润湿，先铺一层去石子同配合比砂浆，再正式浇筑混凝土，并振捣密实。

施工中严格按施工方案进行施工，施工缝位置和处理方法符合施工工艺标准规定。

（2）养护措施。施工方案水平面选用洒水覆盖草帘养护，裸露表面覆盖草帘，保持草帘及混凝土表面润湿状态。柱及墙用养护灵养护符合施工方案规定。

专业质量员：王×

专业施工员：张××　　　　　　　　　　　　　　　　　　　　　××××年××月××日

（六）检验批质量验收记录及附件资料整理

（1）填写好施工记录，与施工同步完成。

（2）填写混凝土施工检验批质量验收记录，并签字。附上施工操作依据，施工记录及评定检查原始记录。

已填写好混凝土施工检验批质量验收记录（表 2-2-3），及附《现浇框架结构混凝土浇筑施工工艺标准》Q223。

施工技术交底记录（双方签字的）说明施工方案的重点要求，针对标准施工方案的细化和具体化（表 2-2-4）。

施工记录表。记录施工过程活动的有效性情况（表 2-2-5）。

质量检查评定原始记录。记录验收评定检查结果情况（表 2-2-6）。

四、分部（子分部）工程质量验收评定

（一）混凝土结构子分部工程质量验收记录（表 2-2-7）

（二）混凝土结构子分部分项工程质量验收记录汇总

汇总资料包括的分项工程有钢筋材料、钢筋加工、钢筋连接、钢筋安装、混凝土用原材料、混凝土拌合物、混凝土施工、外观质量、位置和尺寸偏差等。案例中为预拌混凝土，因而没有混凝土原材料，只作了混凝土施工分项的一个检验批验收评定，其余均已验收评定，列入分部工程验收，设备检验批已验收合格，填入表 2-2-7。

（三）质量控制资料

（1）图纸会审、设计变更洽商文件：图纸会审 1 份；设计变更 3 份，洽商 4 份，共 8 份。

（2）定位测量记录：104 份。

（3）原材料合格证、进场验收记录、复试报告、混凝拌合物、钢筋合格证 92 份；进场验收报告 18 份；钢筋复试报告 18 份；混凝土拌合物进场坍落度检测和外观检查两套，C40、C35 各一套，共 130 份。

（4）隐蔽工程验收记录：104 份。

（5）施工记录：104 份。

（6）标养试件抗压强度评定：C40 级、C35 级混凝土各 52 组，按 3 组一评定各评定 18 次，共 36 份。

（7）施工方案、施工依据、控制措施：施工方案钢筋及混凝土施工各一个，施工依据及控制措施各 2 份。

以上共 7 项核查，符合要求，填入表 2-2-7 中。

（四）结构实体检验报告

（1）结构实体混凝土同条件养护试件强度检验。

C40 与 C35 级混凝土同条件养护试件各留置 13 组（连续二层取一组单层取样），取样符合规范规定。其评定值除以 0.88 后强度值满足规范规定，详见检验报告，评定记录 2 份。

（2）结构实体钢筋保护层厚度检验。

按规定数量抽取梁、板部位取点进行检测，检测的合格率达到 92.4%，符合规范规定。其检测方法见附录 C。检验记录 1 份，填入表 2-2-7 中。

（3）结构实体位置与尺寸偏差检验。

按规定对梁、柱、墙、板及层高进行抽样，按附录 F 检测。合格率达到 84%，符合规范规定，见检测报告，报告 1 份。

（4）全高垂直度及标高检测。

① 建筑全高 78.4m，$\leqslant$300m，其偏差允许值 $H/30000+20=78400/30000+20\approx$ 23mm，测量 5 点，测值为 20mm、18mm、20mm、16mm、18mm。符合规定。

② 全高标高，测量 5 点，测值为 20mm+26mm+22mm+20mm+28mm。符合规定。详见检测记录表。

检测报告一份，填入表 2-2-7。

表 2-2-7 混凝土结构子分部工程质量验收记录

单位工程名称	××住宅楼			分项工程数量	8
施工单位	××建筑公司	项目负责人	李××	技术（质量）负责人	张××
分包单位	—	分包单位负责人	—	分包内容	—
序号	分项工程名称		检验批数量	施工单位检查结果	监理单位验收结论
1	钢筋分项工程		4个	合格	合格
2	预应力分项工程		—	—	—
3	混凝土分项工程		2个	合格	合格
4	现浇结构分项工程		2个	合格	合格
5	装配式结构分项工程		—	—	—
质量控制资料			共7项（280份）验收符合要求7项		合格
安全和功能检验结果			共5项，验收符合要求5项		合格
观感质量检验结果			检查26处都评为"好"综合评价"好"		
综合验收结论		达到施工合同约定及质量验收规范规定同意验收			
施工单位 项目负责人：李×× ××××年××月××日		设计单位 项目负责人：王× ××××年××月××日		监理单位 总监理工程师：张×× ××××年××月××日	

（5）工程沉降观测。

根据设计要求设置沉降观测点进行沉降观测。本工程设计未要求沉降观测。

（五）观感质量检验

现浇混凝土结构，应全面检查混凝土结构的质量，凡能看到的都应进行检查，包括混凝土结构外观质量露筋、蜂窝、孔钢、夹渣、疏松、裂缝，连接部位缺陷、外形缺陷、外表缺陷等，位置与尺寸偏差缺陷。对严重缺陷，由施工单位制定处理方案，经监理认可，处理后重新进行验收；一般缺陷也应处理，并进行验收。对位置与尺寸偏差也应全面检查，查看实测控制的结果，不能有影响结构性能、安装、使用功能的缺陷。观感质量检查按点、处检查，宏观判定"好""一般"和"差"，"好"和"一般"都是合格，也可按外观缺陷判定。但合格工程不应有严重缺陷，也不应有影响使用功能的一般缺陷。

本工程按处检查 26 处，经按外观缺陷及位置与尺寸偏差检查，没有严重缺陷和一般缺陷，位置与尺寸偏差没有超过 1.5 倍允许偏差值的缺陷，评为"好"。

（六）实测检验附录

（1）结构实体混凝土同条件养护试件强度检验

参见《混凝土结构工程施工质量验收规范》GB 50204—2015 附录 C 条文。

C.0.1 同条件养护试件的取样和留置应符合下列规定：

1 同条件养护试件所对应的结构构件或结构部位，应由施工、监理等各方共同选定，且同条件养护试件的取样宜均匀分布于工程施工周期内；

2 同条件养护试件应在混凝土浇筑入模处见证取样；

3 同条件养护试件应留置在靠近相应结构构件的适当位置，并应采取相同的养护方法；

4 同一强度等级的同条件养护试件不宜少于 10 组，且不应少于 3 组。每连续两层楼取样不应少于 1 组；每 2000m³ 取样不得少于一组。

C.0.2 每组同条件养护试件的强度值应根据强度试验结果按现行国家标准《普通混凝土力学性能试验方法标准》GB/T 50081 的规定确定。

C.0.3 对同一强度等级的同条件养护试件，其强度值应除以 0.88 后按现行国家标准《混凝土强度检验评定标准》GB/T 50107 的有关规定进行评定，评定结果符合要求时可判结构实体混凝土强度合格。

（2）结构实体混凝土回弹-取芯法强度检验

参见《混凝土结构工程施工质量验收规范》GB 50204—2015 附录 D 条文。

D.0.1 回弹构件的抽取应符合下列规定：

1 同一混凝土强度等级的柱、梁、墙、板，抽取构件最小数量应符合表 D.0.1 的规定，并应均匀分布；

2 不宜抽取截面高度小于 300mm 的梁和边长小于 30mm 的柱。

表 D.0.1　回弹构件抽取最小数量

构件总数量	最小抽样数量
20 以下	全数
20～150	20
151～280	26
281～500	40
501～1200	64
1201～3200	100

D.0.2 每个构件应选取不少于 5 个测区进行回弹检测及回弹值计算，并应符合现行行业标准《回弹法检测混凝土抗压强度技术规程》JGJ/T 23 对单个构件检测的有关规定。楼板构件的回弹宜在板底进行。

D.0.3 对同一强度等级的混凝土，应将每个构件 5 个测区中的最小测区平均回弹值进行排序，并在其最小的 3 个测区各钻取 1 个芯样。芯样应采用带水冷却装置的薄壁空心钻钻取，其直径宜为 100mm，且不宜小于混凝土骨料最大粒径的 3 倍。

D.0.4　芯样试件的端部宜采用环氧胶泥或聚合物水泥砂浆补平，也可采用硫黄胶泥修补。加工后芯样试件的尺寸偏差与外观质量应符合下列规定：

1　芯样试件的高度与直径之比实测值不应小于 0.95，也不应大于 1.05；

2　沿芯样高度的任一直径与其平均值之差不应大于 2mm；

3　芯样试件端面的不平整度在 100mm 长度内不应大于 0.1mm；

4　芯样试件端面与轴线的不垂直度不应大于 1°；

5　芯样不应有裂缝、缺陷及钢筋等杂物。

D.0.5　芯样试件尺寸的量测应符合下列规定：

1　应采用游标卡尺在芯样试件中部互相垂直的两个位置测量直径，取其算术平均值作为芯样试件的直径，精确至 0.1mm；

2　应采用钢板尺测量芯样试件的高度，精确至 1mm；

3　垂直度应采用游标量角器测量芯样试件两个端线与轴线的夹角，精确至 0.1°；

4　平整度应采用钢板尺或角尺紧靠在芯样试件端面上，一面转动钢板尺，一面用塞尺测量钢板尺与芯样试件端面之间的缝隙；也可采用其他专用设备测量。

D.0.6　芯样试件应按现行国家标准《普通混凝土力学性能试验方法标准》GB/T 50081 中圆柱体试件的规定进行抗压强度试验。

D.0.7　对同一强度等级的混凝土，当符合下列规定时，结构实体混凝土强度可判为合格：

1　三个芯样的抗压强度算术平均值不小于设计要求的混凝土强度等级值的 88%；

2　三个芯样抗压强度的最小值不小于设计要求的混凝土强度等级值的 80%。

（3）结构实体钢筋保护层厚度检验

参见《混凝土结构工程施工质量验收规范》GB 50204—2015 附录 E 条文。

E.0.1　结构实体钢筋保护层厚度检验构件的选取应均匀分布，并应符合下列规定：

1　对非悬挑梁板类构件，应各抽取构件数量的 2% 且不少于 5 个构件进行检验。

2　对悬挑梁，应抽取构件数量的 5% 且不少于 10 个构件进行检验；当悬挑梁数量少于 10 个时，应全数检验。

3　对悬挑板，应抽取构件数量的 10% 且不少于 20 个构件进行检验；当悬挑板数量少于 20 个时，应全数检验。

E.0.2　对选定的梁类构件，应对全部纵向受力钢筋的保护层厚度进行检验；对选定的板类构件，应抽取不少于 6 根纵向受力钢筋的保护层厚度进行检验。对每根钢筋，应选择有代表性的不同部位量测 3 点取平均值。

E.0.3　钢筋保护层厚度的检验，可采用非破损或局部破损的方法，也可采用非破损方法并用局部破损方法进行校核。当采用非破损方法检验时，所使用的检测仪器应经过计量检验，检测操作应符合相应规程的规定。

钢筋保护层厚度检验的检测误差不应大于 1mm。

E.0.4　钢筋保护层厚度检验时，纵向受力钢筋保护层厚度的允许偏差应符合表 E.0.4 的规定。

表 E.0.4　结构实体纵向受力钢筋保护层厚度的允许偏差

构件类型	允许偏差（mm）
梁	+10，−7
板	+8，−5

E.0.5　梁类、板类构件纵向受力钢筋的保护层厚度应分别进行验收，并应符合下列规定：

1　当全部钢筋保护层厚度检验的合格率为 90% 及以上时，可判为合格；

2　当全部钢筋保护层厚度检验的合格率小于 90% 但不小于 80% 时，可再抽取相同数量的构件进行检验；当按两次抽样总和计算的合格率为 90% 及以上时，仍可判为合格；

3　每次抽样检验结果中不合格点的最大偏差均不应大于本规范附录 E.0.4 条规定允许偏差的 1.5 倍。

（4）结构实体位置与尺寸偏差检验

参见《混凝土结构工程施工质量验收规范》GB 50204—2015 的附录 F 条文。

F.0.1　结构实体位置与尺寸偏差检验构件的选取应均匀分布，并应符合下列规定：

1　梁、柱应抽取构件数量的 1%，且不应少于 3 个构件；

2　墙、板应按有代表性的自然间抽取 1%，且不应少于 3 间；

3　层高应按有代表性的自然间抽查 1%，且不应少于 3 间。

F.0.2　对选定的构件，检验项目及检验方法应符合表 F.0.2 的规定，允许偏差及检验方法应符合本规范表 8.3.2 和表 9.3.9 的规定，精确至 1mm。

表 F.0.2　结构实体位置与尺寸偏差检验项目及检验方法

项目	检验方法
柱截面尺寸	选取柱的一边量测柱中部、下部及其他部位，取3点平均值
柱垂直度	沿两个方向分别量测，取较大值
墙厚	墙身中部量测3点，取平均值；测点间距不应小于1m
梁高	量测一侧边跨中及两个距离支座0.1m处，取3点平均值；量测值可取腹板高度加上此处楼板的实测厚度
板厚	悬挑板取距离支座0.1m处，沿宽度方向取包括中心位置在内的随机3点取平均值；其他楼板，在同一对角线上量测中间及距离两端各0.1m处，取3点平均值
层高	与板厚测点相同，量测板顶至上层楼板板底净高，层高量测值为净高与板厚之和，取3点平均值

F.0.3　墙厚、板厚、层高的检验可采用非破损或局部破损的方法，也可采用非破损方法并用局部破损方法进行校准。当采用非破损方法检验时，所使用的检测仪器应经过计量检验，检测操作应符合国家现行有关标准的规定。

F.0.4　结构实体位置与尺寸偏差项目应分别进行验收，并应符合下列规定：

1　当检验项目的合格率为80％及以上时，可判为合格；

2　当检验项目的合格率小于80％但不小于70％时，可再抽取相同数量的构件进行检验；当按两次抽样总和计算的合格率为80％及以上时，仍可判为合格。

第三节　主体结构钢结构子分部工程质量验收

一、钢结构子分部工程检验批质量验收用表

1. 检验批质量验收用表目录

检验批质量验收用表目录见表2-3-1。

表 2-3-1　检验批质量验收用表目录

	分项工程的检验批名称	子分部工程名称及编号	
		0203	0102
		钢结构	地基基础的基础部分
1	钢结构焊接	02030101	01020401
2	焊钉（栓钉）焊接	02030102	01020402
3	普通紧固件连接	02030201	01020403
4	高强度螺栓连接	02030202	01020404
5	钢零部件加工	02030301	01020405
6	钢构件组装	02030401	01020406
7	钢构件预拼装	02030402	01020407
8	单层钢结构安装	02030501	01020408
9	多层及高层钢结构安装	02030601	01020409
10	钢网架制作	02030701	

续表

分项工程的检验批名称		子分部工程名称及编号	
		0203	0102
		钢结构	地基基础的基础部分
11	钢网架安装	02030702	
12	压型金属板	02030901	01020410
13	防腐涂料涂装	02031001	01020411
14	防火涂料涂装	02031101	01020412
15	预应力钢索和膜结构	02030801（暂无表格）	

2. 表 2-3-1 中有地基与基础工程的基础部分共用表格，也在表中标出，共用表是钢结构部分，基础与主体结构内容相同。

二、钢结构子分部工程质量验收规定

（一）钢结构子分部工程质量验收的基本规定

参见《钢结构工程施工质量验收规准》GB 50205—2020 3.0.1～3.0.8 条。

3.0.1 钢结构工程施工单位应有相应的施工技术标准、质量管理体系、质量控制及检验制度，施工现场应有经审批的施工组织设计、施工方案等技术文件。

3.0.2 钢结构工程施工质量的验收，必须采用经计量检定、校准合格的计量器具。钢结构工程见证取样送样应由检测机构完成。

3.0.3 钢结构工程施工中采用的工程技术文件、承包合同文件等对施工质量验收的要求不得低于本标准的规定。

3.0.4 钢结构工程应按下列规定进行施工质量控制：

1 采用的原材料及成品应进行进场验收。凡涉及安全、功能的原材料及成品应按本标准 14.0.2 条的规定进行复验，并应经监理工程师（建设单位技术负责人）见证取样、送样；

2 各工序应按施工技术标准进行质量控制，每道工序完成后应进行检查；

3 相关各专业工种之间应进行交接检验，并经监理工程师（建设单位负责人）检查认可。

3.0.5 钢结构工程施工质量验收在施工单位自检基础上，按照检验批、分项工程、分部（子分部）工程分别进行验收。钢结构分部（子分部）工程中分项工程划分，应按现行国家标准《建筑工程施工质量验收统一标准》GB 50300 的规定执行。钢结构分项工程应由一个或若干个检验批组成，其各分项工程检验批应本标准的规定进行划分，并应经监理（或建设单位）确认。

3.0.6 检验批合格质量标准应符合下列规定：

1 主控项目必须符合本规范合格质量标准的要求；

2 一般项目其检验结果应有 80% 及以上的检查点（值）满足本标准的要求，且最大值（或最小值）不应超过其允许偏差值的 1.2 倍；

3 质量检查记录、质量证明文件等资料应完整。

3.0.7 分项工程合格质量标准应符合下列规定：

1 分项工程所含的各检验批均应符合本标准合格质量要求；

2 分项工程所含的各检验批质量验收记录应完整。

3.0.8 当钢结构工程施工质量不符合本规范要求时，应按下列规定进行处理：

1 经返修或更换构（配）件的检验批，应重新进行验收；

2 经法定的检测单位检测鉴定能够达到设计要求的检验批，应予以验收；

3 经法定的检测单位检测鉴定达不到设计要求，但经原设计单位核算认可能够满足结构安全和使用功能的检验批，可予以验收；

4 经返修或加固处理的分项、分部工程，仍能满足安全和使用功能要求时，可按处理技术方案和协商文件进行验收。

5 经过返修或加固处理仍不能满足安全使用要求的钢结构分部工程，严禁验收。

3.0.9 通过返修或加固处理仍不能满足安全使用要求的钢结构分部工程，严禁验收。

（二）钢结构子分部工程质量验收的规定

参见《钢结构工程施工质量验收规准》GB 50205—2020 14.0.1～14.0.7 条。

14.0.1 钢结构作为主体结构之一应按子分部工程竣工验收；当主体结构均为钢结构时应按分部工程竣工验收。大型钢结构工程可划分成若干个子分部工程进行竣工验收。

14.0.2 钢结构分部工程有关安全及功能的检验和见证检测项目应按本标准附录F执行。

14.0.3 钢结构分部工程有关观感质量检验应按本标准附录E执行。

14.0.4 钢结构分部工程合格质量标准应符合下列规定：

1 各分项工程质量均应符合合格质量标准；

2 质量控制资料和文件应完整；

3 有关安全及功能的检验和见证检测结果应符合本规范相应合格质量标准的要求；

4 有关观感质量应符合本标准相应合格质量标准的要求。

14.0.5 钢结构分部工程竣工验收时，应提供下列文件和记录：

1 钢结构工程竣工图纸及相关设计文件；

2 施工现场质量管理检查记录；

3 有关安全及功能的检验和见证检测项目检查记录；

4 有关观感质量检验项目检查记录；

5 分部工程所含各分项工程质量验收记录；

6 分项工程所含各检验批质量验收记录；

7 强制性条文检验项目检查记录及证明文件；

8 隐蔽工程检验项目检查验收记录；

9 原材料、成品质量合格证明文件、中文标志及性能检测报告；

10 不合格项的处理记录及验收记录；

11 重大质量、技术问题实施方案及验收记录；

12 其他有关文件和记录。

14.0.6 钢结构工程质量验收记录应符合下列规定：

1 施工现场质量管理检查记录可按现行国家标准《建筑工程施工质量验收统一标准》GB 50300 中附录A进行；

2 分项工程检验批质量验收记录可按本标准附录H中表H.0.1～表H.0.15进行；

3 分项工程验收记录可按现行国家标准《建筑工程施工质量验收统一标准》GB 50300 的有关规定执行；

4 分部（子分部）工程验收记录可按现行国家标准《建筑工程施工质量验收统一标准》GB 50300 的有关规定执行。

14.0.7 钢结构工程计量应以设计单位出具的或由设计单位确认的钢结构施工详图及设计变更等设计文件为依据。钢结构工程计量方法应遵守合同文件的规定，当合同文件没有明确规定时，可执行本标准附案J的规定。

其他材料的质量要求：

钢结构的主要材料在个检验批验收时都进行了验收，对其他材料，如钢结构用橡胶垫等其他材料，用时其品种、规格、性能等应符合相应的标准要求。

进场时及使用前检查其合格证明文件、检验报告等。

（三）钢结构子分部工程质量验收内容

按现行国家标准《建筑工程施工质量验收统一标准》GB 50300 规定 5.0.3 条有 4 项内容，其附录 G 分部工程质量验收记录表格记录，按现行国家标准《钢结构工程施工质量验收标准》GB 50205 的规定，其分部工程的验收内容 15.0.4 条，与现行国家标准 GB 50300 的规定相同，所含分项工程质量合格，质量控制资料完整，有关安全，及功能的检验和见证检测结果符合格质量标准和观感质量符合质量标准要求等。表的填写参考本书第一章（三）部分的验收通用表格使用说明。

（1）钢结构子分部工程质量合格判定：

① 各分项工程质量均应符合合格质量标准；

② 质量控制资料及文件应完整；

③ 有关安全及功能的检验和见证检测结果应符合本规范相应合格质量标准的要求；

④ 有关观感质量应符合本规范相应合格质量标准的要求。

（2）分项工程质量验收审查和汇总。钢结构子分部工程所含分项工程质量均应符合各质量标准。按所含分项工程质量验收表格汇总。核查各分项工程质量验收合格，各分项工程的检验批覆盖了全部子分部工程的范围，在检验批没有检查验收的项目，在分项工程验收时已全部检验。

（3）质量控制资料及文件应完整，钢结构子分部工程竣工验收时，应提供的文件和记录，应提供本规范第 15.0.5 条规定 12 项文件和记录。没有发生的项目可没有文件的记录。

（4）有关安全及功能的检测和见证检测结果资料。钢结构工程子分部工程竣工验收时，现行国家标准《钢结构工程施工质量验收标准》GB 50205 规定了有关安全及功能的检验和见证检测项目附录 G 表的 6 项内容，没有发生的项目可不检验。主要有钢材及焊接材料复验、焊缝内部缺陷、外观缺陷及焊缝尺寸检查等。

现行国家标准《建筑工程施工质量评价标准》GB/T 50375 也列出了焊缝内部质量、高强度螺栓连接紧固质量，以及防腐、防火涂装厚度的抽查检测，作为评价优良工程的质量指标。

以上这些安全及功能的检验和见证检测结果资料，都是应该具备的。

（5）观感质量检验项目

现行国家标准《钢结构工程施工质量验收标准》GB 50205 规范规定分部工程观感质量的项目有附录表，主要是普通涂层表面、防火涂层表面、压型金属板表面及钢平台、钢材、钢栏杆等外观质量。对焊接工程主要是该项目主控项目、一般项目的全部内容的综合评价，包括焊缝的外形均匀，成型较好，焊道与焊道、焊道与基本金属间过渡较平滑，焊渣和飞溅物基本清除干净等。

三、检验批质量验收示例（钢构件焊接）

（一）检验批合格质量标准应符合下列规定

（1）主控项目必须符合规范合格质量标准的要求；

（2）一般项目的检验结果应有 80% 及以上的检查点值符合本规范合格质量标准的要求，且最大值不应超过其允许偏差值的 1.2 倍。

（3）质量检查记录、质量证明文件等资料应完整。

（二）检验批质量验收记录（钢构件焊接见现行国家标准《钢结构工程施工质量验收标准》GB 50205 附录 J）

规范在附录 J 中给出了各分项工程检验批质量验收的内容和记录表。

1）现以附录 J01 记录表，钢结构（钢构件焊接）分项工程检验批质量记录，说明该检验批质量验收内容和方法。见钢结构（钢构件焊接）分项工程检验批质量验收记录表 2-3-2。

表 2-3-2　钢结构钢构件焊接检验批质量验收记录

工程名称	××办公楼		检验批部位	三层柱梁安装
施工单位	××建筑公司		项目经理	李××
监理单位	××监理公司		总监理工程师	王××
施工依据标准	《钢结构工程施工规范》GB 50755—2012、《手工电弧焊、气体保护焊施工工艺标准》Q301 和技术交底		分包单位负责人	/
主控项目	合格质量标准（按本规范）	施工单位检验评定记录或结果	监理（建设）单位验收记录或结果	备注

	主控项目	合格质量标准 （按本规范）	施工单位检验评定 记录或结果	监理（建设）单位 验收记录或结果	备注
1	焊接材料进场	第4.3.1条	符合规定	合格	
2	焊接材料复验	第4.3.2条	符合规定	合格	
3	材料匹配	第5.2.1条	符合规定	合格	
4	焊工证书	第5.2.2条	符合规定	合格	
5	焊接工艺评定	第5.2.3条	符合规定	合格	
6	内部缺陷	第5.2.4条	符合规定	合格	
7	组合焊缝尺寸	第5.2.5条	符合规定	合格	
8	焊缝表面缺陷	第5.2.6条	符合规定	合格	
	一般项目	合格质量标准 （按本规范）	施工单位检验评定 记录或结果	监理（建设）单位 验收记录或结果	备注
1	焊接材料进场	第4.3.4条	符合规定	合格	
2	预热和后热处理	第5.2.7条	符合规定	合格	
3	焊缝外观质量	第5.2.8条	符合规定	合格	
4	焊缝尺寸偏差	第5.2.9条	符合规定	合格	
5	凹形角焊缝	第5.2.10条	符合规定	合格	
6	焊缝感观	第5.2.11条	符合规定	合格	
施工单位检验评定结果		班组长：李× 或专业工长： 　　　　　××××年××月××日		质检员：王× 或项目技术负责人： 　　　　　××××年××月××日	
监理（建设）单位 验收结论		监理工程师（建设单位项目技术人员）：王×× 　　　　　　　　　　　　　　　　××××年××月××日			

2）检验批质量验收内容和检验方法

一般规定

5.1.1 本章适用于钢结构制作和安装中的钢构件焊接和栓钉（焊钉）焊接工程的质量验收。

5.1.2 钢结构焊接工程的检验批可按相应的钢结构制作或安装工程检验批的划分原则划分为一个或若干个检验批。

5.1.3 焊缝应冷却到环境温度后方可进行外观检测，无损检测应在外观检测合格后进行，具体检测时间应符合现行国家标准《钢结构焊接规范》GB 50661的规定。

5.1.4 焊缝施焊后应按焊接工艺规定在相应焊缝及部位做出标志。

主控项目

4.3.1 型材和管材的品种、规格、性能应符合国家现行标准的规定并满足设计要求。型材和管材进场时，应按国家现行标准的规定抽取试件且应进行屈服强度、抗拉强度、伸长率和厚度偏差检验，检验结果应符合国家现行标准的规定。

检查数量：质量证明文件全数检查；抽样数量按进场批次和产品的抽样检验方案确定。

检验方法：检查质量证明文件和抽样检验报告。

4.3.2 型材、管材应按本标准附录A的规定进行抽样复验，其复验结果应符合国家现行标准的规定并满足设计要求。

检查数量：按本标准附录A复验检验批量检查。

检验方法：见证取样送样，检查复验报告。

5.2.1 焊接材料与母材的匹配应符合设计文件的要求及现行国家标准的规定。焊接材料在使用前，应按其产品说明书及焊接工艺文件的规定进行烘焙和存放。

检查数量：全数检查。

检验方法：检查质量证明书和烘焙记录。

5.2.2　持证焊工必须在其焊工合格证书规定的认可范围内施焊，严禁无证焊工施焊。

检查数量：全数检查。

检验方法：检查焊工合格证及其认可范围、有效期。

5.2.3　施工单位应按现行国家标准《钢结构焊接规范》GB 50661 的规定进行焊接工艺评定，根据评定报告确定焊接工艺，编写焊接工艺规程并进行全过程质量控制。

检查数量：全数检查。

检验方法：检查焊接工艺评定报告，焊接工艺规程，焊接过程参数测定、记录。

5.2.4　设计要求的一级、二级焊缝应进行内部缺陷的无损检测，一级、二级焊缝的质量等级和检测要求应符合表 5.2.4 的规定。

检查数量：全数检查。

检验方法：检查超声波或射线探伤记录。

表 5.2.4　一级、二级焊缝质量等级及无损检测要求

焊缝质量等有		一级	二级
内部缺陷 超声波探伤	缺陷评定等级	Ⅱ	Ⅲ
	检验等级	B 级	B 级
	检测比例	100％	20％
内部缺陷 射线探伤	缺陷评定等级	Ⅱ	Ⅲ
	检验等级	B 级	B 级
	检测比例	100％	20％

注：二级焊缝检测比例的计数方法应按以下原则确定：工厂制作焊缝按照焊缝长度计算百分比，且探伤长度不小于 200mm；当焊缝长度小于 200mm 时，应对整条焊缝探伤；现场安装焊缝应按照同一类型、同一施焊条件的焊缝条数计算百分比，且不应少于 3 条焊缝。

5.2.5　焊缝内部缺陷的无损检测应符合下列规定：

1　采用超声波检测时，超声波检测设备、工艺要求及缺陷评定等级应符合现行国家标准《钢结构焊接规范》GB 50661 的规定；

2　当不能采用超声波探伤或对超声波检测结果有疑义时，可采用射线检测验证，射线检测技术应符合现行国家标准《焊缝无损检测 射线检测 第 1 部分：X 和伽玛射线的胶片技术》GB/T 3323.1 或《焊缝无损检测 射线检测 第 2 部分：使用数字化探测器的 X 和伽玛射线技术》GB/T 3323.2 的规定，缺陷评定等级应符合现行国家标准《钢结构焊接规范》GB 50661 的规定；

3　焊接球节点网架、螺栓球节点网架及圆管 T、K、Y 节点焊缝的超声波探伤方法及缺陷分级应符合现行的国家和行业标准的有关规定。

检查数量：全数检查。

检验方法：检查超声波或射线探伤记录。

5.2.6　T 形接头、十字接头、角接接头等要求焊透的对接和角接组合焊缝（图 5.2.6），其加强焊脚尺寸 h_k 不应小于 $t/4$ 且不大于 10mm，其允许偏差为 0～4mm。

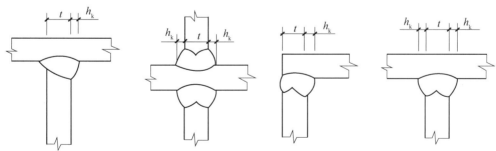

图 5.2.6　对接和角接组合焊缝

检查数量：资料全数检查，同类焊缝抽查 10％，且不应少于 3 条。

检验方法：观察检查，用焊缝量规抽查测量。

一般项目

5.2.7 焊缝外观质量应符合表 5.2.7-1 和表 5.2.7-2 的规定。

检查数量：承受静荷载的二级焊缝每批同类构件抽查 10%，承受静荷载的一级焊缝和承受动荷载的焊缝每批同类构件抽查 15%，且不应少于 3 件；被抽查构件中，每一类型焊缝应按条数抽查 5%，且不应少于 1 条；每条应抽查 1 处，总抽查数不应少于 10 处。

检验方法：观察检查或使用放大镜、焊缝量规和钢尺检查，当有疲劳验算要求时，采用渗透或磁粉探伤检查。

表 5.2.7-1　无疲劳验算要求的钢结构焊缝外观质量要求

检验项目	焊缝质量等级		
	一级	二级	三级
裂纹	不允许	不允许	不允许
未焊满	不允许	≤0.2mm＋0.02t 且≤1mm，每100mm 长度焊缝内未焊满累积长度≤25mm	≤0.2mm＋0.04t 且≤2mm，每100mm 长度焊缝内未焊满累积长度≤25mm
根部收缩	不允许	≤0.2mm＋0.02t 且≤1mm，长度不限	≤0.2mm＋0.04t 且≤2mm，长度不限
咬边	不允许	≤0.05t 且≤0.5mm，连续长度≤100mm，且焊缝两侧咬边总长≤10%焊缝全长	≤0.1t 且≤1mm，长度不限
电弧擦伤	不允许	不允许	允许存在个别电弧擦伤
接头不良	不允许	缺口深度≤0.05t 且≤0.5mm，每1000mm 长度焊缝内不得超过 1 处	缺口深度≤0.1t 且≤1mm，每1000mm 长度焊缝内不得超过 1 年
表面气孔	不允许	不允许	每 50mm 长度焊缝内允许存在直径＜0.4t 且≤3mm 的气孔 2 个，孔距应≥6 倍孔径
表面夹渣	不允许	不允许	深≤0.2t，长≤0.5t 且≤20mm

注：t 为接头较薄件母材厚度。

表 5.2.7-2　有疲劳验算要求的钢结构焊缝外观质量要求

根部收缩	不允许	不允许	≤0.2mm＋0.02t 且≤1mm，长度不限
咬边	不允许	≤0.05t 且≤0.3mm，连续长度≤100mm，且焊缝两侧咬边总长≤10%焊缝全长	≤0.1t 且≤0.5mm，长度不限
电弧擦伤	不允许	不允许	允许存在个别电弧擦伤
接头不良	不允许	不允许	缺口深度≤0.05t 且≤0.5mm，每 1000mm 长度焊缝内不得超过 1 处
表面气孔	不允许	不允许	直径小于 1.0mm，每米不多于 3 个，间距不小于 20mm
表面夹渣	不允许	不允许	深≤0.2t，长≤0.5t 且≤20mm

注：t 为接头较薄件母材厚度。

5.2.8 焊缝外观尺寸要求应符合表5.2.8-1和表5.2.8-2的规定。

表 5.2.8-1 无疲劳验算要求的钢结构对接焊缝与角焊缝外观尺寸允许偏差（mm）

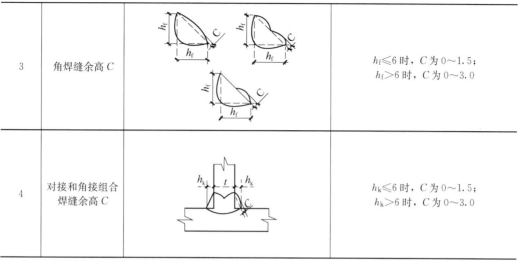

| 3 | 角焊缝余高 C | $h_f \leqslant 6$ 时，C 为 $0 \sim 1.5$；
$h_f > 6$ 时，C 为 $0 \sim 3.0$ |
| 4 | 对接和角接组合焊缝余高 C | $h_k \leqslant 6$ 时，C 为 $0 \sim 1.5$；
$h_k > 6$ 时，C 为 $0 \sim 3.0$ |

注：B 为焊缝宽度；t 为对接接头较薄件母材厚度。

表 5.2.8-2 有疲劳验算要求的钢结构焊缝外观尺寸允许偏差

项目	焊缝种类	外观尺寸允许偏差
焊脚尺寸	对接与角接组合焊缝 h_k	0 $+2.0$mm
	角焊缝 h_t	-1.0mm $+2.0$mm
	手工焊角焊缝 h_f（全长的 10%）	-1.0mm $+3.0$mm
焊缝高低差	角焊缝	$\leqslant 2.0$mm（任意 25mm 范围高低差）
余高	对接焊缝	$\leqslant 2.0$mm（焊缝宽 $b \leqslant 20$mm）
		$\leqslant 3.0$mm（$b > 20$mm）
余高铲磨后表面	横向对接焊缝	表面不高于母材 0.5mm
		表面不低于母材 0.3mm
		粗糙度 50μm

检查数量：承受静荷载的二级焊缝每批同类构件抽查10%，承受静荷载的一级焊缝和承受动荷载的焊缝每批同类构件抽查15%，且不应少于3件；被抽查构件中，每种焊缝应按条数各抽查5%，但不应少于1条；每条应抽查1处，总抽查数不应少于10处。

检验方法：用焊缝量规检查。

5.2.9 对于需要进行预热或后热的焊缝，其预热温度或后热温度应符合国家现行标准的规定或通过焊接工艺评定确定。

检查数量：全数检查。

检验方法：检查预热或后热施工记录和焊接工艺评定报告。

3）验收说明

（1）施工操作依据：《钢结构工程施工规范》GB 50755—2012，以及相应的专业技术规范、施工工艺标准，并制定专项施工方案、技术交底资料。

（2）验收依据：《钢结构工程施工质量验收标准》GB 50205—2020，相应的现场质量验收检查原始记录。

（3）注意事项：

① 主控项目的质量经抽样检验均应合格。

② 一般项目的质量经抽样检验合格。当采用计数抽样时，合格点率应符合有关专业验收规范的规定，且不得存在严重缺陷。

③ 具有完整的施工操作依据、质量验收记录。

④ 本检验批的主控项目、一般项目已列入推荐表中。

（三）施工操作依据

《钢结构工程施工规范》GB 50755，企业标准《手工电弧焊、气体保护焊施工工艺标准》Q301 和技术交底。

（1）企业标准《手工电弧焊、气体保护焊施工工艺标准》Q301

1　适用范围

本标准适用于建筑钢结构焊接工程中桁架或网格结构，单层、多层和高层梁-柱框架结构等工业与民用建筑和一般构筑物，钢材厚度大于或等于 3mm 的碳素结构钢和低合金高强度结构钢采用手工电弧焊、气体保护焊的施工。

2　施工准备

2.1　材料

2.1.1　主要材料

2.1.1.1　钢材的品种、规格、性能应符合设计要求，进口钢材产品的质量应符合设计和合同规定标准的要求，并具有产品质量合格证明文件和检验报告；进厂后，应按现行国家标准《钢结构工程施工质量验收标准》GB 50205 的要求分检验批进行检查验收。

碳素结构钢和低合金高强度结构钢，应符合现行国家标准《碳素结构钢》GB/T 700—2006、《优质碳素结构钢》GB/T 699—2015、《低合金高强度结构钢》GB/T 1591—2018、《厚度方向性能钢板》GB/T 5313—2010、《建筑结构用钢板》GB/T 19879—2015 的规定。常用钢材分类见表 2.1.1.1。

当采用其他钢材替代设计选用的钢材时，必须经原设计单位同意。

表 2.1.1.1　常用钢材分类

类别号	钢材强度级别
Ⅰ	Q215、Q235
Ⅱ	Q295、Q345
Ⅲ	Q390、Q420
Ⅳ	Q460

注：国内新材料和国外钢材按其化学成分、力学性能和焊接性能归入相应级别。

对属于下列情况之一的钢材应进行抽样复验，其复验结果应符合现行国家产品标准和设计要求：

（1）国外进口钢材。

（2）钢材混批。

（3）板厚等于或大于 40mm，且设计有 Z 向性能要求的厚板。

（4）建筑结构安全等级为一级，大跨度钢结构中主要受力构件所采用的钢材。

（5）设计有复验要求的钢材。

（6）对质量有疑义的钢材。

钢板厚度及允许偏差应符合其产品标准的要求；型钢的规格尺寸及允许偏差应符合其产品标准的要求；钢材的表面外观质量除应符合国家现行有关标准的规定外，尚应符合下列规定：

（1）当钢材的表面有锈蚀、麻点或划痕等缺陷时其深度不得大于该钢材厚度允许偏差值的 1/2。

（2）钢材表面的锈蚀等级应符合现行国家标准《涂覆涂料前钢材表面处理表面清洁度的目视评定　第 1 部分：未涂覆过的钢材表面和全面清除原有涂层后的钢材表面的锈蚀等级和处理等级》GB/T 8923.1—2011 规定的 C 级及 C 级以上。

（3）钢材端边或断口处不应有分层夹渣等缺陷。

2.1.1.2　焊接材料：焊接材料的品种、规格、性能等应符合现行国家产品标准和设计要求，进厂后，应按现行国家标准《钢结构工程施工质量验收标准》GB 50205 的要求分检验批进行检查验收。

焊接材料应具有产品质量合格证明文件和检验报告，其化学成分、力学性能和其他质量要求必须符合国家现行标准规定；当采用其他焊接材料替代设计选用的材料时，必须经原设计单位同意。

大型、重型及特殊钢结构的主要焊缝采用的焊接填充材料，应按生产批号进行复验，复验应由国家技术质量监督部门认可的质量监督检测机构进行，复验结果应符合现行国家产品标准和设计要求。

2.1.2　配套材料

2.1.2.1　焊接辅助材料：引/熄弧板，衬垫板，嵌条，定位板，CO_2 气体等应满足现行行业标准《建筑钢结构焊接技术规程》JGJ 81 的要求。

2.1.2.2　胎架、平台、L形焊接支架、平台支架等。

2.2　机具设备

2.2.1　机械：交（直）流手工电弧焊机、配电箱、焊条烘干箱、保温筒、气体保护焊机和送丝机、空压机、电动砂轮机、风动砂磨机、角向磨光机、行车或吊车等。

2.2.2　工具：火焰烤枪、手割炬、气管、打磨机、磨片、盘丝机、大力钳、尖嘴钳、螺丝刀、扳手套筒、老虎钳、气铲或电铲、手铲、焊丝盘、小榔头、字模钢印、焊接面罩、焊接枪把、碳刨钳、插头、接线板、白玻璃、黑玻璃、飞溅膏、起重翻身吊具、钢丝绳、卸扣、手推车等。

2.2.3　量具：卷尺、塞尺、焊缝量规、接触式、红外式或激光测温仪等。

2.2.4　无损检查设备：放大镜、磁粉探伤仪、渗透探伤仪、模拟或数字式超声波探伤仪、探头、超声波标准对比试块、Ⅹ射线或 γ 射线探伤仪、线形或孔形、读片器、涡流探伤仪等。

2.3　作业条件

2.3.1　按被焊件接头和结构形式，选定满足和适应作业的场地。

2.3.2　准备板材焊接平台、管材和空心球焊接专用胎架和转胎、H 形钢组焊机和十字构件焊接专用 L 形焊接支架和平台支架、箱形构件焊接专用平台支架、平台、胎架和支架应测平。

2.3.3　按钢结构施工详图和钢结构焊接工艺方案要求，准备引、熄弧板，衬垫板，嵌条，定位板等焊接辅助材料。

2.3.4　焊条、焊丝等焊接材料应根据材质、种类、规格分类堆放在干燥的焊材储藏室，焊条不得有锈蚀、破损、脏物，焊丝不得有锈蚀、油污；焊条应按焊条产品说明书要求烘干。低氢型焊条烘干温度应为 350～380℃，保温时间应为 1.5～2h，烘干后应缓冷放置于 10～120℃ 保温箱中存放、待用，领用时应置于保温筒中；烘干后的低氢型焊条在大气中放置时间超过 4h 应重新烘干；焊条重复烘干次数不宜超过 2 次；受潮的焊条不应使用；气保焊丝盘卷，按焊接工艺规定领用。

2.3.5　按被焊件接头和结构形式，布置施工现场焊接设备，定位、打底、修补焊接用手工焊和 CO_2 气体保护焊机配置到位；用于焊接预热、保温、后热的火焰烤枪、电加热自动温控仪配置到位。

2.3.6　电源容量合理及接地可靠，熟悉防火设备的位置和使用方法。

2.3.7　按钢结构施工详图、钢结构制作工艺、钢结构焊接工艺方案和施工作业文件，材料下料切割后，焊接接头坡口切割、打磨，完成板材接头、管材结构、H 形构件、十字构件、箱形构件、空心球等组对，并经工序检验合格，质检员签字同意转移至焊接工序。

2.3.8　焊接作业环境

2.3.8.1　焊接作业区风速挡手工电弧焊超过 8m/s、气体保护电弧焊及药芯焊丝电弧焊超过 2m/s 时，应设防风棚或采取其他防风措施，制作车间内焊接作业区有穿堂风或鼓风机时，也应按以上规定设挡风装置；

2.3.8.2　焊接作业区的相对湿度不得大于 90%。

2.3.8.3　当焊件表面潮湿或有冰雪覆盖时，应采取加热去湿除潮措施。

2.3.8.4　焊接作业区环境温度低于 0℃ 时，应将构件焊接区各方向≥2 倍钢板厚度且不小于 100mm 范围内的母材加热到 20℃ 以上方可施焊，且在焊接过程中均不应低于这一温度；实际加热温度应根据构件构造特点、钢材类别及质量等级和焊接性、焊接材料熔敷金属扩散氢含量、焊接方法和焊接热输入等因素确定，其加热温度应高于常温下的焊接预热温度，并由焊接技术责任人员制定作业方案经认可后方可实施；作业方案应保证焊工操作技能不受环境低温的影响，同时对构件采取必要的保温措施。

2.3.8.5　焊接作业区环境超出第 2.3.8.1、2.3.8.4 款规定但必须焊接时，应对焊接作业区设置防护棚并由施工企业制定具体方案，连同低温焊接工艺参数、措施，报监理工程师确认后方可实施。

2.3.9　室外移动式简易焊接房要能防风、防雨、防雷电，需有漏电、触电防护。

2.4　技术准备

2.4.1　单位资质和体系：应具有国家认可的企业资质和焊接质量管理体系。

2.4.2　人员资质：焊接技术责任人、焊接质检人员、无损探伤人员、焊工、焊接辅助人员的资质应满足现行行业标准《建筑钢结构焊接技术规程》JGJ 81 的要求。

2.4.3　焊材选配与准备：焊条、焊丝等焊接材料与母材的匹配应符合设计要求及标准的规定，焊条在使用前应按其产品说明书及焊接工艺文件的规定进行烘焙和存放。

2.4.4　常用结构钢焊条、焊丝选配参见表 2.4.4-1、表 2.4.4-2。

表 2. 4. 4-1　常用结构钢手工电弧焊焊条选配表

钢材		手工电弧焊焊条
牌号	等级	国标型号
Q245	A	E4303
	B	E4303、E4328 E4315、E4316
	C	
	D	
Q295	A	E4303
	B	E4315
	C	E4316
	D	E4328
Q345	A	E5003
	B	E5003、E5015、E5016、E5018
	C	E5015、E5016、E5018
	D	
	E	由供需双方协议
Q390	A	E5015、
	B	E5016、
	C	E5515-D3、E5515-G
	D	E5516-D3、E5515-G
	E	由供需双方协议
Q420	A	E5515-D3、E5515-G E5516-D3、E5515-G
	B	
	C	
	D	
	E	由供需双方协议
Q460	C	E6015-D1、E5515-G E6016-D1、E5515-G
	D	
	E	由供需双方协议

表 2. 4. 4-2　常用结构钢 CO_2 气体保护焊实心焊丝选配表

钢材		CO_2 气体保护焊实心焊丝
牌号	等级	国标型号
Q235	A	ER49-1
	B	
	C	ER50-6
	D	
Q295	A	ER49-1、ER49-6
	B	BER50-3、ER50-6

续表

钢材		CO_2气体保护焊实心焊丝
牌号	等级	国标型号
Q345	A	AER49-1
	B	BER50-3
	C	ER50-2、ER50-6
	D	
	E	由供需双方协议
Q390	A	ER50-3
	B	
	C	ER50-2、ER50-6
	D	
	E	由供需双方协议
Q420	A	ER55-D2
	B	
	C	
	D	
	E	由供需双方协议
Q460	C	ER55-D2
	D	
	E	由供需双方协议

2.4.5 焊接工艺评定试验：焊接工艺评定试验应按规定实施，由具有国家技术质量监督部门认证资质的检测单位进行检测试验。

凡符合以下情况之一者，应在钢结构构件制作之前进行焊接工艺评定：

（1）国内首次应用于钢结构工程的钢材（包括钢材牌号与标准相符，但微合金强化元素的类别不同和供货状态不同，或国外钢号国内生产）。

（2）国内首次应用于钢结构工程的焊接材料。

（3）设计规定的钢材类别、焊接材料、焊接方法、接头形式、焊接位置、焊后热处理制度以及施工单位所采用的焊接工艺参数、预热后热措施等各种参数的组合条件为施工企业首次采用。

特殊结构或采用屈服强度等级超过390MPa的钢材、新钢种、特厚材料及焊接新工艺的钢结构工程的焊接制作企业应具备焊接工艺试验室和相应的试验人员。

钢结构工程中选用的新材料必须经过新产品鉴定；钢材应由生产厂提供焊接性资料、指导性焊接工艺、热加工工艺和热处理工艺参数、相应钢材的焊接接头性能数据等资料；焊接材料应由生产厂提供储存及焊前烘焙参数规定、熔敷金属成分、性能鉴定资料及指导性施焊参数，经专家论证、评审和焊接工艺评定合格后，方可在工程中采用。

2.4.6 编制焊接工艺方案，设计板材、构件焊接支承胎架并验算其强度、刚度、稳定性，审核报批，组织技术交底。焊接工艺文件应符合下列要求：

2.4.6.1 施工前应由焊接技术责任人根据焊接工艺评定结果编制焊接工艺文件，并向有关操作人员进行技术交底，施工中应严格遵守工艺文件的规定。

2.4.6.2 焊接工艺文件应包括下列内容：

（1）焊接方法或焊接方法的组合。

（2）母材的牌号、厚度及其他相关尺寸。

（3）焊接材料型号、规格。

（4）焊接接头形式、坡口形状及尺寸允许偏差。

（5）夹具、定位焊、衬垫的要求。

（6）焊接电流、焊接电压、焊接速度、焊接层次、清根要求、焊接顺序等焊接工艺参数规定。

（7）预热温度及层间温度范围。

（8）后热、焊后消除应力处理工艺。

（9）检验方法及合格标准。

（10）其他必要的规定。

3 操作工艺

3.1 工艺流程

坡口准备→板材、构件组装→定位焊→引弧、熄弧板配置→预热→焊接、层间检查控制→焊后处理→焊缝尺寸与外观检查→无损检测。

3.2 操作方法

3.2.1 坡口准备，板材、构件组装

3.2.1.1 板材、管材、H形、十字形、箱形等构（部）件组装的焊接接头坡口等，应按钢结构工程施工详图或相关的规定执行。

3.2.1.2 焊接坡口可用火焰切割或机械方法加工，当采用火焰切割时，切割面质量应符合现行行业标准《热切割 质量和几何技术规范》JB/T 10045 的相应规定。缺棱为 1～3mm 时，应修磨平整；缺棱超过 3mm 时，应用直径不超过 3.2mm 的低氢型焊条补焊，并修磨平整；当采用机械方法加工坡口时，加工表面不应有台阶。

3.2.1.3 按制作工艺和焊接工艺要求，进行板材接头、管材结构、H形构件、十字形构件、箱形构件组装，施焊前，焊工应检查焊接部位的组装和表面清理的质量，焊接拼制待焊金属表面的轧制铁鳞应用砂轮修磨清除；施焊部位及其附近 30～50mm 范围内的氧化皮、渣皮、水分、油污、铁锈和毛刺等杂物必须去除，当不符合要求时，应修磨补焊合格后方能施焊；坡口组装间隙超过允许偏差规定时，可在坡口单侧或两侧堆焊、修磨使其符合要求，但当坡口组装间隙超过较薄板厚度 2 倍或大于 20mm 时，不应用堆焊方法增加构件长度和减小组装间隙。

3.2.1.4 搭接接头及 T 形角接接头组装间隙超过 1mm 或管材 T 形、K 形、Y 形接头组装间隙超过 1.5mm 时，施焊的焊脚尺寸应比设计要求值增大并应符合相关规定，但 T 形角接接头组装间隙超过 5mm 时，应先在板端堆焊并修磨平整或在间隙内堆焊填补后施焊。

3.2.1.5 严禁在接头间隙中填塞焊条头、铁块等杂物。

3.2.2 定位焊

3.2.2.1 构件的定位焊是正式焊缝的一部分，因此定位焊缝不允许存在裂纹等不能最终熔入正式焊缝的缺陷，定位焊必须由持证合格焊工施焊。

3.2.2.2 定位焊缝应避免在产品的棱角和端部强度和在工艺上易出问题的部位施焊；T 形接头定位焊，应在两侧对称进行。

3.2.2.3 定位焊预热温度应比填充焊接预热温度高 20～30℃。

3.2.2.4 定位焊采用的焊接材料型号，应与焊接材质相匹配；角焊缝的定位焊焊脚尺寸最小不宜小于 5mm，且不大于设计焊脚尺寸的 1/2，对接焊缝的定位焊厚度不宜大于 4mm。

3.2.2.5 定位焊的长度和间距，应视母材的厚度、结构形式和拘束度来确定，一般定位焊缝应距设计焊缝端部 30mm 以上，焊缝长度应为 50～100mm，间距应为 400～600mm。

3.2.2.6 焊接开始前或焊接过程中，发现定位焊有裂纹，应彻底清除定位焊后，再进行焊接。

3.2.2.7 钢衬垫的定位焊宜在接头坡口内焊接，定位焊焊缝厚度不宜超过设计焊缝厚度的 2/3。

3.2.3 焊接垫板的材质应与母材相同并应在构件固定端的背面定位焊，定位焊时采用火焰预热，温度为 150℃，当两个构件组对完毕，活动端无法从背面点焊，应在坡口内定位焊，当预热温度达到要求时，定位焊顺序应从坡口中间往两端进行，以防止垫板变形。

3.2.4 引弧板、引出板

3.2.4.1 承受动荷载且需经疲劳验算的构件焊缝严禁在焊缝以外的母材上打火、引弧或装焊夹具。

3.2.4.2 其他焊缝不应在焊缝以外的母材上打火、引弧。

3.2.4.3 T 形接头、十字形接头、角接接头和对接接头的主焊缝两端，必须配置引弧板和引出板，其材质应和被焊母材相同坡口形式应与被焊焊缝相同，禁止使用其他材质的材料充当引弧板和引出板。

3.2.4.4 手工电弧焊和气体保护电弧焊焊缝的引出长度应大于 25mm，其引弧板和引出板的宽度应大于 50mm，长度宜为板厚的 1.5 倍，且不小于 30mm，厚度应不小于 6mm。

3.2.4.5 焊接完成后，应用火焰切割去除引弧板和引出板，并修磨平整，不得用锤击落引弧板和引出板。

3.2.5 预热和层间温度

3.2.5.1 碳素结构钢 Q235 厚度大于 40mm，低合金高强度结构钢 Q345 厚度大于 25mm，环境温度为常温时其焊接前预热温度宜按表 3.2.5.1 的规定执行。

表 3.2.5.1 钢材最低预热温度要求（℃）

钢材牌号	接头最厚部件的厚度（mm）				
	$t<25$	$25\leqslant t\leqslant40$	$40<t\leqslant60$	$60<t\leqslant80$	$t>80$
Q235	—	—	60	80	100
Q345	—	60	80	100	140
Q460E					>150

3.2.5.2　当操作地点温度低于常温时，应提高预热温度 20～25℃，T 形接头比对接接头提高预热温度 25～50℃，对<25mm 的 Q345 钢和板厚 t<40mm 的 Q235 钢的接头预热温度为 25～50℃。

3.2.5.3　Q345 预热温度参考 Q345 执行；Q460E 钢材在常温下，当板厚 t=100～110mm 时，最低预热温度为 150℃，铸钢厚度 t=100～150mm 时，预热温度为 150～200℃。

3.2.5.4　焊接接头两端板厚不同时，应按厚板确定预热温度，焊接接头材质不同时，按强度高、碳当量高的钢材确定预热温度。

3.2.5.5　焊前预热及层间温度的保持宜采用电加热器、火焰加热器等加热，并采用专用的测温仪器测量。

3.2.5.6　厚板焊前预热及层间温度的保持应优先采用电加热器，板厚 25mm 以下也可用火焰加热器加热，并采用专用的接触式热电偶测温仪测量。

3.2.5.7　预热的加热区域应在焊缝两侧，加热宽度应各为焊件待焊处厚度的 1.5 倍以上，且不小于 100mm，可能时预热温度应在焊件反面测量，测量点应在离电弧经过前的焊接点各方向不小于 75mm 处，箱形杆件对接时不能在焊件反面测量，则应根据板厚不同适当提高正面预热温度，以便使全板厚达到规定的预热温度；当用火焰加热器时正面测量应在加热停止后进行。

3.2.5.8　焊接返修处的预热温度应高于正常预热温度 50℃左右，预热区域应适当加宽，以防止发生焊接裂纹。

3.2.5.9　层间温度范围的最低值与预热温度相同，其最高值应满足母材热影响区不过热的要求，Q460E 钢规定的焊接层间温度低于 200℃，其他钢种焊接层间温度低于 250℃。

3.2.5.10　预热。操作及测温人员须经培训，以确保规定加热制度的准确执行。

3.2.6　后热。当技术方案有焊后消氢热处理要求时，焊件应在焊接完成后立即加热到 250～300℃，保温时间根据板厚按每 25mm 板厚不小于 0.5h、且不小于 1h 确定，达到保温时间后用岩棉被包裹缓冷，其加热、测温方法和操作人员培训要求与预热相同。

3.2.7　多层焊的施焊应符合下列要求：

3.2.7.1　厚板多层焊时应连续施焊，每一焊道焊接完成后应及时清理焊渣及表面飞溅物，发现影响焊接质量的缺陷时，应清除后方可再焊，在连续焊接过程中应控制焊接区母材温度，使层间温度的上、下限符合工艺文件要求，当遇有中断施焊，应采取适当的后热、保温措施，再次焊接时重新预热温度应高于初始预热温度。

3.2.7.2　坡口底层焊道采用焊条手工电弧焊时宜使用不大于 ϕ4mm 的焊条施焊，底层根部焊道的最小尺寸应适宜，但最大厚度不应超过 5mm。

3.2.8　塞焊和槽焊可采用手工电弧焊、气体保护电弧焊及自保护电弧焊等焊接方法，平焊时，应分层熔敷焊缝，每层熔渣冷却凝固后，必须清除干净焊渣等，方可重新焊接，立焊和仰焊时，每道焊缝焊完后，应待熔渣冷却并清除后方可施焊后续焊道。

3.2.9　焊接工艺参数

3.2.9.1　焊条手工电弧焊

（1）电源极性：采用交流电源时，焊条与工件的极性随电源频率而变换，电源稳定性较差；采用直流电源时，工件接正极称为正极性（或正接），工件接负极称为反极性（或反接），一般酸性焊条本身稳弧性较好可用交流电源施焊，碱性药皮焊条稳弧性较差，必须用直流反接才可以获得稳定的焊接电弧，焊接时飞溅较小。

（2）弧长与焊接电压：焊接时焊条与工件距离变化立即引起焊接电压的改变，弧长增大时，电压升高，使焊缝的宽度增大，熔深减小，弧长减小则得到相反的效果，一般低氢型碱性焊条要求短弧、低电压操作才能得到预期的焊缝性能。

（3）焊接电流：焊接电流对电弧的稳定性和焊缝熔深有极为密切的影响，焊接电流的选择还应与焊条直径相配合，一般按焊条直径的约 40 倍值选择焊接电流，ϕ3.2mm 焊条可使用电流范围为 100～140A，ϕ4.0mm 焊条为 120～190A，ϕ5.0mm 焊条为 180～250A，但立、仰焊位置时宜减少 15%～20%。焊条药皮类型对选择焊接电流值亦有影响，主要是由于药皮的导电性不同，如铁粉型焊条药皮导电性强，使用电流较大。

（4）焊接速度：焊接速度过小，母材易过热变脆，同时还会造成焊缝余高过大、成型不好；焊接速度过大，会造成夹渣、气孔、裂纹等缺陷；一般焊接速度应与焊接电流相匹配。

（5）运条方式：手工电弧焊的运条方式有直线形式和横向摆动式，在焊接低合金高强结构钢时，要求焊工采取多层多道的焊接方法，在立焊位置摆动幅度不允许超过焊条直径的 3 倍，在平、横、仰焊位置禁止摆动，焊道厚度不得超过 5mm，以获得良好的焊缝性能。

（6）焊接层次：无论角接还是对接，均要根据板厚和焊道的厚度、宽度安排焊接层次、道次以完成整个焊缝。

3.2.9.2　气体保护焊工艺参数

（1）焊接电流电压影响：当电流大时焊缝熔深大，余高大，当电压升高时熔宽大，熔深浅，反之则得到相反的焊缝成型，同时焊接电流大，则焊丝的熔敷速度大，生产效率高。

（2）保护气体：100%CO_2 气体保护焊在较高的电流密度下（ϕ1.2mm 实心焊丝电流约 170A 以上，药芯焊丝约 150A 以上），熔滴过渡形式为颗粒过渡，电弧较稳定，熔深大，效率高，但飞溅相当大且焊缝表面成型较差。小电流密度形成短路过渡形式时，电弧稳定但穿透力低熔深小，不适于建筑钢结构施工的板厚范围。20%CO_2＋80%Ar 的混合气体可以稳定电弧、减少飞溅，实现喷射过渡，但减少了熔透率，熔深减小，熔宽变窄，对于建筑钢结构而言，焊缝熔敷金属对熔深要求高，同时 CO_2＋富 Ar 混合气体的高成本也成为在建筑钢结构工程中推广的障碍；CO_2 气体纯度对焊接质量有一定的影响，杂质中的水分和碳氢化合物会使熔敷金属中扩散氢含量增高，对厚板多层焊易于产生冷裂纹或延迟裂纹；Ar 气体纯度不应低于 9.95%（《氩》GB/T 4842—2017），CO_2 气体优品其纯度不应低于 9.9%，水蒸气与乙醇总含量（质量比）不应高于 0.005%，并不得检出液态水（参考已废止标准《焊接用二氧化碳》HG/T 2537);在重、大型钢结构中低合金高强度结构钢特厚板节点拘束应力较大的主要焊缝焊接时应采用优等品,在低碳钢厚板节点主要焊缝焊接时宜采用一等品,对一般轻型钢结构薄板焊接可采用合格品。

(3) 保护气体流量:气体流量大,在作业环境较差时对熔池的保护较充分,但流量大对电弧的冷却和压缩很剧烈,电弧吹力太大会扰乱熔池,影响焊缝成型。车间或现场风速较小时通常用 20L/min 气体流量,风速大于 2m/s 而无适当防护措施时,根据具体情况选用 20～80L/min 大气体流量。

(4) 导电嘴与焊丝端头距离影响:导电嘴与焊丝伸出端的距离称为焊丝伸出长度,通常 $\phi2mm$ 焊丝保持在 15～20mm,按电流大小做出选择,电流大则焊丝伸出长度选较大值。

(5) 焊炬到工件距离:焊炬到工件距离过大,保护气流到达工件表面处的挺度差,空气易侵入,保护效果不好,焊缝易出气孔。距离太小则保护罩易被堵塞,需经常更换,合适的距离根据使用电流的大小而定,焊丝伸出长度确定后焊炬保护罩一般伸出导电嘴端头约 5mm。

3.2.10 控制焊接变形的工艺措施

3.2.10.1 宜按下列要求采用合理的焊接顺序控制变形:

(1) 对接接头、T 形接头和十字接头坡口焊接,在工件放置条件允许或易于翻身的情况下,宜采用双面坡口对称顺序焊接;有对称截面的构件,宜采用对称于构件中和轴的顺序焊接。

(2) 双面非对称坡口焊接,宜采用先焊深坡口侧部分焊缝、后焊浅坡口侧,最后焊完深坡口侧焊缝的顺序。

(3) 长焊缝宜采用分段退焊法或与多人对称焊接法同时应用。

(4) 宜采用跳焊法,避免工件局部加热集中。

3.2.10.2 在节点形式、焊缝布置、焊接顺序确定的情况下,宜采用熔化极气体保护电弧焊或药芯焊丝自保护电弧焊等能量密度相对较高的焊接方法,并采用较小的热输入。

3.2.10.3 宜采用反变形法控制角变形。

3.2.10.4 一般构件可用定位焊固定同时限制变形;大型、厚板构件宜用刚性固定法增加结构焊接时的刚性。

3.2.10.5 大型结构宜采取分部组装焊接、分别矫正变形后再进总装焊接或连接的施工方法。

3.2.11 熔化焊缝缺陷返修工艺

3.2.11.1 焊缝表面缺陷超过相应的质量验收标准时,对气孔、夹渣、焊瘤、余高过大等缺陷应用砂轮修磨、铲凿、钻、铣等方法去除,必要时应进行焊补,对焊缝尺寸不足、咬边、焊坑未填满等缺陷应进行焊补。

3.2.11.2 经无损检测确定焊缝内部存在超标缺陷时应进行返修,返修应符合下列规定:

(1) 返修前应由施工企业编写返修方案。

(2) 应根据无损检测确定的缺陷位置、深度,用砂轮打磨或碳弧气刨清除缺陷,缺陷为裂纹时,碳弧气刨前应在裂纹两端钻止裂孔并清除裂纹及其两端各 50mm 长的焊缝及母材。

(3) 清除缺陷时将刨槽加工成四侧边斜面角大于 10° 的坡口应修整表面、磨除气刨渗碳层,必要时应用渗透探伤或磁粉探伤方法确定裂纹是否彻底清除。

(4) 焊补时应在坡口内引弧,熄弧时应填满弧坑,多层焊的焊层之间接头应错开,焊缝长度应不小于 100mm;当焊缝长度超过 500mm 时,应采用分段退焊法。

(5) 返修部位应连续施焊,当中断焊接时,应采取后热、保温措施,防止产生裂纹,再次焊接前宜用磁粉或渗透探伤方法检查,确认无裂纹后方可继续补焊。

(6) 焊接修补的预热温度应比相同条件下正常焊接的预热温度高,并应根据工程节点的实际情况确定是否采用超低氢型焊条焊接或进行焊后消氢处理。

(7) 焊缝正、反面各为一个部位,同一部位返修不宜超过 2 次。

(8) 对两次返修后仍不合格的部位应重新制定返修方案,经工程技术负责人审批并报监理工程师认可后方可执行。

(9) 返修焊接应填报返修施工记录及返修前后的无损检测报告,作为工程验收及存档资料。

3.2.11.3 碳弧气刨应符合下列规定:

(1) 碳弧气刨工必须经过培训合格后方可上岗操作。

(2) 应采用直流电源、反接,根据钢板厚度选择碳棒直径和电流,如 $\phi8mm$ 碳棒采用 350～400A,$\phi10mm$ 碳棒采用 450～500A。压缩空气压力应达到 0.4MPa 以上。碳棒与工件夹角应小于 45°。操作时应先开气阀,使喷口对准工件待刨表面后再引弧起刨并连续送进、前移碳棒。当电流、气压偏小、夹角偏大、碳棒送移不连续时均易引起"夹碳"或"粘渣"。

(3) 发现"夹碳"时,应在夹碳边缘 5～10mm 处重新起刨,所刨深度应比夹碳处深 2～3mm;发生"粘渣"时可用砂轮打磨。Q420、Q460 及调质钢在碳弧气刨后,无论有无"夹碳"或"粘渣",均应用砂轮打磨刨槽表面,去除淬硬层后方可进行焊接。

4 质量标准

4.1 主控项目

4.1.1 焊条、焊丝等焊接材料与母材的匹配应符合设计要求及现行行业标准的规定,焊条、焊剂、药芯焊丝、熔嘴等在使用前,应按其产品说明书及焊接工艺文件的规定进行烘焙和存放。

检查数量:全数检查。

检验方法:检查质量证明书和烘焙记录。

4.1.2 焊工必须经考试合格并取得合格证书,持证焊工必须在其考试合格项目及其认可范围内施焊。

检查数量:全数检查。

检验方法：检查焊工合格证及其认可范围、有效期。

4.1.3　对其首次采用的钢材、焊接材料、焊接方法、焊后热处理等，应进行焊接工艺评定，并应根据评定报告确定焊接工艺。

检查数量：全数检查。

检验方法：检查焊接工艺评定报告。

4.1.4　设计要求全焊透的一级、二级焊缝应采用超声波探伤进行内部缺陷的检验，超声波探伤不能对缺陷做出判断时，应采用射线探伤，其内部缺陷分级及探伤方法应符合现行国家标准《焊缝无损检测 超声检测技术、检测等级和评定》GB 11345 或《焊缝无损检测 射线检测 第 1 部分：X 和伽玛射线的胶片技术》GB/T 3323.1 的规定。

一级、二级焊缝的质量等级及缺陷分级应符合表 4.1.4 的规定。

表 4.1.4　一级、二级焊缝质量等级及缺陷分级

焊缝质量等级		一级	二级	
内部缺陷超声波探伤	评定等级	Ⅱ	Ⅲ	
	检验等级	B 级	B 级	
	探伤比例	100%	20%	
内部缺陷射线探伤	评定等级	Ⅱ	Ⅲ	
	检验等级	AB 级	AB 级	
	探伤比例	100%	20%	

注：探伤的计数方法应按以下原则确定：
1. 对工厂制作焊缝，应按每条焊缝计算百分比，且探伤长度不应小于 200mm，当焊缝长度不足 200mm 时，应对整条焊缝进行探伤；
2. 对现场安装焊缝，应按同一类型、同一施焊条件的焊缝条数计算百分比，探伤长度不应小于 200mm，并应不少于 1 条焊缝。

检查数量：全数检查。

检验方法：检查超声波或射线探伤记录。

4.1.5　T 形接头、十字接头、角接接头等要求熔透的对接和角对接组合焊缝，其焊脚尺寸不应小于 $t/4$，如图 4.1.5（a）、（b）（c）所示；设计有疲劳验算要求的吊车梁或类似构件的腹板与上翼缘连接焊缝的焊脚尺寸为 $t/2$，如图 4.1.5（d）所示，且不应大于 10mm。焊脚尺寸的允许偏差为 0～4mm。

检查数量：全数检查；同类焊缝抽查 10%，且不应少于 3 条。

检验方法：观察检查，用焊缝量规抽查测量。

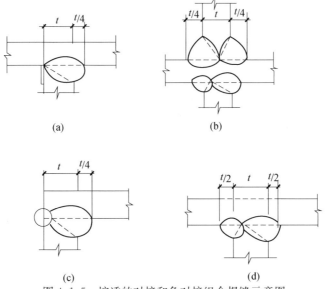

图 4.1.5　熔透的对接和角对接组合焊缝示意图

4.1.6 焊缝表面不得有裂纹、焊瘤等缺陷。一级、二级焊缝不得有表面气孔、夹渣、弧坑裂纹、电弧伤等缺陷；且一级焊缝不得有咬边、未焊满、根部收缩等缺陷。

检查数量：每批同类构件抽查10%，且不应少于3件；被抽查构件中，每一类型焊缝按条数抽查5%，且不应少于1条；每条检查1处，总抽查数不应少于10处。

检验方法：观察检查或使用放大镜、焊缝量规和钢尺检查，当存在疑义时，采用渗透或磁粉探伤检查。

4.2 一般项目

4.2.1 对于需要进行焊前预热或焊后热处理的焊缝，其预热温度或后热温度应符合国家现行有关标准的规定或通过工艺试验确定；预热区在焊道两侧，每侧宽度均应大于焊件厚度的1.5倍以上，且不应小于100mm；后热处理应在焊后立即进行，保温时间应根据板厚按每25mm板厚 h 确定。

检查数量：全数检查。

检验方法：检查预热、后热施工记录和工艺试验报告。

4.2.2 二级、三级焊缝外观质量标准应符合表4.2.2的规定。三级对接焊缝应按二级焊缝标准进行外观质量检验。

检查数量：每批同类构件抽查10%，且不应少于3件；被抽查构件中，每一类型焊缝按条数抽查5%，且不应少于1条；每条检查1处，总抽查数不应少于10处。

表 4.2.2 二级、三级焊缝外观质量标准（mm）

项目	允许偏差	
缺陷类型	二级	三级
未焊满（指不足设计要求）	≤0.2+0.02t，且≤1.0	≤0.2+0.04t，且≤2.0
	每100.0焊缝内缺陷总长≤25.0	
根部收缩	≤0.2+0.02t，且≤1.0	≤0.2+0.04t，且≤2.0
	长度不限	
咬边	≤0.05t，且≤0.5；连续长度≤100.0，且焊缝两侧咬边总长≤10%焊缝全长	≤0.1t 且≤1.0，长度不限
弧坑裂纹	不允许	允许存在个别长度≤5.0的弧坑裂纹
电弧擦伤	不允许	允许在个别电弧擦伤
接头不良	缺口深度0.05t，且≤0.5	缺口深度0.1t，且≤1.0
	每1000.0焊缝不应超过1处	
表面气孔	不允许	每50.0焊缝长度内允许直径≤0.4t，且≤3.0的气孔2个，孔距≥6倍孔径
表面夹渣	不允许	深≤0.2t 长≤0.5t，且≤20.0

注：表内 t 为连接处较薄的板厚。

检验方法：观察检查或使用放大镜、焊缝量规和钢尺检查。

4.2.3 焊缝尺寸允许偏差应符合表4.2.3-1和表4.2.3-2的规定。

检查数量：每批同类构件抽查10%，且不应少于3件；被抽查构件中，每种焊缝按条数各抽查5%，但不应少于1条；每条检查1处，总抽查数不应少于10处。

检验方法：用焊缝量规检查。

表 4.2.3-1 对接焊缝及完全熔透组合焊缝尺寸允许偏差（mm）

序号	项目	示意图	允许偏差	
			一、二级	三级
1	对接焊缝余高 C		B<20，0~3.0；B≥20，0~4.0	B<20，0~4.0；B≥20，0~5.0

续表

序号	项目	示意图	允许偏差	
			一、二级	三级
2	对接焊缝错边 d		$d<0.15t$，且≤2.0	$d<0.15t$，且≤3.0

表 4.2.3-2 部分焊透组合焊缝和角焊缝外形尺寸允许偏差

序号	项目	图例	允许偏差
1	焊脚尺寸 h_f		$h_t≤6$，0~1.5； $h_t>6$，0~3.0
2	角焊缝余高 C		$h_t≤6$，0~1.5； $h_t>6$，0~3.0

注：1. $h_t>8.0$mm 的角焊缝其局部焊脚尺寸允许低于设计要求值 1.0mm，但总长度不得超过焊缝长度 10%。
2. 焊接 H 形梁腹板与翼缘板的焊缝两端在其两倍翼缘板宽度范围内，焊缝的焊脚尺寸不得低于设计值。

4.2.4 焊成凹形的角焊缝，焊缝金属与母材间应平缓过渡；加工成凹形的角焊缝，不得在其表面留下切痕。
检查数量：每批同类构件抽查 10%，且不应少于 3 件。
检验方法：观察检查。
4.2.5 焊缝感观应达到：外形均匀、成型较好，焊道与焊道、焊道与基本金属间过渡较平滑，焊渣和飞溅物基本清除干净。
检查数量：每批同类构件抽查 10%，且不应少于 3 件；被抽查构件中，每种焊缝按数量各抽查 5%，总抽查处不应少于 5 处。
检验方法：观察检查。
5 成品保护
5.0.1 焊道表面熔渣未完全冷却时，不得铲除熔渣，避免影响焊道成型。
5.0.2 厚板及高强钢的表面焊道，焊后应立即采用热焊剂覆盖缓冷，避免表面快冷产生裂纹。
5.0.3 用锤击法消除中间焊层应力时，应使用圆头手锤或小型振动工具进行，不应对根部焊缝、盖面焊缝或焊缝坡口边缘的母材进行锤击；锤击应小心进行，以防焊缝金属或母材皱褶或开裂。
5.0.4 冬雨期施焊时，注意保护未冷却的接头，应避免接触冰雪。
6 应注意的质量问题
6.1 防止层状撕裂的工艺措施
T 形接头、十字接头、角接接头焊接时，宜采用以下防止板材层状撕裂的焊接工艺措施：
6.1.1 采用双面坡口对称焊接代替单面坡口非对称焊接。
6.1.2 采用低强度焊条在坡口内母材板面上先堆焊塑性过渡层。
6.1.3 Ⅱ类及Ⅱ类以上钢材箱形柱角接接头当板厚大于等于 80mm 时，板边火焰切割面宜用机械方法去除淬硬层（图 6.1.3）。

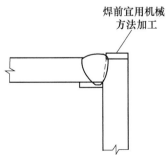

图 6.1.3 特厚板角接接头防止层状撕裂的工艺措施示意

6.1.4 采用低氢型、超低氢型焊条或气体保护电弧焊施焊。

6.1.5 提高预热温度施焊。

6.1.6 对于钢结构焊接工程中的重要节点，焊后立即按本规程规定进行消氢处理。

6.2 建筑钢结构焊接工程应力-应变的控制

6.2.1 焊接应力应变是能量存在同一焊件的两种不同形式，是一对互相制约又相辅相成的一对矛盾，在短期内可互相转化，减少一方必须增加另一方。

6.2.2 对于有严格形位公差的节点，宜采用增大约束来减少焊接变形。对于约束很高，焊接应力大的节点，宜采用一端尽量自由收缩的方法进行焊接。

6.2.3 高层钢结构焊接工程必须注重安装顺序，钢结构宜安装二层或二层以上后，对第一层按规程进行焊接作业。

6.2.4 对于栓焊连接的节点，宜采用先栓（初拧）、后焊、再栓（终拧）的方法进行。

6.2.5 对于桁架结构体系，一定要排出焊接顺序，宜按先焊上、下弦，后焊腹杆的顺序进行。上、下弦宜从中心焊缝向两端推进，腹杆必须先焊一端，再焊另一端的方法进行，严禁在同一杆件两端同时焊接。

6.3 焊工自检焊工应在焊前、焊中和焊后检查以下项目：

6.3.1 焊前：应检验构件标记并确认该构件组装质量，检验焊接设备和焊接材料，清理现场，预热。

6.3.2 焊中：预热和保持层间温度，检验填充材料，打底焊缝外观，清理焊道，按认可的焊接工艺焊接。

6.3.3 焊后：清除焊渣和飞溅物，检查焊缝尺寸、焊缝外观有无咬边、焊瘤、裂纹和弧坑等缺陷，并记录冷却速度。

7 质量记录

7.0.1 钢结构钢构件焊接分项工程检验批质量验收记录。

7.0.2 分项工程检验批质量验收原始记录。

7.0.3 班组完工质量自检记录。

8 安全、环保措施

8.1 安全操作要求

8.1.1 焊接作业场地应设立明显标志。

8.1.2 电焊工必须经专业培训并持证上岗。

8.1.3 焊工操作时应穿工作服、绝缘鞋和戴电焊手套、防护面罩等安全防护用品。

8.1.4 操作前应先检查焊机和工具，如焊接夹具和焊接电缆的绝缘体、焊机外壳保护接地和焊机的各接线点等，确认安全合格后方可作业。

8.1.5 焊接时临时接地线头严禁浮搭，必须固定、压紧，用胶布包严。

8.1.6 操作时遇下列情况必须切断电源：

8.1.6.1 改变电焊机接头时。

8.1.6.2 改接二次回路时。

8.1.6.3 转移工作地点搬动焊机时。

8.1.6.4 焊机发生故障需进行检修时。

8.1.6.5 更换保险装置时。

8.1.6.6 工作完毕或临时离开操作现场时。

8.1.7 高处作业必须严格遵守以下规定：

8.1.7.1 必须使用标准的防火安全带，安全绳，并系在可靠的构架上。

8.1.7.2 焊工必须站在稳固的操作平台上作业，焊机必须放置牢固，有良好的接地保护装置。

8.1.8 焊接时二次线必须双线到位，严禁借用金属构架、轨道作回路地线。

8.1.9 焊接作业的防火措施：

8.1.9.1 焊接现场必须配备足够的防火设备和器材，如消火栓、砂箱、灭火器等，电气设备失火时，应立即切断电源，采用干粉灭火。

8.1.9.2 焊接作业现场周围10m范围内不得堆放易燃、易爆物品。

8.1.9.3 在周围空气中有可燃气体和可燃粉尘的环境严禁焊接。

8.1.9.4 施工现场气刨、气割作业，应设挡板或接火盒。

8.1.10 室外露天施工，冬雨期施工，应按冬雨期施工方案，做好预防和处理。

8.1.11 室外露天施工，用电应符合国家现行行业标准《施工现场临时用电安全技术规范》JGJ 46的规定。

8.2 环保措施

8.2.1 焊条头、埋弧焊的焊渣应及时清理并统一回收处理。

8.2.2 清理操作平台和地面上废弃物、垃圾时，应按生活垃圾、不可回收废弃物、可回收废弃物分类，集中回收，装入容器运走，严禁随意处理或抛撒。

（2）技术交底

技术交底示例参见表2-3-3。

表 2-3-3　焊接检验批技术交底

工程名称	××办公楼	工程部位	三层钢构件安装焊接	交底时间	××××年××月××日
施工单位	××建筑公司	分项工程		手工电弧焊接分项工程	
交底摘要	做好材料检验匹配，焊工合格，焊接工艺评定，一、二级焊缝缺陷检查				

一、施工内容：办公楼三层钢构件安装焊接
二、按《手工电弧焊气体保护焊施工工艺标准》Q301 钢构件焊接施工，同时注意以下事项：
1. 材料进场进行验收，按规定取样复试、符合设计要求；
2. 焊条等焊接材料与母材匹配，符合设计要求及相关规定；查验材料质量合格证和烘焙记录。
3. 焊工持证必须在其考试合格项目认可范围施焊，合格证、有效期范围。
4. 钢材、焊接材料、焊接方法、焊后热处理等焊接工艺评定，按工艺报告确定焊接工艺。
5. 施工前做首道工序标板制，将工艺文件修改完善，实体质量验收合格，各焊工都要参照进行。
6. 需要事前预热的按规定进行预热处理及环境维护。
四、焊工应按焊接工艺施工施焊后，在焊缝两端打焊工钢印、并每道工序完成后，进行自检。做好自检记录。
五、焊接后的质量检查。
1. 全焊的一、二级焊缝采用超声波、射线进行探伤检查内部缺陷，符合规范规定。
2. 焊脚尺寸检查，符合标准规定。
3. 焊缝外观检查，符合标准规定。
4. 填写自检记录。
六、按规定做好安全及环保维护。
专业工长：李××
焊工施工班组长：王××

××××年××月××日

（四）施工记录

施工记录示例参见表 2-3-4。

表 2-3-4　施工记录

工程名称	××办公楼	分部工程	钢结构	分项工程	三层构件安装焊接
施工单位	××建筑公司	项目负责人	李××	施工班组	焊工班王××
施工期限	××××年××月××日 ×时至×日×时		气候	<25℃，晴、雨、风	

一、施工部位：构件安装三层焊接
二、材料及施工条件
1. 钢材及焊条等，进场验收记录、合格证符合设计要求。钢材焊条符合选配要求。现场保存符合要求，烘焙后使用。
2. 焊工合格证有施焊范围及有效期内，持证施焊。
3. 首道工序质量样板制，已做好，经有关方面验收合格，在全工程中作为质量标准验收。
4. 施工环境，温度基本符合要求，预热处理正常。
三、施工中，气候条件正常。有钢材、焊接材料、焊接方法、焊后热处理工艺评定报告，有焊工工艺报告确定的焊接工艺。按焊接工艺施焊。班组有自检记录。
四、焊接后的工件清理，符合要求，焊工按要求打有钢印。
五、现场环保清理符合规定。

专业工长：李××

××××年××月××日

（五）质量验收评定原始记录

质量验收评定原始记录示例，见表 2-3-5。

表 2-3-5　质量验收评定原始记录

××办公楼三层钢构件安装焊接检验批

主控项目：

5.2.1 条　钢材、焊条有合格证，进场验收记录，按设计要求母材与焊材匹配，焊条按规定烘焙存放。有匹配及质量证明文件 3 件和烘焙使用记录 1 份。

5.2.2 条　焊工 4 人均取得合格证，持证焊工在其认可范围及有效期限内施焊。合格证核查。

5.2.3 条　公司在一层已使用过的钢材、焊接材料、焊接方法及焊后热处理等文件，在进行三层构件的焊接时应进行焊接工艺评定。现场焊工均按评定报告确定的焊接工艺施工。焊接部位均有焊工钢印。

5.2.4 条　焊缝按一、二级焊缝采用超声波探伤进行内部缺陷检验。有探伤记录。达到评定等级Ⅲ，检验等级 B 级，探伤比例 20%。由于都达到要求，不标记检查部位。

5.2.5 条　焊脚尺寸。T 形接头、十字接头、角接接头等要求熔透的对接接头焊脚尺寸，其焊缝不小于 1/4，用焊缝量规测量，都能达到要求。见测量记录。由于都能达到要求，不记抽查部位。

5.2.6 条　焊缝表面质量。焊缝不得有裂纹，焊瘤等缺陷，一、二级焊缝的表面气孔、夹渣、弧坑裂纹、电弧擦伤等缺陷。各焊工自检，用放大镜和观察检查。达到规范规定。不记检查位置。

一般项目：

5.2.7 条　预热及焊后热处理，经工艺试验来进行，有工艺评定记录。

5.2.8 条　二、三级焊缝外观质量用放大镜、焊缝量规、钢尺检查，都能达到规范附录表 A.0.1 的规定；个别值也不大于值的 1.2 倍。

5.2.9 条　焊缝尺寸偏差，焊缝量规检查都能达到规范附录表 A.0.2 的规定，最低值不大于偏差值的 1.2 倍。

5.2.10 条　焊成凹形的角焊缝，观察检查，焊缝金属与母材间平缓过渡，表面无切痕。

5.2.11 条　焊缝感观质量，观察检查，外形均匀，成型较好，焊道与焊道，焊道与基本金属间过渡较平滑，焊渣和飞溅物基本清除干净。

一般项目由于外观质量、尺寸偏差、检查结果都在允许值范围，故未标记检查部位。符合规范附录 A 中表 A.0.1 和表 A.0.2 的规定。

专业工长：李××

质量员：张××

××××年××月××日

四、分部（子分部）工程质量验收评定

钢结构子分部工程有 11 个分项工程，实际施工的钢结构工程可以包括一个分项工程和几个分项工程，或全部 11 个分项工程都有。实际所包括的分项工程都必须验收合格，并覆盖到子分部工程的各部位。在子分部工程质量验收时，按分项工程的顺序做好汇总，填入表格。本工程只有一个分项工程钢结构构件安装焊接分项工程。构件加工按进场验收控制。焊接分项工程检验批共 18 个。另外多层及高层安装、防腐、防火涂装没有审核，直接填入表。

1. 钢结构子分部工程质量验收记录

钢结构子分部工程质量验收记录示例，见表 2-3-6。

表 2-3-6　钢结构子分部工程质量验收记录

单位（子单位）工程名称	××办公楼	子分部工程数量	—	分项工程数量	5
施工单位	××建筑公司	项目负责人	王××	技术（质量）负责人	李××
分包单位	—	分包单位负责人	—	分包内容	—

续表

序号	子分部工程名称	分项工程名称	检验批数量	施工单位检查结果	监理单位验收结论
1	钢结构	钢构件焊接	18	符合规定	合格
2	钢结构	多层及高层安装	18	符合规定	合格
3	钢结构	防腐涂装	18	符合规定	合格
4	钢结构	防火涂装	18	符合规定	合格
5		钢构件进场验收	18	符合规定	合格
6					
7					
8					
质量控制资料			共检查9项，符合要求9项		合格
安全和功能检验结果			共3项，符合要求3项		合格
观感质量检验结果			"好"15、"一般"3，总评好		"好"
综合验收结论			合格		

施工单位 项目负责人：王×× ××××年××月××日	勘察单位 项目负责人：/ ××××年××月××日	设计单位 项目负责人：张×× ××××年××月××日	监理单位 总监理工程师：李×× ××××年××月××日

注：1. 地基与基础分部工程的验收应由施工、勘察、设计单位项目负责人和总监理工程师参加并签字；
  2. 主体结构、节能分部工程的验收应由施工、设计单位项目负责人和总监理工程师参加并签字。

2. 钢结构子分部工程所含分项工程质量验收汇总

本工程为钢结构主体框架结构，钢筋混凝土基础，一个楼层的构件安装焊接为一个检验批，共18个检验批。钢结构主体不一定有全部分项工程，至少还应有钢构件进场验收、多层及高层钢结构安装，防腐涂料涂装，防火涂料涂装等分项工程等。这些工程不再审查，只以构件安装焊接为例，进行审查汇总，其他分项工程不再审查，直接填入子分部工程的验收表格。

（1）钢结构构件安装焊接检验批质量验收如下：

① 主控项目质量必须合格；

② 一般项目的检查结果应80％及以上的检查点（值）符合合格质量标准要求，且最大偏差值不应超过其允许偏差值的1.2倍；

③ 质量检验记录，验收原始记录，质量证明文件等资料应完整。

（2）各分项工程合格质量标准应符合下列规定：

① 分项工程所含的各检验批均应符合合格质量标准；

② 分项工程所含的各检验批质量验收记录应完整；

③ 施工操作依据文件、技术交底文件、施工记录、质量验收原始记录等资料应完整。

（3）检验批不能验收的项目，在分项工程验收时应检验，如全高垂直度等质量指标，同时还应审查所包括的分项工程覆盖了全部分部（子分部）工程的范围，且全部验收评定合格。本子分部工程就完成 1 个分项工程的一个检验批。其余焊接检验批、多层及高层安装工程，防腐涂料涂装工程、防火涂料涂装工程等，都没有审核，只以钢构件安装焊接为例审核，其余直接填入表格。

（4）钢结构分部工程合格质量标准应符合下列规定：

① 各分项工程质量均应符合合格质量标准；

② 质量控制资料和文件应完整；

③ 有关安全及功能的检验和见证检测结果应符合标准规定的相应合格质量标准的要求；

④ 有关观感质量应符合标准规定的相应合格质量标准的要求。

3. 子分部工程质量控制资料

在此处只审查构件安装焊接检验批的控制资料，其他分项工程没审核。

（1）现行国家标准《钢结构工程施工质量验收标准》GB 50205 规定钢结构分部工程竣工验收时，应提供下列文件和记录：

① 钢结构工程竣工图纸及相关设计文件；

② 施工现场质量管理检查记录；

③ 有关安全及功能的检验和见证检测项目检查记录；

④ 有关观感质量检验项目检查记录；

⑤ 分部工程所含各分项工程质量验收记录；

⑥ 分项工程所含各检验批质量验收记录；

⑦ 强制性条文检验项目检查记录及证明文件；

⑧ 隐蔽工程检验项目检查验收记录；

⑨ 原材料、成品质量合格证明文件、中文标志及性能检测报告；

⑩ 不合格项的处理记录及验收记录；

⑪ 重大质量技术问题实施方案及验收记录；

⑫ 其他有关文件和记录。

（2）现行国家标准《建筑工程施工质量验收统一标准》GB 50300 标准规定分部工程验收时，应有以下资料：

① 图纸会写审记录，设计变更通知单、工程洽商记录；

② 工程定位测量，放线记录；

③ 原材料出厂合格证书，及进场检验、试验报告；

④ 施工试验报告及见证检测报告；

⑤ 隐蔽工程验收记录；

⑥ 施工记录；

⑦ 地基、基础、主体结构检验及抽样检测资料；

⑧ 分项、分部工程质量验收资料；

⑨ 工程质量事故调查处理资料；

⑩ 新技术论证，备案及施工记录。

（3）分部工程质量验收时，发生的资料项目进行核查，没有发生的项目可以不查，在一般情况下，资料项目不必增加；但发生 GB 50300 标准第 3.0.5 条情况时，由设计、施工、监理共同确定增加项目，按要求进行核查。本次验收应具有的质量控制资料；在 GB 50205 标准的资料中第 11 项没有发生时，可没有。第 2 项在开工前已核查完成，在分部工程检查可不列入。在 GB 50300 标准的资料中，第 10 项没发生，可没有。应具有的质量控制资料包括：

① 图纸及相关设计文件；设计图 1 份，图纸会审 1 份，竣工图 1 份；

② 有关安全及功能的检验和见证检测项目检查记录；焊接工艺评定报告 1 份，超声波探伤记录 18 份；

③ 有关观感质量检查项目检查记录；焊缝观感质量检查 1 份；

④ 分部工程所含各分项工程质量验收记录 1 份；

⑤ 各分项工程所含各检验批质量验收记录；18 份；

⑥ 强制性条文检验项目检查记录及证明文件；5.2.2 条 1 份，5.2.4 条 18 份，共 19 份；

⑦ 隐蔽工程检查验收，钢构件表面清理除锈 18 份；

⑧ 原材料、成品质量合格证明文件，中文标志及性能检测，钢材、焊条各 1 份，共 2 份；

⑨ 施工记录每个检验批 1 份，共 18 份。

将有资料项数份数审查合格填入子分部工程质量验收记录，共有 9 项填入表 2-3-5 中。将资料按目录顺序依次附在后面。

4. 安全和功能检验结果

在此处只审查构件安装焊接检验批的安全和功能检验结果资料。

（1）根据 GB 50205 标准附录 G 规定，钢结构分部（子分部）工程有关安全及功能的检验项目和见证检验项目见表 2-3-7。

表 2-3-7　钢结构分部（子分部）工程有关安全及功能的检验和见证检测项目

项次	项目	抽检数量及检验方法	合格质量标准	备注
1	见证取样送样试验项目 （1）钢材及焊接材料复验 （2）高强度螺栓预拉力、扭矩系数复验 （3）摩擦面抗滑移系数复验 （4）网架节点承载力试验	见本规范第 4.2.2 条、4.3.2 条、4.4.2 条、4.4.3 条、6.3.1 条、12.3.3 条规定	符合设计要求和国家现行有关产品标准的规定	
2	焊缝质量 （1）内部缺陷 （2）外观缺陷 （3）焊缝尺寸	一、二级焊缝按焊缝处数随机抽检 3%，且不应少于 3 处；检验采用超声波或射线探伤及本规范第 5.2.6 条、5.2.8 条、5.2.9 条方法	本规范第 5.2.4 条、5.2.6 条、5.2.8 条、5.2.9 条规定	
3	高强度螺栓施工质量 （1）终拧扭矩 （2）梅花头检查 （3）网架螺栓球节点	按节点数随机抽检 3%，且不应少于 3 个节点检验本规范第 6.3.2 条、6.3.3 条、6.3.8 条方法执行	本规范第 6.3.2 条、6.3.3 条、6.3.8 条的规定	

续表

项次	项目	抽检数量及检验方法	合格质量标准	备注
4	柱脚及网架支座 （1）锚栓紧固 （2）垫板、垫块 （3）二次灌浆	按柱脚及网架支座数随机抽检 10%，且不应少于 3 个，采用观察和尺量等方法进行检验	符合设计要求和本规范的规定，10.1.7 条、10.2.1 条、11.2.1 条、11.2.3 条、12.2.1 条、12.2.4 条	
5	主要构件变形 （1）钢屋（托）架、桁架、钢梁、吊车梁等垂直度和侧向弯曲 （2）钢柱垂直度 （3）网架结构挠度	除网架结构外，其他按构件数随机抽检 3%，且不应少于 3 个；检验方法按本规范第 10.3.3 条、11.3.2 条、11.3.4 条、12.3.4 条执行	本规范第 10.3.3 条、11.3.2 条、11.3.4 条、12.3.4 条的规定	
6	主体结构尺寸 （1）整体垂直度 （2）整体平面弯曲	见本规范第 10.3.4 条、11.3.5 条的规定	本规范第 10.3.4 条、11.3.5 条的规定	

注：本规范指 GB 50205。

（2）按 GB 50205 附录 G 应有 6 大项有关安全和功能的检验项目。对构件安装焊接项目来讲，安全及功能检验项目，只有钢材及焊接材料，见证取样送样试验项目和焊缝质量项目，包括内部缺陷、外观缺陷和焊缝尺寸 2 项。按 GB 50300 标准附录 H，表 H.0.1-3 规定建筑与结构 16 项安全和功能检验资料，其内容是对建筑工程规定的，对钢结构有"主体结构尺寸，位置抽查记录"和"建筑物垂直度、标高、全高测量记录"两项。对于钢结构的构件安装焊接的项目，则没有。

（3）钢结构子分部工程检验项目，对构件安装焊接分项工程来讲包括：

① 钢材及焊接材料见证取样送样试验项目资料，钢材、焊条试验报告各 1 份。

② 焊缝质量的内部缺陷、外观质量和焊缝尺寸检验项目资料。焊缝内部缺陷超声波探伤资料 18 份；外观缺陷 18 份；焊缝尺寸资料 18 份。

③ 焊接工艺评定报告 1 份。

整个钢结构焊接分项工程有项目 3 项，经审查符合规范规定的 3 项。

将安全性功能检验结果资料 3 项，经审查，符合规定 3 项。填入表 2-3-5 中，审查合格。

将安全和功能的资料按项目顺序依次附在后边。

5. 观感质量检验结果

观感质量是钢结构工程质量的总体评价。观感质量检查包括钢结构各分项工程的主控项目、一般项目的全部内容，包括钢构件的外观，焊缝表面、尺寸的观感，防腐涂装、防火涂装质量等。

按 GB 50205 标准附表 H，列出了钢结构工程有关观感质量检查项目，见表 2-3-8。

表 2-3-8　钢结构分部（子分部）工程观感质量检查项目

项次	项目	抽检数量	合格质量标准	备注
1	普通涂层表面	随机抽查 3 个轴线结构构件	本规范第 14.2.3 条的要求	
2	防火涂层表面	随机抽查 3 个轴线结构构件	本规范第 14.3.4、14.3.5 条、14.3.6 条的要求	

续表

项次	项目	抽检数量	合格质量标准	备注
3	压型金属板表面	随机抽查 3 个轴线间压型金属板表面	本规范第 13.3.4 条的要求	
4	钢平台、钢梯、钢栏杆	随机抽查 10%	连接牢固，无明显外观缺陷	

注：本规范指 GB 50205。

这是对全分部工程完工后的检查，过程中有的已查不到。本示例只有构件安装中焊接，只有普通涂层表面和防火涂层表面，以及构件安装焊接的焊缝表面，焊缝尺寸结合在一起的焊缝观感质量，达到外形均匀，成型较好，焊道与焊道、焊道与基本金属间过渡较平滑，焊渣和飞溅物基本清除干净，以及焊缝表面的裂纹、焊瘤等缺陷，表面气孔、夹渣、弧坑、电弧擦伤、咬边、未焊满、根部收缩等缺陷检查，分点（处）综合评定，分为"好""一般"和"差"评价结果。"好""一般"都是合格，"差"的能修的修理至"好"或"一般"，修不了的，只要不影响安全和功能，以及重要的观感质量，也可验收。

本工程将 18 层以每层为检查点来评价，"好"的 15 点，"一般"的 2 点，"差"的 1 点，后进行了修理达到"一般"。故结果为"好"的 15 点，"一般"的 3 点，总体评为"好"填入表 2-3-5。

压型金属板表面及钢平台、钢件、钢栏杆栏目没有。

第四节　主体结构砌体结构子分部工程质量验收

一、砌体结构子分部工程检验批质量验收用表

砌体结构工程检验批质量验收用表目录见表 2-4-1。

表 2-4-1　检验批质量验收用表目录

分项工程的检验批名称		子分部工程名称及编号	
		0202	0102
		砌体结构	地基基础的基础部分
1	砖砌体	02020101	01020101
2	混凝土小型空心砌块砌体	02020201	01020102
3	石砌体	02020301	01020103
4	配筋砌体	02020401	01020104
5	填充墙砌体	02020501	

表 2-4-1 中有与地基基础工程的基础部分共用表格，也在表中标出，共用表是砌体结构部分。基础与主体结构内容相同。

二、砌体结构子分部工程质量验收规定

（一）砌体结构子分部工程质量验收的基本规定

参见《砌体结构工程施工质量验收规范》GB 50203—2011 3.0.1～3.0.24 条。

3.0.1　砌体结构工程所用的材料应有产品的合格证书、产品性能型式检测报告，质量应符合国家现行有关标准的要求。砌块、水泥、钢筋、外加剂尚应有材料主要性能的进场复验报告，并应符合设计要求。严禁使用国家明令淘汰的材料。

3.0.2　砌体结构工程施工前，应编制砌体结构工程施工方案。

3.0.3　砌体结构的标高、轴线，应引自基准控制点。

3.0.4　砌筑基础前，应校核放线尺寸，允许偏差应符合表 3.0.4 的规定。

表 3.0.4　放线尺寸的允许偏差

长度 L、宽度 B （m）	允许偏差 （mm）	长度 L、宽度 B （m）	允许偏差 （mm）
L（或 B）≤30	±5	60<L（或 B）≤90	±15
30<L（或 B）≤60	±10	L（或 B）>90	+20

3.0.5　伸缩缝、沉降缝、防震缝中的模板应拆除干净，不得夹有砂浆、块体及碎渣等杂物。

3.0.6　砌筑顺序应符合下列规定：

1　基底标高不同时，应从低处砌起，并应由高处向低处搭砌。当设计无要求时，搭接长度 L 不应小于基础底的高差 H，搭接长度范围内下层基础应扩大砌筑（图 3.0.6）；

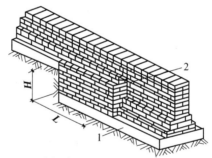

图 3.0.6　基底标高不同时的搭砌示意图（条形基础）

1—混凝土垫层；2—基础扩大部分

2　砌体的转角处和交接处应同时砌筑。当不能同时砌筑时，应按规定留槎、接槎。

3.0.7　砌筑墙体应设置皮数杆。

3.0.8　在墙上留置临时施工洞口，其侧边离交接处墙面不应小于500mm，洞口净宽度不应超过1m。抗震设防烈度为9度的地区建筑物的临时施工洞口位置，应会同设计单位确定。临时施工洞口应做好补砌。

3.0.9　不得在下列墙体或部位设置脚手眼：

1　120mm厚墙、清水墙、料石墙、独立柱和附墙柱；

2　过梁上与过梁成60°角的三角形范围及过梁净跨度1/2的高度范围内；

3　宽度小于1m的窗间墙；

4　门窗洞口两侧石砌体300mm，其他砌体200mm范围内；转角处石砌体600mm，其他砌体450mm范围内；

5　梁或梁垫下及其左右500mm范围内；

6　设计不允许设置脚手眼的部位；

7　轻质墙体；

8　夹心复合墙外叶墙。

3.0.10　脚手眼补砌时，应清除脚手眼内掉落的砂浆、灰尘；脚手眼处砖及填塞用砖应湿润，并应填实砂浆。

3.0.11　设计要求的洞口、沟槽、管道应于砌筑时正确留出或预埋，未经设计同意，不得打凿墙体和在墙体上开凿水平沟槽。宽度超过300mm的洞口上部，应设置钢筋混凝土过梁。不应在截面长边小于500mm的承重墙体、独立柱内埋设管线。

3.0.12　尚未施工楼面或屋面的墙或柱，其抗风允许自由高度不得超过表3.0.12的规定。如超过表中限值，

必须采用临时支撑等有效措施。

表 3.0.12　墙和柱的允许自由高度（m）

墙（柱）厚（mm）	砌体密度＞1600（kg/m³）			砌体密度 1300～1600（kg/m³）		
	风载（kN/m²）			风载（kN/m²）		
	0.3（约7级风）	0.4（约8级风）	0.5（约9级风）	0.3（约7级风）	0.4（约8级风）	0.5（约9级风）
190	—	—	—	1.4	1.1	0.7
240	2.8	2.1	1.4	2.2	1.7	1.1
370	5.2	3.9	2.6	4.2	3.2	2.1
490	8.6	6.5	4.3	7.0	5.2	3.5
620	14.0	10.5	7.0	11.4	8.6	5.7

注：1. 本表适用于施工处相对标高 H 在10m范围的情况，如 10m＜H≤15m，15m＜H≤20m时，表中的允许自由高度应分别乘以 0.9、0.8 的系数；如果 H＞20m时，应通过抗倾覆验算确定其允许自由高度；

2. 当所砌筑的墙有横墙或其他结构与其连接，而且间距小于表中相应墙、柱的允许自由高度的2倍时，砌筑高度可不受本表的限制；

3. 当砌体密度小于1300kg/m³时，墙和柱的允许自由高度应另行验算确定。

3.0.13　砌筑完基础或每一楼层后，应校核砌体轴线和标高。在允许偏差范围内，轴线偏差可在基础顶面或楼面上校正，标高偏差宜通过调整上部砌体灰缝厚度校正。

3.0.14　搁置预制梁、板的砌体顶面应平整，标高一致。

3.0.15　砌体施工质量控制等级分为三级，并应按表3.0.15划分。

表 3.0.15　施工质量控制等级

项目	施工质量控制等级		
	A	B	C
现场质量管理	监督检查制度健全，并严格执行；施工方有在岗专业技术管理人员，人员齐全，并持证上岗	监督检查制度基本健全，并能执行；施工方有在岗专业技术管理人员，人员齐全，并持证上岗	有监督检查制度；施工方有在岗专业技术管理人员
砂浆、混凝土强度	试块按规定制作，强度满足验收规定，离散性小	试块按规定制作，强度满足验收规定，离散性较小	试块按规定制作，强度满足验收规定，离散性大
砂浆拌和	机械拌和；配合比计量控制严格	机械拌和；配合比计量控制一般	机械或人工拌和；配合比计量控制较差
砌筑工人	中级工以上，其中，高级工不少于30%	高、中级工不少于70%	初级工以上

注：1. 砂浆、混凝土强度离散性大小根据强度标准差确定；

2. 配筋砌体不得为C级施工。

3.0.16　砌体结构中钢筋（包括夹心复合墙内外叶墙间的拉结件或钢筋）的防腐，应符合设计规定。

3.0.17　雨天不宜在露天砌筑墙体，对下雨当日砌筑的墙体应进行遮盖。继续施工时，应复核墙体的垂直度，如果垂直度超过允许偏差，应拆除重新砌筑。

3.0.18　砌体施工时，楼面和屋面堆载不得超过楼板的允许荷载值。当施工层进料口处施工荷载较大时，楼板下宜采取临时支撑措施。

3.0.19　正常施工条件下，砖砌体、小砌块砌体每日砌筑高度宜控制在1.5m或一步脚手架高度内；石砌体不宜超过1.2m。

3.0.20　砌体结构工程检验批的划分应同时符合下列规定：

1 所用材料类型及同类型材料的强度等级相同；

2 不超过 250m³ 砌体；

3 主体结构砌体一个楼层（基础砌体可按一个楼层计），填充墙砌体量少时可多个楼层合并。

3.0.21 砌体结构工程检验批验收时，其主控项目应全部符合本规范的规定；一般项目应有 80% 及以上的抽检处符合本规范的规定；有允许偏差的项目，最大超差值为允许偏差值的 1.5 倍。

3.0.22 砌体结构分项工程中检验批抽检时，各抽检项目的样本最小容量除有特殊要求外，按不应小于 5 确定。

3.0.23 在墙体砌筑过程中，当砌筑砂浆初凝后，块体被撞动或需移动时，应将砂浆清除后再铺浆砌筑。

3.0.24 分项工程检验批质量验收可按本规范附录 A 各相应记录表填写。

（二）砌筑砂浆

砌体工程的砂浆对砌体影响大，应重视砌筑砂浆的处理，参见《砌体结构工程施工质量验收规范》GB 50203—2011 4.0.1～4.0.13 条（其中 4.0.1 条前两项为强制性规定）。

4.0.1 水泥使用应符合下列规定：

1 水泥进场时应对其品种、等级、包装或散装仓号、出厂日期等进行检查，并应对其强度、安定性进行复验，其质量必须符合现行国家标准《通用硅酸盐水泥》GB 175 的有关规定。

2 当在使用中对水泥质量有怀疑或水泥出厂超过三个月（快硬硅酸盐水泥超过一个月）时，应复查试验，并按其复验结果使用。

3 不同品种的水泥，不得混合使用。

抽检数量：按同一生产厂家、同品种、同等级、同批号连续进场的水泥，袋装水泥不超过 200t 为一批，散装水泥不超过 500t 为一批，每批抽样不少于一次。

检验方法：检查产品合格证、出厂检验报告和进场复验报告。

4.0.2 砂浆用砂宜采用过筛中砂，并应满足下列要求：

1 不应混有草根、树叶、树枝、塑料、煤块、炉渣等杂物；

2 砂中含泥量、泥块含量、石粉含量、云母、轻物质、有机物、硫化物、硫酸盐及氯盐含量（配筋砌体砌筑用砂）等应符合现行行业标准《普通混凝土用砂、石质量及检验方法标准》JGJ 52 的有关规定。

3 人工砂、山砂及特细砂，应经试配能满足砌筑砂浆技术条件要求。

4.0.3 拌制水泥混合砂浆的粉煤灰、建筑生石灰、建筑生石灰粉及石灰膏应符合下列规定：

1 粉煤灰、建筑生石灰、建筑生石灰粉的品质指标应符合现行行业标准《粉煤灰在混凝土及砂浆中应用技术规程》JGJ 28、《建筑生石灰》JC/T 479 的有关规定；

2 建筑生石灰、建筑生石灰粉熟化为石灰膏，其熟化时间分别不得少于 7d 和 2d；沉淀池中储存的石灰膏，应防止干燥、冻结和污染，严禁采用脱水硬化的石灰膏；建筑生石灰粉、消石灰粉不得替代石灰膏配制水泥石灰砂浆；

3 石灰膏的用量，应按稠度 120mm±5mm 计量，现场施工中石灰膏不同稠度的换算系数，可按表 4.0.3 确定。

表 4.0.3 石灰膏不同稠度的换算系数

稠度（mm）	120	110	100	90	80	70	60	50	40	30
换算系数	1.00	0.99	0.97	0.95	0.93	0.92	0.90	0.88	0.87	0.86

4.0.4 拌制砂浆用水的水质，应符合现行行业标准《混凝土用水标准》JGJ 63 的有关规定。

4.0.5 砌筑砂浆应进行配合比设计。当砌筑砂浆的组成材料有变更时，其配合比应重新确定。砌筑砂浆的稠度宜按表 4.0.5 的规定采用。

表 4.0.5 砌筑砂浆的稠度

砌体种类	砂浆稠度（mm）
烧结普通砖砌体 蒸压粉煤灰砖砌体	70～90
混凝土实心砖、混凝土多孔砖砌体 普通混凝土小型空心砌块砌体 蒸压灰砂砖砌体	50～70

续表

砌体种类	砂浆稠度（mm）
烧结多孔砖、空心砖砌体 轻骨料小型空心砌块砌体 蒸压加气混凝土砌块砌体	60～80
石砌体	30～50

注：1. 采用薄灰砌筑法砌筑蒸压加气混凝土砌块砌体时，加气混凝土黏结砂浆的加水量按照其产品说明书控制；

  2. 当砌筑其他块体时，其砌筑砂浆的稠度可根据块体吸水特性及气候条件确定。

4.0.6　施工中不应采用强度等级小于 M5 水泥砂浆替代同强度等级水泥混合砂浆，如需替代，应将水泥砂浆提高一个强度等级。

4.0.7　在砂浆中掺入的砌筑砂浆增塑剂、早强剂、缓凝剂、防冻剂、防水剂等砂浆外加剂，其品种和用量应经有资质的检测单位检验和试配确定。所用外加剂的技术性能应符合国家现行有关标准《砌筑砂浆增塑剂》JG/T 164、《混凝土外加剂》GB 8076、《砂浆、混凝土防水剂》JC 474 的质量要求。

4.0.8　配制砌筑砂浆时，各组分材料应采用质量计量，水泥及各种外加剂配料的允许偏差为±2％；砂、粉煤灰、石灰膏等配料的允许偏差为±5％。

4.0.9　砌筑砂浆应采用机械搅拌，搅拌时间自投料完起算应符合下列规定：

1　水泥砂浆和水泥混合砂浆不得少于 120s；

2　水泥粉煤灰砂浆和掺用外加剂的砂浆不得少于 180s；

3　掺增塑剂的砂浆，其搅拌方式、搅拌时间应符合现行行业标准《砌筑砂浆增塑剂》JG/T 164 的有关规定；

4　干混砂浆及加气混凝土砌块专用砂浆宜按掺用外加剂的砂浆确定搅拌时间或按产品说明书采用。

4.0.10　现场拌制的砂浆应随拌随用，拌制的砂浆应 3h 内使用完毕；当施工期间最高气温超过 30℃ 时，应在 2h 内使用完毕。预拌砂浆及蒸压加气混凝土砌块专用砌筑砂浆的使用时间应按照厂方提供的说明书确定。

4.0.11　砌体结构工程使用的湿拌砂浆，除直接使用外必须储存在不吸水的专用容器内，并根据气候条件采取遮阳、保温、防雨雪等措施，砂浆在储存过程中严禁随意加水。

4.0.12　砌筑砂浆试块强度验收时其强度合格标准应符合下列规定：

1　同一验收批砂浆试块强度平均值应大于或等于设计强度等级值的 1.10 倍；

2　同一验收批砂浆试块抗压强度的最小一组平均值应大于或等于设计强度等级值的 85％。

注：1　砌筑砂浆的验收批，同一类型、强度等级的砂浆试块应不少于 3 组；同一验收批砂浆只有 1 组或 2 组试块时，每组试块抗压强度的平均值应大于或等于设计强度等级值的 1.10 倍；对于建筑结构的安全等级为一级或设计使用年限为 50 年及以上的房屋，同一验收批砂浆试块的数量不得少于 3 组。

  2　砂浆强度应以标准养护，28d 龄期的试块抗压强度为准。

  3　制作砂浆试块的砂浆稠度应与配合比设计一致。

抽检数量：每一检验批且不超过 250m³ 砌体的各类、各强度等级的普通砌筑砂浆，每台搅拌机应至少抽检一次。验收批的预拌砂浆、蒸压加气混凝土砌块专用砂浆，抽检可为 3 组。

检验方法：在砂浆搅拌机出料口或在湿拌砂浆的储存容器出料口随机取样制作砂浆试块（现场拌制的砂浆，同盘砂浆只应制作 1 组试块），试块标养 28d 后作强度试验。预拌砂浆中的湿拌砂浆稠度应在进场时取样检验。

4.0.13　当施工中或验收时出现下列情况，可采用现场检验方法对砂浆或砌体强度进行实体检测，并判定其强度：

1　砂浆试块缺乏代表性或试块数量不足；

2　对砂浆试块的试验结果有怀疑或有争议；

3　砂浆试块的试验结果，不能满足设计要求；

4　发生工程事故，需要进一步分析事故原因。

（三）子分部工程质量验收

参见《砌体结构工程施工质量验收规范》GB 50203—2011 11.0.1～11.0.4 条。

11.0.1　砌体工程验收前，应提供下列文件和记录：

1　设计变更文件；

2　施工执行的技术标准；

3　原材料出厂合格证书、产品性能检测报告和进场复验报告；

4　混凝土及砂浆配合比通知单；

5　混凝土及砂浆试件抗压强度试验报告单；

6　砌体工程施工记录；

7　隐蔽工程验收记录；

8　分项工程检验批的主控项目、一般项目验收记录；

9　填充墙砌体植筋锚固力检测记录；

10　重大技术问题的处理方案和验收记录；

11　其他必要的文件和记录。

11.0.2　砌体子分部工程验收时，应对砌体工程的观感质量作出总体评价。

11.0.3　当砌体工程质量不符合要求时，应按现行国家标准《建筑工程施工质量统一验收标准》GB 50300 有关规定执行。

11.0.4　有裂缝的砌体应按下列情况进行验收：

1　对不影响结构安全性的砌体裂缝，应予以验收，对明显影响使用功能和观感质量的裂缝，应进行处理；

2　对有可能影响结构安全性的砌体裂缝，应由有资质的检测单位检测鉴定，需返修或加固处理的，待返修或加固处理满足使用要求后进行二次验收。

三、检验批质量验收评定示例（填充墙砌体）

砌体结构工程检验批验收时，其主控项目应全部符合《砌体结构工程施工质量验收规范》GB 50203—2011 的规定；一般项目应有 80％及以上的抽检处符合本规范的规定，有允许偏差的项目，最大差值为允许偏差值的 1.5 倍。

砌体结构子分部工程包括砖砌体分项工程、混凝土小型空心砌块砌体分项工程、石砌体分项工程、配筋砌体分项工程和填充墙砌体分项工程等。《砌体结构工程施工质量验收规范》GB 50203—2011 附录 A 已列出了各分项工程检验批的质量验收记录表。

（一）填充墙砌体检验批验收评定

（1）填充墙砌体检验批质量验收记录表

参见示例表 2-4-2。

表 2-4-2　填充墙砌体工程检验批质量验收记录

工程名称	××住宅楼	分项工程名称		填充墙砌体	验收部位	3 层
施工单位	×××建筑公司				项目经理	王××
施工执行标准名称及编号	《填充墙砌体砌筑施工工艺标准》Q205 及技术交底				专业工长	王××
分包单位	/				施工班组组长	刘××

	质量验收规范的规定		施工单位检查评定记录	监理（建设）单位验收记录
主控项目	1. 块体强度等级	设计要求 MU5	烧结空心砖复验报告 36 号	符合规定
	2. 砂浆强度等级	设计要求 M5	试件号 10.1. 砂浆 M5	
	3. 与主体结构连接	9.2.2 条	连接可靠，连接构造符合设计要求，筋位正确	
	4. 植筋实体检测	9.2.3 条	填充墙砌体植筋锚固力检测符合要求	

续表

一般项目				6	5	4	8	4					合格
	1. 轴线位移		≤10mm	6	5	4	8	4					
	2. 墙面垂直度（每层）	≤3m	≤5mm	3	2	3	4	1					
		>3m	≤10mm										
	3. 表面平整度		≤8mm	5	6	7	4	5					
	4. 门窗洞口		±10mm	+8	+5	+6	+8	+8					
	5. 窗口偏移		≤20mm	10	12	15	9	6	12	10	10	9	6
	6. 水平缝砂浆饱满度		9.3.2条	88%	90%	90%	92%	96%					
	7. 竖缝砂浆饱满度		9.3.2条	无透缝、暗缝、假缝									
	8. 拉结筋、网片位置		9.3.3条	查5处拉结筋位置正确									
	9. 拉结筋、网片埋置长度		9.3.3条	查5处置长度正确均≥500mm									
	10. 搭砌长度		9.3.4条	√	√	√	√	√					
	11. 灰缝厚度		9.3.5条	√	√	√		√					
	12. 灰缝宽度		9.3.5条	√	√	√	√						

施工单位检查评定结果	符合规定
	项目专业质量检查员：李×
	项目专业质量（技术）负责人：王×　　　　　　　　　　　　　　　××××年××月××日

监理（建设）单位验收结论	合格
	监理工程师
	（建设单位项目工程师）：李××　　　　　　　　　　　　××××年××月××日

注：本表由施工项目专业质量检查员填写，监理工程师（建设单位项目技术负责人）组织项目专业质量（技术）负责人等进行验收。

（2）检验批验收内容及检验方法

参见《砌体结构工程施工质量验收规范》GB 50203—2011 9.1.1～9.3.5条。

9.1　一般规定

9.1.1　本章适用于烧结空心砖、蒸压加气混凝土砌块、轻骨料混凝土小型空心砌块等填充墙砌体工程。

9.1.2　砌筑填充墙时，轻骨料混凝土小型空心砌块和蒸压加气混凝土砌块的产品龄期不应小于28d，蒸压加气混凝土砌块的含水率宜小于30%。

9.1.3　烧结空心砖、蒸压加气混凝土砌块、轻骨料混凝土小型空心砌块等的运输、装卸过程中，严禁抛掷和倾倒；进场后应按品种、规格堆放整齐，堆置高度不宜超过2m。蒸压加气混凝土砌块在运输及堆放中应防止雨淋。

9.1.4　吸水率较小的轻骨料混凝土小型空心砌块及采用薄灰砌筑法施工的蒸压加气混凝土砌块，砌筑前不应对其浇（喷）水湿润；在气候干燥炎热的情况下，对吸水率较小的轻骨料混凝土小型空心砌块宜在砌筑前喷水湿润。

9.1.5　采用普通砌筑砂浆砌筑填充墙时，烧结空心砖、吸水率较大的轻骨料混凝土小型空心砌块应提前1～2d浇（喷）水湿润。蒸压加气混凝土砌块采用蒸压加气混凝土砌块砌筑砂浆或普通砌筑砂浆砌筑时，应在砌筑当天对砌块砌筑面喷水湿润。块体湿润程度宜符合下列规定：

1　烧结空心砖的相对含水率60%～70%；

2　吸水率较大的轻骨料混凝土小型空心砌块、蒸压加气混凝土砌块的相对含水率40%～50%。

9.1.6　在厨房、卫生间、浴室等处采用轻骨料混凝土小型空心砌块、蒸压加气混凝土砌块砌筑墙体时，墙底部宜现浇混凝土坎台，其高度宜为150mm。

9.1.7　填充墙拉结筋处的下皮小砌块宜采用半盲孔小砌块或用混凝土灌实孔洞的小砌块；薄灰砌筑法施工的蒸压加气混凝土砌块砌体，拉结筋应放置在砌筑上表面设置的沟槽内。

9.1.8　蒸压加气混凝土砌块、轻骨料混凝土小型空心砌块不应与其他块体混砌，不同强度等级的同类块体也不得混砌。

注：窗台处和因安装门窗需要，在门窗洞口处两侧填充墙上、中、下部可采用其他块体局部嵌砌；对与框架柱、梁不脱开方法的填充墙，填塞填充墙顶部与梁之间缝隙可采用其他块体。

9.1.9 填充墙砌体砌筑，应待承重主体结构检验批验收合格后进行。填充墙与承重主体结构间的空（缝）隙部位施工，应在填充墙砌筑 14d 后进行。

9.2 主控项目

9.2.1 烧结空心砖、小砌块和砌筑砂浆的强度等级应符合设计要求。

抽检数量：烧结空心砖每 10 万块为一验收批，小砌块每 1 万块为一验收批，不足上述数量时按一批计，抽检数量为 1 组。砂浆试块的抽检数量执行本规范第 4.0.12 条的有关规定。

检验方法：查砖、小砌块进场复验报告和砂浆试块试验报告。

9.2.2 填充墙砌体应与主体结构可靠连接，其连接构造应符合设计要求，未经设计同意，不得随意改变连接构造方法。每一填充墙与柱的拉结筋的位置超过一皮块体高度的数量不得多于一处。

抽检数量：每检验批抽查不应少于 5 处。

检验方法：观察检查。

9.2.3 填充墙与承重墙、柱、梁的连接钢筋，当采用化学植筋的连接方式时，应进行实体检测。锚固钢筋拉拔试验的轴向受拉非破坏承载力检验值应为 6.0kN。抽检钢筋在检验值作用下应基材无裂缝、钢筋无滑移宏观裂损现象；持荷 2min 期间荷载值降低不大于 5%。检验批验收可按本规范表 B.0.1 通过正常检验一次、二次抽样判定。填充墙砌体植筋锚固力检测记录可按本规范表 C.0.1 填写。

抽检数量：按表 9.2.3 确定。

检验方法：原位试验检查。

表 9.2.3 检验批抽检锚固钢筋样本最小容量

检验批的容量	样本最小容量	检验批的容量	样本最小容量
≤90	5	281～500	20
91～150	8	501～1200	32
151～280	13	1201～3200	50

9.3 一般项目

9.3.1 填充墙砌体尺寸、位置的允许偏差及检验方法应符合表 9.3.1 的规定。

表 9.3.1 填充墙砌体尺寸、位置的允许偏差及检验方法

项次	项目		允许偏差（mm）	检验方法
1	轴线位移		10	用尺检查
2	垂直度（每层）	≤3m	5	用 2m 托线板或吊线、尺检查
		>3m	10	
3	表面平整度		8	用 2m 靠尺和楔形尺检查
4	门窗洞口高、宽（后塞口）		±10	用尺检查
5	外墙上、下窗口偏移		20	用经纬仪或吊线检查

抽检数量：每检验批抽查不应少于 5 处。

9.3.2 填充墙砌体的砂浆饱满度及检验方法应符合表 9.3.2 的规定。

表 9.3.2 填充墙砌体的砂浆饱满度及检验方法

砌体分类	灰缝	饱满度及要求	检验方法
空心砖砌体	水平	≥80%	采用百格网检查块体底面或侧面砂浆的黏结痕迹面积
	垂直	填满砂浆，不得有透明缝、瞎缝、假缝	
蒸压加气混凝土砌块、轻骨料混凝土小型空心砌块砌体	水平	≥80%	
	垂直	≥80%	

抽检数量：每检验批抽查不应少于 5 处。

9.3.3　填充墙留置的拉结钢筋或网片的位置应与块体皮数相符合。拉结钢筋或网片应置于灰缝中，埋置长度应符合设计要求，竖向位置偏差不应超过一皮高度。

抽检数量：每检验批抽查不应少于 5 处。

检验方法：观察和用尺量检查。

9.3.4　砌筑填充墙时应错缝搭砌，蒸压加气混凝土砌块搭砌长度不应小于砌块长度的 1/3；轻骨料混凝土小型空心砌块搭砌长度不应小于 90mm；竖向通缝不应大于 2 皮。

抽检数量：每检验批抽查不应少于 5 处。

检验方法：观察检查。

9.3.5　填充墙的水平灰缝厚度和竖向灰缝宽度应正确，烧结空心砖、轻骨料混凝土小型空心砌块砌体的灰缝应为 8～12mm；蒸压加气混凝土砌块砌体当采用水泥砂浆、水泥混合砂浆或蒸压加气混凝土砌块砌筑砂浆时，水平灰缝厚度和竖向灰缝宽度不应超过 15mm；当蒸压加气混凝土砌块砌体采用蒸压加气混凝土砌块黏结砂浆时，水平灰缝厚度和竖向灰缝宽度宜为 3～4mm。

抽检数量：每检验批抽查不应少于 5 处。

检验方法：水平灰缝厚度用尺量 5 皮小砌块的高度折算；竖向灰缝宽度用尺量 2m 砌体长度折算。

（3）验收说明

① 主控项目的质量任抽样检验均应合格；

② 一般项目的质量任抽样检验合格。当采用计数抽样时，合格率应符合有关专业验收规范的规定，且不得存在严重缺陷。

③ 具有完整的施工操作依据，质量验收记录；

④ 本检验批的主控项目、一般项目已列入推荐表中。

（二）施工操作依据：施工工艺标准和技术交底

（1）企标《空心砖砌筑施工工艺标准》Q205

1　范围

本工艺标准适用于民用建筑黏土空心砖墙砌筑工程。

2　施工准备

2.1　材料及主要机具：

2.1.1　空心砖、实心砖：品种、规格、强度等级必须符合设计要求，规格应一致。有出厂证明、试验报告单。

2.1.2　水泥：一般用 32.5 矿渣硅酸盐水泥或普通硅酸盐水泥，有出厂证明、复试报告。

2.1.3　砂：宜用中砂，过 5mm 孔径筛子，配制 M5 以下砂浆，砂含泥量不超过 10%，M5 及其以上砂浆，砂的含泥量不超过 5%，并不含草根等杂物。

2.1.4　掺合料：选用石灰膏、粉煤灰、磨细生石灰粉等。生石灰熟化时不得少于 7d。

2.1.5　水：用自来水或不含有害物质的洁净水。

2.1.6　其他材料：拉结钢筋、预埋件、木砖等，提前做好防腐处理。

2.1.7　主要机具：备有搅拌机、翻斗车、磅秤、吊斗、砖笼、手推车、胶皮管、筛子、铁锹、半截灰桶、喷水壶、托线板、线坠、水平尺、小白线、砖夹子、大铲、瓦刀、刨锛、工具袋等。

2.2　作业条件：

2.2.1　主体分部中承重结构已施工完毕，已经验收合格。

2.2.2　弹出轴线、墙边线、门窗洞口线，经复核，办理预检手续。

2.2.3　立皮数杆：宜用 30mm×40mm 木料制作，皮数杆上注明门窗洞口、木砖、拉结筋、圈梁、过梁的尺寸标高。皮数杆间距 15～20m，转角处均应设立，一般距墙皮或墙角 50mm 为宜。皮数杆应垂直、牢固、标高一致，经复核，办理预检手续。

2.2.4　根据最下面第一皮砖的标高，拉通线检查，如水平灰缝厚度超过 20mm，用细石混凝土找平，不得用砂浆找平或砍碎砖找平。

2.2.5　常温天气在砌筑前一天将砖浇水湿润，冬期施工应清除表面冰霜。

2.2.6　砂浆配合比经试验室确定，准备好砂浆试模。

3　操作工艺

3.1　工艺流程：

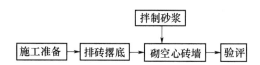

3.2 砌筑前，基础墙或楼面清扫干净，洒水湿润。

3.3 根据设计图纸各部位尺寸，排砖摆底，使组砌方法合理，便于操作。

3.4 拌制砂浆：

3.4.1 砂浆配合比应用质量比，计量精度为，水泥及掺合料±2%，砂±5%。

3.4.2 宜用机械搅拌，投料顺序为砂→水泥→掺合料→水，搅拌时间不少于 1.5min。

3.4.3 砂浆应随拌随用，水泥或水泥混合砂浆一般在拌和后2～3h内用完，严禁用超时砂浆。

3.4.4 每一楼层或250m³砌体的各种强度等级的砂浆，每台搅拌机至少应作一组试块（每组6块），砂浆材料、配合比变动时，还应制作试块。

3.5 砌空心砖墙体：

3.5.1 组砌方法应正确，上、下错缝，交接处咬槎搭砌，掉角严重的空心砖不宜使用。

3.5.2 水平灰缝不宜大于15mm，应砂浆饱满，水平缝、垂直缝砂浆饱满度≥80%平直通顺，立缝用砂浆填实。

3.5.3 空心砖墙在地面或楼面上先砌三皮实心砖，空心砖墙砌至梁或楼板下，用实心砖斜砌挤紧，并用砂浆填实。

3.5.4 空心砖墙按设计要求设置构造柱、圈梁、过梁或现浇混凝土带。

3.5.5 各种预留洞、预埋件等，应按设计要求设置，避免后剔凿。

3.5.6 空心砖墙门窗框两侧用实心砖砌筑，每边不少于24cm。

3.5.7 转角及交接处同时砌筑，不得留直槎，斜槎高不大于1.2m。

3.5.8 拉通线砌筑时，随砌、随吊、随靠，保证墙体垂直、平整，不允许砸砖修墙。

3.6 冬雨期施工：

3.6.1 冬期砂浆宜用普通硅酸盐水泥拌制，砂子不得含冻块。

3.6.2 空心砖表面粉尘、霜雪应清除干净，砖不宜浇水，适当增大砂浆稠度。

3.6.3 采用掺盐砂浆，其掺盐量、材料加热温度应按冬期施工方案规定执行，砂浆使用温度不应低于＋5℃。拉结筋、预埋件要做好防腐处理。

4 质量标准

4.1 主控项目：

4.1.1 空心砖的品种、规格、强度必须符合设计要求，有出厂合格证、试验报告。

4.1.2 砂浆品种必须符合设计要求，强度必须符合下列规定：

4.1.2.1 同品种、同强度等级砂浆各组试块平均强度不小于设计强度等级值的1.1倍。

4.1.2.2 任意一组试块强度不小于设计强度等级值的85%。

4.1.3 空心砖砌体水平灰缝砂浆饱满，水平缝、立缝≥80%，立缝填塞密实。

4.1.4 填充墙砌体应与主体结构可靠连接，其连接构造符合设计要求，拉结筋位置超过1皮砖不得多于1处。

4.1.5 填充墙与承重墙、柱、梁的连接钢筋，采用化学植筋的连接方式时，应进行实体检测锚固筋拉拔检验值应为6.0kN。抽检钢筋在检验值作用下，基材无裂缝，钢筋无滑移裂损现象，持荷2min期间荷载值降低不大于5%可按本规范表B.0.1正常检验一次、二次抽样判定。

检验批抽检锚固筋样本最小容量，见表4.1.5。

表 4.1.5 锚固筋抽最小容量

检验批容量	样本最小容量	检验批容量	样本最小容量
≤90	5	281～500	20
91～150	8	501～1200	32
151～280	13	1201～3200	50

4.1.6 转角处严禁留直槎，其他部位应留斜槎。

4.2 一般项目：

4.2.1 上下砖错缝，每间（处）2皮砖通缝不超过3处。

4.2.2 接槎处砂浆密实，缝砖平直，接槎处水平灰缝小于5mm或有透亮缺陷不超过5个。

4.2.3 拉结筋、构造柱、现浇钢筋混凝土带均符合设计要求。

4.2.4 预埋木砖、预埋件符合规定。

4.3 填充墙砌体尺寸、位置允许偏差项目，见表4.3。

表 4.3 填充墙砌体尺寸、位置的允许偏差及检验方法

项次	项目		允许偏差（mm）	检验方法
1	轴线位移		10	用尺检查
2	垂直度（每层）	≤3m	5	用2m托线板或吊线、尺检查
		>3m	10	

续表

项次	项目	允许偏差（mm）	检验方法
3	表面平整度	8	用2m靠尺和楔形尺检查
4	门窗洞口高、宽（后塞口）	±10	用尺检查
5	外墙上、下窗口偏移	20	用经纬仪或吊线检查

5　成品保护

5.1　暖卫、电气管线及预埋件应注意保护，防止碰撞损坏。

5.2　预埋的拉结筋应加强保护，不得踩倒、弯折。

5.3　手推车应平稳行驶，防止碰撞墙体。

5.4　空心砖墙上不得放置脚手架排木，防止发生事故。

6　应注意的质量问题

6.1　砂浆强度不够：注意不使用过期水泥，计量要准确，保证搅拌时间，砂浆试块的制作、养护、试压应符合规定。

6.2　墙体顶面不平直：砌到顶部时不好使线，墙体容易里出外进，应在梁底或板底弹出墙边线，认真按线砌筑，以保证墙体顶部平直通顺。

6.3　门窗框两侧漏砌实心砖：门窗两侧砌实心砖，便于埋设木砖或铁件，固定门窗框，并安放混凝土过梁。

6.4　空心砖墙后剔凿：预留孔洞、预埋件应及时预留、预埋。防止后剔凿，以免影响质量。

6.5　拉结筋不合砖行：混凝土墙、柱内预埋拉结筋经常不能与砖行灰缝吻合，应预先计算砖行模数、位置、标高控制准确，不应将拉结筋弯折使用。

6.6　预埋在墙、柱内的拉结筋任意弯折、切断：应注意保护，不允许任意弯折或切断。

7　质量记录

本工艺标准应具备以下质量记录：

7.1　材料（空心砖、实心砖、水泥、砂、钢筋等）的出厂合格证、试验报告。

7.2　砂浆试块试验报告。

7.3　分项工程质量检验评定。

7.4　隐检、预检记录。

7.5　冬期施工记录。

7.6　设计变更及洽商记录。

7.7　其他技术文件。

（2）技术交底

技术交底示例参见表2-4-3。

表 2-4-3　技术交底

工程名称	××住宅楼	工程部位	三层填充墙	交底时间	×年×月×日
施工单位	××建筑公司	分项工程		填充墙砌体	
交底提要	在施工工艺基础上，补充质量、安全要点				

施工内容：框架填充墙砌筑。烧结空心砖MU7.5，水泥砂浆M5。

场地确认和清理，现已放线，墙的边线中心线及梁底墙通线已弹出，柱子上的后植拉结筋已按设计要求埋没，外露长度为500mm，并做了拉拔试验，≥6.0kN（拉伸记录）。空心砖已浇水湿润。砂浆按配合比拌制，计量器具有效。

交底内容：按企业《黏土空心砖砌点施工工艺标准》（Q605）及技术交底施工，并注意下列事项：

1.　事前应核查放线情况，现场安全情况，拉结筋已试拔，墙中线、边线已弹好，皮数杆已安装牢固，检查底层第一皮砖的标高，水平厚度大于20mm的应用细石混凝土找平。

2.　门窗口排砖摆底，保证不出现通缝及墙面美观。

3.　砂浆要在3h内使用完毕，气温大于30℃时，要在2h内使用完，灰斗内的灰要及时清底，防止灰斗底的砂浆初凝。

4.　每台班留一组砂浆强度28d的试件。分项工程强度评定，平均值≥1.1倍设计值，最小一组平均值应≥0.85倍设计值。

5.　在拉结筋不要拆弯、平直放在灰缝中，不得错缝。

6.　门窗洞口要埋好本砖，固定牢固，位置正确。

7.　楼顶空隙部位施工要待墙体砌筑14d后进行。

8.　拉结筋下皮砌块应采用半盲孔小砌块，以固定拉结筋。

9.　灰缝砂浆饱满度，水平灰缝≥80%；垂直缝不透明、不瞎不假。每层检查不少于5处。

专业工长：李××　施工班、组长：王×　　　　　　　　　　　　　　××××年××月××日

（三）施工记录

施工记录示例见表 2-4-4。

表 2-4-4　施工记录

工程名称	××住宅楼	分部工程	主体结构	分项工程	三层一段填充墙
施工单位	××建筑公司	项目负责人	王××	施工班组	瓦工班王×
施工期限	××××年××月××日 ×时×日×时	气候	≤25℃、晴√、阴、雨、雪		

一、施工部位：三层一段二次结构填充墙砌筑。

二、材料：烧结空心砖 MU7.5，水泥砂浆 M5，砌体 98m³。

空心砖有合格证，进场验收记录及复试报告符合设计要求，已提前一天浇水湿润。

M5 砂浆有配合比报告，现场拌和，计量器有效。

三、施工前准备：一次结构已验收合格。场地已清理干净，墙中心线、边线已放线，梁、板上弹有墙边线，柱上拉结筋已按设计要求植筋，拉拔试验合格，皮数杆已立并固定牢固。

已技术交底，班组已学习《空心砖砌筑施工工艺标准》Q 605 和技术交底文件，并按其施工。

四、施工过程：上午 8 时开始，按措施施工，施工正常，水泥砂浆在 3h 内用完，定时清理灰斗。节一皮砖下灰缝大于 20mm 处，用细石混凝土找平，门窗口预埋木砖按规定设置，拉结筋安放顺直。下皮砌块用盲孔块块。门窗过梁按标高设置。上午 11 时许制作砂浆试块一组，编号：住砂 3-1 施工及时间，下午 7 时 20 分结束。

五、施工按计划完工后自检。施工过程在 3 处各抽查水平灰缝砂浆饱满度，均≥80%，6 处平均值为 86.2%，竖缝无透明缝、瞎缝、假缝。允许偏差垂直度、平整度及轴线位移都在允许范围内。

六、现场清理：余砖堆放好，余砂浆及落地灰收集集中送到指定地点，碎砖等垃圾清理运至垃圾处。

专业工长：李××　施工班组长：王××

　　　　　　　　　　　　　　　　　　　　　　　　　　××××年××月××日

（四）检验批验收评定原始记录

填充墙砌筑示例见表 2-4-5。

表 2-4-5　填充墙砌筑检验评定原始记录

××住宅楼三层填充墙砌空心砖墙

主控项目：

1. 块体强度、烧结空心砖 MU7.5，进场有合格证，合格证及复试报告，强度大于 MU7.5。合格证 2 份，复试报告 1 份。

2. 砂浆强度，有配合比报告、计量工具合格，每检验批留一组试件，编号：住砂 3-1。同一强度砂浆等级为同一验收批，平均强度应≥1.1 倍设计值，最小值平均强度≥85%。

3. 与主体结构连接：采用后植拉结筋，沿 500mm 高设一组 2φ6 的钢筋，伸入墙不小于 700mm 正确。墙顶最后一皮砖用斜砌顶紧。

4. 植筋实体检验。每检验批按容量 500 抽 20 根拉拔试验，满足 6.0kN 规定，见拉拔记录。企业自行拉拔监理现场参加即可。

一般项目：

1. 轴线位移，查 5 处，偏差 6mm、5mm、4mm、8mm、4mm，由于控制到位，没有超过 10mm 位移，不记检查点。

2. 墙面垂直度。（层高 2.9m，墙 2.75m 高，抽查 5 处，3mm、2mm、3mm、4mm、1mm），都小于 5mm（正手墙），反手墙 5 处为 5mm、5mm、4mm、7mm、4mm，超 1.5 倍的较少，小记录检查点。

3. 表面平整度。正面墙 5mm、6mm、7mm、4mm、5mm，反面墙 7mm、6mm、5mm、7mm、10mm。一点超 8mm。

4. 门窗洞口 5 处，+8mm、+5mm、+6mm、+8mm、+8mm，无大于小于 10。

5. 外墙上、下窗口偏移，在砌筑前已按一层窗口引线至砌筑层三层，逐层传递。每窗口两边测得，10mm、12mm、15mm、9mm、6mm、12mm、10mm、10mm、9mm、6mm，无大于 20mm 处。

6. 水平灰缝砂浆饱满度，抽 5 处，88%、90%、90%、92%、96%，平均 91%。

7. 竖向缝观察检查，无发现透缝、瞎缝、假缝，有少量透缝已处理。

8. 拉结筋，植筋前，按皮数杆放线，筋 500mm 放一层每层 φ6 两根，放置位置正确，无错层，伸入长度符合规定，≥700mm。查 5 处无错误。

9. 搭砌长度、空心墙错缝搭砌，抽查 5 个墙面，无超过 2 皮的通缝，个别门窗洞口有二皮的缝。

10. 灰缝厚度：查 5 面墙，灰缝在 8～12mm 以内，符合规定。

11. 灰缝宽度：竖缝宽度，查 5 面墙，灰缝在 7～10mm 范围内，无超标。

本公司开展班组工程质量诚信制度，其值都在控制之中，现场记录检查点，可以随便抽查核对。

专业工长：李×　质量员：吴××　　　　　　　　　　　　　　××××年××月××日

四、分部（子分部）工程质量验收评定

砌体结构工分部工程可以包括一个分项工程和几个分项工程。所包括的分项工程都必须验收合格，并覆盖到要分部工程的各部位，并按分项工程的顺序做好汇总，填写分项工程或检验批项数。

1. 砌体结构工分部工程质量验收记录表

示例参见表2-4-6。

表2-4-6 填充墙砌体子分部工程质量验收记录

单位（子单位）工程名称		××住宅楼		子分部工程数量	1	分项工程数量	1
施工单位		××建筑公司		项目负责人	王××	技术（质量）负责人	李××
分包单位		/		分包单位负责人	/	分包内容	/
序号	子分部工程名称	分项工程名称	检验批数量	施工单位检查结果		监理单位验收结论	
1	砌体	填充墙	15	符合规定		合格	
质量控制资料				检查8项，符合要求8项		合格	
安全和功能检验结果				检查2项，符合要求2项		合格	
观感质量检验结果				好		好	
综合验收结论		合格					
施工单位 项目负责人：张×× ××××年××月××日		勘察单位 项目负责人： / 		设计单位 项目负责人：李×× ××××年××月××日		监理单位 总监理工程师：王×× ××××年××月××日	

注：1. 地基与基础分部工程的验收应由施工、勘察、设计单位项目负责人和总监理工程师参加并签字；
　　2. 主体结构、节能分部工程的验收应由施工、设计单位项目负责人和总监理工程师参加并签字。

2. 砌体结构子分部工程所含分项工程质量验收汇总

（1）检验批的组成

① 所用材料类型及同类型材料的强度等级相同；

② 不超过250m³砌体；

③ 主体结构砌体一个楼层（基础砌体可按一个楼层计）；填充墙砌体量少时可多个楼层合并。

（2）砌体结构工程检验批验收；

① 主控项目应全部符合本规范规定；

125

② 一般项目应有 80％及以上的检查处符合本规范的规定；

③ 有允许偏差项目，最大超差值为允许偏差值的 1.5 倍。

（3）检验批抽样验证时，各抽检项目的样本最小容量除有特殊要求外，按不应小于 5 确定。

（4）检验批不能验收的项目，在分项工程验收时应检验，如全高垂直度，砂浆、混凝土强度试件强度评定等。同时还应审查所包括的分项工程覆盖了全分部工程的范围，且全部验收评定合格，已具备了验收条件。本子分部工程就包括一个分项工程。分项工程的检验批汇总表。

① 分项工程质量验收记录。参见示例表 2-4-7。

表 2-4-7　填充墙砌筑分项工程质量验收记录

单位（子单位）工程名称	××住宅楼	分部（子分部）工程	填充墙砌体结构
分项工程数量	1		
施工单位	××建筑公司	项目负责人	王××
分包单位	—		
序号	检验批名称	检验批容量	施工单位检查结果	监理单位验收结论
1	1 层填充墙砌筑	98m³ 砌体	符合规定	合格
2	2 层填充墙砌筑	98m³ 砌体	符合规定	合格
3	3 层填充墙砌筑	98m³ 砌体	符合规定	合格
4	4 层填充墙砌筑	98m³ 砌体	符合规定	合格
5	5 层填充墙砌筑	98m³ 砌体	符合规定	合格
6	6 层填充墙砌筑	98m³ 砌体	符合规定	合格
7	7 层填充墙砌筑	98m³ 砌体	符合规定	合格
8	8 层填充墙砌筑	98m³ 砌体	符合规定	合格
9	9 层填充墙砌筑	98m³ 砌体	符合规定	合格
10	10 层填充墙砌筑	98m³ 砌体	符合规定	合格
11	11 层填充墙砌筑	98m³ 砌体	符合规定	合格
12	12 层填充墙砌筑	98m³ 砌体	符合规定	合格
13	13 层填充墙砌筑	98m³ 砌体	符合规定	合格
14	14 层填充墙砌筑	98m³ 砌体	符合规定	合格
15	15 层填充墙砌筑	98m³ 砌体	符合规定	合格
说明：附 1～15 层 15 份施工记录和质量验收评定原始记录	检验批质量验收记录。	1 份施工操作依据	
施工单位检验结果	符合规定	项目专业技术负责人：　李× ××××年××月××日	
监理单位验收结论	合格	专业监理工程师：　王×× ××××年××月××日	

② 高垂直度检测记录。填充墙没有全高垂直度，只有层高垂直度，在检验批中检查。

③ 砌筑砂浆强度评定。同一类型、强度等级砂浆 M5 水泥砂浆、现场拌制，每层楼在搅拌机出料处制作一组 28d 标养试件。其每组试件强度最小一组不小于设计强度等级值的 85%，同一验级批 15 组试件的强度平均值≥设计强度值的 1.10 倍。

本工程 15 组强度试件平均强度值为 6.05kPa，为 1.21 倍设计强度值；最小一组强度平均值为 4.4kPa，为设计值的 0.88 倍。详见汇总表及评定表。

3. 子分部工程结构控制资料

（1）砌体工程子分部工程验收应具备 11 项质量控制资料文件。没有发生的项目可以没有。如果 10 项重大技术问题的处理方案和验收记录，本工程没有发生重大技术问题，这项控制资料就没有。如果工程中设计单位、监理单位没提出其他控制项目，施工单位自制计划中也没有特别要求，第 11 项资料也没有。该工程只有 8 项控制资料，加上放线记录共 9 项。

（2）控制资料内容

① 设计变更文件，设计会审文件 1 份；

② 施工执行标准，企业标准《空心砖砌筑施工工艺标准》Q205 及技术交底各 1 份；

③ 空心砖合格证及进场复试报告各 1 份；

④ 砂浆配合比通知单 1 份；

⑤ 砂浆试件强度汇总及评定报告 1 份；

⑥ 砌体施工记录 15 份；

⑦ 隐蔽工程验收记录无；

⑧ 分项工程验收记 15 份；

⑨ 植筋锚固力检测记录，分 5 次检测，5 份检测记录。

隐蔽工程验收无，混凝土强度无，重大技术问题的处理无，其他文件无。

单位工程资料中，要求有放线测量控制资料，实际有 9 项控制资料，经审查 9 项符合要求，填入表 2-4-6 中。

4. 安全和功能检验结果

（1）砌体结构安全和功能检测结果，应有混凝土强度、砂浆强度，填充墙植筋锚固力检测，墙体全高垂直度检测 9 项。但填充墙中无混凝土强度试件，无全高垂直度检测项目，只有砂浆强度及植筋锚固力检测 2 项。

（2）安全和功能检验报告内容：

① 砂浆强度抗压试件 28d 强度，M5 15 组，汇总表及评定报告 1 份；

② 填充墙与柱、承垂墙，梁的连接植筋，有 5 个检测记录，共 2 项检查符合规定 2 项，填入表 2-4-6 中。

5. 观感质量检查结果。

砌体工程子分部工程观感质量总体评价。观感质量包括各分项工程的全部内容：组砌方式，门窗洞口尺寸、偏移、轴线位移、柱、墙、构造柱的垂直度，表面平整度，通缝、接槎、阴阳角顺直，以及灰缝大小，水平缝的平直度，洞口留置，管线预埋，墙的表面清洁无污染等。没有的项目不记录，有的项目全面。观察检查，现场检查，共同确定评价结果。

总体评价，分15次每层评价一次，15层中，14层评"好"，1层评"一般"，总体可达到"好"。

第五节　屋面分部工程质量验收

一、屋面分部工程检验批质量验收用表

屋面分部工程检验批质量验收用表目录，见表2-5-1。

表 2-5-1　屋面分部工程检验批质量验收用表目录

分项工程检验批名称		子分部工程名称及编号				
		0401	0402	0403	0404	0405
		基层与保护	保温与隔热	防水与密封	瓦面与板面	细部构造
1	找坡层和找平层	04010101				
2	隔汽层	04010201				
3	隔离层	04010301				
4	保护层	04010401				
1	板状材料保温层		04020101			
2	纤维材料保温层		04020201			
3	喷涂硬泡聚氨酯保温层		04020301			
4	现浇泡沫混凝土保温层		04020401			
5	种植隔热层		04020501			
6	架空隔热层		04020601			
7	蓄水隔热层		04020701			
1	卷材防水层			04030101		
2	涂膜防水层			04030201		
3	复合防水层			04030301		
4	接缝密封防水			04030401		
1	烧结瓦和混凝土瓦铺装				04040101	
2	沥青瓦铺装				04040201	
3	金属板铺装				04040301	
4	玻璃采光顶铺装（一）、（二）、（三）				04040401 04040402 04040403	

分项工程检验批名称	子分部工程名称及编号				
	0401	0402	0403	0404	0405
	基层与保护	保温与隔热	防水与密封	瓦面与板面	细部构造
1 檐口					04050101
2 檐沟和天沟					04050201
3 女儿墙和山墙					04050301
4 水落口					04050401
5 变形缝					04050501
6 伸出屋面管道					04050601
7 屋面出入口					04050701
8 反梁过水孔					04050801
9 设施基础					04050901
10 屋脊					04051001
11 屋顶窗					04051101

屋面工程分项工程检验批都是专用表格，没有共同表格，其分项工程是依据《屋面工程质量验收规范》GB 50207—2012 列出。

二、屋面分部工程质量验收规定

（一）屋面分部工程质量验收的基本规定

参见《屋面工程质量验收规范》GB 50207—2012 3.0.1～3.0.14 条、附录 A、附录 B（其中，3.0.6 条、3.0.12 条为强制性条款）

3.0.1 屋面工程应根据建筑物的性质、重要程度、使用功能要求，按不同屋面防水等级进行设防。屋面防水等级和设防要求应符合现行国家标准《屋面工程技术规范》GB 50345 的有关规定。

3.0.2 施工单位应取得建筑防水和保温工程相应等级的资质证书；作业人员应持证上岗。

3.0.3 施工单位应建立、健全施工质量的检验制度，严格工序管理，作好隐蔽工程的质量检查和记录。

3.0.4 屋面工程施工前应通过图纸会审，施工单位应掌握施工图中的细部构造及有关技术要求；施工单位应编制屋面工程专项施工方案，并应经监理单位或建设单位审查确认后执行。

3.0.5 对屋面工程采用的新技术，应按有关规定经过科技成果鉴定、评估或新产品、新技术鉴定。施工单位应对新的或首次采用的新技术进行工艺评价，并应制定相应的技术质量标准。

3.0.6 屋面工程所用的防水、保温材料应有产品合格证书和性能检测报告，材料的品种、规格、性能等必须符合国家现行产品标准和设计要求。产品质量应由经过省级以上建设行政主管部门对其资质认可和质量技术监督部门对其计量认证的质量检测单位进行检测。

3.0.7 防水、保温材料进场验收应符合下列规定：

1 应根据设计要求对材料的质量证明文件进行检查，并应经监理工程师或建设单位代表确认，纳入工程技术档案；

2 应对材料的品种、规格、包装、外观和尺寸等进行检查验收，并应经监理工程师或建设单位代表确认，形成相应验收记录；

3 防水、保温材料进场检验项目及材料标准应符合本规范附录 A 和附录 B 的规定。材料进场检验应执行见证取样送检制度，并应提出进场检验报告；

4 进场检验报告的全部项目指标均达到技术标准规定应为合格；不合格材料不得在工程中使用。

3.0.8 屋面工程使用的材料应符合国家现行有关标准对材料有害物质限量的规定，不得对周围环境造成污染。

3.0.9 屋面工程各构造层的组成材料，应分别与相邻层次的材料相容。

3.0.10 屋面工程施工时，应建立各道工序的自检、交接检和专职人员检查的"三检"制度，并应有完整的检查记录。每道工序施工完成后，应经监理单位或建设单位检查验收，并应在合格后再进行下道工序的施工。

3.0.11 当进行下道工序或相邻工程施工时，应对屋面已完成的部分采取保护措施。伸出屋面的管道、设备或预埋件等，应在保温层和防水层施工前安装完毕。屋面保温层和防水层完工后，不得进行凿孔、打洞或重物冲击等有损屋面的作业。

3.0.12 屋面防水工程完工后，应进行观感质量检查和雨后观察或淋水、蓄水试验，不得有渗漏和积水现象。

3.0.13 屋面工程各分部工程和分项工程的划分，应符合表3.0.13的要求。

表3.0.13 屋面工程各子分部工程和分项工程的划分

分部工程	子分部工程	分项工程
屋面工程	基层与保护	找坡层，找平层，隔汽层，隔离层，保护层
	保温与隔热	板状材料保温层，纤维材料保温层，喷涂硬泡聚氨酯保温层；现浇泡沫混凝土保温层，种植隔热层，架空隔热层，蓄水隔热层
	防水与密封	卷材防水层，涂膜防水层，复合防水层，接缝密封防水
	瓦面与板面	烧结瓦和混凝土瓦铺装，沥青瓦铺装，金属板铺装，玻璃采光顶铺装
	细部构造	檐口，檐沟和天沟，女儿墙和山墙，水落口，变形缝，伸出屋面管道，屋面出入口，反梁过水孔，设施基座，屋脊，屋顶窗

3.0.14 屋面工程各分项工程宜按屋面面积每500～1000m² 划分为一个检验批，不足500m² 应按一个检验批，每个检验批的抽检数量应按GB 50207第4～8章的规定执行。

附录A 屋面防水材料进场检验项目及材料标准。

A.0.1 屋面防水材料进场检验项目应符合表A.0.1的规定。

表A.0.1 屋面防水材料进场检验项目

序号	防水材料名称	现场抽样数量	外观质量检验	物理性能检验
1	高聚物改性沥青防水卷材	大于1000卷抽5卷，每500卷～1000卷抽4卷，100卷～499卷抽3卷，100卷以下抽2卷，进行规格尺寸和外观质量检验。在外观质量检验合格的卷材中，任取一卷作物理性能检验	表面平整，边缘整齐，无孔洞、缺边、裂口，胎基未浸透，矿物粒料粒度，每卷卷材的接头	可溶物含量、拉力、最大拉力时延伸率、耐热度、低温柔度、不透水性
2	合成高分子防水卷材		表面平整，边缘整齐，无气泡、裂纹、黏结疤痕，每卷卷材的接头	断裂拉伸强度、扯断伸长率、低温弯折性、不透水性
3	高聚物改性沥青防水涂料	每10t为一批，不足10t按一批抽样	水乳型：无色差、凝胶、结块、明显沥青丝；溶剂型：黑色黏稠状、细腻、均匀胶状液体	固体含量、耐热性、低温柔性、不透水性、断裂伸长率或抗裂性
4	合成高分子防水涂料		反应固化型：均匀黏稠状、无凝胶、结块；挥发固化型：经搅拌后无块，呈均匀状态	固体含量、拉伸强度、断裂伸长率、低温柔性、不透水性
5	聚合物水泥防水涂料		液体组分：无杂质、无凝胶的均匀乳液；固体组分：无杂质、无结块的粉末	固体含量、拉伸强度、断裂伸长率、低温柔性、不透水性
6	胎体增强材料	每3000m² 为一批，不足3000m² 的按一批抽样	表面平整，边缘整齐，无折痕、无孔洞、无污迹	拉力、延伸率

续表

序号	防水材料名称	现场抽样数量	外观质量检验	物理性能检验
7	沥青基防水卷材用基层处理剂	每 5t 为一批，不足 5t 的按一批抽样	均匀液体，无结块、无凝胶	固体含量、耐热性、低温柔性、剥离强度
8	高分子胶粘剂		均匀液体，无杂质、无分散颗粒或凝胶	剥离强度、浸水 168h 后的剥离强度保持率
9	改性沥青胶粘剂		均匀液体，无结块、无凝胶	剥离强度
10	合成橡胶胶粘带	每 1000m 为一批，不足 1000m 的按一批抽样	表面平整，无固块、杂物、孔洞、外伤及色差	剥离强度、浸水 168h 后的剥离强度保持率
11	改性石油沥青密封材料	每 1t 为一批，不足 1t 的按一批抽样	黑色均匀膏状、无结块和未浸透的填料	耐热性、低温柔性、拉伸黏结性、施工度
12	合成高分子密封材料		均匀膏状物或黏稠液体，无结皮、凝胶或不易分散的固体团状	拉伸膜量、断裂伸长率、拉伸黏结性
13	烧结瓦、混凝土瓦	同一批至少抽一次	边缘整齐，表面光滑，不得有分层、裂纹、露砂	抗渗性、抗冻性、吸水率
14	玻纤胎沥青瓦		边缘整齐，切槽清晰，厚薄均匀，表面无孔洞、硌伤、裂纹、皱折及起泡	可溶物含量、拉力、耐热度、柔度、不透水性、叠层剥离强度
15	彩色涂层钢板及钢带	同牌号、同规格、同镀层质量、同涂层厚度、同涂料种类和颜色为一批	钢板表面不应有气泡、缩孔、漏涂等缺陷	屈服强度、抗拉强度、断后伸长率、镀层质量、涂层厚度

A.0.2 屋面防水材料标准应按表 A.0.2 选用。

表 A.0.2 现行屋面防水材料标准

类别	标准名称	标准编号
改性沥青防水卷材	1. 弹性体改性沥青防水卷材	GB 18242
	2. 塑性体改性沥青防水卷材	GB 18243
	3. 改性沥青聚乙烯胎防水卷材	GB 18967
	4. 带自粘层的防水卷材	GB/T 23260
	5. 自粘聚合物改性沥青防水卷材	GB 23441
合成高分子防水卷材	1. 聚氯乙烯防水卷材	GB 12952
	2. 氯化聚乙烯防水卷材	GB 12953
	3. 高分子防水材料（第一部分：片材）	GB 18173.1

类别	标准名称	标准编号
防水涂料	1. 聚氨酯防水涂料	GB/T 19250
	2. 聚合物水泥防水涂料	GB/T 23445
	3. 水乳型沥青防水涂料	JC/T 408
	4. 聚合物乳液建筑防水涂料	JC/T 864
密封材料	1. 硅酮建筑密封胶	GB/T 14683
	2. 建筑用硅酮结构密封胶	GB 16776
	3. 建筑防水沥青嵌缝油膏	JC/T 207
	4. 聚氨酯建筑密封胶	JC/T 482
	5. 聚硫建筑密封胶	JC/T 483
	6. 混凝土建筑接缝用密封胶	JC/T 881
	7. 幕墙玻璃接缝用密封胶	JC/T 882
	8. 彩色涂层钢板用建筑密封胶	JC/T 884
瓦	1. 玻纤胎沥青瓦	GB/T 20474
	2. 烧结瓦	GB/T 21149
	3. 混凝土瓦	JC/T 746
配套材料	1. 高分子防水卷材胶粘剂	JC/T 863
	2. 丁基橡胶防水密封胶粘带	JC/T 942
	3. 坡屋面用防水材料聚合物改性沥青防水垫层	JC/T 1067
	4. 坡屋面用防水材料自粘聚合物沥青防水垫层	JC/T 1068
	5. 沥青防水卷材用基层处理剂	JC/T 1069
	6. 自粘聚合物沥青泛水带	JC/T 1070
	7. 种植屋面用耐根穿刺防水卷材	JC/T 1075

附录 B　屋面保温材料进场检验项目及材料标准

B.0.1　屋面保温材料进场检验项目应符合表 B.0.1 的规定。

表 B.0.1　屋面保温材料进场检验项目

序号	材料名称	组批及抽样	外观质量检验	物理性能检验
1	模塑聚苯乙烯泡沫塑料	同规格按 100m³ 为一批，不足 100m³ 的按一批计。 在每批产品中随机抽取 20 块进行规格尺寸和外观质量检验。从规格尺寸和外观质量检验合格的产品中，随机取样进行物理性检验	色泽均匀，阻燃型应掺有颜色的颗粒；表面平整，无明显收缩变形和膨胀变形；烧结良好；无明显油渍和杂质	表观密度、压缩强度、导热系数、燃烧性能

续表

序号	材料名称	组批及抽样	外观质量检验	物理性能检验
2	挤塑聚苯乙烯泡沫塑料	同类型、同规格按 50m³ 为一批,不足 50m³ 的按一批计。 在每批产品中随机抽取 10 块进行规格尺寸和外观质量检验。从规格尺寸和外观质量检验合格的产品中,随机取样进行物理性能检验	表面平整,无夹杂物,颜色均匀;无明显起泡、裂口、变形	压缩强度、导热系数、燃烧性能
3	硬质聚氨酯泡沫塑料	同原料、同配方、同工艺条件按 50m³ 为一批,不足 50m³ 的按一批计。 在每批产品中随机抽取 10 块进行规格尺寸和外观质量检验。从规格尺寸和外观质量检验合格的产品中,随机取样进行物理性能检验	表面平整,无严重凹凸不平	表观密度、压缩强度、导热系数、燃烧性能
4	泡沫玻璃绝热制品	同品种、同规格按 250 件为一批,不足 250 件的按一批计。 在每批产品中随机抽取 6 个包装箱,每箱各抽 1 块进行规格尺寸和外观质量检验。从规格尺寸和外观质量检验合格的产品中,随机取样进行物理性能检验	垂直度、最大弯曲度、缺棱、缺角、孔洞、裂纹	表观密度、抗压强度、导热系数、燃烧性能
5	膨胀珍珠岩制品(憎水型)	同品种、同规格按 2000 块为一批,不足 2000 块的按一批计。 在每批产品中随机抽取 10 块进行规格尺寸和外观质量检验。从规格尺寸和外观质量检验合格的产品中,随机取样进行物理性能检验	弯曲度、缺棱、掉角、裂纹	表观密度、抗压强度、导热系数、燃烧性能
6	加气混凝土砌块	同品种、同规格、同等级按 200m³ 为一批,不足 200m³ 的按一批计。 在每批产品中随机抽取 50 块进行规格尺寸和外观质量检验。从规格尺寸和外观质量检验合格的产品中,随机取样进行物理性能检验	缺棱掉角;裂纹、爆裂、粘膜和损坏深度;表面疏松、层裂;表面油污	干密度、抗压强度、导热系数、燃烧性能
7	泡沫混凝土砌块		缺棱掉角;平面弯曲;裂纹、粘膜和损坏深度;表面疏松、层裂;表面油污	
8	玻璃棉、岩棉、矿渣棉制品	同原料、同工艺、同品种、同规格按 1000m² 为一批,不足 1000m² 的按一批计。 在每批产品中随机抽取 6 个包装箱或卷进行规格尺寸和外观质量检验。从规格尺寸和外观质量检验合格的产品中,抽取 1 个包装箱或卷进行物理性能检验	表面平整,伤痕、污迹、破损,覆层与基材粘贴	表观密度、导热系数、燃烧性能

续表

序号	材料名称	组批及抽样	外观质量检验	物理性能检验
9	金属面绝热夹芯板	同原料、同生产工艺、同厚度按150块为一批，不足150块的按一批计。在每批产品中随机抽取5块进行规格尺寸和外观质量检验，从规格尺寸和外观质量检验合格的产品中，随机抽取3块进行物理性能检验	表面平整，无明显凹凸、翘曲、变形；切口平直、切面整齐，无毛刺；芯板切面整齐，无大块剥落	剥离性能、抗弯承载力、防火性能

B.0.2 现行屋面保温材料标准应按表 B.0.2 的规定选用。

表 B.0.2 现行屋面保温材料标准

类别	标准名称	标准编号
聚苯乙烯泡沫塑料	1. 绝热用模塑聚苯乙烯泡沫塑料	GB/T 10801.1
	2. 绝热用挤塑聚苯乙烯泡沫塑料（XPS）	GB/T 10801.2
硬质聚氨酯泡沫塑料	1. 建筑绝热用硬质聚氨酯泡沫塑料	GB/T 21558
	2. 喷涂聚氨酯硬泡体保温材料	JC/T 998
无机硬质绝热制品	1. 膨胀珍珠岩绝热制品（憎水型）	GB/T 10303
	2. 蒸压加气混凝土砌块	GB/T 11968
	3. 泡沫玻璃绝热制品	JC/T 647
	4. 泡沫混凝土砌块	JC/T 1062
纤维保温材料	1. 建筑绝热用玻璃棉制品	GB/T 17795
	2. 建筑用岩棉、矿渣棉绝热制品	GB/T 19686
金属面绝热夹芯板	1. 建筑用金属面绝热夹芯板	GB/T 23932

（二）屋面工程质量验收

参见《屋面工程质量验收规范》GB 50207—2012 9.0.1～9.0.10 条。

9.0.1 屋面工程施工质量验收的程序和组织，应符合现行国家标准《建筑工程施工质量验收统一标准》GB 50300 的有关规定。

9.0.2 检验批质量验收合格应符合下列规定：

1 主控项目的质量应经抽查检验合格；

2 一般项目的质量应经抽查检验合格；有允许偏差值的项目，其抽查点应80%及其以上在允许偏差范围内，且最大偏差值不得超过允许偏差值的1.5倍；

3 应具有完整的施工操作依据和质量检查记录。

9.0.3 分项工程质量验收合格应符合下列规定：

1 分项工程所含检验批的质量均应验收合格；

2 分项工程所含检验批的质量验收记录应完整。

9.0.4 分部（子分部）工程质量验收合格应符合下列规定：

1 分部（子分部）所含分项工程的质量均应验收合格；

2 质量控制资料应完整；

3 安全与功能抽样检验应符合现行国家标准《建筑工程施工质量验收统一标准》GB 50300 的有关规定；

4 观感质量检查应符合本规范第9.0.7条的规定。

9.0.5 屋面工程验收资料和记录应符合表9.0.5的规定。

表 9.0.5 屋面工程验收资料和记录

资料项目	验收资料
防水设计	设计图纸及会审记录、设计变更通知单和材料代用核定单
施工方案	施工方法、技术措施、质量保证措施
技术交底记录	施工操作要求及注意事项
资料质量证明文件	出厂合格证、型式检验报告、出厂检验报告、进场验收记录和进场检验报告
施工日志	逐日施工情况
工程检验记录	工序交接检验记录、检验批质量验收记录、隐蔽工程验收记录，淋水或蓄水试验记录、观感质量检查记录、安全与功能抽样检验（检测）记录
其他技术资料	事故处理报告、技术总结

9.0.6 屋面工程应对下列部位进行隐蔽工程验收：

1 卷材、涂膜防水层的基层；

2 保温层的隔汽和排汽措施；

3 保温层的铺设方式、厚度、板材缝隙填充质量及热桥部位的保温措施；

4 接缝的密封处理；

5 瓦材与基层的固定措施；

6 檐沟、天沟、泛水、水落口和变形缝等细部做法；

7 在屋面易开裂和渗水部位的附加层；

8 保护层与卷材、涂膜防水层之间的隔离层；

9 金属板材与基层的固定和板缝间的密封处理；

10 坡度较大时，防止卷材和保温层下滑的措施。

9.0.7 屋面工程观感质量检查应符合下列要求：

1 卷材铺贴方向应正确，搭接缝应黏结或焊接牢固，搭接宽度应符合设计要求，表面应平整，不得有扭曲、皱折和翘边等缺陷；

2 涂膜防水层黏结应牢固，表面应平整，涂刷应均匀，不得有流淌、起泡和露胎体等缺陷；

3 嵌填的密封材料应与接缝两侧黏结牢固，表面应平滑，缝边应顺直，不得有气泡、开裂和剥离等缺陷；

4 檐口、檐沟、天沟、女儿墙、山墙、水落口、变形缝和伸出屋面管道等防水构造，应符合设计要求；

5 烧结瓦、混凝土瓦铺设应平整、牢固，应行列整齐，搭接应紧密，檐口应顺直；脊瓦应搭盖正确，间距应均匀，封固应严密；正脊和斜脊应顺直，应无起伏现象；泛水应顺直整齐，结合应严密；

6 沥青瓦铺装应搭接正确，瓦片外露部分不得超过切口长度，钉帽不得外露；沥青瓦应与基层钉粘牢固，瓦面应平整，檐口应顺直；泛水应顺直整齐，结合应严密；

7 金属板铺装应平整、顺滑；连接应正确，接缝应严密；屋脊、檐口、泛水直线段应顺直，曲线段应顺畅；

8 玻璃采光顶铺装应平整、顺直，外露金属框或压条应横平竖直，压条应安装牢固；玻璃密封胶缝应横平竖直、深浅一致，宽窄应均匀，应光滑顺直；

9 上人屋面或其他使用功能屋面，其保护及铺面应符合设计要求。

9.0.8 检查屋面有无渗漏、积水和排水系统是否通畅，应在雨后或持续淋水 2h 后进行，并应填写淋水试验记录。具备蓄水条件的檐沟、天沟应进行蓄水试验，蓄水时间不得少于 24h，并应填写蓄水试验记录。

9.0.9 对安全与功能有特殊要求的建筑屋面，工程质量验收除应符合本规范的规定外，尚应按合同约定和设计要求进行专项检验（检测）和专项验收。

9.0.10 屋面工程验收后，应填写分部工程质量验收记录，并应交建设单位和施工单位存档。

（三）屋面分部工程质量验收内容

1）分项工程质量验收汇总：

（1）分项工程检验批量验收合格

① 主控项目的质量应经抽查验收合格。

135

② 一般项目的质量应经抽查合格；有允许偏差值的项目，其抽查点应 80％及以上在允许偏差范围内，且最大偏差值不得超过允许偏差值的 1.5 倍。

③ 应具有完整的施工操作依据和质量检查记录。

（2）分项工程质量验收合格

① 所含检验批的质量均应验收合格；

② 所含检验批质量验收记录应完整；

③ 检验批未检项目在分项工程验收时应检验。

2）质量控制资料应完整

① 防水设计图纸及会审记录，设计变更通知及材料代用核定单；

② 施工方案，施工方法，技术措施，质量保证措施；

③ 技术交底记录，施工操作要求及注意事项；

④ 材料质量验收文件，出厂合格证，型式试验报告，出厂检验报告，进场验收记录和进场检验报告；

⑤ 施工日志，逐日施工记录；

⑥ 工程检验记录，工序交接检验记录，检验批质量验收记录，隐蔽工程验收记录，淋水或蓄水试验记录，观感质量验收记录，安全与功能抽查检验（检测）记录；

⑦ 其他技术资料。

3）安全与功能抽样检验报告

① 屋面淋水或蓄水试验报告；

② 保温层厚度检测记录。

4）观感质量验收

① 防水层铺贴质量（卷材、涂膜防水层）；

② 接缝嵌填质量；

③ 屋面细部防水构造质量；

④ 烧结瓦、混凝土瓦、沥青瓦、全局压面铺设质量；

⑤ 玻璃采光顶铺装质量；

⑥ 上人屋面及其他功能屋面质量等。

主要检查有无渗漏、积水、排水畅通，以及防水层铺贴质量等。

三、检验批质量验收评定示例（卷材防水层）

（一）检验批质量验收合格的规定

（1）主控项目的质量应经抽样检验合格；

（2）一般项目的质量应经抽样检验合格；有允许偏差值的项目，其抽查点应 80％及以上在允许偏差范围内，且最大偏差值不得超过允许偏差值的 1.5 倍；

（3）应具有完整的施工操作依据和质量检查记录。

（二）检验批质量验收记录

（1）推荐检验批质量验收表格，见表 2-5-2。

表 2-5-2　卷材防水层检验批质量验收记录

单位（子单位）工程名称	××住宅楼	分部（子分部）工程名称	屋面分部工程	分项工程名称	卷材防水层
施工单位	××建筑公司	项目负责人	王××	检验批容量	850m²
分包单位	/	分包单位项目负责人	/	检验批部位	屋面防水层
施工依据	《施工工艺标准》Q425 及技术交底		验收依据	《屋面工程质量验收规范》 GB 50207—2012	

验收项目			设计要求及规范规定	最小/实际抽样数量	检查记录	检查结果
主控项目	1	防水卷材及配套材料的质量	设计要求	1/1	符合要求	合格
	2	防水层不得有渗漏和积水现象	第6.2.11条	8/8	符合规定	合格
	3	卷材防水层的细部防水构造	设计要求	8/8	符合规定	合格
一般项目	1	搭接缝牢固，密封严密，不得扭曲等	第6.2.13条	8/8	符合规定	合格
	2	卷材防水层收头	第6.2.14条	8/8	符合规定	合格
	3	卷材搭接宽度	—10mm	8/8	符合规定	合格
	4	屋面排汽构造	第.6.2.16条	/	/	/
施工单位检查结果	符合规定 专业工长：刘× 项目专业质量检查员：张×× ××××年××月××日					
监理单位验收结论	合格 专业监理工程师： ××××年××月××日					

（2）验收内容和检验方法

参见《屋面工程质量验收规范》GB 50207—2012 6.1.1～6.1.5 条和6.2.1～6.2.16 条。

6.1.1　本章适用于卷材防水层、涂膜防水层、复合防水层和接缝密封防水等分项工程的施工质量验收。

6.1.2　防水层施工前，基层应坚实、平整、干净、干燥。

6.1.3　基层处理剂应配比准确，并应搅拌均匀；喷涂或涂刷基层处理剂应均匀一致，待其干燥后应及时进行卷材、涂膜防水层和接缝密封防水施工。

6.1.4　防水层完工并经验收合格后，应及时做好成品保护。

6.1.5　防水与密封工程各分项工程每个检验批的抽检数量，防水层应按屋面面积每100m² 抽查一处，每处应为10m²，且不得少于 3 处；接缝密封防水应按每50m 抽查一处，每处应为5m，且不得少于 3 处。

6.2.1　屋面坡度大于 25％时，卷材应采取满粘和钉压固定措施。

6.2.2　卷材铺贴方向应符合下列规定：

1　卷材宜平行屋脊铺贴；

2　上下层卷材不得相互垂直铺贴。

6.2.3　卷材搭接缝应符合下列规定：

1　平行屋脊的卷材搭接缝应顺流水方向，卷材搭接宽度应符合表6.2.3 的规定；

2　相邻两幅卷材短边搭接缝应错开，且不得小于500mm；

3　上下层卷材长边搭接缝应错开，且不得小于幅宽的1/3。

表 6.2.3　卷材搭接宽度（mm）

卷材类别		搭接宽度
合成高分子防水卷材	胶粘剂	80
	胶粘带	50
	单缝焊	60，有效焊接宽度不小于 25
	双缝焊	80，有效焊接宽度 10×2＋空腔宽
高聚物改性沥青防水卷材	胶粘剂	100
	自粘	80

6.2.4　冷粘法铺贴卷材应符合下列规定：
1　胶粘剂涂刷应均匀，不应露底，不应堆积；
2　应控制胶粘剂涂刷与卷材铺贴的间隔时间；
3　卷材下面的空气应排尽，并应滚压粘牢固；
4　卷材铺贴应平整顺直，搭接尺寸应准确，不得扭曲、皱折；
5　接缝口应用密封材料封严，宽度不应小于 10mm。
6.2.5　热粘法铺贴卷材应符合下列规定：
1　熔化热熔型改性沥青胶结料时，宜采用专用导热油炉加热，加热温度不应高于 200℃，使用温度不宜低于 180℃；
2　粘贴卷材的热熔型改性沥青胶结料厚度宜为 1.0～1.5mm；
3　采用热熔型改性沥青胶结料粘贴卷材时，应随刮随铺，并应展平压实。
6.2.6　热熔法铺贴卷材应符合下列规定：
1　火焰加热器加热卷材应均匀，不得加热不足或烧穿卷材；
2　卷材表面热熔后应立即滚铺，卷材下面的空气应排尽，并应滚压粘贴牢固；
3　卷材接缝部位应溢出热熔的改性沥青胶，溢出的改性沥青胶宽度宜为 8mm；
4　铺贴的卷材应平整顺直，搭接尺寸应准确，不得扭曲、皱折；
5　厚度小于 3mm 的高聚物改性沥青防水卷材，严禁采用热熔法施工。
6.2.7　自粘法铺贴卷材应符合下列规定：
1　铺贴卷材时，应将自粘胶底面的隔离纸全部撕净；
2　卷材下面的空气应排尽，并应辊压粘贴牢固；
3　铺贴的卷材应平整顺直，搭接尺寸应准确，不得扭曲、皱折；
4　接缝口应用密封材料封严，宽度不应小于 10mm；
5　低温施工时，接缝部位宜采用热风加热，并应随即粘贴牢固。
6.2.8　焊接法铺贴卷材应符合下列规定：
1　焊接前卷材应铺设平整、顺直，搭接尺寸应准确，不得扭曲、皱折；
2　卷材焊接缝的结合面应干净、干燥，不得有水滴、油污及附着物；
3　焊接时应先焊长边搭接缝，后焊短边搭接缝；
4　控制加热温度和时间，焊接缝不得有漏焊、跳焊、焊焦或焊接不牢现象；
5　焊接时不得损害非焊接部位的卷材。
6.2.9　机械固定法铺贴卷材应符合下列规定：
1　卷材应采用专用固定件进行机械固定；
2　固定件应设置在卷材搭接缝内，外露固定件应用卷材封严；
3　固定件应垂直钉入结构层有效固定，固定件数量和位置应符合设计要求；
4　卷材搭接缝应黏结或焊接牢固，密封应严密；
5　卷材周边 800mm 范围内应满粘。
Ⅰ　主控项目
6.2.10　防水卷材及其配套材料的质量，应符合设计要求。
检验方法：检查出厂合格证、质量检验报告和进场检验报告。
6.2.11　卷材防水层不得有渗漏和积水现象。
检验方法：雨后观察或淋水、蓄水试验。
6.2.12　卷材防水层在檐口、檐沟、天沟、水落口、泛水、变形缝和伸出屋面管道的防水构造，应符合设计要求。
检验方法：观察检查。
Ⅱ　一般项目
6.2.13　卷材的搭接缝应黏结或焊接牢固，密封应严密，不得扭曲、皱折和翘边。

检验方法：观察检查。

6.2.14　卷材防水层的收头应与基层黏结，钉压应牢固，密封应严密。

检验方法：观察检查。

6.2.15　卷材防水层的铺贴方向应正确，卷材搭接宽度的允许偏差为－10mm。

检验方法：观察和尺量检查。

6.2.16　屋面排汽构造的排汽道应纵横贯通，不得堵塞；排汽管应安装牢固，位置应正确，封闭应严密。

检验方法：观察检查。

（3）验收说明

施工操作依据：《屋面工程技术规范》GB 50345—2012，施工工艺标准，并制定专项施工方案、技术交底资料。

验收依据：《屋面工程质量验收规范》GB 50207—2012，相应的现场质量验收检查原始记录。

注意事项：

① 主控项目的质量经抽样检验均应合格。

② 一般项目的质量经抽样检验合格。当采用计数抽样时，合格点率应符合有关专业验收规范的规定，且不得存在严重缺陷。

③ 具有完整的施工操作依据、质量验收记录。

④ 本检验批的主控项目、一般项目已列入推荐表中。

（三）施工操作依据：企业标准和技术交底

应按企业标准《改性沥青防水卷材屋面防水层施工工艺标准》Q425 和技术交底施工。

（1）《改性沥青防水卷材屋面防水层施工工艺标准》Q425

1　范围

本工艺标准适用于民用建筑工程屋面采用高聚物改性沥青防水卷材热熔法施工防水层的工程。

2　施工准备

2.1　材料及要求：

2.1.1　高聚物改性沥青防水卷材：是合成高分子聚合物改性沥青油毡；常用的有 SBS 改性沥青油毡。

2.1.1.1　高聚物改性沥青防水卷材规格，选用厚度≥4mm。

2.1.1.2　高聚物改性沥青油毡技术性能，见表 2.1.1.2。

表 2.1.1.2　高聚物改性沥青油毡技术性能

项目		单位	指标			
			聚酯胎	麻布胎	聚乙烯胎	玻纤胎
拉力		N	≥400	≥500	≥50	≥200
延伸率		％	≥30	≥5	≥200	≥50
耐热度		℃	85℃受热 2h 不流淌，涂盖层无滑动			
低温柔度		℃	－15℃绕规定直径圆棒，无裂纹			
不透水性	压力	MPa	不小于 0.2			
	保持时间	min	不小于 30			

2.1.2　配套材料：

2.1.2.1　氯丁橡胶沥青胶粘剂：由氯丁橡胶加入沥青及溶剂等配制而成，为黑色液体。

2.1.2.2　橡胶沥青嵌缝膏：即密封膏，用于细部嵌固边缝。

2.1.2.3　保护层料：石片、各色保护涂料。

2.1.2.4　70 号汽油、二甲苯，用于清洗受污染的部位。

2.2　主要机具：

2.2.1 电动搅拌器、高压吹风机、自动热风焊接机。

2.2.2 喷灯或可燃气体焰炬、铁抹子、滚动刷、长把滚动刷、钢卷尺、剪刀、扫帚、小线等。

2.3 作业条件：

2.3.1 施工前审核图纸，编制防水工程施工方案，并进行技术交底；屋面防水必须由专业队施工，持证上岗。

2.3.2 铺贴防水层的基层表面，应将尘土、杂物彻底清除干净。

2.3.3 基层坡度应符合设计要求，表面应顺平，阴阳角处应做成圆弧形，基层表面必须干燥，含水率应不大于 9%。

2.3.4 卷材及配套材料必须验收合格，规格、技术性能必须符合设计要求及标准的规定。存放易燃材料应避开火源。

3 操作工艺

3.1 工艺流程（热熔法施工）：

清理基层→涂刷基层处理剂→铺贴卷材附加层→铺贴卷材→热熔封边→蓄水试验→保护层。

3.2 清理基层：施工前将验收合格的基层表面尘土、杂物清理干净。

3.3 涂刷基层处理剂：高聚物改性沥青卷材施工，按产品说明书配套使用，基层处理剂是将氯丁橡胶沥青胶粘剂加入工业汽油稀释，搅拌均匀，用长把滚刷均匀涂刷于基层表面上，常温经过 4h 后，开始铺贴卷材。

3.4 附加层施工：一般用热熔法使用改性沥青卷材施工防水层，在女儿墙、水落口、管根、檐口、阴阳角等细部先做附加层，附加的范围应符合设计和屋面工程技术规范的规定。

3.5 铺贴卷材：卷材的层数、厚度应符合设计要求。多层铺设时接缝应错开。将改性沥青防水卷材剪成相应尺寸，用原卷卷心卷好备用；铺贴时随放卷随用火焰喷枪加热基层和卷材的交界处，喷枪距加热面 300mm 左右，来往返均匀加热，趁卷材的材面刚刚熔化时，将卷材向前滚铺、粘贴，搭接部位应满粘牢固，搭接宽度满粘法为 80mm。

3.6 热熔封边：将卷材搭接处用喷枪加热，趁热使二者黏结牢固，以边缘挤出沥青为度；末端收头用密封膏嵌填严密。

3.7 防水保护层施工：上人屋面按设计要求做各种刚性防水层屋面保护层。不上人屋面做保护层有两种形式：

3.7.1 防水层表面涂刷氯丁橡胶沥青胶粘剂，随即撒石片，要求铺撒均匀，黏结牢固，形成石片保护层。

3.7.2 防水层表面涂刷银色反光涂料。

4 质量标准

4.1 主控项目：

4.1.1 防水卷材及其配套材料的质量，应符合设计要求。

4.1.2 卷材防水层不得有渗漏和积水现象。

4.1.3 卷材防水层在檐口、檐沟、无沟、水落口、泛水、变形缝和伸出屋面管道的防水构造、应符合设计要求。

4.2 一般项目

4.2.1 卷材的搭接缝应黏结或焊接牢固，密封应严密，不得皱折和翘边。

4.2.2 卷材防水层的收头应与基层黏结，钉压应牢固，密封应严密。

4.2.3 卷材防水层的铺贴方向应正确，卷材搭接宽度的允许偏差为 -10mm。

4.2.4 屋面排汽构造的排汽道应纵横贯通，不得堵塞；排汽管应安装牢固，位置应正确，封闭应严密。

5 成品保护

5.1 已铺贴好的卷材防水层，应采取措施进行保护，严禁在防水层上进行施工作业和运输，并应及时做防水层的保护层。

5.2 穿过屋面、墙面防水层处的管位，施工中与完工后不得损坏变位。

5.3 屋面变形缝、水落口等处，施工中应进行临时塞堵和挡盖，以防落进材料等物，施工完后将临时堵塞、挡盖物清除，保证管、口内畅通。

5.4 屋面施工时不得污染墙面、檐口侧面及其他已施工完的成品。

6 应注意的质量问题

6.1 屋面不平整：找平层不平顺，造成积水，施工时应找好平，放好坡，找平层施工中应拉线检查，做到坡度符合要求，平整无积水。

6.2 空鼓：铺贴卷材时基层不干燥，铺贴不认真，边角处易出现空鼓；铺贴卷材应掌握基层含水率，不符合要求不能铺贴卷材，同时铺贴时应平、实，压边紧密，黏结牢固。

6.3 渗漏：多发生在细部位置。铺贴附加层时，从卷材剪配、粘贴操作，应使附加层紧贴到位，封严、压实，不得有翘边等现象。

7 质量记录

本工艺标准应具备以下质量记录：

7.1 高聚物改性沥青卷材及胶结材料有产品合格证，材料进场进行复试并有资料。

7.2 胶结材料配制资料及黏结试验。

7.3 隐检资料和质量检验评定资料。

（2）技术交底

技术交底示例见表 2-5-3。

表 2-5-3 ××住宅楼屋面防水技术交底

工程名称	××住宅楼	工程部位	屋面防水	交底时间	××××年××月××日
施工单位	××建筑公司	分项工程		卷材防水层施工	
交底提要	卷材防水层、材料、质量、施工过程及成品保护等				

施工内容：改性沥青防水层热熔法铺贴施工。厚度 4mm 改性沥青卷材。清理基层、涂刷处理剂、铺附加层、铺卷材，热熔封边，淋水试验，保护层。按《卷材层面防水层施工工艺标准》Q425 和专项施工方案技术交底施工，重点注意：

1. 卷材检查，进场进行外观检查，没有挤压损坏、破损，合格证复试报告物理性能符合设计要求。

2. 基层清理，去除垃圾，浮砂等杂物，干净、干燥、平整、坡度符合要求，涂基层处理剂。

3. 施工过程，平行于屋脊铺贴，接缝应顺流水方向，宽度≥100mm，短边搭接应≥500mm，上下层卷材接缝应错开幅宽的 1/3；加热应均匀，不得不足或过热烧穿卷材，压贴牢固，加热表面热熔后，立即滚压，排出空气压贴牢固，接缝部位溢出改性沥青胶宽度约 8mm；铺贴的卷材应平整顺直，搭接尺寸准确，不扭曲皱折。

4. 细部构造、檐口、檐沟、天沟、女儿墙、山墙、水落口、变形缝、伸出屋面管道，屋面出入口，反梁过水孔、屋脊、屋顶窗等细部工程，按构造要求先铺附加层，再铺防水层，盖压住附加层，实铺贴牢固，不得有翘边开口现象。

5. 完工要进行淋水、蓄水试验检查，并有检查记录。防水层不得有积水、漏水渗水现象、排水畅通，以及观感质量检查。在全面宏观检查基础上，定量检查，屋面 100m² 检查一处，接缝按 50m 查一处，各不少于 3 处，做好记录。

6. 检查合格后，应及时做好成品保护。

专业工长：李××

施工班组长：张××

××××年××月××日

（四）施工记录

施工记录示例见表 2-5-4。

表 2-5-4 ××住宅楼屋面防水卷材施工记录

工程名称	××住宅楼	分部工程	屋面工程	分项工程	卷材防水层
施工单位	××建筑公司	项目负责人	王××	施工班组	防水班组王××
施工期限	××××年××月××日×时至×月×日×时	气候	22℃ 阴 晴√ 风 雨 雪		

1. 施工部位：屋面工程 850m² 屋面；

2. 材料：高聚物改性沥青防水卷材，厚度 4mm，宽 1000mm；

及改性沥青胶粘剂。合格证，进场验收记录，试验报告符合要求。

3. 施工前准备：屋面基层清理，基层坚实、平整、干净、干燥，形成检查记录；

基层处理剂配比符合要求，搅拌均匀，涂刷均匀一致，干燥后及时铺防水层。施工人员，机具齐备；

已按《改性沥青防水卷材屋面施工工艺标准》Q425 和专项施工方案及技术交底，进行学习和准备，了解了施工安全和质量保证要求。

4. 施工过程：按程序施工，未发生不正常情况。

上午 7：30 开始，下午 5：10 分结束。自检外观质量符合规范规定。

铺贴顺序、方向、压接搭接按施工工艺标准及技术交代进行。

淋水试验后进行检查。外观看凹凸不平、平整顺直，接槎收头严密，细部的做法符合规范规定。

5. 现场清理：完工后，现场进行了清理干净，垃圾及剩余料全部运走。并做了成品保护，设置了防止上人的禁止拦阻带。

6. 施工完成后，对一些主要工序及细部进行了检查和记录：

（1）卷材铺贴接缝处理检查记录，横向接缝≥80mm，偏差－10mm，满刷胶粘剂，压滚密实，胶流出宽度约 8mm。做好记录。

（2）防水层细部做法检查，坡度适合，卷材钻入口内≥50mm，有附加层铺贴到位；无开裂及渗漏水现象。

（3）层面防水层易开裂处增加附加层大小适宜，铺贴密实，防水卷材铺贴正确，无渗漏积水现象。

（4）保护层与卷材防水层之间隔离层塑料膜铺贴到位，无破损漏铺，铺贴平整，搭接宽度≥50mm，无皱折、扭曲等现象。

（5）金属板材与基层固定牢固，板缝间密封饱满、平整，处理正确。

（6）本工程坡度小于20%，设计无设防滑移措施。

专业施工员：李××

××××年××月××日

（五）验收评定原始记录

参见示例表2-5-5。

表 2-5-5 ××住宅楼屋面防水层质量验收评定原始记录

××住宅楼屋面防水层施工质量验收原始记录

主控项目

1. 卷材及配套材料质量。改性沥青防水卷材，厚度4mm，宽1000mm，及改性沥青材料胶粘剂，有合格证，检测报告。

进场验收数量100～500卷之间，抽3卷进行尺寸及外观检验，在检验合格的卷材中，任取一卷做物理性能检验，可溶物含量，拉力，最大拉力。延伸率、耐热度、低温柔度、不透水性等。符合GB 18242规范规定。有抽样及检验记录及物理性能检测报告（见报告）。

卷材及胶粘剂质量符合设计要求。

2. 防水层不得有渗漏、积水现象。经≥2h淋水试验后，到室内查看，检查屋面无渗漏水现象。屋面100m²抽查一处，抽查8处，细部全部查看；待排水后查看屋面天沟等细部，未见有≥10mm的积水。

屋面防水层性能无渗漏，无积水，符合规范规定。

3. 卷材防水层的细部防水构造。经察看全部细部处的防水层，防水构造符合设计要求，均采用防水增强处理，卷材和密封材料防水与构造防水相结合的措施，增加附加层、收头处理、结合紧密。檐沟、天沟、落水口周边无积水。

细部防水层构造符合设计要求及规范规定。

一般项目

1. 卷材搭缝牢固、密封严密，不得扭曲、皱折和翘边等。按100m²不少于一处，分8处。经查看，卷材搭接缝宽度不小于100mm，偏差未超－10mm，均匀一致，粘贴紧密，无翘边，扭曲和皱折等。密封严密。接缝处理符合规范和施工方案要求。

2. 卷材防水层的收头与基层黏结，钉压牢固，密封严密。收头部位全面检查，卷材收头高度符合设计要求≥250mm。均与基层黏结严密牢固，金属板条钉压牢固，胶粘剂密封严密，无翘边开口等。符合设计和施工方案要求。

3. 防水层铺贴方向，及卷材搭接宽度。

经全面检查，屋面坡度小20%，顺脊方向由下往上铺设，搭接宽度未查到小于100mm的。允许偏差全小于－10mm。上下接头错开，纵向大于1/3，短边向大于500mm。卷材铺贴方向正确，搭接宽度符合规定，且密封严密，无折皱扭曲等。

4. 层面排汽管道设置。没有。

经检验评定符合设计要求，规范规定和施工方案要求。填写表格"符合要求"。

专业质量员：李××

××××年××月××日

四、分部（子分部）工程质量验收评定

防水与密封子分部工程是屋面防水的主要部分。工程主要包括基层与保护、保温与隔热、防水与密封及细部构造等。主要功能是保温和防水，是房屋工程的主要部分之一。防水与密封子分部工程有卷材防水层、涂膜防水层、复合防水层、接缝密封防水等。本工程只有卷材防水层。

1. 防水与密封子分部工程质量验收记录，见表 2-5-6。

表 2-5-6 防水与密封子分部工程质量验收记录

单位（子单位）工程名称	××住宅楼	子分部工程数量	防水与密封	分项工程数量	卷材防水层
施工单位	××建筑公司	项目负责人	王××	技术（质量）负责人	李××
分包单位	/	分包单位负责人	/	分包内容	/

序号	子分部工程名称	分项工程名称	检验批数量	施工单位检查结果	监理单位验收结论
1	防水与密封	卷材防水	1	符合要求	合格
质量控制资料				共有资料 6 项，检查 6 项合格	合格
安全和功能检验结果				共 1 项，检查 1 符合要求	合格
观感质量检验结果				好	好
综合验收结论	合格				

施工单位 项目负责人：李×	勘察单位 项目负责人：/	设计单位 项目负责人：/	监理单位 总监理工程师：李××
××××年××月××日	××××年××月××日	××××年××月××日	××××年××月××日

注：1. 地基与基础分部工程的验收应由施工、勘察、设计单位项目负责人和总监理工程师参加并签字；
　　2. 主体结构、节能分部工程的验收应由施工、设计单位项目负责人和总监理工程师参加并签字。

2. 屋面工程防水与密封子分部工程所含分项工程质量验收汇总

（1）检验批质量验收合格应符合下列规定：

① 主控项目的质量应经抽查检验合格；

② 一般项目的质量应经抽查检验合格，有允许偏差值的项目，其抽查点应有 80%及其以上在允许偏差范围内，且最大偏差不得超过允许偏差值的 1.5 倍；

③ 应具有完整的施工操作依据和质量检查记录。

（2）分项工程质量验收合格应符合下列规定：

① 分项工程所含检验批的质量均应验收合格；

② 分项工程所含检验批的质量验收记录应完整。

（3）分部（子分部）工程质量验收合格应符合下列规定：

① 分部（子分部）所含分项工程的质量均应验收合格；

② 质量控制资料应完整；

③ 安全与功能抽样检验应符合《建筑工程施工质量验收统一标准》GB 50300—2013 的有关规定；

④ 观感质量检查应符合本规范第 9.0.7 条的规定。

（4）防水与密封子分部工程，本工程只有卷材防水层一个分项工程，按 500～1000m² 划分一个检验批，本工程只有一个检验批。

卷材防水层分项工程质量验收记录，见表 2-5-7。

表 2-5-7　卷材防水层分项工程质量验收记录

单位（子单位）工程名称	××住宅楼	分部（子分部）工程名称		屋面防水与密封	
分项工程数量	1	检验批数量		1	
施工单位	××建筑公司	项目负责人	王××	项目技术负责人	李××
分包单位	/	分包单位项目负责人	/	分包内容	/
序号	检验批名称	检验批容量	部位/区段	施工单位检查结果	监理单位验收结论
1	卷材防水层	1	屋面	符合设计要求	合格

说明：附检验批质量验收记录及施工操作依据、施工记录及检验评定原始记录

施工单位检查结果	符合要求　　　　　　　　　　　　　　项目专业技术负责人：王× ××××年××月××日
监理单位验收结论	合格　　　　　　　　　　　　　　专业监理工程师：张× ××××年××月××日

注：若只有一个分项工程一个检验批的情况，说明就可以了，可以不用这个汇总表。

（5）分项工程的检验结果。在检验批验收时还没有做的项目，或是不能做时，可在分项工程验收时做，如砂浆强度的评定、防水层防水效果的检验；可在检验批验收后，分项工程验收时进行。防水层防水效果、有的蓄水，有的淋水，有的可在雨后检验。本工程采用淋水试验，用两个消防枪对各部位特别是细部构造部位、重点淋水，不少于2h。然后检验室内顶面及周围有没有水渗漏痕迹，有没有积水现象，形成检验记录，将检验批（分项工程）质量指标补充齐全。填入表 2-5-6 中。

3. 防水与密封子分部工程质量控制资料

1）屋面工程验收资料和记录，见表 2-5-8。

表 2-5-8　屋面工程验收资料和记录

资料项目	验收资料
防水设计	设计图纸及会审记录、设计变更通知单和材料代用核定单
施工方案	施工方案、技术措施、质量保证措施
技术交底记录	施工操作要求及注意事项
材料质量证明文件	出厂合格证、型式检验报告、出厂检验报告、进场验收记录和进场检验报告
施工日志	逐日施工情况
工程检验记录	工序交接检验记录、检验批质量验收记录、隐蔽工程验收记录、淋水或蓄水试验记录、观感质量检查记录、安全与功能抽样检验（检测）记录
其他技术资料	事故处理报告、技术总结

2）防水与密封子分部工程质量验收资料及记录：

（1）设计图纸文件及会审记录各 1 份；

（2）专项施工方案及保证质量措施 1 份；

（3）施工操作依据：《卷材防水层施工工艺标准》Q 425 企业标准和技术交底各 1 份；

（4）高聚物改性沥青防水卷材、进场验收记录、合格证及进场检验报告各 1 份；

（5）卷材防水层施工记录 1 份；

（6）工程隐蔽部的检验记录有：

① 卷材防水层的基层检查验收记录 1 份；

② 卷材铺贴接缝密封处理记录；

③ 防水层细部做法检查记录（包括檐沟、天沟、泛水、水落口、变形缝、上人出入口等）；

④ 在屋面易开裂和渗水部位的附加层铺贴检查记录；

⑤ 保护层与卷材之间的隔离层检查记录；

⑥ 金属板材与基层的固定和板缝间的密封处理检查记录；

⑦ 屋面坡度大于 20％时，防止卷材和保温层下滑的措施等。

有关检验记录共有 6 项，全部符合要求，填入表 2-5-6 中。

屋面工程防水与密封子分部工程共有质量控制资料 6 项，经检查 6 项全部符合规范规定。

4. 屋面工程安全和功能检验结果

屋面淋水试验记录：防水层施工完成后，经用 2 个消防水枪连续淋水≥2h，对细部位置加强淋水，并对檐沟、天沟、水落口周边进行蓄水 24h。排水系统畅通。然后，对室内顶棚等处进行全面检查，未发现水渗漏痕迹和檐沟、天沟及屋面积积水现象。

屋面工程安全与功能检验项目 1 项，经检查合格，填入表 2-5-6 中。

5. 屋面工程观感质量检查结果：

（1）卷材铺贴方向正确，搭接缝宽度符合设计要求，黏结牢固，表面平整，无扭曲、皱折、翘边等缺陷。

（2）檐沟、檐口、水落口、伸出层面管道等细部防水构造符合设计要求，附加层到位，卷材铺贴顺序正确，压边紧贴、密封严密。

总体观感质量为"好"，填入表 2-5-6 中。

第六节　建筑装饰装修分部工程质量验收

一、建筑装饰装修分部工程检验批质量验收用表

建筑装饰装修分部工程的验收内容按现行国家标准《建筑地面工程施工质量验收规范》GB 50209 及《建筑装饰装修工程质量验收标准》GB 50210 和《建筑工程施工质量验收统一标准》GB 50300 的规定列出。

建筑装饰装修分部工程检验批质量验收目录，见表 2-6-1。

表 2-6-1 建筑装饰装修分部工程检验批质量验收用表目录

	分项工程检验批名称	子分部工程名称及编号				
		0301	0302	0303	0304	0305
		建筑地面	抹灰	外墙防水	门窗	吊顶
1	基土	03010101				
2	灰土垫层	03010102				
3	砂垫层和砂石垫层	03010103				
4	碎石垫层和碎砖垫层	03010104				
5	三合土垫层和四合土垫层	03010105				
6	炉渣垫层	03010106				
7	水泥混凝土和陶粒混凝土垫层	03010107				
8	找平层	03010108				
9	隔离层	03010109				
10	填充层	03010110				
11	绝热层	03010111				
12	水泥混凝土面层	03010201				
13	水泥砂浆面层	03010202				
14	水磨石面层	03010203				
15	硬化耐磨面层	03010204				
16	防油渗面层	03010205				
17	不发火（防爆）面层	03010206				
18	自流平面层	03010207				
19	涂料面层	03010208				
20	塑胶面层	03010209				
21	地面辐射供暖水泥混凝土面层	03010210				
22	地面辐射供暖水泥砂浆面层	03010211				
23	砖面层	03010301				
24	大理石和花岗石面层	03010302				
25	预制板块面层	03010303				
26	料石面层	03010304				
27	塑料板面层	03010305				
28	活动地板面层	03010306				
29	金属板面层	03010307				
30	地毯面层	03010308				
31	地面辐射供暖砖面层	03010309				
32	地面辐射供暖大理石和花岗石面层	03010310				
33	地面辐射供暖预制板块面层	03010311				

续表

分项工程检验批名称		子分部工程名称及编号				
		0301	0302	0303	0304	0305
		建筑地面	抹灰	外墙防水	门窗	吊顶
34	地面辐射供暖塑料板面层	03010312				
35	实木地板、实木集成地板、竹地板面层	03010401				
36	实木复合地板面层	03010402				
37	浸渍纸层压木质地板面层	03010403				
38	软木类地板面层	03010404				
39	地面辐射供暖实木复合地板面层	03010405				
40	地面辐射供暖浸渍纸层压木质地板面层	03010406				
1	一般抹灰		03020101			
2	保温层薄抹灰		03020201（暂无表格）			
3	装饰抹灰		03020301			
4	清水砌体勾缝		03020401			
1	外墙砂浆防水层			03030101（暂无表格）		
2	外墙涂膜防水层			03030201（暂无表格）		
3	外墙透气膜防水层			03030301（暂无表格）		
1	木门窗制作				03040101	
2	木门窗安装				03040102	
3	钢门窗安装				03040201	
4	铝合金门窗安装				03040202	
5	涂色镀锌钢门窗安装				03040203	
6	塑料门窗安装				03040301	
7	特种门安装				03040401	
8	门窗玻璃安装				03040501	
1	暗龙骨整体面层吊顶					03050101
2	明龙骨整体面层吊顶					03050102

续表

分项工程检验批名称		子分部工程名称及编号							
		0305	0306	0307	0308	0309	0310	0311	0312
		吊顶	轻质隔墙	饰面板	饰面砖	幕墙	涂饰	裱糊与软包	细部
3	暗龙骨板块面层吊顶	03050201							
4	明龙骨板块面层吊顶	03050202							
5	暗龙骨格栅吊顶	03050301							
6	明龙骨格栅吊顶	03050302							
1	轻质隔墙：板材隔墙		03060101						
2	骨架隔墙		03060201						
3	活动隔墙		03060301						
4	玻璃隔墙		03060401						
1	饰面板：石板安装			03070101					
2	陶瓷板安装			03070201					
3	木板安装			03070301					
4	金属板安装			03070401					
5	塑料板安装			03070501					
1	饰面砖：外墙砖饰面粘贴				03080101				
2	内墙砖饰面粘贴				03080201				
1	幕墙：明框玻璃幕墙					03090101			
2	隐框、半隐框玻璃幕墙					03090102			
3	金属幕墙					03090201			
4	石材幕墙					03090301			
5	陶板幕墙					03090401（暂无表格）			
1	涂饰：水性涂料涂饰						03100101		
2	溶剂型涂料涂饰						03100201		
3	美术涂饰						03100301		
1	裱糊与软包：裱糊							03110101	
2	软包							03110201	
1	细部：橱柜制作与安装								03120101

分项工程检验批名称	子分部工程名称及编号							
	0305	0306	0307	0308	0309	0310	0311	0312
	吊顶	轻质隔墙	饰面板	饰面砖	幕墙	涂饰	裱糊与软包	细部
2　窗帘盒、窗台板和散热器罩制作与安装								03120201
3　门窗套制作与安装								03120301
4　护栏和扶手制作与安装								03120401
5　花饰制作与安装								03120501

建筑装饰装修分部工程质量验收应分别符合现行国家标准《建筑装饰装修工程质量验收标准》GB 50210 和《建筑地面工程施工质量验收规范》GB 50209 的规定。装饰装修工程没有共用检验批表格，但由 12 个子分部工程组成。

二、建筑装饰装修分部工程质量验收规定

（一）建筑装饰装修工程质量验收的基本规定

参见 GB 50210—2018 标准 3.1.1～3.3.15 条（其中 3.1.4 条为强制性规定）。

3.1　设计

3.1.1　建筑装饰装修工程应进行设计，并应出具完整的施工图设计文件。

3.1.2　建筑装饰装修设计应符合城市规划、防火、环保、节能、减排等有关规定。建筑装饰装修耐久性应满足使用要求。

3.1.3　承担建筑装饰装修工程设计的单位应对建筑物进行了解和实地勘察，设计深度应满足施工要求。由施工单位完成的深化设计应经建筑装饰装修设计单位确认。

3.1.4　既有建筑装饰装修工程设计涉及主体和承重结构变动时，必须在施工前委托原结构设计单位或者具有相应资质条件的设计单位提出设计方案，或由检测鉴定单位对建筑结构的安全性进行鉴定。

3.1.5　建筑装饰装修工程的防火、防雷和抗震设计应符合现行国家标准的规定。

3.1.6　当墙体或吊顶内的管线可能产生冰冻或结露时，应进行防冻或防结露设计。

3.2　材料

3.2.1　建筑装饰装修工程所用材料的品种、规格和质量应符合设计要求和国家现行标准的规定。不得使用国家明令淘汰的材料。

3.2.2　建筑装饰装修工程所用材料的燃烧性能应符合现行国家标准《建筑内部装修设计防火规范》GB 50222 和《建筑设计防火规范》GB 50016 的规定。

3.2.3　建筑装饰装修工程所用材料应符合国家有关建筑装饰装材料有害物质限量标准的规定。

3.2.4　建筑装饰装修工程采用的材料、构配件应按进场批次进行检验。属于同一工程项目且同期施工的多个单位工程，对同一厂家生产的同批材料、构配件、器具及半成品，可统一划分检验批对品种、规格、外观和尺寸等进行验收，包装应完好，并应有产品合格证书、中文说明书及性能检验报告，进口产品应按规定进行商品检验。

3.2.5　进场后需要进行复验的材料种类及项目应符合本标准各章的规定，同一厂家生产的同一品种、同一类型的进场材料应至少抽取一组样品进行复验，当合同另有更高要求时应按合同执行。抽样样本应随机抽取，满足分布均匀、具有代表性的要求，获得认证的产品或来源稳定且连续三批均一次检验合格的产品，进场验收时检验批的容量可扩大一倍，且仅可扩大一次。扩大检验批后的检验中，出现不合格情况时，应按扩大前的检验批容量重新验收，且该产品不得再次扩大检验批容量。

3.2.6　当国家规定或合同约定应对材料进行见证检验时，或对材料质量发生争议时，应进行见证检验。

3.2.7　建筑装饰装修工程所使用的材料在运输、储存和施工过程中，应采取有效措施防止损坏、变质和污染环境。

3.2.8　建筑装饰装修工程所使用的材料应按设计要求进行防火、防腐和防虫处理。

3.3 施工

3.3.1 施工单位应编制施工组织设计并经过审查批准。施工单位应按有关的施工工艺标准或经审定的施工技术方案施工，并应对施工全过程实行质量控制。

3.3.2 承担建筑装饰装修工程施工的人员上岗前应进行培训。

3.3.3 建筑装饰装修工程施工中，不得违反设计文件擅自改动建筑主体、承重结构或主要使用功能。

3.3.4 未经设计确认和有关部门批准，不得擅自拆改主体结构和水、暖、电、燃气、通信等配套设施。

3.3.5 施工单位应采取有效措施控制施工现场的各种粉尘、废气、废弃物、噪声、振动等对周围环境造成的污染和危害。

3.3.6 施工单位应建立有关施工安全、劳动保护、防火和防毒等管理制度，并应配备必要的设备、器具和标识。

3.3.7 建筑装饰装修工程应在基体或基层的质量验收合格后施工。对既有建筑进行装饰装修前，应对基层进行处理。

3.3.8 建筑装饰装修工程施工前应有主要材料的样板或做样板间（件），并应经有关各方确认。

3.3.9 墙面采用保温隔热材料的建筑装饰装修工程，所用保温隔热材料的类型、品种、规格及施工工艺应符合设计要求。

3.3.10 管道、设备安装及调试应在建筑装饰装修工程施工前完成；当必须同步进行时，应在饰面层施工前完成。装饰装修工程不得影响管道、设备等的使用和维修。涉及燃气管道和电气工程的建筑装饰装修工程施工应符合有关安全管理的规定。

3.3.11 建筑装饰装修工程的电气安装应符合设计要求。不得直接埋设电线。

3.3.12 隐蔽工程验收应有记录，记录应包含隐蔽部位照片。施工质量的检验批验收应有现场检查原始记录。

3.3.13 室内外装饰装修工程施工的环境条件应满足施工工艺的要求。

3.3.14 建筑装饰装修工程施工过程中应做好半成品、成品的保护，防止污染和损坏。

3.3.15 建筑装饰装修工程验收前应将施工现场清理干净。

（二）建筑装饰装修分部工程质量验收的基本规定

参见 GB 50210—2018 标准 15.0.1～15.0.10 条和附录 A。

15.0.1 建筑装饰装修工程质量验收程序和组织应符合现行国家标准《建筑工程施工质量验收统一标准》GB 50300 的规定。

15.0.2 建筑装饰装修工程的子分部工程、分项工程应按本标准附录 A 划分。

15.0.3 建筑装饰装修工程施工过程中，应按本标准的要求对隐蔽工程进行验收，并应按本标准附录 B 的格式记录。

15.0.4 检验批的质量验收应按现行国家标准《建筑工程施工质量验收统一标准》GB 50300 的格式记录。检验批的合格判定应符合下列规定：

1 抽查样本均应符合本标准主控项目的规定；

2 抽查样本的 80% 以上应符合本标准一般项目的规定。其余样本不得有影响使用功能或明显影响装饰效果的缺陷，其中有允许偏差的检验项目，其最大偏差不得超过本标准规定允许偏差的 1.5 倍。

15.0.5 分项工程的质量验收应按现行国家标准《建筑工程施工质量验收统一标准》GB 50300 的格式记录，分项工程中各检验批的质量均应验收合格。

15.0.6 子分部工程的质量验收应按现行国家标准《建筑工程施工质量验收统一标准》GB 50300 的格式记录。子分部工程中各分项工程的质量均应验收合格，并应符合下列规定：

1 应具备本标准各子分部工程规定检查的文件和记录；

2 应具备表 15.0.6 所规定的有关安全和功能检验项目的合格报告；

3 观感质量应符合本标准各分项工程中一般项目的要求。

表 15.0.6 有关安全和功能的检验项目表

项次	子分部工程	检验项目
1	门窗工程	建筑外窗的气密性能、水密性能和抗风压性能
2	饰面板工程	饰面板后置埋件的现场拉拔力
3	饰面砖工程	外墙饰面砖样板及工程的饰面砖黏结强度
4	幕墙工程	（1）硅酮结构胶的相容性和剥离黏结性； （2）幕墙后置埋件和槽式预埋件的现场拉拔力； （3）幕墙的气密性、水密性、耐风压性能及层间变形性能

15.0.7 分部工程的质量验收应按现行国家标准《建筑工程施工质量验收统一标准》GB 50300 的格式记录。

分部工程中各子分部工程的质量均应验收合格，并应按本标准第 15.0.6 条的规定进行核查。

当建筑工程只有装饰装修分部工程时，该工程应作为单位工程验收。

15.0.8　有特殊要求的建筑装饰装修工程，竣工验收时应按合同约定加测相关技术指标。

15.0.9　建筑装饰装修工程的室内环境质量应符合现行国家标准《民用建筑工程室内环境污染控制标准》GB 50325 的规定。

15.0.10　未经竣工验收合格的建筑装饰装修工程不得投入使用。

表 15.0.10　建筑装饰装修工程的子分部工程、分项工程划分

项次	子分部工程	分项工程
1	抹灰工程	一般抹灰，保温层薄抹灰，装饰抹灰，清水砌体勾缝
2	外墙防水工程	外墙砂浆防水，涂膜防水，透气膜防水
3	门窗工程	木门窗安装，金属门窗安装，塑料门窗安装，特种门安装，门窗玻璃安装
4	吊顶工程	整体面层吊顶，板块面层吊顶，格栅吊顶
5	轻质隔墙工程	板材隔墙，骨架隔墙，活动隔墙，玻璃隔墙
6	饰面板工程	石板安装，陶瓷板安装，木板安装，金属板安装，塑料板安装
7	饰面砖工程	外墙饰面砖粘贴，内墙饰面砖粘贴
8	幕墙工程	玻璃幕墙安装，金属幕墙安装，石材幕墙安装，人造板材幕墙安装
9	涂饰工程	水性涂料涂饰，溶剂型涂料涂饰，美术涂饰
10	裱糊与软包工程	裱糊，软包
11	细部工程	橱柜制作与安装，窗帘盒和窗台板制作与安装，门窗套制作与安装，护栏和扶手制作与安装，花饰制作与安装
12	建筑地面工程	基层铺设，整体面层铺设，板块面层铺设，木、竹面层铺设

（三）建筑地面子分部工程质量验收的基本规定

参见 GB 50209—2010 标准 3.0.1～3.0.25 条（其中 3.0.3 条、3.0.5 条、3.0.18 条为强制性条文）。

3.0.1　建筑地面工程子分部工程、分项工程的划分应按表 3.0.1 的规定执行。

表 3.0.1　建筑地面工程子分部工程、分项工程的划分

分部工程	子分部工程		分项工程
建筑装饰装修工程	地面	整体面层	基层：基土、灰土垫层、砂垫层和砂石垫层、碎石垫层和碎砖垫层、三合土及四合土垫层、炉渣垫层、水泥混凝土垫层和陶粒混凝土垫层、找平层、隔离层、填充层、绝热层
			面层：水泥混凝土面层、水泥砂浆面层、水磨石面层、硬化耐磨面层、防油渗面层、不发火（防爆）面层、自流平面层、涂料面层、塑胶面层、地面辐射供暖的整体面层
		板块面层	基层：基土、灰土垫层、砂垫层和砂石垫层、碎石垫层和碎砖垫层、三合土及四合土垫层、炉渣垫层、水泥混凝土垫层和陶粒混凝土垫层、找平层、隔离层、填充层、绝热层
			面层：砖面层（陶瓷锦砖、缸砖、陶瓷地砖和水泥花砖面层）、大理石面层和花岗石面层、预制板块面层（水泥混凝土板块水磨石板块、人造石板块面层）、料石面层（条石、块石面层）、塑料板面层、活动地板面层、金属板面层、地毯面层、地面辐射供暖的板块面层

分部工程	子分部工程		分项工程
建筑装饰装修工程	地面	木、竹面层	基层：基土、灰土垫层、砂垫层和砂石垫层、碎石垫层和碎砖垫层、三合土及四合土垫层、炉渣垫层、水泥混凝土垫层和陶粒混凝土垫层、找平层、隔离层、填充层、绝热层
			面层：实木地板、实木集成地板、竹地板面层（条材、块材面层）、实木复合地板面层（条材、块材面层）、浸渍纸层压木质地板面层（条材、块材面层）、软木类地板面层（条材、块材面层）、地面辐射供暖的木板面层

3.0.2 从事建筑地面工程施工的建筑施工企业应有质量管理体系和相应的施工工艺技术标准。

3.0.3 建筑地面工程采用的材料或产品应符合设计要求和国家现行有关标准的规定。无国家现行标准的，应具有省级住房城乡建设行政主管部门的技术认可文件。材料或产品进场时还应符合下列规定：

1 应有质量合格证明文件；

2 应对型号、规格、外观等进行验收，对重要材料或产品应抽样进行复验。

3.0.4 建筑地面工程采用的大理石、花岗石、料石等天然石材以及砖、预制板块、地毯、人造板材、胶粘剂、涂料、水泥、砂、石、外加剂等材料或产品应符合国家现行有关室内环境污染控制和放射性、有害物质限量的规定。材料进场时应具有检测报告。

3.0.5 厕浴间和有防滑要求的建筑地面应符合设计防滑要求。

3.0.6 有种植要求的建筑地面，其构造做法应符合设计要求和现行行业标准《种植屋面工程技术规程》JGJ 155 的有关规定。设计无要求时，种植地面应低于相邻建筑地面 50mm 以上或做槛台处理。

3.0.7 地面辐射供暖系统的设计、施工及验收应符合现行行业标准《地面辐射供暖技术规程》JGJ 142 的有关规定。

3.0.8 地面辐射供暖系统施工验收合格后，方可进行面层铺设。面层分格缝的构造做法应符合设计要求。

3.0.9 建筑地下的沟槽、暗管、保温、隔热、隔声等工程完工后，应经检验合格并做隐蔽记录，方可进行建筑地面工程的施工。

3.0.10 建筑地面工程基层（各构造层）和面层的铺设，均应待其下一层检验合格后方可施工上一层。建筑地面工程各层铺设前与相关专业的分部（子分部）工程、分项工程以及设备管道安装工程之间，应进行交接检验。

3.0.11 建筑地面工程施工时，各层环境温度的控制应符合材料或产品的技术要求，并应符合下列规定。

1 采用掺有水泥、石灰的拌合料铺设以及用石油沥青胶结料铺贴时，不应低于 5℃；

2 采用有机胶粘剂粘贴时，不应低于 10℃；

3 采用砂、石材料铺设时，不应低于 0℃；

4 采用自流平、涂料铺设时，不应低于 5℃，也不应高于 30℃。

3.0.12 铺设有坡度的地面应采用基土高差达到设计要求的坡度；铺设有坡度的楼面（或架空地面）应采用在结构楼层板上变更填充层（或找平层）铺设的厚度以或以结构起坡达到设计要求的坡度。

3.0.13 建筑物室内接触基土的首层地面施工应符合设计要求，并应符合下列规定：

1 在冻胀性土上铺设地面时，应按设计要求做好防冻胀土处理后方可施工，并不得在冻胀土层上进行填土施工；

2 在永冻土上铺设地面时，应按建筑节能要求进行隔热、保温处理后方可施工。

3.0.14 室外散水、明沟、踏步、台阶和坡道等，其面层和基层（各构造层）均应符合设计要求。施工时应按本规范基层铺设中基土和相应垫层以及面层的规定执行。

3.0.15 水泥混凝土散水、明沟应设置伸、缩缝，其延长米间距不得大于 10m，对日晒强烈且昼夜温差超过 15℃的地区，其延长米间距宜为 4~6m。水泥混凝土散水、明沟和台阶等与建筑物连接处及房屋转角处应设缝处理。上述缝的宽度应为 15~20mm，缝内应填嵌柔性密封材料。

3.0.16 建筑地面的变形缝应按设计要求设置，并应符合下列规定：

1 建筑地面的沉降缝、伸缩缝、缩缝和防震缝，应与结构相应缝的位置一致，且应贯通建筑地面的各构造层；

2 沉降缝和防震缝的宽度应符合设计要求，缝内清理干净，以柔性密封材料填嵌后用板封盖，并应与面层齐平。

3.0.17 当建筑地面采用镶边时，应按设计要求设置并应符合下列规定：

1 有强烈机械作用下的水泥类整体面层与其他类型的面层邻接处，应设置金属镶边构件；

2 具有较大振动或变形的设备基础与周围建筑地面的邻接处，应沿设备基础周边设置贯通建筑地面各构造层的沉降缝（防震缝），缝的处理应执行本规范第 3.0.16 条的规定；

3 采用水磨石整体面层时，应用同类材料镶边，并用分格条进行分格；

4 条石面层和砖面层与其他面层邻接处，应用顶铺的同类材料镶边；

5 采用木、竹面层和塑料板面层时，应用同类材料镶边；

6 地面面层与管沟、孔洞、检查井等邻接处，均应设置镶边；

7　管沟、变形缝等处的建筑地面面层的镶边构件，应在面层铺设前装设；

8　建筑地面的镶边宜与柱、墙面或踢脚线的变化协调一致。

3.0.18　厕浴间、厨房和有排水（或其他液体）要求的建筑地面面层与相连接各类面层的标高差应符合设计要求。

3.0.19　检验同一施工批次、同一配合比水泥混凝土和水泥砂浆强度的试块，应按每一层（或检验批）建筑地面工程不少于 1 组。当每一层（或检验批）建筑地面工程面积大于 1000m² 时，每增加 1000m² 时应增做 1 组试块；小于 1000 m² 时按 1000m² 计算，取样 1 组；检验同一施工批次、同一配合比的散水、明沟、踏步、台阶、坡道的水泥混凝土、水泥砂浆强度的试块，应按每 150 延米不少于 1 组。

3.0.20　各类面层的铺设宜在室内装饰工程基本完成后进行。木、竹面层、塑料板面层、活动地板面层、地毯面层的铺设，应待抹灰工程、管道试压等完工后进行。

3.0.21　建筑地面工程施工质量的检验，应符合下列规定：

1　基层（各构造层）和各类面层的分项工程的施工质量验收应按每一层次或每层施工段（或变形缝）划分检验批，高层建筑的标准层可按每三层（不足三层按三层计）划分检验批；

2　每检验批应以各子分部工程的基层（各构造层）和各类面层所划分的分项工程按：自然间（或标准间）检验，抽查数量应随机检验不应少于 3 间；不足 3 间，应全数检查；其中走廊（过道）应以 10 延长米为 1 间，工业厂房（按单跨计）、礼堂、门厅应以两个轴线为 1 间计算；

3　有防水要求的建筑地面子分部工程的分项工程施工质量每检验批抽查数量应按其房间总数随机检验不应少于 4 间，不足 4 间，应全数检查。

3.0.22　建筑地面工程的分项工程施工质量检验的主控项目，应达到本规范规定的质量标准，认定为合格；一般项目 80％以上的检查点（处）符合本规范规定的质量要求，其他检查点（处）不得有明显影响使用，且最大偏差值不超过允许偏差值的 50％为合格。凡达不到质量标准时，应按现行国家标准《建筑工程施工质量验收统一标准》GB 50300 的规定处理。

3.0.23　建筑地面工程的施工质量验收应在建筑施工企业自检合格的基础上，由监理单位或建设单位组织有关单位对分项工程、子分部工程进行检验。

3.0.24　检验方法应符合下列规定：

1　检查允许偏差应采用钢尺、1m 直尺、2m 直尺、3m 直尺、2m 靠尺、楔形塞尺、坡度尺、游标卡尺和水准仪；

2　检查空鼓应采用敲击的方法；

3　检查防水隔离层应采用蓄水方法，蓄水深度最浅处不得小于 10mm，蓄水时间不得少于 24h；检查有防水要求的建筑地面的面层应采用泼水方法。

4　检查各类面层（含不需铺设部分或局部面层）表面的裂纹、脱皮、麻面和起砂等缺陷，应采用观感的方法。

3.0.25　建筑地面工程完工后，应对面层采取保护措施。

（四）建筑地面子分部工程验收的基本规定

参见 GB 50209—2010 标准 8.0.1～8.0.4 条。

8.0.1　建筑地面工程施工质量中各类面层子分部工程的面层铺设与其相应的基层铺设的分项工程施工质量检验应全部合格。

8.0.2　建筑地面工程子分部工程质量验收应检查下列工程质量文件和记录：

1　建筑地面工程设计图纸和变更文件等；

2　原材料的质量合格证明文件、重要材料或产品的进场抽样复验报告；

3　各层的强度等级、密实度等的试验报告和测定记录；

4　各类建筑地面工程施工质量控制文件；

5　各构造层的隐蔽验收及其他有关验收文件。

8.0.3　建筑地面工程子分部工程质量验收应检查下列安全和功能项目：

1　有防水要求的建筑地面子分部工程的分项工程施工质量的蓄水检验记录，并抽查复验；

2　建筑地面板块面层铺设子分部工程和木、竹面层铺设子分部工程采用的砖、天然石材、预制板块、地毯、人造板材以及胶粘剂、胶结料、涂料等材料证明及环保资料。

8.0.4　建筑地面工程子分部工程观感质量综合评价应检查下列项目：

1　变形缝、面层分隔缝的位置和宽度以及填缝质量应符合规定；

2　室内建筑地面工程按各子分部工程经抽查分别做出评价；

3　楼梯、踏步等工程项目经抽查分别做出评价。

三、检验批质量验收示例（一般抹灰工程及砖地面工程）

（一）一般抹灰工程检验批质量验收的基本规定

1）抹灰工程一般规定

参见 GB 50210—2018 标准 4.1.1～4.1.11 条。

4.1.1 本章适用于一般抹灰、保温层薄抹灰、装饰抹灰和清水砌体勾缝等分项工程的质量验收。一般抹灰工程分为普通抹灰和高级抹灰，当设计无要求时，按普通抹灰验收。一般抹灰包括水泥砂浆、水泥混合砂浆、聚合物水泥砂浆和粉刷石膏等抹灰；保温层薄抹灰包括保温层外面聚合物砂浆薄抹灰；装饰抹灰包括水刷石、斩假石、干粘石和假面砖等装饰抹灰；清水砌体勾缝包括清水砌体砂浆勾缝和原浆勾缝。

4.1.2 抹灰工程验收时应检查下列文件和记录：

1 抹灰工程的施工图、设计说明及其他设计文件；

2 材料的产品合格证书、性能检验报告、进场验收记录和复验报告；

3 隐蔽工程验收记录；

4 施工记录。

4.1.3 抹灰工程应对下列材料及其性能指标进行复验：

1 砂浆的拉伸黏结强度；

2 聚合物砂浆的保水率。

4.1.4 抹灰工程应对下列隐蔽工程项目进行验收：

1 抹灰总厚度大于或等于 35mm 时的加强措施；

2 不同材料基体交接处的加强措施。

4.1.5 各分项工程的检验批应按下列规定划分：

1 相同材料、工艺和施工条件的室外抹灰工程每 1000m² 应划分为一个检验批，不足 1000m² 时也应划分为一个检验批；

2 相同材料、工艺和施工条件的室内抹灰工程每 50 个自然间应划分为一个检验批，不足 50 间也应划分为一个检验批，大面积房间和走廊可按抹灰面积每 30m² 计为 1 间。

4.1.6 检查数量应符合下列规定：

1 室内每个检验批应至少抽查 10%，并不得少于 3 间，不足 3 间时应全数检查。

2 室外每个检验批每 100m² 应至少抽查一处，每处不得小于 10m²。

4.1.7 外墙抹灰工程施工前应先安装钢木门窗框、护栏等，应将墙上的施工孔洞堵塞密实，并对基层进行处理。

4.1.8 室内墙面、柱面和门洞口的阳角做法应符合设计要求。设计无要求时，应采用不低于 M20 水泥砂浆做护角，其高度不应低于 2m，每侧宽度不应小于 50mm。

4.1.9 当要求抹灰层具有防水、防潮功能时，应采用防水砂浆。

4.1.10 各种砂浆抹灰层，在凝结前应防止快干、水冲、撞击、振动和受冻，在凝结后应采取措施防止沾污和损坏。水泥砂浆抹灰层应在湿润条件下养护。

4.1.11 外墙和顶棚的抹灰层与基层之间及各抹灰层之间应黏结牢固。

2）一般抹灰工程检验批质量验收记录

（1）一般抹灰检验批质量验收记录表，见表 2-6-2。

表 2-6-2 一般抹灰检验批质量验收记录表

单位（子单位）工程名称	××住宅楼	分部（子分部）工程名称	装饰装修分部	分项工程名称		一般抹灰
施工单位	××建筑公司	项目负责人	王××	检验批容量		450m²
分包单位	/	分包单位项目负责人	/	检验批部位		一单元二层
施工操作依据	工艺标准、技术交底		验收依据		GB 50210—2018	
		验收项目	设计要求及规范规定	最小/实际抽样数量	检查记录	检查结果
主控项目	1	材料品种、性能	设计要求	全面检查	符合要求	合格
	2	基层处理	4.2.2条	6/42	符合要求	合格
	3	抹灰要求	4.2.3条	6/42	符合要求	合格
	4	抹灰黏结牢固	4.2.4条	6/42	符合要求	合格
	5					
	6					

续表

		验收项目	设计要求及规范规定	最小/实际抽样数量	检查记录	检查结果
一般项目	1	抹灰表面质量	4.2.5 条	6/42	符合要求	合格
	2	边角沟槽盒	4.2.6 条	6/42	符合要求	合格
	3	抹灰层厚度	4.2.7 条	6/42	符合要求	合格
	4	分格缝质量	4.2.8 条	/	/	/
	5	滴水线槽	4.2.9 条	/	/	/
	6 允许偏差	垂直度	4	9/42	符合要求	合格
		平整度	4	9/42	符合要求	合格
		分格条直	4	/	/	/
		阴阳角方正	4	9/42	符合要求	合格
		勒角、上口	4	9/42	符合要求	合格
施工单位检查结果		符合要求		专业工长：李×× 项目专业质量检查员：王×× ××××年××月××日		
监理单位验收结论		合格		专业监理工程师：王×× ××××年××月××日		

（2）一般抹灰工程质量验收内容及检验方法

参见 GB 50210—2018 标准 4.2.1～4.2.10 条。

Ⅰ 主控项目

4.2.1 一般抹灰所用材料的品种和性能应符合设计要求及国家现行标准的有关规定。

检验方法：检查产品合格证书、进场验收记录、性能检验报告和复验报告。

4.2.2 抹灰前基层表面的尘土、污垢和油渍等应清除干净，并应洒水润湿或进行界面处理。

检验方法：检查施工记录。

4.2.3 抹灰工程应分层进行。当抹灰总厚度大于或等于 35mm 时，应采取加强措施。不同材料基体交接处表面的抹灰，应采取防止开裂的加强措施，当采用加强网时，加强网与各基体的搭接宽度不应小于 100mm。

检验方法：检查隐蔽工程验收记录和施工记录。

4.2.4 抹灰层与基层之间及各抹灰层之间应黏结牢固，抹灰层应无脱层和空鼓，面层应无爆灰和裂缝。

检验方法：观察；用小锤轻击检查；检查施工记录。

Ⅱ 一般项目

4.2.5 一般抹灰工程的表面质量应符合下列规定：

1 普通抹灰表面应光滑、洁净、接槎平整，分格缝应清晰；

2 高级抹灰表面应光滑、洁净、颜色均匀、无抹纹，分格缝和灰线应清晰美观。

检验方法：观察；手摸检查。

4.2.6 护角、孔洞、槽、盒周围的抹灰表面应整齐、光滑；管道后面的抹灰表面应平整。

检验方法：观察。

4.2.7 抹灰层的总厚度应符合设计要求；水泥砂浆不得抹在石灰砂浆层上；罩面石膏灰不得抹在水泥砂浆层上。

检验方法：检查施工记录。

4.2.8 抹灰分格缝的设置应符合设计要求，宽度和深度应均匀，表面应光滑，棱角应整齐。

检验方法：观察；尺量检查。

4.2.9 有排水要求的部位应做滴水线（槽）。滴水线（槽）应整齐顺直，滴水线应内高外低，滴水槽的宽度和深度应满足设计要求，且均不应小于 10mm。

检验方法：观察；尺量检查。

4.2.10 一般抹灰工程质量的允许偏差和检验方法应符合表 4.2.10 的规定。

表 4.2.10 一般抹灰的允许偏差和检验方法

项次	项目	允许偏差（mm）		检验方法
		普通抹灰	高级抹灰	
1	立面垂直度	4	3	用 2m 垂直检测尺检查
2	表面平整度	4	3	用 2m 靠尺和塞尺检查
3	阴阳角方正	4	3	用 200mm 直角检测尺检查
4	分格条（缝）直线度	4	3	拉 5m 线，不足 5m 拉通线，钢直尺检查
5	墙裙、勒脚上口直线度	4	3	拉 5m 线，不足 5m 拉通线，用钢直尺检查

注：1. 普通抹灰，本表第 3 项阴角方正可不检查；
　　2. 顶棚抹灰，本表第 2 项表面平整度可不检查，但应平顺。

3）施工操作依据：施工工艺标准及技术交底

施工操作依据：按企业标准《一般抹灰施工工艺标准》Q501 和技术交底施工。

（1）企业标准《一般抹灰施工工艺标准》Q501

1 适用范围

本标准适用于建筑工程中室内一般抹灰的施工。

2 施工准备

2.1 材料

2.1.1 水泥：硅酸盐水泥、普通硅酸盐水泥强度等级不低于 42.5。严禁不同品种、不同强度等级的水泥混用。水泥进场应有产品合格证和出厂检验报告，进场后应进行取样复试。水泥的强度、凝结时间和安定性复验合格。当对水泥质量有怀疑或水泥出厂超过 3 个月时，在使用前必须进行复试，并按复试结果使用。

2.1.2 砂：平均粒径为 0.35～0.5mm 的中砂，砂的颗粒要求质地坚硬、洁净，含泥量不得大于 3%，不得含有草根、树叶、碱质和其他有机物等杂质。使用前应按使用要求过不同孔径的筛子。

2.1.3 石灰膏：应用块状生石灰淋制，淋制时用筛网过滤，孔径不大于 3mm，储存在沉淀池中。熟化时间，常温一般不少于 15d；用于罩面灰时，熟化时间不应少于 30d。使用时石灰膏内不应含有未熟化的颗粒和其他杂质。

2.1.4 磨细生石灰：其细度应通过 4900 目/cm² 的筛子。用前应用水浸泡使其充分熟化，其熟化时间宜为 7d 以上。

2.1.5 纸筋：通常使用白纸筋或草纸筋，使用前三周水浸透并敲打拌合成糊状，要求洁净、细腻，也可制成纸浆使用。

2.1.6 麻刀：柔软干燥，不含杂质，长度约 10～30mm。使用前 4～5d 敲打松散，并用石灰膏调好。

2.1.7 界面剂：界面剂应有产品合格证、性能检测报告、使用说明书等质量证明文件。进场后及时进行检验。

2.1.8 钢板网：钢板网厚度为 0.8mm，单个网眼面积不大于 400mm²，表面防锈层良好。

2.2 机具设备

2.2.1 机械：砂浆搅拌机、麻刀机、纸筋灰搅拌机。

2.2.2 工具：筛子、手推车、铁板、铁锹、平锹、灰勺、水勺、托灰板、木抹子、铁抹子、阴阳角抹子、塑料抹子、刮杠、软刮尺、软毛刷、钢丝刷、长毛刷、鸡腿刷、粉线包、钢筋卡子、小线、喷壶、小水壶、水桶、扫帚、锤子、錾子等。

2.2.3 计量检测用具：磅秤、方尺、钢尺、水平尺、靠尺、托线板、线坠等。

2.2.4 安全防护用品：护目镜、口罩、手套等。

2.3 作业条件

2.3.1 结构工程已完，并经验收合格。

2.3.2 已测设完室内标高控制线，并经预检合格。

2.3.3 门窗框安装完，与墙体连接牢固。缝隙用 1:3 水泥砂浆（或 1:1:6 混合砂浆）分层嵌塞密实。塑钢、铝合金门窗框缝隙按产品说明书要求的嵌缝材料堵塞密实，并贴好保护膜。门框下部用铁皮保护。

2.3.4 墙内预埋件和穿墙套管已安装完。墙内的消火栓箱、配电箱等安装完，箱体与预留洞之间的缝隙已用 1:3 干硬性水泥砂浆或细石混凝土堵塞密实，箱体背后明露部分钉钢丝网，与墙边搭接不得小于 100mm。

2.3.5 抹灰用脚手架已搭设好，架子要离开墙面及门窗口 200～250mm，顶板抹灰脚手板距顶板约 1.8m 左右。脚手板铺设应符合安全要求，并经检查合格。

2.3.6 不同基层交接处已采取加强措施，并经验收合格。

2.3.7 抹灰前宜做完屋面防水或上一层地面。

2.4 技术准备

2.4.1 编制分项工程施工方案并经审批，对操作人员进行安全技术交底。

2.4.2 大面积施工前应先做样板，并经监理、建设单位确认后再进行施工。

3 操作工艺

3.1 工艺流程

3.1.1 顶板抹灰

基层处理 → 弹线、找规矩 → 抹底灰 → 抹中层灰 → 抹罩面灰。

3.1.2 墙面抹灰

基层处理 → 弹线、找规矩、套方 → 贴灰饼、冲筋 → 做护角 → 抹底灰 → 抹罩面灰 → 抹水泥窗台板 → 抹墙裙、踢脚。

3.2 操作方法

3.2.1 顶板抹灰

3.2.1.1 基层处理

（1）现浇混凝土楼板：先将基层表面凸出的混凝土剔平，用钢丝刷满刷一遍，提前一天浇水润湿。表面有油污时，用清洗剂或去污剂除去，用清水冲洗干净晾干。若混凝土表面较光滑，应对其表面拉毛，其方法有两种：一是用掺加液体界面剂的聚合物水泥砂浆甩毛，要求甩点均匀（界面剂掺量按产品使用说明书或经试验确定），表面干燥后水泥砂浆疙瘩均匀地粘满基层表面，并有较高的强度（用手掰不掉为准）；二是将界面剂用水调成糊状，用抹子将糊状界面剂浆均匀地抹在混凝土面上，厚度一般为2mm左右。

（2）预制混凝土楼板：首先将凸出楼板面的灌缝混凝土剔平，其他处理方法同现浇混凝土楼板。

3.2.1.2 弹线、找规矩：根据标高控制线，在四周墙上弹出靠近顶板的水平线，作为顶板抹灰的水平控制线。

3.2.1.3 抹底灰：先将顶板基层润湿，然后刷一道界面剂，随刷随抹底灰。底灰一般用1:3水泥砂浆（或1:0.3:3水泥混合砂浆），厚度通常为3～5mm。以墙上水平线为依据，将顶板四周找平。抹灰时需用力挤压，使底灰与顶板表面结合紧密。最后用软刮尺刮平，木抹子搓平、搓毛。局部较厚时，应分层抹灰找平。

3.2.1.4 抹中层灰：抹底灰后紧跟抹中层灰（为保证中层灰与底灰黏结牢固，如底灰吸水快，应及时洒水）。先从板边开始，用抹子顺抹纹方向抹灰，用刮尺刮平，木抹子搓毛。

3.2.1.5 抹罩面灰：罩面灰采用1:2.5水泥砂浆（或1:0.3:2.5水泥混合砂浆），厚度一般为5mm左右。待中层灰约六七成干时抹罩面灰，先在中层灰表面上薄薄地刮一道聚合物水泥浆，紧接着抹罩面灰，用刮尺刮平，铁抹子抹平、压实、压光，并使其与底灰黏结牢固。

3.2.2 混凝土墙面抹灰

3.2.2.1 基层处理

（1）基层处理方法同3.2.1.1中"现浇混凝土楼板"。

（2）混凝土墙面与其他不同材料墙面交接处，先钉加强钢板网，与不同材料墙面的搭接长度不小于100mm。钢板网钉完后，进行隐蔽验收，合格后方可进行下道工序。

3.2.2.2 弹线、找规矩、套方：分别在门窗口角、垛、墙面等处吊垂直套方，在墙面上弹抹灰控制线。并用托线板检查基层表面的平整度、垂直度，确定抹灰厚度，最薄处抹灰厚度不应小于7mm。墙面凹度较大时，应用水泥砂浆分层抹平。

3.2.2.3 贴灰饼、冲筋：根据控制线在门口、墙角用线坠、方尺、拉通线等方法贴灰饼。在2m左右高度离两边阴角100～200mm处各做一个灰饼，然后根据两灰饼用托线板挂垂直做下边两个灰饼，高度在踢脚线上口，厚薄以托线板垂直为准，然后拉通线每隔1.2～1.5m上下各加若干个灰饼。灰饼一般用1:3水泥砂浆做成边长为50mm的方形。门窗口、垛也必须补贴灰饼，上下两个灰饼要在一条垂直线上。

根据灰饼用与抹灰层相同的水泥砂浆进行冲筋，冲筋根数应根据房间的高度或宽度来决定，一般筋宽约100mm为宜，厚度与灰饼相同。冲筋时上下两灰饼中间分两次抹成凸八字形，比灰饼高出5～10mm，然后用刮扛紧贴灰饼搓平。可冲横筋也可冲立筋，依据操作习惯而定。墙面宽度不大于3.5m时宜充立筋。墙面高度大于3.5m时，宜冲横筋。做法见图3.2.2.3示意。

3.2.2.4 做护角：根据灰饼和冲筋，在门窗口、墙面和柱面的阳角处，根据灰饼厚度抹灰，粘好八字靠尺（也可用钢筋卡子）并找吊直。用1:3水泥砂浆打底，待砂浆稍干后用阳角抹子用素水泥浆捋出小圆角作为护角。也可用1:2水泥砂浆（或1:0.3:2.5水泥混合砂浆）做明护角。护角高度不应低于2m，每侧宽度不应小于50mm。在抹水泥护角的同时，用1:3水泥砂浆（或1:1:6水泥混合砂浆）分两遍抹好门窗口边的底灰。当门窗口抹灰面的宽度小于100mm时，通常在做水泥护角时一次完成抹灰。

3.2.2.5 抹底灰：冲筋完2h左右即可抹底灰，一般应在抹灰前一天用水把墙面基层浇透，刷一道聚合物水泥浆。底灰采用水泥砂浆（或1:0.3:3混合砂浆）。打底厚度设计无要求时一般为13mm，每道厚度一般为5～7mm，分层逐遍与冲筋抹平，并用大杠垂直、水平刮一遍，用木抹子搓平、搓毛。然后用托线板、方尺检查底子灰是否平整，阴阳角是否方正。抹灰后应及时清理落地灰。

3.2.2.6 抹罩面灰：罩面灰采用1:2.5水泥砂浆（或1:0.3:2.5水泥混合砂浆），厚度一般为5～8mm。底层砂浆抹好24h后，将墙面底层砂浆湿润。抹灰时先薄薄地刮一道聚合物水泥浆，使其与底灰结合牢固，随即抹第二遍，用大刮杠把表面刮平刮直，用铁抹子压实压光。

3.2.2.7 抹水泥窗台板：先将窗台基层清理干净，用水浇透，刷一道聚合物水泥浆，然后抹1:2.5水泥砂浆

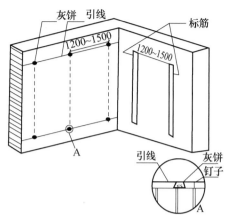

图 3.2.2.3　灰饼、标筋位置示意图

面层，压实压光。窗台板若要求出墙，应根据出墙厚度贴靠尺板分层抹灰，要求下口平直，不得有毛刺。砂浆终凝后浇水养护 2～3d。

3.2.2.8　抹墙裙、踢脚：墙面基层处理干净，浇水润湿，刷界面剂一道，随即抹 1：3 水泥砂浆底层，表面用木抹子搓毛，待底层七八成干时，开始抹面层砂浆。面层用 1：2.5 水泥砂浆，抹好后用铁抹子压光。踢脚面或墙裙面一般凸出抹灰墙面 5～7mm，并要求出墙厚度一致，表面平整，上口平直光滑。

3.2.3　砌体墙面抹灰

3.2.3.1　基层处理：先将墙面上舌头灰、残余砂浆、污垢、灰尘等清理干净，浇水湿润，并把砖缝中的浮灰、尘土冲洗干净。圈梁、构造柱等部位用掺加界面剂的聚合物水泥砂浆甩毛，要求甩点均匀，粘满砂浆疙瘩，干燥后应有较高的强度（用手掰不掉为准）。并在不同基层的交接面挂钢丝网，防止因基层材料不同而开裂。

3.2.3.2　底灰采用 1：3 白灰砂浆（或 1：1：6 水泥混合砂浆），操作方法同混凝土墙面抹灰 3.2.2 相关条款。

3.2.3.3　罩面灰有纸筋灰和麻刀灰两种。底灰约六七成干时，即抹 2mm 罩面灰，先薄薄刮一层，随之抹平，粗压一遍，再抹第二遍。从上到下顺序进行，用铁抹子抹平赶光，然后用塑料抹子顺抹纹压光。

3.3　季节性施工

3.3.1　雨期施工时，应先做完屋面防水，以防损坏抹灰面。

3.3.2　冬期施工，砂浆应用热水拌和，并掺不含氯化物的砂浆抗冻剂，拌好的砂浆宜采取保温措施。砂浆上墙温度不宜低于 5℃。施工环境温度一般不应低于 5℃，可提前做好门窗封闭或采取室内采暖措施，气温低于 0℃ 时不宜进行抹灰作业。

3.3.3　用冻结法砌筑的墙，室内抹灰应待墙面完全解冻后，而且室内环境温度应保持在 5℃ 以上方可进行室内抹灰。不得在负温度和冻结的基体上抹灰。不得用热水冲刷冻结的墙面或用热水消除墙面的冰霜。

3.3.4　冬期施工，砂浆内不得掺入石灰膏，可掺加粉煤灰或冬期施工用外加剂，以提高灰浆的和易性。

3.3.5　冬期施工，抹灰可采用热空气或电暖气加速干燥，并设专人负责定时开关门窗，以便加强通风，排除湿气，必要时应设通风设备。

4　质量标准

4.1　主控项目

4.1.1　抹灰前基层表面的尘土、污垢、油渍等应清除干净，并应洒水润湿。

检验方法：检查施工记录。

4.1.2　抹灰所用材料的品种和性能应符合设计要求。水泥的凝结时间和安定性复验应合格。砂浆配合比应符合设计要求。

检验方法：检查产品合格证书、进场验收记录、复验报告和施工记录。

4.1.3　抹灰工程应分层进行。当抹灰总厚度大于或等于 35mm 时，应采取加强措施。不同材料基体交接处表面的抹灰，应采取防止开裂的加强措施，当采用加强网时，加强网与各基体的搭接宽度不应小于 100mm。

检验方法：检查隐蔽工程验收记录和施工记录。

4.1.4　抹灰层与基层之间及各抹灰层之间必须黏结牢固，抹灰层应无脱层、空鼓，面层应无爆灰和裂缝。

检验方法：观察；用小锤轻击检查；检查施工记录。

4.2　一般项目

4.2.1　一般抹灰工程的表面质量应符合下列规定

普通抹灰：表面应光滑、洁净、接槎平整，分格缝应顺直、清晰。

高级抹灰：表面应光滑、洁净、颜色均匀、无抹纹，分格缝和灰线应顺直、清晰美观。

检验方法：观察；手摸检查。

4.2.2　护角、孔洞、槽、盒周围的抹灰表面应整齐、光滑，管道后面的抹灰表面应平整。

检验方法：观察。

4.2.3　抹灰层的总厚度应符合设计要求；水泥砂浆不得抹在石灰砂浆层上；罩面石膏灰不得抹在水泥砂浆层上。

检验方法：检查施工记录。

4.2.4　抹灰分格缝的设置应符合设计要求，宽度和深度应均匀，表面应光滑，棱角应整齐、通顺。有排水要求的部位应做滴水线（槽），线（槽）应整齐顺直，滴水线应内高外低、宽度和深度符合设计要求，且均不应小于10mm。

检验方法：观察；尺量检查。

4.2.5　一般抹灰工程质量的允许偏差和检验方法见表4.2.5。

表4.2.5　一般抹灰工程质量的允许偏差和检验方法

项目	允许偏差（mm）				检验方法
	普通		高级		
	国标、行标	企标	国标、行标	企标	
立面垂直	4	3	3	3	用2m垂直检测尺检查
表面平整	4	3	3	3	用2m靠尺和楔形塞尺检查
阴阳角方正	4	4	3	3	用直角检测尺检查
阴阳角垂直	—	4	3	3	用2m垂直检测尺检查
分格条（缝）直线度	4	3	3	3	拉5m线，不足5m拉通线，钢直尺检查
墙裙、踢脚上口直线度	4	3	3	3	拉5m线，不足5m拉通线，钢直尺检查

注：1. 普通抹灰，本表阴角方正可不检查；
　　2. 顶棚抹灰，本表表面平整可不检查，但应平顺。

5　成品保护

5.0.1　门窗框在抹灰之前应进行保护或贴保护膜。抹灰完成后，及时清理残留在门窗框上的砂浆。

5.0.2　翻拆架子时防止损坏已抹好的墙面。用手推车或人工搬运材料时，采取保护措施，防止造成污染和损坏。抹灰完成后，在建筑物进出口和转角部位，应及时做护角保护，防止碰坏棱角。

5.0.3　抹灰作业时，禁止蹬踩已安装好的窗台板或其他专业设备，防止损坏。

5.0.4　抹灰作业时，必须保护好地面、地漏，禁止直接在地面上拌灰或堆放砂浆。

6　应注意的质量问题

6.0.1　抹灰前对基层必须处理干净，光滑表面应做毛化处理，浇水湿润。抹灰时应分层进行，每层抹灰不应过厚，并严格控制间隔时间，抹完后及时浇水养护，以防空鼓、开裂。

6.0.2　安装窗框时，标高应统一、尺寸准确，框四周应留有抹灰量，以防抹灰吃口。

6.0.3　抹灰时避免将接槎放在大面中间处，一般应留在分格缝或不明显处，防止产生接槎不平。

6.0.4　若墙面不做涂饰时，砂浆应用同品种、同批号的水泥，罩面压光应避免在同一处过多揉压，以防造成表面颜色深浅不一。

6.0.5　淋制灰膏或泡制磨细生石灰粉时，熟化时间必须达到规定天数，防止因灰膏中存有未熟化的颗粒，造成抹灰层爆裂，出现开花、麻点。

6.0.6　现浇混凝土顶板抹灰基层必须进行毛化处理，抹灰厚度不得过厚，防止因黏结不牢、开裂脱落，造成伤人的质量事故。必要时，施工前应经监理、建设单位确认，采取相应的技术措施，选用先进的模板及支撑体系，使顶板结构表面达到不抹灰即可做涂饰施工的效果。

6.0.7　北京地区施工混凝土顶板必须达到不抹灰的标准。

7　质量记录

7.0.1　水泥出厂合格证、性能检测报告及水泥的凝结时间和安定性复试报告。

7.0.2　砂子试验报告。

7.0.3　生石灰、磨细生石灰粉出厂合格证。

7.0.4　界面剂产品合格证和环保检测报告。

7.0.5　抹灰厚度大于或等于35mm和不同材质基层交界处的加强措施隐检记录。

7.0.6　检验批质量验收记录。

7.0.7　分项工程质量验收记录。

8 安全、环保措施

8.1 安全操作要求

8.1.1 抹灰用各种架子搭设应符合安全规定，并经安全部门检查合格。铺板不得有探头板和飞挑板。

8.1.2 进入现场作业人员必须戴安全帽，2m 以上作业必须系安全带并应穿防滑鞋。

8.1.3 机械操作人员必须持证上岗，非操作人员严禁动用。

8.1.4 夜间或在光线不足的地方施工时，移动照明应使用 36V 低压设备。

8.1.5 采用垂直运输设备上料时，严禁超载，运料小车的车把严禁伸出笼外，小车应加车挡，各楼层防护门应随时关闭。

8.1.6 清理施工垃圾时，不得从窗口、阳台等处往下抛掷。

8.1.7 淋制石灰时，操作人员要戴护目镜和口罩。

8.2 环保措施

8.2.1 现场搅拌站应封闭，宜采取喷水降尘措施，并应设置排水沟和沉淀池，废水必须经沉淀后排放。

8.2.2 大风天气施工时，砂子和石灰要进行覆盖，防止扬尘。

8.2.3 抹灰用砂浆在运输和施工过程中有遗撒时应及时清理。

8.2.4 施工用的界面剂、清洗剂应符合环保要求。

8.2.5 在城区或靠近居民生活区施工时，对施工噪声要有控制措施，夜间运输车辆不得鸣笛，减少噪声扰民。

（2）技术交底

技术交底示例参见表 2-6-3。

表 2-6-3 室内抹灰技术安全交底

1. 做好施工准备，材料要控制好，砂浆严格配合比拌制，水泥一定要保持质量，进场检验并复试，现场保管条件要符合要求，不要让受潮，发现结块及过期要复试后按复试结果使用。按施工工艺标准及技术交底进行施工。

2. 施工机具要选配好，特别是检测用工具必须符合要求，工人的防护用品要配套。

3. 施工前现场准备

（1）结构已验收合格，各种管线及洞口等已隐蔽工程验收合格；

（2）室内 50 线已弹好，并技术复核正确，门窗框已安装固定牢固，框与墙的缝已按规定处理好，并验收。门窗框及线盒盘等已贴膜保护，门框下部用铁皮保护，并固定牢固。

（3）基层处理已完成。墙面上的舌头灰、粘的砂浆、污垢、灰尘及活动的小砖块等清理干净，洒水湿润，圈梁、柱、梁部位已用水泥砂浆甩毛，不同基层交接处已安设钢丝网等防开裂措施。

（4）吊直、找方、弹线。找出抹灰厚度、平整度，墙凹度大 25mm，先用水泥砂浆找平；个别凸出的地方凿平，使抹灰厚度均匀，防止下坠、空鼓、裂缝，以及增大整个墙面的厚度。

（5）贴饼、冲筋。落实墙面的厚度、平整度、方正等。冲筋见施工工艺示意图。

（6）做护角。根据冲筋 1：3 水泥浆做护角及门窗口边的底灰，当门窗口抹灰宽度<100mm 时，用 1：3 水泥砂浆一次完成抹灰。

（7）抹底灰。冲筋 2h 后即可按冲筋抹底灰，一般在抹 2h 前将墙浇水，使基层湿润，水浸入墙 30～40mm 为宜，底灰用 1：0.3：3 水泥混合砂浆，厚度约 5～7mm，分层与冲筋找平，木抹子搓毛。检查平整度、垂直度、阴阳角方正等符合要求，清理落地灰。

（8）抹面层灰。厚度一般 5～8mm，底层灰抹好 24h 后，将底灰湿润，抹二层灰，大杠刮平刮直，铁抹子压实压光。

（9）抹窗台板、墙裙、踢脚。将窗台及墙基层清理干净，洒水湿润，用 1：3 水泥砂浆抹窗台、墙裙、踢脚线。窗台出墙宽度按设计要求做，墙裙、踢脚线高度及厚度按设计要求做，窗台、墙裙、踢脚线上口、平直、出墙厚度一致。压实、压光，并倒棱捋角。清理现场。

（10）门窗口边抹灰、窗台，水泥墙裙及踢脚线，墙护角用洒水养护 3～4d。

专业工长：李×

抹灰班长：王××

××××年××月××日

4）施工记录

施工记录示例参见表 2-6-4。

表 2-6-4　××住宅楼室内抹灰施工记录

工程名称	××住宅楼	分部工程	装饰装修	分项工程	室内抹灰
施工单位	××建筑公司	项目负责人	王××	施工班组	抹灰班王×
施工期限	××××年××月××日×时至×月×日×时	气候	22℃晴√阴　风　雨　雪		

1. 施工部位：三层一单元室内抹灰。一个单元 12 户，2720m²。

2. 材料：水泥混合砂浆，现场搅拌，水泥、中砂，32.5 矿渣水泥。

石灰粉、中砂有合格证，32.5 矿渣水泥有合格证及试验报告。

3. 施工前准备：机械、工具，搅拌机及操作工具，检测用具。安全防护用品；

结构完工，经过验收合格，50 线已测设；门窗框已安装固定牢固，框缝隙填塞密实，框已贴保护膜。门下端固定牢固；预埋件已验收记录；

基层已检查处理，并洒水湿润。

脚手架已搭好。

施工方案已审批认可并学习，施工员已进行技术安全交底。

首道工序样板已验收通过，并施工班组现场学习领会。

4. 施工过程：按工艺流程，专项施工方案及技术交底进行施工。没有出现质量控制不到位情况。

基层处理→弹线找方→贴饼冲筋→做护角→抹底灰→抹面灰→抹窗台墙裙踢脚→班组自行检查。做好施工记录。检查主控项目、一般项目及检查允许偏差。控制在规范规定之内，达到样板标准，可不标注检查位置，只记录检查结果。

5. 安全、环保措施检查记录、按交底要求进行。

6. 成品保护措施，按工艺方案进行。

7. 工程质量达到首道工序样板标准。

专业施工员：李××

××××年××月××日

5）质量验收评定原始记录

质量验收评定记录示例参见表 2-6-5。

表 2-6-5　一般抹灰检验质量验收评定原始记录

工程名称	××住宅楼	验收部位	三层一单元室内抹灰

主控项目

1. 材料品种、性能。材料主要是砂子（中砂），水泥是普通硅酸盐水泥 42.5 级。

砂子有合格证，水泥有合格证，进场验收记录及强度复试报告。

砂子、××住宅楼 5 号合格证，水泥合格证，××住宅楼 3 号合格证及检验复试报告。

2. 基层处理。基层墙面上的舌头灰、灰尘、活动的小砖块，污垢清理干净，洒水冲洗干净，墙面湿润，混凝土柱、梁面上用聚合物水泥浆甩毛，不同基层交接面钉铺钢丝网。符合工艺标准要求。墙上的预埋管、盒等固定牢固经过验收。

3. 抹灰要求。墙面抹灰厚度≤15mm，分层施抹，不同基层材料交接处加挂钢丝网，每边不少于 100mm，钢丝网平顺牢固，抹底厚 5～8mm，面层灰厚 5～7mm。

4. 抹灰层与基层、抹灰层之间黏结牢固，无空鼓、脱层。面层无爆灰、裂缝。

主控项目是全面检查，发现问题进行了修补改进，全面达到规范规定。

一般项目：

1. 抹灰表面质量：表面光滑、洁净，接槎平整。

2. 护角、洞、槽、盒周围抹灰光滑、整齐，管道背后抹面平整；

3. 抹灰层的总厚度为（15±5）mm，个别地方事前做了补抹，底层 8mm 左右，面层 7mm 左右。未有高强度抹在低强灰层之上的情况；

4. 室内抹灰层没设分格。

5. 室内抹灰未要求做滴水线槽等。

6. 允许偏差：

（1）垂直度 4mm。在大墙面检查中，检查 6 间的墙面，共 12 点（3、2、3、3、2、3、3、4、3、3、4、3），未发现垂直度＞4mm；卫生间小房间检查 3 间，4、4、5 但没大于 5mm。

（2）平整度 4mm。同在垂直度检查房间检查，每墙面 45°方向各查一点，一共检查 12 点（4、4、3、4、3、4、4、4、4、3、4、4），均≤4mm。

（3）分格线项目未有。

（4）阴阳角方正，4mm。在大房间检查，阴角不查，阳角每房各检测一点，共查6点（阳：4、4、4、4、6、4），符合点≥80%，最大值为6mm。

（5）墙裙、勒脚上口平直度。墙裙没有项目，勒脚大房间有，每房查2处，共12处（4、4、4、4、4、3、4、4、4、4、4、4），均≤4mm。

专业质量员：李××

××××年××月××日

（二）砖地面工程检验批质量验收示例

1）板块面层质量验收一般规定

参见 GB 50209—2010 标准 6.1.1～6.2.4 条。

6.1 一般规定

6.1.1 本章适用于砖面层、大理石和花岗石面层、预制板块面层、料石面层、塑料板面层、活动地板面层、金属板面层、地毯面层、地面辐射供暖的板块面层等面层分项工程的施工质量验收。

6.1.2 铺设板块面层时，其水泥类基层的抗压强度不得小于 1.2MPa。

6.1.3 铺设板块面层的结合层和板缝间的填缝采用水泥砂浆时，应符合下列规定：

1 配制水泥砂浆应采用硅酸盐水泥、普通硅酸盐水泥或矿渣硅酸盐水泥；

2 配制水泥砂浆的砂应符合现行行业标准《普通混凝土用砂、石质量及检验方法标准》JGJ 52 的有关规定；

3 水泥砂浆的体积比（或强度等级）应符合设计要求。

6.1.4 结合层和板块面层填缝的胶结材料应符合国家现行有关标准的规定和设计要求。

6.1.5 铺设水泥混凝土板块、水磨石板块、人造石板块、陶瓷锦砖、陶瓷地砖、缸砖、水泥花砖、料石、大理石、花岗石等面层的结合层和填缝材料采用水泥砂浆时，在面层铺设后，表面应覆盖、湿润，养护时间不应少于7d。当板块面层的水泥砂浆结合层的抗压强度达到设计要求后，方可正常使用。

6.1.6 大面积板块面层的伸、缩缝及分格缝应符合设计要求。

6.1.7 板块类踢脚线施工时，不得采用混合砂浆打底。

6.1.8 板块面层的允许偏差和检验方法应符合表 6.1.8 的规定。

表 6.1.8 板、块面层的允许偏差和检验方法

项次	项目	允许偏差（mm）											检验方法
		陶瓷锦砖面层、高级水磨石板、陶瓷地砖面层	缸砖面层	水泥花砖面层	水磨石板块面层	大理石面层、花岗石面层、人造石面层、金属板面层	塑料板面层	水泥混凝土板块面层	碎拼大理石、碎拼花岗石面层	活动地板面层	条石面层	块石面层	
1	表面平整度	2.0	4.0	3.0	3.0	1.0	2.0	4.0	3.0	2.0	10	10	用2m靠尺和楔形塞尺检查
2	缝格平直	3.0	3.0	3.0	3.0	2.0	3.0	3.0	—	2.5	8.0	8.0	拉5m线和用钢尺检查
3	接缝高低差	0.5	1.5	0.5	1.0	0.5	0.5	1.5	—	0.4	2.0	—	用钢尺和楔形塞尺检查
4	踢脚线上口平直	3.0	4.0		4.0	1.0	2.0	1.0	1.0	—	—	—	拉5m线和用钢尺检查
5	板块间隙宽度	2.0	2.0	2.0	2.0	1.0	—	6.0	—	0.3	5.0	—	用钢尺检查

6.2 砖面层

6.2.1 砖面层可采用陶瓷锦砖、缸砖、陶瓷地砖和水泥花砖，应在结合层上铺设。

6.2.2 在水泥砂浆结合层上铺贴缸砖、陶瓷地砖和水泥花砖面层时，应符合下列规定：

1 在铺贴前，应对砖的规格尺寸、外观质量、色泽等进行预选；需要时，浸水湿润晾干待用；

2 勾缝和压缝应采用同品种、同强度等级、同颜色的水泥，并做养护和保护。

6.2.3 在水泥砂浆结合层上铺贴陶瓷锦砖面层时，砖底面应洁净，每联陶瓷锦砖之间、与结合层之间以及在墙角、镶边和靠柱、墙处应紧密贴合。在靠柱、墙处不得采用砂浆填补。

6.2.4 在胶结料结合层上铺贴缸砖面层时，缸砖应干净，铺贴应在胶结料凝结前完成。

2）砖面层检验批质量验收记录

（1）砖面层检验批质量验收记录表见表2-6-6。

表 2-6-6　砖面层检验批质量验收记录

单位（子单位）工程名称		××住宅楼	分部（子分部）工程名称	砖面层地面	分项工程名称	砖面层地面铺设
施工单位		××建筑公司	项目负责人	王××	检验批容量	720m²
分包单位		/	分包单位项目负责人	/	检验批部位	三层地面
施工操作依据		《砖面层施工工艺标准》Q116、技术交底		验收依据	《建筑地面工程施工质量验收规范》GB 50209—2010	
验收项目			设计要求及规范规定	最小/实际抽样数量	检查记录	检查结果
主控项目	1	板块材料质量	第6.2.5条	/	符合规定	合格
	2	板块产品应有放射性限量合格的检测报告	第6.2.6条	/	符合规定	合格
	3	面层与下一层结合牢固	第6.2.7条	/	符合规定	合格
一般项目	1	面层表面质量	第6.2.8条	/	符合规定	合格
	2	邻接处镶边用料及质量	第6.2.9条	/	符合规定	合格
	3	踢脚线质量	第6.2.10条	/	符合规定	合格
	4	楼梯、台阶踏步（mm）｜踏步尺寸及面层	第6.2.11条	/	符合规定	合格
		楼梯、台阶踏步（mm）｜楼层梯段相邻踏步高度差	10	/	√	√
		楼梯、台阶踏步（mm）｜每踏步两端宽度差	10	/	√	√
		楼梯、台阶踏步（mm）｜旋转楼梯踏步两端宽度	5	/	/	/
	5	面层表面坡度	第6.2.12条	/	符合规定	合格
	6	表面平整度（mm）｜缸砖	4.0	/	/	/
		表面平整度（mm）｜水泥花砖	3.0	/	/	/
		表面平整度（mm）｜陶瓷锦砖、陶瓷地砖	2.0	/	√	√
		缝格平直	3.0	/	√	√
		接缝高低差（mm）｜陶瓷锦砖、陶瓷地砖、水泥花砖	0.5	/	√	√
		接缝高低差（mm）｜缸砖	1.5	/	/	/
		踢脚线上口平直（mm）｜陶瓷锦砖、陶瓷地砖	3.0	/	√	√
		踢脚线上口平直（mm）｜缸砖	4.0	/	/	/
		板块间隙宽度（mm）	2.0	/	√	√
施工单位检查结果		符合规定　　专业工长：王××　　项目专业质量检查员：李××　　××××年××月××日				
监理单位验收结价		合格　　专业监理工程师：王××　　××××年××月××日				

（2）砖面层地面工程质量验收内容和检验方法，参见 GB 50209 中的 6.2.5～6.2.13 条。

Ⅰ 主控项目

6.2.5 砖面层所用板块产品应符合设计要求和国家现行有关标准的规定。

检验方法：观察检查和检查型式检验报告、出厂检验报告、出厂合格证。

检查数量：同一工程、同一材料、同一生产厂家、同一型号、同一规格、同一批号检查一次。

6.2.6 砖面层所用板块产品进入施工现场时，应有放射性限量合格的检测报告。

检验方法：检查检测报告。

检查数量：同一工程、同一材料、同一生产厂家、同一型号、同一规格、同一批号检查一次。

6.2.7 面层与下一层的结合（黏结）应牢固，无空鼓（单块砖边角允许有局部空鼓，但每自然间或标准间的空鼓砖不应超过总数的 5%）。

检验方法：用小锤轻击检查。

检查数量：按本规范第 3.0.21 条规定的检验批检查。

Ⅱ 一般项目

6.2.8 砖面层的表面应洁净、图案清晰、色泽应一致，接缝应平整，深浅应一致，周边应顺直。板块应无裂纹、掉角和缺楞等缺陷。

检验方法：观察检查。

检查数量：按本规范第 3.0.21 条规定的检验批检查。

6.2.9 面层邻接处的镶边用料及尺寸应符合设计要求，边角应整齐、光滑。

检验方法：观察和用钢尺检查。

检查数量：按本规范第 3.0.21 条规定的检验批检查。

6.2.10 踢脚线表面应洁净，与柱、墙面的结合应牢固。踢脚线高度及出柱、墙厚度应符合设计要求，且均匀一致。

检验方法：观察和用小锤轻击及钢尺检查。

检查数量：按本规范第 3.0.21 条规定的检验批检查。

6.2.11 楼梯、台阶踏步的宽度、高度应符合设计要求。踏步板块的缝隙宽度应一致；楼层梯段相邻踏步高度差不应大于 10mm；每踏步两端宽度差不应大于 10mm，旋转楼梯梯段的每踏步两端宽度的允许偏差不应大于 5mm。踏步面层应做防滑处理，齿角应整齐，防滑条应顺直、牢固。

检验方法：观察和用钢尺检查。

检查数量：按本规范第 3.0.21 条规定的检验批检查。

6.2.12 面层表面的坡度应符合设计要求，不倒泛水、无积水；与地漏、管道结合处应严密牢固，无渗漏。

检验方法：观察、泼水或用坡度尺及蓄水检查。

检查数量：按本规范第 3.0.21 条规定的检验批检查。

6.2.13 砖面层的允许偏差应符合本规范表 6.1.8 的规定。

检验方法：按本规范表 6.1.8 中的检验方法检验。

检查数量：按本规范第 3.0.21 条规定的检验批和第 3.0.22 条的规定检查。

3）施操作工依据：施工工艺标准和技术交底

（1）企业标准《砖面层地面施工工艺标准》Q116

1 适用范围

本标准适用于建筑工程中各种地砖、玻化砖、釉面砖地面面层的施工。

2 施工准备

2.1 材料

2.1.1 地砖：有出厂合格证及检测报告，品种规格及物理性能符合国家标准及设计要求，外观颜色一致，表面平整、边角整齐，无裂纹、缺棱掉角等缺陷。

2.1.2 水泥：硅酸盐水泥、普通硅酸盐水泥，其强度等级不应低于 42.5，严禁不同品种、不同强度等级的水泥混用。水泥进场应有产品合格证和出厂检验报告，进场后应进行取样复试。其质量必须符合现行国家标准《通用硅酸盐水泥》GB 175 的规定。当对水泥质量有怀疑或水泥出厂超过三个月时，在使用前必须进行复试，并按复试结果使用。

白色硅酸盐水泥：白色硅酸盐水泥，其强度等级不小于 42.5。其质量应符合现行国家标准《白色硅酸盐水泥》GB/T 2015 的规定。

2.1.3 砂：中砂或粗砂，过 5mm 孔径筛子，其含泥量不大于 3%。其质量应符合现行行业标准《普通混凝土用砂质量标准及检验方法》JGJ 52 的规定。

2.1.4 水：宜采用饮用水。当采用其他水源时，其水质应符合现行行业标准《混凝土拌合用水标准》JGJ 63 的规定。

2.1.5 界面剂：应有出厂合格证及检测报告。

2.2 机具设备

2.2.1 机械：砂搅拌机、台式砂轮锯、手提云石机、角磨机。

2.2.2 工具：橡皮锤、铁锹、手推车、筛子、木耙、水桶、刮杠、木抹子、铁抹子、塞子、铁锤、扫帚等。

2.2.3 计量检测用具：水准仪、磅秤、钢尺、直角尺、靠尺、尼龙线、水平尺等。

2.2.4 安全防护用品：口罩、手套、护目镜等。

2.3 作业条件

2.3.1 室内标高控制线（＋500mm 或＋1000mm）已弹好，大面积施工时应增加测设标高控制桩点，并校核无误。

2.3.2 室内墙面抹灰已做完、门框安装完。

2.3.3 地面垫层及预埋在地面内的各种管线已做完，穿过楼面的套管已安装完，管洞已堵塞密实，并办理完隐检手续。

2.4 技术准备

2.4.1 根据设计要求，结合现场尺寸，进行排砖设计，并绘制施工大样图，经设计、监理、建设单位确认。

2.4.2 办理材料确认，并将设计或建设单位选定的样品封样保存。

2.4.3 铺砖前应向操作人员进行安全技术交底。大面积施工前宜先做出样板间或样板块，经设计、监理、建设单位认定后，方可大面积施工。

3 操作工艺

3.1 工艺流程

基层处理 → 水泥砂浆找平层 → 测设十字控制线、标高线 → 排砖试铺 → 铺砖 → 养护 → 贴踢脚板面砖 → 勾缝

3.2 操作方法

3.2.1 基层处理：先把基层上的浮浆、落地灰、杂物等用錾子剔除掉，再用钢丝刷、扫帚将浮土清理干净。

3.2.2 水泥砂浆找平层

3.2.2.1 冲筋：在清理好的基层上洒水湿润。依照标高控制线向下量至找平层上表面，拉水平线做灰饼（灰饼顶面为地砖结合层下皮）。然后先在房间四周冲筋，再在中间每隔 1.5m 左右冲筋一道。有泛水的房间按设计要求的坡度找坡，冲筋宜朝地漏方向呈放射状。

3.2.2.2 抹找平层：冲筋后，及时清理冲筋剩余砂浆，再在冲筋之间铺装 1：3 水泥砂浆，一般铺设厚度不小于 20mm，用平锹将砂浆摊平，用刮杠将砂浆刮平，木抹子拍实、抹平整，同时检查其标高和泛水坡度是否正确，做好洒水养护。

3.2.3 测设十字控制线、标高线：当找平层强度达到 1.2MPa 时，根据＋500mm 或＋1000mm 控制线和地砖面层设计标高，在四周墙面、柱面上弹出面层上皮标高控制线。依照排砖图和地砖的留缝大小，在基层地面弹出十字控制线和分格线。如设计有图案要求时，应按设计图案弹出图案定位线，做好标记，并经预检核对，以防出错。

3.2.4 排砖、试铺：排砖时，垂直于门口方向的地砖对称排列，当试排最后出现非整砖时，应将非整砖与一块整砖尺寸之和平分切割成两块大半砖，对称排在两边。与门口平行的方向，当门口是整砖时，最里侧的一块砖宜大于半砖（或大于 200mm），当不能满足时，将最里侧的非整砖与门口整砖尺寸相加均分在门口和最里侧。密缝铺贴时，缝宽不大于 1mm。根据施工大样图进行试铺，试铺无误后，进行正式铺贴。

3.2.5 铺砖：先在两侧铺两条控制砖，依此拉线，再大面积铺贴。铺贴采用干硬性砂浆，其配比一般为 1：2.5～3.0（水泥：砂）。根据砖的大小先铺一段砂浆，并找平拍实，将砖放置在干硬性水泥砂浆上，用橡皮锤将砖敲平后揭起，在干硬性水泥砂浆上浇适量素水泥浆，同时在砖背面刮聚合物水泥膏，再将砖重新铺放在干硬性水泥砂浆上，用橡皮锤按标高控制线、十字控制线和分格线敲压平整，然后向四周铺设，并随时用 2m 靠尺和水平尺检查，确保砖面平整，缝格顺直。

3.2.6 养护：砖面层铺贴完 24h 内应进行洒水养护，夏季气温较高时，应在铺贴完 12h 后浇水养护并覆盖，养护时间不少于 7d。

3.2.7 贴踢脚板面砖：墙面抹灰时留出踢脚部位不抹灰，使踢脚砖不致出墙太厚。粘贴前砖要浸水阴干，墙面洒水湿润。铺贴时先在两端阴角处各贴一块，然后拉通线控制踢脚砖上口平直和出墙厚度。踢脚砖粘贴用 1：2 聚合物水泥砂浆（界面剂的掺加量按产品说明书），将砂浆粘满砖背面并及时粘贴，随之将挤出的砂浆刮掉，面层清理干净。设计无要求时，踢脚板面砖宜与地面砖对缝或按骑马缝方式铺设。

3.2.8 勾缝：当铺砖面层的砂浆强度达到 1.2MPa 时（夏季一般 36h 左右，冬季一般 60h 之后）进行勾缝，用与铺贴砖面层的同品种、同强度等级的水泥或白水泥与矿物颜料调成设计要求颜色的水泥膏或 1：1 水泥砂浆进行勾缝，先清理缝隙中的散灰及垃圾，将地面扫干净再勾缝，勾缝清晰、顺直、平整光滑、深浅一致，并低于砖面 0.5～1.0mm。再次将地面清理干净。

3.3 季节性施工

冬期环境温度低于 5℃时，原则上不能进行铺地砖作业，如必须施工时，应对外门窗采取封闭保温措施，保证施工在正温条件下进行，同时应根据气温条件在砂浆中掺入防冻剂（掺量按防冻剂说明书），并进行覆盖保温，以保证地面砖的施工质量。

4 质量标准

4.1 主控项目

4.1.1 砖面层材料的品种、规格、颜色、质量及放射性限量必须符合设计要求。

检验方法：观察检查和检查材质合格证明文件及检测报告，以及放射性限量合格的检测报告。

4.1.2 面层与下一层的结合（黏结）应牢固，无空鼓。

检验方法：用小锤轻击检查。

4.1.3 面层的砖排列合理、有序、美观，若有图案时，图像的位置、尺度、比例应协调美观。

检查方法：观察检查。

4.2 一般项目

4.2.1 砖面层应洁净，图案清晰，色泽一致，接缝平整，深浅一致，周边顺直。地面砖无裂纹、无缺棱掉角等缺陷，套割粘贴严密、美观、干净清洁。

检验方法：观察检查。

4.2.2 地砖留缝宽度、深度、勾缝材料颜色均应符合设计要求及规范的有关规定。

检验方法：观察和用钢尺检查。

4.2.3 踢脚线表面应洁净，高度一致，结合牢固，出墙厚度一致。踢脚线已与周边板块或地面板块对缝或骑马缝设置。

检验方法：观察和用小锤轻击及钢尺检查。

4.2.4 楼梯踏步和台阶板块的缝隙宽度应一致，棱角整齐；楼层梯段相邻踏步高度差不大于 10mm；防滑条应顺直。

检验方法：观察和用钢尺检查。

4.2.5 地砖面层坡度应符合设计要求，不倒泛水，无积水；与地漏、管根结合处应严密牢固，无渗漏。

检验方法：观察、泼水或坡度尺及蓄水检查。

4.2.6 地砖面层的允许偏差和检验方法见表 4.2.6。

表 4.2.6 地砖面层允许偏差和检验方法

项目	允许偏差（mm）		检验方法
	国标、行标	企标	
表面平整度	3.0	2.0	用 2m 靠尺及楔形塞尺检查
缝格平直	3.0	2.0	拉 5m 线和用钢尺检查
接缝高低差	0.5	0.5	尺量及楔形塞尺检查
踢脚线上口平直	3.0	2.0	拉 5m 线，不足 5m 拉通线和尺量检查
板块间隙宽度	2.0	2.0	尺量检查

5 成品保护

5.0.1 对室内已完的成品应有可靠的保护措施，不得因地面施工造成墙面污染、地漏堵塞等。

5.0.2 在铺砌面砖操作过程中，对已安装好的门框、管道要加以保护。施工中不得污染、损坏其他工种的半成品、成品。

5.0.3 切割地砖时应用垫板，禁止在已经铺好的面层上直接操作。

5.0.4 地砖面层完工后在养护过程中，应进行遮盖和围挡，保持湿润，避免损坏。水泥砂浆结合层强度达到设计要求后，方可进行下道工序施工。

5.0.5 严禁在已铺砌好的地面上调配油漆、拌和砂浆。梯子、脚手架、压力案等不得直接放在砖面层上。油漆、涂料施工时，应对面层进行覆盖保护。

6 应注意的质量问题

6.0.1 基层要确保清理干净，洒水湿润到位，保证与面层的黏结力；刷浆要到位，并做到随刷随抹灰；铺贴后及时遮盖、养护，避免因水泥砂浆与基层结合不好而造成面层空鼓。

6.0.2 铺贴前应对地面砖进行严格挑选，凡不符合质量要求的均不得使用。铺贴后防止过早上人，避免产生接缝高低不平现象。

6.0.3 铺贴时必须拉通线，操作者应按线铺贴。每铺完一行，应立即再拉通线检查缝隙是否顺直，避免出现板缝不均现象。

6.0.4 踢脚板面砖粘贴前应先检查墙面的平整度，并应弹水平控制线，铺贴时拉通线，以保证踢脚板面砖上口平直、出墙厚度一致。

6.0.5 勾缝所用的材料颜色应与地砖颜色一致，防止色泽不均，影响美观。

6.0.6 切割时要认真操作，掌握好尺寸，避免造成地漏、管根等处套割不规矩、缝隙大小不一致、不美观。

7 质量记录

7.0.1 水泥出厂合格证及复试报告。

7.0.2 砂子试验报告。

7.0.3 界面剂的出厂合格证及环保等检测报告。

7.0.4 地面砖的出厂合格证及检测报告，以及放射性含量检测报告。

7.0.5 检验批质量验收记录。

7.0.6 分项工程质量验收记录。

8 安全、环保措施

8.1 安全操作要求

8.1.1 电气设备应有接地保护，小型电动工具必须安装漏电保护装置，使用前应经试运转合格后方可操作。电动工具使用的电源线必须采用橡胶电缆。

8.1.2 清理地面时，不得从门窗口、阳台、预留洞口等处往下抛掷垃圾、杂物。

8.1.3 切割面砖时，操作人员应戴好口罩、护目镜等安全防护用品。

8.2 环保措施

8.2.1 施工垃圾、渣土应集中堆放，并使用封盖车辆清运到指定地点消纳处理。

8.2.2 在城区或靠近居民生活区施工时，对施工噪声要有控制措施，夜间运输车辆不得鸣笛，减少噪声扰民。

8.2.3 施工垃圾严禁凌空抛撒。清理地面基层时应随时洒水，减少扬尘污染。

8.2.4 施工所采用的原材料应符合现行国家标准《民用建筑工程室内环境污染控制标准》GB 50325 的有关规定。

（2）技术交底

技术交底示例参见表 2-6-7。

表 2-6-7 砖地面工程技术交底

工程名称	××住宅楼	施工单位	三层地面工程

1. 按施工工艺标准及技术交底施工。有施工工艺标准也必须进行技术交底，说明本工程的特点及质量安全要求及注意事项。

2. 施工准备。

（1）材料准备，材料进场检验，符合订货合同及设计要求，厨、厕地面已蓄水试验合格，其防水层的坡度符合要求，坡向正确，无渗漏情况。

砖、块材、规格性能符合设计要求，外观颜色一致，表面平整，边角整齐，尺寸符合设计要求；

水泥不低于 42.5 级，进场检验，抽样复试合格。有合格证及复试报告；需要白水泥时，应有白水泥，符合质量要求；砂子有合格证。

（2）工具准备，砂浆配比称量、拌制器具、操作工具、检测工具、水准仪、磅秤、钢尺、靠尺、水平尺、尼龙线等；

（3）作业条件：50 线已弹好检查无误，室内抹灰已完工，门窗框安装好，地面垫层及预埋线管已验收，防水层隔离层蓄水试验合格，坡向正确，无存水现象，已办理隐检手续。垫层表面平整度及坡度符合要求。

（4）技术准备：首道工序样板工程已做完，经验收符合施工方案要求，施工班组已按工艺标准进行了学习培训；施工班组对现场尺寸进行实测，排砖放线，绘制施工大样，经设计、监理、建设单位确认，同意大面积施工。

3. 工艺流程：基层处理→铺水泥砂浆层→测控制线、标高线→排砖试铺→铺砖→养护→贴踢脚线面砖、勾（擦）缝线清理表面

每个环节都控制好，符合工艺标准要求。班组按主控项目、一般项目自控，使质量达到标准规定。

4. 注意质量问题：基层要清理干净，洒水湿润，横纵拉通线控制砖缝及标高，砖要严格选用，不符合的不用，防止颜色不一致；排水口、管周围要套割准确，铺设牢固，美观适用。要做好成品保护，不能过早上人，表面覆盖及防止表面污染。

5. 环保措施。施工完及时清理地面及施工现场，垃圾运送到规定地点，垃圾不能从窗口抛出，施工时噪声控制，防止扰民。材料要保证环保指标达标。

6. 整理好有关资料：水泥出厂合格证及复试报告，砂子试验报告。做好面砖合格证及检测报告；检验批质量记录、施工依据、施工记录及验收评定原始记录。

专业工长：李××

××××年××月××日

4）施工记录

施工记录示例参见表 2-6-8。

表 2-6-8　施工记录

工程名称	××住宅楼	分部工程	装饰装修	分项工程	砖地面铺设
施工单位	××建筑公司	项目负责人	王××	施工班组	瓦工班王×
施工期限	××××年××月××日×时 至×月×日×时	气候		23℃　晴√阴　风　雨　雪	

1. 施工部位。三层地面砖铺设,1个单元8户,720m²。
2. 砖,合格证、出厂检验报告以及放射性限量检测报告都合格;
　　水泥合格证、进场复试报告,存放期不大于1个月,强度符合设计要求;
　　砂,中砂,有合格证。
3. 施工前准备:施工机具、操作工具及检测用仪器符合要求;房间已弹50线,并检查合格;基层已验收合格,预埋管线、穿楼板套管等已隐蔽验收合格,基层已清理并洒水湿润,没有明水。
　　各类房间基层已测量完,平整度、坡度符合要求。
　　首道工序样板已验收合格,班组人员已学习技术交底及样板工艺标准;
4. 施工过程:按工艺流程顺序进行施工,按技术交底、工艺标准操作。
　　对现场尺寸进行实测放线,及按大样落地放线,图案位置符合大样图。图案、镶边比例适当,标高控制点设置完成。按排砖试铺,拉通线,铺砖,养护。控制踢脚线上口直线度与出墙宽度一致。
5. 班组自检:表面平整,缝格平直(≤3mm),接缝高低差≤0.5mm,砖块间隙≤2mm,踢脚线上口平直(≤3mm)。表面清洁,图案清晰美观。
6. 环保效果符合技术交底要求。
7. 形成了有关施工记录资料。

专业工长:李×

××××年××月××日

5) 质量验收评定原始记录

质量验收评定记录示例参见表 2-6-9。

表 2-6-9　质量验收评定原始记录

工程名称	××住宅楼	施工部位	三层地面铺砖工程

主控项目

1.6.2.5　条砖符合设计要求。品种规格、颜色符合设计,有出厂合格证及出厂检验报告,砖材有放射性限量检测报告。

2.6.2.6　水泥有出厂合格证及进场复试报告,砂子有合格证。

3.6.2.7　条地面排砖合理,砖面层与基层结合牢固,用小锤划击无发现空鼓,8户检查3户,全符合要求。

一般项目

1.6.2.8　条面层表面质量,排砖合理,图案清晰,图案镶边比例适当,位置适宜,表面干净。

2.6.2.9　条邻接处镶边色泽协调,缝隙一致,比例适当,干净。

3.6.2.10　条踢脚线与墙结合牢固,出墙厚度一致,上口直线度顺直,表面干净清洁。

4.6.2.11　条楼梯、踏步台阶高、宽符合设计要求,相邻踏步高差≤10mm,同一踏步两边宽度差<5mm。铺贴牢固无空鼓,砖面本身带防滑条,顺直一致。

5.6.2.12　条卫生间、厨房地面坡度符合设计要求,无积水及倒泛水,坡向排水口。面砖与地漏、管道结合严密,套割规矩,缝隙一致,结合严密。

6. 允许偏差。(陶瓷地砖)
(1)表面平整:2mm。3户查10点均≤2mm;
(2)缝格平直:3mm。3户查10点均≤3mm;
(3)接缝高低差:0.5mm。3户查10点,有2点大于0.5mm,但不到1mm;8点≤0.5mm。
(4)踢脚线上口平直度:3mm。3户查10点,均≤3mm;
(5)板块间隙宽度2mm。3户查10点均≤2mm。
符合率96%。

专业质量员:李×

××××年××月××日

四、分部（子分部）工程质量验收评定

（一）抹灰子分部工程质量验收评定

装饰装修抹灰子分部工程包括一般抹灰、保温层薄抹灰、装饰抹灰、清水砌体勾缝等分项工程。本工程只有一般抹灰工程。

1. 抹灰子分部工程质量验收记录

抹灰子分部工程质量验收记录见表 2-6-10。

表 2-6-10　抹灰子分部工程质量验收记录

单位（子单位）工程名称	××住宅楼	子分部工程数量	室内抹灰	分项工程数量	1
施工单位	××建筑公司	项目负责人	王××	技术（质量）负责人	李××
分包单位	/	分包单位负责人	/	分包内容	/
序号	子分部工程名称	分项工程名称	检验批数量	施工单位检查结果	监理单位验收结论
1	抹灰工程	一般抹灰	52	符合规定	合格
2					
3					
4					
5					
6					
7					
8					
质量控制资料			检查 5 项，符合规定 5 项		合格
安全和功能检验结果			检查 1 项，符合要求 1 项		合格
观感质量检验结果			检查 10 处，9 处"好"，1 处"一般"		好
综合验收结论		符合规范规定			
施工单位 项目负责人：李×× ××××年××月××日		勘察单位 项目负责人： / ××××年××月××日	设计单位 项目负责人： / ××××年××月××日		监理单位 总监理工程师：王×× ××××年××月××日

注：1. 地基与基础分部工程的验收应由施工、勘察、设计单位项目负责人和总监理工程师参加并签字；

　　2. 主体结构、节能分部工程的验收应由施工、设计单位项目负责人和总监理工程师参加并签字。

2. 装饰装修分部抹灰子分部工程所含分项工程验收资料汇总

（1）装饰装修分部工程质量验收按检验批、分项工程、子分部工程及分部工程程序依次进行。检验批的合格判定应符合下列规定：

① 抽查样本均应符本标准主控项目的规定；

② 抽查样本的 80％以上应符合本标准一般项目的规定。其余样本不得有影响使用

功能或明显影响装饰效的缺陷，其中有允许偏差的检验项目，其最大偏差不得超本标准规定允许偏差的 1.5 倍。

分项工程中各检验批的质量均应验收合格。

子分部工程的质量验收应按 GB 50300 标准的格式记录，分项工程中各检验批的质量均应验收合格。

（2）装饰装修一般抹灰检验批的汇总记录见表 2-6-11。

表 2-6-11　一般抹灰分项工程质量验收记录

单位（子单位）工程名称	××住宅楼		分部（子分部）工程名称		装饰装修抹灰子分部工程		
分项工程数量	1		检验批数量		52		
施工单位	××建筑公司		项目负责人		王××	项目技术负责人	李××
分包单位	/		分包单位项目负责人		/	分包内容	/
序号	检验批名称	检验批容量	部位/区段	施工单位检查结果		监理单位验收结论	
1	一般抹灰	52	1～26 层	符合规定		合格	

说明：每层 2 个流水股，2 个检验批。附 52 个检验批质量验收记录，1 个施工操作依据，52 个施工记录及 52 个质量验收原始记录。

施工单位检查结果	符合规范规定 　　　　　　专业监理工程师：王×× 　　　　　　　　　　　　　　　　　××××年××月××日
监理单位验收结论	合格 　　　　　　项目专业技术负责人：李×× 　　　　　　　　　　　　　　　　　××××年××月××日

3. 一般抹灰子分部工程质量控制资料

（1）抹灰工程施工图及设计说明、图纸会审记录各 1 份；

（2）水泥合格证、进场验收记录，普通硅酸盐水泥抽样复验报告各 4 份；砂子合格证及进场验收记录各 6 份，石灰粉合格证及进场验收记录 1 份；

（3）墙体预埋管线、穿墙管及不同材料及与柱、墙交接处钢丝网敷设，隐蔽工程验收记录 52 份（每检验批 1 份）；

（4）抹灰工程检验批施工记录 52 份（每检验批 1 份）；

（5）企业标准《一般抹灰施工工艺标准》Q501 及技术交底各 1 份（全工程一致）。

由于本子分部工程只有一个分项工程，各种控制资料在分项工程汇总时已附在其质量验收表后，也可以以分项工程为单位单独列出来，依次列出清单附在分项工程验收表后。另外，由于子分部工程只有一个分项工程，也可以不列汇总表，以文字说明即可。

4. 有关安全和功能检测资料

本一般抹灰子分部工程没有安全和功能检测项目。有一份抹灰层与基层之间及各抹灰层之间黏结牢固、抹灰层脱层和空鼓、裂缝检验记录，在各检验批质量检查验收原始记录中记录。在分项工程质量验收时，进行了抽样检验，对 5 层各户房间检验，并形成检查记录一份，在分项工程资料中及现场抽查未发现空鼓和裂缝。将检查结果填表中。

5. 观感质量检查结果

按房间抽查 8 户、走廊 2 处，共 10 处。其中 9 处评"好"，1 处评"一般"，总评为"好"，填入相应表中。

（二）砖面层子分部工程质量验收评定

1）规范规定子分部验收时，应进行以下工作：

（1）建筑地面工程施工质量中各类面层子分部工程的面层铺设与其相应的基层铺设的分项工程施工质量检验应全部合格。

（2）建筑地面工程子分部工程观感质量综合评价应检查下列项目：

① 变形缝、面层分格缝的位置和宽度以及填缝质量应符合规定；

② 室内建筑地面工程按各子分部工程经抽查分别作出评价；

③ 楼梯、踏步等工程项目经抽查分别作出评价。

2）砖面层地面子分部工程质量验收记录

质量验收记录示例参见表 2-6-12。

表 2-6-12 砖面层地面子分部工程质量验收记录

单位（子单位）工程名称	××住宅楼	子分部工程数量		分项工程数量	/
施工单位	××建筑公司	项目负责人	王××	技术（质量）负责人	李××
分包单位	/	分包单位负责人	/	分包内容	/
序号	子分部工程名称	分项工程名称	检验批数量	施工单位检查结果	监理单位验收结论
1	砖面层地面	砖面层地面	26	符合规范规定	合格
2					
3					
4					
5					
6					
7					
8					
质量控制资料			检查 4 项，符合要求 4 项		合格
安全和功能检验结果			检查 2 项，符合要求 2 项		合格
观感质量检验结果			检查 8 处，符合要求 8 处		好
综合验收结论		符合规范规定，同意验收。			
施工单位 项目负责人：王×× ××××年××月××日	勘察单位 项目负责人：/ ××××年××月××日	设计单位 项目负责人：/ ××××年××月××日		监理单位 总监理工程师：李×× ××××年××月××日	

注：1. 地基与基础分部工程的验收应由施工、勘察、设计单位项目负责人和总监理工程师参加并签字；

2. 主体结构、节能分部工程的验收应由施工、设计单位项目负责人和总监理工程师参加并签字。

3) 砖面层地面分项工程所含检验批质量验收汇总

（1）分项工程验收的有关规定

① 有关规定参见 GB 50209 标准 3.0.20～3.0.23 条。

3.0.20 各类面层的铺设宜在室内装饰工程基本完工后进行。砖面层的铺设，应待抹灰工程、管道试压等完工后进行。

3.0.21 建筑地面工程施工质量的检验，应符合下列规定：

1 基层（各构造层）和各类面层的分项工程的施工质量验收应按每一层次或每层施工段（或变形缝）划分检验批，高层建筑的标准层可按每三层（不足三层按三层计）划分检验批；

2 每检验批应以各子分部工程的基层（各构造层）和各类面层所划分的分项工程按自然间（或标准间）检验，抽查数量应随机检验不应少于3间；不足3间，应全数检查；其中走廊（过道）应以10延长米为1间，礼堂、门厅应以两个轴线为1间计算；

3 有防水要求的建筑地面子分部工程的分项工程施工质量每检验批抽查数量应按其房间总数随机检验不应少于4间，不足4间，应全数检查。

3.0.22 建筑地面工程的分项工程施工质量检验的主控项目，应达到本规范规定的质量标准，认定为合格；一般项目80％以上的检查点（处）符合本规范规定的质量要求，其他检查点（处）不得有明显影响使用，且最大偏差值不超过允许偏差值的50％为合格。凡达不到质量标准时，应按现行国家标准《建筑工程施工质量验收统一标准》GB 50300 的规定处理。

3.0.23 建筑地面工程的施工质量验收应在建筑施工企业自检合格的基础上，由监理单位或建设单位组织有关单位对分项工程、子分部工程进行检验。

② 本工程验收是将走廊及厅等公共部分划分为一个分项工程，每户室内由若干户组成一个分项工程，本工程是将3个门的8户室内地面组成一个分项工程，有的设计将地面分为几种面层，厨、厕的地面面层也不同，应分别列为分项工程的检验批来验收评定。本工程户内地面都为面砖，则列为一个分项工程来验收评定。

③ 本工程为1栋26层的住宅楼，由8个单元组成，每层分为2个检验批来验收评定，每个检验批包括4门8户，整个楼为52个检验批，组成一个子分部工程。走廊厅等公用部分为水泥砂浆地面，也分为52个检验批来验收评定，组成另一个子分部工程进行验收评定。

④ 厨、厕地面必须设防水层隔离层，并经蓄水试验，不渗不漏，坡向正确，无存水、积水现象，才能做面层地面，并注意保护防水层不被损坏。

（2）分项工程所含检验批汇总

质量验收记录示例参见表 2-6-13。

4) 面砖地面子分部工程质量控制资料

（1）规范规定：建筑地面工程子分部工程质量验收应检查下列工程质量文件和记录：

① 建筑地面工程设计图纸和变更文件等；

② 原材料的质量合格证明文件、重要材料或产品的进场抽样复验报告；

③ 各层的强度等级、密实度等的试验报告和测定记录；

④ 各类建筑地面工程施工质量控制文件；

⑤ 各构造层的隐蔽验收及其他有关验收文件。

（2）本工程实际具有的质量控制资料：

① 建筑地面工程设计图纸及说明，图纸会审记录各1份。

② 地面面砖进场验收记录，产品合格证，以及放射性限量合格检测报告各1份。

③《砖面层地面施工工艺标准》Q116 及技术交底1份，施工记录52份，地面设计施工图纸及说明书1份，图纸会审记录1份，以及检验批质量验收评定原始记录52份

等质量控制文件。还有砖面层施工首道工序样板施工及验收评定资料 1 份。

④ 厨房、厕所防水层蓄水试验记录 52 份，及地面基层预埋管线、穿地楼层管道等隐蔽工程验收记录 52 份。

各项资料列表依次附在分项工程验收评定记录后。检查 4 项，符合规定 4 项，填入表 2-6-13 中。

表 2-6-13 砖面层地面分项工程质量验收记录

单位（子单位）工程名称	××住宅楼		分部（子分部）工程名称		装饰装修分部工程（砖面及地面子分部工程）		
分项工程数量	砖面层地面		检验批数量		52		
施工单位	××建筑公司		项目负责人	王××		项目技术负责人	李××
分包单位	/		分包单位项目负责人	/		分包内容	/
序号	检验批名称	检验批容量	部位/区段	施工单位检查结果		监理单位验收结论	
1	面砖地面	52	1～26层	符合规范规定		合格	
2							
3							
4							
5							
6							
7							

说明：52 个检验批质量验收记录，附施工操作依据《地砖面层施工工艺标准》Q116，及技术交底各 1 份，施工记录 52 份，验收评定原始记录 52 份。

施工单位检查结果	符合规范规定 项目专业技术负责人：王× ××××年××月××日
监理单位验收结论	合格 专业监理工程师：张×× ××××年××月××日

注：若只有一个分项工程组成的子分部工程，可以不用分项工程所含检验批质量验收记录汇总，有分项工程质量验收评定记录就行了。因其内容基本一致。

5）安全和功能检验结果资料

（1）规范规定：建筑地面工程子分部工程质量验收应检查下列安全和功能项目：

① 有防水要求的建筑地面子分部工程的分项工程施工质量的蓄水检验记录，并抽查复验；

② 建筑地面砖面层铺设子分部工程采用的砖等材料证明及环保资料。

（2）本工程实际具有的安全和功能检测结果资料：

① 有防水要求的厨房、厕所地面和防水层蓄水检验记录 52 份，并在铺设面层前进行检查，确认防水层完好无损，无存水积水现象，做了隐蔽验收记录，52 份隐检记录；

② 面砖有合格证，进场验收记录及进场抽样复试放射性限量试验报告各2份。

共检查2项，符合要求2项，填入表2-6-13中。

6）观感质量检查结果

按房间地面抽查6户、走廊2处，共8处。其中8处全评为"好"，总评也为"好"，填入表2-6-13中。

第七节　建筑节能分部工程质量验收

建筑节能分部工程的验收内容由现行国家标准《建筑节能工程施工质量验收标准》GB 50411规定，但节能分部工程施工实施是各专业工程施工来完成，这就要求各有关专业工程在施工中要考虑建筑节能规范的有关要求，各专业工程质量验收中要考虑建筑节能的有关要求。而建筑节能分部工程由于没专门的施工项目进行承包，其验收项目是在各专业工程质量验收内容中抽取检查。其各检验批检查的内容，本书将予以列出，供各单位工程质量验收中便于查找和统一，并将各检验批质量验收用表及表号列出。

一、建筑节能分部工程检验批质量验收用表

建筑节能分部工程检验批验收用表目录见表2-7-1。

表 2-7-1　建筑节能分部工程检验批验收用表目录

分项工程的检验批名称	子分部工程及编号				
	1101	1102	1103	1104	1105
	围护系统节能	供暖空调设备及管网节能	电气动力节能	监控系统节能	可再生能源
墙体节能	11010101				
幕墙节能	11010201				
门窗节能	11010301				
屋面节能	11010401				
地面节能	11010501				
供暖节能		11020101			
通风与空调设备节能		11020201			
空调与供热系统冷热源节能		11020301			
空调与供暖系统管网节能		11020401			
配电节能			11030101		
照明节能			11030201		
监测系统节能				11040101	
控制系统节能				11040201	
地源热泵系统节能					11050101（暂无表格）
太阳能光热系统节能					11050201（暂无表格）
太阳能光伏系统节能					11050301（暂无表格）

建筑节能分部工程没有共用表格，由 GB 50300 附表 B 的规定列出。各检验批的验收内容由各专业验收规范实施，验收时在各专业规范的资料中摘录。各专业质量验收规范应注明建筑节能要参考 GB 50411 的规定。施工企业施工时，也要按照 GB 50411 的节能规定执行，其分为 5 个子分部工程。

二、建筑节能分部工程质量验收规定

（一）质量验收基本规定

参见 GB 50411—2019 标准 3.1.1～3.4.1 条（其中，3.1.2 为强制性标准）。

3.1　技术与管理

3.1.1　施工现场应建立相应的质量管理体系及施工质量控制与检验制度。

3.1.2　当工程设计变更时，建筑节能性能不得降低，且不得低于国家现行有关建筑节能设计标准的规定。

3.1.3　建筑节能工程采用的新技术、新工艺、新材料、新设备，应按照有关规定进行评审、鉴定。施工前应对新采用的施工工艺进行评价，并制定专项施工方案。

3.1.4　单位工程施工组织设计应包括建筑节能工程的施工内容。建筑节能工程施工前，施工单位应编制建筑节能工程专项施工方案。施工单位应对从事建筑节能工程施工作业的人员进行技术交底和必要的实际操作培训。

3.1.5　用于建筑节能工程质量验收的各项检测，除本标准第 17.1.6 条规定外，应由具备相应资质的检测机构承担。

3.2　材料与设备

3.2.1　建筑节能工程使用的材料、构件和设备等，必须符合设计要求及国家现行标准的有关规定，严禁使用国家明令禁止与淘汰的材料和设备。

3.2.2　公共机构建筑和政府出资的建筑工程应选用通过建筑节能产品认证或具有节能标识的产品，其他建筑工程宜选用通过建筑节能产品认证或具有节能标识的产品。

3.2.3　材料、构件和设备进场验收应符合下列规定：

1　应对材料、构件和设备的品种、规格、包装、外观等进行检查验收，并应形成相应的验收记录。

2　应对材料、构件和设备的质量证明文件进行核查，核查记录应纳入工程技术档案。进入施工现场的材料构件和设备均应具有出厂合格证、中文说明书及相关性能检测报告。

3　涉及安全、节能、环境保护和主要使用功能的材料、构件和设备，应按照本标准附录 A 和各章的规定在施工现场随机抽样复验，复验应为见证取样检验。当复验的结果不合格时，该材料、构件和设备不得使用。

4　在同一工程项目中，同厂家同类型、同规格的节能材料、构件和设备，当获得建筑节能产品认证、具有节能标识或连续三次见证取样检验均一次检验合格时，其检验批的容量可扩大一倍，且仅可扩大一倍。扩大检验批后的检验中出现不合格情况时，应按扩大前的检验批重新验收，且该产品不得再次扩大检验批容量。

3.2.4　检验批抽样样本应随机抽取，并应满足分布均匀、具有代表性的要求。

3.2.5　涉及建筑节能效果的定型产品、预制构件，以及采用成套技术现场施工安装的工程，相关单位应提供型式检验报告。当无明确规定时，型式检验报告的有效期不应超过 2 年。

3.2.6　建筑节能工程使用材料的燃烧性能和防火处理应符合设计要求，并应符合现行国家标准《建筑设计防火规范》GB 50016 和《建筑内部装修设计防火规范》GB 50222 的规定。

3.2.7　建筑节能工程使用的材料应符合国家现行有关标准对材料有害物质限量的规定，不得对室内外环境造成污染。

3.2.8　现场配制的保温浆料、聚合物砂浆等材料，应按设计要求或试验室给出的配合比配制。当未给出要求时，应按照专项施工方案和产品说明书配制。

3.2.9　节能保温材料在施工使用时的含水率应符合设计、施工工艺及施工方案要求。当无上述要求时，节能保温材料在施工使用时的含水率不应大于正常施工环境湿度下的自然含水率。

3.3　施工与控制

3.3.1　建筑节能工程应按照经审查合格的设计文件和经审查批准的专项施工方案施工，各施工工序应严格执行并按施工技术标准进行质量控制，每道施工工序完成后，经施工单位自检符合要求后，可进行下道工序施工。各专业工种之间的相关工序应进行交接检验，并应记录。

3.3.2　建筑节能工程施工前，对于采用相同建筑节能设计的房间和构造做法，应在现场采用相同材料和工艺制作样板间或样板件，经有关各方确认后方可进行施工。

3.3.3　使用有机类材料的建筑节能工程施工过程中，应采取必要的防火措施，并应制定火灾应急预案。

3.3.4　建筑节能工程的施工作业环境和条件，应符合国家现行相关标准的规定和施工工艺的要求。节能保温材料不宜在雨雪天气中露天施工。

3.4　验收的划分

3.4.1　建筑节能工程为单位工程的一个分部工程。其子分部工程和分项工程的划分，应符合下列规定：

1　建筑节能子分部工程和分项工程划分宜符合表3.4.1的规定。

2　建筑节能工程可按照分项工程进行验收。当建筑节能分项工程的工程量较大时，可将分项工程划分为若干个检验批进行验收。

表3.4.1　建筑节能子分部工程和分项工程划分

序号	子分部工程	分项工程	主要验收内容
1	围护结构节能工程	墙体节能工程	基层；保温隔热构造；抹面层；饰面层；保温隔热砌体等
2		幕墙节能工程	保温隔热构造；隔气层；幕墙玻璃；单元式幕墙板块；通风换气系统；遮阳设施；凝结水收集排放系统；幕墙与周边墙体和屋面间的接缝等
3		门窗节能工程	门窗；天窗；玻璃；遮阳设施；通风器；门窗与洞口间隙等
4		屋面节能工程	基层；保温隔热构造；保护层；隔气层；防水层；面层等
5		地面节能工程	基层；保温隔热构造；保护层；面层等
6	暖空调节能工程	供暖节能工程	系统形式；散热器；自控阀门与仪表；热力入口装置；保温构造；调试等
7		通风与空调节能工程	系统形式；通风与空调设备；自控阀门与仪表；绝热构造；调试等
8		冷热源及管网节能工程	系统形式；冷热源设备；辅助设备；管网；自控阀门与仪表；绝热构造；调试等
9	配电照明节能工程	配电与照明节能工程	低压配电电源；照明光源、灯具；附属装置；控制功能；调试等
10	监测控制节能工程	监测与控制节能工程	冷热源的监测控制系统；供暖与空调的监测控制系统；监测与计量装置；供配电的监测控制系统；照明控制系统；调试等
11	再生能源节能工程	地源热泵换热系统节能工程	岩土热响应试验；钻孔数量、位置及深度；管材、管件；热源井数量、井位分布、出水量及回灌量；换热设备；自控阀门与仪表；绝热材料；调试等
12		太阳能光热系统节能工程	太阳能集热器；储热设备；控制系统；管路系统；调试等
13		太阳能光伏节能工程	光伏组件；逆变器；配电系统；储能蓄电池；充放电控制器；调试等

17　建筑节能工程现场检验

17.1　围护结构现场实体检验

17.1.1　建筑围护结构节能工程施工完成后，应对围护结构的外墙节能构造和外窗气密性能进行现场实体检验。

17.1.2　建筑外墙节能构造的现场实体检验应包括墙体保温材料的种类、保温层厚度和保温构造做法。检验方法宜按照本标准附录F检验，当条件具备时，也可直接进行外墙传热系数或热阻检验。当附录F的检验方法不适用时，应进行外墙传热系数或热阻检验。

17.1.3　建筑外窗气密性能现场实体检验的方法应符合国家现行有关标准的规定，下列建筑的外窗应进行气密性能实体检验：

1　严寒、寒冷地区建筑；

2　夏热冬冷地区高度大于或等于24m的建筑和有集中供暖或供冷的建筑；

3　其他地区有集中供冷或供暖的建筑。

17.1　外墙节能构造和外窗气密性能现场实体检验的抽样数量应符合下列规定：

1　外墙节能构造实体检验应按单位工程进行，每种节能构造的外墙检验不得少于3处，每处检查一个点；传热系数检验数量应符合国家现行有关标准的要求。

2　外窗气密性能现场实体检验应按单位工程进行，每种材质、开启方式、型材系列的外窗检验不得少于3樘。

3　同工程项目、同施工单位且同期施工的多个单位工程，可合并计算建筑面积；每30000m²可视为一个单位工程进行抽样，不足30000m²也视为一个单位工程。

4　实体检验的样本应在施工现场由监理单位和施工单位随机抽取，且应分布均匀、具有代表性，不得预先确定检验位置。

17.1.5　外墙节能构造钻芯检验应由监理工程师见证，可由建设单位委托有资质的检测机构实施，也可由施工单位实施。

17.1.6　当对外墙传热系数或热阻检验时，应由监理工程师见证，由建设单位委托具有资质的检测机构实施；其检测方法、抽样数量、检测部位和合格判定标准等可按照相关标准确定，并在合同中约定。

17.1.7　外窗气密性能的现场实体检验应由监理工程师见证，由建设单位委托有资质的检测机构实施。

17.1.8　当外墙节能构造或外窗气密性能现场实体检验结果不符合设计要求和标准规定时，应委托有资质的检测机构扩大一倍数量抽样，对不符合要求的项目或参数进行再次检验。仍然不符合要求时应给出"不符合设计要求"的结论，并应符合下列规定：

1　对于不符合设计要求的围护结构节能构造应查找原因，对因此造成的对建筑节能的影响程度进行计算或评估，采取技术措施予以弥补或消除后重新进行检测，合格后方可通过验收；

2　对于建筑外窗气密性能不符合设计要求和国家现行标准规定的，应查找原因，经过整改使其达到要求后重新进行检测，合格后方可通过验收。

17.2　设备系统节能性能检验

17.2.1　供暖节能工程、通风与空调节能工程、配电与照明节能工程安装调试完成后，应由建设单位委托具有相应资质的检测机构进行系统节能性能检验并出具报告。受季节影响未进行的节能性能检验项目，应在保修期内补做。

17.2.2　供暖节能工程、通风与空调节能工程、配电与照明节能工程的设备系统节能性能检测应符合表17.2.2的规定。

表17.2.2　设备系统节能性能检测主要项目及要求

序号	检测项目	抽样数量	允许偏差或规定值
1	室内平均温度	以房间数量为受检样本基数，最小抽样数量按本标准第3.4.3条的规定执行，且均匀分布，并具有代表性；对面积大于100m²的房间或空间，可按每100m²划分为多个受检样本。公共建筑的不同典型功能区域检测部位不应少于2处	冬季不得低于计算温度2℃，且不应高于1℃；夏季不得高于设计计算温度2℃，且不应低于1℃
2	通风、空调（包括新风）系统的风量	以系统数量为受检样本基数；抽样数量按本标准第3.4.3条的规定执行，且不同功能的系统不应少于1个	符合现行国家标准《通风与空调工程施工质量验收规范》GB 50243有关规定的限值
3	各风口的风量	以风口数量为受检样本基数，抽样数量按本标准第3.4.3条的规定执行，且不同功能的系统不应少于2个	与设计风量的允许偏差不大于15%
4	风道系统单位风量耗功率	以风机数量为受检样本基数，抽样数量按本标准第3.4.3条的规定执行，且均不应少于1台	符合现行国家标准《公共建筑节能设计标准》GB 50189规定的限值
5	空调机组的水流量	以空调机组数量为受检样本基数，抽样数量按本标准第3.4.3条的规定执行	定流量系统允许偏差为15%，变流量系统允许偏差为10%
6	空调系统冷水、热水、冷却水的循环流量	全数检测	设计循环流量的允许偏差不大于10%

序号	检测项目	抽样数量	允许偏差或规定值
7	室外供暖管网水力平衡度	热力人口总数不超过 6 个时，全数检测；超过 6 个时，应根据各个热力人口距热源距离的远近，按近端、远端、中间区域各抽检 2 个热力人口	0.9～1.2
8	室外供暖管网热损失率	全数检测	不大于 10％
9	照度与照明功率密度	每个典型功能区域不少于 2 处，且均匀分布，并具有代表性	照度不低于设计值的 90％；照明功率密度值不应大于设计值

注：受检样本基数对应本标准表 3.4.3 检验批的容量

17.2.3 设备系统节能性能检测的项目和抽样数量可在工程合同中约定，必要时可增加其他检测项目，但合同中约定的检测项目和抽样数量不应低于本标准的规定。

17.2.4 当设备系统节能性能检测的项目出现不符合设计要求和标准规定的情况时，应委托具有资质的检测机构扩大一倍数量抽样，对不符合要求的项目或参数应再次检验。仍然不符合要求时应给出"不合格"的结论。

对于不合格的设备系统，施工单位应查找原因，整改后重新进行检测，合格后方可通过验收。

18 建筑节能分部工程质量验收

18.0.1 建筑节能分部工程的质量验收，应在施工单位自检合格，且检验批、分项工程全部验收合格的基础上，进行外墙节能构造、外窗气密性能现场实体检验和设备系统节能性能检测，确认建筑节能工程质量达到验收条件后方可进行。

18.0.2 参加建筑节能工程验收的各方人员应具备相应的资格，其程序和组织应符合下列规定：

1 节能工程检验批验收和隐蔽工程验收应由专业监理工程师组织并主持，施工单位相关专业的质量检查员写施工员参加验收；

2 节能分项工程验收应由专业监理工程师组织并主持，施工单位项目技术负责人和相关专业的质量检查员、施工员参加验收；必要时可邀请主要设备、材料供应商及分包单位、设计单位相关专业的人员参加验收；

3 节能分部工程验收应由总监理工程师组织并主持，施工单位项目负责人、项目技术负责人和相关专业的负责人、质量检查员、施工员参加验收；施工单位的质量、技术负责人应参加验收；设计单位项目负责人及相关专业负责人应参加验收；主要设备、材料供应商及分包单位负责人应参加验收。

18.0.3 建筑节能工程的检验批质量验收合格，应符合下列规定：

1 检验批应按主控项目和一般项目验收；

2 主控项目均应合格；

3 一般项目应合格；当采用计数抽样检验时，应同时符合下列规定：

1）应有 80％以上的检查点合格，且其余检查点不得有严重缺陷；

2）正常检验一次、二次抽样按本标准附录 G 判定的结果为合格；

4 应具有完整的施工操作依据和质量检查验收记录，检验批现场验收检查原始记录。

18.0.4 建筑节能分项工程质量验收合格，应符合下列规定：

1 分项工程所含的检验批均应合格；

2 分项工程所含检验批的质量验收记录应完整。

18.0.5 建筑节能分部工程质量验收合格，应符合下列规定：

1 分项工程应全部合格；

2 质量控制资料应完整；

3 外墙节能构造现场实体检验结果应符合设计要求；

4 建筑外窗气密性能现场实体检验结果应符合设计要求；

5 建筑设备系统节能性能检测结果应合格。

18.0.6 建筑节能工程验收资料应单独组卷，验收时应对下列资料进行核查：

1 设计文件、图纸会审记录、设计变更和洽商；

2 主要材料、设备、构件的质量证明文件，进场检验记录，进场复验报告，见证试验报告；

3 隐蔽工程验收记录和相关图像资料；

4 分项工程质量验收记录，必要时应核查检验批验收记录；

5　建筑外墙节能构造现场实体检验报告或外墙传热系数检验报告；

6　外窗气密性能现场实体检验报告；

7　风管系统严密性检验记录；

8　现场组装的组合式空调机组的漏风量测试记录；

9　设备单机试运转及调试记录；

10　设备系统联合试运转及调试记录；

11　设备系统节能性能检验报告；

12　其他对工程质量有影响的重要技术资料。

18.0.7　建筑节能工程分部、分项工程和检验批的质量验收应按本标准附录 H 的要求填写。

1　检验批质量验收应按本标准附录 H 表 H.0.1 的要求填写；

2　分项工程质量验收应按本标准附录 H 表 H.0.2 的要求填写；

3　分部工程质量验收应按本标准附录 H 表 H.0.3 的要求填写。

三、各分项工程（检验批）质量验收项目摘录

本书已摘录出验收项目，在各相应规范的验收项目中查找，集中进行评定验收，没有的项目可不验收评定。

1.围护系统节能子分部工程检验批质量验收项目及检验方法（摘录），见表 2-7-2。

表 2-7-2　围护系统节能子分部工程检验批质量验收项目及检验方法（摘录）

检验批名称、表号	项目	主控项目子项目及检验方法	条文号	项目	一般项目子项目及检验方法	条文号
1.墙体节能 11010101	主控项目	1. 材料、构件等进场验收（观察、质量证明文件）	4.2.1	一般项目	1. 保温材料料进场验收（观察、验收记录）	4.3.1
		2. 保温材料导热、密度、燃烧性等性能要求（质量证明文件、进场复验报告）	4.2.2			
		3. 保温材料和黏结材料性能要求（按批抽样，进场复验报告）	4.2.3		2. 加强网的粘贴与搭接（观察、验收记录）	4.3.2
		4. 严寒、寒冷及夏热冬冷地区保温材料黏结材料冻融试验（质量证明文件、冻融试验）	4.2.4			
		5. 基层清理（设计文件、施工方案）	4.2.5		3. 空调房间外墙热桥部位（设计、施工方案、验收记录）	4.3.3
		6.各层构造做法（设计施工方案、隐蔽验收记录）	4.2.6			
		7. 墙体节能工程施工（观察、手扳、尺量、验收记录）	4.2.7		4. 穿墙套管、脚手眼、孔洞（观察、施工方案）	4.3.4
		8.预制保温板墙体施工（观察、验收记录）	4.2.8		5. 墙体保温板接缝（观察检查）	4.3.5
		9.保温浆料保温层墙体施工（检查试验报告）	4.2.9		6. 墙体保温浆料施工（观察，尺量检查）	4.3.6

检验批名称、表号	项目	主控项目子项目及检验方法	条文号	项目	一般项目子项目及检验方法	条文号
1. 墙体节能 11010101		10. 各层饰面层的基层及面层施工（观察、试验报告、隐蔽验收记录）	4.2.10		7. 阳角、门窗洞口，不同材料交接处等特殊部位（观察、隐蔽记录）	4.3.7
		11. 保温砌块的墙体施工（施工方案、砂浆强度报告、灰浆饱满度）	4.2.11		8. 喷涂或墙板浇筑施工（施工方案、产品说明书）	4.3.8
		12. 预制保温墙板施工（型式试验报告，板出厂检验报告，施工试验记录）	4.2.12			
		13. 隔汽层的设置及做法（设计验收记录）	4.2.13			
		14. 外墙毗邻不采暖、墙体上门窗洞口四周、凸窗四周侧面的保温措施（观察、设计、隐蔽验收记录、剖开检查）	4.2.14			
		15. 外墙热桥部位施工（观察、设计、施工方案、隐蔽验收记录）	4.2.15			
2. 幕墙节能 11010201	主控项目	1. 幕墙节能工程的材料、构件进场检验（观察、尺量、质量证明原件）	5.2.1	一般项目	1. 镀膜玻璃、中空玻璃的安装（观察、施工记录）	5.3.1
		2. 保温隔热材料、幕墙玻璃的性能（质量证明材料、复验报告）	5.2.2		2. 单元式幕墙板块组装（观察、尺量、通水试验）	5.3.2
		3. 保温材料、幕墙玻璃、隔热型材进场见证取样复验（质量证明文件、复验报告）	5.2.3		3. 幕墙与周边墙体接缝处理（观察检查）	5.3.3
		4. 幕墙气密性检测（质量证明文件、性能检测报告、隐蔽记录）	5.2.4		4. 伸缩缝、沉降缝、抗震缝的保温或密封做法（观察、设计文件）	5.3.4
		5. 保温材料的厚度及安装（观察、尺量检查）	5.2.5		5. 活动遮阳设施的调节机构（观察、调节试验）	5.3.5
		6. 遮阳设施的安装（观察、尺量、手扳检查）	5.2.6			
		7. 热桥部位隔断措施的施工（观察、设计文件）	5.2.7			
		8. 幕墙隔汽层施工（观察检查）	5.2.8			
		9. 冷凝水处理（通水试验、观察检查）	5.2.9			
3. 门窗节能 11010301		1. 建筑外门窗品种规格（观察、尺量检查、质量证明文件）	6.2.1		1. 门窗扇和玻璃镶嵌的密封条性能及安装（观察检查）	6.3.1

检验批名称、表号	项目	主控项目子项目及检验方法	条文号	项目	一般项目子项目及检验方法	条文号
3. 门窗节能 11010301	主控项目	2. 外窗性能参数（质量证明文件、复验报告）	6.2.2	一般项目	2. 门窗镀膜玻璃、中空玻璃安装及密封（观察检查）	6.3.2
		3. 外窗性能进场见证复验（复验报告）	6.2.3		3. 外门窗遮阳设施调节（现场调节试验检查）	6.3.3
		4. 建筑门窗采用玻璃品种（观察检查、质量证明文件）	6.2.4			
		5. 金属外门窗隔断热桥措施（产品设计图纸、抽样拆开检查）	6.2.5			
		6. 建筑外窗气密性现场实体检验（检验报告）	6.2.6			
		7. 间隙密封（观察检查、隐蔽验收记录）	6.2.7			
		8. 外门安装保温密封措施（观察检查）	6.2.8			
		9. 钻空遮明设置性能及安装（质量证明文件，观察、尺量检查）	6.2.9			
		10. 特种门性能及安装（质量证明文件、观察、尺量检查）	6.2.10			
		11. 天窗安装（观察、尺量检查、淋水试验）	6.2.11			
4. 屋面节能 11010401		1. 保温隔热材料性能、品种（观察、尺量检查、质量证明文件）	7.2.1		1. 屋面保温隔热层施工（施工方案、观察尺量检查）	7.3.1
		2. 保温隔热材料性能进场复验（质量证明文件、进场复验报告）	7.2.2		2. 金属板保温夹芯屋面施工（观察、尺量检查、隐蔽验收记录）	7.3.2
		3. 保温隔热材料性能，见证取样复验（抽样记录，见证复验报告）	7.2.3		3. 坡屋面、内架空屋面敷设于屋面内的保温隔热层施工（观察、检查、隐蔽验收记录）	7.3.3
		4. 保温隔热层施工（观察、尺量检查）	7.2.4			
		5. 通风隔热架空层施工（观察、尺量检查）	7.2.5			
		6. 采光屋面性能、节点的构造做法（质量证明文件、设计文件、观察检查）	7.2.6			
		7. 采光屋面安装（观察、尺量检查、淋水检查、隐蔽验收记录）	7.2.7			
		8. 屋面隔汽层位置及质量（设计文件、隐蔽验收记录）	7.2.8			

续表

检验批名称、表号	项目	主控项目子项目及检验方法	条文号	项目	一般项目子项目及检验方法	条文号
5. 地面节能 11010501	主控项目	1. 保温材料品种、规格、性能及见证复验（观察、尺量、质量证明文件、见证复验报告）	8.2.1 8.2.2 8.2.3	一般项目	1. 辐射采暖地面工程符合设计要求（观察检查）	8.3.1
		2. 地面节能施工前、基层处理（观察、设计文件、施工方案）	8.2.4			
		3. 地面保温层、隔离层、保护层设置和构造做法（观察、尺量、设计文件、施工方案）	8.2.5			
		4. 地面节能施工（观察、隐蔽工程记录）	8.2.6			
		5. 有防水要求的地面节能保温施工（观察、水平尺检查）	8.2.7			
		6. 首层与土壤接触地面、地下室外墙接触土壤及毗邻不采暖空间的地面等保温措施（观察、设计文件）	8.2.8			
		7. 保温层表面防潮层、保护层要求	8.2.9			

2. 供暖空调设备及管网节能子分部工程检验批质量验收项目及检验方法（摘录），见表 2-7-3。

表 2-7-3　供暖空调设备及管网节能子分部工程检验批质量验收项目及检验方法（摘录）

检验批名称、表号	项目	主控项子项目及检验方法	条文号	项目	一般项目子项目及检验方法	条文号
1. 供暖节能 11020101	主控项目	1. 采暖系统节能工程材料进场验收、散热器、保温材料见证复验（观察、质量证明文件、见证取样复验报告）	9.2.1 9.2.2	一般项目	1. 采暖系统过滤器等配件保温施工（观察检查）	9.3.1
		2. 采暖系统安装（观察检查、施工记录）	9.2.3			
		3. 散热器安装（施工记录、观察检查）	9.2.4			
		4. 散热器恒温阀及其女装（观察检查、施工记录）	9.2.5			
		5. 低温热水地面辐射供暖系统安装（观察、尺量检查、施工记录）	9.2.6			
		6. 采暖系统热力入口装置安装（观察检查、质量证明文件、调试报告）	9.2.7			
		7. 采暖管道保温层、防潮层施工（观察、尺量检查）	9.2.8			
		8. 采暖系统节能有关部位隐蔽验收记录（观察检查、隐蔽验收记录）	9.2.9			
		9. 采暖系统联合试运转、调试（试运转、调试记录）	9.2.10			

检验批名称、表号	项目	主控项目子项目及检验方法	条文号	项目	一般项目子项目及检验方法	条文号
2. 通风与空调设备节能 11020201	主控项目	1. 材料设备进场验收，风机盘管机组绝热材料见证复验（观察、质量证明文件、性能检测报告、见证复验报告）	10.2.1 10.2.2	一般项目	1. 空气风幕机的规格及安装（观察检察）	10.3.1
		2. 通风与空调系统安装（观察、施工记录、验收记录）	10.2.3		2. 变风量末端装置与风管连接（观察检查）	10.3.2
		3. 风管制作与安装（观察、尺量检查、严密性检验记录）	10.2.4			
		4. 各种空调机组安装（观察、漏风量测试记录）	10.2.5			
		5. 风机盘管安装（观察、施工记录）	10.2.6			
		6. 通风与空调系统中风机安装（观察、施工记录、设计文件）	10.2.7			
		7. 双向换气装置、排风热回收装置安装（观察、设计文件、施工记录）	10.2.8			
		8. 电动两通调节阀、水力平衡阀、计量装置自控阀门与仪表安装（观察、设计文件、施工记录）	10.2.9			
		9. 空调风管系统及部件绝热层、防潮层施工（观察、尺量、针刺检查）	10.2.10			
		10. 空调水系统管道及配件绝热层、防潮层施工（观察、尺量、针刺检查）	10.2.11			
		11. 冷热水管道与支架吊架之间绝热衬垫设置（观察、尺量检查）	10.2.12			
		12. 隐蔽部位验收（观察检查、隐蔽检查记录）	10.2.13			
		13. 通风与空调系统的单机试运转及调试，系统的风量平衡调试（观察检查、试运转和调试记录）	10.2.14			
3. 空调与供暖系统冷热原节能试验 11020301 4. 空调与供暖系统管网节能试验 11020401		1. 材料设备进场验收，隔热材料见证复验（质量文件、见证取样试验报告）	11.2.1 11.2.2		1. 空调与采暖系统的冷热源设备、配件的绝热层施工（观察检查、施工记录）	11.3.1
		2. 空调与采暖系统冷热设备及管网系统安装（观察检查、施工记录）	11.2.3			
		3. 与节能有关部位隐蔽工程验收（观察检查、隐蔽工程验收记录）	11.2.4			

检验批名称、表号	项目	主控项子项目及检验方法	条文号	项目	一般项目子项目及检验方法	条文号
3. 空调与供暖系统冷热原节能试验 11020301 4. 空调与供暖系统管网节能试验 11020401	主控项目	4. 冷热源侧电动两通调节阀、水力平衡阀、计量装置等自控阀门与仪表安装（观察、设计文件、施工记录）	11.2.5	一般项目		
		5. 锅炉、热交换器、电动压缩机蒸气压缩循环水机组、收吸式冷水机组等设备安装（观察、设计文件、施工记录）	11.2.6			
		6. 冷却塔、水泵等辅助设备安装（观察、设计文件、施工记录）	11.2.7			
		7. 冷热水系统管道及配件绝热层和防潮层施工要求（观察、设计文件、针刺、尺量检查）	11.2.8			
		8. 非闭孔绝热材料作绝热层时，其防潮层和保护层的施工（观察检查、施工记录）	11.2.9			
		9. 冷热源机房、换热站内部空调冷热水管道与支、吊架之间的绝热衬垫施工（观察检查、施工记录）	11.2.10			
		10. 空调与采暖系统设备、管道和管网系统试运转及调试（观察检查、试运转及调试记录）	11.2.11			

3. 电气动力节能子分部工程检验批质量验收项目及检验方法（摘录），见表 2-7-4。

表 2-7-4 电气动力节能子分部工程检验批质量验收项目及检验方法（摘录）

检验批名称、表号	项目	主控项子项目及检验方法	条文号	项目	一般项目子项目及检验方法	条文号
1. 配电节能 11030101 2. 照明节电 11030201	主控项目	1. 光源、灯具等进场验收、电缆、电线见证试验（观察、技术资料、质量证明文件、性能见证试验报告）	12.2.1 12.2.2	一般项目	1. 母线与母线、母线与电器连接端子连接（力矩扳手力矩检测）	12.3.1
		2. 低压配电系统调试和检测（调试、检测报告）	12.2.3		2. 交流单相电缆、或分相后的每相电缆敷设要求（观察检查）	12.3.2
		3. 通电试运行（试运行报告）	12.2.4		3. 三相照明干线电荷分配平衡（试运行检测）	12.3.3

4. 监控系统节能子分部工程检验批质量验收项目及检验方法（摘录），见表 2-7-5。

表 2-7-5　监控系统节能子分部工程检验批质量验收项目及检验方法（摘录）

检验批名称、表号	项目	主控项目子项目及检验方法	条文号	项目	一般项目子项目及检验方法	条文号
1. 监测系统节能 11040101 2. 控制系统节能 11040201	主控项目	1. 材料设备进场验收（设计文件、质量证明文件、相关技术资料、外观检查）	13.2.1	一般项目	检测监测与控制系统的可靠性、实时性、可维护性等系统性能（进行系统性能检测）	13.3.1
		2. 监测与控制系统安装质量（设计文化、产品说明书、尺量检查）	13.2.2			
		3. 试运行的项目、各项功能符合设计要求（对全部试运行的控制流程图、试运行记录分拆）	13.2.3			
		4. 空调与采暖系统的监测控制系统成功运行。控制及故障报警功能符合设计要求（检测控制系统报入情况及控制功能，故障监视、记录和报警功能测试记录）	13.2.4			
		5. 通风与空调监测控制系统的控制功能及故障报警功能应符合设计要求（全部测试记录及检测报告）	13.2.5			
		6. 监测与计量装置的检测计量的准确度符合设计要求（用标准仪器仪表现场实测数据，与数字控制器和中央工作站的数据比对。）	13.2.6			
		7. 供配电的监测与数据采集系统应符合设计要求（试运行时，监测供配的工况）	13.2.7			
		8. 照明自动控制系统的功能应符合设计要求（现场各情况控制符合要求，各回路控制报告）	13.2.8			
		9. 综合控制系统对各项目功能进行检测、符合设计要求（人工模拟测试。按不同工况协调控制和优化控制功能）	13.2.9			
		10. 建筑能源管理系统的能耗数据、设备管理和运行功能管理、优化能源调度功能、数据集成功能等符合设计要求（对管理软件进行功能检测、检测报告）	13.2.10			

5. 可再生能源（11050101、11050201、11050301 暂无表格）。

四、检验批质量验收评定示例（屋面节能工程保温隔热层）

以屋面节能为例，建筑节能分部工程在施工现场没有工程，没有具体的施工单位来承建，其各项验收内容是由其他工程承包时完成的。各有关承包单位及发包单位都应注意，在其承包工程合同签订时，要将本标准的相应内容包括在其中，进行过程控制和质量验收。本建筑节能标准的检验批的内容，可能不在一个承包项目之内，要由几个相应的单位来完成，请发包单位、承包单位注意。同时本建筑节能标准也有各自要求的内容，例如现场实体检测的项目，也要请发包单位注意，在工程总承包单位的合同中应包括在内，以便使工程项目的节能要求实现。

屋面节能工程相对比较集中在屋面工程施工范围之内，在评定验收时摘录比较容易。

（一）检验批分项工程质量验收记录

（1）检验批质量验收记录表，屋面节能检验批/分项工程质量验收，见表2-7-6。

表 2-7-6　屋面节能检验批/分项工程质量验收

工程名称	××住宅楼		分项工程名称	屋面节能	验收部位	屋面保温
施工单位	××建筑公司		专业工长	李××	项目经理	王××
施工执行标准名称及编号	《建筑节能工程施工质量验收标准》GB 50411—2019《屋面板状材料保温层施工工艺标准》Q 602，技术交底					
分包单位	/		分包项目经理	/	施工班组长	保温班组李××
验收规范规定					施工单位检查评定记录	监理（建设单位）验收记录
主控项目	1	保温隔热材料品种、规格		第7.2.1条	符合设计要求	合格
	2	保温隔热材料的导热系统、密度、抗压强度或压缩强度、燃烧性能		第7.2.2条	符合设计要求	
	3	保温隔热材料的各项性能复验		第7.2.3条	符合设计要求	
	4	保温隔热层的施工		第7.2.4条	符合规范规定	
	5	通风隔热架空层施工		第7.2.5条	/	
	6	采光屋面的性能及节点的构造做法		第7.2.6条	/	
	7	采光屋面的安装		第7.2.7条	/	
	8	屋面的隔汽层位置和质量		第7.2.8条	符合设计要求	
一般项目	1	屋面保温隔热层外观质量		第7.3.1条	符合规范规定	合格
	2	金属板保温夹芯屋面的施工		第7.3.2条	/	
	3	坡屋面、内架空屋面当采光敷设与屋面内侧保温材料作保温隔热层时的施工		第7.3.3条	/	
施工单位检查结果	符合规范规定专业工长：王××项目专业质量检查员：王×××××年××月××日					
监理单位验收结论	合格专业监理工程师：李×××××年××月××日					

（2）检验批质量验收内容和检验方法

一般规定

7.1.1　本章适用于建筑屋面节能工程，包括采用松散保温材料、现浇保温材料、喷涂保温材料、板材、块材等保温隔热材料的屋面节能工程的质量验收。

7.1.2　屋面保温隔热工程的施工，应在基层质量验收合格后进行。施工过程中应及时进行质量检查、隐蔽工程验收和检验批验收，施工完成后应进行屋面节能分项工程验收。

7.1.3　屋面保温隔热工程应对下列部位进行隐蔽工程验收，并应有详细的文字记录和必要的图像资料：

1　基层；

2　保温层的敷设方式、厚度；板材缝隙填充质量；

3　屋面热桥部位；

4　隔汽层。

7.1.4　屋面保温隔热层施工完成后，应及时进行找平层和防水层的施工，避免保温隔热层受潮、浸泡或受损。

主控项目

7.2.1　用于屋面节能工程的保温隔热材料，其品种、规格应符合设计要求和相关标准的规定。

检验方法：观察、尺量检查；核查质量证明文件。

检查数量：按进场批次，每批随机抽取 3 个试样进行检查；质量证明文件应按照其出厂检验批进行核查。

7.2.2　屋面节能工程使用的保温隔热材料，其导热系数、密度、抗压强度或压缩强度、燃烧性能应符合设计要求。

检验方法：核查质量证明文件及进场复验报告。

检查数量：全数检查。

7.2.3　屋面节能工程使用的保温隔热材料，进场时应对其导热系数、密度、抗压强度或压缩强度、燃烧性能进行复验，复验应为见证取样送检。

检验方法：随机抽样送检，核查复验报告。

检查数量：同一厂家同一品种的产品各抽查不少于 3 组。

7.2.4　屋面保温隔热层的敷设方式、厚度、缝隙填充质量及屋面热桥部位的保温隔热做法，必须符合设计要求和有关标准的规定。

检验方法：观察、尺量检查。

检查数量：每 100m² 抽查一处，每处 10m²，整个屋面抽查不得少于 3 处。

7.2.5　屋面的通风隔热架空层，其架空高度、安装方式、通风口位置及尺寸应符合设计及有关标准要求。架空层内不得有杂物。架空面层应完整，不得有断裂和露筋等缺陷。

检验方法：观察、尺量检查。

检查数量：每 100m² 抽查一处，每处 10m²，整个屋面抽查不得少于 3 处。

7.16　采光屋面的传热系数、遮阳系数、可见光透射比、气密性应符合设计要求。节点的构造做法应符合设计和相关标准的要求。采光屋面的可开启部分应按第 6.3 节"门窗节能工程质量验收"的要求验收。

检验方法：核查质量证明文件；观察检查。

检查数量：全数检查。

7.2.7　采光屋面的安装应牢固，坡度正确，封闭严密，嵌缝处不得渗漏。

检验方法：观察、尺量检查；淋水检查；核查隐蔽工程验收记录。

检查数量：全数检查。

7.2.8　屋面的隔汽层位置应符合设计要求，隔汽层应完整、严密。

检验方法：对照设计观察检查；核查隐蔽工程验收记录。

检查数量：每 100m² 抽查一处，每处 10m²，整个屋面抽查不得少于 3 处。

一般项目

7.3.1　屋面保温隔热层应按施工方案施工，并应符合下列规定：

1　松散材料应分层敷设、按要求压实、表面平整、坡向正确；

2　现场采用喷、浇、抹等工艺施工的保温层，其配合比应计量准确，搅拌均匀、分层连续施工，表面平整，坡向正确。

3　板材应粘贴牢固、缝隙严密、平整。

检验方法：观察、尺量、称重检查。

检查数量：每 100m² 抽查一处，每处 10m²，整个屋面抽查不得少于 3 处。

7.3.2　金属板保温夹芯屋面应铺装牢固、接口严密、表面洁净、坡向正确。

检验方法：观察、尺量检查；核查隐蔽工程验收记录。

检查数量：全数检查。

7.3.3　坡屋面、内架空屋面当采用敷设于屋面内侧的保温材料做保温隔热层时，保温隔热层应有防潮措施，其表面应有保护层，保护层的做法应符合设计要求。

检验方法：观察检查；核查隐蔽工程验收记录。

检查数量：每 100m² 抽查一处，每处 10m²，整个屋面抽查不得少于 3 处。

（3）验收说明

施工操作依据：有关建筑节能工程施工技术规程，施工工艺标准，并制定专项施工方案、技术交底资料。

验收依据：《建筑节能工程施工质量验收标准》GB 50411—2019，相应的现场验收检查记录。

注意事项：

① 主控项目的质量经抽样检验均应合格；

② 一般项目的质量经抽样检验合格。当采用计数抽样时，合格点率应符合有关专业验收规范的规定，且不得存在严重缺陷；

③ 具有完整的施工操作依据、质量验收记录；

④ 本检验批的主控项目、一般项目已列入推荐表中；

⑤ 由于建筑节能分部工程没有施工工程。绝大多数项目都由其他分部工程施工所形成的。有的按照《建筑节能工程施工质量验收标准》GB 50411—2019 施工多些，有些就不够多。或虽对节能工程有所重视，但具体做法不一定按 GB 50411—2019 的要求去做。因节能只是其中内容的一方面，但又涉及全部要求。例如屋面工程节能内容多含于保温与隔热层分项工程、基层与保护层分项工程的相关检验批、各保温与隔热检验批、隔离层检验批、保护层检验批、种植隔热层、架空隔热层、蓄水隔热层等，以及一些细部做法。即使有内容也不一定满足节能管理的要求，只能有条件地进行摘录所需要的内容。

节能工程质量验收，由于没有具体施工工程。所以，没有真正的检验批工程的验收，是从分项工程验收开始，子分部、分部工程进行，是一种核验式的质量验收，是在相关专业工程质量验收的基础上进行的。

（二）施工操作依据

（1）有关说明

由于节能工程没有实体工程的施工，其施工依据靠相应规范施工来完成，希望各相关施工及验收工程注意节能工程的节能要求，在施工中进行落实。

本建筑节能标准对工程施工提出了施工管理的一些具体要求，以便达到本规范的质量要求。并且具体项目施工也都重视了节能的要求，有的规范明确规定，除了执行该规范的规定外，还应执行 GB 50411—2019 的规定。此处只将 GB 50411—2019 的一些基本要求列出：

① 技术与管理。承担工程的施工单位应具备相应的资质，施工现场应建立相应的质量管理体系，施工质量控制与检验制度、相应的施工技术标准。

② 材料与设备。施工中要注意选用合格的符合标准的材料、设备，特别是对节能的性能，要进行进场验收，对其节能指标进行进场复验，以保证工程节能效果，防止对工程、对环境造成污染或耗能高的不良效果。

③ 施工与控制。施工前，很好学习设计文件、编制施工方案，必要时，做出实物样板，加强技术准备，监理确认后，方可正式开始施工、施工中坚持按施工方案操作。做好事前准备、事中落实、事后验收的控制全过程。节能验收资料应单独组卷。

④ 屋面节能在现行国家标准《屋面工程质量验收规范》GB 50207 中也是重点内容，在其总则 1.0.4 条中也明确规定"屋面工程的施工应遵守国家有关环境保护建筑节

能和防火安全等有关规定。"在屋面工程施工及质量验收中，都应该有具体的要求。《屋面保温层施工艺标准》规定得也比较具体。可参照《屋面保温层施工工艺标准》Q602补充节能要求。

（2）企业标准《屋面保温层施工工艺标准》Q602

节能工程虽没有直接施工的工程，但各相关分部工程施工中，应注意节能要求，本工艺标准应作为参照内容执行。

1　范围

本工艺标准适用于民用建筑工程屋面采用松散、板状保温材料和现浇整体保温材料保温层工程的施工。

2　施工准备

2.1　材料及要求：

2.1.1　材料的密度、导热系数等技术性能，必须符合设计要求和施工及验收规范的规定，应有试验资料。

松散的保温材料应使用无机材料，如选用有机材料时，应先做好材料的防腐处理。

2.1.2　材料：

2.1.2.1　松散材料：炉渣或水渣，粒径一般为5～40mm，不得含有石块、土块、重矿渣和未燃尽的煤块，堆积密度为500～800kg/m³，导热系数为0.16～0.25W/（m·K）。膨胀蛭石导热系数0.14W/（m·K）。

2.1.2.2　板状保温材料：产品应有出厂合格证，根据设计要求选用厚度、规格应一致，外形应整齐；密度、导热系数、强度应符合设计要求。

a. 泡沫混凝土板块：表观密度不大于500kg/m³，抗压强度应不低于0.4MPa；

b. 加气混凝土板块：表观密度500～600kg/m³，抗压强度应不低于0.2MPa；

c. 聚苯板：表观密度≤45kg/m³，抗压强度不低于0.18MPa，导热系数为0.043W/（m·K）。

2.2　主要机具：

2.2.1　机动机具：搅拌机、平板振捣器。

2.2.2　工具：平锹、木刮杠、水平尺、手推车、木拍子、木抹子等。

2.3　作业条件

2.3.1　铺设保温材料的基层（结构层）施工完以后，将预制构件的吊钩等进行处理，处理点应抹入水泥砂浆，经检查验收合格，方可铺设保温材料。

2.3.2　铺设隔汽层的屋面应先将表面清扫干净，且要求干燥、平整，不得有松散、开裂、空鼓等缺陷；隔汽层的构造做法必须符合设计要求和施工及验收规范的规定。

2.3.3　穿过结构的管根部位，应用细石混凝土填塞密实，以使管子固定牢固。

2.3.4　板状保温材料运输、存放应注意保护，防止损坏和受潮。

3　操作工艺

3.1　工艺流程：

基层清理 → 弹线找坡 → 管根固定 → 隔汽层施工 → 保温层铺设 → 抹找平层

3.2　基层清理：预制或现浇混凝土结构层表面，应将杂物、灰尘清理干净。

3.3　弹线找坡：按设计坡度及流水方向，找出屋面坡度走向，确定保温层的厚度范围。

3.4　管根固定：穿结构的管根在保温层施工前，应用细石混凝土塞堵密实固定牢固。

3.5　隔汽层施工：2～4道工序完成后，设计有隔汽层要求的屋面，应按设计做隔汽层，涂刷均匀无漏刷。

3.6　保温层铺设

3.6.1　松散保温层铺设：

3.6.1.1　松散保温层：是一种干做法施工的方法，材料多使用炉渣或水渣，粒径为5～40mm。使用时必须过筛，控制含水率。铺设松散材料的结构表面应干燥、洁净，松散保温材料应分层铺设，适当压实，压实程度应根据设计要求的密度，经试验确定。每步铺设厚度不宜大于150mm，压实后的屋面保温层不得直接推车行走和堆积重物。

3.6.1.2　松散膨胀蛭石保温层：蛭石粒径一般为3～15mm，铺设时使膨胀蛭石的层理平面与热流垂直。

3.6.1.3　松散膨胀珍珠岩保温层：珍珠岩粒径小于0.15mm的含量不应大于8%。

3.6.2　板块状保温层铺设：

3.6.2.1　干铺板块状保温层：直接铺设在结构层或隔汽层上，分层铺设时上下两层板块缝应错开，表面两块相邻的板边厚度应一致。一般在块状保温层上用松散找坡。

3.6.2.2　黏结铺设板块状保温层：板块状保温材料用黏结材料平粘在屋面基层上，一般用水泥、石灰混合砂浆；聚苯板材料应用沥青胶结料粘贴。

3.6.3　整体保温层：

3.6.3.1　水泥白灰炉渣保温层：施工前用石灰水将炉渣闷透，不得少于3d，闷制前应将炉渣或水渣过筛，粒径控制在5～40mm。最好用机械搅拌，一般配合比为水泥∶白灰∶炉渣为1∶1∶8，铺设时分层、滚压，控制虚铺厚度和设计要求的密度，应通过试验，保证保温性能。

3.6.3.2 水泥蛭石保温层：是以膨胀蛭石为集料、水泥为胶凝材料，通常用普通硅酸盐水泥，最低等级为42.5级，膨胀蛭石粒径选用5～20mm，一般配合比为水泥：蛭石＝1：12，加水拌和后，用手紧握成团不散，并稍有水泥浆滴下时为好。机械搅拌会使蛭石颗粒破损，故宜采用人工拌和。人工拌和应是先将水与水泥均匀地调成水泥浆，然后将水泥浆均匀地泼在定量的蛭石上，随泼随拌直至均匀。铺设保温层，虚铺厚度为设计厚度的130％，用木拍板拍实、找平，注意泛水坡度。

4 质量标准

4.1 主控项目

4.1.1 保温材料的品种、规格以及强度、密度、导热系数、燃烧性能和含水率，必须符合设计要求和施工及验收规范的规定；材料技术指标应有试验资料。

4.1.2 保温材料进场检验各项性能，符合设计要求。铺设方式、厚度、缝隙等符合规范要求；按设计要求及规范的规定采用配合比及黏结料。

4.1.3 屋面基层验收合格，隔汽层应完整符合设计要求。

4.2 一般项目

4.2.1 松散的保温材料：分层铺设，压实适当，表面平整，找坡正确。符合施工方案要求。

4.2.2 板块保温材料：应紧贴基层铺设，铺平垫稳，找坡正确，保温材料上下层应错缝并嵌填密实。

4.2.3 整体保温层：材料拌和应均匀，分层铺设，压实适当，表面平整；找坡正确。

4.3 允许偏差项目，见表4.3。

表4.3 保温（隔热）层的允许偏差和检验方法

项次	项目		允许偏差（mm）	检验方法
1	整体保温层表面平整度	无找平层	5	用2m靠尺和楔形尺检查
		有找平层	7	
2	保温层厚度	松散材料	$+10\delta/100$ $-5\delta/100$	用钢针插入和尺量检查
		整体		
		板状材料	$\pm5\delta/100$ 且不大于4	
3	隔热板相邻高低差		3	用直尺和楔形塞尺检查

注：δ指保温层厚度。

5 成品保护

5.1 隔汽层施工前应将基层表面的砂、土、硬块杂物等清扫干净，防止降低隔汽效果。

5.2 在已铺好的松散、板状或整体保温层上不得施工，应采取必要措施，保证保温层不受损坏。

5.3 保温层施工完成后，应及时铺抹水泥砂浆找平层，以保证保温效果。

6 应注意的质量问题

6.1 保温层功能不良：保温材料导热系数、粒径级配、含水量、铺实密度等原因；施工选用的材料应达到技术标准，控制密度、保证保温的功能效果。

6.2 铺设厚度不均匀：铺设时不认真操作。应拉线找坡，铺顺平整，操作中应避免材料在屋面上堆积二次倒运。保证均质铺设。

6.3 保温层边角处质量问题：边线不直，边槎不齐整，影响找坡、找平和排水。

6.4 板块保温材料铺贴不实：影响保温、防水效果，造成找平层裂缝。应严格达到规范和验评标准的质量标准，严格验收管理。

7 质量记录

本工艺标准应具备以下质量记录：

7.1 材料试验密度、导热系数。

7.2 松散材料粒径、密度、级配资料。

7.3 材料有出厂合格证。

7.4 质量验评资料。

（3）技术交底

本工程没有实体施工，技术交底参照相应项目专业工程施工的技术交底。各专业工程也应参照节能规范的要求，将其质量要求落实到施工过程中去。

（三）施工记录。

由于没有具体施工，这个内容在检验批（或分项工程）质量验收时，可以参考相应项目的内容，也可以不做这项要求。

（四）各验收项目验收原始记录。

这些也是相应分部工程质量验收的要求，必须做好，故可以核相关项目的验收原始记录。

1）主控项目

（1）1～3项都是保温隔热材料质量的要求。应有进场验收记录，合格的材料用上工程。示例工程设计选用厚度80mm的模塑聚苯乙烯泡沫塑料。

（2）聚苯乙烯泡沫塑料进行验收。对品种、规格尺寸、外观及包装数量等按100m³为一批进行检查，对照订货合同验收，形成进场验收记录。示例工程共计1100m²，外观质量符合要求，见进场验收记录。

（3）按100m³为一批，每批中随机抽取20块进行尺寸及外观检查，符合合同约定要求。在见证人员见证下，在外观检验合格的产品中，随机抽取进行物理性能检测。

经送有资格检测单位，对表观密度、压缩强度、导热系数、燃烧性能进行复验检测，各项性能符合设计要求。见复验检测报告。

（4）保温隔热层施工。设计规定粘贴施工，基层清理到位，胶粘剂涂刷到位，板状保温层铺贴紧靠基层表面，粘贴牢固，接缝错开，缝隙紧密，小于2mm，只有边角处少数缝用碎屑嵌填。保温层厚度、板材尺寸一致。热桥部位处理符合设计要求。施工记录完整。

（5）5、6、7项没有。没有架空层，没有采光屋顶内容。

（6）屋面隔汽层材料质量、铺设位置符合设计要求，铺设平整完整没有破损，卷材搭接接缝黏结牢固，密封严密，没有扭曲、皱折、气泡等。

2）一般项目

（1）保温层铺设，板材紧贴基层、平整、稳实、接缝严密，粘贴牢固，缝隙紧密。

（2）2～3项没有内容。

将分项工程（检验批）的质量控制资料：施工工艺标准、技术交底、施工记录，以及检验批质量验收评定原始记录，依次附在分项工程验证批表格后备查。这些可在屋面施工相应资料中摘录，并验证节能工程的控制措施。

五、分部（子分部）工程质量验收评定

（一）围护系统节能子分部工程工程质量验收记录

这个记录内容没有，可为资料摘录。在屋面工程施工资料中，将与节能工程要求有关的资料复印（原件应放在屋面工程资料中），摘录相关内容进行检查验收评定，以判定属面节能工程的质量达到的情况。围护系统节能子分部工程工程质量验收评定，见表2-7-7。

表2-7-7　围护系统节能子分部工程工程质量验收评定

工程名称	××住宅楼	结构类型	框架	层数		26
施工单位	××建筑公司	技术部门负责人	王××	质量部门负责人		李××
分包单位	/	分包单位负责人	/	分包技术负责人		/
序号	分项工程名称		验收结论	监理工程师签字		备注
1	墙体节能工程		合格	李××		
2	幕墙节能工程		/	/		

序号	分项工程名称	验收结论	监理工程师签字	备注
3	门窗节能工程	合格	李××	
4	屋面节能工程	合格	李××	
5	地面节能工程	合格	李××	
6	采暖节能工程	/	/	
7	通风与空调节能工程	/	/	
8	空调与采暖系统的冷热源及管网节能工程	/	/	
9	配电与照明节能工程	/	/	
10	监测与控制节能工程	/	/	
质量控制资料　查6项符合要求6项		合格	李××	
外墙节能构造现场实体检验　查1项符合要求1项		合格	李××	
外窗气密性现场实体检测　查1项符合要求1项		合格	李××	
系统节能性能检测等6项（无）		/		
验收结论		合格		
其他参加验收人员：				
验收单位	分包单位	项目经理：/	××××年××月××日	
	施工单位	项目经理：王××	××××年××月××日	
	设计单位	项目负责人：/	××××年××月××日	
	监理（建设）单位	总监理工程师：张×× （建设单位项目负责人）	××××年××月××日	

注：建筑节能分部工程工程质量评定验收，由于没有统一的施工过程，即节能工程没有自己的施工项目，其质量指标是靠别的工程项目施工过程来完成的。GB 50411制定时，只按3.4.1条分为10个分项工程，由于每个分项工程中包括的项目内容多，检验批和分项工程很难汇总。GB 50300—2013修订时，将其划为5个子分部工程，相对来说较方便汇总。故按其规定按子分部工程进行验收评定。

　　分部（子分部）工程由分项工程验收汇总、质量控制资料、安全与性能检验结果和观感质量4部分组成。节能工程可以没有观感质量，可以对分部工程验收评定。但要构成一个分部（子分部）工程，前3项必须要有，才能起到核查节能效果的目的。

（二）建筑节能围护系统子分部工程所含分项工程汇总

　　由于建筑节能工程的特殊性，没有专属的工程施工项目，其质量指标是其他工程施工完成的，全部工程质量指标是其他工程施工完成后，摘录其质量指标来进行验收评定，所以其分项工程和检验批在多数情况下只有一个。按GB 50411规范只设一个分部工程，必须在全部工程完工后才能摘录抽查。按GB 50300的规定，将其分为5个子分部工程，即围护系统节能、供暖空调设备及管网节能、电气动力节能、监控系统节能及可再生节能。这样分别不同类型比较方便，能跟施工进度及时验收评定节能指标。

　　围护系统节能包括墙体节能、幕墙节能、门窗节能、屋面节能及地面节能等。本书就以围护系统节能子分部工程为例。

　　由于是住宅工程没有幕墙项目，只有墙体、门窗、屋面、地面分项工程，又都是一个分项工程一个检验批，所以分项工程质量验收记录就是检验批质量验收汇总，直接填入子分部质量验收表格即可。

　　由于本书重点是检验批（分项工程）质量控制，其施工操作依据及技术交底、施工记录和验收评定原始记录的内容也可以由相应项目的验收资料中摘录，以了解节能工程的质量控制情况。

(三) 质量控制资料

按建筑节能分部工程验收时，纳入的质量控制资料，结合屋面工程保温层质量验收评定的资料，摘录列出有关资料。资料可复制进行整理，也可列出项目清单，资料还放在原屋面工程资料中。质量控制资料项目清单包括：

1) 设计文件、图纸会审记录有节能内容的 5 份，墙体、门窗、屋面、地面各 1 份，共 4 份。

2) 主要材料、设备的质量证明文件 5 份。

① 墙体节能工程。墙体保温板进场合格证、进场验收记录，及进场复验报告各 1 份；其导热系数、密度、抗压强度、燃烧性能符合设计要求，黏结剂的进场验收记录、合格证、进场复验报告各 1 份，黏结强度符合设计要求；其抗冻性能符合设计要求；

增强网的进场验收记录、合格证、检验报告各 1 份，其力学性能、抗腐蚀性能符合设计要求；

② 门窗节能工程。外窗进场验收记录、合格证、进场复验报告各 1 份；其气密性、保温性能、中空玻璃露点、玻璃遮阳系数和可见光透射比符合设计要求，门窗的玻璃品种符合设计要求；

门窗扇密封条性能符合设计要求，有进场验收记录及合格证。

③ 屋面节能工程。屋面保温材料板材有进场检验记录、合格证，并有抽样复验报告各 1 份。其导热系数、密度、抗压强度、燃烧性能符合设计要求，其品种、规格符合设计要求和规范规定。

④ 地面节能工程。地面保温层材料板材有进场验收记录、合格证及抽样复验报告各 1 份。其导热系数、密度、抗压强度、燃烧性能符合设计要求；其品种、规格符合设计要求和有关规范规定。

3) 隐蔽工程验收记录和相关图像资料检查验收，应形成隐蔽验收记录和图像资料 8 份。

(1) 墙体节能工程隐蔽验收项目较多，主要有基层处理、构造做法、保温层安装位置、接缝处理、黏结牢固等。

① 基层处理验收。施工前按照设计和施工方案的要求对基层进行处理，达到施工方案的要求。

各层构造做法应符合设计要求。

保温层采用预埋或后置锚固件固定时，锚固件的数量、位置、锚固深度和拉拔力试验符合设计要求。

严寒和寒冷地区外墙热桥部位，应按设计要求采取隔断热桥措施；采用加强网作防开裂措施时，加强网铺贴和搭接应符合设计和施工方案的要求，砂浆抹压密实、不得空鼓，加强网不得皱折、外露等；

墙体上易碰的阳角、门窗洞口、不同材料基层的交接处，其保温层应采取防开裂和破损的加强措施。

② 施工中的验收要求

保温隔热材料的厚度必须符合设计要求。保温板材与基层及各构造层之间黏结或连接必须牢固，黏结强度和连接方式符合设计要求，黏结强度拉拔试验符合设计要求。

采用预制保温墙板现场安装，应做安装性检验；结构性能、热工性能，与主体结构连接方法符合设计要求，连接应牢固，板缝严密，不得有渗漏；设计墙体内有隔汽层时，隔汽层的位置、使用材料、构造做法应符合设计要求；隔汽层完整、严密、穿透隔汽层处密封严密，隔汽层冷凝水排水构造符合设计要求。

（2）门窗节能工程隐蔽验收项目。外门窗框或副框与洞口之间的间隙应采用弹性密封材料填充饱满，并使用密封胶密封；外门窗框与副框之间的缝隙应使用密封胶密封2份。

（3）屋面节能工程隐蔽验收项目。检查验收并形成隐蔽工程验收记录1份。

屋面节能工程在这些部位施工检查中要形成隐蔽工程验收记录：

① 基层隐蔽验收记录。保温层的基层坚实，坡度正确、平整、干净、干燥、满足铺设保温层的要求；

② 保温层的敷设方式、厚度、板材缝隙填充，以及材料品种、规格、性能符合设计要求；

③ 屋面热桥部位保温措施处理符合设计要求；

④ 隔汽层的材料符合设计要求，隔汽层应封严密、铺贴平整、接缝严密，黏结牢固，不扭曲、皱折、无破损等。

（4）地面节能工程隐蔽验收项目。检查验收形成资料1份。

① 保温层的基层应检查验收；保温层的基层坚实、平整、干净、干燥、无积水，符合铺设保温层的要求。

② 保温层的铺设方式、厚度符合设计要求，保温材料黏结固定符合设计要求；热桥部位保温措施处理符合设计要求，保温层与基层黏结牢固，接缝严密。

③ 穿越地面直接接触室外空气的各种金属管道，按设计要求做好隔断热桥的保温措施。

隐蔽工程的检查应适时，能做到控制质量、保证保温节能效果，形成验收资料。

4）分项工程质量验收记录4份。5个分项工程凡是工程中有的项目必须做好验收记录。由施工单位与监理（建设）单位核查认可。示例工程没有幕墙工程，只有墙体、门窗、屋面、地面4个分项工程。本书以屋面保温节能分项工程为例形成了验收记录。其他分项工程质量验收记录也如此。

5）其他分项工程质量验收记录如下：

① 建筑围护结构节能构造现场实体检验记录1份。

② 严寒、寒冷和夏热冬冷地区外窗气密性现场检测报告1份。

③ 风管及系统严密性检验记录（无）。

④ 现场组装的组合或空调机组的漏风量测试记录（无）。

⑤ 设备单机试运转及调试记录（无）。

⑥ 系统联合试运转及调试记录（无）。

⑦ 系统节能性能检验报告（无）。

⑧ 其他影响的技术资料（无）。

前述①～⑧项资料，工程有项目时，可到相应专业质量验收规范验收内容中去摘录。没有的可不查。共核查6项，符合要求6项，填入表2-7-7中。

（四）外墙节能构造现场实体检验

（1）检验要求

外墙节能构造现场实体检验是GB 50411标准规定的主要检验项目之一，其目的是保证墙体保温材料的各类、厚度及保温层的构造做法，要符合设计要求和施工方案要求。其检验方法见GB 50411的附录F。

其抽样检验数量可在合同中约定。通常每单位工程不少于3处，每处1点。当一个单位工程外墙有2种以上保温材料做法时，每种做法不少于3处。

钻芯检验外墙节能构造在外墙施工完成后检验，取样由监理（建设）和施工双方确定，在监理见证下实施。用 70mm 的芯样，钻透保温层到达结构层或基层表面，量得保温层厚度，精度 1mm；检查保温层构造做法，符合设计要求和施工方案要求。可施工单位实施，也可委托有资质的检测机构实施。

若取样检验结果不符合设计要求时，应委托有具备检测资质的检测机构增加一倍数量再次取样检验，按其结果判定。若再不符合设计要求时，应提出处理方案处理或给出"不符合设计要求"的结论。

当对围护结构的传热系数进行检测时，由建设单位委托有资质的检测机构承担，其检测方法、抽样取量、检测部位和合格判定标准等可在合同中约定。

（2）检测报告

检验报告示例参见表 2-7-8。

表 2-7-8　外墙节能构造钻芯检验报告

外墙节能构造检验报告		报告编号	1101 附 1
		委托编号	合同约定
		检测日期	××××年××月××日
工程名称		××住宅楼	
建设单位	×小区 12 号	委托人/联系电话	××××
监理单位	××咨询公司	检测依据	GB 50411 及施工方案
施工单位	××建筑公司	设计保温材料	模塑聚苯乙烯泡沫塑料
节能设计单位	××设计院	设计保温层厚度	6cm
检验结果	检验项目	芯样 1	芯样 2	芯样 3
	取样部位	轴线/层　　5/4	轴线/层　　5/9	轴线/层　　5/14
	芯样外观	完整/基本完整/破碎	完整/基本完整/破碎	完整/基本完整/破碎
	保温材料种类	模塑聚苯乙烯泡沫塑料		
	保温层厚度	60mm	61mm	62mm
	平均厚度	61mm		
	围护结构分层做法	1 基层：混凝土墙 2 界面层 3 保温层 4 抗裂保护层 5 饰面基层	1 基层：混凝土墙 2 界面层 3 保温层 4 抗裂保护层 5 饰面基层	1 基层：混凝土墙 2 界面层 3 保湿层 4 抗裂保护层 5 饰面基层
	照片编号	20	21	22

结论：符合设计规定。

见证意见：
1. 抽样方法符合规定；
2. 现场钻芯真实；
3. 芯样照片真实；
4. 其他：

见证人：李××

批准	王×	审核	李××	检验	王××
检验单位	本公司	印章	技术科	报告日期	××××年××月××日

注：1. 报告编号是分部工程的附表，只有一个填写附 1；
　　2. 由施工单位自行检验是合同约定，没有委托单位，见证由监理单位负责；
　　3. 按附录 F，外墙节能构造钻芯检验方法进行；
　　4. 检测结果必须符合规范规定：保温材料种类、保温层厚度、保温层构造做法符合设计要求，达不到要求，应委托有资质的检测机构，增加一倍数量再次抽样检验，按其结果判定。

（3）外墙节能构造钻芯检验方法

附录 C　外墙节能构造钻芯检验方法

C.0.1　本方法适用于检验带有保温层的建筑外墙其节能构造是否符合设计要求。

C.0.2　钻芯检验外墙节能构造应在外墙施工完工后、节能分部工程验收前进行。

C.0.3　钻芯检验外墙节能构造的取样部位和数量，应遵守下列规定：

1　取样部位应由监理（建设）与施工双方共同确定，不得在外墙施工前预先确定；

2　取样部位应选取节能构造有代表性的外墙上相对隐蔽的部位，并宜兼顾不同朝向和楼层；取样部位必须确保钻芯操作安全，且应方便操作。

3　外墙取样数量为一个单位工程每种节能保温做法至少取 3 个芯样。取样部位宜均匀分布，不宜在同一个房间外墙上取 2 个或 2 个以上芯样。

C.0.4　钻芯检验外墙节能构造应在监理（建设）人员见证下实施。

C.0.5　钻芯检验外墙节能构造可采用空心钻头，从保温层一侧钻取直径 70mm 的芯样。钻取芯样深度为钻透保温层到达结构层或基层表面，必要时也可钻透墙体。

当外墙的表层坚硬不易钻透时，也可局部剔除坚硬的面层后钻取芯样。但钻取芯样后应恢复原有外墙的表面装饰层。

C.0.6　钻取芯样时应尽量避免冷却水流入墙体内及污染墙面。从空心钻头中取出芯样时应谨慎操作，以保持芯样完整。当芯样严重破损难以准确判断节能构造或保温层厚度时，应重新取样检验。

C.0.7　对钻取的芯样，应按照下列规定进行检查：

1　对照设计图纸观察、判断保温材料种类是否符合设计要求；必要时也可采用其他方法加以判断；

2　用分度值为 1mm 的钢尺，在垂直于芯样表面（外墙面）的方向上量取保温层厚度，精确到 1mm；

3　观察或剖开检查保温层构造做法是否符合设计和施工方案要求。

C.0.8　在垂直于芯样表面（外墙面）的方向上实测芯样保温层厚度，当实测芯样厚度的平均值达到设计厚度的 95％及以上且最小值不低于设计厚度的 90％时，应判定保温层厚度符合设计要求；否则，应判定保温层厚度不符合设计要求。

C.0.9　实施钻芯检验外墙节能构造的机构应出具检验报告。检验报告的格式可参照表 C.0.9 样式。检验报告至少应包括下列内容：

1　抽样方法、抽样数量与抽样部位；

2　芯样状态的描述；

3　实测保温层厚度，设计要求厚度；

4　按照本规范 14.1.2 条的检验目的给出是否符合设计要求的检验结论；

5　附有带标尺的芯样照片并在照片上注明每个芯样的取样部位；

6　监理（建设）单位取样见证人的见证意见；

7　参加现场检验的人员及现场检验时间；

8　检测发现的其他情况和相关信息。

C.0.10　当取样检验结果不符合设计要求时，应委托具备检测资质的见证检测机构增加一倍数量再次取样检验。仍不符合设计要求时应判定围护结构节能构造不符合设计要求。此时应根据检验结果委托原设计单位或其他有资质的单位重新验算房屋的热工性能，提出技术处理方案。

C.0.11　外墙取样部位的修补，可采用聚苯板或其他保温材料制成的圆柱形塞填充并用建筑密封胶密封。修补后宜在取样部位，挂贴注有"外墙节能构造检验点"的标志牌。

（五）外窗气密性现场实体检测

（1）检测要求

进场检测建筑外窗的气密性、保温性能、中空玻璃露点、玻璃遮阳系数和可见光透射比应符合要求，方可安装。

外窗气密性现场实体检验是现行国家标准 GB 50411 规定的主要检验项目之一，其目的是验证建筑外窗气密性是否符合设计要求和国家有关标准的规定。

其检验抽样数量可在合同中约定，当无合同约定可按下列规定抽样：每个单位工程的外窗至少抽查 3 樘。当单位工程有 2 种以上品种、类型和开启方式时，每种品种、类型的开启方式的外窗抽查不少于 3 樘。

外窗气密性现场实体检测应在监理（建设）人员见证下抽样，委托有资质的检测机构实施。

（2）若外窗气密性现场实体检测结果不符合设计要求和标准规定的情况时，应委托有资质的检测机构，增加一倍数量再次抽样检测，对不符合要求的项目或参数再次检验。仍然不符合要求时，应给出"不符合设计要求"的结论。

（3）对建筑外窗气密性不符合设计要求和国家现行标准规定的，应查找原因进行修理，使其达到要求后重新进行检测，合格后方可通过验收。

（六）系统节能性能检测

（1）采暖、通风与空调、配电与照明工程安装完成后，应进行系统节能的检测，由建设单位委托具有相应检测资质的检测机构检测并出具检测报告。受季节性影响的节能性能检测项目，在保修期内检测。

（2）主要检测项目及要求见表 2-7-9。

表 2-7-9　系统节能性能检测主要项目及要求

序号	检测项目	抽样数量	允许偏差或规定值
1	室内温度	居住建筑每户抽测卧室或起居室 1 间，其他建筑按房间总数抽测 10%	冬季不得低于设计计算温度 2℃，且不应高于 1℃；夏季不得高于设计计算温度 2℃，且不应低于 1℃
2	供热系统室外管网的水力平衡度	每个热源与换热站均不少于 1 个独立的供热系统	0.9～1.2
3	供热系统的补水率	每个热源与换热站均不少于 1 个独立的供热系统	0.5%～1%
4	室外管网的热输送效率	每个热源与换热站均不少于 1 个独立的供热系统	≥0.92
5	各风口的风量	按风管系统数量抽查 10%，且不得少于 1 个系统	≤15%
6	通风与空调系统的总风量	按风管系统数量抽查 10%，且不得少于 1 个系统	≤10%
7	空调机组的水流量	按系统数量抽查 10%，且不得少于 1 个系统	≤20%
8	空调系统冷热水、冷却水总流量	全数	≤10%
9	平均照度与照明功率密度	按同一功能区不少于 2 处	≤10%

（3）系统检测的检测项目和抽样数量可在合同中约定，必要时可增加其他项目，但合同中约定的检测项目和抽样数量不应低于标准的规定。

第三章　建筑设备安装工程质量验收

本章包括建筑给水排水及供暖工程、通风与空调工程、建筑电气工程、电梯工程、智能建筑工程及燃气工程等分部工程质量验收内容。

第一节　建筑给水排水及供暖分部工程质量验收

一、建筑给水排水及供暖分部工程检验批质量验收用表

（一）建筑给水排水及供暖分部工程检验批质量验收用表目录分别见表 3-1-1、表 3-1-2。

表 3-1-1　建筑给水排水及供暖分部工程检验批质量验收用表目录（一）

分项工程名称		子分部工程名称及编号						
		0501	0502	0503	0504	0505	0506	0507
		室内给水系统	室内排水系统	室内热水系统	卫生器具	室内供暖系统	室外给水管网	室外排水管网
1	室内给水管道及配件安装	05010101 05010701 05010801						
2	室内给水设备安装	05010201						
3	室内消火栓系统安装	05010301						
4	室内消防喷淋系统安装	05010401 （暂无表格）						
5	室内给水系统防腐	05010501						
6	室内给水系统绝热	05010601						
7	室内给水系统管道冲洗、消毒	05010701						
8	室内给水系统试验与调试	05010801						
1	室内排水管道及配件安装		05020101 05020401						
2	室内雨水管道及配件安装		05020201						
3	室内排水系统防腐		05020301 （暂无表格）						
4	室内排水系统试验与调试		05020401 05020101						

续表

分项工程名称		子分部工程名称及编号						
		0501	0502	0503	0504	0505	0506	0507
		室内给水系统	室内排水系统	室内热水系统	卫生器具	室内供暖系统	室外给水管网	室外排水管网
5	室内热水系统管道及配件安装			05030101				
6	室内辅助设备安装			05030201				
7	室内热水系统防腐			05030301				
8	室内热水系统绝热			05030401				
9	室内热水系统试验与调试			05030501				
1	卫生器具安装				05040101 05040401			
2	卫生器具给水配件安装				05040201			
3	卫生器具排水配件安装				05040301			
4	试验与调试				05040401			
1	室内供暖管道及配件安装					05050101		
2	辅助设备安装					05050201		
3	散热器安装					05050301		
4	低温热水地板辐射供暖系统安装					05050401		
5～8	电加热、燃气加热供暖系统安装，热计量及调控装置安装					05050501 05050601 05050701 05050801 （暂无表格）		
9	室内供暖系统试验与调试					05050901		
10	室内供暖系统防腐					05051001		
11	室内供暖系统绝热					05051101		
1	室外给水管道安装						05060101	
2	室外消火栓系统安装						05060201	
3	试验与调试						05060301	
1	室外排水管道安装							05070101
2	室外排水管沟与井池							05070201
3	试验与调试							05070301

表 3-1-2　建筑给水排水及供暖分部工程检验批质量验收用表 (二)

分项工程名称	子分部工程名称及编号						
	0508	0509	0510	0511	0512	0513	0514
	室外供热管网	建筑饮用水供应系统(暂无表格)	建筑中水系统及雨水利用系统	游泳池及公共浴池水系统	水景喷泉系统(暂无表格)	热源及辅助设备	监测与控制仪表(暂无表格)
1　室外供热管道及配件安装	05080101						
2　系统水压试验及调试	05080201						
3　室外供热系统土建结构	05080301(暂无表格)						
4　室外供热系统防腐	05080401					05130501	
5　室外供热系统绝热	05080501					05130601	
6　室外供热系统试验与调试	05080601						
1　中水系统管道及配件安装			05100101				
2～6　雨水利用系统管道及配件安装			05100201 到05100601(暂无表格)				
1　游泳池管道及配件系统安装				05110101			
2～5　处理设备及控制设施安装				05110201 到05110501(暂无表格)			
1　热源及辅助设备-锅炉安装						05130101	
2　辅助设备及管道安装						05130201	
3　安全附件安装						05130301	
4　换热站安装						05130401	
5　防腐						05130501	
6　绝热						05130601	
7　试验与调试						05130701	

　　（二）建筑给水排水及供暖分部工程中包括 **14** 个子分部工程，其中有 **3** 个还未有表格，即建筑饮用水供应系统、水景喷泉系统及检测与控制仪表。在各子分部工程中有共用检验批表格，由于表格所限，在表中未表示出来，在实际应用中应注意。

二、建筑给水排水及供暖分部工程质量验收规定

（一）建筑给水排水及供暖分部工程质量验收规定

　　参见 GB 50242—2002 标准 3.1.1～3.3.16 条（其中，3.3.3 条、3.3.16 条为强制性条文）。

3.1　质量管理

3.1.1　建筑给水、排水及采暖工程施工现场应具有必要的施工技术标准、健全的质量管理体系和工程质量检测制度，实现施工全过程质量控制。

3.1.2　建筑给水、排水及采暖工程的施工应按照审核的工程设计文件和施工技术标准进行施工。修改设计应有

设计单位出具的设计变更通知单。

3.1.3　建筑给水、排水及采暖工程的施工应编制施工组织设计或施工方案，经批准后方可实施。

3.1.4　建筑给水、排水及采暖工程的分部、分项工程划分见附录 A。

3.1.5　建筑给水、排水及采暖工程的分项工程，应按系统、区域、施工段或楼层等划分。分项工程应划分成若干个检验批进行验收。

3.1.6　建筑给水、排水及采暖工程的施工单位应当具有相应的资质。工程质量验收人员应具备相应的专业技术资格。

3.2　材料设备管理

3.2.1　建筑给水、排水及采暖工程所使用的主要材料、成品、半成品、配件、器具和设备必须具有中文质量合格证明文件，规格、型号及性能检测报告应符合国家技术标准或设计要求。进场时应做检查验收，并经监理工程师核查确认。

3.2.2　所有材料进场时应对品种、规格、外观等进行验收。包装应完好，表面无划痕及外力冲击破损。

3.2.3　主要器具和设备必须有完整的安装使用说明书。在运输、保管和施工过程中，应采取有效措施防止损坏或腐蚀。

3.2.4　阀门安装前，应作强度和严密性试验。试验应在每批（同牌号、同型号、同规格）数量中抽查 10%，且不少于一个。对于安装在主干管上起切断作用的闭路阀门，应逐个作强度和严密性试验。

3.2.5　阀门的强度和严密性试验，应符合以下规定：阀门的强度试验压力为公称压力的 1.5 倍；严密性试验压力为公称压力的 1.1 倍；试验压力在试验持续时间内应保持不变，且壳体填料及阀瓣密封面无渗漏。阀门试压的试验持续时间应不少于表 3.2.5 的规定。

表 3.2.5　阀门试验持续时间

公称直径 DN（mm）	最短试验持续时间（s）		
	严密性试验		强度试验
	金属密封	非金属密封	
≤50	15	15	15
65～200	30	15	60
250～450	60	30	180

3.2.6　管道上使用冲压弯头时，所使用的冲压弯头外径应与管道外径相同。

3.3　施工过程质量控制

3.3.1　建筑给水、排水及采暖工程与相关各专业之间，应进行交接质量检验，并形成记录。

3.3.2　隐蔽工程应在隐蔽前经验收各方检验合格后，才能隐蔽，并形成记录。

3.3.3　地下室或地下构筑物外墙有管道穿过的，应采取防水措施。对有严格防水要求的建筑物，必须采用柔性防水套管。

3.3.4　管道穿过结构伸缩缝、抗震缝及沉降缝敷设时，应根据情况采取下列保护措施：

1　在墙体两侧采取柔性连接。

2　在管道或保温层外皮上、下部留有不小于 150mm 的净空。

3　在穿墙处做成方形补偿器，水平安装。

3.3.5　在同一房间内，同类型的采暖设备、卫生器具及管道配件，除有特殊要求外，应安装在同一高度上。

3.3.6　明装管道成排安装时，直线部分应互相平行。曲线部分：当管道水平或垂直并行时，应与直线部分保持等距；管道水平上下并行时，弯管部分的曲率半径应一致。

3.3.7　管道支、吊、托架的安装，应符合下列规定：

1　位置正确，埋设应平整牢固。

2　固定支架与管道接触应紧密，固定应牢靠。

3　滑动支架应灵活，滑托与滑槽两侧间应留有 3～5mm 的间隙，纵向移动量应符合设计要求。

4　无热伸长管道的吊架、吊杆应垂直安装。

5　有热伸长管道的吊架、吊杆应向热膨胀的反方向偏移。

6　固定在建筑结构上的管道支、吊架不得影响结构的安全。

3.3.8　钢管水平安装的支、吊架间距不应大于表 3.3.8 的规定。

表 3.3.8　钢管管道支架的最大间距

公称直径（mm）		15	20	25	32	40	50	70	80	100	125	150	200	250	300
支架的最大间距（m）	保温管	2	2.5	2.5	2.5	3	3	4	4	4.5	6	7	7	8	8.5
	不保温管	2.5	3	3.5	4	4.5	5	6	6	6.5	7	8	9.5	11	12

3.3.9 采暖、给水及热水供应系统的塑料管及复合管垂直或水平安装的支架间距应符合表 3.3.9 的规定。采用金属制作的管道支架，应在管道与支架间加衬非金属垫或套管。

表 3.3.9 塑料管及复合管管道支架的最大间距

管径（mm）		12	14	16	18	20	25	32	40	50	63	75	90	110
最大间距（m）	立管	0.5	0.6	0.7	0.8	0.9	1.0	1.1	1.3	1.6	1.8	2.0	2.2	2.4
	水平管 冷水管	0.4	0.4	0.5	0.5	0.6	0.7	0.8	0.9	1.0	1.1	1.2	1.35	1.55
	水平管 热水管	0.2	0.2	0.25	0.3	0.3	0.35	0.4	0.5	0.6	0.7	0.8		

3.3.10 铜管垂直或水平安装的支架间距应符合表 3.3.10 的规定。

表 3.3.10 铜管管道支架的最大间距

公称直径（mm）		15	20	25	32	40	50	65	80	100	125	150	200
支架的最大间距（m）	垂直管	1.8	2.4	2.4	3.0	3.0	3.0	3.5	3.5	3.5	3.5	4.0	4.0
	水平管	1.2	1.8	1.8	2.4	2.4	2.4	3.0	3.0	3.0	3.0	3.5	3.5

3.3.11 采暖、给水及热水供应系统的金属管道立管管卡安装应符合下列规定：
1 楼层高度小于或等于 5m，每层必须安装 1 个。
2 楼层高度大于 5m，每层不得少于 2 个。
3 管卡安装高度，距地面应为 1.5～1.8m，2 个以上管卡应匀称安装，同一房间管卡应安装在同一高度上。
3.3.12 管道及管道支墩（座），严禁铺设在冻土和未经处理的松土上。
3.3.13 管道穿过墙壁和楼板，宜设置金属或塑料套管。安装在楼板内的套管，其顶部应高出装饰地面 20mm；安装在卫生间及厨房内的套管，其顶部应高出装饰地面 50mm，底部应与楼板底面相平；安装在墙壁内的套管其两端与饰面相平。穿过楼板的套管与管道之间缝隙应用阻燃密实材料和防水油膏填实，端面光滑。穿墙套管与管道之间缝隙宜用阻燃密实材料填实，且端面应光滑。管道的接口不得设在套管内。
3.3.14 弯制钢管，弯曲半径应符合下列规定：
1 热弯：应不小于管道外径的 3.5 倍。
2 冷弯：应不小于管道外径的 4 倍。
3 焊接弯头：应不小于管道外径的 1.5 倍。
4 冲压弯头：应不小于管道外径。
3.3.15 管道接口应符合下列规定：
1 管道采用黏结接口，管端插入承口的深度不得小于表 3.3.15 的规定。

表 3.3.15 管端插入承口的深度

公称直径（mm）	20	25	32	40	50	75	100	125	150
插入深度（mm）	16	19	22	26	31	44	61	69	80

2 熔接连接管道的结合面应有一均匀的熔接圈，不得出现局部熔瘤或熔接圈凸凹不匀现象。
3 采用橡胶圈接口的管道，允许沿曲线敷设，每个接口的最大偏转角不得超过 2°。
4 法兰连接时衬垫不得凸入管内，其外边缘接近螺栓孔为宜。不得安放双垫或偏垫。
5 连接法兰的螺栓，直径和长度应符合标准，拧紧后，凸出螺母的长度不应大于螺杆直径的 1/2。
6 螺纹连接管道安装后的管螺纹根应有 2～3 扣的外露螺纹，多余的麻丝应清理干净并做防腐处理。
7 承插口采用水泥捻口时，油麻必须清洁、填塞密实，水泥应捻入并密实饱满，其接口面凹入承口边缘的深度不得大于 2mm。
8 卡箍（套）式连接两管口端应平整、无缝隙，沟槽应均匀，卡紧螺栓后管道应平直，卡箍（套）安装方向应一致。
3.3.16 各种承压管道系统和设备应做水压试验，非承压管道系统和设备应做灌水试验。

（二）分部工程质量验收

参见 GB 50242 标准 14.0.1～14.0.3 条。

14.0.1 检验批、分项工程、分部（子分部）工程质量的验收，均应在施工单位自检合格的基础上进行。并应按检验批、分项、分部（子分部）、单位（子单位）工程的程序进行验收，同时做好记录。
1 检验批、分项工程的质量验收应全部合格。
检验批质量验收见附录 B。

分项工程质量验收见附录 C。

2　分部（子分部）工程的验收，必须在分项工程验收通过的基础上，对涉及安全、卫生和使用功能的重要部位进行抽样检验和检测。

子分部工程质量验收见附录 D。

建筑给水、排水及采暖（分部）工程质量验收见附录 E。

14.0.2　建筑给水、排水及采暖工程的检验和检测应包括下列主要内容：

1　承压管道系统和设备及阀门水压试验。

2　排水管道灌水、通球及通水试验。

3　雨水管道灌水及通水试验。

4　给水管道通水试验及冲洗、消毒检测。

5　卫生器具通水试验，具有溢流功能的器具满水试验。

6　地漏及地面清扫口排水试验。

7　消火栓系统测试。

8　采暖系统冲洗及测试。

9　安全阀及报警联动系统动作测试。

10　锅炉 48h 负荷试运行。

14.0.3　工程质量验收文件和记录中应包括下列主要内容：

1　开工报告。

2　图纸会审记录、设计变更及洽商记录。

3　施工组织设计或施工方案。

4　主要材料、成品、半成品、配件、器具和设备出厂合格证及进场验收单。

5　隐蔽工程验收及中间试验记录。

6　设备试运转记录。

7　安全、卫生和使用功能检验和检测记录。

8　检验批、分项、子分部、分部工程质量验收记录。

9　竣工图。

（三）建筑给水排水及供暖分部工程施工质量验收评定内容

建筑给水排水及供暖分部工程质量验收内容有：子分部工程质量验收汇总，质量管理资料核查，安全、卫生和主要使用功能核查抽查结果，观感质量验收及综合验收结论等。

1）分部工程包括的子分部工程，《建筑工程施工质量验收统一标准》GB 50300 列出 14 项，《建筑给水排水及采暖工程质量验收规范》列出 11 项。其中 GB 50300 新增加建筑饮用水供应系统、水景喷泉系统、检测与控制仪表 3 个子分部工程具体内容；GB 50300 将 GB 50242 的建筑中水系统及游泳池等一分为二，分为建筑中水和游泳池系统。其余 9 个子分部工程，两个标准是一致的，即室内给水系统、室内排水系统、室内热水供应系统、卫生器具安装、室内供暖系统、室外给水管网、室外排水管网、室外供热管网及热源及辅助设备等。

在实际的建筑中很少同时有 14 个子分部工程，按实际检查即可。

子分部工程和分部工程验收的内容基本相同，或是说分部工程验收就是子分部工程验收的汇总。子分部工程质量汇总包括：

（1）子分部工程包含的分项工程汇总评定。14 个子分部工程，每个都有不少于 2 个分项工程，最多的室内供暖系统子分部工程有 11 个分项工程。在评定验收子分部工程时，首先应将含有的分项工程逐个汇总，而每个分项工程必须全部合格。

在核查各分项工程时，主要从质量控制方面核查。除施工组织设计、学习设计文件，主要是核对施工依据的质量控制措施的有效性、针对性和可操作性，依据其施工就能达到保证工程质量；核查施工记录，了解施工过程质量措施的实施情况；核查分项工程质量验收评定的规范性；质量验收评定原始记录。

（2）各分部工程的质量管理资料应完整。子分部工程的质量管理资料应完整，在《建筑工程施工质量验收统一标准》GB 50300 中，附录 H 表 H.0.1-2 都做了相应规定。凡在表中的项目必须核对达到标准规定，没发生的项目可不查，如工程质量事故调查处理资料，没发生事故就没有调查处理资料。如果发生 GB 50300 标准第 3.0.5 条情况，当专业验收规范对工程中的验收项目未作出相应规定时，应由建设单位组织监理、设计、施工等相关单位制订专项验收要求。涉及安全、功能、节能、环境保护等项目的专项验收要求应由建设单位组织专家论证，可以研究增加项目。

此处的质量管理资料主要是质量控制资料，包括原材料质量控制、控制措施、施工依据、施工记录及验收检查的规范性资料。

（3）安全、使用功能检测资料。规范规定的检测项目、设计要求的检测项目，其各检测项目都应有合格的检测报告，检测报告的数据和结论要符合设计要求和规范规定，是有检测资质的检测机构检测，签字完整。资料最好是一次检测达到规定，不是经返工重做等检测合格，以体现质量控制的有效性。检测项目 GB 50300 已列出主要项目，本规范 GB 50242 的 1.4.0.2 条也列出项目。凡有的项目必须有相应的检测资料。

（4）观感质量是全面性的质量。主要以分项工程检验批的主控项目，一般项目的全部质量指标为检查内容，能动的、能操作的也可以操作检查，为便于核定，验收规范将其规定为分点、处检查。综合评定其质量，全部达到规定的为"好"、基本达到（即主控项目都达到规定，一般项目大多数达到规定、少量达不到规定的项目不影响工程安全、使用功能，以及主要装饰装修质量）为"一般"；否则就是不影响工程安全、使用功能的，也应评为"差"的点。合格工程对"差"的点能修理的，可进行修理，不能或不便修理的，也可验收为合格工程。但优良工程是不允许存在"差"的点。

2）分部工程质量验收

分部工程质量验收评定的内容与子分部工程相一致，只是范围大了，若含有几个子分部工程时，要将其综合起来验收。一是核查所含子分部工程质量等级评定合格，二是核查质量管理资料，三是核查安全、卫生和主要使用功能质量，四是验收观感质量，来综合评定验收分部工程质量。

（1）子分部工程质量核查。质量控制验收的基础是检验批，各检验批质量验收合格，分项工程才能验收合格。各分项工程质量验收全部合格后，子分部工程质量才能合格。子分部工程验收核查的内容，包括各分项工程质量验收全部合格，质量管理资料是各分项工程质量管理资料的汇总，安全、卫生和主要使用功检测项目是各子分部工程质量检测资料是分项工程的汇总，观感质量检查是各分项工程的汇总。

（2）分部工程质量管理资料的检查。这是各子分部工程质量管理资料的汇总，该有的资料项目应该有，资料要覆盖到各子分部工程，各项质量管理资料的内容符合规范规定和设计要求。若只有一个子分部工程，其质量管理资料就是分部工程的管理资料。

（3）分部工程安全。卫生和主要使用功能资料检查，是各子分部工程检测资料的汇总。其项目有：

① 承压管道系统和设备及阀门水压试验；

② 排水管道灌水、通球及通水试验；

③ 雨水管道灌水及通水试验；

④ 给水管道通水试验及冲洗、消毒检测；

⑤ 卫生器具通水试验，具有溢流功能的器具满水试验；

⑥ 地漏及地面清扫口排水试验；

⑦ 消火栓系统测试；

⑧ 采暖系统冲洗及测试；

⑨ 安全阀及报警系统动作测试；

⑩ 锅炉 48h 负荷试运行。

另外，分部工程质量验收文件和记录中应包括下列主要内容：

① 开工报告；

② 图纸会审记录、设计变更及洽商记录；

③ 施工组织设计或施工方案；

④ 主要材料、成品、半成品、配件、器具和设备出厂合格证及进场验收单；

⑤ 隐蔽工程验收及中间试验记录；

⑥ 设备试运转记录；

⑦ 安全、卫生和使用功能检验和检测记录；

⑧ 检验批、分项、子分部、分部工程质量验收记录；

⑨ 竣工图。

（4）分部工程观感质量验收记录。与子分部工程的内容相同，在正常情况下，也是各子分部工程完工后，分别进行观感质量验收，通常很少有分部工程综合验收的。所以分部工程观感质量验收，就是子分部工程观感质量验收的汇总。

（5）综合验收结论。即上述 4 项内容验收符合设计要求和规范规定后，做出评价结论："合格"或"符合规定"。有不符合项目要返修到符合规定，再作验收结论。

三、检验批质量验收评定示例（室内给水管道及配件安装）

（一）检验批质量验收合格

验收合格的标准包括：

① 主控项目的质量经抽样检验均应合格；

② 一般项目的质量能抽样检验合格。当采用计数抽样时，合格率应符合有关专业规范的规定，且不得存在严重缺陷。对于计数抽样的一般项目，正常检验一次，二次抽样可按本标准附录 D 判定。

③ 具有完整的操作依据，质量验收记录。

现行国家标准 GB 50242 是在 GB 50300 规定之前修订，其一次、二次抽样具体规定没有，可按原规范抽样。但操作依据及质量验收记录是可以执行的，应加强过程控制，分项工程验收控制，应按系统、区域、施工段或楼层等划分检验批进行验收。

应做好材料设备管理。必须具有质量合格证明文件，规格、型号及性能检测报告符合现行国家标准规定和设计要求。进场验收应对品种、规格、外观等进行验收检查。主要器具、设备应有完整的安装使用说明书，阀门安装前应进行强度、严密性检验合格。

施工过程按施工依据进行控制，做好施工记录，表明施工的规范性、措施的完整性，以及质量形成的过程，体现企业施工技术管理的水平。各专业之间应进行交接检验，并形成记录。

隐蔽工程应在隐蔽前各方检验合格后才能隐蔽，并形成记录。

管道穿过墙或楼板的应采取防水措施，有要求的必须采用柔性防水套管。管道穿过结构缝敷设时，应采取保护措施，柔性连接、管道上下留足净空或采用补偿器水平安装等。

管道接口用黏结接口、承插接口都应连接可靠。

各种承压管系统和设备应做水压试验，非承压系统和设备应做灌水试验，并做好记录。

（二）室内给水管道及配件安装检验批质量验收记录

（1）推荐表格（GB 50242 的附录 B）

室内给水管道及配件安装检验批质量验收表由施工单位项目专业质量检查员填写，监理工程师（建设单位项目专业技术负责人）组织施工单位项目质量（技术）负责人等进行验收，并按表 3-1-3 填写验收结论。

表 3-1-3　室内给水管道及配件安装检验批质量验收表

工程名称		××住宅楼	专业工长/证号	证 10328
分部工程名称		给排水及供暖	施工班、组长	王××
分项工程施工单位		××安装公司	验收部位	一单元
施工依据	标准名称	室内金属给水管道安装施工工艺标准	材料/数量	/
	编号	Q542	设备/台数	/
	存放处	工地办公室及施工班组	连接形式	承压管螺纹接口
主控项目	《规范》章、节、条、款号	质量规定	施工单位检查评定结果	监理（建设）单位验收
	4.2.1 条	系统水压试验	符合规范规定	合格
	4.2.2 条	系统通水试验	符合规范规定	合格
	4.2.3 条	系统冲洗消毒、饮水标准	符合《生活、饮用水标准》	合格
	4.2.4 条	埋地管道防腐	符合规范规定	合格
一般项目	4.2.5 条	给水管与排水管距离	符合规范规定	合格
	4.2.6 条	焊接质量	符合规范规定	合格
	4.2.7 条	水平管排水坡度	符合规范规定	合格
	4.2.8 条	管道阀门安装偏差	符合规范规定	合格
	4.2.9 条	支、吊架安装	符合规范规定	合格
	4.2.10 条	水表安装	符合规范规定	合格
施工单位检查评定结果		符合规范规定。 　　项目专业质量检查员：李×× 　　项目专业质量（技术）负责人：王×× 　　　　　　　　　　　　　　　　××××年××月××日		
监理（建设）单位验收结论		合格 监理工程师：王×× （建设单位项目专业技术负责人） 　　　　　　　　　　　　　　　　××××年××月××日		

配合检验批质量验收评定记录，还应有根据加强过程质量控制的要求，做好施工工艺标准控制措施的编制及技术交底、施工记录、质量验收评定原始记录等。

（2）验收内容及验收方法

参见 GB 50242 标准 4.1.1～4.2.10 条（4.1.2 条、4.2.3 条为强制性条文）。

4.1 一般规定

4.1.1 本章适用于工作压力不大于 1.0MPa 的室内给水和消火栓系统管道安装工程的质量检验与验收。

4.1.2 给水管道必须采用与管材相适应的管件。生活给水系统所涉及的材料必须达到饮用水卫生标准。

4.1.3 管径小于或等于 100mm 的镀锌钢管应采用螺纹连接，套丝扣时破坏的镀锌层表面及外露螺纹部分应做防腐处理；管径大于 100mm 的镀锌钢管应采用法兰或卡套式专用管件连接，镀锌钢管与法兰的焊接处应二次镀锌。

4.1.4 给水塑料管和复合管可以采用橡胶圈接口、黏结接口、热熔连接、专用管件连接及法兰连接等形式。塑料管和复合管与金属管件、阀门等的连接应使用专用管件连接，不得在塑料管上套丝。

4.1.5 给水铸铁管管道应采用水泥捻口或橡胶圈接口方式进行连接。

4.1.6 铜管连接可采用专用接头或焊接，当管径小于 22mm 时宜采用承插或套管焊接，承口应迎介质流向安装；当管径大于或等于 22mm 时宜采用对口焊接。

4.1.7 给水立管和装有 3 个或 3 个以上配水点的支管始端，均应安装可拆卸的连接件。

4.1.8 冷、热水管道同时安装应符合下列规定：

1 上、下平行安装时热水管应在冷水管上方。

2 垂直平行安装时热水管应在冷水管左侧。

主控项目

4.2 给水管道及配件安装

4.2.1 室内给水管道的水压试验必须符合设计要求。当设计未注明时，各种材质的给水管道系统试验压力均为工作压力的 1.5 倍，但不得小于 0.6MPa。

检验方法：金属及复合管给水管道系统在试验压力下观测 10min，压力降不应大于 0.02MPa，然后降到工作压力进行检查，应不渗不漏；塑料管给水系统应在试验压力下稳压 1h，压力降不得超过 0.05MPa，然后在工作压力的 1.15 倍状态下稳压 2h，压力降不得超过 0.03MPa，同时检查各连接处不得渗漏。

4.2.2 给水系统交付使用前必须进行通水试验并做好记录。

检验方法：观察和开启阀门、水嘴等放水。

4.2.3 生活给水系统管道在交付使用前必须冲洗和消毒，并经有关部门取样检验，符合国家《生活饮用水标准》方可使用。

检验方法：检查有关部门提供的检测报告。

4.2.4 室内直埋给水管道（塑料管道和复合管道除外）应做防腐处理。埋地管道防腐层材质和结构应符合设计要求。

检验方法：观察或局部解剖检查。

一般项目

4.2.5 给水引入管与排水排出管的水平净距不得小于 1m。室内给水与排水管道平行敷设时，两管间的最小水平净距不得小于 0.5m；交叉铺设时，垂直净距不得小于 0.15m。给水管应铺在排水管上面，若给水管必须铺在排水管的下面时，给水管应加套管，其长度不得小于排水管管径的 3 倍。

检验方法：尺量检查。

4.2.6 管道及管件焊接的焊缝表面质量应符合下列要求：

1 焊缝外形尺寸应符合图纸和工艺件的规定，焊缝高度不得低于母材表面，焊缝与母材应圆滑过渡。

2 焊缝及热影响区表面应无裂纹、未熔合、未焊透、夹渣、弧坑和气孔等缺陷。

检验方法：观察检查。

4.2.7 给水水平管道应有 2‰～5‰ 的坡度坡向泄水装置。

检验方法：水平尺和尺量检查。

4.2.8 给水管道和阀门安装的允许偏差应符合表 4.2.8 的规定。

表 4.2.8 管道和阀门安装的允许偏差和检验方法

项次	项目			允许偏差（mm）	检验方法
1	水平管道纵横方向弯曲	钢管	每米	1	用水平尺、直尺、拉线和尺量检查
			全长 25m 以上	≤25	
		塑料管复合管	每米	1.5	
			全长 25m 以上	≤25	
		铸铁管	每米	2	
			全长 25m 以上	≤25	

项次	项目			允许偏差（mm）	检验方法
2	立管垂直度	钢管	每米 5m以上	3 ≤8	吊线和尺量检查
		塑料管 复合管	每米 5m以上	2 ≤8	
		铸铁管	每米 5m以上	3 ≤10	
3	成排管段和成排阀门		在同一平面上间距	3	尺量检查

4.2.9 管道的支、吊架安装应平整牢固，其间距应符合本规范第3.3.8条、第3.3.9条或第3.3.10条的规定。

检验方法：观察、尺量及手扳检查。

4.2.10 水表应安装在便于检修、不受暴晒、污染和冻结的地方。安装螺翼式水表，表前与阀门应有不小于8倍水表接口直径的直线管段。表外壳距墙表面净距为10～30mm；水表进水口中心标高按设计要求，允许偏差为±10mm。

检验方法：观察和尺量检查。

（三）施工操作依据：施工工艺标准及技术交底

本工程的主体结构已验收合格，各楼层的标高控制线50线已弹好，并按要求复检合格，有关管线、设备的安装位置、坡度、各种接口位置，已放线标明，并技术复验合格，可正式进入管道安装施工。

（1）企业标准《室内金属给水管道安装施工工艺标准》Q542

1 适用范围

本标准适用于建筑工程中室内金属给水管道（包括给水铸铁管和镀锌碳素钢管）及配件安装工程。

2 施工准备

2.1 材料

2.1.1 主材：铸铁给水管、镀锌钢管、镀锌衬塑管、铜管等，其规格型号应符合设计要求，有出厂合格证及质量证明文件。

2.1.2 辅材：三通、弯头、异径管、水表、阀门等，其规格、型号符合要求并有出厂合格证。

2.2 机具设备

2.2.1 机具：套丝机、砂轮锯、台钻、电锤、角磨机、手电钻、电焊机、试压泵等。

2.2.2 工具：套丝板、管钳、压力钳、手锯、手锤、扳手、链钳、煨弯器、捻凿、断管器、水平尺、线坠、钢卷尺、压力表、卡尺等。

2.3 作业条件

2.3.1 埋地铺设的管沟其坐标、标高、坡度等已达到设计要求；基础已做了处理，并达到施工强度要求。

2.3.2 预留的孔洞、套管、沟槽已预检合格。

2.3.3 暗装管道应在地沟或吊顶未封闭前进行安装。

2.3.4 明装干管安装应在结构验收后进行，沿管线安装位置的杂物应清理干净。

2.3.5 立管安装宜与主体结构施工穿插进行。每层均应有准确的标高线，暗装竖井管道应把竖井内杂物清除干净，并有防坠落安全措施。

2.3.6 墙内嵌入管道应在墙体砌筑完毕、墙面未装修前进行。管道在楼（地）坪面层内直埋时应与土建专业配合。

2.4 技术准备

2.4.1 做好图纸会审，设计交底。

2.4.2 依据图纸会审、设计交底编制施工方案，进行技术交底。

2.4.3 校核管道坐标，标高应准确无误。

3 操作工艺

3.1 工艺流程

测量放线 → 预制加工 → 支架、吊架安装 → 干管安装 → 立管安装 → 支管安装 → 管道试压 → 管道保温 → 管道冲洗、通水 → 管道消毒

3.2　操作方法

3.2.1　测量放线：根据施工图纸进行测量放线，在实际安装的结构位置做好标记，确定管道支吊架位置。

3.2.2　预制加工

3.2.2.1　按设计图纸画出管道分路、管径、变径、预留管口及阀门位置等施工草图按标记分段量出实际安装的准确尺寸，记录在施工草图上，然后按草图测得的尺寸预制组装。

3.2.2.2　未做防腐处理的金属管道及型钢应及时做好防腐处理。

3.2.2.3　在管道正式安装前，根据草图做好预制组装工作。

3.2.2.4　沟槽加工应按操作规程执行。

3.2.3　支架、吊架安装

3.2.3.1　按不同管径和要求设置相应管卡，位置应准确，埋设应牢固平整。管卡与管道接触紧密，但不得损伤管道表面。

3.2.3.2　固定支架、吊架应有足够的刚度强度，不得产生弯曲变形等缺陷。

3.2.3.3　钢管水平安装的支架、吊架的间距不得大于表 3.2.3.3 的规定。

表 3.2.3.3　钢管管道支架最大间距

公称直径（mm）		15	20	25	32	40	50	70	80	100	125	150	200	250	300
支架最大间距（m）	保温管	2	2.5	2.5	2.5	3	3	4	4	4.5	6	7	7	8	8.5
	不保温管	2.5	3	3.5	4	4.5	5	6	6	6.5	7	8	9.5	11	12

3.2.3.4　铜管垂直或水平安装的支架间距应符合表 3.2.3.4 规定。

表 3.2.3.4　铜管管道支架最大间距

公称直径（mm）		15	20	25	32	40	50	65	80	100	125	150	200
支架最大间距（m）	垂直管	1.8	2.4	2.4	3.0.	3.0	3.0	3.5	3.5	3.5	3.5	4.0	4.0
	水平管	1.2	1.8	1.8	2.4	2.4	2.4	3.0	3.0	3.0	3.0	3.5	3.5

3.2.3.5　三通、弯头、末端、大中型附件，应设可靠的支架，用作补偿管道伸缩变形的自由臂不得固定。

3.2.4　干管安装

3.2.4.1　给水铸铁管道安装

（1）清扫管腔并除掉承口内侧、插口外侧端头的防腐材料及污物，承口排列朝来水方向顺序排列，连接的对口间隙应不小于 3mm，找平找直后，固定管道。管道拐弯和始端处应固定，防止捻口时轴向移动，所有管口随时封堵好。

（2）水泥接口时，捻麻时将油麻绳拧成麻花状，用麻钎捻入承口内，承口周围间隙应保持均匀，一般捻口两圈半，约为承口深度的 1/3。将油麻捻实后进行捻灰（水泥强度等级一般不低于 32.5 级、水灰比为 1∶9），用捻凿将灰填入承口，随填随捣，直至将承口打满打平，承口捻完后应用湿土覆盖或用麻绳等物缠住接口进行养护，并定时浇水，一般养护不少于 48h。

（3）青铅接口时，应将接口处水痕擦拭干净，在承口油麻打实后，用定型卡箍或包有胶泥的麻绳紧贴承口，缝隙用胶泥抹严，用化铅锅加热铅锭至 500℃ 左右（液面呈紫红色），铅口位于上方，应单独设置排汽孔，将熔铅缓慢灌入承口内，排出空气。对于大管径管道灌铅速度可适当加快，以防熔铅中途凝固。每个铅口应一次灌满，凝固后立即拆除卡箍或泥模，用捻凿将铅口打实。

（4）给水铸铁管与镀锌钢管连接时应按图 3.2.4.1 的几种方法安装。

3.2.4.2　镀锌管安装

（1）丝扣连接：管道缠好生料带或抹上铅油缠好麻，用管钳按编号依次上紧，丝扣外露 2～3 扣，安装完后拢直找正，复核甩口的位置、方向及变径无误，清除麻头，做好防腐，所有管口要做好临时封堵。

（2）管道法兰连接：管径小于等于 100mm 宜用丝扣法兰，若管径大于 100mm 应采用焊接法兰，二次镀锌。安装时法兰盘的连接螺栓直径、长度应符合规范要求，紧固法兰螺栓时要对称拧紧、紧固好的螺栓外露丝扣应为 2～3 扣。法兰盘连接衬垫，一般给水管（冷水）采用橡胶垫，生活热水管道采用耐热橡胶垫，垫片要与管径同心，不得多垫。

（3）沟槽连接：胶圈安装前除去管口端密封处的泥沙和污物，胶圈套在一根管的一端，然后将另一根钢管的一端与该管对齐、同轴，两端距离要求留有一定的间隙，再移动胶圈，使胶圈与两侧钢管的沟槽距离相等。胶圈外表面涂上专用润滑剂或肥皂水，将两瓣卡箍卧入沟槽内，再穿入螺栓，并均匀地拧紧螺母。

（4）丝扣外露及管道镀锌表面损伤部分做好防腐。

3.2.4.3　铜管安装

（1）安装前先对管道进行调直，冷调法适用于外径小于等于 108mm 的管道，热调法适用于外径大于 108mm 的管道。调直后不应有凹陷、破损等现象。

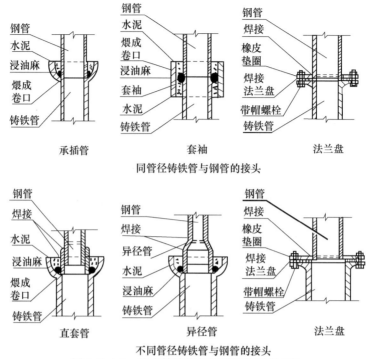

承插管　　　　　　　套袖　　　　　　　法兰盘

同管径铸铁管与钢管的接头

直套管　　　　　　　异径管　　　　　　　法兰盘

不同管径铸铁管与钢管的接头

图 3.2.4.1　给水铸铁管与镀锌钢管连接方法

(2) 当用铜管直接弯制弯头时，可按管道的实际走向预先弯制成所需弯曲半径的弯头，多根管道平行敷设时，要排列整齐，管间距要一致，整齐美观。

(3) 薄壁铜管可采用承插式钎焊接口、卡套式接口和压接式接口；厚壁铜管可采用螺纹接口、沟槽式接口、法兰式接口。

a. 钎焊连接：钎焊强度小，一般焊接采用插接形式。插接长度为管壁厚的 6～8 倍，管道外径小于等于 28mm 时，插接长度为 1.2～1.5D（mm），当铜管与铜合金管件或铜合金管件与铜合金管件间焊接时，应在铜合金管件焊接处使用助焊剂，并在焊接完成后清除管外壁的残余熔剂。覆塑铜管焊接时应剥出不小于 200mm 裸铜管，焊接完成后复原覆塑层。钎焊后的管件必须及时进行清洗，除去残留的熔剂和熔渣。

b. 卡套式连接：管口断面应垂直平整，且应使用专用工具将其整圆或扩口，安装时应使用专用扳手，严禁使用管钳旋紧螺母。

c. 压接式接口：应用专用压接工具，管材插入管件的过程中，密封圈不得扭曲变形，压接时卡钳端面应与管件轴线垂直，达到规定压力时延时 1～2s。

d. 螺纹连接、沟槽连接和法兰连接方法同镀锌钢管。黄铜配件与附件螺纹连接时，宜采用聚四氟乙烯带，法兰连接时垫片可采用耐热橡胶板或铜垫片。

3.2.5　立管安装

3.2.5.1　立管明装：每层从上至下统一吊线安装卡件，将预制好的立管按编号分层排开，顺序安装，对好调直时的印记，校核甩口的高度、方向是否正确。外露丝扣和镀锌层破坏处刷好防锈漆，支管甩口均加好临时封堵。立管阀门安装的朝向应便于操作和维修。安装完后用线坠吊直找正，配合土建堵好楼板洞。

3.2.5.2　立管暗装：竖井内立管安装的卡件应按设计和规范要求设置。安装在墙内的立管宜在结构施工中预留管槽，立管安装时吊直找正，用卡件固定，支管的甩口应明露并做好临时封堵。

3.2.5.3　立管管外皮距墙面（装饰面）间距见表 3.2.5.3。

表 3.2.5.3　立管管外皮距墙面（装饰面）间距

管径（mm）	32 以下	32～50	75～100	125～150
间距（mm）	20～25	25～30	30～50	60

3.2.6　支管安装

3.2.6.1　支管明管：安装前应配合土建正确预留孔洞和预埋套管。支管如装有水表应先装上连接管，试压、冲洗合格后在交工前拆下连接管，安装水表。

3.2.6.2　管道嵌墙、直埋敷设时，宜在砌墙时预留凹槽，凹槽尺寸为：深度等于 De＋20mm；宽度为 De＋

40~60mm。凹槽表面必须平整，不得有尖角等凸出物，管道安装、固定、试压合格后，凹槽用 M7.5 级水泥砂浆填补密实。若在墙凿槽，应先确定墙体强度，强度不足或墙体不允许凿槽时不得凿槽，只能在墙面上固定敷设后用 M7.5 水泥砂浆抹平或加贴侧砖加厚墙体。

3.2.6.3　管道在楼（地）坪面层内直埋时，预留的管槽深度不应小于管外径 De＋20mm，管槽宽度宜为管外径 De＋40mm。管道安装、固定、试压合格后，管槽用与地坪层相同强度等级的水泥砂浆填补密实。

3.2.6.4　管道穿墙时每预留孔洞，墙管或孔洞内径宜为管外径 De＋50mm。

3.2.6.5　支管管外皮距墙面（装饰面）留有操作空间。

3.2.7　管道试压

3.2.7.1　管道试验压力，应为管道系统工作压力的 1.5 倍，但不得小于 0.6MPa。

3.2.7.2　管道水压试验应符合下列规定：

（1）水压试验之前，管道应固定牢固，接头须明露。支管不宜连通卫生器具配水件。

（2）加压宜用手压泵，泵和测量压力的压力表应装设在管道系统的底部最低点（不在最低点时应折算几何高差的压力值），压力表精度为 0.01MPa，量程为试压值的 1.5 倍。

（3）管道注满水后，排出管内空气，封堵各排汽出口，进行严密性检查。

（4）缓慢升压，升至规定试验压力，10min 内压力降不得超过 0.02MPa，然后降至工作压力检查，压力应不降，且不渗不漏。

（5）直埋在地坪面层和墙体内的管道，分段进行水压试验，试验合格后土建方可继续施工（试压工作必须在面层浇筑或封闭前进行）。

3.2.8　管道防腐和保温

3.2.8.1　管道防腐：按不同场合分别进行。材料及做法应符合设计要求。

3.2.8.2　管道设备安装前必须做好防腐处理。

3.2.8.3　采用涂抹式、喷涂式施工，要抹、喷均匀。

3.2.8.4　明装管道、设备，一道防锈漆，两道面漆，安装前一道，竣工一道。

3.2.8.5　暗装管道、设备，两道防锈漆，第一道干燥后，再进行第二道施工。

3.2.8.6　直接埋地的防腐层，先涂刷漆底子油，再用玛碲脂缠裹一道或二道防水卷材。

3.2.8.2　管道保温

（1）给水管道明装、暗装的保温有三种形式：管道防冻保温、管道防热损保温、管道防结露保温。保温材质及厚度应按设计要求执行，质量应达到国家规定标准。

（2）管道保温应在水压试验合格后进行，如需先保温或预先做保温层，应将管道连接处和焊缝留出，待水压试验合格后，再将连接处保温。

（3）管道法兰、阀门等应按设计要求保温。

3.2.9　管道冲洗、通水试验

3.2.9.1　管道系统在验收前必须进行冲洗，冲洗水应采用生活饮用水，流速不得小于 1.5m/s。应连续进行，保证充足的水量，出水水质和进水水质透明度一致为合格。

3.2.9.2　系统冲洗完毕后应进行通水试验，按给水系统的 1/3 配水点同时开放，各排水点通畅，接口处无渗漏。

3.2.10　管道消毒

3.2.10.1　管道冲洗、通水后，将管道内的水放空，各配水点与配水件连接后，进行管道消毒，向管道系统内灌注消毒溶液，浸泡 24h 以上。消毒结束后，放空管道内的消毒液，再用生活饮用水冲洗管道，至各末端配水件出水水质经水质部门检验合格为止。

3.2.10.2　管道消毒完后打开进水阀向管道供水，打开配水点龙头适当放水，在管网最远点取水样，经卫生监督部门检验合格后方可交付使用。

4　质量标准

4.1　主控项目

4.1.1　室内给水管道的水压试验必须符合设计要求，当设计未注明时，给水管道系统试验压力均为工作压力的 1.5 倍，但不得小于 0.6MPa。

检验方法：给水管道系统在试验压下观测 10min，压力降不应大于 0.02MPa，然后降到工作压力作外观检查，应不渗不漏。

4.1.2　给水系统交付使用前必须进行通水试验，并做好记录。

检验方法：观察和开启阀门、水嘴等放水。

4.1.3　给水系统管道在交付使用前必须冲洗和消毒，经水质部门检验合格后交付验收。

检验方法：检查有关部门提供的检测报告。

4.1.4　室内直埋给水管道应做防腐处理。埋地管道防腐层材质和结构应符合设计要求。

检验方法：观察或局部解剖检查。

4.2　一般项目

4.2.1　给水引入管和排水排出管的水平净距不得小于 1m。室内气排水管道平行敷设时，两管间的最小水平净距不得小于 0.5m；交叉铺设时，垂直净距不得小于 0.15m。给水管应铺在排水管上面，若给水管必须铺在排水管的下面时，给水管应加套管，其长度不得小于排水管管径的 3 倍。

检验方法：尺量检查。

4.2.2 管道及管件焊接的焊缝表面质量应符合下列要求：

4.2.2.1 焊缝外形尺寸应符合图纸和工艺文件的规定，焊缝高度不得低于母材表面，焊缝与母材应圆滑过渡。

4.2.2.2 焊缝及热影响区表面应无裂纹、未熔合、未焊透、夹渣、弧坑和气孔等缺陷。

检验方法：观察检查。

4.2.3 给水水平管道安装应有 2‰～5‰ 的坡度坡向泄水装置。

检查方法：水平尺和尺量检查。

4.2.4 给水管道和阀门安装的允许偏差应符合表 4.2.4 的规定。

表 4.2.4 管道和阀门安装的允许偏差和检验方法

项目			允许偏差（mm）		检验方法
			国标、行标	企标	
水平管道纵横方向弯曲	钢管塑料管复合管	每米 管径≤100mm	1	0.5	用水平尺、直尺、拉线和尺量检查
		每米 管径>100mm	1	1	
		全长 25m 以上 管径≤100mm	≤13	≤13	
		全长 25m 以上 管径>100mm	≤25	≤25	
	铜管	每米	1	0.5	
		全长（25m 以上）	≤25	≤25	
	给水铸铁管	每米	2	2	
		全长（25m 以上）	≤25	≤25	
立管垂直度	钢管塑料管复合管	每米	3	2	吊线和尺量检查
		全长（5m 以上）	≤8	≤8	
	铜管	每米	3	2	
		全长（5m 以上）	≤8	≤8	
	给水铸铁管	每米	3	3	
		全长（5m 以上）	≤10	≤10	
保温层	表面平整度	卷材或板材	5	4	用 2m 靠尺和楔形塞尺检查
		涂抹或其他	10	8	
	厚度（δ）		$+0.1\delta$ -0.05δ	$+0.1\delta$ -0.05δ	用钢针刺入隔热尺和尺量检查
成排管段和成排阀门	在同一平面上间距		3	3	尺量检查

4.2.5 管道支、吊架安装应平整牢固，其间距应符合表 3.2.3.3、表 3.2.3.4 的规定。

检验方法：观察、尺量或手扳检查。

4.2.6 水表应安装在便于检修、不受暴晒、污染和冻结的地方。安装螺翼式水表，表前与阀门应有不小于 8 倍水表接口直径的直线管段。表外壳距墙表面净距为 10～30mm；水表进水口中心标高按设计要求，允许偏差为 ±10mm。

检验方法：观察和尺量检查。

5 成品保护

5.0.1 安装好的管道不得用做支撑或放脚手板，不得踏压，其支托卡架不得作为其他用途的受力点。

5.0.2 施工过程中及时封堵好各个预留口。

5.0.3 装修前要加以保护，防止灰浆污染管道。

5.0.4 阀门的手轮在安装时应卸下，交工前统一安装好。

5.0.5 水表应有保护措施，为防止损坏，可统一在交工前装好。

6 应注意的质量问题

6.0.1 立管安装完毕，其甩口标高和坐标核对准确后及时将管道固定，以防止其他工种碰撞或挤压造成立管甩口高度不准确。

6.0.2 水泵进出管应加设独立支撑，防止泵的软接头变形。

6.0.3 埋地敷设管道冬期施工前应将管道内积水排泄干净，并且管道周围填土要用木夯分层夯实，以防止地下埋设管道破裂。

6.0.4 施工前应认真选择满足保温要求的保温材料，并严格按照施工工艺及设计要求进行保温。

7 质量记录

7.0.1 主要材料、设备进场检验记录、合格证及材质证明文件、检测报告

7.0.2 预检记录。

7.0.3 隐蔽工程检查记录。

7.0.4 管道强度严密性试验记录。

7.0.5 施工检查记录。

7.0.6 吹（冲）洗及消毒试验记录。

7.0.7 通水试验记录。

7.0.8 检验批质量验收记录和分项（子分部）工程质量验收记录。

8 安全、环保措施

8.1 安全操作要求

8.1.1 使用电动工具应严格执行操作规程。

8.1.2 管道安装时应随时固定。

8.1.3 二人搬运管道时要协调一致，以防伤人。

8.1.4 在地沟、设备层、人防地下室及其他潮湿的地方施工时必须有可靠的通风、照明、防触电措施。

8.1.5 不得在无防护措施的情况下进行施焊和防腐作业。

8.2 环保措施

8.2.1 现场的施工废料应及时清理。

8.2.2 油漆、稀料应单独存放，并有防遗洒措施。

8.2.3 冲洗消毒液体应由专人保管，防止污染环境。

（2）技术交底

技术交底参见示例表 3-1-4。

表 3-1-4 施工技术交底记录

工程名称	××住宅楼	工程部位	一单元给水管道	交底时间	年 月 日
施工单位	××建筑公司	分项工程	室内给水管道及配件安装		
交底提要		施工技术及质量、安全注意事项			

本工程为 26 层框架结构住宅楼，主体结构一次结构、二次结构验收合格。建筑控制线 50 线已弹，并技术复核正确。给水管道安装的位置线、穿墙穿楼板位置尺寸，以及有关配水点位置线已标示，并经技术复核合格。可进行安装施工。

1. 技术准备

（1）管材、配件、设备的质量已验收合格，其卫生条件符合饮用水卫生标准。

（2）施工班组已经过学习施工图文件。

（3）施工工艺学习及技术交底，对施工的质量、安全技术已掌握。

（4）首道工序样板制已经过培训、施工操作、达到质量要求，经验收合格。已掌握样板的施工措施和质量要求。

2. 正式施工，要注意下列要点：

（1）螺纹连接。接头处的螺纹拧入到位、严密。外露螺纹 2～3 扣，并应清理干净，做防腐处理。

（2）冷、热水管道同时安装应平行、冷下热上；垂直安装冷左热右。

（3）支架位置间距合理布置，受力均匀，并保证管道的应有坡度及坡向正确。

（4）阀门安装前应试验压力合格。

（5）管道系统必须试压合格，保证其强度及严密性。

（6）穿楼板的套管周围固定牢固严密不渗漏水，高出地面装饰面不少于 20mm，卫生间 50mm；穿墙体变形缝处，应采取措施保护管道受力不变形，穿墙洞口的管道上、下要留空隙不小于 50mm。

（7）通水前必须清洗消毒，并检查符合饮用水标准。

（8）保温前应做好除锈及防腐层，保温层厚度符合设计要求。

（9）做好施工记录。

3. 完工验收

（1）先由施工班自行检合格后，专业工长、质量员评定后，才交监理有关人员验收。

（2）验收评定要做验收原始记录。

　　　　　　　　　　专业工长：李××　　　　　　　　　　施工班组长：王××

　　　　　　　　　　××××年××月××日　　　　　　　　××××年××月××日

（四）施工记录

施工记录示例参见表 3-1-5。

表 3-1-5　室内给水管道及配件安装检验批施工记录

工程名称	××住宅楼	分部工程	给水系统安装	分项工程	室内给水管道及配件安装
施工单位	××建筑公司	项目负责人	王××	施工班组	王××班组
施工期限	××××年××月××日×时至×日×时	气候		<25℃ 阴 晴 雨 雪	

一、施工部位

一单元室内给水管道及配件安装、管道井立管安装，各层水平管楼板内敷设。

二、材料

镀锌钢管螺纹连接。

镀锌钢管及配件有进场检验记录、合格证，符合设计要求。

阀门有合格证，进场检验记录，及阀门的强度、严密性试验报告，符合设计要求。

三、施工准备

主体结构已验收合格，建筑 50 线已弹好，并复验合格。

给水管道主管的位置线、横管的位置线已弹好，复验合格。

有关穿墙、穿楼板的洞已按放线钻好。

施工班组已学习施工工艺标准和技术交底。首道工序样板已完成并验收合格，对操作要求及实物质量要求已了解。

四、正式施工

按施工工艺标准和技术交底要求施工，施工正常。套丝数扣正确，拧紧入口数符合要求，外露 2～3 扣麻丝清理干净。支架位置正确、安装牢固。端口包封及时。接口清理及时。

五、完工后

现场清理，没留建筑垃圾。

专业施工员：李××

××××年××月××日

（五）验收评定原始记录

验收评定原始记录参见示例表 3-1-6。

表 3-1-6　给水管道及配件安装检验批质量验收评定原始记录

××住宅楼室内给水管道及附件安装检验批 05010101 质量验收评定原始记录

主控项目

1. 4.2.1 条　室内给水管道及附件安装水压试验。设计压力 0.5MPa，试验压力 0.75MPa。给水管道系统在试验压力下，10min 压力降<0.02MPa，降至 0.5MPa，不渗不漏。并做好记录。监理工程师在场。

2. 4.2.2 条　给水系统通水试验，管道安装完成。通水试验各阀门、水嘴不少于 1/3 用水点同时放开，经过放水检查，各接口阀门水口不渗不漏。通水试验记录。

3. 4.2.3 条　给水管道系统冲洗和清毒。管道系统经冲洗吹洗，清理了管道内杂物、铁锈，使管道清洁、出水和进水颜色一致。取样检验达到饮用水标准。吹洗记录及水质检测报告。

4. 4.2.4 条　室内直埋给水管引入管，防腐沥青漆，两道涂刷均匀，黏结牢固。全部检查符合设计要求，有隐蔽验收记录。

一般项目

1. 4.2.5 条　给水引入管与排水排管水平距离，按设计均不小于 1m，室内均不小于 0.5m，垂直净距均大于 0.15m，没有交叉管道，给水管铺排在排水管上面。

2. 4.2.7 条　水平管均有 2‰～5‰坡度，引入管坡向室外；支管坡向干管。

3. 4.2.9 条　管道支架平整牢固，间距符合规范规定与管道接触紧密，固定牢靠。

4. 4.2.10 条　水表安装，表外壳距墙面 10～30mm，中心标高按设计高度偏差在±10mm。符合规范规定。

5. 4.2.8 条　安装允许偏差

① 水平管道纵横向弯曲。每米 1 毫米，全长≤25mm（25m 以上）。抽测 20 点，均符合要求。

② 主管垂直度。每米 3 毫米，全高 5m 以上，8mm；经抽测 15 点，均符合设计要求。

③ 成排管路及阀门没有。

一般项目在观感质量检查中，均可查到。由于质量符合规范规定，而未标出检查点，以及对应的质量指标。

专业施工员：李××

××××年××月××日

（六）检验批质量验收记录及附件资料整理

1）检验批质量验收的主要资料是检验批质量验收记录表。在现行国家标准 GB 50300 及其配套的各规范中，都提出了检验批质量验收记录样表。检验批质量验收是做好工程质量过程控制的重点，现行国家标准 GB 50300 为了落实过程控制，规定了控制好建材质量、施工操作依据、施工记录及加强质量验收评定的原始记录，来保证检验批质量控制的落实到位。其辅助资料必须同步完成。

2）填写检验批质量验收记录表。各分部（子分部）工程的检验批质量验收记录表都统一编号。室内给水管道及附件安装检验批编号为 05010101。填写表后各方签字确认，并附保证过程控制的有关资料：

（1）主要材料、构配件、设备质量证明资料，合格证、进场验收记录、抽样复试报告。符合设计要求。资料代表的材料数量要与工程使用的材料数量相一致。

（2）施工操作依据。这是保证检验批质量的基本条件，主要是企业的"施工工艺标准"，这是企业的基本技术条件。各企业施工工艺标准的水平有差距，但都是由不完善到完善逐步改进的，直到比较完善，按其能施工出合格的工程，用企业标准的形式，将其固定下来，并不断改进、提高。这是检验批施工的基础依据，培训工人的基本教材，然后在每项具体工程项目施工前，根据工程施工图设计文件的要求，环境和合同的要求，以及施工人员的水平，针对工程项目制订一个技术交底文件。说明除按"施工工艺标准"施工外，还应注意那些重点措施，来保证本工程的质量和安全。

（3）施工记录。将施工过程质量控制的过程和重要环节记录下来，说明施工过程控制工程质量的有效性和规范性、工程质量形成的真实性和企业技术管理的水平，工程质量保证的有效性。施工记录的主要内容包括：施工部位内容、材料控制情况、施工准备情况、施工过程规范管理情况、重点环节的控制到位情况、施工过程环境保护情况、工程质量自检自评结果情况等。

（4）检验批质量验收评定原始记录。这是做好企业自行验收评定时的抽样规范性、真实性，保证质量验收评定的代表性，真实反映实物质量情况的举措，防止有选择性抽样或闭门造车等弄虚作假行为。对规范而言，是一种限制措施，在验收评定时随机抽样，应将抽样点及验收结果相应记录好，以便监理核查，来说明企业自行验收评定的真实性、规范性。这个表很麻烦，文字记录也很复杂，虽有相应的记录软件，利用照片等来说明，有时也并不完整。

有些质量管理好的企业在研究这个措施后，认为花费做好这个措施所用的精力，不如去加强施工过程的质量控制，提高工程质量水平。随机抽查的代表性也会很高，如将质量指标符合标准率提高，甚至使各项指标都达到规范规定，达不到规范规定的质量指标值也接近质量指标等技术措施，取得了更好的效果。在填写质量验收评定原始记录时，只记录质量指标，不记录检查部位及对应部位的质量指标。施工企业与监理单位申明，无论怎样抽样检查，质量都能达到规范规定，不用特定抽样，质量是有保证的保证书。经过监理单位的严格核验、抽样评定，质量都能保证规范规定和设计要求，这样就将此原始记录简化了。本书认为这种做法是符合规范规定的，是贯彻落实了规范规定的。

另有施工企业开展质量验收评定一次验收合格率活动。由施工班组自检合格、记录自检结果，企业验收不再复测，就使用班组自检数据来验收评定其质量。采取了多种措施开展"信得过班组活动"，使工程质量得到有效的控制。对施工班组达到目标的，给予物质和精神奖励。

（5）检验批质量验收记录表后需附过程控制的有关资料：

① 材料质量合格证、进场验收记录、抽样复试检测报告；

② 施工操作依据：企业施工工艺标准和技术交底资料（双方签字的）；

③ 施工记录；

④ 检验批质量验收评定原始记录。

四、分部（子分部）工程质量验收评定

检验批、分项工程、分部（子分部）工程的质量验收均应在施工单位自检合格的基础上进行，并按检验批、分项工程、分部（子分部）工程、单位（子单位）工程的程序进行验收，同时做好记录。

检验批、分项工程的质量验收应全部合格。

分部（子分部）工程的质量验收必须在分项工程验收通过的基础上，对质量控制，涉及安全、卫生和使用功能的重要部位进行抽样检验和检测，以及全面的观感质量检查。

（一）室内给水系统安装子分部工程质量验收记录

子分部工程质量验收由总监理工程师（建设单位项目专业负责人）组织施工单位项目负责人、专业项目负责人、设计单位项目负责人进行验收，并按规定填写表 3-1-7。

表 3-1-7　室内给水系统安装子分部工程质量验收表

工程名称	××住宅楼	项目技术负责人/证号	王××/10328
子分部工程名称	室内给水系统安装	项目质检员/证号	李××/00145
子分部工程施工单位	××建筑公司	专业工长/证号	刘××/0416

序号	分项工程名称	检验批数量	施工单位检查结果	监理（建设）单位验收结论
1	给水管道及配件安全	4	符合规范规定	合格
2	给水设备安装	4	符合规范规定	合格
3	消火栓系统安装	4	符合规范规定	合格
4	给水系统防腐	4	符合规范规定	合格
5	给水系统绝热	4	符合规范规定	合格
6				
7				
质量管理		共7项、经审查符合要求7项		合格
使用功能		共3项、经审查符合要求3项		合格

观感质量	共12点，12点"好"，0点"一般"		好
验收意见	专业施工单位	项目专业负责人： ××××年××月××日	
	施工单位	符合规范规定。 项目负责人：王××	××××年××月××日
	设计单位	项目负责人： ××××年××月××日	
	监理（建设）单位	合格	总监理工程师：张×× （建设单位项目专业负责人） ××××年××月××日

（二）分项工程汇总

对各分项工程进行核对检查汇总。目前，室内给水系统安装有8个分项工程即室内给水管道及配件安装、室内给水设备安装、室内消火栓系统安装、室内消防喷淋系统安装、室内给水系统防腐、室内给水系统绝热、室内给水系冲洗与消毒、室内给水系统试验与调试等。其中，室内给水系统试验与调试和冲洗、给水系统冲洗与消毒和给水管道及配件安装的质量指标在一起，而室内消防喷淋系统安装还未内容。实际只有5个分项工程。

室内给水系统安装子分部工程的5个分项工程，在5个分项工程中，只将室内给水管道及配件安装作为例子进行了验收评定，其他分项工程已都进行了质量验收评定，并都合格。将汇总结果填入子分部工程验收表3-1-7中。

该工程4个单元，以每个单元为一个检验批。每个分项工程各有4个检验批。

（三）质量管理资料

在GB 50300标准中质量控制资料有8项，GB 50242标准中有9项，两个规范不一致。以GB 50300标准为基础，将施工组织设计施工方案加上。其中的新技术论证、备案及施工记录项目未发生，这项资料可以没有，实际应有质量管理资料8项。另外，作为施工操作依据的施工工艺标准及技术交底、验收原始记录也应有。

（1）图纸会审、设计变更通知单、工程洽商记录：实际只有图纸会审资料1份。

（2）原材料出厂合格证及进场检验，试验报告：实际有给水镀锌管合格证4份，进场检验记录4份；阀门合格证4份，进场检验记录4份，试压检测报告1份。

（3）管道、设备强度试验、严密试验记录：管道强度、严密试验记录4份。

（4）隐蔽工程验收记录：给水引入管理地前防腐、绝热检查记录4份；支水管地坪内敷设，地面施工前检查验收，每单元每层检查一次，共26×4份隐蔽检验记录，汇总成4份隐蔽记录。

（5）系统清洗、灌水、通水、通球试验记录：由于是给水系统只有系统清洗、通水及水质试验项目，有4个清洗通水及1个水样水质量检测报告。

（6）施工记录：每个检验批都1份施工记录，共有4份施工记录。

（7）分项分部工程质量验收记录：一份分项工程质量验收记录。实际应有其他分项工程质量验收记录。另外，还应有施工操作依据。室内给水管道及配件安装，施工工艺标准1份，技术交底1份，质量验收评定原始记录4份，作为附件不单独列出。

这些质量管理资料只是室内给水管道及配件按一个分项工程的。实际工程中应该各分项工程都有这些资料。实际有的资料应列出目录清单，依据清单顺序将资料依次附在后边。按实际有的资料统计出项数，共7项，经审查符合要求，填入表3-1-7中。

（四）使用功能资料

实际是安全、卫生和使用功能核查、抽查资料，而且子分部工程只做了一个分项工程来做示范。

GB 50242规范中按子分部工程，只做了一个分项工程，其使用功能项目有管道的水压试验、通水试验，清洗消毒和水质检验；GB 50300规范规定有管道水压试验。以GB 50242规范为基础，其检测项目：

（1）室内给水管道及配件安装水压试验记录4份；

（2）给水系统通水试验记录4份；

（3）生活给水系统冲洗和消毒及取样检验水质（达到饮用水标准），管道冲洗和消毒试验记录4份，水质取样检测报告1份。

使用功能试验、检测项目共3项。经审查全部符合规范规定，填入表3-1-7中。

（五）观感质量

观感质量是各分项工程主控项目、一般项目的综合评价。本子分部工程实际有5个分项工程，这里以一个示例说明，只评此分项工程。主要内容：给水管道接口、坡度、支架、水表安装，以及安装允许偏差等。分系统综合评价按"好""一般""差"评定。本工程4个系统，每个系统抽三层检查，12个点评出等级。"好""一般"都可通过验收，"差"的点能修理到"一般""好"的就修理，不能修理只要不影响安全、使用功能及环保的，也可验收。本工程评定12点为"好"，没有"一般""差"的点，总评为"好"，填入表3-1-7中。

首先，施工单位先按点验收，评定，然后监理验收，可抽查也可重新检查，来核对观感质量的好坏，最后给出验收结果。

将分项工程验收资料、质量管理资料、使用功能资料、观感质量资料依次编号汇总，附在验收表后备查。

建筑给水排水及供暖分部工程质量验收评定，基本与子分部工程质量验收相同，只是将各子分部工程质量验收结果汇总。

第二节　通风与空调分部工程质量验收

一、通风与空调工程分部工程检验批质量验收用表

通风与空调分部工程检验批质量验收用表目录见表3-2-1。

表 3-2-1 通风与空调分部工程检验批质量验收用表目录

分项工程 / 检验批名称	0601 送风系统	0602 排风系统	0603 防、排烟系统	0604 除尘系统	0605 舒适性空调风系统	0606 恒温恒湿空调风系统	0607 净化空调风系统	0608 地下人防通风系统	0609 真空吸尘系统	0610 空调冷热水系统	0611 冷却水系统	0612 冷凝水系统	0613 土壤源热泵换热系统	0614 水源热泵换热系统	0615 蓄能（水/冰）系统	0616 压缩式制冷（热）设备系统	0617 吸收式制冷设备系统	0618 多联机（热泵）空调系统	0619 太阳能供暖空调系统	0620 设备自控系统
1　金属风管制作 I	06010101	06020101	06030101	06040101	06050101	06060101	06070101	06080101	06090101	06100101										
非金属风管制作 II					06050102	06060102	06070102													
复合材料风管制作 III					06050103	06060103	06070103													
2　风管部件与消声器制作	06010201	06020201	06030201	06040201	06050201	06060201	06070201	06080201	06090201											
3　风管系统安装　通风系统安装	06010301 06010601							06080301	06090301 06090401											06200301
排风系统安装		06020301 06020601 06020701																		
防排烟系统安装			06030301 06030601																	
除尘系统安装				06040301 06040601																
舒适性空调风系统安装					06050301 06050401															
恒温恒湿空调风系统安装						06060301 06060401												06180401		
净化空调风系统安装							06070301 06070701													
地下人防系统安装								1												
真空吸尘系统安装				06040701					06090601 06090801											

子分部工程及编号

219

续表

分项工程检验批名称		0601 送风系统	0602 排风系统	0603 防、排烟系统	0604 除尘系统	0605 舒适性空调风系统	0606 恒温恒湿空调风系统	0607 净化空调风系统	0608 地下人防通风系统	0609 真空吸尘系统	0610 空调冷热水系统	0611 冷却水系统	0612 冷凝水系统	0613 土壤源热泵换热系统	0614 水源热泵换热系统	0615 蓄能水/冰系统	0616 压缩式制冷(热)设备系统	0617 吸收式制冷设备系统	0618 多联机(热泵)空调系统	0619 太阳能供暖空调系统	0620 设备自控系统
4 风机与空气处理器设备安装	通风系统	06010401	06020401	06030401	06040401				06080401 06080501	06090401 06090501											
	舒适、空调系统安装					06050601 06050701 06050801															
	恒温恒湿空调系统安装						06060601 06060701 06060801														
	净化室(区)空调系统安装							06070401 06070601 06070801													
5	制冷机组与辅助设备安装										06100401 06100501 06100601						06160101	06170501 06170101 06170201			
	制冷剂管道系统安装													06130301	06140301	06150301	06160201 06160301	06170301 06170401	06180301 06180601		
	空调水系统水泵及附属设备安装										06100201	06110201 06110401 06110501	06120201	06130201 06130401	06140201 06140401	06150201 06150401			06180101 06180201	06190101 06190201	06200101 06200201
6	空调冷热系统金属管道安装										06100101 06100301	06110101 06110301	06120101 05120401	06130101	06140101	06150101			06180501	06190401	
	空调换热器系统塑料管道安装														06140501					06190301 06190501	

续表

	分项工程检验批名称	0601 送风系统	0602 排风系统	0603 防、排烟系统	0604 除尘系统	0605 舒适性空调风系统	0606 恒温恒湿空调风系统	0607 净化空调风系统	0608 地下人防通风系统	0609 真空吸热系统	0610 空调冷热水系统	0611 冷却水系统	0612 冷凝水系统	0613 土壤源热泵换热系统	0614 水源热泵换热系统	0615 蓄能水/冰系统	0616 压缩式制冷(热)设备系统	0617 吸收式制冷设备系统	0618 多联机(热泵)空调系统	0619 太阳能供暖空调系统	0620 设备自控系统
7	防腐与绝热风管系统与设备	06010501	06020501	06030501	06040501 06040801	06050501 06050901	06060701 06050901	06070501 06071001	06080601	06090501											
	防腐与绝热管道系统与设备										06100701	06110401	06120301	06130501	06140601	06150501	06160401	06170601		06190601	
	单机试运行及调试	06010702	06020802	06030702	06040902	06051002	06061002	06071102	06080702	06090902	06100802	06110702	06120502	06130602		06150602	06160502	06170702	06180702	06190702	06200402
8	非设计负荷条件下系统联合试运行及调试	06010701	06020801	06030701	06040901	06051001	06061001	06070901 06071101	06080701	06090901	06100801	06110701	06120501	06130601	06140701	06150601	06160501	06170701	06180701	06190701	06200401

通风与空调分部工程有 20 个子分部工程，每个子分部工程检验批用表有 4 个以上是各子分部工程共用的表。《通风与空调工程施工质量验收规范》GB 50243—2016 新修订后，完善了验收内容，与现行《建筑工程施工质量验收统一标准》GB 50300 的附录 B 建筑工程的分部工程、分项工程划分一致。GB 50243—2016 并具体列出了 26 个检验批验收表及 20 个子分部工程验收表，以及 1 个分项工程质量验收记录和 1 个分部工程质量验收记录，使得应用时非常规范。

二、通风与空调工程分部工程质量验收规定

（一）基本规定

参见 GB 50243—2016 标准 3.0.1～3.0.13 条。

3.0.1 通风与空调工程施工质量的验收除应符合本规范的规定外，尚应按批准的设计文件、合同约定的内容执行。

3.0.2 工程修改应有设计单位的设计变更通知书或技术核定。当施工企业承担通风与空调工程施工图深化设计时，应得到工程设计单位的确认。

3.0.3 通风与空调工程所使用的主要原材料、成品、半成品和设备的材质、规格及性能应符合设计文件和国家现行标准的规定，不得采用国家明令禁止使用或淘汰的材料与设备。主要原材料、成品、半成品和设备的进场验收应符合下列规定：

1 进场质量验收应经监理工程师或建设单位相关责任人确认，并应形成相应的书面记录。

2 进口材料与设备应提供有效的商检合格证明、中文质量证明等文件。

3.0.4 通风与空调工程采用的新技术、新工艺、新材料与新设备，均应有通过专项技术鉴定验收合格的证明文件。

3.0.5 通风与空调工程的施工应按规定的程序进行，并应与土建及其他专业工种相互配合；与通风与空调系统有关的土建工程施工完毕后，应由建设（或总承包）、监理、设计及施工单位共同会检。会检的组织宜由建设、监理或总承包单位负责。

3.0.6 通风与空调工程中的隐蔽工程，在隐蔽前应经监理或建设单位验收及确认，必要时应留下影像资料。

3.0.7 通风与空调分部工程施工质量的验收，应根据工程的实际情况按表 3.0.7 所列的子分部工程及所包含的分项工程分别进行。分部工程合格验收的前提条件为工程所属子分部工程的验收应全数合格。当通风与空调工程作为单位工程或子单位工程独立验收时，其分部工程应上升为单位工程或子单位工程，子分部工程应上升为分部工程，分项工程的划分仍应按表 3.0.7 的规定执行。工程质量验收记录应符合本规范附录 A 的规定。

表 3.0.7 通风与空调分部工程的子分部工程与分项工程划分

序号	子分部工程	分项工程
1	送风系统	风管与配件制作，部件制作，风管系统安装，风机与空气处理设备安装，风管与设备防腐，旋流风口、岗位送风口、织物（布）风管安装，系统调试
2	排风系统	风管与配件制作，部件制作，风管系统安装，风机与空气处理设备安装，风管与设备防腐，吸风罩及其他空气处理设备安装，厨房、卫生间排风系统安装，系统调试
3	防、排烟系统	风管与配件制作，部件制作，风管系统安装，风机与空气处理设备安装，风管与设备防腐，排烟风阀（口）、常闭正压风口、防火风管安装，系统调试
4	除尘系统	风管与配件制作，部件制作，风管系统安装，风机与空气处理设备安装，风管与设备防腐，除尘器与排污设备安装，吸尘罩安装，高温风管绝热，系统调试

续表

序号	子分部工程	分项工程
5	舒适性空调风系统	风管与配件制作，部件制作，风管系统安装，风机与组合式空调机组安装，消声器、静电除尘器、换热器、紫外线灭菌器等设备安装，风机盘管、变风量与定风量送风装置、射流喷口等末端设备安装，风管与设备绝热，系统调试
6	恒温恒湿空调风系统	风管与配件制作，部件制作，风管系统安装，风机与组合式空调机组安装，电加热器、加湿器等设备安装，精密空调机组安装，风管与设备绝热，系统调试
7	净化空调风系统	风管与配件制作，部件制作，风管系统安装，风机与净化空调机组安装，消声器、换热器等设备安装，中、高效过滤器及风机过滤器机组等末端设备安装，风管与设备绝热，系统调试、洁净度调试
8	地下人防通风系统	风管与配件制作，部件制作，风管系统安装，风机与空气处理设备安装，过滤吸收器、防爆波活门、防爆超压排汽活门等专用设备安装，风管与设备防腐，系统调试
9	真空吸尘系统	风管与配件制作，部件制作，风管系统安装，管道快速接口安装，风机与滤尘设备安装，风管与设备防腐，系统压力试验及调试
10	空调（冷、热）水系统	管道系统及部件安装，水泵及附属设备安装，管道冲洗与管内防腐，板式热交换器，辐射板及辐射供热、供冷地埋管安装，热泵机组安装，管道、设备防腐与绝热，系统压力试验及调试
11	冷却水系统	管道系统及部件安装，水泵及附属设备安装，管道冲洗与管内防腐，冷却塔与水处理设备安装，防冻伴热设备安装，管道、设备防腐与绝热，系统压力试验及调试
12	冷凝水系统	管道系统及部件安装，水泵及附属设备安装，管道、设备防腐与绝热，管道冲洗，系统灌水渗漏及排放试验
13	土壤源热泵换热系统	管道系统及部件安装，水泵及附属设备安装，管道冲洗，埋地换热系统与管网安装，管道、设备防腐与绝热，系统压力试验及调试
14	水源热泵换热系统	管道系统及部件安装，水泵及附属设备安装，管道冲洗，地表水源换热管与管网安装，除垢设备安装，管道、设备防腐与绝热，系统压力试验及调试
15	蓄能（水、冰）系统	管道系统及部件安装，水泵及附属设备安装，管道冲洗与管内防腐，蓄水罐与蓄冰槽、罐安装，管道、设备防腐与绝热，系统压力试验及调试
16	压缩式制冷（热）设备系统	制冷机组及附属设备安装，制冷剂管道及部件安装，制冷剂灌注，管道、设备防腐与绝热，系统压力试验及调试
17	吸收式制冷设备系统	制冷机组及附属设备安装，系统真空试验，溴化锂溶液加灌，蒸汽管道系统安装，燃气或燃油设备安装，管道、设备防腐与绝热，系统压力试验及调试
18	多联机（热泵）空调系统	室外机组安装，室内机组安装，制冷剂管路连接及控制开关安装，风管安装，冷凝水管道安装，制冷剂灌注，系统压力试验及调试

223

序号	子分部工程	分项工程
19	太阳能供暖空调系统	太阳能集热器安装，其他辅助能源、换热设备安装，蓄能水箱、管道及配件安装，低温热水地板辐射采暖系统安装，管道及设备防腐与绝热，系统压力试验及调试
20	设备自控系统	温度、压力与流量传感器安装，执行机构安装调试，防排烟系统功能测试，自动控制及系统智能控制软件调试

注：1. 风管系统的末端设备包括：风机盘管机组、诱导器、变（定）风量末端、排烟风阀（口）与地板送风单元、中效过滤器、高效过滤器、风机过滤器机组，其他设备包括：消声器、静电除尘器、加热器、加湿器、紫外线灭菌设备和排风热回收器等。

2. 水系统末端设备包括：辐射板盘管、风机盘管机组和空调箱内盘管和板式热交换器等。

3. 设备自控系统包括：各类温度、压力与流量等传感器、执行机构、自动控制与智能系统设备及软件等。

3.0.8 通风与空调工程子分部工程施工质量的验收应根据工程实际情况按本规范表3.0.7所列的分项工程进行。子分部工程合格验收应在所属分项工程的验收全数合格后进行。

3.0.9 通风与空调工程分项工程施工质量的验收应按分项工程对应的本规范具体条文的规定执行。各个分项工程应根据施工工程的实际情况，可采用一次或多次验收，检验验收批的批次、样本数量可根据工程的实物数量与分布情况而定，并应覆盖整个分项工程。当分项工程中包含多种材质、施工工艺的风管或管道时，检验验收批宜按不同材质进行分列。

3.0.10 检验批质量验收抽样应符合下列规定：

1 检验批质量验收应按本规范附录B的规定执行。产品合格率大于或等于95%的抽样评定方案，应定为第Ⅰ抽样方案（以下简称Ⅰ方案），主要适用于主控项目；产品合格率大于或等于85%的抽样评定方案，应定为第Ⅱ抽样方案（以下简称Ⅱ方案），主要适用于一般项目。

2 当检索出抽样检验评价方案所需的产品样本量 n 超过检验批的产品数量 N 时，应对该检验批总体中所有的产品进行检验。

3 强制性条款的检验应采用全数检验方案。

3.0.11 分项工程检验批验收合格质量应符合下列规定：

1 当受检方通过自检，检验批的质量已达到合同和本规范的要求，并具有相应的质量合格的施工验收记录时，可进行工程施工质量检验批质量的验收。

2 采用全数检验方案检验时，主控项目的质量检验结果应全数合格；一般项目的质量检验结果，计数合格率不应小于85%，且不得有严重缺陷。

3 采用抽样方案检验时，且检验批检验结果合格时，批质量验收应予以通过；当抽样检验批检验结果不符合合格要求时，受检方可申请复验或复检。

4 质量验收中被检出的不合格品，均应进行修复或更换为合格品。

3.0.12 通风与空调工程施工质量的保修期限，应自竣工验收合格日起计算两个采暖期、供冷期。在保修期内发生施工质量问题的，施工企业应履行保修职责。

3.0.13 净化空调系统洁净室（区）的洁净度等级应符合设计要求，空气中悬浮粒子的最大允许浓度限值，应符合本规范表D.4.6-1的规定。洁净室（区）洁净度等级的检测，应按本规范附录D第D.4节的规定执行。

（二）系统调试

各系统安装完成验收之前都应进行系统调试，包括单机调试和系统调试。调试是一个必备项目，有一个完整的调试过程，也有主控项目和一般项目的规定。故将其列入基本规定。

参见GB 50243—2016标准11.1.1～11.3.5条。

11.1 一般规定

11.1.1 通风与空调工程竣工验收的系统调试，应由施工单位负责，监理单位监督，设计单位与建设单位参与和配合。系统调试可由施工企业或委托具有调试能力的其他单位进行。

11.1.2 系统调试前应编制调试方案，并应报送专业监理工程师审核批准。系统调试应由专业施工和技术人员实施，调试结束后，应提供完整的调试资料和报告。

11.1.3 系统调试所使用的测试仪器应在使用合格检定或校准合格有效期内，精度等级及最小分度值应能满足工程性能测定的要求。

11.1.4 通风与空调工程系统非设计满负荷条件下的联合试运转及调试，应在制冷设备和通风与空调设备单机试运转合格后进行。系统性能参数的测定应符合本规范附录 E 的规定。

11.1.5 恒温恒湿空调工程的检测和调整应在空调系统正常运行 24h 及以上，达到稳定后进行。

11.1.6 净化空调系统运行前，应在回风、新风的吸入口处和粗、中效过滤器前设置临时无纺布过滤器。净化空调系统的检测和调整应在系统正常运行 24h 及以上，达到稳定后进行。工程竣工洁净室（区）洁净度的检测应在空态或静态下进行。检测时，室内人员不宜多于 3 人，并应穿着与洁净室等级相适应的洁净工作服。

11.2 主控项目

11.2.1 通风与空调工程安装完毕后应进行系统调试。系统调试应包括下列内容：

1 设备单机试运转及调试。

2 系统非设计满负荷条件下的联合试运转及调试。

检查数量：按Ⅰ方案。

检查方法：观察、旁站、查阅调试记录。

11.2.2 设备单机试运转及调试应符合下列规定：

1 通风机、空气处理机组中的风机，叶轮旋转方向应正确、运转应平稳、应无异常振动与声响，电机运行功率应符合设备技术文件要求。在额定转速下连续运转 2h 后，滑动轴承外壳最高温度不得大于 70℃，滚动轴承不得大于 80℃。

2 水泵叶轮旋转方向应正确，应无异常振动和声响，紧固连接部位应无松动，电机运行功率应符合设备技术文件要求。水泵连续运转 2h 滑动轴承外壳最高温度不得超过 70℃，滚动轴承不得超过 75℃。

3 冷却塔风机与冷却水系统循环试运行不应小于 2h，运行应无异常。冷却塔本体应稳固、无异常振动。冷却塔中风机的试运转尚应符合本条第 1 款的规定。

4 制冷机组的试运转除应符合设备技术文件和现行国家标准《制冷设备、空气分离设备安装工程施工及验收规范》GB 50274 的有关规定外，尚应符合下列规定：

1）机组运转应平稳、应无异常振动与声响；

2）各连接和密封部位不应有松动、漏气、漏油等现象；

3）吸、排汽的压力和温度应在正常工作范围内；

4）能量调节装置及各保护继电器、安全装置的动作应正确、灵敏、可靠；

5）正常运转不应少于 8h。

5 多联式空调（热泵）机组系统应在充灌定量制冷剂后，进行系统的试运转，并应符合下列规定：

1）系统应能正常输出冷风或热风，在常温条件下可进行冷热的切换与调控；

2）室外机的试运转应符合本条第 4 款的规定；

3）室内机的试运转不应有异常振动与声响，百叶板动作应正常，不应有渗漏水现象，运行噪声应符合设备技术文件要求；

4）具有可同时供冷、热的系统，应在满足当季工况运行条件下，实现局部内机反向工况的运行。

6 电动调节阀、电动防火阀、防排烟风阀（口）的手动、电动操作应灵活可靠，信号输出应正确。

7 变风量末端装置单机试运转及调试应符合下列规定：

1）控制单元单体供电测试过程中，信号及反馈应正确，不应有故障显示；

2）启动送风系统，按控制模式进行模拟测试，装置的一次风阀动作应灵敏可靠；

3）带风机的变风量末端装置，风机应能根据信号要求运转，叶轮旋转方向应正确，运转应平稳，不应有异常振动与声响；

4）带再热的末端装置应能根据室内温度实现自动开启与关闭。

8 蓄能设备（能源塔）应按设计要求正常运行。

检查数量：第 3、4、8 款全数，其他按Ⅰ方案。

检查方法：调整控制模式，旁站、观察、查阅调试记录。

11.2.3 系统非设计满负荷条件下的联合试运转及调试应符合下列规定：

1 系统总风量调试结果与设计风量的允许偏差应为 −5%～+10%，建筑各区域的压差应符合设计要求。

2 变风量空调系统联合调试应符合下列规定：

1）系统空气处理机组应在设计参数范围内对风机实现变频调速；

2）空气处理机组在设计机外余压条件下，系统总风量应满足本条第 1 款的要求，新风量的允许偏差应为 0%～+1.0%；

3）变风量末端装置的最大风量调试结果与设计风量的允许偏差应为 0%～+15%；

4）改变各空调区域运行工况或室内温度设定参数时，该区域变风量末端装置的风阀（风机）动作（运行）应正确；

5）改变室内温度设定参数或关闭部分房间空调末端装置时，空气处理机组应自动正确地改变风量；

6）应正确显示系统的状态参数。

3 空调冷（热）水系统、冷却水系统的总流量与设计流量的偏差不应大于 10%。

4 制冷（热泵）机组进出口处的水温应符合设计要求。

5 地源（水源）热泵换热器的水温与流量应符合设计要求。

6 舒适空调与恒温、恒湿空调室内的空气温度、相对湿度及波动范围应符合或优于设计要求。

检查数量：第1、2款及第4款的舒适性空调，按Ⅰ方案；第3、5、6款及第4款的恒温、恒湿空调系统，全数检查。

检查方法：调整控制模式，旁站、观察、查阅调试记录。

11.2.4 防排烟系统联合试运行与调试后的结果，应符合设计要求及国家现行标准的有关规定。

检查数量：全数检查。

检查方法：观察、旁站、查阅调试记录。

11.2.5 净化空调系统除应符合本规范第11.2.3条的规定外，尚应符合下列规定：

1 单向流洁净室系统的系统总风量允许偏差应为0%～+10%，室内各风口风量的允许偏差应为0%～+15%。

2 单向流洁净室系统的室内截面平均风速的允许偏差应为0%～+10%，且截面风速不均匀度不应大于0.25。

3 相邻不同级别洁净室之间和洁净室与非洁净室之间的静压差不应小于5Pa，洁净室与室外的静压差不应小于10Pa。

4 室内空气洁净度等级应符合设计要求或为商定验收状态下的等级要求。

5 各类通风、化学实验柜、生物安全柜在符合或优于设计要求的负压下运行应正常。

检查数量：第3款，按Ⅰ方案；第1、2、4、5款，全数检查。

检查方法：检查、验证调试记录，按本规范附录E进行测试校核。

11.2.6 蓄能空调系统的联合试运转及调试应符合下列规定：

1 系统中制冷剂的种类及浓度应符合设计要求。

2 在各种运行模式下系统运行应正常平稳；运行模式转换时，动作应灵敏正确。

3 系统各项保护措施反应应灵敏，动作应可靠。

4 蓄能系统在设计最大负荷工况下运行应正常。

5 系统正常运转不应少于一个完整的蓄冷-释冷周期。

检查数量：全数检查。

检查方法：观察、旁站、查阅调试记录。

11.2.7 空调制冷系统、空调水系统与空调风系统的非设计满负荷条件下的联合试运转及调试，正常运转不应少于8h，除尘系统不应少于2h。

检查数量：全数检查。

检查方法：观察、旁站、查阅调试记录。

11.3 一般项目

11.3.1 设备单机试运转及调试应符合下列规定：

1 风机盘管机组的调速、温控阀的动作应正确，并应与机组运行状态一一对应，中档风量的实测值应符合设计要求。

2 风机、空气处理机组、风机盘管机组、多联式空调（热泵）机组等设备运行时，产生的噪声不应大于设计及设备技术文件的要求。

3 水泵运行时壳体密封处不得渗漏，紧固连接部位不应松动，轴封的温升应正常，普通填料密封的泄漏水量不应大于60mL/h，机械密封的泄漏水量不应大于5mL/h。

4 冷却塔运行产生的噪声不应大于设计及设备技术文件的规定值，水流量应符合设计要求。冷却塔的自动补水阀应动作灵活，试运转工作结束后，集水盘应清洗干净。

检查数量：第1、2款按Ⅱ方案；第3、4款全数检查。

检查方法：观察、旁站、查阅调试记录，按本规范附录E进行测试校核。

11.3.2 通风系统非设计满负荷条件下的联合试运行及调试应符合下列规定：

1 系统经过风量平衡调整，各风口及吸风罩的风量与设计风量的允许偏差不应大于15%。

2 设备及系统主要部件的联动应符合设计要求，动作应协调正确，不应有异常现象。

3 湿式除尘与淋洗设备的供、排水系统运行应正常。

检查数量：按Ⅱ方案。

检查方法：按本规范附录E进行测试，校核检查、查验调试记录。

11.3.3 空调系统非设计满负荷条件下的联合试运转及调试应符合下列规定：

1 空调水系统应排除管道系统中的空气，系统连续运行应正常平稳，水泵的流量、压差和水泵电机的电流不应出现10%以上的波动。

2 水系统平衡调整后，定流量系统的各空气处理机组的水流量应符合设计要求，允许偏差为15%；变流量系统的各空气处理机组的水流量应符合设计要求，允许偏差为10%。

3 冷水机组的供回水温度和冷却塔的出水温度应符合设计要求；多台制冷机或冷却塔并联运行时，各台制冷机及冷却塔的水流量与设计流量的偏差不应大于10%。

4 舒适性空调的室内温度应优于或等于设计要求，恒温恒湿和净化空调的室内温、湿度应符合设计要求。

5 室内（包括净化区域）噪声应符合设计要求，测定结果可采用Nc或dB（A）的表达方式。

6 环境噪声有要求的场所，制冷、空调设备机组应按现行国家标准《采暖通风与空气调节设备噪声声功率级的测定 工程法》GB 9068 的有关规定进行测定。

7 压差有要求的房间、厅堂与其他相邻房间之间的气流流向应正确。

检查数量：第1、3款全数检查，第2款及第4款～第7款，按Ⅱ方案。

检查方法：观察、旁站、用仪器测定、查阅调试记录。

11.3.4 蓄能空调系统联合试运转及调试应符合下列规定：

1 单体设备及主要部件联动应符合设计要求，动作应协调正确，不应有异常。

2 系统运行的充冷时间、蓄冷量、冷水温度、放冷时间等应满足相应工况的设计要求。

3 系统运行过程中管路不应产生凝结水等现象。

4 自控计量检测元件及执行机构工作应正常，系统各项参数的反馈及动作应正确、及时。

检查数量：全数检查。

检查方法：旁站观察、查阅调试。

11.3.5 通风与空调工程通过系统调试后，监控设备与系统中的检测元件和执行机构应正常沟通，应正确显示系统运行的状态，并应完成设备的连锁、自动调节和保护等功能。

检查数量：按Ⅱ方案。

检查方法：旁站观察，查阅调试记录。

（三）竣工验收

参见 GB 50243—2016 标准 12.0.1～12.0.7 条。

12.0.1 通风与空调工程竣工验收前，应完成系统非设计满负荷条件下的联合试运转及调试，项目内容及质量要求应符合本规范第11章的规定。

12.0.2 通风与空调工程的竣工验收应由建设单位组织，施工、设计、监理等单位参加，验收合格后应办理竣工验收手续。

12.0.3 通风与空调工程竣工验收时，各设备及系统应完成调试，并可正常运行。

12.0.4 当空调系统竣工验收时因季节原因无法进行带冷或热负荷的试运转与调试时，可仅进行不带冷（热）源的试运转，建设、监理、设计、施工等单位应按工程具备竣工验收的时间给予办理竣工验收手续。带冷（热）源的试运转应待条件成熟后，再施行。

12.0.5 通风与空调工程竣工验收资料应包括下列内容：

1 图纸会审记录、设计变更通知书和竣工图。

2 主要材料、设备、成品、半成品和仪表的出厂合格证明及进场检（试）验报告。

3 隐蔽工程验收记录。

4 工程设备、风管系统、管道系统安装及检验记录。

5 管道系统压力试验记录。

6 设备单机试运转记录。

7 系统非设计满负荷联合试运转与调试记录。

8 分部（子分部）工程质量验收记录。

9 观感质量综合检查记录。

10 安全和功能检验资料的核查记录。

11 净化空调的洁净度测试记录。

12 新技术应用论证资料。

12.0.6 通风与空调工程各系统的观感质量应符合下列规定：

1 风管表面应平整、无破损，接管应合理。风管的连接以及风管与设备或调节装置的连接处不应有接管不到位、强扭连接等缺陷。

2 各类阀门安装位置应正确牢固，调节应灵活，操作应方便。

3 风口表面应平整，颜色应一致，安装位置应正确，风口的可调节构件动作应正常。

4 制冷及水管道系统的管道、阀门及仪表安装位置应正确，系统不应有渗漏。

5 风管、部件及管道的支、吊架形式、位置及间距应符合设计及本规范要求。

6 除尘器、积尘室安装应牢固，接口应严密。

7 制冷机、水泵、通风机、风机盘管机组等设备的安装应正确牢固；组合式空气调节机组组装顺序应正确，接缝应严密；室外表面不应有渗漏。

8 风管、部件、管道及支架的油漆应均匀，不应有透底返锈现象，油漆颜色与标志应符合设计要求。

9 绝热层材质、厚度应符合设计要求，表面应平整，不应有破损和脱落现象；室外防潮层或保护壳应平整、无损坏，且应顺水流方向搭接，不应有渗漏。

10 消声器安装方向应正确，外表面应平整、无损坏。

11 风管、管道的软性接管位置应符合设计要求，接管应正确牢固，不应有强扭。

12 测试孔开孔位置应正确，不应有遗漏。

13 多联空调机组系统的室内、室外机组安装位置应正确，送、回风不应存在短路回流的现象。

检查数量：按Ⅱ方案。

检查方法：尺量、观察检查。

12.0.7 净化空调系统的观感质量检查除应符合本规范第12.0.6条的规定外，尚应符合下列规定：

1 空调机组、风机、净化空调机组、风机过滤器单元和空气吹淋室等的安装位置应正确，固定应牢固，连接应严密，允许偏差应符合本规范有关条文的规定。

2 高效过滤器与风管、风管与设备的连接处应有可靠密封。

3 净化空调机组、静压箱、风管及送回风口清洁不应有积尘。

4 装配式洁净室的内墙面、顶棚和地面应光滑平整，色泽应均匀，不应起灰尘。

5 送回风口、各类末端装置以及各类管道等与洁净室内表面的连接处密封处理应可靠严密。

检查数量：按 I 方案。

检查方法：尺量、观察检查。

（四）工程质量验收记录

《通风与空调工程施工质量验收规范》GB 50243 对工程质量验收记录的表格和内容进行了全面规定，列出了 26 个检验批质量验收指标的表格内容和 20 个子分部工程质量验收指标的表格内容，还列出了分项工程质量验收记录和分部工程质量验收记录的样表，对规范和统一通风与空调工程质量验收有很好的作用。

参见 GB 50243—2016 标准附录 A。

A.1 通风与空调工程施工质量验收记录用表说明

A.1.1 通风与空调分部工程施工质量检验批验收记录，应在施工企业质量自检的基础上，由监理工程师或建设单位项目专业技术负责人组织会同项目施工员及质量员等对该批次工程质量的验收过程与结果进行填写。验收批验收的范围、内容划分，应由工程项目的专业质量员确定，抽样检验及合格评定应按本规范第 3.0.11 条与附录 B 的规定执行，并应按本规范第 A.2.1 条～第 A.2.8 条的要求进行填写与申报。验收通过后，应有监理工程师的签证。工程施工质量检验批批次的划分应与工程的特性相结合，不应漏项。

A.1.2 通风与空调分部工程的分项工程质量验收记录，应由工程项目的专职质量员按本规范表 A.3.1 的要求进行填写与申报，并应由监理工程师或建设单位项目专业技术负责人组织施工员和专业质量员等进行验收。

A.1.3 通风与空调分部（子分部）工程的质量验收由总监理工程师或建设单位项目专业技术负责人组织项目专业质量员、项目工程师与项目经理等共同进行，子分部工程应按本规范表 A.4.1-1～表 A.4.1-20 进行填写，分部工程应按本规范表 A.4.2 进行填写。

A.2 通风与空调工程施工质量检验批质量验收记录表

A.2.1 风管与配件产成品检验批质量验收记录可按表 A.2.1-1～表 A.2.1-3 的格式进行填写。

A.2.2 风管部件与消声器产成品检验批质量验收记录可按表 A.2.2 的格式进行填写。

A.2.3 风管系统安装检验批质量验收记录可按表 A.2.3-1～表 A.2.3-9 的格式进行填写。

A.2.4 风机与空气处理设备安装检验批质量验收记录可按表 A.2.4-1～表 A.2.4-4 的格式进行填写。

A.2.5 空调制冷设备及系统安装检验批质量验收记录可按表 A.2.5-1～表 A.2.5-2 的格式进行填写。

A.2.6 空调水系统安装检验批质量验收记录可按表 A.2.6-1～表 A.2.6-3 的格式进行填写。

A.2.7 防腐与绝热施工检验批质量验收记录可按表 A.2.7-1～表 A.2.7-2 的格式进行填写。

A.2.8 工程系统调试检验批质量验收记录可按表 A.2.8-1～表 A.2.8-2 的格式进行填写。

A.3 通风与空调子分部分项工程质量验收记录表

A.3.1 通风与空调子分部分项工程质量验收记录可按表 A.3.1 的格式进行填写，具体的分项应按本规范第 3.0.7 条的规定执行。

A.4 通风与空调分部（子分部）工程的质量验收记录表

A.4.1 通风与空调子分部工程质量验收记录可按表 A.4.1-1～表 A.4.1-20 的格式进行填写，具体的子分部应按本规范第 3.0.7 条的规定执行。

A.4.2 通风与空调分部工程的质量验收记录可按表 A.4.2 的格式进行填写。

三、检验批质量验收评定示例（风管系统安装）

（一）检验批质量验收合格

1）GB 50300 的规定

（1）检验批质量验收合格应符合下列规定：

① 主控项目的质量经抽样检验均应合格；

② 一般项目的质量经抽样检验合格。当采用计数抽样时，合格点率应符合有关专业验收规范的规定，且不得存在严重缺陷。对于计数抽样的一般项目，正常检验一次、

二次抽样可按本标准附录 D 判定；

③ 具有完整的施工操作依据、质量验收记录。

（2）分项工程质量验收合格应符合下列规定：

① 所含检验批的质量均应验收合格；

② 所含检验批的质量验收记录应完整。

2）GB 50243 的规定

（1）通风与空调工程所使用的主要原材料、成品、半成品和设备进场验收应符合设计文件和标准规定，并有书面记录。进口材料应有商检合格证、中文质量证明。

（2）土建施工完工经过验收合格，有质量验收合格证；隐蔽工程验收合格，形成验收记录和影像资料。

（3）检验批质量验收抽样应符合下列规定：

① 检验批质量验收应按本规范附录 B 的规定执行。产品合格率大于或等于 95% 的抽样评定方案，应定为第 I 抽样方案（以下简称 I 方案），主要适用于主控项目；产品合格率大于或等于 85% 的抽样评定方案，应定为第 II 抽样方案（以下简称 II 方案），主要适用于一般项目。

② 当检索出抽样检验评价方案所需的产品样本量 n 超过检验批的产品数量 N 时，应对该检验批总体中所有的产品进行检验。

③ 强制性条款的检验应采用全数检验方案。

（4）分项工程检验批验收合格质量应符合下列规定：

① 当受检方通过自检，检验批的质量已达到合同和本规范的要求，并具有相应的质量合格的施工验收记录时，可进行工程施工质量检验批质量的验收。

② 采用全数检验方案检验时，主控项目的质量检验结果应全数合格；一般项目的质量检验结果，计数合格率不应小于 85%，且不得有严重缺陷。

③ 采用抽样方案检验时，且检验批检验结果合格时，批质量验收应予以通过；当抽样检验批检验结果不符合合格要求时，受检方可申请复验或复检。

④ 质量验收中被检出的不合格品，均应进行修复或更换为合格品。

（5）抽样检验的规定

参见 GB 50243—2016 标准附录 B。

B.0.1　通风与空调工程施工质量检验批检验应在施工企业自检质量合格的条件下进行。

B.0.2　通风与空调工程施工质量检验批的抽样检验应根据表 B.0.2-1、表 B.0.2-2 的规定确定核查总体的样本量 n。

B.0.3　应按本规范相应条文的规定，确定需核查的工程施工质量技术特性。工程中出现的新产品与质量验收标准应归纳补充在内。

B.0.4　样本应在核查总体中随机抽取。当使用分层随机抽样时，从各层次抽取的样本数应与该层次所包含产品数占该检查批产品总量的比例相适应。当在核查总体中抽样时，可把可识别的批次作为层次使用。

B.0.5　通风与空调工程施工质量检验批检验样本的抽样和评定规定的各检验项目，应按国家现行标准和技术要求规定的检验方法，逐一检验样本中的每个样本单元，并应统计出被检样本中的不合格品数或分别统计样本中不同类别的不合格品数。

B.0.6　抽样检验中，应完整、准确记录有关随机抽取样本的情况和检查结果。

B.0.7　当样本中发现的不合格品数小于或等于 1 个时，应判定该检验批合格；当样本中发现的不合格数大于 1 个时，应判定该检验批不合格。

B.0.8　复验应对原样品进行再次测试，复验结果应作为该样品质量特性的最终结果。

B.0.9　复检应在原检验批总体中再次抽取样本进行检验，决定该检验批是否合格。复检样本不应包括初次检验样本中的产品。复检抽样方案应符合现行国家标准《声称质量水平复检与复验的评定程序》GB/T 16306 的规定。

复检结论应为最终结论。

表 B.0.2-1　第Ⅰ抽样方案表

DQL	10	15	20	25	30	35	40	45	50	60	70	80	90	100	110	120	130	140	150	170	190	210	230	250
2	3	4	5	6	7	8	9	10	11	14	16	18	19	21	25	25	30	30						
3				4	4	5	6	6	7	9	10	11	13	14	15	16	18	19	21	23	25	—	—	—
4								5	5	6	7	8	9	10	11	12	13	14	15	17	19	20	25	—
5										5	6	6	7	8	9	10	10	11	12	13	15	16	18	19
6												5	6	7	7	8	8	9	10	11	12	13	15	16
7													5	6	6	7	7	8	8	9	10	12	13	14
8														5	5	6	6	7	7	8	9	10	11	12
9															5	6	6	6	7	7	8	9	10	11
10																5	5	6	6	7	7	8	9	10
11																			5	6	7	7	8	9
12																				6	6	7	7	8
13																				5	6	6	7	7
14																					5	6	6	7
15																					5	6	6	6

注：1. 本表适用于产品合格率为 $95\%\sim98\%$ 的抽样检验，不合格品限定数为 1。

　　2. N 为检验批的产品数量，DQL 为检验批总体中的不合格品品数的上限值，其余为样本量。

表 B.0.2-2　第Ⅱ抽样方案表

DQL	10	15	20	25	30	35	40	45	50	60	70	80	90	100	110	120	130	140	150	170	190	210	230	250
2	3	4	5	6	7	8	9																	
3			3	4	4	5	6	6	7	9														
4				3	3	4	4	5	5	6	7	8												
5					3	3	3	4	4	5	6	6	7											
6							3	3	3	4	5	5	6	7	7									
7								3	3	4	4	5	5	6	6	7	7							
8									3	4	4	5	5	5	6	6	7	7						
9										3	3	4	4	4	5	5	6	6	7					
10											3	3	4	4	4	5	5	5	6	7	7			
11											3	3	3	4	4	4	5	5	5	6	7	7		
12												3	3	3	4	4	4	5	5	6	6	7	7	
13													3	3	3	4	4	4	5	5	6	6	7	7
14													3	3	3	4	4	4	4	5	5	6	6	7
15													3	3	3	4	4	4	4	5	5	5	6	6
16																3	3	4	4	4	5	5	6	6
17																3	3	3	4	4	4	5	5	6
18																	3	3	3	4	4	5	5	5
19																	3	3	3	4	4	4	5	5
20																	3	3	3	4	4	4	5	5
21																			3	3	4	4	4	5
22																				3	3	4	4	4
23																				3	3	3	4	4
24																					3	3	4	4
25																				3	3	3	4	4

注：1. 本表适用于产品合格率大于或等于 85% 且小于 95% 的抽样检验，不合格品限定数为 1。

　　2. N 为检验批的产品数量，DQL 为检验批总体中的不合格品品数的上限值，其余为样本量。

（二）风管系统安装检验批质量验收记录（舒适性空调风系统）

（1）检验批质量验收记录表见表 3-2-2。

表 3-2-2　风管系统安装检验批验收质量验收记录（舒适性空调风系统）

单位（子单位）工程名称	世界贸易中心	分部（子分部）工程名称	主楼高区空调系统	分项工程名称	KT-5，6系统
施工单位	××建筑安装公司	项目负责人	李××	检验批容量	主楼高区楼层风管 3200m²
分包单位	/	分包单位项目负责人	/	检验批部位	35 层、36 层
施工依据	设计施工图、合同及工艺标准		验收依据	设计图及 GB 50243—2016	

	设计要求及质量验收规范的规定	施工单位质量评定记录	监理（建设）单位验收记录						备注
			单项检验批产品数量（N）	单项抽样样本数（n）	检验批汇总数量 $\sum N$	抽样样本汇总数量 $\sum n$	单项或汇总 $\sum$ 抽样检验不合格数量	评判结果	
主控项目	1. 风管支、吊架安装（第 6.2.1 条）	150	50	7			0	合格	强制性条文全数检查，主控项目抽样及合格评定的要求按规范相关条文执行
	2. 风管穿越防火、防爆墙体或楼板（第 6.2.2 条）	12	12	12			1	合格	
	3. 风管内严禁其他管线穿越（第 6.2.3 条）	执行，无违背					0	合格	
	4. 风管部件安装（第 6.2.7 条第 1、3、5 款）	36 件	12		本检验批 $\sum N$ 为 307	本检验批 $\sum n$ 为 26	0	合格	
	5. 风口的安装（第 6.2.8 条）	60 个	20				1	合格	
	6. 风管严密性检验（第 6.2.9 条）	按类别，6 个系统或风管面积 3200m²	213	7			0	合格	
	7. 病毒实验室风管安装（第 6.2.12 条）	无							
	…								
一般项目	1. 风管的支、吊架（第 6.3.1 条）	150 付	50	7	本检验批 $\sum N$ 为 349	本检验批 $\sum n$ 为 27	1	合格	一般项目抽样数量及合格评定的要求按规范相关条文执行
	2. 风管系统的安装（第 6.3.2 条）	3200	213	4			1	合格	
	3. 柔性短管安装（第 6.3.5 条）	20	7	3			0	合格	

续表

设计要求及质量验收规范的规定	施工单位质量评定记录	监理（建设）单位验收记录						备注
		单项检验批产品数量（N）	单项抽样样本数（n）	检验批汇总数量∑N	抽样样本汇总数量∑n	单项或汇总∑抽样检验不合格数量	评判结果	
一般项目 4. 非金属风管安装（第6.3.6条第1、2、4款）	无			本检验批∑N为349	本检验批∑n为27			一般项目抽样数量及合格评定的要求按规范相关条文执行
5. 复合材料风管安装（第6.3.7条）	无							
6. 风阀的安装（第6.3.8条第1款）	80	27	4			1	合格	
7. 消声器及消声弯管（第6.3.11条）	8	8	3			0	合格	
8. 风管过滤器安装（第6.3.12条）	4	4	3			0	合格	
9. 风口的安装（第6.3.13条）	120	40	3			1	合格	
...								

施工单位检查结果评定	符合 GB 50243—2016 规定和施工图的要求，施工质量记录齐全，通过风管部件第一阶段的验收。 专业工长：王×× 项目专业质量检查员：张× ××××年××月××日
监理单位验收结论	施工记录齐全，本次验收没有发现质量问题，符合规范 GB 50243 与设计文件的规定。通过合格验收。 专业监理工程师：王×× ××××年××月××日

配合检验批质量验收评定记录，还必须加强过程控制，这是检验批质量验收的重点，把检验批质量搞好了，分项工程、分部工程的质量就有了保证。做好过程控制，首先要编制好施工工艺标准和技术交底；施工过程做好记录，加强施工过程操作的规范性和质量的可追溯性；质量验收评定需要做好原始记录等来保证工程质量。

（2）验收内容及验收方法

参见 GB 50243 标准 6.1.1～6.3.14 条。

6.1 一般规定

6.1.1 风管系统安装后应进行严密性检验，合格后方能交付下道工序。风管系统严密性检验应以主、干管为主，并应符合本规范附录 C 的规定。

6.1.2 风管系统支、吊架采用膨胀螺栓等胀锚方法固定时，施工应符合该产品技术文件的要求。

6.1.3 净化空调系统风管及其部件的安装，应在该区域的建筑地面工程施工完成，且室内具有防尘措施的条件下进行。

6.2 主控项目

6.2.1 风管系统支、吊架的安装应符合下列规定：

1 预埋件位置应正确、牢固可靠，埋入部分应去除油污，且不得涂漆。

2 风管系统支、吊架的形式和规格应按工程实际情况选用。

3 风管直径大于 2000mm 或边长大于 2500mm 风管的支、吊架的安装要求，应按设计要求执行。

检查数量：按 I 方案。

检查方法：查看设计图、尺量、观察检查。

6.2.2 当风管穿过需要封闭的防火、防爆的墙体或楼板时，必须设置厚度不小于 1.6mm 的钢制防护套管；风管与防护套管之间应采用不燃柔性材料封堵严密。

检查数量：全数。

检查方法：尺量、观察检查。

6.2.3 风管安装必须符合下列规定：

1 风管内严禁其他管线穿越。

2 输送含有易燃、易爆气体或安装在易燃、易爆环境的风管系统必须设置可靠的防静电接地装置。

3 输送含有易燃、易爆气体的风管系统通过生活区或其他辅助生产房间时不得设置接口。

4 室外风管系统的拉索等金属固定件严禁与避雷针或避雷网连接。

检查数量：全数。

检查方法：尺量、观察检查。

6.2.4 外表温度高于 60℃，且位于人员易接触部位的风管，应采取防烫伤的措施。

检查数量：按 I 方案。

检查方法：观察检查。

6.2.5 净化空调系统风管的安装应符合下列规定：

1 在安装前风管、静压箱及其他部件的内表面应擦拭干净，且应无油污和浮尘。当施工停顿或完毕时，端口应封堵。

2 法兰垫料应采用不产尘、不易老化，且具有强度和弹性的材料，厚度应为 5～8mm，不得采用乳胶海绵。法兰垫片宜减少拼接，且不得采用直缝对接连接，不得在垫料表面涂刷涂料。

3 风管穿过洁净室（区）吊顶、隔墙等围护结构时，应采取可靠的密封措施。

检查数量：按 I 方案。

检查方法：观察、用白绸布擦拭。

6.2.6 集中式真空吸尘系统的安装应符合下列规定：

1 安装在洁净室（区）内真空吸尘系统所采用的材料应与所在洁净室（区）具有相容性。

2 真空吸尘系统的接口应牢固装设在墙或地板上，并应设有盖帽。

3 真空吸尘系统弯管的曲率半径不应小于 4 倍管径，且不得采用褶皱弯管。

4 真空吸尘系统三通的夹角不得大于 45°，支管不得采用四通连接。

5 集中式真空吸尘机组的安装，应符合现行国家标准《机械设备安装工程施工及验收通用规范》GB 50231 的有关规定。

检查数量：全数。

检查方法：尺量、观察检查。

6.2.7 风管部件的安装应符合下列规定：

1 风管部件及操作机构的安装应便于操作。

2 斜插板风阀安装时，阀板应顺气流方向插入；水平安装时，阀板应向上开启。

3 止回阀、定风量阀的安装方向应正确。

4 防爆波活门、防爆超压排汽活门安装时，穿墙管的法兰和在轴线视线上的杠杆应铅垂，活门开启应朝向排汽方向，在设计的超压下能自动启闭。关闭后，阀盘与密封圈贴合应严密。

5 防火阀、排烟阀（口）的安装位置、方向应正确。位于防火分区隔墙两侧的防火阀，距墙表面不应大于 200mm。

检查数量：按 I 方案。

检查方法：吊垂、手扳、尺量、观察检查。

6.2.8 风口的安装位置应符合设计要求，风口或结构风口与风管的连接应严密牢固，不应存在可察觉的漏风点或部位，风口与装饰面贴合应紧密。X 射线发射房间的送、排风口应采取防止射线外泄的措施。

检查数量：按 I 方案。

检查方法：观察检查。

6.2.9 风管系统安装完毕后，应按系统类别要求进行施工质量外观检验。合格后，应进行风管系统的严密性检验，漏风量除应符合设计要求和本规范第 4.2.1 条的规定外，尚应符合下列规定：

1 当风管系统严密性检验出现不合格时，除应修复不合格的系统外，受检方应申请复验或复检。

2 净化空调系统进行风管严密性检验时，N1 级～N5 级的系统按高压系统风管的规定执行；N6 级～N9 级，且工作压力小于或等于 1500Pa 的，均按中压系统风管的规定执行。

检查数量：微压系统，按工艺质量要求实行全数观察检验；低压系统，按 II 方案实行抽样检验；中压系统，按 I 方案实行抽样检验；高压系统，全数检验。

检查方法：除微压系统外，严密性测试按本规范附录 C 的规定执行。

6.2.10 当设计无要求时，人防工程染毒区的风管应采用大于或等于 3mm 钢板焊接连接；与密闭阀门相连接的风管，应采用带密封槽的钢板法兰和无接口的密封垫圈，连接应严密。

检查数量：全数。

检查方法：尺量、观察、查验检测报告。

6.2.11 住宅厨房、卫生间排风道的结构、尺寸应符合设计要求，内表面应平整；各层支管与风道的连接应严密，并应设置防倒灌的装置。

检查数量：按Ⅰ方案。

检查方法：观察检查。

6.2.12 病毒实验室通风与空调系统的风管安装连接应严密，允许渗漏量应符合设计要求。

检查数量：全数。

检查方法：观察检查，查验现场漏风量检测报告。

6.3 一般项目

6.3.1 风管支、吊架的安装应符合下列规定：

1 金属风管水平安装，直径或边长小于或等于400mm时，支、吊架间距不应大于4m；大于400mm时，间距不应大于3m。螺旋风管的支、吊架的间距可为5m与3.75m；薄钢板法兰风管的支、吊架间距不应大于3m。垂直安装时，应设置至少2个固定点，支架间距不应大于4m。

2 支、吊架的设置不应影响阀门、自控机构的正常动作，且不应设置在风口、检查门处，离风口和分支管的距离不宜小于200mm。

3 悬吊的水平主、干风管直线长度大于20m时，应设置防晃支架或防止摆动的固定点。

4 矩形风管的抱箍支架，折角应平直，抱箍应紧贴风管。圆形风管的支架应设托座或抱箍，圆弧应均匀，且应与风管外径一致。

5 风管或空调设备使用的可调节减振支、吊架，拉伸或压缩量应符合设计要求。

6 不锈钢板、铝板风管与碳素钢支架的接触处，应采取隔绝或防腐绝缘措施。

7 边长（直径）大于1250mm的弯头、三通等部位应设置单独的支、吊架。

检查数量：按Ⅱ方案。

检查方法：尺量、观察检查。

6.3.2 风管系统的安装应符合下列规定：

1 风管应保持清洁，管内不应有杂物和积尘。

2 风管安装的位置、标高、走向，应符合设计要求。现场风管接口的配置应合理，不得缩小其有效截面。

3 法兰的连接螺栓应均匀拧紧，螺母宜在同一侧。

4 风管接口的连接应严密牢固。风管法兰的垫片材质应符合系统功能的要求，厚度不应小于3mm。垫片不应凸入管内，且不宜凸出法兰外；垫片接口交叉长度不应小于30mm。

5 风管与砖、混凝土风道的连接接口，应顺着气流方向插入，并应采取密封措施。风管穿出屋面处应设置防雨装置，且不得渗漏。

6 外保温风管必须穿越封闭的墙体时，应加设套管。

7 风管的连接应平直。明装风管水平安装时，水平度的允许偏差应为0.3%，总偏差不应大于20mm；明装风管垂直安装时，垂直度的允许偏差应为0.2%，总偏差不应大于20mm。暗装风管安装的位置应正确，不应有侵占其他管线安装位置的现象。

8 金属无法兰连接风管的安装应符合下列规定：

1) 风管连接处应完整，表面应平整。

2) 承插式风管的四周缝隙应一致，不应有折叠状褶皱。内涂的密封胶应完整，外粘的密封胶带应粘贴牢固。

3) 矩形薄钢板法兰风管可采用弹性插条、弹簧夹或U形紧固螺栓连接。连接固定的间隔不应大于150mm，净化空调系统风管的间隔不应大于100mm，且分布应均匀。当采用弹簧夹连接时，宜采用正反交叉固定方式，且不应松动。

4) 采用平插条连接的矩形风管，连接后板面应平整。

5) 置于室外与屋顶的风管，应采取与支架相固定的措施。

检查数量：按Ⅱ方案。

检查方法：尺量、观察检查。

6.3.3 除尘系统风管宜垂直或倾斜敷设。倾斜敷设时，风管与水平夹角宜大于或等于45°；当现场条件限制时，可采用小坡度和水平连接管。含有凝结水或其他液体的风管，坡度应符合设计要求，并应在最低处设排液装置。

检查数量：按Ⅱ方案。

检查方法：尺量、观察检查。

6.3.4 集中式真空吸尘系统的安装应符合下列规定：

1 吸尘管道的坡度宜大于等于0.5%，并应坡向立管、吸尘点或集尘器。

2 吸尘嘴与管道的连接，应牢固严密。

检查数量：按Ⅱ方案。

检查方法：尺量、观察检查。

6.3.5 柔性短管的安装，应松紧适度，目测平顺、不应有强制性的扭曲。可伸缩金属或非金属柔性风管的长度不宜大于 2m。柔性风管支、吊架的间距不应大于 1500mm，承托的座或箍的宽度不应小于 25mm，两支架间风道的最大允许下垂应为 100mm，且不应有死弯或塌凹。

检查数量：按Ⅱ方案。

检查方法：尺量、观察检查。

6.3.6　非金属风管的安装除应符合本规范第 6.3.2 条的规定外，尚应符合下列规定：

1　风管连接应严密，法兰螺栓两侧应加镀锌垫圈。

2　风管垂直安装时，支架间距不应大于 3m。

3　硬聚氯乙烯风管的安装尚应符合下列规定：

1）采用承插连接的圆形风管，直径小于或等于 200mm 时，插口深度宜为 40～80mm，黏结处应严密牢固；

2）采用套管连接时，套管厚度不应小于风管壁厚，长度宜为 150～250mm；

3）采用法兰连接时，垫片宜采用 3～5mm 软聚氯乙烯板或耐酸橡胶板；

4）风管直管连续长度大于 20m 时，应按设计要求设置伸缩节，支管的重量不得由干管承受；

5）风管所用的金属附件和部件，均应进行防腐处理。

4　织物布风管的安装应符合下列规定：

1）悬挂系统的安装方式、位置、高度和间距应符合设计要求。

2）水平安装钢绳垂吊点的间距不得大于 3m。长度大于 15m 的钢绳应增设吊架或可调节的花篮螺栓。风管采用双钢绳垂吊时，两绳应平行，间距与风管的吊点相一致。

3）滑轨的安装应平整牢固，目测不应有扭曲；风管安装后应设置定位固定。

4）织物布风管与金属风管的连接处应采取防止锐口划伤的保护措施。

5）织物布风管垂吊吊带的间距不应大于 1.5m，风管不应呈现波浪形。

检查数量：按Ⅱ方案。

检查方法：尺量、观察检查。

6.3.7　复合材料风管的安装除应符合本规范第 6.3.6 条的规定外，尚应符合下列规定：

1　复合材料风管的连接处，接缝应牢固，不应有孔洞和开裂。当采用插接连接时，接口应匹配，不应松动，端口缝隙不应大于 5mm。

2　复合材料风管采用金属法兰连接时，应采取防冷桥的措施。

3　酚醛铝箔复合板风管与聚氨酯铝箔复合板风管的安装，尚应符合下列规定：

1）插接连接法兰的不平整度应小于或等于 2mm，插接连接条的长度应与连接法兰齐平，允许偏差应为－2～0mm；

2）插接连接法兰四角的插条端头与护角应有密封胶封堵；

3）中压风管的插接连接法兰之间应加密封垫或采取其他密封措施。

4　玻璃纤维复合板风管的安装应符合下列规定：

1）风管的铝箔复合面与丙烯酸等树脂涂层不得损坏，风管的内角接缝处应采用密封胶勾缝。

2）榫连接风管的连接应在榫口处涂胶粘剂，连接后在外接缝处应采用扒钉加固，间距不宜大于 50mm，并宜采用宽度大于或等于 50mm 的热敏胶带粘贴密封。

3）采用槽形插接等连接构件时，风管端切口应采用铝箔胶带或刷密封胶封堵。

4）采用槽型钢制法兰或插条式构件连接的风管，风管外壁钢抱箍与内壁金属内套，应采用镀锌螺栓固定，螺孔间距不应大于 120mm，螺母应安装在风管外侧。螺栓穿过的管壁处应进行密封处理。

5）风管垂直安装宜采用"井"字形支架，连接应牢固。

5　玻璃纤维增强氯氧镁水泥复合材料风管，应采用黏结连接。直管长度大于 30m 时，应设置伸缩节。

检查数量：按Ⅱ方案。

检查方法：尺量、观察检查。

6.3.8　风阀的安装应符合下列规定：

1　风阀应安装在便于操作及检修的部位。安装后，手动或电动操作装置应灵活可靠，阀板关闭应严密。

2　直径或长边尺寸大于或等于 630mm 的防火阀，应设独立支、吊架。

3　排烟阀（排烟口）及手控装置（包括钢索预埋套管）的位置应符合设计要求。钢索预埋套管弯管不大于 2个，且不得有死弯或瘪陷；安装完毕后应操控自如，无阻涩等现象。

4　除尘系统吸入管段的调节阀，宜安装在垂直管段上。

5　防爆波悬摆活门、防爆超压排汽门和自动排汽活门安装时，位置的允许偏差为 10mm，标高的允许偏差应为±5mm，框正、侧面与平衡锤连杆的垂直度允许偏差为 5mm。

检查数量：按Ⅱ方案。

检查方法：尺量、观察检查。

6.3.9　排风口、吸风罩（柜）的安装应排列整齐、牢固可靠，安装位置和标高允许偏差应为±10mm，水平度的允许偏差应为 0.3%，且不得大于 20mm。

检查数量：按Ⅱ方案。

检查方法：尺量、观察检查。

6.3.10　风帽安装应牢固，连接风管与屋面或墙面的交接处不应渗水。

检查数量：按Ⅱ方案。

检查方法：尺量、观察检查。

6.3.11 消声器及静压箱的安装应符合下列规定：

1 消声器及静压箱安装时，应设置独立支、吊架，固定应牢固。

2 当回风箱作为消声静压箱时，回风口处应设置过滤网。

检查数量：按Ⅱ方案。

检查方法：观察检查。

6.3.12 风管内过滤器的安装应符合下列规定：

1 过滤器的种类、规格应符合设计要求。

2 过滤器应便于拆卸和更换。

3 过滤器与框架及框架与风管或机组壳体之间连接应严密。

检查数量：按Ⅱ方案。

检查方法：观察检查。

6.3.13 风口的安装应符合下列规定：

1 风口表面应平整、不变形，调节应灵活、可靠。同一厅室、房间内的相同风口的安装高度应一致，排列应整齐。

2 明装无吊顶的风口，安装位置和标高允许偏差应为10mm。

3 风口水平安装，水平度的允许偏差应为3‰。

4 风口垂直安装，垂直度的允许偏差应为2‰。

检查数量：按Ⅱ方案。

检查方法：尺量、观察检查。

6.3.14 洁净室（区）内风口的安装除应符合本规范第6.3.13的规定外，尚应符合下列规定：

1 风口安装前应擦拭干净，不得有油污、浮尘等。

2 风口边框与建筑顶棚或墙壁装饰面应紧贴，接缝处应采取可靠的密封措施。

3 带高效空气过滤器的送风口，四角应设置可调节高度的吊杆。

检查数量：按Ⅱ方案。

检查方法：查验成品质量合格证明文件，观察检查。

（三）施工操作依据：施工工艺标准、技术交底

本工程主体结构已完工验收合格，各楼层的标高控制线50线已弹好，并经技术复核合格。有关通风空调的管线、设备的安装位置、管道接口、坡度已放线标明，并经技术复核合格，可正式进行各种管线施工。进行了施工工艺标准的学习，对重点质量安全重要事项进行了交底说明。

（1）企业标准《金属风管系统安装工艺标准》Q603。

1 适用范围

本标准适用于建筑工程中通风与空调系统普通钢板、镀锌钢板、复合保护层的钢板、不锈钢板和铝板风管及部件的安装。

2 施工准备

2.1 材料

2.1.1 阀件、消声器、风口等部件以及钢材应具有出厂合格证或质量鉴定文件。

2.1.2 风管成品应达到风管加工的质量要求。

2.1.3 辅材：型钢、螺栓、螺母、垫圈、垫料、螺钉、铆钉、焊条、膨胀螺栓等，均应符合其产品质量要求。

2.2 机具设备

2.2.1 机械：电锤、手电钻、电动砂轮器、角向磨光机、台钻、电气焊具、倒链等。

2.2.2 工具：扳手、改锥、木槌、手锯、手剪、滑轮绳索等。

2.3 作业条件

2.3.1 建筑围护结构施工完成，安装部位无障碍物，地面基本清理干净。

2.3.2 结构预留孔洞的位置、尺寸应符合设计图纸要求、无遗漏。

2.3.3 已编制施工组织设计，并进行安全技术交底。土建500mm标高线已测放。

2.3.4 安装现场的辅助设施，如脚手架、梯子、电源和消防器材等已齐备。

3 操作工艺

3.1 工艺流程

安装准备 → 支、吊架制作 → 支、吊架安装 → 风管及部件安装 → 风管严密性检验

3.2 操作方法

3.2.1 安装准备

3.2.1.1 根据施工图纸确定风管路的标高、走向，并测放安装位置线。

3.2.1.2 复查预留孔洞、预埋件是否符合要求。

3.2.1.3 安装前，应清除风管内、外杂物，并做好清洁和保护工作。

3.2.1.4 施工材料、安装工具应准备齐全。

3.2.2 支架、吊架制作

3.2.2.1 根据风管安装的部位、风管截面大小及具体情况，按标准图集与规范选用强度和刚度相适应的形式和规格的支架、吊架，并按图加工制作。

3.2.2.2 对于直径或边长大于 2000mm 风管的支架、吊架应按非标设计加工制作。

3.2.2.3 矩形水平风管支架、吊架最小规格见表 3.2.2.3-1，圆形水平风管支架、吊架最小规格见表 3.2.2.3-2。

表 3.2.2.3-1 矩形水平风管支架、吊架最小规格

风管长边尺寸 b（mm）	吊杆尺寸（mm）	横担尺寸（mm）备注	
		角钢	U 形钢
b≤400	φ8	L 25×25×3	U40×20×1.5
400<b≤1250		L 30×30×3	U40×40×2.0
1250<b≤2000	φ10	L 40×40×4	U40×40×2.5 U60×40×2.0
2000<b≤2500		L 50×50×5	—
2500 以上	设计确定		

表 3.2.2.3-2 圆形水平风管支架、吊架最小规格

直径 D（mm）	吊杆尺寸（mm）	抱箍尺寸（mm）
D≤630	φ8 或 — 25×2	— 25×2
630<D≤900	φ8 或 — 30×3	— 30×3
900<D≤1250	φ10	— 30×4
1250<D≤2000	2×φ10	— 40×5
2000 以上	设计确定	

3.2.2.4 风管支架、吊架制作要点

（1）支架的悬臂、吊架的横担宜采用角钢或槽钢；斜撑宜采用角钢；吊杆采用圆钢；抱箍采用扁钢制作。

（2）制作前应矫正型钢，小型钢材可采用冷矫正，较大型钢采用热矫正。矫正顺序为先矫正扭曲、后矫正弯曲。

（3）型钢的切断与钻孔，不得采用氧气-乙炔进行，应采用机械加工。

（4）支架的焊缝必须饱满，保证具有足够的承载能力。

（5）安装在支架上的圆形风管应设托座和抱箍，抱箍应紧贴并箍紧风管，其圆弧应均匀，且与风管外径相一致。

（6）吊杆应平直，螺纹完整、光洁。吊杆底端外露螺纹不宜大于螺母的高度。吊杆的加长采用搭接双侧连续焊时，搭接长度不应小于吊杆直径的 6 倍；采用螺纹连接时，拧入连接螺母的螺丝长度应大于吊杆直径，并有防松措施。

（7）支架、吊架制作完成后，应除锈并刷一遍防锈漆。

（8）不锈钢及铝板风管的支架、抱箍应按设计要求进行防腐处理。

3.2.3 支架、吊架安装

3.2.3.1 在支架、吊架安装前应根据施工图纸要求位置进行测量放线，并在支架、吊架安装位置进行标记。

3.2.3.2 支架、吊架生根方式

（1）支架、吊架生根通常采用膨胀螺栓、在结构上预埋钢板、在砖墙上埋设固定件以及在结构梁柱上安装抱箍等方式。

（2）膨胀螺栓生根方式适用于混凝土构件。安装膨胀螺栓的混凝土构件刚度、强度应满足支架、吊架荷载及使用要求。螺栓至混凝土构件边的距离应小于螺栓直径的 8 倍；螺栓组合使用时，其间距不小于螺栓直径的 10 倍。其钻孔直径和钻孔深度应符合表 3.2.3.2 规定，成孔后应对钻孔直径和钻孔深度进行检查。

表 3.2.3.2　常用胀管螺检型号、钻孔直径和孔深度（mm）

名称	规格	螺栓总长	钻孔直径	钻孔深度
内螺纹胀管螺栓	M6	25	8	32～42
	M8	30	10	42～52
	M10	40	12	43～53
	M12	50	15	54～64
单胀管式胀管螺栓	M8	95	10	65～75
	M10	110	12	75～85
	M12	125	18.5	80～90

（3）在结构上预埋钢板的生根方式是在结构混凝土浇筑前安放一块 100mm×100mm 厚 6mm 的钢板，钢板背面焊接圆钢锚筋与混凝土固定。支架安装时，将支架与钢板焊接固定。预埋件埋入部分应除锈及油污，不得涂漆。

（4）在砖墙上埋设固定件生根方式是在砖墙所需位置打出一方孔，清除砖屑并湿润，先填塞水泥砂浆，埋入支架，再对支架进行调整，符合要求后继续填砂浆，并填湿润的石块或砖块。填塞面应低于原墙面，以便进行装饰。

（5）在柱上安装抱箍生根方式是用角钢和扁钢做成抱箍，把支架夹在柱子上。

3.2.3.3　当设计无规定时，支吊架安装宜符合下列规定：

（1）靠墙或靠柱安装的水平风管宜用悬臂支架或斜撑支架，不靠墙、柱安装的水平风管宜用托底吊架。直径或边长小于 400mm 的风管可采用吊带式吊架。

（2）靠墙安装的垂直风管应用悬臂托架或有斜撑的支架，不靠墙、柱穿楼板安装的垂直风管宜采用抱箍吊架，室外或屋面安装的立管应用井架或拉索固定。

3.2.3.4　风管支架、吊架间距如无设计要求时，应符合表 3.2.3.4 要求。

表 3.2.3.4　支架、吊架间距（m）

风管直径或长边尺寸 b（mm）	水平安装间距	垂直安装间距	薄钢板法兰风管安装间距	螺旋风管安装间距
$b≤400$	≤4	≤4	≤3	≤5
$b>400$	≤3	≤4	≤3	≤3.5

注：风管垂直安装，单根直管至少应有 2 个固定点。

3.2.3.5　风管安装后各支、吊架的受力应均匀，无明显变形，吊架的挠度应小于 9mm。

3.2.3.6　可调隔振支吊架的拉伸或压缩量应按设计要求进行调整。

3.2.3.7　水平悬吊的主、干管长度超过 20m 时，每个系统应设置不少于 1 个防止摆动的固定点。

3.2.3.8　边长（直径）大于等于 630mm 的防火阀与风管连接时，应单独设置支架、吊架。风管支吊架的安装不能有碍连接件的安装。

3.2.3.9　保温风管的支架宜设在保温层外部，且不得损坏保温层。

3.2.3.10　不锈钢板、铝板风管与碳素钢支架的接触处，应采取防腐或隔绝措施。

3.2.4　风管安装

3.2.4.1　风管角钢法兰连接应符合以下规定：

（1）风管角钢法兰连接螺栓应均匀拧紧，其螺母宜在同一侧。

（2）不锈钢风管法兰的连接螺栓，宜用同材质的不锈钢制成；当采用普通碳素钢螺栓时，应按设计要求做防腐处理。

（3）铝板风管法兰连接应采用镀锌螺栓，并在法兰两侧垫镀锌垫圈。

3.2.4.2　薄钢板法兰、立咬口与包边立咬口的紧固螺栓（铆钉）的间距不应大于 150mm，分布应均匀，最外端的连接件距风管边缘应不大于 100mm。

3.2.4.3　薄钢板法兰风管的连接还应符合以下规定：

（1）风管连接时将角件插入四角处，角件与法兰四角接口的固定应稳固、紧贴，端面应平整，相连处不应有大于 2mm 的连续穿透缝。

（2）在法兰端面粘贴密封胶条，紧固四角螺栓后装插条或弹簧卡、顶丝卡；弹簧卡、顶丝卡安装后不应有松动现象。

（3）组合型薄钢板法兰风管安装法兰时，将风管插入边长相等的法兰条，调整法兰口的平面度，将法兰条与风管铆接。

3.2.4.4　C 形、S 形插条风管的连接还应符合以下规定：

（1）C形平插条连接风管时，将风管长边插条插入后，插入风管短边插条，最后将短边插条长出部分折90°封住水平插条。

（2）C形直角插条适用于主管与支管段的连接。主管开口处四边均应翻10～12mm宽的180°边，安装支管时先在风管两侧插入与支管边长相等的插条后，再插入另外两侧留有折边量的插条（插入前在插条端部90°角处剪20mm长的开口），将长出部分折成90°压封。

（3）C形立插条、S形立插条的法兰四角立面处，应采取包角及密封措施。

3.2.4.5 立咬口连接的铆钉间距小于等于150mm，法兰四角处可采用在咬口内加长度大于60mm的90°角片，四角处应铆接。

3.2.4.6 矩形风管的主风管与支风管连接时，支风管短管（风管边长小于等于630mm时）可按以下方法：

（1）S型咬接法按图3.2.4.6（a）制作，顺风面应有30°斜面或$R=150mm$弧面，连接四角应密封处理。

（2）联合式咬接法按图3.2.4.6（b）制作，连接四角处应密封处理。

（3）铆接连接法按图3.2.4.6（c）制作，支管翻边后铆接在主风管上并涂密封胶。

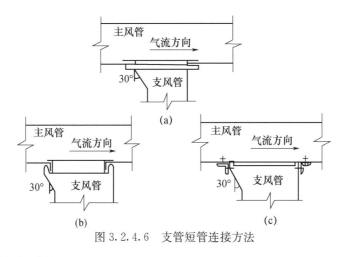

图 3.2.4.6 支管短管连接方法

3.2.4.7 风管连接的密封

（1）风管连接处密封垫料应具有不燃或难燃性能，密封垫料应选择满足系统功能的使用条件、对风管的材质无不良影响，并具有良好气密性能的材料。

（2）法兰垫料不应凸入管内和凸出法兰外。当设计无要求时，法兰垫料的使用可按下列规定执行；

a. 法兰垫料厚度宜为3～5mm。

b. 输送空气温度低于70℃的风管，可用橡胶板、闭孔海绵橡胶板、密封胶带或其他闭孔弹性材料。

c. 输送空气或烟气温度高于70℃的风管，应采用石棉橡胶板或耐热橡胶板等耐温、防火的密封材料。

d. 输送含有腐蚀性介质气体的风管，应采用耐酸橡胶板或软聚氯乙烯板等。

e. 输送洁净空气的风管法兰垫料应为不产尘、不易老化和具有一定强度和弹性的材料，厚度为5～8mm，不得采用乳胶绵。

f. 法兰连接后严禁往法兰缝隙填塞垫料。

（3）法兰垫料应减少拼接，且不允许直缝对接连接；严禁在垫料表面刷涂料。法兰密封条在法兰端面搭接重合时，搭接量宜为30～40mm。

（4）薄钢板组合式法兰风管的密封垫料厚度不宜大于3mm。风管的接合部及法兰角件连接处均应进行密封。

（5）金属风管的密封方式见图3.2.4.7-1、图3.2.4.7-2。

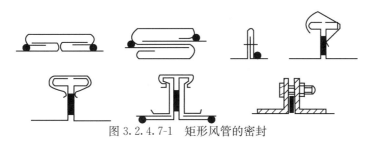

图 3.2.4.7-1 矩形风管的密封

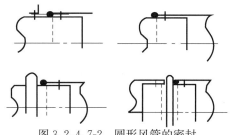

图 3.2.4.7-2　圆形风管的密封

3.2.4.8　风管吊装前应检查支架、吊架的位置及牢固程度。

3.2.4.9　风管安装可采用人工抬、大绳拉吊或使用吊装机械。吊装时应平稳，且应尽量使风管水平。

3.2.5　部件安装

3.2.5.1　风阀安装

（1）安装蝶阀、多叶调节阀、防火防烟调节阀等各类风阀前，应检查其结构是否牢固，调节、制动、定位等装置应准确灵活。

（2）安装时注意风阀的气流方向，应按风阀外壳标注的方向安装，不得装反。

（3）风阀的开闭方向、开启程度应在阀体上有明显和准确的标志。

（4）防火阀有水平、垂直、左式和右式之分，安装时应根据设计要求，防止装错。防火阀易熔件应在系统试运转之前安装，且应迎气流方向。防火分区隔墙两侧的防火阀，距墙表面不应大于 200mm。

（5）止回阀宜安装在风机压出端，开启方向必须与气流方向一致。

（6）变风量末端装置安装，应设独立支、吊架，与风管连接前应做动作试验。

（7）各类排汽罩安装宜在设备就位后进行。风帽滴水盘（槽）安装要牢固、不得渗漏。凝结水应引流到指定位置。

（8）手动密闭阀安装时阀门上标志的箭头方向应与受冲击波方向一致。

（9）斜插板风阀的安装，阀板必须为向上拉启；水平安装时，阀板应为顺气流方向插入。

3.2.5.2　风口安装

（1）各类风口安装应横平竖直，表面平整，固定牢固。在无特殊要求情况下，露出于室内部分应与室内线条平行。各种散流器面应与顶棚平行。

（2）有调节和转动装置的风口，安装后应保持原来的灵活程度。

（3）室内安装的同类型风口应对称分布；同一方向的风口，其调节装置应在同一侧。

（4）条形风口的安装，接缝处应衔接自然，无明显缝隙。

3.2.5.3　局部排汽的部件安装：局部排汽系统的排汽柜、排汽罩及连接管等，必须在工艺设备就位并安装好以后，再进行安装。安装时各排汽部件应固定牢固，调整至横平竖直，外形美观，外壳不应有尖锐的边缘，安装的位置应不妨碍生产工艺设备的操作。

3.2.5.4　风帽安装

（1）不连接风管的筒形风帽，可用法兰固定在混凝土或木底座上。当排送湿度较高的空气时，为了避免产生的凝结水滴漏入室内，应在底座下设滴水盘并有排水装置。

（2）风帽装设高度高出屋面 1.5m 时，用拉索固定牢固，拉索不应少于 3 根。

3.2.5.5　柔性短管安装

（1）柔性矩形短管采用角钢法兰连接时，应采用厚度大于等于 0.5mm 的镀锌板与角钢法兰紧固，见图 3.2.5.5-1。

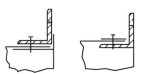

图 3.2.5.5-1　柔性短管与角钢法兰的连接

（2）柔性圆形短管连接宜采用卡箍紧固，插接长度应大于 50mm。当连接套管直径大于 300mm 时，应在套管端面 10～15mm 处压制环形凸槽，安装时卡箍应在套管的环形凸槽后面。

（3）柔性短管支、吊架的间隔不宜大于 1.5m。风管在支架间的最大允许垂度不宜大于 40mm/m。

（4）支（吊）柔性短管的吊卡箍见图 3.2.5.5-2，其宽度应不小于 25mm。卡箍的圆弧长应大于 1/2 周长且与风管外径相符。柔性短管采用外保温时，保温层应有防潮措施。吊卡箍可安装在保温层上。

（5）柔性短管安装应松紧适度，无明显扭曲。

（6）可伸缩性金属或非金属软风管的长度不宜超过 2m，并不应有死弯或塌凹。

3.2.6　风管严密性检验

图 3.2.5.5-2　柔性短管卡箍安装

3.2.6.1　风管系统安装后，应进行严密性检验，严密性检验根据要求可采用漏光法检测或漏风量测试。严密性检验合格后再安装各类送风口等部件及风管的保温。

4　质量标准

4.1　主控项目

4.1.1　风管系统支、吊架的安装应符合下列规定：

4.1.1.1　预埋件位置应正确、牢固可靠，埋入部分应去除油污，且不得涂漆。

4.1.1.2　风管系统支、吊架的形式和规格应按工程实际情况选用。

4.1.1.3　风管直径大于 2000mm 或边长大于 2500mm 风管的支、吊架的安装，应按设计要求执行。

检查数量：按Ⅰ方案。

检查方法：查看设计图、尺量、观察检查。

4.1.2　当风管穿过需要封闭的防火、防爆的墙体或楼板时，必须设置厚度不小于 1.6mm 的钢制防护套管；风管与防护套管之间应采用不燃柔性材料封堵严密（强制性条文，必须采取重点措施予以控制）。

检查数量：全数。

检查方法：尺量、观察检查。

4.1.3　风管安装必须符合下列规定（强制性条文必须重点措施控制）：

4.1.3.1　风管内严禁其他管线穿越。

4.1.3.2　输送含有易燃、易爆气体或安装在易燃、易爆环境的风管系统必须设置可靠的防静电接地装置。

4.1.3.3　输送含有易燃、易爆气体的风管系统通过生活区或其他辅助生产房间时不得设置接口。

4.1.3.4　室外风管系统的拉索等金属固定件严禁与避雷针或避雷网连接。

检查数量：全数。

检查方法：尺量、观察检查。

4.1.4　外表温度高于 60℃，且位于人员易接触部位的风管，应采取防烫伤的措施。

检查数量：按Ⅰ方案。

检查方法：观察检查。

4.1.5　净化空调系统风管的安装应符合下列规定：

4.1.5.1　在安装前风管、静压箱及其他部件的内表面应擦拭干净，且应无油污和浮尘。当施工停顿或完毕时，端口应封堵。

4.1.5.2　法兰垫料应采用不产尘、不易老化，且具有强度和弹性的材料，厚度应为 5～8mm，不得采用乳胶海绵。法兰垫片宜减少拼接，且不得采用直缝对接连接，不得在垫料表面涂刷涂料。

4.1.5.3　风管穿过洁净室（区）吊顶、隔墙等围护结构时，应采取可靠的密封措施。

检查数量：按Ⅰ方案。

检查方法：观察、用白绸布擦拭。

4.1.6　集中式真空吸尘系统的安装应符合下列规定：

4.1.6.1　安装在洁净室（区）内真空吸尘系统所采用的材料应与所在洁净室（区）具有相容性。

4.1.6.2　真空吸尘系统的接口应牢固装设在墙或地板上，并应设有盖帽。

4.1.6.3　真空吸尘系统弯管的曲率半径不应小于 4 倍管径，且不得采用褶皱弯管。

4.1.6.4　真空吸尘系统三通的夹角不得大于 45°，支管不得采用四通连接。

4.1.6.5　集中式真空吸尘机组的安装，应符合现行国家标准《机械设备安装工程施工及验收通用规范》GB 50231 的有关规定。

检查数量：全数。

检查方法：尺量、观察检查。

4.1.7　风管部件的安装应符合下列规定：

4.1.7.1　风管部件及操作机构的安装应便于操作。

4.1.7.2　斜插板风阀安装时，阀板应顺气流方向插入；水平安装时，阀板应向上开启。

4.1.7.3　止回阀、定风量阀的安装方向应正确。

4.1.7.4　防爆波活门、防爆超压排汽活门安装时，穿墙管的法兰和在轴线视线上的杠杆应铅垂，活门开启应朝向排汽方向，在设计的超压下能自动启闭。关闭后，阀盘与密封圈贴合应严密。

4.1.7.5　防火阀、排烟阀（口）的安装位置、方向应正确。位于防火分区隔墙两侧的防火阀，距墙表面不应大于 200mm。

检查数量：按Ⅰ方案。

检查方法：吊垂、手扳、尺量、观察检查。

4.1.8 风口的安装位置应符合设计要求，风口或结构风口与风管的连接应严密牢固，不应存在可察觉的漏风点或部位，风口与装饰面贴合应紧密。X射线发射房间的送、排风口应采取防止射线外泄的措施。

检查数量：按Ⅰ方案。

检查方法：观察检查。

4.1.9 风管系统安装完毕后，应按系统类别要求进行施工质量外观检验。合格后，应进行风管系统的严密性检验，漏风量除应符合设计要求和本规范第4.2.1条的规定外，尚应符合下列规定：

4.1.9.1 当风管系统严密性检验出现不合格时，除应修复不合格的系统外，受检方应申请复验或复检。

4.1.9.2 净化空调系统进行风管严密性检验时，N1级～N5级的系统按高压系统风管的规定执行；N6级～N9级，且工作压力小于或等于1500Pa的，均按中压系统风管的规定执行。

检查数量：微压系统，按工艺质量要求实行全数观察检验；低压系统，按Ⅱ方案实行抽样检验；中压系统，按Ⅰ方案实行抽样检验；高压系统，全数检验。

检查方法：除微压系统外，严密性测试按本规范附录C的规定执行。

4.1.10 当设计无要求时，人防工程染毒区的风管应采用大于或等于3mm钢板焊接连接；与密闭阀门相连接的风管，应采用带密封槽的钢板法兰和无接口的密封垫圈，连接应严密。

检查数量：全数。

检查方法：尺量、观察、查验检测报告。

4.1.11 住宅厨房、卫生间排风道的结构、尺寸应符合设计要求，内表面应平整；各层支管与风道的连接应严密，并应设置防倒灌的装置。

检查数量：按Ⅰ方案。

检查方法：观察检查。

4.1.12 病毒实验室通风与空调系统的风管安装连接应严密，允许渗漏量应符合设计要求。

检查数量：全数。

检查方法：观察检查，查验现场漏风量检测报告。

4.2 一般项目

4.2.1 风管支、吊架的安装应符合下列规定：

4.2.1.1 金属风管水平安装，直径或边长小于或等于400mm时，支、吊架间距不应大于4m；大于400mm时，间距不应大于3m。螺旋风管的支、吊架的间距可为5m与3.75m；薄钢板法兰风管的支、吊架间距不应大于3m。垂直安装时，应设置至少2个固定点，支架间距不应大于4m。

4.2.1.2 支、吊架的设置不应影响阀门、自控机构的正常动作，且不应设置在风口、检查门处，离风口和分支管的距离不宜小于200mm。

4.2.1.3 悬吊的水平主、干风管直线长度大于20m时，应设置防晃支架或防止摆动的固定点。

4.2.1.4 矩形风管的抱箍支架，折角应平直，抱箍应紧贴风管。圆形风管的支架应设托座或抱箍，圆弧应均匀，且应与风管外径一致。

4.2.1.5 风管或空调设备使用的可调节减震支、吊架，拉伸或压缩量应符合设计要求。

4.2.1.6 不锈钢板、铝板风管与碳素钢支架的接触处，应采取隔绝或防腐绝缘措施。

4.2.1.7 边长（直径）大于1250mm的弯头、三通等部位应设置单独的支、吊架。

检查数量：按Ⅱ方案。

检查方法：尺量、观察检查。

4.2.2 风管系统的安装应符合下列规定：

4.2.2.1 风管应保持清洁，管内不应有杂物和积尘。

4.2.2.2 风管安装的位置、标高、走向，应符合设计要求。现场风管接口的配置应合理，不得缩小其有效截面。

4.2.2.3 法兰的连接螺栓应均匀拧紧，螺母宜在同一侧。

4.2.2.4 风管接口的连接应严密牢固。风管法兰的垫片材质应符合系统功能的要求，厚度不应小于3mm。垫片不应凸入管内，且不宜突出法兰外；垫片接口交叉长度不应小于30mm。

4.2.2.5 风管与砖、混凝土风道的连接接口，应顺着气流方向插入，并应采取密封措施。风管穿出屋面处应设置防雨装置，且不得渗漏。

4.2.2.6 外保温风管必须穿越封闭的墙体时，应加设套管。

4.2.2.7 风管的连接应平直。明装风管水平安装时，水平度的允许偏差为0.3%，总偏差不应大于20mm；明装风管垂直安装时，垂直度的允许偏差为0.2%，总偏差不应大于20mm。暗装风管安装的位置应正确，不应有侵占其他管线安装位置的现象。

4.2.2.8 金属无法兰连接风管的安装应符合下列规定：

（1）风管连接处应完整，表面应平整。

（2）承插式风管的四周缝隙应一致，不应有折叠状褶皱。内涂的密封胶应完整，外粘的密封胶带应粘贴牢固。

（3）矩形薄钢板法兰风管可采用弹性插条、弹簧夹或U形紧固螺栓连接。连接固定的间隔不应大于150mm，净化空调系统风管的间隔不应大于100mm，且分布应均匀。当采用弹簧夹连接时，宜采用正反交叉固定方式，且不应松动。

（4）采用平插条连接的矩形风管，连接后板面应平整。

242

（5）置于室外与屋顶的风管，应采取与支架相固定的措施。

检查数量：按Ⅱ方案。

检查方法：尺量、观察检查。

4.2.3　除尘系统风管宜垂直或倾斜敷设。倾斜敷设时，风管与水平夹角宜大于或等于 45°；当现场条件限制时，可采用小坡度和水平连接管。含有凝结水或其他液体的风管，坡度应符合设计要求，并应在最低处设排液装置。

检查数量：按Ⅱ方案。

检查方法：尺量、观察检查。

4.2.4　集中式真空吸尘系统的安装应符合下列规定：

4.2.4.1　吸尘管道的坡度宜大于等于 5‰，并应坡向立管、吸尘点或集尘器。

4.2.4.2　吸尘嘴与管道的连接，应牢固严密。

检查数量：按Ⅱ方案。

检查方法：尺量、观察检查。

4.2.5　柔性短管的安装，应松紧适度，目测平顺、不应有强制性的扭曲。可伸缩金属或非金属柔性风管的长度不宜大于 2m。柔性风管支、吊架的间距不应大于 1500mm，承托的座或箍的宽度不应小于 25mm，两支架间风道的最大允许下垂为 100mm，且不应有死弯或塌凹。

检查数量：按Ⅱ方案。

检查方法：尺量、观察检查。

4.2.6　非金属风管的安装除应符合本规范第 6.3.2 条的规定外，尚应符合下列规定：

4.2.6.1　风管连接应严密，法兰螺栓两侧应加镀锌垫圈。

4.2.6.2　风管垂直安装时，支架间距不应大于 3m。

4.2.6.3　硬聚氯乙烯风管的安装尚应符合下列规定：

（1）采用承插连接的圆形风管，直径小于或等于 200mm 时，插口深度宜为 40～80mm，粘结处应严密牢固；

（2）采用套管连接时，套管厚度不应小于风管壁厚，长度宜为 150～250mm；

（3）采用法兰连接时，垫片宜采用 3～5mm 软聚氯乙烯板或耐酸橡胶板；

（4）风管直管连续长度大于 20m 时，应按设计要求设置伸缩节，支管的重力不得由干管承受；

（5）风管所用的金属附件和部件，均应进行防腐处理。

4.2.6.4　织物布风管的安装应符合下列规定：

（1）悬挂系统的安装方式、位置、高度和间距应符合设计要求。

（2）水平安装钢绳垂吊点的间距不得大于 3m。长度大于 15m 的钢绳应增设吊架或可调节的花篮螺栓。风管采用双钢绳垂吊时，两绳应平行，间距应与风管的吊点相一致。

（3）滑轨的安装应平整牢固，目测不应有扭曲；风管安装后应设置定位固定。

（4）织物布风管与金属风管的连接处应采取防止锐口划伤的保护措施。

（5）织物布风管垂吊吊带的间距不应大于 1.5m，风管不应呈现波浪形。

检查数量：按Ⅱ方案。

检查方法：尺量、观察检查。

4.2.7　复合材料风管的安装除应符合本规范第 6.3.6 条的规定外，尚应符合下列规定：

4.2.7.1　复合材料风管的连接处，接缝应牢固，不应有孔洞和开裂。当采用插接连接时，接口应匹配，不应松动，端口缝隙不应大于 5mm。

4.2.7.2　复合材料风管采用金属法兰连接时，应采取防冷桥的措施。

4.2.7.3　酚醛铝箔复合板风管与聚氨酯铝箔复合板风管的安装，尚应符合下列规定：

（1）插接连接法兰的不平整度应小于或等于 2mm，插接连接条的长度应与连接法兰齐平，允许偏差应为 −2～0mm；

（2）插接连接法兰四角的插条端头与护角应有密封胶封堵；

（3）中压风管的插接连接法兰之间应加密封垫或采取其他密封措施。

4.2.7.4　玻璃纤维复合板风管的安装应符合下列规定：

（1）风管的铝箔复合面与丙烯酸等树脂涂层不得损坏，风管的内角接缝处应采用密封胶勾缝。

（2）榫连接风管的连接应在榫口处涂胶粘剂，连接后在外接缝处应采用扒钉加固，间距不宜大于 50mm，并宜采用宽度大于或等于 50mm 的热敏胶带粘贴密封。

（3）采用槽形插接等连接构件时，风管端切口应采用铝箔胶带或刷密封胶封堵。

（4）采用槽型钢制法兰或插条式构件连接的风管，风管外壁钢抱箍与内壁金属内套，应采用镀锌螺栓固定，螺孔间距不应大于 120mm，螺母应安装在风管外侧。螺栓穿过的管壁应进行密封处理。

（5）风管垂直安装宜采用"井"字形支架，连接应牢固。

4.2.7.5　玻璃纤维增强氯氧镁水泥复合材料风管，应采用粘结连接。直管长度大于 30m 时，应设置伸缩节。

检查数量：按Ⅱ方案。

检查方法：尺量、观察检查。

4.2.8　风阀的安装应符合下列规定：

4.2.8.1　风阀应安装在便于操作及检修的部位。安装后，手动或电动操作装置应灵活可靠，阀板关闭应严密。

4.2.8.2　直径或长边尺寸大于或等于 630mm 的防火阀，应设独立支、吊架。

4.2.8.3　排烟阀（排烟口）及手控装置（包括钢索预埋套管）的位置应符合设计要求。钢索预埋套管弯管不应大于 2 个，且不得有死弯及塌陷；安装完毕后应操控自如，无卡涩等现象。

4.2.8.4　除尘系统吸入管段的调节阀，宜安装在垂直管段上。

4.2.8.5　防爆波悬摆活门、防爆超压排汽活门和自动排汽活门安装时，位置的允许偏差应为 10mm，标高的允许偏差应为±5mm，框正、侧面与平衡锤连杆的垂直度允许偏差应为 5mm。

检查数量：按Ⅱ方案。

检查方法：尺量、观察检查。

4.2.9　排风口、吸风罩（柜）的安装应排列整齐、牢固可靠，安装位置和标高允许偏差应为±10mm，水平度的允许偏差应为 0.3%，且不得大于 20mm。

检查数量：按Ⅱ方案。

检查方法：尺量、观察检查。

4.2.10　风帽安装应牢固，连接风管与屋面或墙面的交接处不应渗水。

检查数量：按Ⅱ方案。

检查方法：尺量、观察检查。

4.2.11　消声器及静压箱的安装应符合下列规定：

4.2.11.1　消声器及静压箱安装时，应设置独立支、吊架，固定应牢固。

4.2.11.2　当回风箱作为消声静压箱时，回风口处应设置过滤网。

检查数量：按Ⅱ方案。

检查方法：观察检查。

4.2.12　风管内过滤器的安装应符合下列规定：

4.2.12.1　过滤器的种类、规格应符合设计要求。

4.2.12.2　过滤器应便于拆卸和更换。

4.2.12.3　过滤器与框架及框架与风管或机组壳体之间连接应严密。

检查数量：按Ⅱ方案。

检查方法：观察检查。

4.2.13　风口的安装应符合下列规定：

4.2.13.1　风口表面应平整、不变形，调节应灵活、可靠。同一厅室、房间内的相同风口的安装高度应一致，排列应整齐。

4.2.13.2　明装无吊顶的风口，安装位置和标尚允许偏差应为 10mm。

4.2.13.3　风口水平安装，水平度的允许偏差应为 0.3%。

4.2.13.4　风口垂直安装，垂直度的允许偏差应为 0.2%。

检查数量：按Ⅱ方案。

检查方法：尺量、观察检查。

4.2.14　洁净室（区）内风口的安装除应符合本规范第 6.3.13 的规定外，尚应符合下列规定：

4.2.14.1　风口安装前应擦拭干净，不得有油污、浮尘等。

4.2.14.2　风口边框与建筑顶棚或墙壁装饰面应紧贴，接缝处应采取可靠的密封措施。

4.2.14.3　带高效空气过滤器的送风口，四角应设置可调节高度的吊杆。

检查数量：按Ⅱ方案。

检查方法：查验成品质量合格证明文件，观察检查。

5　成品保护

5.0.1　安装完的风管应表面平整洁净，防止磕碰。

5.0.2　支吊架位置不合适时，不得强行拉拽风管就位，应重新安装支、吊架。

5.0.3　已安装完毕的风管不得上人、做脚手架使用。

5.0.4　运输、安装不锈钢、铝板风管时，应避免刮伤风管表面；减少与铁质物品接触。

5.0.5　运输、安装阀件时，应防止执行机构和叶片变形。

5.0.6　安装位置较低的风管应做好保护措施，防止碰撞风管。

5.0.7　较长风管起吊速度应同步，防止中段风管法兰受力大而造成风管变形。

6　应注意的质量问题

应注意的质量问题见表 6.0.1。

表 6.0.1　应注意的质量问题

问题	原因分析	防治措施
1. 风管安装不平不直	风管位置和标高不一致、间距不等，风管受力不均而产生扭曲或弯曲	支架、吊架按设计或规范要求间距等距离排列，支架、吊架的预埋件或膨胀螺栓的位置宜正确牢固，各吊杆或支架的标高调整后应保持一致

问题	原因分析	防治措施
1. 风管安装不平不直	法兰与风管中心轴线不同心	法兰与风管垂直度如偏差较小,可用增加法兰垫片厚度,控制法兰螺母拧紧度来调整;如偏差较大,法兰则需要返工
	法兰互换性、平面度差,螺栓间距大,螺母拧的松紧度不一致	法兰互换性差,可对螺栓孔进行扩孔处理,如误差过大,则另行钻孔;法兰平面度差,可用增大法兰垫片厚度进行调整;各个螺栓的螺母必须保持松紧度一致
2. 支架、吊架预埋件和膨胀螺栓不牢固	预埋件外涂刷了油漆	预埋铁件的埋入部分不得涂刷红丹漆或沥青等防腐涂料,且预埋铁件上的铁锈和油污必须清除
	膨胀螺栓选用不当	采用膨胀螺栓固定支架、吊架时,必须根据所承受的负荷认真选用
	膨胀螺栓埋置在建筑构件上的部位不正确	安装膨胀螺栓必须先了解建物的结构情况
3. 风管安装不到位	整个风管系统无固定点	根据具体情况,在有可能发生摆动的地方,适当设置固定点,以防止安装后的风管摆动
	吊杆直接吊在风管的法兰上	不得将吊杆吊在风管的法兰上
	保温的矩形风管直接和托架、吊杆接触	托架横担不能直接和风管底部接触,中间应垫以绝热材料,吊杆同样不得与风管的侧面接触
4. 风管的密封垫片及管段间的连接不到位	选用法兰垫片材质不符合要求	正确选用法兰垫片的种类
	法兰垫片的厚度不够,影响弹性及紧固程度	法兰垫片的厚度应根据系统要求决定,一般在3~5mm
	法兰垫片凸入风管内	在连接风管前,垫片必须按法兰上的孔洞位置冲孔,在安装过程中将垫片冲孔对准法兰孔并穿上螺栓,防止垫片凸入风管或错位
	法兰周边的螺栓松紧程度不一致	紧固法兰连接螺母时,必须对称紧固、均匀受力,不能成排或沿圆周一个挨一个地紧固

7　质量记录

7.0.1　产品合格证及质量证明文件。

7.0.2　预检记录。

7.0.3　隐蔽工程检查记录。

7.0.4　风管漏光检测记录。

7.0.5　风管漏风检测记录。

7.0.6　风管系统安装检验批质量验收记录。

8　安全、环保措施

8.1　安全操作要求

8.1.1　风管起吊时,严禁人员站在被吊风管下方,风管上严禁站人。

8.1.2　风管起吊前应检查风管内、上表面有无重物,以防起吊坠物伤人。

8.1.3　抬到支架上的风管应及时安装,不得放置过久。

8.1.4　对于暂时不安装结构孔洞不要提前打开。暂停施工时,应加盖板,以防坠落事故发生。

8.1.5　梯子应完好、轻便、结实,使用时应有人扶持。脚手架应稳固可靠,便于使用,作业前应检查脚手板的固定。

8.2　环保措施

8.2.1　不得在施工现场随意抛弃垃圾,应收集后,运至指定地点集中处理。

8.2.2 操作地点周围要做到整洁，干活脚下清，活完料尽。

（2）技术交底

技术交底记录见示例表 3-2-3。

表 3-2-3 技术交底记录

工程名称	世贸中心	工程部位	35、36 层风管安装	交底时间	××××年××月××日
施工单位	××建筑安装公司	分项工程		送风风管系统安装	
交底摘要	在施工工艺标准基本要求上，结合本工程的重点要求说明技术质量安全事项				

一、风管系统安装

本楼高区楼层 35、36 层通风管道安装，安装条件已具备：

1. 矩形金属风管质量验收，已验收。

（1）外加工风管。按设计要求进场验收，对板材、型材及其他主要材料及加工工艺进行检查；对风管质量按材料、加工工艺、系统类别分别进行验收；对材质、规格、强度、严密性及成品观感质量进行验收，并检查加工厂的检验报告。

（2）自行加工的必须进行加工验收合格，按风管及配件制作加工项目，验收合格。检查验收记录。合格后才能用于工程。

2. 其他材料应检查符合设计要求。除网管本体外，还有框架、固定材料、密封材料等应验收合格。

3. 现场安装条件已具备，土建工程已验收合格，室内具有防尘的措施。50 线已弹好，风管、支架位置已放线，风口位置、支管接口位置已放线。

4. 施工工艺标准已学习，技术交底材料已进行交底。主要注意：①风管加工质量；②支、吊架位置、坡度牢固；③风口牢固美观；④风管强度严密性符合要求等。

二、正式施工

1. 按施工工艺标准及技术交底进行操作和管理。

2. 支、吊架安装按放线位置施工，注意其位置强度及规格、形式符合工程要求。

4. 风管内清理合格后再装，清洁符合设计清洁要求，风管内不得有其他管线等；各项阀门、部件已验收合格和试验合格，按放线位置安放。

5. 第 6.2.2 条为强制性条文，风管穿防火防爆墙的套管用不小于 1.6mm 钢板制作，风管与套管之间必须用不燃材料封堵严密。6.2.3 条的严禁风管内穿线；在易爆易燃的环境有可靠防静电接地装置，输送易燃易爆气体的风管，在生活区不得设接口；风管拉线等金属件严禁与避雷针等连接。必须达到要求，专门检查记录。

6. 工程完工后必须进行严密性检查合格，对风管内进行清理，以主干管为主的严密性检查，符合设计要求，才能交工。

7. 施工班自行进行质量检查，并做好记录，必要时对一些部位进行成品保护措施。

三、完工后环保要求措施：

1. 完工应做到活完料尽脚下清；

2. 垃圾应集中运放至指定地点。

专业工长：李×× 施工班组长：王××

××××年××月××日

（四）施工记录

施工记录见示例表 3-2-4。

表 3-2-4 风管系统安装检验批施工记录

工程名称	世贸中心	分部工程	通风与空调	分项工程	风管安装
施工单位	××建筑安装公司	项目负责人	李××	施工班组	通风 2 王××
施工期限	××××年××月××日×时至×日×时	气候		≤25℃ 晴√阴 雨 雪	

1. 施工部位：35、36 层风管系统安装。

2. 材料控制：风管及其他材料入场都进行了检查验收，有验收记录合格证，试验报告证明材料，资料齐全有效。

3. 按《施工工艺标准》Q 603 及技术交底文件进行质量控制。施工按计划正常施工。

（1）风管走向、标高、位置。阀门位置方向、风口位置都经放线确定，并经复核符合设计要求后，才正式施工，施工正确。

（2）支、吊架安装位置正确，牢固可靠，其形式规格符合工程要求，并经检查试验合格。

（3）风管安装前管内清理干净，符合设计要求，其开口都密封。安装后检查，固定牢固，其阀门位置、方向符合设计要求，操作方便。

（4）控制风管内不得有其他管线；易燃易爆的环境风管，防静电接地装置必须可靠，风管系统等固定件严禁与避雷网连接等。

（5）风管通过防火、防爆墙体、楼板有符合要求的套管及补偿装置时，风管与套管之间不燃柔性材料封堵严密。这是强制性条文。

（6）安装完成后，对网管内按洁净度设计要求清理，至符合设计要求，有清净度检查记录；对风管的严密性（漏风量）检查合格，有严密性检查记录。

（7）对尚未安装设施的风口，封堵严密。并做了风口保护措施。

4. 完工后按环保要求措施

清理现场、规整剩余材料，垃圾集中运到指定地点。

专业工长：李××

××××年××月××日

（五）质量验收评定原始记录

质量验收评定记录见示例表 3-2-5。

表 3-2-5　舒适性空调风系统检验批质量验收评定原始记录

世贸中心 35、36 层舒适性空调风系统安装

主控项目

1. 风管支、吊架安装（6.2.1 条）

（1）支、吊架位置是结合风管及配件的位置确定，经过放线核对位置符合要求。用膨胀螺栓固定，埋入前清理了油污等。埋入深度符合要求，安装牢固可靠。

（2）支、吊架形式规格按工程实际尺寸、形状选用，紧贴风管、协调配套。

（3）风管边长均大于 250mm，其支、吊架按设计要求选用。

按 I 方案抽样检查，经对照设计、尺量、观察检查。质量评定记录 150，N 为 50，n 为 7。检验不合格数为 0。合格。

2. 风管穿越防火、防爆墙或楼板（6.2.2 条）这是强制性条文，单独验达到标准。

本工程没有特殊防火、防爆要求，设计要求穿越墙、楼板，都加设 1.6mm 厚钢板套管，风管与套管之间用不燃柔性材料封堵严密。

按 I 方案质量评定记录 12 项，检验批产品数量 N 为 12，样本数 n 为 12，不合格数 0。全数检查合格。

3. 风管内严禁其他管线穿越（6.2.3 条 1 款）这是强制性条文，单独验达到标准。

施工技术交底已重点提出，施工中已严格注意，完工后，进行全数检查，未发现风管内有管线穿越。全数检查，不合格数为 0。

4. 风管部位安装（6.2.7 条 1、3、5 款）

风管部件及操作机构安装后，经检查便于操作；

止回阀、定风量阀的安装方向正确。全数检查方向正确，符合设计要求；

防火阀、排烟阀（口）的安装位置、方向正确，位于防火分区隔墙两侧的防火阀距墙表面不大于 200mm。经全数尺量、观察检查，位置、方向正确，距隔墙均不大于 200mm。

I 方案检查。质量评定记录 36 件，检验批产品数量 N 为 12，全数检查，不合格数为 0，合格。

5. 风口的安装（6.2.8 条）

风口安装符合设计要求，风口与结构、风口与风管连接牢固紧密，没有可觉察的漏风点及部位；风口与装饰面贴合紧密。无 X 射线房间。

按 I 方案，质量评定记录 60 个，检验批产品数量 N 为 20，全数检查，不合格数 1。不合格的风口进行修理整改后检查已合格。

6. 风管严密性检验（6.2.9 条）

（1）风管系统安装完毕后，按风管系统的要求进行施工质量外观检查，全面进行检查，主要有 6.3.2 条的 1、2、3、4、6、7 款的内容。合格，并有检查记录。

（2）按金属风管，中压送风系统规定，进行风管系统的严密性检验。设计压力 500Pa，试验压力 750Pa，在试验压力下保持 5min 及以上，各接缝处无开裂，整体结构无永久性的变形或损伤。按附录 C 规定试验，压力下漏风量 $Q_m \leqslant 0.0352P^{0.65}$。有试验记录。

按 I 方案，6 个系统或 3200m² 风管面积。检验批产品数量 213，抽样样本数 7，不合格为 0。合格。

7. 病毒试验室风管安装（6.2.12 条）无此项目。

主控项目用 I 方案抽样，有的项目全数检查。6 项全部合格。检验批 $\sum N$ 为 307，抽样样本 $\sum n$ 为 26，2 个不合格已整改合格。

一般项目

1. 风管的支、吊架（6.3.1 条）

（1）不锈钢金属风管，板厚 0.75mm，b 大于 400mm，水平支架间距未大于 3m，垂直支架每层不少于 2 个，且间距也不大于 4m，符合规范规定；

（2）支、吊架的位置按放线位置安装，不影响阀门、自控机构正常动作，不在风口、检查门处，离风口和分支管距离不大于 200mm，位置合理；

（3）悬吊水平主干管没有大于 20m 的，不必设防晃支架固定点；

（4）矩形风管的抱箍支架，折角平直，抱箍紧贴风管；

（5）风管与空调设备使用的可调节减振支、吊架，拉伸或压缩量能满足设计要求；

（6）不锈钢板与钢支架的接触处，都做了隔绝、防腐绝缘措施；

（7）边长没有大于 1250mm 的。

质量评定记录 150 付，按 II 方案，检验批产品数量 N 为 50，抽样样本数 n 为 7，经尺量、观察检查，不合格为 1，评合格，并对其整改修理符合规定。

2. 风管系统安装（6.3.2 条 1、2、3、4、6、7 款）

（1）经擦拭及观察检查，管内无杂物和积尘；

（2）观察检查，风管的位置、标高、走向符合设计要求。按弹的控制线施工，控制线技术核查符合设计要求。风管的接口配置合理无缩小其有效截面。

（3）观察检查，试拧。法兰的连接螺栓已均匀拧紧，其螺母在同一侧。

（4）观察检查。风管接口的连接牢固严密，法兰的垫片材质符合要求，垫片位置正确，无里外凸出（个别不合格的进行整改），垫片接口交叉长度＞30mm。

（6）观察检查。风管穿越墙体均设有套管。

（7）观察检查。风管连接平直。除机房外，无明装风管。暗装管位置正确，按弹好的控制线安装，无挤占别的位置及空间。

（5）、（8）项目无发生。

质量评定记录 3200m²，按 II 方案抽样。检验批产品数量 N 为 213，抽样样本数 n 为 4，经尺量、观察检查，不合格 1。评合格，并对不合格点修理至合格。

3. 柔性短管安装（6.3.5 条）

观察、尺量检查。可伸缩的金属或非金属的柔性短管长度均小于 2m。安装松紧适度，平顺，无强制性扭曲，支架间的下垂 50～70mm，小于 100mm，且没有死弯或塌凹；支、吊架间距都小于 1500mm。承托的座或箍的宽度都大于 25mm。支、吊架统一加工宽度都大于 25mm。

质量评定记录 20，按 II 方案抽样，检验批产品数量 N 为 7，抽样样本数 n 为 3。经尺量、观察检查，不合格为 0。评合格。

4. 非金属风管安装（6.3.6 条）项目无发生。

5. 复合材料风管安装（6.3.7 条）项目无发生。

6. 风阀的安装（6.3.8 条 1、2 款）

（1）观察、尺量检查。风阀安装部位是经弹线确定，便于操作及拆装检修。经手动、电动操作启闭，可靠灵活，阀板关闭严密。

（2）风管长边大于等于 630mm 的防火阀，两端有独立设置的支、吊架固定牢固。

质量评定记录 80，按 II 方案抽样，检验批产品数量 N 为 27，抽样样本数 n 为 4，不合格为 1。合格。并将不合格点修理至合格。

7. 消声器及静压箱安装（6.3.11 条）

（1）消声器及静压箱安装每处有独立的支、吊架 2 个，与支、吊架固定牢固；

（2）回风箱作为消声静压箱，回风口处均安装有过滤网。

观察检查，均符合要求。按 II 方案抽样，质量评定记录 8。检验批产品数量 N 为 8，抽样样本数 n 为 3。不合格数 0。评合格。

8. 风管内过滤器安装（6.3.12 条）

（1）经观察、尺量检查。过滤器的种类、规格符合设计要求；

（2）过滤器安装位置和方法便于其拆卸和更换。对照设计观察检查。

（3）过滤器与框架及框架与风管或机组壳体之间连接严密。

经观察检查。各连接处连接严密，严密性检查时这些连接处符合要求。按Ⅱ方案抽样。质量评定记录 4，检验批产品数 N 为 4，抽样样本数 n 为 3，不合格为 0，评合格。

9. 风口安装（6.3.13 条）

经观察、尺量检查。

（1）风口安装表面平整，不变形，调节灵活、可靠。同一厅室内相同风口安装高度一致，横、纵排列整齐；

（2）明装无吊顶安装无；

（3）风口水平安装，水平度小于 0.3%，看上去平整；

（4）风口垂直安装，垂直度小于 0.2%，看上去风口端正。

尺量、观察检查，按Ⅱ方案抽样。质量评定记录 120，检验批产品数 N 为 40，抽样样本数 n 为 3，不合格数 1，评定合格。不合格处进行整改，修理至合格。

一般项目，用Ⅱ方案抽样评定，各项全部合格。本检验批汇总数量 ΣN 为 349，抽样样本数 Σn 为 27。不合格已整改至合格。

专业工长：李××

××××年××月××日

四、分部（子分部）工程质量验收评定

（一）通风与空调工程质量验收程序及用表

（1）通风与空调分部工程施工质量检验批验收记录，应在施工企业质量自检的基础上，由监理工程师（或建设单位项目专业技术负责人）组织会同项目施工员及质量员等对该批次工程质量的验收过程与结果进行填写。验收批验收的范围、内容划分，应由工程项目的专业质量员确定，抽样检验及合格评定应按本规范第 3.0.11 条与附录 B 的规定执行，并应按本规范第 A.2.1 条～第 A.2.8 条的要求进行填写与申报，验收通过后，应有监理工程师的签证。工程施工质量检验批批次的划分应与工程的特性相结合，不应漏项。

（2）通风与空调分部工程的分项工程质量验收记录，应由工程项目的专职质量员按本规范表 A.3.1 的要求进行填写与申报，并应由监理工程师（或建设项目专业技术负责人）组织施工员和专业质量员等进行验收。

（3）通风与空调分部（子分部）工程的质量验收由总监理工程师（或建设单位项目专业技术负责人）组织项目专业质量员、项目工程师与项目经理等共同进行，子分部工程应按本规范表 A.4.1-1～表 A.4.1-20 进行填写，分部工程应按本规范表 A.4.2 进行填写。

（4）通风与空调工程按检验批、分项工程、子分部工程、分部工程的程序进行评定验收，同时做好记录。分部工程必须在子分部工程、分项工程、检验批工程质量验收全部合格后进行。

（5）通风与空调工程竣工验收要求

① 通风与空调工程竣工验收前，应完成系统非设计满负荷条件下的联合试运转及调试，项目内容及质量要求应符合本规范第 11 章的规定。

② 通风与空调工程的竣工验收应由建设单位组织，施工、设计、监理等单位参加，验收合格后应办理竣工验收手续。

③ 通风与空调工程竣工验收时，各设备及系统应完成调试，并可正常运行。

④ 当空调系统竣工验收时因季节原因无法进行带冷或热负荷的试运转与调试时，

可仅进行不带冷（热）源的试运转，建设、监理、设计、施工等单位应按工程具备竣工验收的时间给予办理竣工验收手续。带冷（热）源的试运转应待条件成熟后，再施行。

（6）《建筑工程施工质量验收统一标准》GB 50300 对分部（子分部）工程质量验收合格应符合下列规定：

① 所含分项工程的质量均应验收合格；

② 质量控制资料应完整；

③ 有关安全、节能、环境保护和主要使用功能的抽样检验结果应符合相应规定；

④ 观感质量应符合要求。

（7）《通风与空调工程施工质量验收规范》GB 50243 规定子分部工程质量验收规定：

① 子分部所含分项工程必须全部合格；

② 质量控制资料完整；

③ 安全和功能检验结果符合设计要求和规范规定；

④ 观感质量检验结果符合规范规定。

（二）通风与空调子分部工程质量验收记录

通风与空调子分部工程质量验收记录可按规范表 A.4.1-1～表 A.4.1-20 的格式进行填写，具体的子分部应按规范第 3.0.7 条的规定执行。其中，通风与空调送风系统子分部工程质量验收记录具体填写示例见表 A.4.1-1，通风与空调防、排烟系统子分部工程质量验收记录具体填写示例见表 A.4.1-3，通风与空调（冷、热）水系统子分部工程质量验收记录具体填写示例见表 A.4.1-10。本书子分部工程质量验收记录见表 3-2-6。

表 3-2-6　通风与空调子分部工程质量验收记录（送风系统）

单位（子单位）工程名称	世界贸易中心	子分部工程系统数量	主楼，综合楼	分项工程数量	7
施工单位	××安装公司	项目负责人	李××	技术（质量）负责人	王××
分包单位	/	分包单位项目负责人	/	分包内容	/

序号	分项工程名称	检验批数量	施工单位检查结果	监理单位验收结论
1	风管与配件制作及产品	2	符合规范规定	合格
2	部件制作及产成品	2	符合规范规定	合格
3	风管系统安装	4	符合规范规定	合格
4	风管与设备防腐	1	符合规范规定	合格
5	风机安装	2	符合规范规定	合格
6	空气处理设备安装	1	符合规范规定	合格
7	旋流等风口安装	无	/	/
8	织物布风管安装	无	/	/

续表

序号	分项工程名称	检验批数量	施工单位检查结果	监理单位验收结论
9	系统调试	3	符合规范规定	合格
...	...			
	质量控制资料	11 项，符合要求 11 项		合格
	安全和功能检验结果	有测试报告 2 项符合规定 2 项		合格
	观感质量检验结果	16 点，15 点"好"，1 点"一般"		好

验收结论	同意通过送风子分部工程施工质量的验收	
验收单位	分包单位	项目负责人：/ ××××年××月××日
	施工单位	项目负责人：李×× ××××年××月××日
	设计单位	项目专业负责人：/ ××××年××月××日
	监理单位	专业监理工程师：李×× ××××年××月××日

（三）分项工程汇总

对所含各分项工程进行核对检查合格后，填入表 3-2-6。

该工程空调送风系统有 9 个分项工程。在 3.0.7 条中为 7 个分项工程。其中，风机及空气处理设备为 1 个分项工程，旋流风口及织物布风管为 1 个分项工程。实际旋流风口、柜物风口无项目。实际本子分部工程只有 7 个分项工程。

在 9 个分项工程中，只做了金属风管送风系统分项工程主楼 35、36 层的检验批作验收评定示例。其余均未进行验收评定，现设其也通过验收合格。另外，其他 6 个分项工程也未进行验收评定，也设其已通过验收评定合格。进行分项工程汇总，将其填入表3-2-6 中。

1）风管及配件制作及产品。本工程为自行制作，将 35、36 层送风系统的风管及配件制作，每 1 层作为 1 个检验批，2 个检验批验收合格。

2）部件制作及产品。同风管及配件制作相同，为自行制作，同样分为 2 个检验批通过验收合格，分项工程合格。

3）风管系统安装。本工程包括 4 个检验批，只作 1 个检验批示例进行了验收评定合格，其余检验批作为验收合格。分项工程合格。

4）风管及设备防腐。作为 1 个检验批，检验批设其合格，分项工程合格。

5）风机安装。风机通常安装在机房。每台设备作为 1 个检验批验收，共 2 个检验批，经试运转后，分项工程验收合格。

6）空气处理设备安装。作为 1 个检验批，检验批合格，分项工程也验收合格。

7）旋流等风口安装。无。

8）织物布风管安装。无。

9）系统调试。

（1）系统调试是通风与空调工程竣工验收的系统调试，由施工单位负责，监理设计、建设单位参与配合，可自行进行或委托具有调试能力的单位进行。调试应编制调试方案，由监理审核批准，由专业施工和技术人员实施，调试结束，应提供完整的调试资料和报告。

调试所用仪器应检定合格，在校准合格期内。系统调试是非负荷条件下的联合试运转，应在单机试运转合格后进行。

（2）系统调试包括：

① 设备单机试运转及调试；调试资料及报告；检查合格。

② 系统非设计满负荷条件下的联合试运转及调试，检验批3个，调试资料及报告。检查合格。

将评定验收各分项工程的结果填入子分部工程验收记录表3-2-6，并以分项工程为单位将检验批质量记录及有关资料编号依次附在后边。

（四）质量控制资料

（1）图纸会审记录、设计变更通知书和竣工图。图纸会审记录及施工图各1份，共2份。

（2）主要材料、设备、成品、半成品和仪表的出厂合格证明及进场检（试）验报告。各项合格证6份，进场检验报告2份，满足工程要求。

（3）施工工艺标准2份。

（4）隐蔽工程验收记录2份，符合施工方案要求。

（5）工程设备、风管系统、管道系统安装及检验记录。设备2份、风管系统2份，管道系统安装1份。覆盖工程范围。

（6）管道系统压力试验记录。1份，满足工程要求。

（7）设备单机试运转记录。4份，包括风机、水泵、空气处理设备等。

（8）系统非设计满负荷联合试运转与调试记录。2份。

（9）分部（子分部）工程质量验收记录。1份。

（10）观感质量综合检查记录。1份。

（11）安全和功能检验资料的核查记录。系统调试1份。

（12）新技术应用论证资料。无。

共检查控制资料11份，符合规定的11份。填入表3-2-6中。资料依次编号，附在各项目后备查。

（五）安全和功能检验结果

系统调试1份，符合要求。内容包括：风管风量测量，风口风量测量，空调水流量及水温检测。室内环境温度湿度检测1份，室内环境噪声检测，空调设备机组运行噪声检测等内容。检查2项，符合规定2项。填入表3-2-6。

（六）观感质量检验结果6份。内容包括：

（1）风管表面应平整、无破损，接管应合理。风管的连接以及风管与设备或调节装置的连接处不应有接管不到位、强扭连接等缺陷。

（2）各类阀门安装位置应正确牢固，调节应灵活，操作应方便。

（3）风口表面应平整，颜色应一致，安装位置应正确，风口的可调节构件动作应正常。

（4）制冷及水管道系统的管道、阀门及仪表安装位置应正确，系统不应有渗漏。

（5）风管、部件及管道的支、吊架形式、位置及间距应符合设计及本规范要求。

（6）除尘器、积尘室安装应牢固，接口应严密。

（7）制冷机、水泵、通风机、风机盘管机组等设备的安装应正确牢固；组合式空气调节机组组装顺序应正确，接缝应严密；外表面不应有渗漏。

（8）风管、部件、管道及支架的油漆应均匀，没有透底返锈现象，油漆颜色与标志符合设计要求。

（9）绝热层材质、厚度应符合设计要求，表面应平整，不应有破损和脱落现象；室外防潮层或保护壳应平整、无损坏，且应顺水流方向搭接，不应有渗漏。

（10）消声器安装方向应正确，外表面应平整、无损坏。

（11）风管、管道的软性接管位置应符合设计要求，接管应正确牢固，不应有强扭。

（12）测试孔开孔位置应正确，不应有遗漏。

分点或部位按上述内容结合检查，按"好""一般""差"记录每个部位，点的检查结果。共 16 点，其中 15 点"好"，1 点"一般"，综合结果为"好"。

将分项工程质量验收记录核验结果、质量控制资料、安全与功能检验结果及观感质量检验结果，填入子分部工程质量验收记录表 3-2-6 中，并将资料依次编号附在验收记录表后备查。

第三节　建筑电气分部工程质量验收

一、建筑电气分部工程检验批质量验收用表

建筑电气分部工程检验批质量验收用表目录，见表 3-3-1。

表 3-3-1　建筑电气分部工程检验批质量验收用表目录

分项工程的检验批名称		子分部工程名称及编号						
		0701	0702	0703	0704	0705	0706	0707
		室外电气	变配电室	供电干线	电气动力	电气照明	自备电源	防雷及接地
1	变压器、箱式变电所安装	07010101	07020101					
2	成套配电柜、控制柜（台、箱）和配电箱（盘）安装	07010201	07020201		07040101	07050101	07060101	
3	电动机、电加热器及电动执行机构检查接线				07040201			

分项工程的检验批名称	子分部工程名称及编号						
	0701	0702	0703	0704	0705	0706	0707
	室外电气	变配电室	供电干线	电气动力	电气照明	自备电源	防雷及接地
4 柴油发电机组安装						07060201	
5 UPS及EPS安装						07060301	
6 电气设备试验和试运行			07030101	07040301			
7 母线槽安装		07020301	07030201	07040401	07050201	07060401	
8 梯架、托盘和槽盒安装	07010301	07020401	07030301	07040501	07050301	07060501	
9 导管敷设	07010401		07030401	07040601	07050401	07060601	
10 电缆敷设	07010501	07020501	07030501	07040701	07050501	07060701	
11 管内穿线和槽盒敷线	07010601		07030601	07040801	07050601	07060801	
12 塑料护套线直敷布线					07050701		
13 钢索配线					07050801		
14 电缆头制作、导线连接和线路绝缘测试	07010701	07020601	07030701	07040901	07050901	07060901	
15 普通灯具安装	07010801				07051001		
16 专用灯具安装	07010901				07051101		
17 开关、插座、风扇安装				07041001	07051201		
18 建筑物照明通电试运行	07011001				07051301		
19 接地装置安装	07011101	07020701				07061001	07070101
20 接地干线敷设		07020801	07030801				
21 防雷引下线及接闪器安装							07070201
22 建筑物等电位联结							07070301

注：1. 本表有编号者为该子分部工程所含的分项工程；
　　2. 每个分项工程含1个及以上检验批。

建筑电气分部工程有 7 个子分部工程，每个子分部工程检验批用表有 1 个及以上是各子分部工程共用的表格。GB 50303 规范的各子分部工程的分项工程都已列出，很规范。

二、建筑电气分部工程质量验收规定

(一) 建筑电气分部工程质量验收规定

参见 GB 50303—2015 标准 3.1.1～3.4.8 条。

3.1　一般规定

3.1.1　建筑电气工程施工现场的质量管理，除应符合现行国家标准《建筑工程施工质量验收统一标准》GB 50300 的有关规定外，尚应符合下列规定：

1　安装电工、焊工、起重吊装工和电力系统调试等人员应持证上岗；

2　安装和调试用各类计量器具，应检定合格，且使用时应在检定有效期内。

3.1.2　电气设备、器具和材料的额定电压区段划分应符合表 3.1.2 的规定。

表 3.1.2　额定电压区段划分

额定电压区段	交流	直流
特低压	50V 及以下	120V 及以下
低压	50V～1.0kV（含 1.0kV）	120V～1.5kV（含 1.5kV）
高压	1.0kV 以上	1.5kV 以上

3.1.3　电气设备上的计量仪表、与电气保护有关的仪表，应检定合格，且当投入运行时，应在检定有效期内。

3.1.4　建筑电气动力工程的空载试运行和建筑电气照明工程负荷试运行前，应根据电气设备及相关建筑设备的种类、特性和技术参数等编制试运行方案或作业指导书，并应经施工单位审核同意、经监理单位确认后执行。

3.1.5　高压的电气设备、布线系统以及继电保护系统必须交接试验合格（强制性条文）。

3.1.6　低压和特低压的电气设备和布线系统的检测或交接试验，应符合本规范的规定。

3.1.7　电气设备的外露可导电部分应单独与保护导体相连接，不得串联连接，连接导体的材质、截面积应符合设计要求（强制性条文）。

3.1.8　除采取下列任一间接接触防护措施外，电气设备或布线系统，应与保护导体可靠连接：

1　采用Ⅱ类设备；

2　已采取电气隔离措施；

3　采用特低电压供电；

4　将电气设备安装在非导电场所内；

5　设置不接地的等电位联结。

3.2　主要设备、材料、成品和半成品进场验收

3.2.1　主要设备、材料、成品和半成品应进场验收合格，并应做好验收记录和验收数据归档。当设计有技术参数要求时，应核对其技术参数，并应符合设计要求。

3.2.2　实行生产许可证或强制性认证（CCC 认证）的产品，应有许可证编号或 CCC 认证标志，并应抽查生产许可证或 CCC 认证证书的认证范围、有效性及真实性。

3.2.3　新型电气设备、器具和材料进场验收时应提供安装、使用、维修和试验要求等技术文件。

3.2.4　进口电气设备、器具和材料进场验收时应提供质量合格证明文件，性能检测报告以及安装、使用、维修、试验要求和说明等技术文件；对有商检规定要求的进口电气设备，尚应提供商检证明。

3.2.5　当主要设备、材料、成品和半成品的进场验收需进行现场抽样检测或因有异议送有资质试验室抽样检测时，应符合下列规定：

1　现场抽样检测：对于母线槽、导管、绝缘导线、电缆等，同厂家、同批次、同型号、同规格的，每批至少应抽取 1 个样本；对于灯具、插座、开关等电器设备，同厂家、同材质、同类型的，应各抽查 3%，自带蓄电池的灯具应按 5% 抽检，且均不应少于 1 个（套）。

2　因有异议送有资质的试验室而抽样检测：对于母线槽、绝缘导线、电缆、梯架、托盘、槽盒、导管、型钢、镀锌制品等，同厂家、同批次、不同种规格的，应抽检 10%，且不应少于 2 个规格；对于灯具、插座、开关等电器设备，同厂家、同材质、同类型的，数量 500 个（套）及以下时应抽检 2 个（套），但应各不少于 1 个（套）；500 个（套）以上时应抽检 3 个（套）。

3　对于由同一施工单位施工的同一建设项目的多个单位工程，当使用同一生产厂家、同材质、同批次、同类型的主要设备、材料、成品和半成品时，其抽检比率宜合并计算。

4　当抽样检测结果出现不合格，可加倍抽样检测，仍不合格时，则该批设备、材料、成品或半成品应判定为不合格品，不得使用。

5　应有检测报告。

3.2.6　变压器、箱式变电所、高压电器及电瓷制品的进场验收应包括下列内容：

1　查验合格证和随带技术文件；变压器应有出厂试验记录；

2　外观检查：设备应有铭牌，表面涂层应完整，附件应齐全，绝缘件应无缺损、裂纹，充油部分不应渗漏，充气高压设备气压指示应正常。

3.2.7　高压成套配电柜、蓄电池柜、UPS 柜、EPS 柜、低压成套配电柜（箱）、控制柜（台、箱）的进场验收应符合下列规定：

1　查验合格证和随带技术文件；高压和低压成套配电柜、蓄电池柜、UPS 柜、EPS 柜等成套柜应有出厂试验报告；

2　核对产品型号、产品技术参数：应符合设计要求；

3　外观检查：设备应有铭牌，表面涂层应完整、无明显碰撞凹陷，设备内元器件应完好无损、接线无脱落脱焊，绝缘导线的材质、规格应符合设计要求，蓄电池柜内电池壳体应无碎裂、漏液，充油、充气设备应无

泄漏。

3.2.8 柴油发电机组的进场验收应包括下列内容：

1 核对主机、附件、专用工具、备品备件和随机技术文件：合格证和出厂试运行记录应齐全、完整，发电机及其控制柜应有出厂试验记录；

2 外观检查：设备应有铭牌，涂层应完整，机身应无缺件。

3.2.9 电动机、电加热器、电动执行机构和低压开关设备等的进场验收应包括下列内容：

1 查验合格证和随机技术文件：内容应填写齐全、完整；

2 外观检查：设备应有铭牌，涂层应完整，设备器件或附件应齐全、完好、无缺损。

3.2.10 照明灯具及附件的进场验收应符合下列规定：

1 查验合格证：合格证内容应填写齐全、完整，灯具材质应符合设计要求和产品标准要求；新型气体放电灯应随带技术文件；太阳能灯具的内部短路保护、超载保护、反向放电保护、极性反接保护等功能性试验数据应齐全，并应符合设计要求。

2 外观检查：

1) 灯具涂层应完整、无损伤，附件应齐全，Ⅰ类灯具的外露可导电部分应具有专用的 PE 端子；

2) 固定灯具带电部件及提供防触电保护的部位应为绝缘材料，且应耐燃烧和防引燃；

3) 消防应急灯具应获得消防产品型式试验合格评定，且具有认证标志；

4) 疏散指示标志灯具的保护罩应完整、无裂纹；

5) 游泳池和类似场所灯具（水下灯及防水灯具）的防护等级应符合设计要求，当对其密闭和绝缘性能有异议时，应按批抽样送有资质的试验室检测；

6) 内部接线应为铜芯绝缘导线，其截面积应与灯具功率相匹配，且不应小于 0.5mm^2。

3 自带蓄电池的供电时间检测：对于自带蓄电池的应急灯具，应现场检测蓄电池最少持续供电时间，且应符合设计要求。

4 绝缘性能检测：对灯具的绝缘性能进行现场抽样检测，灯具的绝缘电阻值不应小于2MΩ，灯具内绝缘导线的绝缘层厚度不应小于 0.6mm。

3.2.11 开关、插座、接线盒和风扇及附件的进场验收应包括下列内容：

1 查验合格证：合格证内容填写应齐全、完整。

2 外观检查：开关、插座的面板及接线盒盒体应完整、无碎裂、零件齐全，风扇应无损坏、涂层完整，调速器等附件应适配。

3 电气和机械性能检测：对开关、插座的电气和机械性能应进行现场抽样检测，并应符合下列规定：

1) 不同极性带电部件间的电气间隙不应小于 3mm，爬电距离不应小于 3mm；

2) 绝缘电阻值不应小于 5MΩ；

3) 用自攻锁紧螺钉或自攻螺钉安装的，螺钉与软塑固定件旋合长度不应小于 8mm，绝缘材料固定件在经受 10 次拧紧退出试验后，应无松动或掉渣，螺钉及螺纹应无损坏现象；

4) 对于金属间相旋合的螺钉螺母，拧紧后完全退出，反复 5 次后，应仍然能正常使用。

4 对开关、插座、接线盒及面板等绝缘材料的耐非正常热、耐燃和耐漏电起痕性能有异议时，应按批抽样送有资质的试验室检测。

3.2.12 绝缘导线、电缆的进场验收应符合下列规定：

1 查验合格证：合格证内容填写应齐全、完整。

2 外观检查：包装完好，电缆端头应密封良好，标识应齐全。抽检的绝缘导线或电缆绝缘层应完整无损，厚度均匀。电缆无压扁、扭曲，铠装不应松卷。绝缘导线、电缆外护层应有明显标识和制造厂标。

3 检测绝缘性能：电线、电缆的绝缘性能应符合产品技术标准或产品技术文件规定。

4 检查标称截面积和电阻值：绝缘导线、电缆的标称截面积应符合设计要求，其导体电阻值应符合现行国家标准《电缆的导体》GB/T 3956 的有关规定。当对绝缘导线和电缆的导电性能、绝缘性能、绝缘厚度、机械性能和阻燃耐火性能有异议时，应按批抽样送有资质的试验室检测。检测项目和内容应符合国家现行有关产品标准的规定。

3.2.13 导管的进场验收应符合下列规定：

1 查验合格证：钢导管应有产品质量证明书，塑料导管应有合格证及相应检测报告。

2 外观检查：钢导管应无压扁，内壁应光滑；非镀锌钢导管不应有锈蚀，油漆应完整；镀锌钢导管镀层覆盖应完整、表面无锈斑；塑料导管及配件不应碎裂、表面应有阻燃标记和制造厂标。

3 应按批抽样检测导管的管径、壁厚及均匀度，并应符合国家现行有关产品标准的规定。

4 对机械连接的钢导管及其配件的电气连续性有异议时，应按现行国家标准《电气安装用导管系统》GB 20041 的有关规定进行检验。

5 对塑料导管及配件的阻燃性能有异议时，应按批抽样送有资质的试验室检测。

3.2.14 型钢和电焊条的进场验收应符合下列规定：

1 查验合格证和材质证明书：有异议时，应按批抽样送有资质的试验室检测；

2 外观检查：型钢表面应无严重锈蚀、过度扭曲和弯折变形；电焊条包装应完整，拆包检查焊条尾部应无锈斑。

3.2.15　金属镀锌制品的进场验收应符合下列规定：

1　查验产品质量证明书：应按设计要求查验其符合性；

2　外观检查：镀锌层应覆盖完整、表面无锈斑，金具配件应齐全，无砂眼；

3　埋入土壤中的热浸镀锌钢材应检测其镀锌层厚度不应小于 $63\mu m$；

4　对镀锌质量有异议时，应按批抽样送有资质的试验室检测。

3.2.16　梯架、托盘和槽盒的进场验收应符合下列规定：

1　查验合格证及出厂检验报告：内容填写应齐全、完整；

2　外观检查：配件应齐全，表面应光滑、不变形；钢制梯架、托盘和槽盒涂层应完整、无锈蚀；塑料槽盒应无破损、色泽均匀，对阻燃性能有异议时，应按批抽样送有资质的试验室检测；铝合金梯架、托盘和槽盒涂层应完整，不应扭曲变形、压扁或表面划伤等现象。

3.2.17　母线槽的进场验收应符合下列规定：

1　查验合格证和随带安装技术文件，并应符合下列规定：

1）CCC 型式试验报告中的技术参数应合设计要求，导体规格及相应温升值应与 CCC 型式试验报告中的导体规格一致，当对导体的载流能力有异议时，应送有资质的试验室做极限温升试验，额定电流的温升值应符合国家现行有关产品标准的规定；

2）耐火母线槽除应通过 CCC 认证外，还应提供由国家认可的检测机构出具的型式检验报告，其耐火时间应符合设计要求；

3）保护接地导体（PE）应与外壳有可靠的连接，其截面积应符合产品技术文件规定；当外壳兼作保护接地导体（PE）时，CCC 型式试验报告和产品结构应符合国家现行有关产品标准的规定。

2　外观检查：防潮密封应良好，各段编号应标志清晰，附件应齐全、无缺损，外壳应无明显变形，母线螺栓搭接面应平整、镀层覆盖应完整、无起皮和麻面；插接母线槽上的静触头应无缺损、表面光滑、镀层完整；对有防护等级要求的母线槽尚应检查产品及附件的防护等级与设计的符合性，其标识应完整。

3.2.18　电缆头部件、导线连接器及接线端子的进场验收应符合下列规定：

1　查验合格证及相关技术文件，并应符合下列规定：

1）铝及铝合金电缆附件应具有与电缆导体匹配的检测报告；

2）矿物绝缘电缆的中间连接附件的耐火等级不应低于电缆本体的耐火等级；

3）导线连接器和接线端子的额定电压、连接容量及防护等级应满足设计要求。

2　外观检查：部件应齐全，包装标识和产品标志应清晰，表面应无裂纹和气孔，随带的袋装涂料或填料不应泄漏；铝及铝合金电缆用接线端子和接头附件的压接圆筒内表面应有抗氧化剂；矿物绝缘电缆专用终端接线端子规格应与电缆相适配；导线连接器的产品标识应清晰明了、经久耐用。

3.2.19　金属灯柱的进场验收应符合下列规定：

1　查验合格证：合格证应齐全、完整；

2　外观检查：涂层应完整，根部接线盒盒盖紧固件和内置熔断器、开关等器件应齐全，盒盖密封垫片应完整。金属灯柱内应设有专用接地螺栓，地脚螺孔位置应与提供的附图尺寸一致，允许偏差应为±2mm。

3.2.20　使用的降阻剂材料应符合设计及国家现行有关标准的规定，并应提供经国家相应检测机构检验检测合格的证明。

3.3　工序交接确认

3.3.1　变压器、箱式变电所的安装应符合下列规定：

1　变压器、箱式变电所安装前，室内顶棚、墙体的装饰面应完成施工，无渗漏水，地面的找平层应完成施工，基础应验收合格，埋入基础的导管和变压器进线、出线预留孔及相关预埋件等经检查应合格；

2　变压器、箱式变电所通电前，变压器及系统接地的交接试验应合格。

3.3.2　成套配电柜、控制柜（台、箱）和配电箱（盘）的安装应符合下列规定：

1　成套配电柜（台）、控制柜安装前，室内顶棚、墙体的装饰工程应完成施工，无渗漏水，室内地面的找平层应完成施工，基础型钢和柜、台、箱下的电缆沟等经检查应合格，落地式柜、台、箱的基础及埋入基础的导管应验收合格。

2　墙上明装的配电箱（盘）安装前，室内顶棚、墙体、装饰面应完成施工；暗装的控制（配电）箱的预留孔和动力、照明配线的线盒及导管等经检查应合格。

3　电源线连接前，应确认电涌保护器（SPD）型号、性能参数符合设计要求，接地线与 PE 排连接可靠。

4　试运行前柜、台、箱、盘内 PE 排应完成连接，柜、台、箱、盘内的元件规格、型号应符合设计要求，接线应正确且交接试验合格。

3.3.3　电动机、电加热器及电动执行机构接线前，应与机械设备完成连接，且经手动操作检验符合工艺要求，绝缘电阻应测试合格。

3.3.4　柴油发电机组的安装应按符合下列规定：

1　机组安装前，基础应验收合格。

2　机组安放后，采取地脚螺栓固定的机组应初平、螺栓孔灌浆、精平、紧固地脚螺栓、二次灌浆等安装合格；安放式的机组底部应垫平、垫实。

3　空载试运行前，油、气、水冷、风冷、烟气排放等系统和隔振防噪声设施应完成安装，消防器材应配置齐全、到位且符合设计要求，发电机应进行静态试验，随机配电盘、柜接线经检查合格，柴油发电机组接地经检查应符合设计要求。

　　4　负荷试运行前，空载试运行和试验调整应合格。

　　5　投入备用状态前，应在规定时间内，连续无故障负荷试运行合格。

　　3.3.5　UPS 或 EPS 接至馈电线路前，应按产品技术要求进行试验调整，并应经检查确认。

　　3.3.6　电气动力设备试验和试运行应符合下列规定：

　　1　电气动力设备试验前，其外露可导电部分应与保护导体完成连接，并经检查应合格；

　　2　通电前，动力成套配电（控制）柜、台、箱的交流工频耐压试验和保护装置的动作试验应合格；

　　3　空载试运行前，控制回路模拟动作试验应合格，盘车或手动操作检查电气部分与机械部分的转动或动作应协调一致。

　　3.3.7　母线槽安装应符合下列规定：

　　1　变压器和高低压成套配电柜上的母线槽安装前，变压器、高低压成套配电柜、穿墙套管等应安装就位，并应经检查合格；

　　2　母线槽支架的设置应在结构封顶、室内底层地面完成施工或确定地面标高、清理场地、复核层间距离后进行；

　　3　母线槽安装前，与母线槽安装位置有关的管道、空调及建筑装修工程应完成施工；

　　4　母线槽组对前，每段母线的绝缘电阻应经测试合格，且绝缘电阻值不应小于 20MΩ；

　　5　通电前，母线槽的金属外壳应与外部保护导体完成连接，且母线绝缘电阻测试和交流工频耐压试验应合格。

　　3.3.8　梯架、托盘和槽盒安装应符合下列规定：

　　1　支架安装前，应先测量定位；

　　2　梯架、托盘和槽盒安装前，应完成支架安装，且顶棚和墙面的喷浆、油漆或壁纸等应基本完成。

　　3.3.9　导管敷设符合下列规定：

　　1　配管前，除埋入混凝土中的非镀锌钢导管的外壁，应确认其他场所的非镀锌钢导管内外壁均已作防腐处理；

　　2　埋设导管前，应检查确认室外直埋导管的路径、沟槽深度、宽度及垫层处理等符合设计要求；

　　3　现浇混凝土板内的配管，应在底层钢筋绑扎完成，上层钢筋未绑扎前进行，且配管完成后应经检查确认后，再绑扎上层钢筋和浇捣混凝土；

　　4　墙体内配管前，现浇混凝土墙体内的钢筋绑扎及门、窗等位置的放线应已完成；

　　5　接线盒和导管在隐蔽前，经检查应合格；

　　6　穿梁、板、柱等部位的明配导管敷设前，应检查其套管、埋件、支架等设置符合要求；

　　7　吊顶内配管前，吊顶上的灯位及电气器具位置应先进行放样，并应与土建及各专业施工协调配合。

　　3.3.10　电缆敷设应符合下列规定：

　　1　支架安装前，应先清除电缆沟、电气竖井内的施工临时设施、建筑废料等，并应对支架进行测量定位；

　　2　电缆敷设前，电缆支架、电缆导管、梯架、托盘和槽盒应完成安装，保护导体完成连接，且经检查应合格；

　　3　电缆敷设前，绝缘测试应合格；

　　4　通电前，电缆交接试验应合格，检查并确认线路去向、相位和防火隔堵措施等应符合设计要求。

　　3.3.11　绝缘导线、电缆穿导管及槽盒内敷线应符合下列规定：

　　1　焊接施工作业已完成，检查导管、槽盒安装质量应合格；

　　2　导管或槽盒与柜、台、箱应已完成连接，导管内积水及杂物已清理干净；

　　3　绝缘导线、电缆的绝缘电阻应经测试合格；

　　4　通电前，绝缘导线、电缆交接试验应合格，检查并确认接线去向和相位等符合设计要求。

　　3.3.12　塑料护套线直敷布线应符合下列规定：

　　1　弹线定位前，应完成墙面、顶面装饰工程施工；

　　2　布线前，应确认穿梁、墙、楼板等建筑结构上的套管已安装到位，且塑料护套线经绝缘电阻测试合格。

　　3.3.13　钢索配线的钢索吊装及线路敷设前，除地面外的装修工程应已结束，钢索配线所需的预埋件及预留孔应已预埋、预留完成。

　　3.3.14　电缆头制作和接线应符合下列规定：

　　1　电缆头制作前，电缆绝缘电阻测试应合格，检查并确认电缆头的连接位置、连接长度应满足要求；

　　2　控制电缆接线前，应确认绝缘电阻测试合格，接线正确；

　　3　电力电缆或绝缘导线接线前，电缆交接试验或绝缘电阻测试应合格，相位核对应正确。

　　3.3.15　照明灯具安装应符合下列规定：

　　1　灯具安装前，应确认安装灯具的预埋螺栓及吊杆、吊顶上安装嵌入式灯具用的专用骨架等已完成，对需做承载试验的预埋件或吊杆经试验应合格；

　　2　影响灯具安装的模板、脚手架应已拆除，顶棚和墙面喷浆、油漆或壁纸等及地面清理工作应已完成；

　　3　灯具接线前，导线的绝缘电阻测试应合格；

　　4　高空安装的灯具，应先在地面进行通断电试验合格。

　　3.3.16　照明开关、插座、风扇安装前，应检查吊扇的吊钩已预埋完成、导线绝缘电阻测试应合格，顶棚和墙面的喷浆、油漆或壁纸等已完工。

3.3.17　照明系统的测试和通电试运行应符合下列规定：

1　导线绝缘电阻测试应在导线接续前完成；

2　照明箱（盘）、灯具、开关、插座的绝缘电阻测试应在器具就位前或接线前完成；

3　通电试验前，电气器具及线路绝缘电阻应测试合格，当照明回路装有剩余电流动作保护器时，剩余电流动作保护器应检测合格；

4　备用照明电源或应急照明电源作空载自动投切试验前，应卸除负荷，有载自动投切试验应在空载自动投切试验合格后进行；

5　照明全负荷试验前，应确认上述工作应已完成。

3.3.18　接地装置安装应符合下列规定：

1　对于利用建筑物基础接地的接地体，应先完成底板钢筋敷设，然后按设计要求进行接地装置施工，经检查确认后，再支模或浇捣混凝土；

2　对于人工接地的接地体，应按设计要求利用基础沟槽或开挖沟槽，然后经查确认，再埋入或打入接地极和敷设地下接地干线；

3　降低接地电阻的施工应符合下列规定：

1）采用接地模块降低接地电阻的施工，应先按设计位置开挖模块坑，并将地下接地干线引到模块上，经检查确认，再相互焊接；

2）采用添加降阻剂降低接地电阻的施工，应先按设计要求开挖沟槽或钻孔垂直埋管，再将沟槽清理干净，检查接地体埋入位置后，再灌注降阻剂；

3）采用换土降低接地电阻的施工，应先按设计要求开挖沟槽，并将沟槽清理干净，再在沟槽底部铺设经确认合格的低电阻率土壤，经检查铺设厚度达到设计要求后，再安装接地装置；接地装置连接完好，并完成防腐处理后，再覆盖上层低电阻率土壤。

4　隐蔽装置前，应先检查验收合格后，再覆土回填。

3.3.19　防雷引下线安装应符合下列规定：

1　当利用建筑物柱内主筋作引下线时，应在柱内主筋绑扎或连接后，按设计要求进行施工，经检查确认，再支模；

2　对于直接从基础接地体或人工接地体暗敷埋入粉刷层内的引下线，应先检查确认不外露后，再贴面砖或刷涂料等；

3　对于直接从基础接地体或人工接地体引出明敷的引下线，应先埋设或安装支架，并经检查确认后，再敷设引下线。

3.3.20　接闪器安装前，应先完成接地装置和引下线的施工，接闪器安装后应及时与引下线连接。

3.3.21　防雷接地系统测试前，接地装置应完成施工且测试合格；防雷接闪器应完成安装，整个防雷接地系统应连成回路。

3.3.22　等电位联结应符合下列规定：

1　对于总等电位联结，应先检查确认总等电位联结端子的接地导体位置，再安装总等电位联结端子板，然后按设计要求作总等电位联结；

2　对于局部等电位联结，应先检查确认连接端子位置及连接端子板的截面积，再安装局部等电位联结端子板，然后按设计要求作局部等电位联结；

3　对特殊要求的建筑金属屏蔽网箱，应先完成网箱施工，经检查确认后，再与 PE 连接。

3.4　分部（子分部）工程划分及验收

3.4.1　建筑电气分部工程的质量验收，应按检验批、分项工程、子分部工程逐级进行验收，各子分部工程、分项工程和检验批的划分应符合本规范附录 A 的规定。

3.4.2　建筑电气分部工程检验批的划分应符合下列规定：

1　变配电室安装工程中分项工程的检验批，主变配电室应作为 1 个检验批；对于有数个分变配电室，且不属于子单位工程的子分部工程，应分别作为 1 个检验批，其验收记录应汇入所有变配电室有关分项工程的验收记录中；当各分变配电室属于各子单位工程的子分部工程时，所属分项工程应分别作为 1 个检验批，其验收记录应作为分项工程验收记录，且应经子分部工程验收记录汇总后纳入分部工程验收记录中。

2　供电干线安装工程中分项工程的检验批，应按供电区段和电气竖井的编号划分。

3　对于电气动力和电气照明安装工程中分项工程的检验批，其界区的划分应与建筑土建工程一致。

4　自备电源和不间断电源安装工程中分项工程，应分别作为 1 个检验批。

5　对于防雷及接地装置安装工程中分项工程的检验批，人工接地装置和利用建筑物基础钢筋的接地体应分别作为 1 个检验批，且大型基础的可按区块划分成若干个检验批；对于防雷引下线安装工程，6 层以下的建筑应作为 1 个检验批，高层建筑中依均压环设置间隔的层数应作为 1 个检验批；接闪器安装同一屋面，应作为 1 个检验批；建筑物的总等电位联结应作为 1 个检验批，每个局部等电位联结应作为 1 个检验批，电子系统设备机房应作为 1 个检验批。

6　对于室外电气安装工程中分项工程的检验批，应按庭院大小、投运时间先后、功能区块等进行划分。

3.4.3　当验收建筑电气工程时，应核查下列各项质量控制数据，且资料内容应真实、齐全、完整：

1　设计文件和图纸会审记录及设计变更与工程洽商记录；

2　主要设备、器具、材料的合格证和进场验收记录；

3　隐蔽工程检查记录；

4　电气设备交接试验检验记录；

5　电动机检查（抽芯）记录；

6　接地电阻测试记录；

7　绝缘电阻测试记录；

8　接地故障回路阻抗测试记录；

9　剩余电流动作保护器测试记录；

10　电气设备空载试运行和负荷试运行记录；

11　EPS应急持续供电时间记录；

12　灯具固定装置及悬吊装置的载荷强度试验记录；

13　建筑照明通电试运行记录；

14　接闪线和接闪带固定支架的垂直拉力测试记录；

15　接地（等电位）联结导通性测试记录；

16　工序交接合格等施工安装记录。

3.4.4　建筑电气分部（子分部）工程和所含分项工程的质量验收记录应无遗漏缺项、填写正确。

3.4.5　技术资料应齐全，且应符合工序要求、有可追溯性；责任单位和责任人均应确认且签章齐全。

3.4.6　检验批验收时应按本规范主控项目和一般项目中规定的检查数量和抽查比率进行检查，施工单位过程检查时应进行全数检查。

3.4.7　单位工程质量验收时，建筑电气分部（子分部）工程实物质量应抽检下列部位和设施，且抽检结果应符合本规范的规定：

1　变配电室，技术层、设备层的动力工程，电气竖井，建筑顶部的防雷工程，电气系统接地，重要的或大面积活动场所的照明工程，以及5%自然间的建筑电气动力、照明工程；

2　室外电气工程的变配电室，以及灯具总数的5%。

3.4.8　变配电室通电后可抽测下列项目，抽测结果应符合本规范规定和设计要求：

1　各类电源自动切换或通断装置；

2　馈电线路的绝缘电阻；

3　接地故障回路阻抗；

4　开关插座的接线正确性；

5　剩余电流动作保护器的动作电流和时间；

6　接地装置的接地电阻；

7　照度。

（二）分部工程质量验收

（1）建筑电气分部质量验收，应按检验批、分项工程、子分部工程的顺序逐级进行验收，并应按本规范规定划分好检验批。分部工程所包含的检验批、分项工程、子分部工程都应合格。施工单位应全数检查，所含分项工程质量验收记录无遗漏缺项。

（2）建筑电气工程验收应检查各项质量控制资料，资料内容真实、齐全、完整。规范3.4.3条需核查的16项资料应逐项核查。

（3）建筑电气工程实物质量抽检，并应形成抽检记录，包括以下各项：

①　变配电室、技术层、设备层的动力工程，电气竖井、建筑顶部的防雷工程，电气系统接地。重要或大面积活动场所的照明工程，以及5%的自然间的电气动力、照明工程；

②　室外电气工程的变电室，以及灯具总数的5%；

③　变配电室通电后可抽测项目：各类电源自动切换或通断装置；馈电线路的绝缘电阻；接地故障回路阻抗；开关插座的接线正确性；剩余电流动作保护器的动作电流和时间；接地装置的接地电阻；照度。

（4）观感质量。宏观对检验批主控项目、一般项目的质量进行综合的观察检查。分点（处）评定"好""一般""差"。

三、检验批质量验收评定示例（普通灯具安装）

（一）检验批质量验收合格

（1）检验批应按主控项目和一般项目的检验项目进行检查验收。

（2）技术资料应齐全。符合工序要求，有可追溯性，有确认并签章齐全。

（3）分项工程的质量验收内容应无遗漏缺项；

（二）普通灯具安装检验批质量验收记录

（1）普通灯具安装检验批质量验收记录表。参见示例表 3-3-2。

表 3-3-2　普通灯具安装检验批质量验收记录

单位（子单位）工程名称		××住宅楼	分部（子分部）工程名称	建筑电气	分项工程名称	普通灯具安装
施工单位		××建筑公司	项目负责人	李××	检验批容量	一单元三层5户
分包单位		/	分包单位项目负责人	/	检验批部位	一单元三层
施工依据		《灯具安装施工工艺标准》Q503及技术交底	验收依据	《建筑电气工程施工质量验收规范》GB 50303—2015		
验收项目			设计要求及规范规定	最小/实际抽样数量	检查记录	检查结果
主控项目	1	灯具固定要求	第18.1.1条	5/40	合格5/抽5	合格
	2	悬吊式灯具安装要求	第18.1.2条	无	无	/
	3	吸顶或墙上安装的灯具要求	第18.1.3条	5/40	合格5/抽5	合格
	4	由线盒引至嵌入式灯具、槽灯的绝缘导线要求	第18.1.4条	5/40	合格5/抽5	合格
	5	Ⅰ类灯具外露可导电部分必须用铜芯软导线与保护导体可靠连接	第18.1.5条	/	合格5/抽5	合格
	6	敞开式灯具灯头距地面应大于2.5m	第18.1.6条	无	无	/
	7	埋地灯安装要求	第18.1.7条	无		
	8	庭院灯、建筑物附属路灯安装要求	第18.1.8条	无		
	9	公共场所大型灯具玻璃罩应采取防溅落措施	第18.1.9条	无		
	10	LED灯安装要求	第18.1.10条	5/40	合格5/抽5	合格

续表

		验收项目	设计要求及规范规定	最小/实际抽样数量	检查记录	检查结果
一般项目	1	单个灯具的绝缘导线截面积规定	第18.2.1条	5/40	合格5/抽5	合格
	2	灯具的外形、灯头及其接线要求	第18.2.2条	/	合格5/抽5	合格
	3	灯具表面及其附件高温部位，靠近可燃物时，隔热防火措施	第18.2.3条	/	合格5/抽5	合格
	4	配电设备、裸母线及电梯曳引上方不应装灯具	第18.2.4条	无		
	5	投光灯的座及支架应牢固	第18.2.5条	无		
	6	聚光灯、类灯具出光口与被照物距离要求	第18.2.6条	无		
	7	导轨灯的灯具功率与荷载与导轨载荷匹配	第18.2.7条	无		
	8	露天安装的灯具应有泄水孔、防水措施	第18.2.8条	无		
	9	安装于槽盒底部的荧光灯应紧贴底部，固定牢固	第18.2.9条	/	合格2/抽2	合格
	10	庭院灯、建筑物附属灯安装一般要求	第18.2.10条	无		

施工单位检查结果	符合规范规定 专业工长：李×× 项目专业质量检查员：王×× <div align="right">××××年××月××日</div>
监理单位验收结论	合格 专业监理工程师：李×× <div align="right">××××年××月××日</div>

检查方法：施工或强度试验时观察检查，查阅灯具固定装置及悬吊装置的载荷强度试验记录。

（2）以单元层划分检验批，4个单元，18层，检验批为 $4 \times 18 = 72$ 个检验批。

（3）验收内容及检验方法。

参见 GB 50303 标准18.1.1~18.2.10条。

18.1 主控项目

18.1.1 灯具固定应符合下列规定（强制性条文）：

1 灯具固定应牢固可靠，在砌体和混凝土结构上严禁使用木楔、尼龙塞或塑料塞固定；

262

2　质量大于10kg的灯具，固定装置及悬吊装置应按灯具质量的5倍恒定均布载荷做强度试验，且持续时间不得少于15min。

检查数量：第1款按每检验批的灯具数量抽查5％，且不得少于1套；第2款全数检查。

检查方法：施工或强度试验时观察检查，查阅灯具固定装置及悬吊装置的载荷强度试验记录。

18.1.2　悬吊式灯具安装应符合下列规定：

1　带升降器的软线吊灯在吊线展开后，灯具下沿应高于工作台面0.3m；

2　质量大于0.5kg的软线吊灯，灯具的电源线不应受力；

3　质量大于3l的悬吊灯具，固定在螺栓或预埋吊钩上，螺栓或预埋吊钩的直径不应小于灯具挂钩直径，且不应小于6mm；

4　当采用钢管作灯具吊杆时，其内径不应小于10mm，壁厚不应小于1.5mm；

5　灯具与固定装置及灯具连接件之间采用螺纹连接的，螺纹啮合扣数不应少于5扣。

检查数量：按每检验批的不同灯具型号各抽查5％，且各不得少于1套。

检查方法：观察检查并用尺量检查。

18.1.3　吸顶或墙面上安装的灯具，其固定用的螺栓或螺钉不应少于2个，灯具应紧贴饰面。

检查数量：按每检验批的不同安装形式各抽查5％，且各不得少于1套。

检查方法：观察检查。

18.1.4　由接线盒引至嵌入式灯具或槽灯的绝缘导线应符合下列规定：

1　绝缘导线应采用柔性导管保护，不得裸露，且不应在灯槽内明敷；

2　柔性导管与灯具壳体应采用专用接头连接。

检查数量：按每检验批的灯具数量抽查5％，且不得少于1套。

检查方法：观察检查。

18.1.5　普通灯具的Ⅰ类灯具外露可导电部分必须采用铜芯软线与保护导体可靠连接，连接处应设置接地标识，铜芯软线的截面积与进入灯具的电源线截面积相同。

检查数量：按每检验批的灯具数量抽查5％，且不得少于1套。

检查方法：尺量检查、工具拧紧和测量检查。

18.1.6　除采用安全电压以外，当设计无要求时，敞开式灯具的灯头对地面距离应大于2.5m。

检查数量：按每检验批的灯具数量抽查10％，且各不得少于1套。

检查方法：观察检查并用尺量检查。

18.1.7　埋地灯安装应符合下列规定：

1　埋地灯的防护等级应符合设计要求；

2　埋地灯的接线盒应采用防护等级为IPX7的防水接线盒，盒内绝缘导线接头应做防水绝缘处理。

检查数量：按灯具总数抽查5％，且不得少于1套。

检查方法：观察检查，查阅产品进场验收记录及产品质量合格证明文件。

18.1.8　庭院灯、建筑物附属路灯安装应符合下列规定：

1　灯具与基础固定应可靠，地脚螺栓备帽应齐全；灯具接线盒采用防护等级不小于IPX5的防水接线盒，盒盖防水密封垫应齐全、完整。

2　灯具的电器保护装置应齐全，规格应与灯具适配。

3　灯杆的检修门应采取防水措施，且闭锁防盗装置完好。

检查数量：按灯具型号各抽查5％，且各不得少于1套。

检查方法：观察检查、工具拧紧及用手感检查，查阅产品进场验收记录及产品质量合格证明文件。

18.1.9　安装在公共场所的大型灯具的玻璃罩，应采取防止玻璃罩向下坠落的措施。

检查数量：全数检查。

检查方法：观察检查。

18.1.10　LED灯具安装应符合下列规定：

1　灯具安装应牢固可靠，饰面不应使用胶类粘贴。

2　灯具安装位置应有较好的散热条件，且不宜安装在潮湿场所。

3　灯具用的金属防水接头密封圈应齐全、完好。

4　灯具的驱动电源、电子控制装置室外安装时，应置于金属箱（盒）内；金属箱盒的IP防护等级和散热应符合设计要求，驱动电源的极性标记应清晰、完整。

5　室外灯具配线管路应按明配管敷设，且应具备防雨功能，IP防护等级应符合设计要求。

检查数量：按灯具型号各抽查5％，且各不得少于1套。

检查方法：观察检查，查阅产品进场验收记录及产品质量合格证明文件。

18.2　一般项目

18.2.1　引向单个灯具的绝缘导线截面积应与灯具功率相匹配，绝缘铜芯导线的线芯截面积不应小于1mm²。

检查数量：按每检验批的灯具数量抽查5％，且不得少于1套。

检查方法：观察检查。

18.2.2　灯具的外形、灯头及其接线应符合下列规定：

1　灯具及其配件应齐全，不应有机械损伤、变形、涂层剥落和灯罩破裂等缺陷。

2 软线吊灯的软线两端应做保护扣，两端线芯应搪锡；当装升降器时，应采用安全灯头。

3 除敞开式灯具外，其他各类容量在100W及以上的灯具，引入线应采用瓷管、矿棉等不燃材料作隔热保护。

4 连接灯具的软线应盘扣、搪锡压线，当采用螺口灯头时，相线应接于螺口灯头中间的端子上。

5 灯座的绝缘外壳不应破损和漏电；带有开关的灯座，开关手柄应无裸露的金属部分。

检查数量：按每检验批的灯具型号各抽查5%，且各不得少于1套。

检查方法：观察检查。

18.2.3 灯具表面及其附件的高温部位靠近可燃物时，应采取隔热、散热等防火保护措施。

检查数量：按每检验批的灯具总数量抽查20%，且各不得少于1套。

检查方法：观察检查。

18.2.4 高低压配电设备、裸母线及电梯曳引机的正上方不应安装灯具。

检查数量：全数检查。

检查方法：观察检查。

18.2.5 投光灯的底座及支架应牢固，枢轴应沿需要的光轴方向拧紧固定。

检查数量：按灯具总数抽查10%，且不得少于1套。

检查方法：观察检查和手感检查。

18.2.6 聚光灯和类似灯具出光口面与被照物体的最短距离应符合产品技术文件要求。

检查数量：按灯具型号各抽查10%，且各不得少于1套。

检查方法：尺量检查，并核对产品技术文件。

18.2.7 导轨灯的灯具功率和载荷应与导轨额定载流量和最大允许载荷相适配。

检查数量：按灯具总数抽查10%，且不得少于1台。

检查方法：观察检查并核对产品技术文件。

18.2.8 露天安装的灯具应有泄水孔，且泄水孔应设置在灯具腔体的底部。灯具及其附件、紧固件、底座和与其相连的导管、接线盒等应有防腐蚀和防水措施。

检查数量：按灯具数量抽查10%，且不得少于1套。

检查方法：观察检查。

18.2.9 安装于槽盒底部的荧光灯具，应紧贴槽盒底部，并应固定牢固。

检查数量：按每检验批的灯具数量抽查10%，且不得少于1套。

检查方法：观察检查和手感检查。

18.2.10 庭院灯、建筑物附属路灯安装应符合下列规定：

1 灯具的自动通、断电源控制装置应动作准确；

2 灯具应固定可靠、灯位正确，紧固件应齐全、拧紧。

检查数量：按灯具型号抽查10%，且各不得少于1套。

检查方法：模拟试验、观察检查和手感检查。

（4）验收说明

施工依据：《建筑电气照明装置施工与验收规范》GB 50617—2010，施工工艺标准，并制订专项施工方案、技术交底资料。

验收依据：《建筑电气工程施工质量验收规范》GB 50303—2015，相应的现场质量验收检查原始记录。

注意事项：

① 主控项目的质量经抽样检验均应合格；

② 一般项目的质量经抽样检验合格。当采用计数抽样时，合格点率应符合有关专业验收规范的规定，且不得存在严重缺陷；

③ 具有完整的施工操作依据、质量验收记录；

④ 本检验批的主控项目、一般项目已列入推荐表中。

⑤ 强制性条文必须严格执行，制订控制措施；

（三）施工操作：依据《灯具安装工艺标准》Q703及技术交底

（1）企业标准《灯具安装工艺标准》Q703。

1 适用范围

本标准适用于民用建筑工程室内、外电气照明灯具安装。

2 施工准备

2.1 材料

2.1.1 各型灯具：灯具的型号、规格必须符合设计要求。灯具的配件齐全，外观完好，无变形，标志正确清晰。所有灯具应有产品合格证，生产许可证、"CCC"认证标识。安全疏散指示灯必须有消防部门备案证书。

2.1.2 灯具导线：应有产品合格证，生产许可证、"CCC"认证标识，导线的电压等级不应低于交流500V，且其最小线芯截面积应符合表2.1.2所示的要求。

表 2.1.2 线芯最小允许截面积

安装场所的用途		线芯最小截面积（mm²）		
		铜芯软线	铜线	铝线
照明用灯头线	民用建筑室内	0.5	0.5	2.5
	工业建筑室内	0.5	1.0	2.5
	室外	1.0	1.0	2.5

2.1.3 塑料台：具有阻燃性能，强度应符合要求。

2.1.4 吊管：内径不应小于 10mm。

2.1.5 吊钩：花灯吊钩应采用直径不小于 6mm 的圆钢，并满足承载要求。

2.1.6 吊链：采用镀锌材料，完好无损。

2.1.7 支架：应根据灯具质量选用相应规格的镀锌材料做成支架。

2.2 机具设备

2.2.1 手动工具：电工组合工具、钢锯、扁锉、圆锉、台钳、活扳手、套丝板、喷灯、射钉枪等。

2.2.2 电动工具：台钻、电钻、电锤等。

2.2.3 测试器具：兆欧表、万用表、试电笔、卷尺、角尺、水平尺、小线、线坠、红铅笔等。

2.2.4 其他工具：压力案子、高凳、梯子、锡锅、锡勺、电炉、电烙铁等。

2.3 作业条件

2.3.1 安装灯具的预埋螺栓、吊杆和顶棚上用于嵌入式灯具安装的专用骨架等已完成，大型灯具的吊钩做完承载试验并合格。

2.3.2 盒内清洁无杂物，固定件完好无损，盒口已修好。

2.3.3 导线绝缘测试合格。

2.3.4 高空安装的灯具，地面通断电试验合格。

2.3.5 室内顶棚龙骨安装已完成。

2.4 技术准备

2.4.1 施工图纸和技术资料齐全。

2.4.2 施工方案编制完毕并经审批。

2.4.3 施工前应组织参施人员熟悉图纸、方案，并进行安全、技术交底。

3 操作工艺

3.1 工艺流程

灯具检查 → 灯具组装 → 灯具通电试亮 → 定位、放线 → 导线绝缘测试 → 灯具安装 → 通电试运行

3.2 操作方法

3.2.1 灯具检查：灯具进场后，施工方应会同建设方、监理方、供货方共同进行检查，并做好记录，检查内容如下：

（1）灯具的规格、型号、数量、安装方式、使用场所及相关数据是否符合现场要求。

（2）灯具的各部件是否齐全，是否已做好防腐处理。

（3）灯具接地装置是否合格。

（4）易受机械损伤的场所，应采用带有金属保护网的灯具，灯具固定采用软性连接。

（5）灯具的灯泡容量在 100W 及以上者应采用瓷灯口。

（6）灯内配线截面积应符合表 2.1.2 规定。

（7）穿入灯箱的导线在分支连接处应固定；免受额外应力和磨损。

（8）灯箱内的导线要远离光源，高温灯具应采用耐高温线并采取隔热措施。

（9）疏散指示灯等标志灯的指示方向正确。

（10）应急灯必须灵敏可靠，应急时间符合设计要求。

（11）采用低压照明的电源变压器必须是双线圈的，初次级均应装有熔断器。

3.2.2 灯具组装

3.2.2.1 根据厂家提供的说明书及组装图认真核对紧固件、连接件及其他附件。

3.2.2.2 根据说明书穿各子回路的绝缘电线。

3.2.2.3 根据组装图组装并接线。

3.2.2.4 安装各种附件。

3.2.3 灯具通电试亮：根据灯具的电压标志，选择相应的电源，接入已准备好的插座或开关上，并通过插座或开关接通灯使其通电，灯具工作正常后方可安装。

3.2.4 定位、放线

3.2.4.1 定位：按施工图及技术交底来确定灯具位置及标高，并与其他专业施工图纸核对是否矛盾。

3.2.4.2 放线：根据单独灯具成排灯具的位置，采用十字交叉法放线、画线。

3.2.5　导线绝缘测试：灯具安装前，必须进行导线绝缘电阻测试。测试方法可参见本册"管内绝缘导线敷设及连接工艺标准"（Ⅵ409）中相关内容。

3.2.6　灯具安装

3.2.6.1　普通灯具安装

（1）塑料台的安装：将灯头盒内的电源线从塑料台的穿线孔中穿出，留出接线长度，削出线芯，将塑料盒紧贴建筑物表面，对正位置，用机螺丝将塑料台固定在灯头盒上。

（2）将电源线由吊线盒底座或平灯座出线孔内穿出，并压牢在其接线端子上，余线送回至灯头盒。然后将吊线盒底座或平灯座固定在塑料台上。

（3）如果是软线吊灯，首先将灯头穿过吊线盒盖，打好保险扣，接头盘圈涮锡固定在吊线盒内与电源线连通的端子上。

（4）灯具吊线如需穿塑料软管，必须将软管两端剪成两半分别压在吊线盒与灯头内的保险扣上，软管不能脱出。一般吊灯、吸顶灯灯具安装方法参见图3.2.6.1。

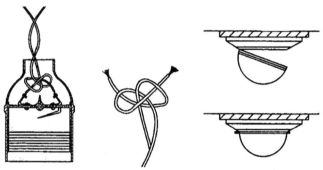

灯头接线及导线连接　　　导线结扣做法　　　吸顶式

图3.2.6.1　吊灯、吸顶灯灯具安装方法

（5）链吊或管吊的灯具安装时应使用法兰式吊线盒将吊链或吊管固定在法兰盘上。

将电源线线芯，按顺时针方向盘圈，平压在灯座螺钉上。如果灯具留有软线接头，则用软线在削出的电源线芯上缠绕5～7圈后，将线芯折回压紧并刷锡。用塑料带和黑胶布分层包扎紧密。将包扎好的接头调顺放回灯头盒，并用长度不小于20mm的木螺钉固定。

3.2.6.2　荧光灯安装

（1）吸顶荧光灯安装：首先确定灯具位置，然后将电源线穿入灯箱，将灯箱贴紧建筑物表面，用胀管螺栓固定，见图3.2.6.2-1。灯头盒不外露。若荧光灯是安装在吊顶板上的，应采用自攻螺钉将灯箱固定在专用吊架上。将电源线从接线盒穿金属软管引至灯箱接线盒内，盖上灯箱盖，装上灯管。盒式荧光灯在顶棚板下的安装具体做法如图3.2.6.2-2所示。

金属护管　　暗缩口灯盒　　盒式吸顶荧光灯　　灯体外壳　　钢制自攻螺钉、垫圈　　塑料胀塞

图3.2.6.2-1　单管盒式吸顶荧光灯在现浇混凝土屋板下的安装

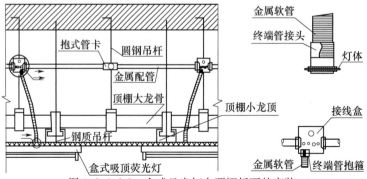

图3.2.6.2-2　盒式日光灯在顶棚板下的安装

3.2.6.3　吊链日光灯安装：首先根据灯具至顶板的距离，截好吊链，把吊链一端挂在灯箱挂钩上，另一端固定在吊线盒内，将导线依顺序编叉在吊链内，并引入灯箱，在灯箱的进线孔处应套上橡胶绝缘胶圈或套上阻燃黄蜡管以保护导线，在灯箱内的端子板（瓷接头）上压牢。导线连接应涮锡，并用绝缘套管进行保护。最后将灯具的反光板用镀锌机螺钉固定在灯箱上，调整好灯脚，装好灯管。

3.2.6.4　嵌入式荧光灯安装

（1）根据灯具与顶棚内接线盒之间的距离，进行断线及配制金属软管，但金属软管必须与盒、灯具可靠接地，金属软管长度不得大于 1.2m，如果采用阻燃喷塑金属软管可不做跨接地线。

（2）金属软管连接必须采用配套的软管接头与接线盒及灯箱可靠连接，顶棚内严禁有导线明露。

3.2.6.5　嵌入式筒灯的安装

（1）按施工图确定灯口位置、直径大小，交土建在顶棚板上开孔。

（2）选择灯具时，普通筒灯或节能筒灯上方应有接线盒，并与灯具固定在一起。

（3）土建封板时，将电源线由开好的板洞引出，封好板后将金属软管引入灯具接线盒，压牢电源线。然后将筒灯从洞口向上推入，用灯具本身的卡具与顶棚板紧密固定。

（4）顶板或顶棚内的接线盒与灯具灯头盒电气连接时，采用金属软管，金属软管与接线盒固定时，应采用专用接头，并做跨接地线。采用带有阻燃喷塑层的金属软管可不用做跨接地线。

（5）调整灯具与顶板平整牢固，上好灯管或灯泡。

3.2.6.6　各型花灯安装

（1）组合式吸顶花灯安装：根据预埋螺栓和灯头盒的位置，在灯具的托板上开好安装孔和出线孔，且出线孔应加绝缘胶圈，安装时将托板托起，将电源线和灯具各支路导线连接并包扎严密。放回灯头盒内，将托板用螺栓固定，调整各个灯口，使托板四周和顶棚贴紧，安装灯具附件，上好灯管或灯泡。

（2）链吊式花灯在顶板下安装：将组装好的灯具托起，把吊链穿过扣碗挂在预埋好的吊钩上，从扣碗底座引出的电源线与灯线用压线帽连接，理顺后将接头放入扣碗内，将扣碗拧紧。调整吊链，安装灯泡和灯罩。

3.2.6.7　光带的安装：根据灯具的外形尺寸及质量制作吊架，再根据灯具的安装位置，把吊架固定在预埋件或胀管螺栓上。光带的吊架必须单独安装；大型光带必须先做好预埋件。吊架固定好后将光带的灯箱用机螺钉固定在吊架上，再将接线盒内电源线穿入阻燃金属软管引入灯箱，电源线与灯具的导线涮锡连接并包扎紧密。调整各灯脚，装出灯管和灯罩，最后根据顶棚平面调整灯具的直线度和水平度。如果灯具对称安装，其纵横轴应在灯具的中心线上。

3.2.6.8　草坪灯安装：根据设计要求选择灯具规格型号。再根据规格型号来制作混凝土底座，并根据灯具的安装孔在现浇混凝，土底座上面预留固定灯具的预埋件或螺栓，根据进线孔预留好灯具进出管线的导管。电线导管进孔后有保护和密封措施，然后导线涮锡，接入灯口，上好灯泡和灯罩，做法参见图 3.2.6.8。

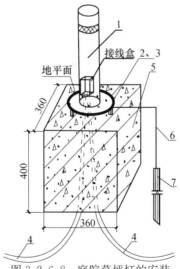

图 3.2.6.8　庭院草坪灯的安装

1—灯具；2—膨胀螺栓；3—垫圈；4—电线管；5—混凝土底座；6—接地线；7—接地极

3.2.6.9　庭院灯的安装：首先根据设计要求选择灯具并确定灯具位置，做好基础底座，然后安装灯具。要求灯具的灯体及所有金属配件均应做防腐处理，并采用专用 PE 线做好接地保护。

3.2.6.10　壁灯的安装：安装时首先根据设计要求选定灯具的规格、型号，核对并确定安装位置，清理预埋盒并做好防腐处理，接线后，将灯具底座对正预埋的灯头盒，贴紧墙面，用机螺钉将底座直接固定在墙体上，最后配好灯泡，装好灯罩。

3.2.7　通电试运行：灯具、配电箱全部安装完毕，线路的绝缘电阻摇测合格后，方允许通电试运行。通电后应仔细检查开关与灯具控制顺序是否相对应，灯具的控制是否灵活、准确；电器元件是否正常，如果发现问题必须

267

先断电，然后查找原因进行修复。修复后，重新进行通电试运行。试运行的时间不少于24h，每小时记录电压电流。

4 质量标准

4.1 主控项目

4.1.1 灯具固定应符合下列规定（强制性条文，要制订措施重点控制）：

4.1.1.1 灯具固定应牢固可靠，在砌体和混凝土结构上严禁使用木楔、尼龙塞或塑料塞固定；

4.1.1.2 质量大于10kg的灯具，固定装置及悬吊装置应按灯具质量的5倍恒定均布载荷做强度试验，且持续时间不得少于15min。

4.1.2 悬吊式灯具安装应符合下列规定：

4.1.2.1 带升降器的软线吊灯在吊线展开后，灯具下沿应高于工作台面0.3m；

4.1.2.2 质量大于0.5kg的软线吊灯，灯具的电源线不应受力；

4.1.2.3 质量大于3kg的悬吊灯具，固定在螺栓或预埋吊钩上，螺栓或预埋吊钩的直径不应小于灯具挂销直径，且不应小于6mm；

4.1.2.4 当采用钢管作灯具吊杆时，其内径不应小于10mm，壁厚不应小于1.5mm；

4.1.2.5 灯具与固定装置及灯具连接件之间采用螺纹连接的，螺纹啮合扣数不应少于5扣。

4.1.3 吸顶或墙面上安装的灯具，其固定用的螺栓或螺钉不应少于2个，灯具应紧贴饰面。

4.1.4 由接线盒引至嵌入式灯具或槽灯的绝缘导线应符合下列规定：

4.1.4.1 绝缘导线应采用柔性导管保护，不得裸露，且不应在灯槽内明敷；

4.1.4.2 柔性导管与灯具壳体应采用专用接头连接。

4.1.5 普通灯具的Ⅰ类灯具外露可导电部分必须采用铜芯软导线与保护导体可靠连接，连接处应设置接地标识，铜芯软导线的截面积应与进入灯具的电源线截面积相同（强制性条文，要制订措施重点控制）。

4.1.6 除采用安全电压外，当设计无要求时，敞开式灯具的灯头对地面距离应大于2.5m。

4.1.7 埋地灯安装应符合下列规定：

4.1.7.1 埋地灯的防护等级应符合设计要求；

4.1.7.2 埋地灯的接线盒应采用防护等级为IPX7的防水接线盒，盒内绝缘导线接头应做防水绝缘处理。

4.1.8 庭院灯、建筑物附属路灯安装应符合下列规定：

4.1.8.1 灯具与基础固定应可靠，地脚螺栓备帽齐全；灯具接线盒应采用防护等级不小于IPX5的防水接线盒，盒盖防水密封垫应齐全、完整。

4.1.8.2 灯具的电器保护装置应齐全，规格应与灯具适配。

4.1.8.3 灯杆的检修门应采取防水措施，且闭锁防盗装置完好。

4.1.9 安装在公共场所的大型灯具的玻璃罩，应采取防止玻璃罩向下坠落的措施。

4.1.10 灯具安装应符合下列规定：

4.1.10.1 灯具安装应牢固可靠，饰面不应使用胶类粘贴。

4.1.10.2 灯具安装位置应有较好的散热条件，且不宜安装在潮湿场所。

4.1.10.3 灯具用的金属防水接头密封圈应齐全、完好。

4.1.10.4 灯具的驱动电源、电子控制装置室外安装时，应置于金属箱（盒）内；金属箱（盒）的IP防护等级和散热应符合设计要求，驱动电源的极性标记应清晰、完整。

4.1.10.5 室外灯具配线管路应按明配管敷设，且应具备防雨功能，IP防护等级应符合设计要求。

4.2 一般项目

4.2.1 引向单个灯具的绝缘导线截面积应与灯具功率相匹配，绝缘铜芯导线的线芯截面积不应小于1mm²。

4.2.2 灯具的外形、灯头及其接线应符合下列规定：

4.2.2.1 灯具及其配件应齐全，不应有机械损伤、变形、涂层剥落和灯罩破裂等缺陷。

4.2.2.2 软线吊灯的软线两端应做保护扣，两端线芯应搪锡；当装升降器时，应采用安全灯头。

4.2.2.3 除敞开式灯具外，其他各类容量在100W及以上的灯具，引入线应采用瓷管、矿棉等不燃材料作隔热保护。

4.2.2.4 连接灯具的软线应盘扣、搪锡压线，当采用螺口灯头时，相线应接于螺口灯头中间的端子上。

4.2.2.5 灯座的绝缘外壳不应破损和漏电；带有开关的灯座，开关手柄不应有裸露的金属部分。

4.2.3 灯具表面及其附件的高温部位靠近可燃物时，应采取隔热、散热等防火保护措施。

4.2.4 高低压配电设备、裸母线及电梯曳引机的正上方不应安装灯具。

4.2.5 投光灯的底座及支架应牢固，枢轴应沿需要的光轴方向拧紧固定。

4.2.6 聚光灯和类似灯具出光口面与被照物体的最短距离应符合产品技术文件要求。

4.2.7 导轨灯的灯具功率和载荷应与导轨额定载流量和最大允许载荷相适配。

4.2.8 露天安装的灯具应有泄水孔，且泄水孔应设置在灯具腔体的底部。灯具及其附件、紧固件、底座与其相连的导管、接线盒等应有防腐蚀和防水措施。

4.2.9 安于槽盒底部的荧光灯具应紧贴槽盒底部，并应固定牢固。

4.2.10 庭院灯、建筑物附属路灯安装应符合下列规定：

4.2.10.1 灯具的自动通、断电源控制装置应动作准确；

4.2.10.2 灯具应固定可靠、灯位正确，紧固件应齐全、拧紧。

5 成品保护

5.0.1 灯具进入现场后应入库并码放整齐，码放不宜过高，以免损坏。并注意防潮，搬运过程中应注意轻拿轻放，以免碰坏表面的镀锌层、油漆及玻璃罩。

5.0.2　安装灯具时不要碰坏建筑物，不要污染门窗及墙面；金属高凳四腿应加橡皮垫保护，以防损坏地面。

5.0.3　灯具安装完毕后应加以保护，以防被污染。

6　应注意的质量问题

6.0.1　灯具定位应准确，以免灯具的位置出现偏差。

6.0.2　灯具固定应牢固，吊钩应做承载试验，以防灯具脱落。

6.0.3　灯具安装高度低于 2.4m 时，其金属外壳必须可靠接地，以防因灯具漏电危及人身安全。

6.0.4　在木结构上安装灯具时，应采取防火措施，以免发生火灾。

7　质量记录

7.0.1　灯具、绝缘导线产品出厂合格证，"CCC"认证及证书复印件。

7.0.2　材料、构配件进场检验记录。

7.0.3　预检、隐检记录。

7.0.4　设计变更、工程洽商记录。

7.0.5　电气器具通电安全检查记录。

7.0.6　大型照明灯具承载试验记录。

7.0.7　建筑物照明通电试运行记录。

7.0.8　普通灯具安装检验批挂号检验记录。

7.0.9　普通灯具安装分项工程质量检验记录。

8　安全、环保措施

8.1　安全操作要求

8.1.1　登高作业应使用梯子或脚承架进行，并采用相应的防滑措施；

8.1.2　带电作业时，工作人员必须穿绝缘鞋，并且至少 2 人作业，其中 1 人作业操作，另 1 人监护。

8.1.3　通电试验前，必须检查线路是否正确，保护措施是否到位，确认无误后，方可通电试验。

8.2　环保措施

施工现场应做到活完料净脚下清，现场垃圾应及时清理收集，运至指定地点。

（2）技术交底

技术交底示例见表 3-3-3。

表 3-3-3　普通灯具安装施工技术交底记录

工程名称	××住宅楼	工程部位	一单元三层	交底时间	××××年××月××日
施工单位	××建筑公司	分项工程	一单元三层 5 户灯具安装		
交底摘要	质量、安全技术重点注意事项				

一、现场条件要求：室内装饰装修已验收合格，管内穿线槽盒内接线等敷线工程已验收合格。

二、材料要求

1. 灯具合格证内容完整、灯具材料质量符合设计要求和规范规定；

2. 灯具附件齐全、外观无损伤；

3. 内部接线为铜芯线、截面积与灯具功率相匹配；

4. 绝缘性能检测：抽样检测灯具绝缘电阻值≥2MΩ，绝缘导线的绝缘层厚度≥0.6mm 等。

灯具合格。

三、灯具安装要求

1. 灯具安装前应确认灯具的预埋螺栓及吊杆都已完成，需做承载试验的预埋件或吊杆已试验合格。灯具固定是强制条文，必须经试验合格。

2. 灯具外露可导电部分必须用铜芯软导线与保护导体可靠连接。这是强制性条文，必须检查合格。灯具接线的导线绝缘电阻已测试合格。

3. 高空安装的灯具，应在地面进行通断电试验合格。

4. 照明全负荷试验前，各项安装工作都完，通电试验合格。

四、安全注意事项：

按施工工艺标准执行。试电前先检查合格再通电。

五、环保

施工完场地清理干净，垃圾集中运到指定地点。

具体施工工艺内容见施工工艺标准。

专业工长：李××

施工班组长：李××

××××年××月××日

（四）施工记录

施工记录示例见表 3-3-4。

表 3-3-4 普通灯具安装施工记录

工程名称	××住宅楼	分部工程	建筑电气	分项工程	灯具安装
施工单位	××建筑公司	项目负责人	李××	施工班组	电工班王××
施工期限	××××年××月××日×时至×日×时	气候		≤25℃ 晴 雨 阴 雪	

一、施工部位：一单元三层（5 户）灯具安装。

二、材料：灯具 35 套，中型 15 套，小型 20 套，合格证符合设计要求；进场检验记录。

三、施工过程：按《灯具安装工艺标准》Q 703 及技术交底施工。

1. 灯具预埋螺栓及吊杆已检查和试验合格后，未安装灯具，固定牢固，保证强制性条文质量，有试验记录。

2. 内部接线为铜芯接线，截面积与电源线截面相同。Ⅰ类灯具外露可导电部分用铜芯线与保护导体可靠连接，落实了强制性条文的措施。

3. 导线绝缘检测合格。

4. 照明全负荷试验，在全部灯具安装后再通电试验。

5. 经检查验收，安装全部符合规范规定和设计要求。

四、没发生质量安全事项；

五、施工完场地清理干净，垃圾已运至指定地点。

专业工长：李××

××××年××月××日

（五）质量验收评定原始记录

质量验收评定记录示例见表 3-3-5。

表 3-3-5 灯具安装验收评定原始记录

××住宅楼 一单元三层灯具安装检验批质量验收评定原始记录

主控项目

1. 灯具固定要求。强制性条文措施落实到位，并全部检查合格。

（1）按灯具数量抽查 35 个，尼龙塞、塑料塞固定灯具。均未发现用木楔。

（2）质量大于 10kg 的灯具没有。固定装置及悬吊装置固定牢固可靠。

2. 本工程未有悬吊式灯具。

3. 吸顶或墙面上安装灯具要求。

共有 2 种不同安装形式灯具，各抽查 3 套，均不少于 2 个螺钉。

4. 经不少于 5%灯具抽查。由接线盒引至嵌入式灯具或槽灯的绝缘导线均采用柔性保护管，未裸露导线及在灯槽内明敷；柔性导管与灯具壳体用专用 PE 端子连接，连接牢靠。

5. 经抽查和检查施工方案，Ⅰ类灯具外露可导电部分均采用与电源线截面积相同的铜芯软导线与保护导体可靠连接，连接牢固，并有接地标识。强制性条文措施到位，并全部检查合格。

6. 敞开式灯具的灯头，均采用安全电压，灯头距地面距离大于 2.5m。

7. 本工程未有埋地灯。

8. 本工程未有庭院灯及附原路灯。

9. 公共场所灯具有 4 只玻璃罩固定牢固，并设有金属网防向下溅落。

10. LED 灯具安装符合设计要求，安装牢固可靠，防水接头密封圈齐全、完好，驱动电源控制装置，室外安装的置于金属箱内，箱体 IP 防护等级和散热及防雨措施符合设计要求，电极标识清晰完整。

主控项目的抽查，按施工方案施工，经检查均符合安装工艺要求，未标明检查点。

一般项目

1. 单个灯具绝缘导线截面积规定。施工方案规定并查实际施工，引入单个灯具的都是铜芯绝缘导截面积都在 1mm² 及以上。

2. 灯具的外形、灯头及其接线要求。经现场检查灯具及附件齐全，外形无损伤等缺陷；100W 及以上的灯具，引入线用瓷管隔热保护；螺口灯座的相线在灯头中间的接线端子上；灯座绝缘外壳无破损和漏电，无外露金属部分。经对产品检查无发现不符合规定的缺陷。施工中按施工方案施工有自检和互检制度，已安装的灯检查都符合规定。

3. 未发现灯具靠近可燃物安装。

4. 未发现高低压配电设备，裸母线及电梯曳引机上方安装灯具。

5. 本工程未有投光灯。

6. 聚光灯和类似灯具出口面与被照物体的最近距离符合产品说明书。都是室内顶棚到地面或桌面。不小于产品说明书。

7. 本工程未有导轨灯。

8. 本工程未有露天安装灯具，楼门口安装的吸顶灯，按非露天安装。

9. 安装于槽盒底的荧光灯具，紧贴槽底，固定牢固。施工按规程施工，有施工检查记录。

10. 庭院灯、附墙路灯本工程未有。

一般项目的检查，很难确定检查点记录，故没有检查点记录。施工中按施工方案施工操作。灯具及附件，经进场验收检查，施工安装前检查，符合要求的再安装，施工过程班组有自检制度，质量员经抽查都达到规范规定。凡发现一处不符合规定的，班组必须全部重新整改并重检查一遍，符合要求才能交工。

将检查结果记入质量验收记录表。

专业工长：李××

××××年××月××日

（六）检验批质量验收记录及附件资料整理

在检验批质量验收记录签认后，附上过程控制的有关资料。这些资料不同企业会有不同，能达到质量控制的目标就行。其主要应有以下资料：

（1）材料、设备、配件的合格证，进场验收记录及抽样复试检测报告；

（2）施工操作依据：企业施工工艺标准和技术交底资料；

（3）施工记录；

（4）检验批质量验收评定原始记录等。

有的单位还有工序交接确认，后道工序对前道工序交接认可，隐蔽工程验收，技术复述等资料，交专业监理工程师核验认可。

四、分部（子分部）工程质量验收评定（电气照明）

（一）基本规定

（1）建筑电气分部工程的质量验收，应按检验批、分项工程、子分部工程逐级进行验收。

（2）规范 3.4.2 条规定了分部工程各子分部工程检验批划分的 6 个方面的原则，而第 3 方面对电气动力和电气照明安装工程中的分项工程的检验批，其界区的划分应与土建工程一致。

（3）电气工程验收时，应核查各项质量控制资料。

① 设计文件和图纸会审记录及设计变更与工程洽商记录；

② 主要设备、器具、材料的合格证和进场验收记录；

③ 隐蔽工程检查记录；

④ 电气设备交接试验检验记录；

⑤ 电动机检查（抽芯）记录；

⑥ 接地电阻测试记录；

⑦ 绝缘电阻测试记录；

⑧ 接地故障回路阻抗测试记录；

⑨ 剩余电流动作保护器测试记录；

⑩ 电气设备空载试运行和负荷试运行记录；

⑪ EPS应急持续供电时间记录；

⑫ 灯具固定装置及悬吊装置的载荷强度试验记录；

⑬ 建筑照明通电试运行记录；

⑭ 接闪线和接闪带固定支架的垂直拉力测试记录；

⑮ 接地（等电位）联结导通性测试记录；

⑯ 工序交接合格等施工安装记录。

（4）建筑电气分部（子分部）工程所含分项工程的质量验收记录应无遗漏缺陷。填写正确。

（5）技术资料应齐全，且应符合工序要求。应有可追溯性，责任单位和责任人确认签章齐全。

（6）检验批验收时应按本规范主控项目和一般项目中规定的检查数量和抽查比率进行检查，施工单位过程检查时应进行全数检查。

（7）单位工程质量验收时，建筑电气分部（子分部）工程实物质量应抽查下列部位和设施，且抽查结果应符合本规范的规定。

① 变配电室，技术层、设备层的动力工程，电气竖井，建筑顶部的防雷工程，电气系统接地，重要的或大面积活动场所的照明工程，以及5%自然间的建筑电气动力、照明工程；

② 室外电气工程的变配电室，以及灯具总数的5%。

（8）变配电室通电后可抽测下列项目，抽测结果应符合本规范的规定和设计要求：

① 各类电源自动切换或通断装置；

② 馈电线路的绝缘电阻；

③ 接地故障回路阻抗；

④ 开关插座的接线正确性；

⑤ 剩余电流动作保护器的动作电流和时间；

⑥ 接地装置的接地电阻；

⑦ 照度。

（9）GB 50303规定电气工程有7个子分部工程与GB 50300的规定一致。分部工程质量验收与子分部工程质量验收的要求基本一致，下面以电气照明安装子分部工程为例说明其验收过程。

（二）电气照明安装工程子分部工程质量验收记录

按规定填写质量验收记录，示例见表3-3-6。

表 3-3-6　电气照明子分部工程质量验收记录

单位（子单位）工程名称	××住宅楼	子分部工程名称	电气照明	分项工程名称	灯具安装
施工单位	××建筑公司	项目负责人	李××	技术（质量）负责人	王××
分包单位	/	分包单位负责人	/	分包内容	/

序号	子分部工程名称	分项工程名称	检验批数量	施工单位检查结果	监理单位验收结论
1	电气照明	配套框箱安装	72	符合规范规定	合格
2		导管敷设	72	符合规范规定	合格
3		电缆敷设	4	符合规范规定	合格
4		管内穿线槽盒内敷线	72	符合规范规定	合格
5		线路绝缘测试	72	符合规范规定	合格
6		普通灯具安装	72	符合规范规定	合格
7		开关、插座安装	72	符合规范规定	合格
8		照明通电测试	4	符合规范规定	合格
质量控制资料			共7项，审查符合规定7项		合格
安全和功能检验结果			共5项，审查符合规定5项		合格
观感质量检验结果			72点，"好"的70点，一般2点		"好"
综合验收结论		符合标准规定，同意验收。			

施工单位 项目负责人：李×× ××××年××月××日	勘察单位 项目负责人：/ ××××年××月××日	设计单位 项目负责人：/ ××××年××月××日	监理单位 项目负责人：王×× ××××年××月××日

　　注：1. 地基与基础分部工程的验收应由施工、勘察、设计单位项目负责人和总监理工程师参加并签字；

　　　　2. 主体结构、节能分部工程的验收应由施工、设计单位项目负责人和总监理工程师参加并签字。

（三）各分项工程检查汇总

（1）电气照明子分部工程包括 13 个分项工程，本工程只发生 8 个分项工程。本书仅举普通灯具安装 1 个分项工程进行审查。另外 7 个分项工程没有审查，设定已通过审查，符合规范规定，进行汇总，填入表 3-3-6 内。

（2）审查各分项工程验收记录，审查各分项工程所含检验批的质量验收已覆盖全部分项工程范围，无遗漏缺项。

（四）质量控制资料

质量控制资料是保证工程质量及安全的技术措施。《建筑工程施工质量验收统一标准》GB 50300 在附录 H 表 H.0.1-2 中列出 8 项质量控制资料；《建筑电气工程施工质量验收规范》GB 50303 在 3.4.3 条中列出 16 项质量控制资料。而工程实际发生的，只有相应的电气照明安装子分部工程的普通灯具安装分项工程的质量控制资料。

（1）实际电气照明安装灯具安装分项工程的质量控制资料如下：

① 设计文件和图纸会审记录、设计变通和工程洽商记录，只有设计文件和图纸会审各 1 份，没有设计变更和工程洽商。

② 主要设备、器具、材料的合格证和进场验收记录；灯具有合格证 3 种，进场检查验收记录 1 份。

③ 隐蔽工程验收记录，有 72 份预埋导管验收和隐蔽工程验收，每单元每层 1 个验收记录。

④ 绝缘电阻测试记录，每项 1 份，共测试记录 72 份。

⑤ 建筑照明通电试运行记录，1 份。

⑥ 施工记录，每单元每层 1 份，共 72 份。

⑦ 分项工程记录 1 份及检验批质量验收记录 72 份。

（2）质量控制资料的审查，对每个项目是否均覆盖到，每份资料的内容都符合设计要求和规范规定。

（3）经过审查控制资料符合规范规定。共 7 项，审查符合规定的 7 项，填入表 3-3-6 子分部工程质量验收记录表。

（五）安全和功能检验结果

灯具都是吸顶灯，房间及走廊用的节能灯具。

（1）GB 50303 第 3.4.8 条规定检测项目有 7 项，灯具安装有照度测试 1 项；第 3.4.3 条规定有建筑照明通电试运行记录，灯具固定牢固 2 项；第 3.4.7 条对工程实物质量抽查项目大面积活动场所照明工程和照明工程 2 项；还有第 8.1.1 条灯具固定牢固及第 8.1.5 条普通灯具外露可导电部分连接线连接及铜芯软线截面积要求 2 条强制性条文。

（2）GB 50300 在附录 H 表 H.0.1-3 中规定了 7 项检测项目，与灯具安装相关的项目，一是建筑照明通电试运行记录，二是灯具固定牢固、强度试验记录，在前边都有了。

（3）在电气照明子分部工程，相关灯具安装的安全和功能检测的项目有：

① 建筑照明通电试运行记录 1 项；

② 照度测试记录 1 项；

③ 工程实物质量抽查，大面积场所照明和照明 1 项；

④ 第 8.1.1 条、第 8.1.5 条 2 条强度要求各 1 项，计 2 项；共 5 项，经审查符合规定的 5 项，填入子分部工程质量验收记录表 3-3-6 中。

（六）观感质量检查结果

观感质量内容是对各分项工程主控项目、一般项目的全部内容进行宏观检查，综合规定。按每单元的一层为一个检查点，以分项工程的主控项目、一般项目符合检查，"好""一般""差"的等级，"好""一般"都为合格；"差"的可修理为"好"或"一般"。子分部观感质量检查点 72 个，评为"好"的 67 个，"一般"的 2 个，总体评为"好"，填入表 3-3-6 中。

第四节　电梯分部工程质量验收

一、电梯分部工程检验批质量验收用表

电梯分部工程检验批质量验收用表目录见表 3-4-1。

表 3-4-1　电梯分部工程检验批质量验收用表目录

分项工程检验批名称		子分部工程及编号		
		0901	0902	0903
		电力驱动的曳引式或强制式电梯	液压电梯	自动扶梯、自动人行道
1	设备进场验收	09010101	09020101	
2	土建交接验收	09010201	09010201	
3	驱动主机	09010301		
4	导轨	09010401	09020401	
5	门系统	09010501	09020501	
6	轿厢	09010601	09020601	
7	对重	09010701	09020701	
8	安全部件	09010801	09020801	
9	悬挂装置、随行装置、补偿装置	09010901 09011001 09011101	09020901 09021001	
10	电气装置	09011201	09021101	
11	整机安装验收	09011301		
12	液压系统		09020301	
13	整机安装验收		09021201	
14	自动扶梯、自动人行道设备进场验收			09030101
15	自动扶梯、自动人行道土建交接验收			09030201
16	自动扶梯、自动人行道整机安装验收			09030301

电梯分部工程与其他分部工程不一样。电梯设备安装以台为单位，电梯是以一台为一个单元投入使用的，可以是一个子分部工程，一个单位工程的电梯汇总为一个分部工程。其没有检验批，是分项工程，或是说一个分项工程只一个检验批，分项工程就是检验批。每台电梯验收合格，汇总为分部工程。

二、电梯分部工程质量验收规定

（一）质量验收的基本规定

参见 GB 50310 标准 3.0.1～3.0.3 条。

3.0.1　安装单位施工现场的质量管理应符合下列规定：

1 具有完善的验收标准、安装工艺及施工操作规程。

2 具有健全的安装过程控制制度。

3.0.2 电梯安装工程施工质量控制应符合下列规定：

1 电梯安装前应按本规范进行土建交接检验，可按附录 A 表 A 记录。

2 电梯安装前应按本规范进行电梯设备进场验收，可按附录 B 表 B 记录。

3 电梯安装的各分项工程应按企业标准进行质量控制，每个分项工程应有自检记录。

3.0.3 电梯安装工程质量验收应符合下列规定：

1 参加安装工程施工和质量验收人员应具备相应的资格。

2 承担有关安全性能检测的单位，必须具有相应资质。仪器设备应满足精度要求，并应在检定有效期内。

3 分项工程质量验收均应在电梯安装单位自检合格的基础上进行。

4 分项工程质量应分别按主控项目和一般项目检查验收。

5 隐蔽工程应在电梯安装单位检查合格后，于隐蔽前通知有关单位检查验收，并形成验收文件。

（二）分部（子分部）工程质量验收

参见 GB 50310 标准 7.0.1～7.0.3 条。

7.0.1 分项工程质量验收合格应符合下列规定：

1 各分项工程中的主控项目应进行全验，一般项目应进行抽验，且均应符合合格质量规定。可按附录 C 表 C 记录。

2 应具有完整的施工操作依据、质量检查记录。

7.0.2 分部（子分部）工程质量验收合格应符合下列规定：

1 子分部工程所含分项工程的质量均应验收合格且验收记录应完整。子分部可按附录 D 表 D 记录；

2 分部工程所含子分部工程的质量均应验收合格。分部工程质量验收可按附录 E 表 E 记录汇总；

3 质量控制资料应完整；

4 观感质量应符合本规范要求。

7.0.3 当电梯安装工程质量不合格时，应按下列规定处理：

1 经返工重做、调整或更换部件的分项工程，应重新验收；

2 通过以上措施仍不能达到本规范要求的电梯安装工程，不得验收合格。

三、检验批质量验收评定示例（门系统安装）

电梯工程与建筑工程的构成不同，电梯工程是一个产品设备安装工程，是单独构成的，在工厂生产好，在现场组合安装而成，而且是以每台电梯为产品构成安装成果。对《建筑工程施工质量验收统一标准》GB 50300 的统一规定只能参照执行。检验批和分项工程一致，一般一个分项工程只有一个检验批，也可以说没检验批这个步骤，由分项工程直接组成每台电梯，叫子分部工程或分部工程都可以，或是将一个单位工程的全部电梯作为一个分部工程，每台电梯作为一个子分部工程。

（一）分项工程（检验批）质量验收合格的规定

（1）GB 50300 的规定

① 主控项目的质量经抽样检验均应合格；

② 一般项目的质量经抽样检验合格。当用计数抽样时，合格点率应符合有关专业验收规范的规定，且不得存在严重缺陷。对于计数抽样的一般项目，正常检验一次、二次抽样可按本标准附录 D 判定；

③ 具有完整的施工操作依据、质量验收记录。

（2）GB 50310 的规定

GB 50310 规范的规定是在 GB 50300 修订前，应按未修订的规定执行，但有完整的施工操作依据和质量记录。

3.0.1 安装单位施工现场的质量管理应符合下列规定：

1. 具有完整的验收标准、安装工艺及施工操作规程；

2. 具有健全的安装过程控制制度。

3.0.2 电梯安装工程施工质量控制应符合下列规定：

1. 对电梯安装前应按本规范规定进行土建交接验收；
2. 电梯安装前按本规范规定对电梯设备进行进场验收；
3. 电梯安装的各分项工程应按企业标准进行质量控制，每个分项工程应有自检记录。

3.0.3 电梯安装工程质量验收规定

1. 电梯安装施工人员，质量验收人员应具有相应的资格；
2. 承担有关性能检测的单位，必须具有相应资质。仪器设备满足精度要求，并在检定有效期内；
3. 分项工程质量验收均应在电梯安装单位自检合格的基础上进行；
4. 分项工程应分别按主控项目和一般项目检查验收；
5. 隐蔽工程应在电梯安装单位检查合格后，在隐蔽前通知有关单位检查验收，并形成验收文件。

（二）分项工程（检验批）质量验收记录（门系统安装）

（1）电梯门系统安装分项工程质量验收记录表，见 GB 50310 附录 C 表，本书为表 3-4-2。

表 3-4-2　电梯门系统安装分项工程质量验收记录表

工程名称		世贸中心		
安装地点		4 号电梯		
产品合同号/安装合同号		甲 001/京 01	梯号	D4
安装单位		×安装公司	项目负责人	王××
监理（建设）单位		×监理公司	监理工程师/项目负责人	李××
执行标准名称及编号		GB 50310		
检验项目			检验结果	
			合格	不合格
主控项目	4.5.1　层门地坎安装		合格	/
	4.5.2　层门强迫关门装置必须动作正常（强制性条文）		合格	/
	4.5.3　关门力≤150N		合格	/
	4.5.4　锁钩必须动作灵活（强制性条文）		合格	/
	4.5.5　安装间隙≥5mm		合格	/
	4.5.6　地坎水平度地-地坎高差 2～5mm		合格	/
	4.5.7　灯盒、召唤盒、消防盒安装		合格	/
	4.5.8　门扇下端与地坎间隙≤6mm		合格	/
验收结论				
参加验收单位	安装单位		监理（建设）单位	
	符合规范规定		合格	
	项目负责人：王××		监理工程师：李××	
			（项目负责人）	
	××××年××月××日		××××年××月××日	

分项工程质量验收评定记录，应根据加强施工过程控制，施工前做好《施工工艺标准》的学习，根据具体工程情况编制好技术交底文件，对重点工序、主要环节的质量安全事项做出重点要求。施工过程做好施工记录、施工质量验收评定原始记录等，做好过程质量控制。

（2）验收内容及检验方法。

参见 GB 50310 标准 4.5.1～4.5.8 条（其中，4.5.2 条、4.5.4 条为强制性条文）。

主控项目

4.5.1　层门地坎至轿厢地坎之间的水平距离偏差为 0～＋3mm，且最大距离严禁超过 35mm。

4.5.2　层门强迫关门装置必须动作正常。

4.5.3　动力操纵的水平滑动门在关门开始的 1/3 行程之后，阻止关门的力严禁超过 150N。

4.5.4　层门锁钩必须动作灵活，在证实锁紧的电气安全装置动作之前，锁紧组件的最小啮合长度为 7mm。

一般项目

4.5.5　门刀与层门地坎、门锁滚轮与轿厢地坎间隙不应小于 5mm。

4.5.6　层门地坎水平度不得大于 2/1000，地坎应高出装修地面 2～5mm。

4.5.7　层门指示灯盒、召唤盒和消防开关盒应安装正确，其面板与墙面贴实，横竖端正。

4.5.8　门扇与门扇、门扇与门套、门扇与门楣、门扇与门口处轿壁、门扇下端与地坎的间隙，乘客电梯不应大于 6mm，载货电梯不应大于 8mm。

（三）施工操作依据：施工工艺标准及技术交底

本工程设备进场验收已完成，土建交接检验合格，驱动电机与导轨已安装验收合格。可进入门系统安装。首先，学习施工工艺标准，专业工长做好重点质量安全环节提示的技术交底。

（1）《电梯门系统安装施工工艺标准》Q903。

1　适用范围

本标准适用于额定载质量 5000kg 及以下、额定速度 3.5m/s 及以下的各类电力驱动曳引电梯和利用液压油缸直接或间接驱动轿厢垂直升降、额定速度 1m/s 及以下的液压电梯厅门安装工程。

2　施工准备

2.1　材料、设备

2.1.1　厅门部件应与图纸相符，门锁装置应有型式试验报告。

2.1.2　门导轨、厅门扇应无变形、损坏。其他部件应完好无损，功能可靠。

2.1.3　型材、电焊条、膨胀螺栓应有检验报告和合格证。

2.2　机具设备

2.2.1　安装器具：电焊机具、电锤、电工钳、活扳手、手电钻、梅花扳手、榔头等。

2.2.2　测试器具：水平尺、盒尺、钢板尺、线坠等。

2.3　作业条件

2.3.1　脚手架横杆不妨碍安装地坎、安装厅门，且便于铺设脚手板。

2.3.2　各层厅门在未施工完毕前，都应设有安全防护栏，防止人、物坠落。

2.4　技术准备

2.4.1　编制施工方案，并经审批，向操作人员进行技术交底。

2.4.2　厅门土建尺寸应符合设计要求，各种基准线测试完毕，包括门洞的宽度与高度以及预留的呼唤盒与层门指示灯盒的大小和尺寸。

3　操作工艺

3.1　工艺流程

| 安装地坎 | → | 安装门立柱、门头、门套 | → | 安装门扇、调整厅门 | → | 锁具安装 |

3.2　操作方法

3.2.1　安装地坎

3.2.1.1　导轨安装调整完毕，以样板架上悬放的厅门安装基准线确定厅门位置。

3.2.1.2　地坎牛腿为混凝土结构时，将地脚爪装配在地坎上，用 C25 以上细石混凝土固定在各层牛腿上。灌注混凝土时应捣实，同时注意地坎水平度及与基准线的对应关系。地坎安装完毕应高于最终楼板装修地面 2～5mm，并与地平面抹成斜坡，防止液体流入井道，见图 3.2.1.2。

3.2.1.3　若厅门土建结构无牛腿时，要采用钢牛腿来安装地坎，从预埋铁件上焊支架，或用 M16 以上膨胀螺栓固定牛腿支架。支架数量视电梯额定载质量确定，1000kg 以下不少于 3 个，1000kg 以上不少于 5 个。进出叉车、

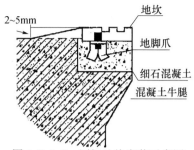

图 3.2.1.2　厅门地坎安装示意图

电瓶车等运载工具的货梯还应考虑车轮的位置，进行特别加固，见图 3.2.1.3。

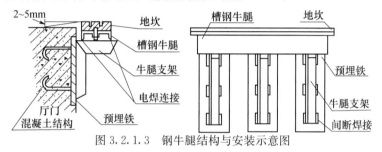

图 3.2.1.3　钢牛腿结构与安装示意图

3.2.2　安装门立柱、门头、门套

3.2.2.1　灌注地坎的细石混凝土强度达到要求后，安装门立柱、门头。要保证门立柱与墙体连接可靠，有预埋铁的可直接将连接件焊接于其上；无预埋铁的应利用膨胀螺栓、角钢等替代，见图 3.2.2.1。

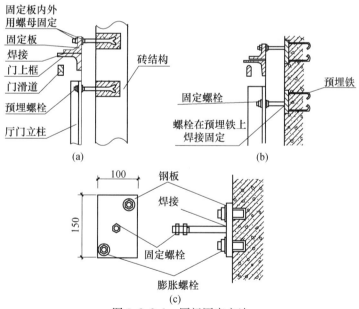

图 3.2.2.1　厅门固定方法

3.2.2.2　要保证门立柱垂直度和门头的水平度。如侧开门，两根滑道上端面应在同一水平面上，并用线坠检查上滑道与地坎滑槽两垂面水平距离和两者之间的平行度。

3.2.2.3　安装厅门门套时，应先将上门套与两侧门套连接成整体后，与地坎连接，然后用线坠校正垂直度，固定于厅门口的墙壁上。钢门套安装调整后，将门套内筋与墙内钢筋焊接固定，加固用钢筋应具有一定松弛度的弓形，防止焊接时变形影响门套位置。为防止浇灌混凝土或门口装修时影响门套位置，可在门套相关部位加木楔支撑或挡板，待混凝土终凝后再拆除，见图 3.2.2.3。

3.2.3　安装门扇、调整厅门。

3.2.3.1　先将门底滑块、门滑轮装在门扇上，然后将门扇挂到门滑道上。在门扇与地坎间垫上适当支撑物，用专用垫片调整门滑轮架与门扇的位置，达到安装要求后，用连接螺栓加以紧固，见图3.2.3.1。

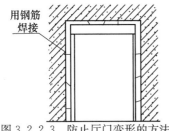

图 3.2.2.3　防止厅门变形的方法

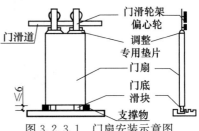

图 3.2.3.1　门扇安装示意图

3.2.3.2　撤掉门下所垫支撑物，进行门滑行试验，应保证门扇运动轻快自如，无刮蹭摩擦、冲击、跳动现象，并用线坠检查门扇垂直度，如不符合要求，重复以上调整步骤。

3.2.4　锁具安装：机械门锁、电气门锁（安全开关）要按照图纸要求进行安装，保证灵活有效，无撞击、无位移。待慢车试验时，再对其位置进行精确调整，并加以紧固。门扇安装完后，应立即将强迫关门装置装上，保持厅门的关闭状态。当轻微用手扒开门缝时，在无外力作用下，强迫关门装置应能自动使门扇闭合严密。

4　质量标准

4.1　主控项目

4.1.1　层门锁钩必须动作灵活，在证实锁紧的电气安全装置动作之前，锁紧组件的最小啮合长度为7mm。

4.1.2　层门强迫关门装置必须动作正常。

4.1.3　层门地坎至轿厢地坎之间的水平距离偏差为0～+3mm（企业标准：0～+2mm），且最大距离严禁超过35mm。

4.1.4　动力操纵的水平滑动门在关门开始的1/3行程之后，阻止关门的力严禁超过150N。

4.2　一般项目

4.2.1　门刀与层门地坎、门锁滚轮与地坎间隙不应小于5mm，但不应大于10mm。

4.2.2　层门地坎水平度偏差不得大于2/1000，地坎应高出装修地面2～5mm。

4.2.3　厅门门框立柱的垂直度偏差和门头滑道的水平度偏差不应超过1/1000，门扇垂直度偏差不大于2mm。

4.2.4　门扇与门扇、门扇与立柱、门扇与门楣、门扇与门口处轿壁、向扇下端与地坎的间隙，乘客电梯不应大于6mm，载货电梯不应大于8mm。

4.2.5　层门指示灯盒、召唤盒和消防开关盒应安装正确，其面板与墙面贴实，横竖端正。

5　成品保护

5.0.1　门扇、门套、地坎保护膜应在施工后去掉。

5.0.2　门套四周的空隙要采取有效措施防止门套变形。

6　应注意的质量问题

6.0.1　固定钢筋门套立柱时，应焊接加强门套立柱强度的钢筋，钢筋焊点应在预定位置上，焊缝长度应大于钢筋直径2倍，防止门套变形。

6.0.2　安装厅门门套时，在门套相关部位应加木楔支撑或挡板，以防门套位移。

7　质量记录

7.0.1　电梯主要设备、材料及附件出厂合格证、产品说明书、安装技术文件。

7.0.2　材料、构配件进场检验记录。

7.0.3　电梯层门安全装置检测记录。

7.0.4　电梯厅门安装检查记录。

8　安全、环保措施

8.1　安全操作要求

8.1.1　各层厅门在安装时应有有效的防护措施。安装后，必须立刻安装强迫关门装置及机械门锁，避免无关人员随意打开厅门坠入井道。

8.1.2　在建筑物各层安装厅门使用电动工具时，应使用专用电源及接线盘，禁止随意从就近各处乱拉电线，防止触电、漏电。

8.2　环保措施

8.2.1　施工现场的垃圾、废料应堆放在指定地点，并及时清运，严禁随意抛撒。

8.2.2　施工现场使用和存放油料时，应采取措施，严禁污染水体和环境。

（2）施工技术交底

施工技术交底示例见表3-4-3。

表 3-4-3　施工技术交底

工程名称	世贸中心	工程部位	4 号电梯	交底时间	××××年××月××日
施工单位	××安装公司	分项工程		4 号电梯门系统安装	
交底提要	保证强迫关门装置必须动作正常，层门锁钩必须动作灵活，保证锁钩紧件啮合长度不小于 7mm				

1. 施工条件：
(1) 电梯设备零部件已进场检验合格，门导轨、门扇完好无变形，各部件与图纸相符。
(2) 土建交接检验已完成，验收合格，楼层地面已做或标出标高线。
(3) 驱动主机、导轨安装已验收合格，轿厢、对重也安装验收合格；
2. 施工：按程序进行、地坎、门套、门导轨、门扇、锁具等。
(1) 按施工工艺及技术交底施工；
(2) 放线、吊线、核对安装位置；
(3) 地坎安装，先将牛腿安装、地坎进行微调；
(4) 确保门导轨及门扇不变形。
3. 做好调试：保证层门强迫关门装置动作正常，门锁锁钩动作灵活，销紧元件啮合最小长度。调节层门与轿厢地坎间水平距离。门安装完成要关闭好，防止人员打开坠入井道。
4. 做好质量记录：
(1) 设备、材料及附件的合格证，产品说明书，安装技术文件，进场验收记录等；
(2) 层门安全装置检测记录；
(3) 层门安装检查记录等施工记录。
5. 安全环保措施：
(1) 安全按操作要求操作，施工中要有防止坠入井道措施，完工后，锁紧门锁防止有人打开坠入井道；用电要用专用电线，有自己的开关，防止漏电、触电；防止火灾。
(2) 环保，工完、料集中运走，场地清理干净，施工中应有防损污地面的措施。垃圾运至指定地点。

　　　　　　　　　　　　　　　　　　　　专业工长：李×
　　　　　　　　　　　　　　　　　　　　施工班组：王×安装组长

　　　　　　　　　　　　　　　　　　　　　　　　××××年××月××日

（四）施工记录

施工记录示例见表 3-4-4。

表 3-4-4　4 号电梯门系统安装施工记录

工程名称	世贸中心	分部工程	4 号电梯	分项工程	4 号梯门系统安装
施工单位	××安装公司	项目负责人	王××	施工班组	安装组长王×
施工期限	××××年××月××日×时至×日×时		气候	≤25℃ 晴 雨 风 雪	

1. 施工部位：4 号电梯门系统安装工程。
2. 施工条件检查
(1) 工程已装修完或弹了每层地坪标高线。
(2) 门导轨、门扇、立柱、门套材料及配件已经检查合格；工具、器具等已备齐。
(3) 工人已学习图纸、施工工艺标准及技术交底文件。
3. 正式施工
(1) 核验了门的中心线及地坎的边线；
(2) 安装地坎：按图纸安装钢门槛牛腿，在预埋件上焊接安装牛腿支架，及安装钢牛腿，安装地坎；牛腿电焊可靠连接；调整标高及边线。
(3) 安装门立柱、门头、门套安装、门导轨滑道安装，门安装和调整门及门扇。调整到位后，门套背后空隙用发泡胶填实。
(4) 锁具安装，机械、电气门锁安装。
(5) 调试至使门保持关闭状态，调整至强迫关门装置必须动作正常，锁钩必须动作灵活；保持锁紧元件啮合紧密的长度。整个施工过程都按施工工艺标准操作，没发生有关问题。
4. 做好检查记录
(1) 材料合格证，进场验收记录、产品说明书、安装技术文件。
(2) 门安全装置检测记录。
(3) 安装检查记录。
5. 安全措施执行到位，未发生大小安全问题。
门、门套、地坎保护膜、施工后再去掉。
施工完工完，料清，场地净，剩余料交回仓库，垃圾运到指定地点。

　　　　　　　　　　　　　　　　　　　　专业施工员：张××

　　　　　　　　　　　　　　　　　　　　　　　　××××年××月××日

（五）质量验收评定原始记录

质量验收评定记录示例见表 3-4-5。

表 3-4-5　4 号梯门系统安装分项工程质量验收评定原始记录

世贸中心 4 号梯门系统安装质量验收评定原始记录

主控项目

4.5.1　层门地坎至轿厢地坎之间的水平距离偏差为 0～+3mm，且最大距离严禁超过 35mm。

在轿厢安装后，在层门地坎时进行控制，偏差在 0～3mm，最大距离不大于 35mm。本梯经量测，均在 25mm 左右，偏差为 0～2mm。

4.5.2　层门强迫关门装置必须动作正常。

层门门锁及安全开关按图纸要求安装，经检查开关灵活有效，无撞碰、位移。强迫关门装置，能保持门的关闭状态，在扒开门缝时，在无外力继续作用下，能自动使门扇闭合严密。强迫关门装置动作正常。

4.5.3　动力操纵的水平滑动门在关门开始的 1/3 行程之后，阻止关门的力严禁超过 150N。

经试验，动力操纵的水平滑动门，在门关闭 1/3 行程之后，阻止关门力能做到不超过 150N。符合规范要求。

4.5.4　层门锁钩必须动作灵活，在证实锁紧的电气安全装置动作之前，锁紧元件的最小啮合长度为 7mm。

经试验，门锁动作灵活。经尺量，在锁紧的电气装置动作之前，锁紧元件的最小啮合长度不小于 7mm。以保证门不会轻易开放。以保证人员安全。

各项质量指标达不到规定，必须更换零件，重新调整，直至验收合格。没有不符合要求的项目存在。

一般项目

4.5.5　门刀与层门地坎、门锁滚轮与轿厢地坎间隙不应小于 5mm。

在安装时，要求安装间隙正确，不小于 5mm，目的是防止梯在运行时，出现摩擦碰撞等。只有在门刀与地坎、门锁滚轮与地坎间隙调整正确，才能防止电梯运行时，碰撞、摩擦。经试验符合规范规定。

4.5.6　层门地坎水平度不得大于 2/1000，地坎应高出装修地面 2～5mm。

经检查，用坡度尺检查，层门地坎的水平度经抽查 6 个门口，水平度在 1/1000 以内，满足规定。地坎高出装修地面在 4～5mm 之间。符合规范规定。

4.5.7　层门指示灯盒、召唤盒和消防开关盒应安装正确，其面板与墙面贴实，横竖端正。

经检查：提示灯盒、召唤盒和消防开关盒安装位置正确，标识清楚，其面板与墙面紧贴，横竖端正，牢固。符合规范规定。

4.5.8　门扇与门扇、门扇与门套、门扇与门楣、门扇与门口处轿壁、门扇下端与地坎的间隙，乘客电梯不应大于 6mm，载货电梯不应大于 8mm。

经检查：门的各处间隙。尺量检查：客梯各间隙均小于 4mm，安装控制得较好。观察检查门套、门扇、门口处轿壁都整齐美观。符合规范规定。

由于《电梯工程施工质量验收规范》GB 50310 规定，主控项目、一般项目的各项指标都必须达到标准，一些偏差项目也是给出控制范围。所以，检查无需记录检查点，各点都必须调整到规范规定。

专业施工员：李×

质量检查员：周××

××××年××月××日

（六）检验批（分项工程）质量验收及附件资料整理

电梯工程是设备安装，其验收评定方法与各建筑工程各分部工程不完全一致。电梯工程由于是以每台电梯为一个成品载体来组织验收，分项工程的检验批与分项工程一致，一个分项工程只有一个检验批，而不可能把几部电梯的分项工程去汇兑。而每台电梯可以是一个子分部工程，一个单位工程的所有电梯组成一个分部工程。

1）分项工程质量验收的主要资料是分项工程（检验批）质量验收记录表。在 GB 50300 及其配套各专业验收规范中，都给出了记录样表。检验批（分项工程）质量验收是做好工程过程控制的重点。GB 50300 为了落实过程控制，规定了做好建材质量控制，控制好施工操作依据，施工过程记录，加强质量验收评定的原始记录，来保证检验批（分项工程）质量控制的落实到位。其辅助资料必须同步完成。

2）填写检验批（分项工程）质量验收记录表，本书对各分部（子分部）工程的分项工程，检验批质量记录表，都作了统一编号。电梯门系统质量验收记录表的编号为09010501。分项工程（检验批）质量验收表内容填写好后，施工单位、监理单位双方认可后，附上相应的保证过程控制的有关资料。

（1）电梯设备、材料与配件，是统一进行进场验收。其随机文件主要是：土建布置图；产品出厂合格证；门锁装置，限速器，安全钳及缓冲器的型式试验证书复印件；装箱单、安装使用维护说明书、动力电路和安全电路的电气原理图；设备外观不应有明显损坏；设备零部件应与装箱单内容相符。

具体到门系统的材料，主要是门锁装置的合格证、型式试验证书及复印件、安装使用说明书、动力线路和安全装置电路电气原理图，以及门导轨、门扇、门套及型材等的合格证、规格等资料。

（2）施工操作依据。这是保证分项工程过程控制的基本条件。施工要有正确有效的系统的操作规程，施工工艺标准；施工技术人员还应该结合本工程的特点及安装要求，用技术交底的形式，将安装的重点难点向操作人员交代清楚。《施工工艺标准》或《操作规程》是企业的基本技术条件，代表着企业的技术管理水平。各企业的《施工工艺标准》不同，是各企业经过自己的实践努力不断改进后形成的，是培训工人的教材，是企业施工的基础依据，是一个企业的财富。本书提出的《施工工艺标准》仅举例以供参考，距各企业的要求差距甚远，仅作抛砖引玉之用。

技术交底是针对不同的工程特点，具体施工人员的水平，针对一个具体工程设计文件的要求施工中应注意的事项，给予说明，来保证工程的质量和安全。施工工艺标准、技术交底两者缺一不可，是过程质量控制的主要措施，必须编制好，落实好。

（3）施工记录。这是施工过程质量控制的记录，把施工过程执行施工工艺标准的情况，包括重要环节、重要事项记录下来，以说明施工过程控制工程质量的有效性和规范性。工程质量形成的真实过程可以说明企业技术管理的水平，工程质量保证的有效性。施工记录的主要内容包括：

① 施工部位及内容；

② 材料、设备质量控制情况；

③ 施工准备情况，施工环境的判定，基本工作面的条件验收，放线等技术复核，技术准备等；

④ 施工过程规范管理情况，重点部位，重点环节的控制到位情况；

⑤ 工程质量自查自检结果记录；

⑥ 施工过程及完工后环境保护及场地清理情况等；

⑦ 发生的故障问题等。

施工记录是能追溯工程过程活动的见证，做到对不规范活动的持续改进。

（4）质量验收评定原始记录。这是这次 GB 50300 修订增加的一项为企业做好质量自行验收评定时抽样的规范、真实性，保证质量验收评定的代表性和真实性及工程实物质量情况的举措，应符合 5.0.1 条第 3 款的规定。防止抽样不规范，不到现场和弄虚作假等，真正做到验收评定按规范进行。做这个原始记录本身是一种限制性措施，以保证工程质量验收评定的真实性和规范性。将企业自行验收评定质量的抽样点及抽查结果对应地记录下来，以便监理复查、验证。这个表用起来很麻烦，即便是有了技术软件，也是很难做到记录准确完整，抽样检查的位置就很难标注清楚，或是太麻烦。

有的对质量管理较好的企业，把精力用到加强施工过程质量管理上，以提高控制质量的有效性，使各项质量指标符合规范要求，让检查结果得到保证，不再强调抽样的做法。不用特定抽样，怎么抽样都能达到质量合格，企业如向监理单位申明，监理单位经过核查确认，则这个原始记录就大大简化了。

有的施工企业开展一次验收合格率制度，由施工班组自检记录来作企业验收评定的结果，取得了好的效果，例如开展"信得过班组活动"，使工程质量得到有效的控制，对施工班组达到自控目的给予物质和精神奖励。

电梯工程不存在上述问题，因为规范规定各项质量指标都必须达到规定，达不到的要更换设备、配件，或修理到符合规范规定。这个质量验收评定原始记录表，只记录安装结果，不用标志检查部位。而且不标志也容易找到位置、部位，记录就简单多了。

（5）在分项工程（检验批）质量验收记录表验收评定合格后，附上过程控制的有关资料报监理认可。

① 材料、设备和配件质量合格证，进场验收记录、型式试验证书、安装使用说明书、动力线路及安全装置电路电气原理图等；

② 施工操作依据，施工工艺标准和技术交底文件；

③ 施工记录；

④ 质量验收评定原始记录。

这些资料依次附在分项工程质量验收评定记录表后，同验收记录表一并交监理核查认可。

四、分部（子分部）工程质量验收评定

（一）分部（子分部）工程质量验收规定

电梯整机安装验收要在设备进场验收、土建交接检验、驱动主机安装、导轨安装、门系统安装、轿厢安装、对重安装、安全部件安装、悬挂装置随行电缆补偿装置安装、电气装置等部件安装验收合格的基础上，进行整机安装验收。

（1）GB 50300 规定分部工程质量验收合格应符合下列规定：

① 所含分项工程的质量均应验收合格；

② 质量控制资料应完整；

③ 有关安全、节能、环境保护和主要使用功能的抽样检验结果应符合相应规定；

④ 观感质量应符合要求。

（2）GB 50310 规定分部（子分部）工程质量验收合格应符合下列规定：

① 子分部工程所含分项工程的质量均应验收合格且验收记录应完整。子分部可按附录D表D记录；

② 分部工程所含子分部工程的质量均应验收合格。分部工程质量验收可按附录E表E记录汇总；

③ 质量控制资料应完整；

④ 观感质量应符合本规范要求。

（3）电梯分部（子分部）质量验收，与建筑结构和建筑设备安装工程还不一样，其

是从单台电梯来发挥使用功能，每台电梯应作为一个子分部工程来进行验收。然后各部电梯验收完，都验收合格，电梯分部工程即合格。分部工程也不必进行分项工程（检验批）等的汇总。

（4）电梯安装工程的质量无论主控项目，还是一般项目达不到规范规定，不得验收合格，必须返修重做，直到达到规范规定。整改或更换部件，重新验收。

（二）子分部工程（4号电梯）质量验收记录表

示例参见表3-4-6。

表3-4-6　4号电梯子分部工程质量验收记录表

工程名称		世贸中心		
安装地点		4号电梯		
产品合同号/安装合同号		甲001/京01	梯号	04
安装单位		×安装公司	项目负责人	王××
监理（建设）单位		×监理公司	总监理工程师/项目负责人	李××
序号	分项工程名称	检验结果		
		合格	不合格	
1	设备进场验收	合格		
2	土建交接检验	合格		
3	驱动主机安装	合格		
4	导轨安装	合格		
5	门系统安装	合格		
6	轿厢安装	合格		
7	对重安装	合格		
8	安全部件安装	合格		
9	悬挂装置，随行电缆，补偿装置安装	合格		
10	电气装置安装	合格		
11	整机安装验收	合格		
验收结论　合格				
参加验收单位	安装单位		监理（建设）单位	
	项目负责人：王××　　　　　　　×××年××月××日		总监理工程师：李××（项目负责人）　　　　　　　×××年××月××日	

（三）分项工程核验

每台电梯各分项工程只有一个（没有检验批或只有一个检验批），子分部工程所含分项工程质量均应验收合格。各分项工程包括：

（1）设备进场验收（4号梯），验收合格；

（2）土建交接检验（4号梯梯井），验收合格；

（3）驱动主机安装（4号梯），验收合格；

（4）导轨安装（4号梯），验收合格；

（5）门系统安装（4号梯），验收合格；

（6）轿厢安装（4号梯），验收合格；

（7）对重（平衡重）安装（4号梯），验收合格；

（8）安全部件安装（4号梯），验收合格；

（9）悬挂装置，随行电缆、补偿装置（4号梯），验收合格；

（10）电气装置安装（4号梯），验收合格；

（11）整机安装验收（4号梯），验收合格。

只作门系统安装验收，其余设定验收合格，进行子分部验收。

各分项工程施工操作控制资料，按梯号列表，依次附在各分项工程质量验收记录后。

（四）质量控制资料整理

GB 50310第3.0.1条规定施工现场质量管理应包括：具有完善的验收标准、安装工艺及施工操作规程；具有健全的安装过程控制制度，安装施工和质量验收人员资格，有关安全性能检测单位资质，仪器设备满足精度要求，并在检定有效期内等。

（1）控制资料：

① 随机土建布置图。

② 电梯产品出厂合格证。

③ 门锁装置、限速器、安全钳及缓冲器的型式试验证书复印件。

④ 装箱清单；安装、使用维护说明书；动力电路和安全电路的电气原理图；设备零部件与装箱内容相符查对记录；设备外观不应损坏的进场验收记录。

（2）土建交接检验记录：

① 机房内部、井道土建结构及布置图，符合电梯安装要求等资料；

② 主电源及开关性能符合电梯正常使用验收资料；

③ 井道空间尺寸及安全防范验收记录。

（3）电梯安装检查试验记录：

① 驱动主机紧急操作装置动作必须正常试验记录；

② 层门强迫关门装置必须动作正常试验记录；层门锁钩必须动作灵活试验记录；

③ 限速器动作速度整定封记必须完好，无拆动痕迹检验记录；安全钳可调节时，整定封记应完好，无拆动痕迹检验记录；

④ 绳头组合必须安全可靠，每个绳头组合必须安装防螺母松动和脱落的装置检验记录；

⑤ 电气设备接地方式及措施检验记录；

⑥ 安全保护装置安置验收记录；

⑦ 限速器安全钳联动试验记录；

⑧ 层门与轿门联动试验记录；

⑨ 安全开关动作必须动作可靠。整机安装验收记录，及整机试运行记录。

（4）各分项工程质量验收记录及施工操作依据施工工艺标准及技术交底资料，施工过程记录，及质量验收评定原始记录等。

各项质量控制资料依次编号编制项目清单，附在子分部工程质量验收记录后。

（五）安全、功能的其他资料

电梯安全和功能检测资料，除了控制的检验检测外，主要是：

（1）曳引式电梯空载上行及125％额定载重量下行，分别停层3次轿厢可靠制动；轿厢载有125％额定载重量正常速度下行时，切断电动机与制动器供电，电梯可靠制动；对重完全压在缓冲器上，驱动主机按轿厢上行方向连续运转时，空载轿厢严禁向上提升等调试记录。

（2）安全开关必须动作可靠试验记录。

（3）运行试验，分别在空载、额定载工况下，按产品设计每小时启动次数和负载持续率各运行1000次和8h/d，电梯运行平衡、制动可靠，连续运行无故障试行记录。

（4）安全装置或功能试验记录。

（5）噪声、平层准确度、运行速度试运行记录。

（6）整机试运行检验记录等。

（六）观感质量验收记录

（1）轿门带动层门开、关运行，门扇与门扇、门扇与门套、门扇与门楣、门扇与门口处轿壁、门扇下端与地坎无刮碰现象；

（2）门扇与门扇、门扇与门套、门扇与门楣、门扇与门口处轿壁、门扇下端与地坎之间各自的间隙在整个长度上基本一致；

（3）对机房（如果有）、导轨支架、底坑、轿顶、轿内、轿门、层门及门地坎等部位应进行清理。

观感质量，应按楼层检查，机房必须检查，各作为一个检查点，按上述检查内容达到规范规定，及运行中进行检查项目符合规定，评为"好"，有不符合规范规定的项目，必须修整调试到符合规范规定，并重新验收，修整的项目应做出记录，附在验收记录中。抽检的点最终都应评为"好"。观感质量检查结果评为"好"，作为整机安装验收内容填入子分部工程验收记录表中。

第五节　智能建筑分部工程质量验收

一、智能建筑分部工程检验批质量验收用表

智能建筑分部工程检验批质量验收用表目录见表3-5-1。

智能建筑分部工程包括的系统较多，按GB 50300的规定，一个系统即可划分为一个子分部工程，智能建筑分部工程划分为19个子分部工程，而每个子分部工程的分项工程可能只有一个检验批或一个分项工程。检验批的表格种类较多，但各个子分部工程共享的也较多，有的表格内容也较类同。

表 3-5-1　智能建筑工程分部工程子分部工程共享分项工程的检验批质量验收用表

分项工程名称	子分部工程名称及编号									
	0801 智能化集成系统	0802 信息接入系统	0803 用户电话交换系统	0804 信息网络系统	0805 综合布线系统	0806 移动通信室内信号覆盖系统	0807 卫星通信系统	0808 有线电视及卫星电视接收系统	0809 公共广播系统	0810 会议系统
1 设备安装	08010101			08040101 08040301						
2 软件安装	08010201		08030301	08040201 08040401	08050601			08080401	08090401	08100401
3 接口及系统调试	08010301									
4 系统试运行	08010401	08020101	08030501	08040601	08050801			08080601	08090601	08100601
5 安装场地检查										
6 线缆敷设			08030101		08050201	08060101	08070101	08080201	08090201	08100201
7 用户电话交换系统设备安装			08030201							
8 接口及系统调试			08030401							
9 信息网络系统系统调试				08040501						
10 梯架,托盘,槽盒和导管安装					08050101			08080101	08090101	08100101
11 机柜,机架,配线架安装					08050301					
12 信息插座安装					08050401					
13 链路或信道测试					08050501					
14 综合布线系统系统调试					08050701					
15 有线电视,卫星电路设备安装								08080301		
16 有线电视,卫星接收系统调试								08080501		
17 公共广播系统设备安装									08090301	
18 公共广播系统设备调试									08090501	
19 会议系统设备安装										08100301
20 会议系统设备调试										08100501

续表

分项工程名称	0811 信息导引及发布系统	0812 时钟系统	0813 信息化应用系统	0814 建筑设备监控系统	0815 火灾自动报警系统	0816 安全技术防范系统	0817 应急响应系统	0818 机房工程	0819 防雷与接地系统
1 设备安装	08110401		08130301				08170101		
2 软件安装	08110501	08120401	08130401	08140701	08150601	08160401	08170201		
3 接口及系统调试									
4 系统试运行	08110701	08120601	08130601	08140901	08150801	08160601	08170401	08181101	08190801
5 安装场地检查									
6 线缆敷设	08110201	08120201	08130201	08140201	08150201	08160201			08190601
7 用户电话交换系统设备安装									
8 接口及系统调试									
9 信息网络系统调试									
10 梯架、托盘、槽盒和导管安装	08110101	08120101	08130101	08140101	08150101	08160101			
11	11～20 的检验批编号在前表中列出了								
21 信息导引及发布的位置设备安装	08110301								
22 信息导引及发布的位置设备调试	08110601								
23 时钟系统设备安装		08120301							
24 时钟系统设备调试		08120501							
25 信息化应用系统调试			08130501						
26 建筑设备监控系统设备安装				08140301 08144401 08140501 08140601					
27 建筑设备监控系统设备调试				08140801					

分项工程名称	0811 信息导引及发布系统	0812 时钟系统	0813 信息化应用系统	0814 建筑设备监控系统	0815 火灾自动报警系统	0816 安全技术防范系统	0817 应急响应系统	0818 机房工程	0819 防雷与接地系统
28 火灾报警系统设备安装					08150301 08150401 08150501				
29 火灾报警系统调试					08150701				
30 安全技术防范系统设备安装						08160301			
31 安全技术防范系统调试						08160501			
32 应急响应系统调试							08170301		
33 机房供电系统								08180101	
34 防雷与接地系统								08180201	
35 空气调节系统								08180301	
36 给水排水系统								08180401	
37 综合布线系统								08180501	
38 监控与安全防范系统								08180601	
39 消防系统								08180701	
40 室内装饰								08180801	
41 电磁屏蔽								08180901	
42 机房系统调试								08181001	
43 接地装置									08190101
44 接地线									08190201
45 等电位联接									08190301
46 屏蔽设施									08190401
47 电涌保护器									08190501
48 防雷与接地系统调试									08190701

二、智能建筑分部工程质量验收规定

（一）智能建筑分部工程质量验收规定

参见 GB 50339 标准 3.1.1～3.4.7 条。

3.1　一般规定

3.1.1　智能建筑工程质量验收应包括工程实施的质量控制、系统检测和工程验收。

3.1.2　智能建筑工程的子分部工程和分项工程划分应符合表 3.1.2 的规定。

表 3.1.2　智能建筑工程的子分部工程和分项工程划分

序号	子分部工程	分项工程
1	智能化集成系统	设备安装，软件安装，接口及系统调试，试运行
2	信息接入系统	安装场地检查
3	用户电话交换系统	线缆敷设，设备安装，软件安装，接口及系统调试，试运行
4	信息网络系统	计算机网络设备安装，计算机网络软件安装，网络安全设备安装，网络安全软件安装，系统调试，试运行
5	综合布线系统	梯架、托盘、槽盒和导管安装，线缆敷设，机柜、机架、配线架的安装，信息插座安装，链路或信道测试，软件安装，系统调试，试运行
6	移动通信室内信号覆盖系统	安装场地检查
7	卫星通信系统	安装场地检查
8	有线电视及卫星电视接收系统	梯架、托盘、槽盒和导管安装，线缆敷设，设备安装，软件安装，系统调试，试运行
9	公共广播系统	梯架、托盘、槽盒和导管安装，线缆敷设，设备安装，软件安装，系统调试，试运行
10	会议系统	梯架、托盘、槽盒和导管安装，线缆敷设，设备安装，软件安装，系统调试，试运行
11	信息导引及发布系统	梯架、托盘、槽盒和导管安装，线缆敷设，显示设备安装，机房设备安装，软件安装，系统调试，试运行
12	时钟系统	梯架、托盘、槽盒和导管安装，线缆敷设，设备安装，软件安装，系统调试，试运行
13	信息化应用系统	梯架、托盘、槽盒和导管安装，线缆敷设，设备安装，软件安装，系统调试，试运行
14	建筑设备监控系统	梯架、托盘、槽盒和导管安装，线缆敷设，传感器安装，执行器安装，控制器、箱安装，中央管理工作站和操作分站设备安装，软件安装，系统调试，试运行
15	火灾自动报警系统	梯架、托盘、槽盒和导管安装，线缆敷设，探测器类设备安装，控制器类设备安装，其他设备安装，软件安装，系统调试，试运行
16	安全技术防范系统	梯架、托盘、槽盒和导管安装，线缆敷设，设备安装，软件安装，系统调试，试运行
17	应急响应系统	设备安装，软件安装，系统调试，试运行
18	机房工程	供配电系统，防雷与接地系统，空气调节系统，给水排水系统，综合布线系统，监控与安全防范系统，消防系统，室内装饰装修，电磁屏蔽，系统调试，试运行
19	防雷与接地	接地装置，接地线，等电位联结，屏蔽设施，电涌保护器，线缆敷设，系统调试，试运行

3.1.3　系统试运行应连续进行120h。试运行中出现系统故障时，应重新开始计时，直至连续运行满120h。

3.2　工程实施的质量控制

3.2.1　工程实施的质量控制应检查下列内容：

1　施工现场质量管理检查记录；

2　图纸会审记录；存在设计变更和工程洽商时，还应检查设计变更记录和工程洽商记录；

3　设备材料进场检验记录和设备开箱检验记录；

4　隐蔽工程（随工检查）验收记录；

5　安装质量及观感质量验收记录；

6　自检记录；

7　分项工程质量验收记录；

8　试运行记录。

3.2.2　施工现场质量管理检查记录应由施工单位填写、项目监理机构总监理工程师（或建设单位项目负责人）作出检查结论，且记录的格式应符合本规范附录A的规定。

3.2.3　图纸会审记录、设计变更记录和工程洽商记录应符合现行国家标准《智能建筑工程施工规范》GB 50606的规定。

3.2.4　设备材料进场检验记录和设备开箱检验记录应符合下列规定：

1　设备材料进场检验记录应由施工单位填写、监理（建设）单位的监理工程师（项目专业工程师）作出检查结论，且记录的格式应符合本规范附录B的表B.0.1的规定；

2　设备开箱检验记录应符合现行国家标准《智能建筑工程施工规范》GB 50606的规定。

3.2.5　隐蔽工程（随工检查）验收记录应由施工单位填写、监理（建设）单位的监理工程师（项目专业工程师）作出检查结论，且记录的格式应符合本规范附录B的表B.0.2的规定。

3.2.6　安装质量及观感质量验收记录应由施工单位填写、监理（建设）单位的监理工程师（项目专业工程师）作出检查结论，且记录的格式应符合本规范附录B的表B.0.3的规定。

3.2.7　自检记录由施工单位填写、施工单位的专业技术负责人作出检查结论，且记录的格式应符合本规范附录B的表B.0.4的规定。

3.2.8　分项工程质量验收记录应由施工单位填写、施工单位的专业技术负责人作出检查结论、监理（建设）单位的监理工程师（项目专业技术负责人）作出验收结论，且记录的格式应符合本规范附录B的表B.0.5的规定。

3.2.9　试运行记录应由施工单位填写、监理（建设）单位的监理工程师（项目专业工程师）作出检查结论，且记录的格式应符合本规范附录B的表B.0.6的规定。

3.2.10　软件产品的质量控制除应检查本规范第3.2.4条规定的内容外，尚应检查文档资料和技术指标，并应符合下列规定：

1　商业软件的使用许可证和使用范围应符合合同要求；

2　针对工程项目编制的应用软件，测试报告中的功能和性能测试结果应符合工程项目的合同要求。

3.2.11　接口的质量控制除应检查本规范第3.2.4条规定的内容外，尚应符合下列规定：

1　接口技术文件应符合合同要求；接口技术文件应包括接口概述、接口框图、接口位置、接口类型与数量、接口通信协议、数据流向和接口责任边界等内容；

2　根据工程项目实际情况修订的接口技术文件应经过建设单位、设计单位、接口提供单位和施工单位签字确认；

3　接口测试文件应符合设计要求；接口测试文件应包括测试链路搭建、测试用器仪表、测试方法、测试内容和测试结果评判等内容；

4　接口测试应符合接口测试文件要求，测试结果记录应由接口提供单位、施工单位、建设单位和项目监理机构签字确认。

3.3　系统检测

3.3.1　系统检测应在系统试运行合格后进行。

3.3.2　系统检测前应提交下列资料：

1　工程技术文件；

2　设备材料进场检验记录和设备开箱检验记录；

3　自检记录；

4　分项工程质量验收记录；

5　试运行记录。

3.3.3　系统检测的组织应符合下列规定：

1　建设单位应组织项目检测小组；

2　项目检测小组应指定检测负责人；

3　公共机构的项目检测小组应由有资质的检测单位组成。

3.3.4　系统检测应符合下列规定：

1　应依据工程技术文件和本规范规定的检测项目、检测数量及检测方法编制系统检测方案，检测方案应经建设单位或项目监理机构批准后实施；

2　应按系统检测方案所列检测项目进行检测，系统检测的主控项目和一般项目应符合本规范附录C的规定；

3　系统检测应按照先分项工程，再子分部工程，最后分部工程的顺序进行，并填写《分项工程检测记录》《子分部工程检测记录》和《分部工程检测汇总记录》；

4　分项工程检测记录由检测小组填写，检测负责人作出检测结论，监理（建设）单位的监理工程师（项目专业技术负责人）签字确认，记录的格式应符合本规范附录C的表C.0.1的规定；

5　子分部工程检测记录由检测小组填写，检测负责人作出检测结论，监理（建设）单位的监理工程师（项目专业技术负责人）签字确认，且记录的格式应符合本规范附录C的表C.0.2～表C.0.16的规定；

6　分部工程检测汇总记录由检测小组填写，检测负责人作出检测结论，监理（建设）单位的监理工程师（项目专业技术负责人）签字确认，且记录的格式应符合本规范附录C的表C.0.17的规定。

3.3.5　检测结论与处理应符合下列规定：

1　检测结论应分为合格和不合格；

2　主控项目有一项及以上不合格的，系统检测结论应为不合格；一般项目有两项及以上不合格的，系统检测结论应为不合格；

3　被集成系统接口检测不合格的，被集成系统和集成系统的系统检测结论均应为不合格；

4　系统检测不合格时，应限期对不合格项进行整改，并重新检测，直至检测合格。重新检测时抽检应扩大范围。

3.4　分部（子分部）工程验收

3.4.1　建设单位应按合同进度要求组织人员进行工程验收。

3.4.2　工程验收应具备下列条件：

1　按经批准的工程技术文件施工完毕；

2　完成调试及自检，并出具系统自检记录；

3　分项工程质量验收合格，并出具分项工程质量验收记录；

4　完成系统试运行，并出具系统试运行报告；

5　系统检测合格，并出具系统检测记录；

6　完成技术培训，并出具培训记录。

3.4.3　工程验收的组织应符合下列规定：

1　建设单位应组织工程验收小组负责工程验收；

2　工程验收小组的人员应根据项目的性质、特点和管理要求确定，并应推荐组长和副组长；验收人员的总数应为单数，其中专业技术人员的数量不应低于验收人员总数的50%；

3　验收小组应对工程实体和资料进行检查，并作出正确、公正、客观的验收结论。

3.4.4　工程验收文件应包括下列内容：

1　竣工图纸；

2　设计变更记录和工程洽商记录；

3　设备材料进场检验记录和设备开箱检验记录；

4　分项工程质量验收记录；

5　试运行记录；

6　系统检测记录；

7　培训记录和培训资料。

3.4.5　工程验收小组的工作应包括下列内容：

1　检查验收文件；

2　检查观感质量；

3　抽检和复核系统检测项目。

3.4.6　工程验收的记录应符合下列规定：

1　应由施工单位填写《分部（子分部）工程质量验收记录》，设计单位的项目负责人和项目监理机构总监理工程师（建设单位项目专业负责人）作出检查结论，且记录的格式应符合本规范附录D的表D.0.1的规定；

2　应由施工单位填写《工程验收资料审查记录》，项目监理机构总监理工程师（建设单位项目负责人）作出检查结论，且记录的格式应符合本规范附录D的表D.0.2的规定；

3　应由施工单位按表填写《验收结论汇总记录》，验收小组作出检查结论，且记录的格式应符合本规范附录D的表D.0.3的规定。

3.4.7　工程验收结论与处理应符合下列规定：

1　工程验收结论应分为合格和不合格；

2　本规范第3.4.4条规定的工程验收文件齐全、观感质量符合要求且检测项目合格时，工程验收结论应为合格，否则应为不合格；

3　当工程验收结论为不合格时，施工单位应限期整改，直到重新验收合格；整改后仍无法满足使用要求的，不得通过工程验收。

（二）施工质量保证措施

参见《智能建筑工程施工规范》GB 50606—2010标准3.1.1～3.8.3条。

3.1 一般规定

3.1.1 智能建筑工程施工前，应在方案设计、技术设计的基础上进行深化设计，并绘制施工图。

3.1.2 智能建筑工程的施工必须由具有相应资质等级和安全生产许可证的施工单位承担。

3.2 施工管理

3.2.1 施工现场管理应符合下列规定：

1 建筑智能化各子系统之间，建筑智能化专业与建筑工程各专业之间，应进行协调配合，并应保证施工进度和质量；

2 智能建筑工程的实施应全程接受监理工程师的监理；

3 未经监理工程师确认，不得实施隐蔽工程作业。隐蔽工程的过程检查记录，应经监理工程师签字确认，并填写隐蔽工程验收表。

3.2.2 施工技术管理应符合下列规定：

1 在技术负责人的主持下，项目部应建立适应本工程的施工技术交底制度；

2 技术交底资料和记录应由资料员进行收集、整理并保存；

3 当需设计变更时，应经建设单位、设计单位、监理工程师、施工单位协商，并应按要求填写设计变更表审核确认后，方可实施。

3.2.3 施工质量管理应符合下列规定：

1 应确定质量目标；

2 应建立质量保证体系和质量控制程序。

3.2.4 施工安全管理应符合下列规定：

1 应建立安全管理机构；

2 应符合国家及相关行业对安全生产的要求；

3 应建立安全生产制度和制定安全操作规程；

4 作业前应对班组进行安全生产交底。

3.3 施工准备

3.3.1 技术准备应符合下列规定：

1 施工前，应进行深化设计，并完成施工图绘制工作；

2 施工图应经建设单位、设计单位、施工单位会审会签；

3 智能建筑工程施工应按审批的施工图等设计文件实施；

4 施工单位应编制施工组织设计和专项施工方案，并应报监理工程师批准；

5 应对施工人员进行安全教育和包括熟悉施工图、施工方案及有关资料等技术交底工作。

3.3.2 材料设备准备除应符合现行国家标准《智能建筑工程质量验收规范》GB 50339—2003 第 3.2 节、第 3.3.4 条、第 3.3.5 条的规定外，尚应符合下列规定：

1 材料、设备应附有产品合格证、质检报告，设备应有产品合格证、质检报告、说明书等；进口产品应提供原产地证明和商检证明、质量合格证明、检测报告及安装、使用、维护说明书的中文文本；

2 检查线缆、设备的品牌、产地、型号、规格、数量及外观，主要技术参数及性能等均应符合设计要求，外表无损伤，填写进场检验记录，并封存线缆、器件样品；

3 有源设备应通电检查，确认设备正常。

3.3.3 机具、仪器与人力准备应符合下列规定：

1 安装工具齐备、完好，电动工具应进行绝缘检查；

2 施工过程中所使用的测量仪器和测量工具应根据国家相关法规进行标定；

3 施工人员应持证上岗。

3.3.4 施工环境应符合下列规定：

1 应做好智能建筑工程与建筑结构、建筑装饰装修、建筑给水排水及采暖、通风与空调，建筑电气和电梯等专业的工序交接和接口确认；

2 施工现场应具备满足正常施工所需的用水、用电等条件；

3 施工用电应有安全保护装置，接地可靠。并应符合安全用电接地标准；

4 建筑物防雷与接地施工基本完成。

3.3.5 本规范各类系统的施工准备均应符合本规范第 3.3 节的规定。

3.4 工程实施

3.4.1 采用现场观察、抽查测试等方法，根据施工图等工程设计文件对工程设备安装质量进行检查和观感质量验收。检验批应按现行国家标准《建筑工程施工质量验收统一标准》GB 50300—2001 第 4.0.5 条、第 5.0.5 条的规定进行划分。检验时应按附录中相应规定填写质量验收记录，并应妥善保管。

3.4.2 智能建筑工程各子系统工程的线槽及线缆敷设路径应一致，各子系统的线槽、线缆宜同步敷设，线缆应按规定留出余量，并应对线缆末端做好密封防潮等保护措施。

3.4.3 线槽、线缆应标识明确。

3.5 质量保证

3.5.1 材料、器具、设备进场质量检测除应符合现行国家标准《智能建筑工程质量验收规范》GB 50339—2003 第 3.2.1 条和第 3.2.2 条规定外，尚应符合下列规定：

1　按照合同文件和工程设计文件进行的进场验收，应有书面记录和参加人签字，并应经监理工程师或建设单位验收人员确认；

2　应对材料、设备的外观、规格、型号、数量及产地等进行检查复核；

3　主要设备、材料应有生产厂家的质量合格证明文件及性能的检测报告；

4　设备及材料的质量检查应包括安全性、可靠性及电磁兼容性等项目，并应由生产厂家出具相应检测报告。

3.5.2　建筑智能化各子系统安装质量保证除应符合现行国家标准《建筑工程施工质量验收统一标准》GB 50300—2001 第3.0.1条规定外，尚应符合下列规定：

1　安装、调试人员应具有相应的专业资格或专项资格；

2　作业人员应经岗位培训合格并持有上岗证；

3　仪器仪表及计量器具应具有在有效期内的检验、校验合格证。

3.5.3　各子系统安装质量的检测应符合下列规定：

1　各子系统的安装质量检测应执行现行国家或行业标准；

2　施工单位在设备安装完成后，应对系统进行自检，自检时应对检测项目逐项检测并做好记录。

3.5.4　智能建筑工程的检测应符合下列规定：

1　各子系统接口的质量应按下列要求检查：

1）所有接口由接口供应商提交接口规范和接口测试大纲；

2）接口规范和接口测试大纲宜在合同签订时由智能建筑工程施工单位参与审定；

3）施工单位应根据测试大纲予以实施，并应保证系统接口的安装质量。

2　施工单位应组织有关人员依据合同技术文件、设计文件和本规范的相应规定，制订系统检测方案。

3　系统检测的结论与处理方法应符合现行国家标准《智能建筑工程质量验收规范》GB 50339—2003 第3.4.4条规定。

4　检测记录应按本规范附录B填写。

3.5.5　软件产品质量检查应符合下列规定：

1　应核查使用许可证及使用范围；

2　用户应用软件，设计的软件组态及接口软件等，应进行功能测试和系统测试，并应提供包括程序结构说明、安装调试说明、使用和维护说明书等完整文档。

3.6　成品保护

3.6.1　针对不同子系统设备的特点，应制订成品保护措施。

3.6.2　对现场安装完成的设备，应采取包裹、遮盖、隔离等必要的防护措施，并应避免碰撞及损坏。

3.6.3　在施工现场存放的设备，应采取防尘、防潮、防碰、防砸、防压及防盗等措施。

3.6.4　施工过程中，遇有雷电、阴雨、潮湿天气时或者长时间停用设备时，应关闭设备电源总闸。

3.6.5　软件和系统配置的保护应符合下列规定：

1　更改软件和系统的配置应做好记录；

2　在调试过程中应每天对软件进行备份，备份内容应包括系统软件、数据库、配置参数、系统镜像；

3　备份文件应保存在独立的存储设备上；

4　系统设备的登录密码应有专人管理，不得泄露；

5　计算机无人操作时应锁定。

3.7　质量记录

3.7.1　施工现场质量管理检查记录应按现行国家标准《智能建筑工程质量验收规范》GB 50339—2003 表A.0.1填写。

3.7.2　设备、材料进场检验记录应填写现行国家标准《智能建筑工程质量验收规范》GB 50339—2003 表B.0.1。

3.7.3　隐蔽工程检查记录应填写现行国家标准《智能建筑工程质量验收规范》GB 50339—2003 表B.0.2。

3.7.4　更改审核记录应填写现行国家标准《智能建筑工程质量验收规范》GB 50339—2003 表B.0.3。

3.7.5　工程安装质量及观感质量验收记录应填写现行国家标准《智能建筑工程质量验收规范》GB 50339—2003 表B.0.4。

3.7.6　设备开箱检验记录应填写本规范表A.0.1。

3.7.7　设计变更记录应填写本规范表A.0.2。

3.7.8　工程洽商记录应填写本规范表A.0.3。

3.7.9　图纸会审记录应填写本规范表A.0.4。

3.7.10　智能建筑工程分项工程质量检测记录应填写现行国家标准《智能建筑工程质量验收规范》GB 50339—2003 表C.0.1。

3.7.11　子系统检测记录应填写现行国家标准《智能建筑工程质量验收规范》GB 50339—2003 表C.0.2。

3.7.12　强制措施条文检测记录应填写现行国家标准《智能建筑工程质量验收规范》GB 50339—2003 表C.0.4。

3.7.13　系统（分部）工程检测记录应填写现行国家标准《智能建筑工程质量验收规范》GB 50339—2003 表C.0.4。

3.7.14　预检记录应填写本规范表B.0.1。

3.7.15　检验批检测记录应填写本规范表 B.0.2。

3.7.16　系统调试记录应填写本规范表 B.0.3。

3.7.17　本规范各类系统的质量记录均应符合本规范第 3.7 节的规定。

3.8　安全、环保、节能措施

3.8.1　安全措施应符合下列规定：

1　施工前及施工期间应进行安全交底；

2　施工现场用电应按现行行业标准《施工现场临时用电安全技术规范》JGJ 46 的有关规定执行；

3　采用光功率计测量光缆时，不应用肉眼直接观测；

4　登高作业，脚手架和梯子应安全可靠，梯子应有防滑措施，不得两人同梯作业；

5　遇有大风或强雷雨天气，不得进行户外高空安装作业；

6　进入施工现场，应戴安全帽；高空作业时，应系好安全带；

7　施工现场应注意防火，并应配备有效的消防器材；

8　在安装、清洁有源设备前，应先将设备断电，不得用液体、潮湿的布料清洗或擦拭带电设备；

9　设备应放置稳固，并应防止水或湿气进入有源硬件设备；

10　应确认电源电压同用电设备额定电压一致；

11　硬件设备工作时不得打开设备外壳；

12　在更换插接板时宜使用防静电手套；

13　应避免践踏或拉拽电源线。

3.8.2　环保措施除应按现行行业标准《建筑施工现场环境与卫生标准》JGJ 146 的有关规定执行外，尚应符合下列规定：

1　现场垃圾和废料应堆放在指定地点、及时清运或回收，不得随意抛撒；

2　现场施工机具噪声应采取相应措施最大限度降低噪声；

3　应采取措施控制施工过程中的粉尘污染。

3.8.3　节能措施应符合下列规定：

1　应节约用料、降低消耗、提高宏观节能意识；

2　应选用节能型照明灯具、降低照明电耗、提高照明质量；

3　应对施工用电动工具及时维护、检修、保养及更新置换，并应及时排除系统故障、降低能耗。

（三）智能建筑分部工程质量验收内容

1）分部工程所含分项工程（或系统）质量应验收合格。

分项工程或检验批应实施质量控制，应具有下列内容：

① 施工现场质量管理检查记录；

② 图纸会审记录，设计变更和洽商记录；

③ 材料进场检验记录和设备开箱检查记录；

④ 隐蔽工程（随工检查）验收记录；

⑤ 安装质量及观感质量验收记录；

⑥ 自检记录；

⑦ 分项工程质量验收记录；

⑧ 试运行记录；系统试运行应连续进行 120h。中途发生故障时，应重新开始，直至连续进行满 120h。

2）系统检测前应提交的资料包括：

① 系统检测应在系统试运行合格后进行；

② 具有工程技术文件；

③ 材料设备进场验收记录和设备开箱检验记录。

④ 自检记录；

⑤ 分项工程质量验收记录；

⑥ 试运行记录。

3）系统检测应符合下列规定：

（1）依据工程技术文件和规范规定的检测项目、检测数量和检测方法，编制系统检测方案，经监理批准后实施。

（2）按系统检测方案所列检测项目进行检测，系统检测的主控项目和一般项目应符合设计要求。

（3）系统检测按照先分项工程，后子分部工程，再分部工程的顺序进行，并记录好《分项工程检测记录》《子分部工程检测记录》和《分部工程检测记录》。

（4）分项工程子分部工程、分部工程检测记录由检测小组填写，检测负责人作出检测结论，由监理工程师签字确认。智能建筑分部工程各子分部工程检测记录表及表号见表 3-5-2。

表 3-5-2　智能建筑分部工程各子分部工程检测记录表

序号	名称	表号	说明
1	智能化集成系统子分部工程检测记录	0821	
2	用户电话交换系统子分部工程检测记录	0822	
3	信息网络系统子分部工程检测记录	0823	
4	综合布线系统子分部工程检测记录	0824	
5	有线电视及卫星电视接收系统子分部工程检测记录	0825	
6	公共广播系统子分部工程检测记录	0826	
7	会议系统子分部工程检测记录	0827	
8	信息导引及发布系统子分部工程检测记录	0828	
9	时钟系统子分部工程检测记录	0829	
10	信息化应用系统子分部工程检测记录	0830	
11	建筑设备监控系统子分部工程检测记录	0831	
12	安全技术防范系统子分部工程检测记录	0832	
13	应急响应系统子分部工程检测记录	0833	
14	机房工程系统子分部工程检测记录	0834	
15	防雷与接地系统子分部工程检测记录	0835	

（5）子分部工程检测列出 15 个表，而有 19 个子分部，还有信息接入系统、移动通信室内信号覆盖系统、卫星通信系统、火灾自动报警系统 4 个子分部工程没有表格。

（6）检测结论判定

① 主控项目有一项及以上不合格的，系统检测结论应为不合格；一般项目有两项及以上不合格的，系统检测结论应为不合格。

② 被集成系统接口检测不合格的，被集成系统和集成系统的系统检测均应为不合格。

③ 系统检测不合格时，应限期对不合格项进行整改，并重新检测，直至检测合格。重新检测时抽检应扩大范围。

4）分部工程应有的控制资料包括：

① 竣工图纸，设计变更及洽商记录；

② 设备材料进场检验记录和设备开箱检验记录；

③ 分项工程质量验收记录；

④ 试运行记录；

⑤ 系统检测记录；

⑥ 技术培训记录；

⑦ 其他技术文件等。

5）工程质量验收小组核查内容包括：

① 检查相关质量文件；

② 检查观感质量；

③ 抽查和复述检测项目。

6）观感质量核查资料。

核查表格有 2 项，机房设备安装及布局和现场设备安装，可复查，有条件时也可重新现场检查。

三、检验批质量验收评定示例

（一）检验批质量验收合格规定

（1）GB 50300 标准的规定

① 主控项目的质量经抽样检验均应合格。

② 一般项目的质量经抽样检验合格。当采用计数抽样时，合格点率应符合有关专业验收规范的规定，且不得存在严重缺陷。对于计数抽样的一般项目，正常检验一次、二次抽样可按本标准附录 D 判定；

③ 具有完整的施工操作依据、质量验收记录。

（2）GB 50339 规范对检测结论合格判定的规定

① 检测结论应分为合格和不合格；

② 主控项目有 1 项及以上不合格的，系统检测结论应为不合格；一般项目有 2 项及以上不合格的，系统检测结论应为不合格；

③ 被集成系统接口检测不合格的，被集成系统和集成系统的系统检测结论应为不合格；

④ 系统检测不合格时，应限期对不合格项进行整改，并重新检测，直至检测合格。重新检测时抽检应扩大范围。

（3）火灾报警系统子分部工程有 8 个分项工程，梯架、托盘、槽盒和导管安装，线缆敷设，探测器类设备安装，控制器类设备安装，其他设备安装，软件安装，系统调试，试运行。

智能工程的检验批划分由施工单位自行划分，有的可按区域、楼层、系统划分，有的只有一个检验批组成一个分项工程。

（二）现以火灾自动报警系统探测器类设备安装检测批质量验收记录为例进行介绍。

探测器类设备安装检验批质量验收记录表格见示例表 3-5-3。

表 3-5-3 火灾自动报警系统设备探测器类设备安装检验批质量验收记录

单位（子单位）工程名称		世贸中心	分部（子分部）工程名称	火灾自动报警系统	分项工程名称	探测器类设备安装
施工单位		××建筑安装公司	项目负责人	李××	检验批容量	1～6层设备
分包单位		/	分包单位项目负责人	/	检验批部位	主楼1～6层
施工依据		《智能建筑工程施工规范》GB 50606、施工工艺技术交底等	验收依据	《智能建筑工程质量验收规范》GB 50339—2013		
验收项目			设计要求及规范规定	最小/实际抽样数量	检查记录	检查结果
主控项目	1	材料、器具、设备进场质量检测	第3.5.1条 GB 50606	1/1	符合规范规定	合格
	2	火灾自动报警系统的材料、设备符合防火设计要求	第13.1.3条第3款 GB 50606	1/1	符合规范规定	合格
	3	探测器类设备，设备安装的类别、型号、位置、数量、功能等应符合设计要求	第3.4.1条 GB 50166 3.4.2条 3.4.5条 3.4.7条	4/4	符合规范规定	合格
一般项目	1	探测器类设备安装应牢固、配件齐全；导线连接应可靠压接或焊接；探测器安装位置应符合保护半径、保护面积要求	第3.4.8条 第3.4.9条 第3.4.10条 第3.4.11条 第3.4.12条	5/5	符合规范规定	合格
施工单位检查结果		符合规范规定 专业工长：王×× 项目专业质量检查员：李×× ××××年××月××日				
监理单位验收结论		合格 专业监理工程师：李×× ××××年××月××日				

验收内容及检验方法分别参考 GB 50606 标准、GB 50166 标准。

（1）GB 50606 的规定

参见 GB 50606—2010 规范 13.1.1～13.6.1 条。

13.1 施工准备

13.1.1 火灾自动报警系统的施工必须由具有相应资质等级的施工单位承担。

13.1.2 火灾自动报警系统与应急指挥系统和智能化集成系统进行集成时，应对外提供通信接口和通信协议，并应符合本规范第15.1.1条的规定。

13.1.3 材料与设备准备应符合下列规定：

1 火灾自动报警系统的主要设备和材料选用应符合设计要求，并应符合现行国家标准《火灾自动报警系统施工及验收标准》GB 50166—2019 第2.2节的规定；

2 火灾应急广播与广播系统共享一套系统时，广播系统共享的设备应是通过国家认证（认可）的产品，其产品名称、型号、规格应与检验报告一致；

3 桥架、线缆、钢管、金属软管、阻燃塑料管、防火涂料以及安装附件等应符合防火设计要求；

4 应根据现行国家标准《火灾自动报警系统设计规范》GB 50116 的有关规定，对线缆的种类、电压等级进行检查。

13.2 设备安装

13.2.1 桥架、管线敷设除应执行国家标准《火灾自动报警系统施工及验收标准》GB 50166—2019 第 3.2 节的规定和本规范第 4 章的规定外，尚应符合下列规定：

1 火灾自动报警系统的线缆应使用桥架和专用线管敷设；

2 报警线缆连接应在端子箱或分支盒内进行，导线连接应采用可靠压接或焊接；

3 桥架、金属线管应作保护接地。

13.2.2 设备安装除应执行国家标准《火灾自动报警系统施工及验收标准》GB 50166—2019 第 3.3 节～第 3.10 节的规定外，尚应符合下列规定：

1 端子箱和模块箱宜设置在弱电间内，应根据设计高度固定在墙壁上，安装时应端正牢固；

2 消防控制室引出的干线和火灾报警器及其他的控制线路应分别绑扎成束，汇集在端子板两侧，左侧应为干线，右侧应为控制线路。

13.2.3 设备接地除应执行国家标准《火灾自动报警系统施工及验收标准》GB 50166 有关规定外，尚应符合下列规定：

1 工作接地线应采用铜芯绝缘导线或电缆，不得利用镀锌扁铁或金属软管；

2 消防控制设备的外壳及基础应可靠接地，接地线应引入接地端子箱；

3 消防控制室应根据设计要求设置专用接地箱作为工作接地。接地电阻应符合本规范第 16.2.1 的要求；

4 保护接地线与工作接地线应分开，不得利用金属软管作保护接地导体。

13.3 质量控制

13.3.1 主控项目应符合下列规定：

1 探测器、模块、报警按钮等类别、型号、位置、数量、功能等应符合设计要求；

2 消防电话插孔型号、位置、数量、功能等应符合设计要求；

3 火灾应急广播位置、数量、功能等应符合设计要求，且应能在手动或警报信号触发的 10s 内切断公共广播，播出火警广播；

4 火灾报警控制器功能、型号应符合设计要求；

5 火灾自动报警系统与消防设备的联动应符合设计要求。

13.3.2 一般项目应符合下列规定：

1 探测器、模块、报警按钮等安装应牢固、配件齐全，不应有损伤变形和破损；

2 探测器、模块、报警按钮等导线连接应可靠压接或焊接，并应有标志，外接导线应留余量；

3 探测器安装位置应符合保护半径、保护面积要求。

13.4 系统调试

13.4.1 系统调试应按国家标准《火灾自动报警系统施工及验收标准》GB 50166—2019 第 4 章的规定执行。

13.5 自检自验

13.5.1 系统自检自验准备应符合下列规定：

1 应在系统安装调试完成后进行；

2 系统设备及回路接线应正确，应检查所有回路和电气设备绝缘情况，不应有松动、虚焊、错线或脱落现象并处理，并应作记录；

3 系统自检自验应与相关专业配合进行，且相关专业的联动设备应处于正常工作状态。

13.5.2 系统自检自验应符合下列规定：

1 应先分别对器件及设备逐个进行单机通电检查（包括报警控制器、联动控制盘、消防广播等），正常后方可进行系统检验；

2 火灾自动报警系统通电后，应按现行国家标准《消防联动控制系统》GB 16806 的要求对设备进行功能检测；

3 单机检测和各消防设备检测完毕后，应进行系统联动检测；

4 消防应急广播与公共广播系统共享时，应能在手动或警报信号触发的 10s 内切换并播放火警广播；

5 火灾自动报警系统与安全防范系统的联动应符合现行行业标准《民用建筑电气设计规范》JGJ 16—2008 第 13.4.7 条的规定。

13.6 质量记录

13.6.1 火灾自动报警系统质量记录除应执行本规范第 3.7 节的规定外，还应执行现行国家标准《火灾自动报警系统施工及验收标准》GB 50166 有关规定。

（2）GB 50166 第 3 章第 3.4 节

3.4 火灾探测器安装

3.4.1 点型感烟、感温火灾探测器的安装，应符合下列要求：

1 探测器至墙壁、梁边的水平距离，不应小于 0.5m。

2 探测器周围水平距离 0.5m 内，不应有遮挡物。

3 探测器至空调送风口最近边的水平距离，不应小于 1.5m；至多孔送风顶棚孔口的水平距离，不应小于 0.5m。

4 在宽度小于 3m 的内走道顶棚上安装探测器时，宜居中安装。点型感温火灾探测器的安装间距，不应超过 10m；点型感烟火灾探测器的安装间距，不应超过 15m。探测器至端墙的距离，不应大于安装间距的一半。

5 探测器宜水平安装，当确需倾斜安装时，倾斜角不应大于 45°。

检查数量：全数检查。

检验方法：尺量、观察检查。

3.4.2 线型红外光束感烟火灾探测器的安装，应符合下列要求：

1 当探测区域的高度不大于 20m 时，光束轴线至顶棚的垂直距离宜为 0.3～1.0m；当探测区域的高度大于 20m 时，光束轴线距离区域的地（楼）面高度不宜超过 20m。

2 发射器和接收器之间的探测区域长度不宜超过 100m。

3 相邻两组探测器光束轴线的水平距离不应大于 14m。探测器光束轴线至侧墙水平距离不应大于 7m，且不应小于 0.5m。

4 发射器和接收器之间的光路上应无遮挡物或干扰源。

5 发射器和接收器应安装牢固，并不应产生位移。

检查数量：全数检查。

检验方法：尺量、观察检查。

3.4.3 缆式线型感温火灾探测器在电缆桥架、变压器等设备上安装时，宜采用接触式布置；在各种皮带输送装置上敷设时，宜敷设在装置的过热点附近。

检查数量：全数检查。

检验方法：观察检查。

3.4.4 敷设在顶棚下方的线型差温火灾探测器，至顶棚距离宜为 0.1m，相邻探测器之间水平距离不宜大于 5m；探测器至墙壁距离宜为 1～1.5m。

检查数量：全数检查。

检验方法：尺量、观察检查。

3.4.5 可燃气体探测器的安装应符合下列要求：

1 安装位置应根据探测气体密度确定。若其密度低于空气密度，探测器应位于可能出现泄漏点的上方或探测气体的最高可能聚集点上方；若其密度高于或等于空气密度，探测器应位于可能出现泄漏点的下方。

2 在探测器周围应适当留出更换和标定的空间。

3 在有防爆要求的场所，应按防爆要求施工。

4 线型可燃气体探测器在安装时，应使发射器和接收器的窗口避免日光直射，且在发射器与接收器之间不应有遮挡物，两组探测器之间的距离不应大于 14m。

检查数量：全数检查。

检验方法：尺量、观察检查。

3.4.6 通过管路采样的吸气式感烟火灾探测器的安装应符合下列要求：

1 采样管应固定牢固。

2 采样管（含支管）的长度和采样孔应符合产品说明书的要求。

3 非高灵敏度的吸气式感烟火灾探测器不宜安装在顶棚高度大于 16m 的场所。

4 高灵敏度吸气式感烟火灾探测器在设为高灵敏度时可安装在顶棚高度大于 16m 的场所，并保证至少有 2 个采样孔低于 16m。

5 安装在大空间时，每个采样孔的保护面积应符合点型感烟火灾探测器的保护面积要求。

检查数量：全数检查。

检验方法：尺量、观察检查。

3.4.7 点型火焰探测器和图像型火灾探测器的安装应符合下列要求：

1 安装位置应保证其视场角覆盖探测区域。

2 与保护目标之间不应有遮挡物。

3 安装在室外时应有防尘、防雨措施。

检查数量：全数检查。

检验方法：尺量、观察检查。

3.4.8 探测器的底座应安装牢固，与导线连接必须可靠压接或焊接。当采用焊接时，不应使用带腐蚀性的助焊剂。

检查数量：全数检查。

检验方法：观察检查。

3.4.9 探测器底座的连接导线应留有不小于 150mm 的余量，且在其端部应有明显标志。

检查数量：全数检查。

检验方法：尺量、观察检查。

3.4.10 探测器底座的穿线孔宜封堵，安装完毕的探测器底座应采取保护措施。

检查数量：全数检查。

检验方法：观察检查。

3.4.11 探测器报警确认灯应朝向便于人员观察的主要入口方向。

检查数量：全数检查。

检验方法：观察检查。

3.4.12 探测器在即将调试时方可安装；在调试前应妥善保管并应采取防尘、防潮、防腐蚀措施。

检查数量：全数检查。

检验方法：观察检查。

（三）施工操作依据：施工工艺标准、技术交底

（1）企业标准《火灾自动报警系统及联动调试工艺标准》Q803

1 适用范围

本标准适用于建筑工程中火灾自动报警系统的安装。不适用于生产和贮存火药、炸药、弹药、火工品等爆炸危险场所火灾自动报警系统的安装。

2 施工准备

2.1 材料、设备

2.1.1 前端部分：控制台、消防报警主机、计算机、不间断电源、打印机等。

2.1.2 终端部分：感烟、感温探测器，可燃气体探测器，红外光束探测器，缆式探测器，手动报警按钮，消防电话、模块等。

2.1.3 传输部分：电线电缆、模块箱等。

2.1.4 上述设备材料应根据合同文件及设计要求选型，对设备、材料和软件进行进场验收，并填写验收记录。设备应有产品合格证、检测报告、安装及使用说明书、"CCC"认证标识等。如果是进口产品，则需提供原产地证明和商检证明，配套提供的质量合格证明，检测报告及安装、使用、维护说明书的中文文本。设备安装前，应根据使用说明书进行全部检查，方可安装。

2.1.5 镀锌材料：镀锌钢管、镀锌线槽、金属膨胀螺栓、金属软管、接地螺栓。

2.1.6 其他材料：塑料胀管、机螺钉、平垫圈、弹簧垫圈、接线端子、绝缘胶布、接头等。

2.2 机具设备

2.2.1 安装器具：手电钻、冲击钻、电工组合工具、梯子。

2.2.2 测试器具：250V兆欧表、500V兆欧表、对线器、水平尺、小线、线坠。

2.2.3 调试仪器：专用消防报警系统综合调试器。

2.3 作业条件

2.3.1 线缆构、槽、管、箱、盒施工完毕。

2.3.2 主机房内土建、装饰作业完工，温、湿度达到使用要求。

2.3.3 机房内接地端子箱安装完毕。

2.3.4 火灾自动报警系统工程的施工单位必须是公安消防监督机构认可的单位，并受其监督。

2.4 技术准备

2.4.1 施工图纸齐全。

2.4.2 施工方案编制完毕并经审批。

2.4.3 施工前应组织施工人员熟悉图纸、方案及专业设备安装使用说明书，并进行有针对性的培训及安全、技术交底。

3 操作工艺

3.1 工艺流程

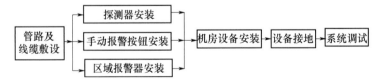

3.2 操作方法

3.2.1 管路及线缆敷设：钢管、线槽及线缆敷设参见本册"闭路电视监控系统安装工艺标准"（Ⅶ803）的相关内容进行施工，火灾自动报警系统中钢管、线槽及线缆敷设还应满足下列要求：

3.2.1.1 火灾自动报警系统线缆敷设等应根据现行国家标准《火灾自动报警系统施工及验收标准》GB 50166的规定，对线缆的种类、电压等级进行检查。

3.2.1.2 对每回路的导线用250V的兆欧表测量绝缘电阻，其对地绝缘电阻值不应小于20MΩ。

3.2.1.3 不同电流类型、不同系统、不同电压等级的消防报警线路不应穿入同一根管内或敷设于线槽的同一

槽孔内。

3.2.1.4　埋入非燃烧体的建筑物、构筑物内的电线保护管其保护层厚度不应小于 30mm。

3.2.1.5　如因条件限制，强电和弱电线路共享一个竖井时，应分别布置在竖井的两侧。

3.2.1.6　在建筑物的吊顶内必须采用金属管、金属线槽。金属线槽和钢管明配时，应按设计要求采取防火保护措施。

3.2.1.7　暗装消火栓箱配管时应从侧面进线，接线盒不应放在消火栓箱的后侧。

3.2.1.8　火灾自动报警系统的传输线路应采用铜芯绝缘线或铜芯电缆，阻燃耐火性能符合设计要求，其电压等级不应低于交流 250V。

3.2.1.9　火灾报警器的传输线路应选择不同颜色的绝缘导线，探测器的"＋"线为红色，"－"线为蓝色，其余线应根据不同用途采用其他颜色区分。同一工程中相同用途的导线颜色应一致，接线端子应有标号。

3.2.2　探测器安装

3.2.2.1　火灾探测器安装应符合设计要求。

3.2.2.2　探测器宜水平安装，当必须倾斜安装时，倾斜角不应大于 45°。

3.2.2.3　探测器的底座应固定可靠。

3.2.2.4　探测器的连接导线必须可靠压接或焊接，当采用焊接用不得使用带腐蚀性的助焊剂，外接导线应有 0.15m 的余量，进入探测器的导线应有明显标志。

3.2.2.5　探测器确认灯在侧面时应面向便于人员观察的主要入口方向，确认灯在底面时同一区域内的确认灯方向一致。

3.2.2.6　探测器底座的穿线孔宜封堵，安装时应采取保护措施（如装上防护罩）。

3.2.2.7　在电梯井、升降机井设置探测器时其位置宜在井道上方的机房顶棚上。

3.2.2.8　探测器至墙壁、梁边的水平距离，不应小于 0.5m，见图 3.2.2.8。

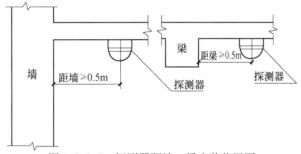

图 3.2.2.8　探测器距墙、梁安装位置图

3.2.2.9　探测器周围 0.5m 内，不应有遮挡物。

3.2.2.10　探测器至空调送风口边的水平距离不应小于 1.5m；至多孔送风顶棚孔口的水平距离不应小于 0.5m。

3.2.2.11　在宽度小于 3m 的内走道顶棚上设置探测器时，宜居中布置。感温探测器的安装间距不应超过 10m；感烟探测器的安装间距不应超过 15m。探测器距端墙的距离不应大于探测器安装间距的一半，见图 3.2.2.11。

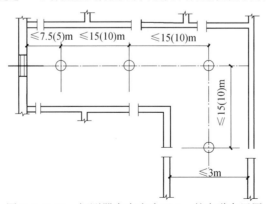

图 3.2.2.11　探测器在宽度小于 3m 的走道布置图

3.2.2.12　可燃气体探测器的安装位置和安装高度应依据所探测气体的性质而定。当探测的可燃气体比空气密度高时，探测器安装在下部，当探测的可燃气体比空气密度低时，探测器安装在上部。

3.2.2.13　红外光束探测器的安装应符合以下要求：

（1）发射器和接收器应安装在同一条直线上，见图 3.2.2.13。

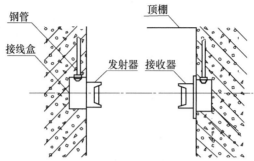

图 3.2.2.13　红外光束探测器安装示意图

（2）光线通路上不应有遮挡物。

（3）相邻两组红外光束感烟探测器水平距离应不大于 14m，探测器距侧墙的水平距离不应大于 7m，且不应小于 0.5m。

（4）探测器光束距顶棚一般为 0.3～0.8m，且不得大于 1m。

（5）探测器发出的光束应与顶棚水平，远离强磁场，避免阳光直射，底座应牢固地安装在墙上。

3.2.2.14　缆式探测器的安装应符合以下要求：

（1）缆式探测器用于监测室内火灾时，可敷设在室内的顶棚下，其线路距顶棚的垂直距离应小于 0.5m，见图 3.2.2.14。

图 3.2.2.14　热敏电缆在顶棚下安装示意图

（2）热敏电缆安装在电缆托架或支架上时，应紧贴电力电缆或控制电缆的外护套，呈正弦波方式敷设。

（3）热敏电缆敷设在传送带上时，可借助 M 形吊线直接敷设于被保护传送带的上方及侧面。

（4）热敏电缆安装于动力配电装置上时，应与被保护物有良好的接触。

（5）热敏电缆敷设时应用固定卡具固定牢固，严禁硬性折弯、扭曲，防止护套破损。必须弯曲时，弯曲半径应大于 200mm。

3.2.3　手动报警按钮安装

3.2.3.1　手动火灾报警按钮的安装位置和高度应符合设计要求，安装牢固且不应倾斜。

3.2.3.2　手动火灾报警按钮外接导线应留有 100mm 的余量，且在端部应有明显标志。

3.2.4　区域报警安装

3.2.4.1　区域报警控制器安装应符合设计要求，端正牢固，不得倾斜。底边距地面高度不应小于 1.5m。

3.2.4.2　用对线器进行线缆编号。

3.2.4.3　压线前应对导线进行绝缘摇测，合格后方可压线。导线留有一定的余量，分束绑扎。

3.2.4.4　控制箱内的模块应按设备制造商和设计的要求配线，布线合理，安装牢固，并有标识。

3.2.4.5　控制器接地应牢固，并有明显标志。

3.2.5　机房设备安装

3.2.5.1　消防控制主机安装应符合下列要求：

（1）消防控制机柜槽钢基础应在水泥地面生根固定牢固。

（2）机柜按设计要求进行排列，根据柜的固定孔距在基础槽钢上钻孔，安装时从一端开始逐台就位，用螺栓固定，用小线找平找直后再将各螺栓紧固。

（3）消防控制机柜（台）前操作距离，单列布置时不小于 1.5m，双列布置时不小于 2m，在有人值班经常工作的一面，距墙的距离不应小于 3m，柜后维修距离不应小于 1m，控制柜排列长度大于 4m 时，控制柜（台）两端应设置宽度不小于 1m 的通道。

3.2.5.2　引入火灾报警控制主机的线缆应符合下列要求：

（1）引入的线缆应进行校线，按图纸要求编号。

（2）线间、线对地绝缘电阻不应小于 20MΩ。

（3）摇测全部合格后按电压等级、用途、电流类别分别绑扎成束引到端子板，按接线图进行压线，每个接线端子上压线不应超过两根。

(4) 线缆标识应清晰准确，不易褪色；配线应整齐，避免交叉，固定牢固。

(5) 导线引入完成后，在进线管处应封堵，控制器主电源引入线应直接与消防电源连接，严禁使用插头连接，主电源应有明显标志。

3.2.6 设备接地

3.2.6.1 工作接地线应采用铜芯绝缘导线或电缆，不得利用镀锌扁铁或金属软管。

3.2.6.2 消防控制设备的外壳及基础应可靠接地，接地线引入接地端子箱。

3.2.6.3 消防控制室一般应根据设计要求设置专用接地箱作为工作接地。当采用独立工作接地时接地电阻应不大于 4Ω；当采用联合接地时，接地电阻应不大于 1Ω。

3.2.6.4 工作接地线与保护接地线必须分开，保护接地导体不得利用金属软管。

3.2.7 系统调试

3.2.7.1 火灾自动报警系统设备单机调试

(1) 分别对每一回路的线缆进行测试，检查是否存在短路、断路等故障，并检查工作接地和保护接地是否连接正确、可靠。

(2) 对消防报警主机进行编程，并进行汉化图形显示。

(3) 对系统每一回路中的每一个探测器应进行模拟火灾响应试验和故障报警试验，检验其可靠性。

(4) 对手动报警按钮逐一进行动作测试。

(5) 对楼层显示器、警报器、警铃等设备的功能进行测试。

(6) 逐一检查广播系统扬声器的音质及音量，并进行选层广播、消防强切等测试。

(7) 逐一对消防电话进行通话试验，并对消防控制室内的外线电话进行拨通测试。

(8) 对区域报警控制器的功能进行测试。

(9) 对集中报警控制器的下列功能进行测试：

a. 火灾报警自检功能。

b. 消音、复位功能。

c. 故障报警功能。

d. 火灾优先功能。

e. 报警记忆功能。

(10) 对电源自动转换和备用电源的自动充电功能，及备用电源的欠压和过压报警功能进行检测，在备用电源连续充放电 3 次后，主电源和备用电源应能自动转换。

3.2.7.2 联动系统设备单机调试

(1) 在联动系统设备单机自调合格之前禁止打开联动控制器的电源。

(2) 对联动系统线路进行测试，排除线路故障。

(3) 检查控制模块接线端子的压线是否正确、可靠。

(4) 检查控制信号电平是否符合设计要求。

(5) 对系统需联动控制的通风、给排水、消防水、强电、弱电、电梯及防火卷帘门的设备进行现场模拟联动试验，确保联动设备单机运行正常。

a. 风阀、风机等设备自调合格后，检查其对消防系统控制信号的动作响应是否正确，并检查是否有反馈信号返回消防主机。

b. 水流指示器、信号阀、报警阀、喷淋泵等设备自调合格后，对各防火分区内的喷淋管末端逐一进行放水试验，检查水流指示器是否报警准确；对信号阀进行手动开关，检验其动作信号报警是否准确；对报警阀进行放水试验，检查水力警铃及压力开关报警是否准确；检查喷淋泵的运行状态、工作泵、备用泵转换，检测反馈信号是否正确。

c. 消防泵自调合格后，检查消防泵的运行状态、工作泵、备用泵转换，检测反馈信号是否正确。

d. 防火卷帘门自调合格后，检查防火卷帘门对消防控制信号的响应，并检查是否有反馈信号返回主机。

e. 非消防电源控制装置自调合格后，检查其对系统控制信号的动作响应是否正确，并检查是否有反馈信号返回消防主机。

f. 电梯自调合格后，主机发出控制信号，电梯迫降至首层，并有反馈信号返回消防主机。

3.2.7.3 系统联合调试

(1) 联动系统设备单机调试合格后，对消防报警主机进行联动控制逻辑编程。

(2) 将联动主机的转换开关设为自动状态，以防火分区为单位分层进行系统联合调试。

(3) 对探测器进行模拟火灾试验，监测主机及现场报警状态、预设报警联动动作及反馈信号，并在现场逐一进行核实。

(4) 使用火灾报警按钮模拟火灾状态，监测主机及现场报警状态、预设报警联动动作及反馈信号，并在现场逐一进行核实。

(5) 使用消火栓按钮模拟火灾状态，监测主机及现场报警状态、消火栓泵运行状态，并在现场进行核实。

(6) 喷淋系统末端进行放水模拟火灾状态，监测主机及现场报警状态、预设报警联动动作及反馈信号，并在现场逐一进行核实。

(7) 手动拉动防火阀使其动作，模拟火灾状态，监测主机及现场报警状态、预设报警联动动作及反馈信号，并在现场逐一进行核实。

（8）系统应在连续试运行120h无故障后，填写火灾自动报警系统调试报告。

4 质量标准

火灾探测器安装

4.1 点型感烟、感温火灾探测器的安装，应符合下列要求：

4.1.1 探测器至墙壁、梁边的水平距离，不应小于0.5m。

4.1.2 探测器周围水平距离0.5m内，不应有遮挡物。

4.1.3 探测器至空调送风口最近边的水平距离，不应小于1.5m；至多孔送风顶棚孔口的水平距离，不应小于0.5m。

4.1.4 在宽度小于3m的内走道顶棚上安装探测器时，宜居中安装。点型感温火灾探测器的安装间距，不应超过10m；点型感烟火灾探测器的安装间距，不应超过15m。探测器至端墙的距离，不应大于安装间距的一半。

4.1.5 探测器宜水平安装，当确需倾斜安装时，倾斜角不应大于45°。

检查数量：全数检查。

检验方法：尺量、观察检查。

4.2 线型红外光束感烟火灾探测器的安装，应符合下列要求：

4.2.1 当探测区域的高度不大于20m时，光束轴线至顶棚的垂直距离宜为0.3～1.0m；当探测区域的高度大于20m时，光束轴线距探测区域的地（楼）面高度不宜超过20m。

4.2.2 发射器和接收器之间的探测区域长度不宜超过100m。

4.2.3 相邻两组探测器光束轴线的水平距离不应大于14m。探测器光束轴线至侧墙水平距离不应大于7m，且不应小于0.5m。

4.2.4 发射器和接收器之间的光路上应无遮挡物或干扰源。

4.2.5 发射器和接收器应安装牢固，并不应产生位移。

检查数量：全数检查。

检验方法：尺量、观察检查。

4.3 缆式线型感温火灾探测器在电缆桥架、变压器等设备上安装时，宜采用接触式布置；在各种皮带输送装置上敷设时，宜敷设在装置的过热点附近。

检查数量：全数检查。

检验方法：观察检查。

4.4 敷设在顶棚下方的线型差温火灾探测器，至顶棚距离宜为0.1m，相邻探测器之间水平距离不宜大于5m；探测器至墙壁距离宜为1～1.5m。

检查数量：全数检查。

检验方法：尺量、观察检查。

4.5 可燃气体探测器的安装应符合下列要求：

4.5.1 安装位置应根据探测气体密度确定。若其密度低于空气密度，探测器应位于可能出现泄漏点的上方或探测气体的最高可能聚集点上方；若其密度高于或等于空气密度，探测器应位于可能出现泄漏点的下方。

4.5.2 在探测器周围应适当留出更换和标定的空间。

4.5.3 在有防爆要求的场所，应按防爆要求施工。

4.5.4 线型可燃气体探测器在安装时，应使发射器和接收器的窗口避免日光直射，且在发射器与接收器之间不应有遮挡物，两组探测器之间的距离不应大于14m。

检查数量：全数检查。

检验方法：尺量、观察检查。

4.6 通过管路采样的吸气式感烟火灾探测器的安装应符合下列要求：

4.6.1 采样管应固定牢固。

4.6.2 采样管（含支管）的长度和采样孔应符合产品说明书的要求。

4.6.3 非高灵敏度的吸气式感烟火灾探测器不宜安装在天棚高度大于16m的场所。

4.6.4 高灵敏度吸气式感烟火灾探测器在设为高灵敏度时可安装在顶棚高度大于16m的场所，并保证至少有2个采样孔低于16m。

4.6.5 安装在大空间时，每个采样孔的保护面积应符合点型感烟火灾探测器的保护面积要求。

检查数量：全数检查。

检验方法：尺量、观察检查。

4.7 点型火焰探测器和图像型火灾探测器的安装应符合下列要求：

4.7.1 安装位置应保证其视场角覆盖探测区域。

4.7.2 与保护目标之间不应有遮挡物。

4.7.3 安装在室外时应有防尘、防雨措施。

检查数量：全数检查。

检验方法：尺量、观察检查。

4.8 探测器的底座应安装牢固，与导线连接必须可靠压接或焊接。当采用焊接时，不应使用带腐蚀性的助焊剂。

检查数量：全数检查。

检验方法：观察检查。

4.9 探测器底座的连接导线应留有不小于 150mm 的余量，且在其端部应有明显标志。

检查数量：全数检查。

检验方法：尺量、观察检查。

4.10 探测器底座的穿线孔宜封堵，安装完毕的探测器底座应采取保护措施。

检查数量：全数检查。

检验方法：观察检查。

4.11 探测器报警确认灯应朝向便于人员观察的主要入口方向。

检查数量：全数检查。

检验方法：观察检查。

4.12 探测器在即将调试时方可安装，在调试前应妥善保管并应采取防尘、防潮、防腐蚀措施。

检查数量：全数检查。

检验方法：观察检查。

5 成品保护

5.0.1 报警探测器应先装上底座，戴上防尘罩，调试时再安装探头。

5.0.2 端子箱和模块箱在安装完毕后，箱门应上锁，并对箱体进行保护。

5.0.3 易损坏的设备如手动报警按钮、扬声器、电话及电话插座面板等应最后安装，且做好保护措施。

5.0.4 其他内容参见本册"闭路电视监控系统安装工艺标准"（Ⅶ803）的相关内容。

6 应注意的质量问题

6.0.1 摇测导线绝缘电阻时，应将火灾自动报警系统设备从导线上断开，防止损坏设备。

6.0.2 设备上压接的导线，要按设计和厂家要求编号，防止接错线。

6.0.3 调试时应先单机后联调，对于探测器等设备要求全数进行功能调试，不得遗漏，以确保火灾自动报警系统整体运行有效。

7 质量记录

7.0.1 材料、设备出厂合格证、生产许可证、安装技术文件、"CCC"认证及证书复印件。

7.0.2 材料、构配件进场检验记录。

7.0.3 设备开箱检验记录。

7.0.4 设计变更、工程洽商记录。

7.0.5 隐蔽工程检查记录。

7.0.6 预检记录。

7.0.7 工程安装质量及观感质量验收记录。

7.0.8 系统试运行记录。

7.0.9 智能建筑工程分项工程质量检测记录。

7.0.10 子系统检测记录。

7.0.11 电线、电缆导管和线槽敷设分项工程质量验收记录。

7.0.12 火灾自动报警系统调试报告。

7.0.13 建筑消防设施检验合格证及使用许可证。

8 安全、环保措施

8.1 安全操作要求

8.1.1 交叉作业时应注意周围环境，禁止乱抛工具和材料。

8.1.2 设备通电调试前，必须检查线路接线是否正确，保护措施是否齐全，确认无误后，方可通电调试。

8.1.3 登高作业时，脚手架和梯子应安全可靠，脚手架铺板时不得有探头板，梯子应有防滑措施，不允许两人同梯作业。

8.2 环保措施

8.2.1 施工现场的垃圾如线头、包装箱等，应堆放在指定地点，及时清运并洒水降尘，严禁随意抛撒。

8.2.2 现场强噪声施工机具，应采取相应措施，最大限度降低噪声。

（2）技术交底

技术交底示例见表 3-5-4。

表 3-5-4　火灾探测器安装技术交底记录

工程名称	世贸中心	工程部位	主楼1～6层	交底时间	××××年××月××日
施工单位	××建筑安装公司	分项工程	火灾探测器安装		
交底摘要	设备、材料、配件必须合格，单独布线，系统调试必须符合设计要求				

1. 火灾自动报警设备安装条件已具备。
(1) 建筑结构已通过验收；
(2) 设备位置放线已标出来，并经过核对；
(3) 各项设备、材料和配件必须经过检查符合设计要求、合格证，使用说明，其品牌、产地、型号、规格及技术参数、性能等要检查符合设计要求；检测结果符合规定；对设计进行深化设计，编制施工方案；
(4) 安装施工机具、仪器检查已符合规定；
(5) 安装施工工艺标准，技术交底及质量要求已明确。
2. 施工过程
(1) 做好施工记录及质量记录；
(2) 做好质量控制，重点是：
① 火灾报警探测器、模块、报警按钮等，类别、型号、位置、数量、功能等符合设计要求；
② 消防电话、应急广播位置、数量、功能等符合设计要求；
③ 火灾报警控制器功能、型号、符合设计要求。
(3) 做好自检，做好质量记录，交出合格的工程，完整的资料。
3. 做好火灾报警系统调试及试运行，连续运行120h无故障。
4. 施工完成，做好工完料清场地净，余料垃圾运至指定地点。

专业工长：李××
施工班组长：王××

××××年××月××日

(四) 施工记录

施工记录示例见表 3-5-5。

表 3-5-5　火灾自动报警系统探测设备安装检验批施工记录

工程名称	世贸中心	分部工程	火灾自动报警系统	分项工程	1～6层探测设备安装
施工单位	××建筑安装公司	项目负责人	李××	施工班组	智能施工班组：王××
施工期限	××××年××月××日 ×时至×日×时	气候	25℃　晴　阴　雨　风　雪		

1. 施工部位：1～6层火灾自动报警探测设备安装。
2. 材料控制：探测设备，有开箱验收记录，设备有设备清单，使用说明书，质量合格证明文件。
探测器通过国家认证，产品名称、型号、规格与检验报告一致。非强制认证的材料及配件产品，其产品名称、规格、型号与检测报告一致。
经开箱查看设备及配件，产品外观无损伤，紧固部位无松动。
3. 操作依据，施工工艺标准及技术交底进行了交底和学习，施工条件，现场及现场质量管理检查记录已经学习，监理工程师核查认可。施工过程出现故障应做出记录。
4. 施工过程
(1) 按规定进行了设备及配件的使用前的认可，合格的用于工程。按工艺标准正常施工。出现故障应做出记录。
(2) 对设备及配件的安装位置及现场情况进行核查，并按其进行施工安装。
(3) 探测器应根据其感应介质（感烟、感温、可燃气体、火焰等）不同，重视安装位置，朝向、距离及探测范围，按要求安装。
(4) 探测器的底座应安装牢固，与导线连接必须可靠、压接、焊接；导线应有不小于150mm的余量。
(5) 报警确认灯应朝向便于人员观察的主要出入口方向。
(6) 检测器在安装好后取下来，在即将调试时安装，在调试前妥善保管，并有防尘、防潮及腐蚀的措施。
5. 施工完成后，施工班组应进行自检、专业工长、质量员进行检查，并做好记录。
6. 施工现场清理干净。

专业工长：李××

××××年××月××日

（五）质量验收评定原始记录

质量验收评定原始记录见示例表3-5-6。

表3-5-6　火灾探测器安装检验批质量验收原始记录

世贸中心，1～6层火灾自动报警探测器安装

主控项目

1. 设备、器具、材料进场质量检验（3.5.1）

（1）按合同文件及设计文件要求进行进场验收，开箱清单、使用说明书、合格证明等，并形成进场验收记录，经办人，签名，监理确认。

（2）主要设备、材料应核对外观、规格、型号、产地复核，合格证书及检测报告，核查设备的安全性、可靠性、兼容性的检测报告。

（3）国家认证产品应有认证书，产品的名称、规格、性能应与产品认证书一致；非认可的应与检测报告一致。

主要设备是感烟、感温、可燃气体探测、火焰源探测设计及其配件，都核查认可。都符合设计要求（检查产品合格证，检测报告及认证证书）。

2. 材料、设备应符合设计要求（13.1.3条3款）

桥架、线缆、钢管、金属软管、阻燃塑料管有合格证，进场验收记录，经使用前查对，符合设计要求。

3. 探测器类、设备安装（第3.4.1、3.4.2、3.4.5、3.4.7条）GB 50166—2019。

（1）点型感烟、感温火灾探测器安装。经核对探测器的类别、型号、功能符合设计要求及其位置。经尺量观察检查安装达到如下要求：

探测器距墙边、梁边不小于0.5m；水平距离0.5m内不得有遮挡物；至空调送风口不得小于1.5m；顶棚送风口不小于0.5m；在小于3m宽度的走廊顶棚上安的探测器，居中安装感温的间距不超过10m；感烟的不超过15m。距端墙不大于间距的一半；探测器宜水平安装，倾斜安装不大于45°。

（2）线型红外光束感烟火灾探测器安装（第3.4.2.条）经尺量观察查看符合规范规定，区域高度不大于20m时，光束轴线至顶棚0.3～1m；当检测区域高度大于20m时，光速轴线距地面不宜超过20m；发射器与接收器的区域长度不宜超过100m；相邻两组探测器光束轴线水平距离不得大于14m；探测器轴线水平距离不得大于7m，且不小于0.5m；发射器和接受器之间的光路上不得有遮挡物或干扰源；应安装牢固，不产生偏移。

（3）可燃气体探测器安装（第3.4.5条），经尺量、观感检查符合设计要求。安装位置气体密度低于空气密度的安装于漏点的上方或最高可聚集的地方，气体密度高于空气密度的安装于漏点的下方；探测器留出空间便于更换和标定；有防爆要求的场所，要满足防爆要求；线型探测器的发射口与接收口避开日光直射，之间不得有遮挡物；两组探测器之间距不大于14m。

（4）点型火焰探测器和图像型探测器安装（3.4.7条），尺量、观察检查合格。安装位置能保证视角覆盖探测区域；与探测目标间没有遮挡物；室外安装的有防雨防尘措施。

一般项目

探测器类设备安装（第3.4.8、3.4.9、3.4.10、3.4.11、3.4.12条）观察检查合格。

（1）探测器底座安装牢固，与导线连接采用压接或焊接；

（2）连接导线有不少于150mm的余量。并在端部都标有标志；

（3）底部穿线孔封堵，安装好的底座有防雨、晒、尘土等的保护措施；

（4）探测器报警确认灯面向便于人员观察的主要入口，以便人员确认报警，及时处理。

（5）探测器应在即将调试时再安装，并进行妥善保管，防尘、防潮、防腐等符合要求。

专业工长：李××

××××年××月××日

（六）检验批质量验收记录及附件资料整理

1）检验批质量验收的主要资料是检验批质量验收记录表，在GB 50300及其配套的各专业质量验收规范中，提出了检验批质量验收记录样表。检验批质量验收是做好质量过程控制的重点，GB 50300为落实过程控制，规定了控制好用于工程的设备材料质量，不合格的设备、材料不得用到工程上；控制好施工操作依据，加强操作的规范性，施工过程的施工记录及加强质量验收评定的原始记录，来保证检验批质量控制的落实到位，事前做好施工工序的操作工艺技术交底。材料质量、质量记录的资料必须与施工过程同步完成，以保证操作及管理的规范性、保证工程质量的可追溯性。

2）填写好检验批质量验收评定记录表。GB 50339 规范没有明确检验批的样表，本书按照 GB 50300 的检验批样表，进行了记录，各分部、子分部工程及检验批质量验收记录表都做了统一编号。按 GB 50339 的 3.1.2 条的附表 3.1.2，编制了分部、子分部、分项工程及检验批的统一表号，列为本书的表 3-5-1。智能建筑火灾自动报警系统探测设备安装检验批编号为 08150301。填写好表后，双方确认验收合格，附上保证过程控制的有关资料。

（1）主要设备及配件、材料的质量合格证，进场验收记录，抽样复试报告，资料代表的设备、材料数量要与工程使用的设备及配件、材料的数量相一致。

（2）施工操作依据是保证工序质量的基本条件，各企业都应有自己经过实践和改进完善证明有效的施工工艺标准，是施工企业技术管理的基本文件。同时在每个具体工程中，根据设计文件、合同要求及工程特点，及企业质量管理目标提出质量、安全的目标要求，编制技术交底文件进行技术交底，使操作班组明白质量安全的具体要求，来保证工程的质量和安全。这是搞好质量控制的关键。

施工工艺标准和技术交底文件必须编制好，落实好。

（3）施工记录，将施工过程质量控制的过程和重要环节及发生的事项记录下来，说明施工过程施工的情况，施工工艺的针对性、可操作性，出现的情况采取的措施等，以保证质量控制过程的有效性和规范性，及工程质量形成的真实过程。施工记录的主要内容包括：施工前工作面的核查，材料和设备的质量控制情况，工程质量形成的真实性，出现问题的处理措施等，以说明企业的技术管理水平，工程质量保证措施的有效性。施工前的准备情况，施工过程规范管理情况，重点环节控制措施的到位情况，施工过程环境保护情况，以及工程自检自评情况等。以上记录可以为改进管理提供依据，为质量问题追溯原因，是改进质量和质量管理的有效措施。

（4）检验批质量验收评定原始记录，这是 GB 50300 规定的一项内容，要求做好企业自行检查评定时的抽样规范性，保证检验批质量验收评定的代表性和真实反映实物质量情况的举措，防止有选择性抽样和不到现场闭门造车等弄虚作假行为，是真正规范质量验收的行为。对规范而言，这本身是一种限制措施。要求验收评定时要随机抽样，并将抽样点及验收结果对应记录好，以便监理工程师核查，来说明企业自行评定的真实性、规范性。这个记录很麻烦，虽可用记录软件、照片、录像等说明，有时也很难完整。

有些质量管理好的企业在研究这个措施后，认为以做好这个措施所花费的精力，去加强施工过程的操作质量，把工程质量控制好，则随机抽样评定的效果会很好。无论怎样抽样均可保证，因为质量指标的符合率提高了，有的甚至使各项质量都达到规范规定，都能通过验收评定。要求抽样点与检验结果对应记录，说明抽样的真实性，也就不那么重要了，只记录质量指标即可。有的企业开展了施工班组自己检查评定制度，来控制施工质量，企业在考核的基础上，就以班组的检查评定来作为企业自己检验评定的记录，从根本上排除了随机抽样的必要，取得了很好的效果。施工单位向监理（建设）单位申明：工程质量无论如何抽样都能达到规范规定，不用特定抽样，质量是保证的保证书。经过监理的实际核查，就可以将这个原始记录简化。本书认为这是真正贯彻落实了规范规定。

还有的企业开展"质量验收评定一次验收合格率"，有的开展"信得过班组活动"。

由施工班组自检合格，做好自检记录，企业验收不再复检就使用班组自检数据结果来验收评定其质量，使工程质量得到了有效的保证。对施工班组达到目标的，企业给予物质的和精神的奖励。

（5）在检验批质量验收记录表确认后，附上过程控制的有关资料：

① 材料、设备质量合格证，进场验收记录，抽样复试报告；

② 施工操作依据，企业制定的施工工艺标准和技术交底资料（或只写上工艺标准标明编号即可）；

③ 施工记录；

④ 检验批质量验收评定原始记录。

四、分部（子分部）工程质量验收评定

检验批、分项工程、分部子分部工程的质量验收，均应在施工企业自检评定合格的基础上进行，并按检验批、分项工程、子分部工程、分部工程、单位工程（子单位工程的程序进行验收），同时做好记录。

检验批、分项工程的质量验收应全部合格。子分部工程、分部工程应在分项工程验收合格的基础上进行，对涉及安全和使用功能和重要部位和项目进行抽样检验和检测。形成完整的检测资料。子分部工程、分部工程是质量验收的重点，检验批、分项工程是过程控制的重点。子分部工程、分部工程质量验收必须重视安全、使用功能的质量。

（一）火灾自动报警系统子分部工程质量验收记录，按 GB 50339 附录 D 的 D.0.1 表验收，示例见表 3-5-7。

表 3-5-7　火灾自动报警系统子分部工程质量验收记录

工程名称		世贸中心	结构类型	框架	层数	36
施工单位		××建筑安装公司	技术负责人	李××	质量负责人	王××
序号		（分项）工程名称	（检验批）数量	施工单位检查评定	验收意见	
1	1	梯架、托盘、槽、导管安装	6	符合规范规定	合格	
	2	线缆敷设	6	符合规范规定		
	3	探测器设备安装	6	符合规范规定		
	4	控制器设备安装	6	符合规范规定		
	5	其他设备安装	6	符合规范规定		
	6	软件安装	6	符合规范规定		
	7	系统调试	1	符合规范规定		
	8	试运行	1	符合规范规定		
2		质量控制资料	核查8项合格8项		合格	
3		安全和功能检验（检测）报告	核查1项合格1项		合格	
4		观感质量验收	36点，35点"好"，1点"一般"		好	
验收单位		施工单位	项目经理	李××	××××年××月××日	
		设计单位	项目负责人	—	—	
		监理（建设）单位	总监理工程师	王××	××××年××月××日	

（二）分项工程汇总

（1）将检验批汇总为分项工程。检验批应全部验收合格。智能建筑工程检验批的划分相对较困难，这里将安装的项目分层划分，每6层为1个检验批，有6个检验批，将系统调试、试运行各为1个检验批。

（2）本书只举例做了一个检验批的验收，其余验收批作为合格，主要是为了说明质量控制的要求，要学习设计文件，控制设备、材料质量，制定施工工艺标准和技术交底文件及落实到施工中去，做好施工记录，做质量验收评定原始记录等。经检查实物质量和有关资料，认可各检验批合格。若有的项目可以在分项工程完成后进行项目检测的，应进行检测。

（3）其余7个分项工程也作为验收合格，填写分项工程质量验收记录。

（4）将有关检验批的资料附在分项工程质量验收表的后边。

将验收合格的分项工程的结果，填入相应表中。

（三）质量控制资料。按附录D.0.2表审查记录，示例见表3-5-8。

表3-5-8 工程验收资料审查记录

工程名称	世贸中心	施工单位	××建筑安装公司	
序号	资料名称	份数	审核意见	审核人
1	图纸会审、设计变更、洽商记录、竣工图及设计说明	3	合格	王××
2	材料、设备出厂合格证及技术文件及进场检（试）验报告	5	合格	
3	隐蔽工程验收记录	6	合格	
4	系统功能测定及设备调试记录	6	合格	
5	系统技术、操作和维护手册	3	合格	
6	系统管理、操作人员培训记录	2	合格	
7	系统检测报告	1	合格	
8	工程质量验收记录	8	合格	

结论：符合设计要求和规范规定。同意验收。
（共有资料8项（34份）均核查符合规范规定）

总监理工程师：王××
施工单位项目经理：李××　　　　（建设单位项目负责人）：/
××××年××月××日　　　　××××年××月××日

（1）图纸会审、设计变更、洽商记录，竣工图及设计说明。图纸会审1份，设计变更1份，竣工图及设计说明1份，共3份。

（2）材料设备出厂合格证及技术文件，进场检（试）验报告。设计文件选用点型感烟、感温火灾探测器，可燃气体探测器和点型火焰探测器等。

① 设备、材料及配件有装箱清单、使用说明书、质量合格证，设备有认证证书。规格、型号符合设计要求3种类型探测器各1套资料，共3份。

② 核对产品及检验报告，3 类探测器国家认证产品，认证书与产品核对，产品名称、型号、规格与检测报告一致，核对记录 1 份。

③ 设备及配件外观质量进场验收做了记录，进场验收记录 1 份，共 5 份。

（3）隐蔽验收记录，每个检验批 1 份，共 6 份。

（4）系统功能测定及设备调试记录，每个检验批 1 份，共 6 份。

（5）系统技术，操作和维护手册。系统技术资料 1 份，操作手册 1 份，调试手册 1 份，共 3 份。

（6）系统管理、操作人培训记录。系统管理资料 1 份，作为操作人员培训教材，培训合格再上岗。系统管理资料 1 份，培训记录 1 份，共 2 份。

（7）系统检测报告。系统经调试合格，调试报告 1 份。

（8）工程质量验收记录。按分项工程验收记录，每个分项 1 份，共 8 份。

将核查资料的结果填入表 3-5-8 中。

（四）安全和功能检验（检测）报告

在前述资料中已核查，系统检测报告 1 份，填入表 3-5-7。

（五）观感质量验收

每层作为 1 个检查点，检查 36 点，35 点"好"，1 点"一般"，总评"好"，填入表 3-5-7。

各项目检查符合要求后，依次将资料编号，附在子分部工程质量验收记录表后，以备查阅。

（六）火灾自动报警检测器安装子分部工程质量验收

按《火灾自动报警系统施工及验收标准》GB 50166—2019，是整个工程系统为 1 个分部工程，又按设备、材料进场检验、安装与施工，系统调试，系统验收 4 个子分部工程。验收分为：施工现场质量管理检查记录、设备、材料进场检验，施工过程检查，施工过程检查调试，系统工程验收等内容。本书只涉及其中一部分，火灾自动报警系统探测器安装部分，只将这部分内容进行审查。

（1）施工现场质量管理检查记录

示例参见表 3-5-9（GB 50166 标准表 B.0.1）。该表由施工单位负责人填写，监理工程师审查认可，方可正式开始施工。

这个表在 GB 50300 规范中也有，其内容大致相同，其目的是工程施工前做好施工现场技术准备，这是最基本的保证工程质量的条件，使工程开始正式施工，工程质量有保证，能保证工程连续施工。正式施工前，由施工企业在施工现场做好准备，由总监理工程师审查认可，才能正式开始施工。有的企业将其称为技术施工许可证，是一项保证质量的很好的技术措施。

表格中的各项内容文件，应整理好，编号依次附在表的后面，供监理工程师审查。存放在施工现场，供施工技术准备、施工过程管理使用。其内容包括：

① 现场质量管理制度，就是表中所列的主要制度，基本符合要求。施工企业还可根据工程项目的实际情况，制定工程质量目标计划，质量样板制度，施工工艺标准及技术交底施工操作依据审查制度，质量责任奖罚制度等。

表 3-5-9　施工现场质量管理检查记录

工程名称				
建设单位			监理单位	
设计单位			项目负责人	
施工单位			施工许可证	
序号	项目		内容	
1	现场质量管理制度		基本制度、计划、标准、奖罚制	
2	质量责任制		岗位责任制、质量责任制	
3	主要专业工种人员操作上岗证书		设备安装工、调试工等	
4	施工图审查情况		审查报告	
5	施工组织设计、施工方案及审批		组织设计、施工方案及审批文件	
6	施工技术标准		GB 50166、GB 50339、GB 50606 及施工工艺标准	
7	工程质量检验制度		检验计划、机构、人员	
8	现场材料、设备管理		进场检验，用前核对，合格仓库	
9	其他项目		计量、检验设备配置制度	
结论	施工单位项目负责人： （签章）李×× ××××年××月××日	监理工程师：王×× （签章） ××××年××月××日		建设单位项目负责人： （签章） ××××年××月××日

②　质量责任制。包括岗位责任制，岗位质量目标责任制，任务评价及奖罚制度。

③　主要专业工程人员作业上岗证书，设备安装工、调试工。

④　施工图审查情况，审图机构审图报告。

⑤　施工组织设计，施工方案及审批，设计、方案都有企业技术主管批准。

⑥　施工技术标准，GB 50339、GB 50606、GB 50166，施工工艺标准等。

⑦　工程质量检验制度，有检验计划及检验项目及工作部门和人员。

⑧　现场设备、材料管理。有设备，材料进场检验制度，使用前的检验报告与实物核对制度，有现场保管制度，并有落实措施。如有符合条件的保管仓库等。

⑨　其他项目。有计量、检验设备仪器的配置和管理制度等。

9 项制度都能符合和基本符合管理要求，可保证开工后能保证质量和连续施工的要求。

（2）设备、材料进场管理

参见 GB 50166 标准。

C.0.1　火灾自动报警系统施工过程质量检查记录应由施工单位质量检查员填写，监理工程师进行检查，并作出检查结论。

C.0.2　设备、材料进场按照表 C.0.2 填写。

表C.0.2　火灾自动报警系统施工过程检查记录

工程名称		世贸中心	施工单位	×建筑安装公司
施工执行规范名称及编号		GB 50166、GB 50339	监理单位	×监理公司
子分部工程名称		火灾自动报警系统，探测器设备、材料进场		
项目	《规范》章节条款	施工单位检查评定记录		监理单位检查（验收）记录
检查文件及标识	2.2.1	符合规范规定		合格
核对产品与检验报告	2.2.2、2.2.3	符合规范规定		合格
检查产品外观	2.2.4	符合规范规定		合格
检查产品规格、型号	2.2.5	符合规范规定		合格
结论	施工单位项目负责人：（签章）李×× ××××年××月××日		监理工程师（建设单位项目负责人）：（签章）王×× ××××年××月××日	

注：施工过程若用到其他表格，则应作为附件一并归档。

① 检查文件及标识（2.2.1条）

设备材料及配件进入施工现场，具有装箱清单、质量合格证、使用说明书、国家核定质量检测机构的检测报告等文件；强制认证（认可）产品有认证证书和认证标识。火灾自动报警系统探测器类设备都是认证（认可）的产品，有认证证书，产品有认证标识。

② 核对产品与检验报告（2.2.2、2.2.3条）

通过认证（认可）的产品，经核对产品名称、型号、规格与认证证书报告一致；

非国家强制认证（认可）的产品经核对名称、型号、规格与检验报告一致；核对符合的产品才能用于工程。

③ 检查产品外观（2.2.4条）

产品进场验收检查时，检查产品的包装和设备及配件无划痕、毛刺、污损等损伤、紧固件无松动。完整的设备及配件才能用于工程。

④ 检查产品规格、型号（2.2.5条）

按设计文件提供的设备、材料订货。进场检查按订货合同核对验收，用于工程的设备及配件的规格、型号符合设计要求。

（3）施工过程探测器类设备安装检查记录

只将有关探测器类安装进行检查记录，填入表C.0.3中。

表C.0.3　火灾自动报警系统安装施工过程检查记录

工程名称		世贸中心	施工单位	×建筑安装公司
施工执行规范名称及编号		GB 50166、GB 50339	监理单位	×监理公司
子分部工程名称		火灾自动报警系统安装		
项目	《规范》章节条款	施工单位检查评定记录		监理单位检查（验收）记录
火灾探测器	3.4.1	符合规范规定		合格
	3.4.2	符合规范规定		合格

项目	《规范》章节条款	施工单位检查评定记录	监理单位检查 （验收）记录
火灾探测器	3.4.3	符合规范规定	合格
	3.4.4	符合规范规定	合格
	3.4.5	符合规范规定	合格
	3.4.6	符合规范规定	合格
	3.4.7	符合规范规定	合格
	3.4.8	符合规范规定	合格
	3.4.9	符合规范规定	合格
	3.4.10	符合规范规定	合格
	3.4.11	符合规范规定	合格
	3.4.12	符合规范规定	合格
结论	施工单位项目负责人： （签章）李×× ××××年××月××日		监理工程师（建设单位项目负责人）： （签章）王×× ××××年××月××日

注：施工过程若用到其他表格，则应作为附件一并归档。

设定本工程设计文件选用的火灾探测器只有点型感烟，感温火灾探测器，敷设在顶棚下方的线型差温火灾探测器，可燃气体探测器和点型火焰探测器和图像型火灾探测器。其施工过程检查记录包括：

① 点型感烟、感温、火灾探测器安装（3.4.1条）

经检查：安装位置正确，与保护目标中间无遮挡物，符合规范规定。

探测器安装位置符合规定，距墙，梁水平距不小于0.5m，周围无遮挡物；距空调送风口水平距离不小于1.5m，至多孔送风口不小于0.5m；在宽度小3m的走道顶安装，居中安装，感温探测器安装间距不大于10m，感烟探测器间距不大于15m，距端墙不大于间距的一半。全部水平安装。各房间内排列整齐。

② 敷设在顶棚下方线型差温火灾或探测器安装（3.4.4条）

在距顶棚下约0.1m，间距不大于5m，距墙面约1～1.5m。各房间排列整齐。经检查：安装位置符合规范规定。

③ 可燃气体探测器安装（3.4.5条）

经检查：安装位置符合规范规定。

气体密度低于空气的安装在可能出现泄漏点上方及最高集聚点上方；其密度高于空气的安装于可能出现泄漏点的下方。位置正确。

④ 点型火焰探测器和图像型火灾探测器安装（3.4.7条）

安装后检查：安装符合规范规定。

安装位置能保证其视角覆盖探测区域；与保护目标之间无遮挡物；安在室外的有防雨防尘罩。位置正确。

⑤ 探测器底座安装及导线连接。（3.4.8、3.4.9、3.4.10条）

经检查：底座及导线连接符合规范规定。

探测器底座安装固定牢固，与导线连接用压接或焊接，连接可靠，未使用带腐蚀性助焊剂；连接导线留有 150～200mm 的余量，在端部有显著标志；底座的穿线孔用密封材料封堵，底座有配套的保护措施保护安装顺利进行。

⑥ 探测器报警确认灯安装。（3.4.11 条）

经检查：安装的位置朝向正确。

报警确认灯安装朝向在便于人员观察的主要出入口方向。

⑦ 探测器在即将调试时再安装。（3.4.12 条）

经了解及查看，在探测器底座安装好后，经试安符合要求后将探测器取下来，并妥善保管好，采取了防尘、防潮、防腐的措施，包装得很好。待调试前再安装，以防损坏或受潮等。

将检查结果填入表 3-5-9 内。

（4）火灾自动报警系统施工过程检查记录按规范表 C.0.4 检查记录。

表 C.0.4　火灾自动报警系统施工过程检查记录

工程名称		世贸中心	施工单位	×建筑安装公司
施工执行规范名称及编号		GB 50166、GB 50339	监理单位	×监理公司
子分部工程名称		火灾自动报警系统安装调试		

项目	调试内容	施工单位检查评定记录	监理单位检查（验收）记录
调试前检查	查验设备规格、型号、数量、备品	符合设计要求	合格
	检查系统施工质量	已检查完成	合格
	检查系统线路	单机通电合格	合格
点型感烟、感温火灾探测器	检查数量	1080 和 30	合格
	报警数量	全部符合	合格
线型感温火灾探测器	检查数量	150 个	合格
	报警数量	150 个	合格
	故障功能	150 个	合格
红外光束感烟火灾探测器	减光率 0.9dB 的光路遮挡条件，检查数量和未响应数量	—	—
	1.0～10.0dB 的光路遮挡条件，检查数量和响应数量	—	—
	11.5dB 的光路遮挡条件，检查数量和响应数量	—	—
吸气式火灾探测器	报警时间	—	—
	故障发出时间	—	—
点型火焰探测器和图像型火灾探测器	报警功能	36	合格
	故障功能	36	合格
可燃气体探测器	探测器响应时间	15～25s	合格
	探测器恢复时间	35～52s	合格
	发射器光路全部遮挡时，线型可燃气体探测器的故障信号发出时间	75～90s	合格

项目	调试内容	施工单位检查 评定记录	监理单位检查 （验收）记录
系统性能	系统功能	120h 无故障	合格
结论	施工单位项目经理：李×× （签章） ××××年××月××日		监理工程师（建设单位项目负责人）： （签章）王×× ××××年××月××日

注：施工过程若用到其他表格，则应作为附件一并归档。

① 施工结束后，调试前检查

查对安装的设备规格、型号、数量、备品备件按系统检查，符合设计要求，做出记录。系统施工质量出现的问题已处理完，并检查问题处理记录确认。

系统中的有关设备已分别单机通电检查合格。

② 点型感烟、感温火灾探测器调试（4.4 节）

经用检测仪器或模拟火灾，逐个检查探测器火灾探测的报警功能。不可恢复的探测器，每层 30 个，36 层 1080 探测器，逐个检查，探测器能发出火灾报警信号。抽查 3 层的个别房间的 30 个探测器的报警功能符合要求。更换备件。

③ 线型感温火灾探测器调试（4.5 节）

不可恢复的探测器上模拟火灾和故障，探测器能分别发出火灾报警和故障信号。

可恢复探测器采用检测仪器或模拟火灾办法，使探测器发出火灾报警信号。在终端盒上模拟故障，探测器能分别发出火灾报警和故障信号。

线型感温火灾探测器 150 个分别两次检测，报警和故障信号 150 个。

④ 点型火焰探测器和图像型火灾探测器调试（4.8 节）

在探测器监视区域内最不利处，采用检测仪器或模拟火灾，探测器的报警功能正确响应。

探测器 36 组，试验 36 组，能正确响应的 36 组。

⑤ 可燃气体探测器调节（4.13 节）

按生产企业调试方法，使可燃气体探测器正常动作，探测器能发出报警信号；25 个探测器全能发出报警信号。

探测器施加响应浓度值的可燃气体标准样气，探测器在 30s 内响应，撤去可燃气体，探测器在 60s 内恢复到正常监视状态。25 个探测器全部达到要求。

对线型可燃气体探测器，对发射的光全部遮挡，探测器的控制装置在 100s 内发出故障信号，25 个全部达到要求。

（5）火灾自动报警系统工程质量控制资料核查记录

质量控制资料核查按 GB 50166 附录 D 表 D 进行，示例见表 3-5-10。

表 3-5-10 火灾自动报警系统工程质量控制资料核查记录

工程名称	世贸中心		分部工程名称	火灾自动报警
施工单位	×建筑安装公司		项目经理	李××
监理单位	×监理公司		总监理工程师	张××
序号	资料名称	数量	核查人	核查结果
1	系统竣工图	1	李××	符合要求
2	施工过程检查记录	6	李××	符合要求
3	调试记录	4	李××	符合要求
4	产品检验报告、合格证及相关材料	16	李××	符合要求
结论	符合要求，同意验收			
	施工单位项目负责人： （签章）李×× ××××年××月××日	监理工程师： （签章）张×× ××××年××月××日	建设单位项目负责人： （签章）/ 　　　年　月　日	

① 系统竣工图。在安装完成后，应结合设计图绘制竣工图，1 套。

② 施工过程检查记录。施工中将 36 层世贸中心每 6 层为一流水段，施工检查记录每一流段形成检记录查，共计 6 份。

③ 调试记录。按本工程选用的 4 类探测器，分别调试，每种探测器一份调试记录。共计 4 份。

④ 产品检验报告，合格证及相关材料。每种探测器及配件都应有合格证，使用说明书；清单及认证证书，4 种材料，4 类探测器共 16 份材料。

将所有材料核查结果填入表 3-5-10，资料编号依次附在表后。

（6）火灾自动报警系统工程验收记录

工程验收记录按 GB 50166 附录 E 进行，示例参见表 3-5-11。

表 3-5-11 火灾自动报警系统工程验收记录

工程名称	世贸中心		分部工程名称	火灾自动报警系统
施工单位	×建筑安装公司		项目经理	李××
监理单位	×监理公司		总监理工程师	张××
序号	验收项目名称	条款	验收内容记录	验收评定结果
1	点型火灾探测器	5.3.4	材料安装调试	符合规定
2	线型感温火灾探测器	5.3.5	材料安装调试	符合规定
3	点型火焰探测器和图像型火灾探测器	5.3.8	材料安装调试	符合规定
4	可燃气体报警控制器	5.3.13	材料安装调试	符合规定
分部工程验收结论	符合规范规定和设计要求，同意验收			
验收单位	施工单位：（单位印章）		项目经理：（签章）李×× ××××年××月××日	
	监理单位：（单位印章）		总监理工程师：（签章） 王×× ××××年××月××日	
	设计单位：（单位印章）		项目负责人：（签章） / 　　　年　月　日	
	建设单位：（单位印章）		建设单位项目负责人： （签章）李×× ××××年××月××日	

注：分部工程质量验收由建设单位项目负责人组织施工单位项目经理、总监理工程师和设计单位项目负责人等进行。

按工程实际施工项目进行逐项验收。

① 点型火灾探测器验收（5.3.4条）

点型探测器安装位置符合设计要求，规格、型号、数量符合设计要求。周边与墙、梁、空调送风口的距离，符合要求，探测器水平安装，底座安装牢固。在同一房间，要安装整齐一致，其报警信号、报警功能调试符合设计要求。符合规范规定。

② 线型感温火灾探测器验收（5.3.5条）

探测器安装位置正确。距顶棚表约0.1m，探测器之间水平距离约5m，距墙1～1.5m，及其规格、型号、数量符合设计要求，底座安装牢固，排列整齐。调试能正确发出火灾报警和故障信号。符合规范规定。

③ 点型火焰探测器及图像型火灾探测器验收（5.3.8条）

探测器安装位置正确，视场角无遮挡物，视场角能覆盖探测区域，室外安装有防雨防尘设施。其规格、型号、数量符合设计要求。在探测区域最不利处，模拟火灾，探测器响应正确。在监视区域最不利位置调试，探测器能正确响应，符合规范规定。

④ 可燃气体报警探测器验收（5.3.1条）

探测器安装位置正确，气体密度低于空气密度的，安装在泄漏点的上方或探测气体的最高可能集聚点上方。密度高于空气密度的，安在泄漏点的下方。在有防爆要求的场所，按防爆要求施工。探测器安装的发射器和接收器窗口有避日光直射措施，发射器和接收器之间无遮挡物，两组探测器间距不大于14m。

按企业调试方法，正常动作，能发出报警信号。燃气为标准样气时，探测器能在30s内响应，撤去燃气后，探测器能在60s内恢复到正常状态；将线型探测器的发射光全部遮挡，探测器的控制装置能在100s内发出故障信号，调试合格。

探测器的规格、型号、数量符合设计要求。

经查看资料及现场抽查，火灾自动报警系统探测器系统质量符合规范规定。验收组同意验收。

第六节　燃气分部工程质量验收

一、燃气分部工程检验批质量验收用表

燃气分部工程检验批质量验收用表目录见表3-6-1。

表3-6-1　燃气分部工程检验批质量批验收用表目录

分项工程的检验批名称		子分部工程名称及编号			
		1001	1002	1003	1004
		引入管安装	室内燃气管道安装	设备安装	电气系统安装
1	引入管管道沟槽检验批质量验收记录	10010101			
2	引入管管道连接检验批质量验收记录	10010201			

续表

分项工程的检验批名称	子分部工程名称及编号			
	1001	1002	1003	1004
	引入管安装	室内燃气管道安装	设备安装	电气系统安装
3 引入管管道防腐检验批质量验收记录	10010301			
4 引入管管沟回填检验批质量验收记录	10010401			
5 引入管管道设施防护检验批质量验收记录	10010501			
6 阴极保护系统安装与测试	10010601			
7 引入管调压装置安装检验批质量验收记录	10010701			
1 室内管道及附件安装检验批质量验收记录		10020101		
2 室内暗埋或暗封管道及附件安装检验批质量验收记录		10020201		
3 室内支架安装检验批质量验收记录		10020301		
4 室内计量装置安装检验批质量验收记录（Ⅰ）		10020401（Ⅰ）		
5 室内计量装置安装商业及工业用燃气计量表安装检验批质量验收记录（Ⅱ）		10020402（Ⅱ）		
1 用气设备灶具安装检验批质量验收记录（Ⅰ）			10030101（Ⅰ）	
2 用气设备热水器安装检验批质量验收记录（Ⅱ）			10030102（Ⅱ）	
3 用气设备采暖热气炉安装检验批质量验收记录（Ⅲ）			10030103（Ⅲ）	
4 用气设备商业用气设备安装检验批质量验收记录（Ⅳ）			10030104（Ⅳ）	
5 通风设备、室内给排汽设备安装检验批质量验收记录（Ⅰ）			10020201（Ⅰ）	
6 通风设备平衡式隔室安装检验批质量验收记录（Ⅱ）			10020202（Ⅱ）	
7 通风设备烟道安装检验批质量验收记录（Ⅲ）			10020203（Ⅲ）	
8 通风设备安全防火安装检验批质量验收记录（Ⅳ）			10030204（Ⅳ）	
1 报警系统安装检验批质量验收记录				10040101
2 接地系统安装检验批质量验收记录				10040201
3 防爆电气系统安装检验批质量验收记录				10040301
4 自控安全系统安装检验批质量验收记录				11040401

　　燃气工程是现代建筑的重要部分。在 2001 年建筑工程施工质量验收规范修订标准时，建设部考虑到燃气工程的重要，从《建筑采暖卫生与煤气工程质量检验评定标准》

GBJ 302—88 中分出来，专门设立一个分部工程。由于后来一直没有列入编制计划，至今 GBJ 302—88 的第五章"室内煤气工程"及第九章"室外煤气工程"仍未废止，但其内容、格式都与现行质量验收规范不一致，其技术指标和现时技术条件已不适用。笔者认为，部里已编制了《城镇燃气室内工程施工与质量验收规范》CJJ 94—2009 及《家用燃气燃烧器具安装及验收规程》CJJ 12—2013，建筑工程质量验收缺少燃气工程，工程验收是不全面的，现在有了相关的行业规范标准，应该列入建筑工程的质量验收。故参照了这两个规范及有关规范，编写了燃气分部子分部分项工程质量的验收项目，列入建筑工程施工质量的验收，可供同行参考。

二、燃气分部工程质量验收规定

(一)《家用燃气燃烧器具安装及验收规程》CJJ 12—2013 的相关规定

(1) 基本规定（参见 CJJ 12 标准 3.1.1～3.5.2 条）：

3.1 一般规定

3.1.1 燃具及其配套使用的给排气装置和安全监控装置等，应根据燃气类别及特性、安装条件等因素选择。

3.1.2 燃具铭牌上标定的燃气类别必须与安装处所供应的燃气类别相一致（强制性条文）。

3.1.3 燃具节能和节水性能应符合国家现行有关标准的规定。燃具选型原则宜按本规程附录 A 的规定执行。

3.1.4 安装燃具的建筑应具有符合燃具使用要求的给水、排水、供暖、供电和供燃气系统。

3.1.5 住宅中应预留燃具的安装位置，并应设置专用烟道或在外墙上留有通往室外的孔洞（强制性条文）。

3.2 城镇燃气

3.2.1 城镇燃气的类别和特性应符合现行国家标准《城镇燃气分类和基本特性》GB/T 13611 的规定。城镇燃气质量应符合现行国家标准《城镇燃气设计规范》GB 50028 的规定。

3.2.2 燃具前供气压力的波动范围应在（0.75～1.5）倍燃具额定压力 P_n 之内；当海拔高度大于 500m 时，燃具额定压力 P_n 宜符合本规程附录 B 的规定。

3.3 烟气排放

3.3.1 安装敞开式燃具时，室内容积热负荷指标超过 207W/m³ 时应设置换气扇、吸油烟机等强制排气装置。有直通洞口的毗邻房间的容积也可一并作为室内容积计算。

3.3.2 安装半密闭式燃具时，应采用具有防倒烟、防串烟和防漏烟结构的烟道排烟。

3.3.3 安装密闭式燃具时，应采用给排气管排烟。

3.3.4 燃烧所产生的烟气应排至室外，不得排入封闭的建筑物、走廊、阳台等部位。

3.4 安全监控

3.4.1 城镇燃气/烟气（一氧化碳）浓度检测报警器和紧急切断阀的设置应符合现行国家标准《城镇燃气设计规范》GB 50028 的规定。

3.4.2 城镇燃气报警控制系统安装、验收和维护等应符合现行行业标准《城镇燃气报警控制系统技术规程》CJJ/T 146 的规定。

3.4.3 家用燃气报警器及传感器应符合现行行业标准《家用燃气报警器及传感器》CJ/T 347 的规定。紧急切断阀应符合现行行业标准《电磁式燃气紧急切断阀》CJ/T 394 的规定。

3.5 建筑设备

3.5.1 建筑给水排水系统、热水供应系统、采暖系统和供电系统的设置应符合国家现行标准《建筑给水排水设计标准》GB 50015、《民用建筑供暖通风与空气调节设计规范》GB 50736、《建筑给水排水及采暖工程施工质量验收规范》GB 50242 和《民用建筑电气设计规范》JGJ 16 等标准的规定。

3.5.2 室内燃气系统的设置应符合国家现行标准《城镇燃气设计规范》GB 50028 和《城镇燃气室内工程施工与质量验收规范》CJJ 94 的规定。

(2) 质量验收（参见 CJJ 12 标准 5.0.1～5.0.8 条）：

5.0.1 燃气的种类和压力，以及自来水的供水压力应符合燃具要求。

5.0.2 将燃具前燃气阀打开，关闭燃具燃气阀，用发泡剂或检漏仪检查燃气管道和接头，不应有燃气泄漏。采暖热水炉还应检查供回水系统的严密性。

5.0.3 燃气管道严密性检验应符合现行行业标准《城镇燃气室内工程施工与质量验收规范》CJJ 94 的规定，冷热水管道严密性检验应符合现行国家标准《建筑给水排水及采暖工程施工质量验收规范》GB 50242 的规定。

5.0.4 打开自来水阀和燃具冷水进口阀，关闭燃具热水出口阀，目测检查自来水系统不应有水渗漏现象。

5.0.5 按燃具使用说明书要求，使燃具运行，燃烧器燃烧应正常，各种阀门的开关应灵活，安全、调节和控制装置应可靠、有效。

5.0.6 燃具检查项目及性能要求应符合本规程表5.0.7～表5.0.8的规定。类别A为主控项目应全检,B为一般项目应抽检。抽检比率不应小于20%,且不应少于2台。上述检查合格和用户签字后张贴合格标示。

5.0.7 燃具基本条件应按表5.0.7的规定进行检验。

5.0.8 燃具安装应按表5.0.8的规定进行检验。

表5.0.7 基本条件检验

项目		条款号	技术要求	检验方法	类别
总项	子项				
一般规定	选型依据	3.1.1	符合用途和安装条件等	查阅设计文件	A
	燃气类别	3.1.2	必须匹配	查阅产品说明书	A
	燃具选项	3.1.3	满足预定用途	按本规程附录A	A
	辅助能源	3.1.4	给水、排水、供暖、供电、供燃气满足燃具要求	视检	A
	燃具及给排气	3.1.5	预留燃具位置,具备给排气设施	视检	A
烟气排放	敞开式	3.3.1	机械排烟符合要求	视检和查阅产品说明书	A
	半封闭自然排气式	3.3.2	设独立烟道或公用烟道	微压计或发烟物检查烟道抽力	A
	密闭式	3.3.3	设置给排气管	视检或查阅产品说明书	A
	综合	3.3.4	烟气排至室外大气	视检	A
安全监控	系统设置	3.4.1	半地下室和地上暗厨房设置符合要求	按现行国家标准《城镇燃气设计规范》GB 50028规定视检	A
	系统条件	3.4.2	系统设计符合要求	按现行行业标准《城镇燃气报警控制系统技术规程》CJJ/T 146规定视检	A

表5.0.8 燃具安装检验

项目		条款号	技术要求	检验方法	类别
总项	子项				
一般规定	燃具设备位置	4.1.1	通风良好的厨房或非居住房间,严禁设在卧室	视检	A
	特殊设置	4.1.2	半地下室(液化石油气除外)和地上暗厨房设置应有安全监控设施,不应设在地下室	按CJJ/T 146规定视检	A
	技术文件	4.1.4	具备使用说明书和安全警示	查阅产品技术文件	A
	设计参数	4.1.5	燃气种类、压力和负荷,水压、电压及功率等	查阅产品技术文件	B
灶具	设置房间	4.2.1	通风良好的厨房、阳台等非居住房间	视检	A
	安装位置	4.2.2	防火间距符合要求	视检,尺量	A
	灶台和墙面材料	4.2.3	材料符合防火要求	视检	A
	灶台结构	4.2.4	灶台高度及橱柜通风孔符合要求	视检,尺量	B

续表

项目		条款号	技术要求	检验方法	类别
总项	子项				
灶具	并列安装	4.2.5	水平净距不小于 0.5m	视检，尺量	B
	燃具连接	4.2.6	灶具与燃气管道和冷热水管道的安装符合要求	视检	A
热水器	设置房间	4.3.1	通风良好的厨房、阳台和平衡式隔室等	视检	A
	安装位置	4.3.2	防火间距符合要求	视检，尺量	A
	地面和墙面材料	4.3.4	材料符合防护要求	视检	A
	管道	4.3.4	燃气管道和冷热水管道的安装符合要求	视检	A
采暖热水炉	设置房间	4.4.1	厨房、阳台、半地下室（液化石油气除外）和平衡式隔室等	视检	A
	安装位置	4.4.2	防火间距符合要求	视检，尺量	A
	地面和墙面材料	4.4.3	材料符合防火要求	视检	A
	管道	4.4.4	采暖供回水、冷热水和燃气管道安装符合要求	视检	A
	膨胀管	4.4.5	严禁设置阀门	视检	A
	温控器	4.4.6	设置在采暖区域温度稳定并距地面（1.2～1.5）m 墙上	视检	B
电气	电源及接地	4.5.1	电源及插座与燃具匹配，接地可靠（使用交流电的 I 类器具）	视检插座并核查接地可靠性	A
	电源线截面	4.5.2	符合说明书规定	视检	A
	插座安装	4.5.3	应独立专用并安全固定，防火间距符合要求	视检	A
	防水插座	4.5.4	密闭式热水器在卫生间设置，且符合要求	视检	A
室内给排气设备	自然换气	4.6.1	排气装置的性能和安装符合要求	查阅产品技术文件	B
	机械换气	4.6.2	排气装置及排气道的性能和安装符合要求	查阅产品技术文件	B
	排烟罩结构	4.6.3	覆盖火源或覆盖周围部分	视检	B
	百叶窗	4.6.4	间隙和开口面积符合要求	视检	B
	机械换气给气口	4.6.6	机械换气时，可不限制给气口大小和位置	视检	B
	排气扇与燃具	4.6.7	排汽扇的风量和风压符合要求	查阅技术文件	A

续表

项目		条款号	技术要求	检验方法	类别
总项	子项				
室内给排气设备	吸油烟机与共享排气道	4.6.8	排气系统符合要求	查阅技术文件	B
	排气管、给排气管连接和安装	4.6.9	排气管和排气管的质量及安装位置、坡度和搭接长度等符合要求	视检	B
	水平烟道出口	4.6.10	燃具烟道终端排气出口距门洞口最小净距符合要求，烟道终端排气出口应设置在烟气容易扩散的部位	视检	A
	给气口和换气口	4.6.11	位置和横截面积符合要求	视检	B
	烟道	4.6.12	半密闭自然排气式燃具烟道应符合要求（调试、长度和弯头数量等）	视检	B
	烟囱出口位置	4.6.13	高出屋顶并避开正压区	视检	A
	独立烟道	4.6.14	独立烟道的结构和性能符合要求	视检	A
	共享烟道	4.6.15	共享烟道的结构和性能符合要求	视检	A
	支烟道抽力	4.6.16	燃具停用时为负压	微压计或发烟物视检	A
	烟囱抽力	4.6.17	烟囱抽力大于总阻力，燃具工作时，$P_j < 0$（3Pa或10Pa）	微压计或发烟物视检	A
	燃气、煤合用烟道	4.6.19	不得合用	视检	A
	共享给排气烟道	4.6.20	共享给排气烟道的结构和性能符合要求	视检	A
	密闭式燃具与共享给排气烟道连接	4.6.21	符合要求	视检	A
	冷凝式燃具烟道	4.6.22	标明适应冷凝式燃具，并应有收集和处理冷凝液的措施	视检	A
平衡式隔室	用途	4.7.1	半密闭自然排气式改为密闭自然排气式	视检	B
	设计	4.7.2	隔室排气设计符合要求	视检	A
	自闭门结构	4.7.3	隔室自闭门结构符合要求	视检	A
	保温	4.7.4	烟道管、空气管和热水管应保温	视检	B
	给排气口	4.7.5	距门、窗洞口和可燃、难燃材料的距离符合要求	视检	A

续表

项目		条款号	技术要求	检验方法	类别
总项	子项				
安全防火	燃具	4.8.1	与可燃、难燃材料的距离符合要求	视检	A
	吸油烟机	4.8.2	灶具与吸油烟机除油装置及其他部位的距离符合要求	视检	A
	排气筒、排气管、给排气管	4.8.3	与可燃、难燃材料的距离符合要求	视检	A
	外墙烟道风帽	4.8.4	与可燃、难燃材料的距离符合要求	视检	A

（二）《城镇燃气室内工程施工与质量验收规范》CJJ 94—2009 的相关规定

（1）基本规定（参见 CJJ 94 标准 3.1.1～3.3.3 条）：

3.1 一般规定

3.1.1 承担城镇燃气室内工程和燃气室内配套工程的施工单位，应具有国家相关行政管理部门批准的与承包范围相应的资质。

3.1.2 从事燃气钢质管道焊接的人员必须具有锅炉压力容器压力管道特种设备操作人员资格证书，且应在证书的有效期及合格范围内从事焊接工作。间断焊接时间超过六个月，再次上岗前应重新考试合格。

3.1.3 从事燃气铜管钎焊焊接的人员应经专业技术培训合格，并持相关部门签发的特种作业人员上岗证书，方可上岗操作。

3.1.4 从事燃气管道机械连接的安装人员应经专业技术培训合格，并持相关部门签发的上岗证书，方可上岗操作。

3.1.5 城镇燃气室内工程施工必须按已审定的设计文件实施。当需要修改设计文件或材料代用时，应经原设计单位同意。

3.1.6 施工单位应结合工程特点制定施工方案，并应经有关部门批准。

3.1.7 在质量检验中，根据检验项目的重要性分为主控项目和一般项目。主控项目必须全部合格，一般项目经抽样检验应合格。当采用计数检验时，除有专门要求外，一般项目的合格点率不应低于80%，且不合格点的最大偏差值不应超其允许偏差值的1.2倍。

3.1.8 工程完工必须经验收合格，方可进行下道工序或投入使用。工程验收的组织机构应符合相关规定。

分项工程验收宜按本规范附录A表A.0.1的要求填写验收结果；分部（子分部）工程验收宜按本规范附录A表A.0.2的要求填写验收结果；单位（子单位）工程验收宜按本规范附录A表A.0.3的要求填写验收结果。

3.1.9 验收不合格的项目，通过返修或采取安全措施仍不能满足设计文件要求时，不得对该项目验收。

3.1.10 室内燃气管道的最高压力和燃具、用气设备燃烧器采用的额定压力应符合现行国家标准《城镇燃气设计规范》GB 50028 的有关规定。

3.1.11 当采用计数检验时，计数宜符合下列规定：

1 直管段：每20m为一个计数单位（不足20m按20m计）；

2 引入管：每一个引入管为一个计数单位；

3 室内安装：每一个用户单元为一个计数单位；

4 管道连接：每个连接口（焊接、螺纹连接、法兰连接等）为一个计数单位。

3.2 材料设备管理

3.2.1 国家规定实行生产许可证、计量器具许可证或特殊认证的产品，产品生产单位必须提供相关证明文件，施工单位必须在安装使用前查验相关的文件，不符合要求的产品不得安装使用（强制性条文）。

3.2.2 燃气室内工程所用的管道组成件、设备及有关材料的规格、性能等应符合国家现行有关标准及设计文件的规定，并应有出厂合格文件；燃具、用气设备和计量装置等必须选用经国家主管部门认可的检测机构检测合格的产品，不合格者不得选用（强制性条文）。

3.2.3 燃气室内工程采用的材料、设备及管道组成件进场时，施工单位应按国家现行标准及设计文件组织检查验收，并填写相应记录。验收应以外观检查和查验质量合格文件为主。当对产品的质量或产品合格文件有疑义时，应在监理（建设）单位人员的见证下，由相关单位按产品检验标准分类抽样检验。

3.2.4 对工程采用的材料、设备进场抽检不合格时，应按相关产品标准进行抽测。抽测的材料、设备再出现不合格时，判定该批材料、设备不合格，并严禁使用。

3.2.5 管道组成件和设备的运输及存放应符合下列规定：

1 管道组成件和设备在运输、装卸和搬动时，应避免被污染，不得抛、摔、滚、拖等；

2 管道组成件和设备严禁与油品、腐蚀性物品或有毒物品混合堆放；

3 铝塑复合管、覆塑的铜管、覆塑的不锈钢波纹软管及其管件应存放在通风良好的库房或棚内，不得露天存放，应远离热源且防止阳光直射；

4 管子及设备应水平堆放，堆置高度不宜超过 2.0m。管件应原箱码堆，堆高不宜超过 3 层。

3.3 施工过程质量管理

3.3.1 在施工过程中，工序之间应进行交接检验，交接双方应共同检查确认工程质量，并应做书面记录。

3.3.2 工程质量验收应在施工单位自检合格的基础上，按分项、分部（子分部）、单位（子单位）工程进行。

3.3.3 燃气室内工程验收单元可按单位（子单位）工程、分部（子分部）工程、分项工程进行划分。分部（子分部）、分项工程的划分可按表 3.3.3 进行。

表 3.3.3 燃气室内工程分部（子分部）、分项工程划分表

分部（子分部）工程	分项工程
引入管安装	管道沟槽、管道连接、管道防腐、沟槽回填、管道设施防护、阴极保护系统安装与测试、调压装置安装
室内燃气管道安装	管道及管道附件安装、暗埋或暗封管道及其管道附件安装、支架安装、计量装置安装
设备安装	用气设备安装、通风设备安装
电气系统安装	报警系统安装、接地系统安装、防爆电气系统安装、自动控制系统安装

3.3.4 施工单位应对工程施工质量进行检验，并真实、准确、及时地记录检验结果。记录表格宜符合本规范附录 A 的要求。

3.3.5 质量检验所使用的检测设备、计量仪器应检定合格，并应在有效期内。

(2) 试验与验收（参见 CJJ 94 标准 8.1.1～8.4.3 条）：

8.1 一般规定

8.1.1 室内燃气管道的试验应符合下列要求：

1 自引入管阀门起至燃具之间的管道的试验应符合本规范的要求；

2 自引入管阀门起至室外配气支管之间管线的试验应符合国家现行标准《城镇燃气输配工程施工及验收规范》CJJ 33 的有关规定。

8.1.2 试验介质应采用空气或氮气。

8.1.3 严禁用可燃气体和氧气进行试验（强制性条文）。

8.1.4 室内燃气管道试验前应具备下列条件：

1 已制定试验方案和安全措施；

2 试验范围内的管道安装工程除涂漆、隔热层和保温层外，已按设计文件全部完成，安装质量应经施工单位自检和监理（建设）单位检查确认符合本规范的规定。

8.1.5 试验用压力计量装置应符合下列要求：

1 试验用压力计应在校验的有效期内，其量程应为被测最大压力的 1.5～2 倍。弹簧压力表的精度不应低于 0.4 级。

2 U 形压力计的最小分度值不得大于 1mm。

8.1.6 试验工作应由施工单位负责实施，监理（建设）等单位应参加。

8.1.7 试验时发现的缺陷，应在试验压力降至大气压力后进行处理。处理合格后应重新进行试验。

8.1.8 家用燃具的试验与验收应符合国家现行标准《家用燃气燃烧器具安装及验收规程》CJJ 12 的有关规定。

8.1.9 暗埋敷设的燃气管道系统的强度试验和严密性试验应在未隐蔽前进行。

8.1.10 当采用不锈钢金属管道时，强度试验和严密性试验检查所用的发泡剂中氯离子含量不得高于 25×10^{-6}。

8.2 强度试验

8.2.1 室内燃气管道强度试验的范围应符合下列规定：

1 明管敷设时，居民用户应为引入管阀门至燃气计量装置前阀门之间的管道系统；暗埋或暗封敷设时，居民用户应为引入管阀门至燃具接入管阀门（含阀门）之间的管道；

2 商业用户及工业企业用户应为引入管阀门至燃具接入管阀门（含阀门）之间的管道（含暗埋或暗封的燃气管道）。

8.2.2 待进行强度试验的燃气管道系统与不参与试验的系统、设备、仪表等应隔断，并应有明显的标志或记录，强度试验前安全泄放装置应已拆下或隔断。

8.2.3 进行强度试验前，管内应吹扫干净，吹扫介质宜采用空气或氮气，不得使用可燃气体。

8.2.4 强度试验压力应为设计压力的 1.5 倍且不得低于 0.1MPa。

8.2.5 强度试验应符合下列要求：

1 在低压燃气管道系统达到试验压力时，稳压不少于 0.5h 后，应用发泡剂检查所有接头，无渗漏、压力计量装置无压力降为合格；

2 在中压燃气管道系统达到试验压力时，稳压不少于 0.5h 后，应用发泡剂检查所有接头，无渗漏、压力计量装置无压力降为合格；或稳压不少于 1h，观察压力计量装置，无压力降为合格；

3 当中压以上燃气管道系统进行强度试验时，应在达到试验压力的 50% 时停止不少于 15min，用发泡剂检查所有接头，无渗漏后方可继续缓慢升压至试验压力并稳压不少于 1h 后，压力计量装置无压力降为合格。

8.3 严密性试验

8.3.1 严密性试验范围应为引入管阀门至燃具前阀门之间的管道。通气前还应对燃具前阀门至燃具之间的管道进行检查。

8.3.2 室内燃气系统的严密性试验应在强度试验合格之后进行。

8.3.3 严密性试验应符合下列要求：

1 低压管道系统

试验压力应为设计压力且不得低于 5kPa。在试验压力下，居民用户应稳压不少于 15min，商业和工业企业用户应稳压不少于 30min，并用发泡剂检查全部连接点，无渗漏，压力计无压力降为合格。

当试验系统中有不锈钢波纹软管、覆塑铜管、铝塑复合管、耐油胶管时，在试验压力下的稳压时间不宜小于 1h，除对各密封点检查外，还应对外包覆层端面是否有渗漏现象进行检查。

2 中压及以上压力管道系统

试验压力应为设计压力且不得低于 0.1MPa。在试验压力下稳压不得少于 2h，用发泡剂检查全部连接点，无渗漏、压力计量装置无压力降为合格。

8.3.4 低压燃气管道严密性试验的压力计量装置应采用 U 形压力计。

8.4 验收

8.4.1 施工单位在工程完工自检合格的基础上，监理单位应组织进行预验收。预验收合格后，施工单位应向建设单位提交竣工报告并申请进行竣工验收。建设单位应组织有关部门进行竣工验收。

新建工程应对全部施工内容进行验收，扩建或改建工程可仅对扩建或改建部分进行验收。

8.4.2 工程竣工验收应包括下列内容：

1 工程的各参建单位向验收组汇报工程实施的情况；

2 验收组应对工程实体质量（功能性试验）进行抽查；

3 对本规范第 8.4.3 条规定的内容进行核查；

4 签署工程质量验收文件。

8.4.3 工程竣工验收前应具有下列文件，并宜按附录 A 及附录 B 表格填写：

1 设计文件；

2 设备、管道组成件、主要材料的合格证、检定证书或质量证明书；

3 施工安装技术文件记录（附录 C）：焊工资格备案（表 C.0.1）、阀门试验记录（附表 C.0.2）、射线探伤检验报告（表 C.0.3）、超声波试验报告（表 C.0.4）、隐蔽工程（封闭）记录（表 C.0.5）、燃气管道安装工程检查记录（表 C.0.6）、室内燃气系统压力试验记录（表 C.0.7）；

4 质量事故处理记录；

5 城镇燃气工程质量验收记录（附录 A）：燃气分项工程质量验收记录（表 A.0.1）、燃气分部（子分部）工程质量验收记录（表 A.0.2）、燃气单位（子单位）工程竣工验收记录（表 A.0.3）；

6 其他相关记录。

三、各分项（检验批）工程质量验收项目摘要

（一）燃气工程现没有与国家标准《建筑工程施工质量验收统一标准》GB 50300 配套的工程质量验收规范，仅有行业标准。建筑工程质量验收缺燃气工程是不全面的。笔者将行业标准摘要列入本书，供同行参考。为了能尽可能地一致，将其各分项工程主控项目、一般项目的质量项目及检验方法摘录出来。主要参考的现行标准有《城镇燃气室内工程施工与质量验收规范》CJJ 94 及《家用燃气燃烧器具安装及验收规格》CJJ 12 以及《城镇燃气输配工程施工及验收规范》CJJ 33 等行业标准。

（二）燃气工程引入管道子分部工程各分项工程检验批质量验收项目及检验方法摘要，见表 3-6-2。

（三）室内燃气管道安装子分部工程的各分项工程检验批的验收内容摘录见表 3-6-3。

表3-6-2 引入管道安装子分部工程检验批项目和检验方法

检验批	项目	项目／子项目	条文号	技术要求摘要	检验方法	检验批表号
1. 引入管道沟槽	一般项目 CJJ 94	1. 引入管地下引入、施工技术要求	4.2.4	管道轴线、标高位置及实体墙固定、基础管沟套管、安全护栏、封闭式施工	目视检查、施工记录	10010101
		2. 沟槽开挖技术要求	2.3.1～2.3.13	硬路面开槽、槽应放坡或支护、按管道开挖沟底尺寸、保证沟底土的密实度要求	做好施工记录及沟槽验收	
2. 引入管道连接	主控项目 CJJ 94	1. 地下室、半地下室、设备层和地上密闭间引入管的规定	4.2.1	应符合设计文件规定，引入管应为10.20及以上钢号无缝钢管；焊接连接，外观为M级合格、Ⅱ级合格照相、Ⅱ级合格	目视，检查无损检测报告	10010201
		2. 紧邻小区道路、楼门过道处的地上引入管道的规定	4.2.2	引入管道应符合设计文件要求，设置安全保护措施	目视检查、对照设计文件	
		3. 引入管道强度试验符合规定	8.2.1～8.2.5	试压系统，明确试压范围，试压系统与不试设备管道隔开。用设计压力的1.5倍，且不得低于0.1MPa。低压压达到试验压力、稳压0.5h，发泡剂检查，中压管或稳压1h无压力降为合格，中压试验压力达到50%时，停止不少于15min，发泡剂检查无接头，无渗漏压力降。稳压1h后无压力降为合格	全数检查施压记录强度试验报告	
	一般项目	1. 引入管与室外埋地PE管连接接头	4.2.3	位置距建筑物基础不宜小于0.5m，接头采用钢塑焊接转换接头、法兰转换头	目视检查、针孔检漏仪检查、检查记录	
		2. 引入管地下引入时的要求	4.2.4	引入管穿过建筑物或管沟时，应设套管，套管比引入管大1～2寸；引入管室内部分宜靠实体墙固定	全数检查、目视检查、隐蔽检查记录	
		3. 引入管地上引入时的要求	4.2.5	引入管升向地面的套管，引入管与外墙间净距宜为0.10～0.15m；引入管上端弯曲处应设置清扫口宜焊接连接，保温材料、厚度符合设计要求	焊缝全数、10%抽查、不少于2处。目视检查、厚度测针测、合格证	
		4. 输入湿燃气的引入管坡向室外	4.2.6	引入管坡向室外，坡度宜大于或等于0.01	抽查10%，且不少于2处。尺量检查	

续表

检验批	项目	子项目	条文号	技术要求摘要	检验方法	检验批表号
3. 引入管管道防腐		1. 引入管防腐的种类和防腐等级应符合设计要求(CJJ 94)	4.2.3	引入管与钢塑焊接转换接头、法兰接头法兰及紧固件之间的空隙应用防腐胶泥填充;防腐层种类和防腐等级符合设计要求。接头钢质部分不低于管道防腐等级	100%检查,目视检查,针孔检漏仪检测	10010301
		2. 防腐层预制(CJJ 33)	4.0.1 4.0.2	管道防腐层预制,施工过程中要与管子卫生和环境保护,处理好工艺安全和工艺通风净化之间的关系;管材防腐层统一在车间进行	事前检查有关文件及防腐方案	
		3. 管材及附件防腐前的检查	4.0.3	钢管弯曲度、椭圆度	目视检查验收记录	
		4. 防腐材料的要求	4.0.4	无质量证明或检验证明;质量证明数据不全,未经复验等,不得使用	检验质量文件	
	一般项目	5. 防腐前管材表面处理	4.05 4.06	防腐前管材表面处理达到防腐材料的除锈要求。若防腐前出现锈蚀,必须重新除锈。除锈后及时进行防腐	目视检查	
		6. 各种防腐材料的施工及验收要求	4.07	埋地钢质管道施工应符合相应防腐材料的防腐技术标准,以及《埋地钢质管道防腐蚀控制技术规程》CJJ 95 的规定	目视检查及验收资料	
		7. 防腐后管道的管理	4.0.8 4.0.9 4.0.10 4.0.11	经检查合格的防腐管道应在防腐层上标明管道规格、防腐等级,生产日期及厂名等;按防腐类型、等级、管道规格分类堆放;涂层固化后堆放	检查管理文件及验收记录文件	
4. 引入管管沟回填		1. 管道安装检查合格后,管沟及时回填	2.4.1 2.4.2 CJJ 33	管道安装检查合格后及时回填,土质符合要求,管道两侧及管顶上 0.5m 的回填土不得含有碎石、砖块等,不得用灰土回填,管上 0.5m 以上不得含有 0.1m 石块土,10%回填	目视检查;检查施工记录	10010401
		2. 引入管采用地下引入时回填的规定	4.2.4 CJJ 94	引入管符合设计要求,引入管穿越基础管沟套管符合规定;及时回填,回填路面恢复符合规定	100%检查;目视检查;检查隐蔽验收记录	

续表

检验批	项目		子项目	条文号	技术要求摘要	检验方法	检验批表号
4. 引入管管沟回填		一般项目	3. 回填土厚度符合规定	4.2.7 CJJ 94 10.2.20	引入管最小覆土厚度应符合设计规定，湿燃气引入管埋设在冻土层以下	100%检查 施工中尺量检查	
			4. 有支护时回填土的要求	2.4.3 CJJ 33	支护应在管道两侧，管顶以上0.5m回填压实后拆除，并用细砂、填实缝隙	查施工方案和施工记录	10010401
			5. 回填土顺序及夯实	2.4.4 2.4.5 2.4.6	沟槽回填应先回填管下局部悬空部位，再填管道两侧，再填管上部；回填土分层压实，压实后管顶及管两侧的密实度，不小于90%，以上为道路要求	施工中目视检查，测量土的密实度	
			6. 恢复路面要求	2.4.7 2.4.8 2.4.9	沥青路面、混凝土路面由专业施工队伍施工，符合当地路政部门的规定	施工方案及施工协议	
5. 引入管道设施防护	主控项目		邻道路、楼门过道地上引入管设施防护措施	4.2.2	符合设计文件要求	100%检查；目视检查，查阅设计文件	10010501
6. 阴极保护系统与安装调试		一般项目	1. 引入管最小覆土厚度要求	4.2.7	符合设计要求	100%检查，施工中尺量检查	
			2. 室外配支气管上采取阴极保护措施	4.2.8	引入管进入建筑物前设绝缘装置，整体式绝缘接头，确保电位有效，进入室内的燃气管道进行等电位联结	100%检查；目视检查，产品合格证	10010601
			3. 燃气管穿越墙基础、管沟、楼板采取保护措施	4.1.4	燃气管道穿越墙基、套管应设套管，套管内不得设任何连接头焊缝，套管与燃气管道之间应采用柔性防腐、防水材料填实，套管与建筑物之间用防水材料填实	100%检查；目视检查，验收记录	
			4. 套管直径的要求	4.1.5	套管应符合设计要求，无要求时比燃气管管径大1~2寸	100%检查；目视检查	

续表

检验批	项目		子项目	条文号	技术要求摘要	检验方法	检验批表号
7. 引入管调压装置安装	主控项目		1. 调压装置安装应符合要求	7.3.1 CJJ 94	燃气锅炉和冷水机组的燃气调压装置应符合设计要求	100%检查；按设计文件检查	10010701
			2. 调压装置与燃气管路连接	7.3.2	镀锌钢管采用螺纹连接，无缝管用焊接或法兰连接；铜管采用插式硬钎焊连接；薄壁不锈钢管用管件机械连接；不锈钢波纹管用非金属软管与金属管件连接；燃气用铝塑复合管用卡套式专用连接方式等	100%检查；符合CJJ 94 4.3节要求	
			3. 燃烧器系统及调压装置性能规格、型号要求	7.3.3	必须符合设计文件及供气源要求	100%检查；查阅设计文件、产品说明书和设备铭牌	
			4. 调压装置安装环境、位置要求	7.3.4	调压装置安装环境，位置应符合设计文件要求和规范规定	100%检查、查阅设计文件及相关规范	
	一般项目		调压装置的建筑物的耐火等级、防腐装置，设备接地和报警系统要求	7.3.5	符合设计文件的要求	100%检查；查阅设计文件安装检测试验记录	

表3-6-3　室内燃气管道安装子分部工程检验批质量和验收内容

检验批	项目		子项目	条文号	技术要求摘要	检验方法	检验批表号
1. 室内燃气管道及附件安装	主控项目		1. 管道强度试验 CJJ 94	8.2.1～8.2.5	试压管道范围应确定。试验前安全泄放装置已拆下或隔断。管内吹扫干净。试验压力为设计试验压力的1.5倍，且不低于0.1MPa。低压试验压力时，稳压不少于0.5h后，用发泡剂检查所有接头，无漏，无渗，无压力降为合格。中压I系统试验压力时，稳压不少于0.5h后，用发泡剂检查所有接头，无渗漏，无压力降或稳压不少于1h后，无压力降为合格；中压II以上系统强度试验时，在达到试验压力的50%时停止不少于15min，用发泡剂检查所有接头，无渗漏，无压力降继续升压至试验压力稳压不少于1h后，无压力降为合格	100%检查；查阅试验方案及试压报告	10020101

续表

检验批	项目	子项目	条文号	技术要求摘要	检验方法	检验批表号
1. 室内燃气管道及附件安装	主控项目	2. 管道严密性试验	8.3.1～8.3.4	严密性检验应在强度试验合格后进行。低压管系统，试验用压力为设计压力，且不低于5kPa，在试验压力下，民用用户应稳压不少于15min，商业和工业用户应稳压不少于30min，用发泡剂检查全部连接点，无渗漏为合格。当系统中有不锈钢波纹软管、覆塑铜管、铝塑复合管、耐油胶管等在试验压力下，稳压不少于1h，除各密封点检查外，还应对外包覆层端面有否渗漏进行检查。中压及以上压力管系统，试验压力为设计压力且不低于0.1MPa，在试验压力下稳压不少于2h，用发泡剂检查全部连接点，无渗漏，无压力降为合格。低压燃气管道严密性试验应用U形压力管	100%检查；检查试验报告及试验方案	10020101
		3. 管道连接方式	4.3.6	连接方式应符合设计文件要求，设计无规定时，设计压力大于或等于10kPa的管道，以及布置于地下室、半地下室或设备层间的密闭空间的管道，除采用加厚的低压管或专用设备进行螺纹连接或法兰连接外，应采用焊接连接方式	100%检查；目视检查；查阅设计文件	
		4. 钢质管道焊接	4.3.7	管子与管件坡口组对坡口形式和尺寸应符合设计文件的要求，《现场设备、工业管道焊接工程施工及验收规范》GB 50236 的规定，当尺寸≤DN40时，可用氧-可燃气体焊或手工电弧焊、钨极氩弧焊，直采用手工电弧焊或钨极氩弧焊，焊条、焊丝，当尺寸＞DN40时，用合格产品，焊剂符合合格，焊接工艺应符合要求。对接焊缝质量应符合设计要求，外观检查合格，内部质量用射线检测符合 GB 50236 Ⅲ级焊缝质量标准	外观质量，100%检查；内部质量，抽5%，且不少于1个接头；内部质量或焊口5%。当管道暗埋敷设时，外观和内部质量应100%检查。外观目视检查。内部尺寸检查，内部无损检查或焊缝无损检测报告	
		5. 钢管焊接质量检验	4.3.8	焊缝检验不合格的部位必须返修合格。焊缝检验不合格一道，应再抽该焊工同一批焊缝检验，两道均合格为合格。当出现不合格一道，两道均不合格，判为不合格；当仍出现不合格一道，再抽两道检验，两道均合格，判为合格；当仍出现不合格一道，对该焊工全部焊缝检验，并对其他批次加大抽样比率	100%检查；查看检查记录和无损探伤报告	

333

续表

检验批	项目	子项目	条文号	技术要求摘要	检验方法	检验批表号
1. 室内燃气管道及附件安装	主控项目	6. 法兰焊接焊缝验验	4.3.9	法兰焊接结构及焊缝成型符合《管路法兰技术条件》JB/T74有关规定	抽查10%，不少于1对法兰	10020101
		7. 铜管接头种焊接工艺要求	4.3.10	铜管焊接和焊接工艺应符合《铜管接头》GB/T 116/8的规定；焊前管内外壁清理；承口同隙调整均匀；铜管适用无银或低银钎料，铜与铜可不加钎焊剂，铜与铜合金应加钎焊剂；钎焊均匀，钎料均应渗入承口的间隙，静止冷却，焊后外观检查	100%检查；目视检查	
		8. 铝塑复合管连接规定	4.3.11	铝塑复合管、连接管应有合格证书；管与管连接配套用专用工具连接；保证口端面与管轴线垂直	100%检查；目视检查	
		9. 燃气检测报警器或阀门的水平距离	4.3.12	燃气密度比空气低时，水平距在 0.5～8.0m 范围；比空气密度高时水平距在安装高度在距屋 0.3m 之内；安装高度在距地面 0.5～4.0m 之内	100%检查；目视及尺量检查	
		10. 燃气管严禁作接地及电极	4.3.13	室内燃气管道严禁作为接地导体或接地电极	100%检查；目视检查	
		11. 明敷燃气管道应防雷击	4.3.14	沿屋面、外檐明敷燃气管道，不得设在檐角、屋檐屋脊等易遭雷击部位；安装在避雷保护范围内，管道任何部位接地电阻值不得大于10Ω；在避雷范围围外应符合设计文件规定	100%检查及接地表测试	
	一般项目	1. 建筑物外要设燃气管要求	4.3.15	沿建筑外墙敷设中压燃气管道公共和住宅门距离符合设计要求；有防腐、保温措施；与其他金属管平行时净距小于100mm，之间有跨接措施	除保温外100%检查；目视检查，查检测报告	
		2. 管子切口要求	4.3.16	管子切口表面、端面质量；波纹管、铝复合管外保护层剥离后方可连接	5%检查；目视、尺量	

续表

检验批	项目	子项目	条文号	技术要求摘要	检验方法	检验批表号
1. 室内燃气管道及附件安装	一般项目	3. 管子现场弯制要求	4.3.17	管子弯制应使用专用工具和方法;焊接管的焊缝应位于中心线处;弯曲最小半径与管子直径的比值为最小3.5D,复合管为5D,钢管比率8%	100%检查;目视,尺量	10020101
		4. 法兰连接要求	4.3.18	连接前应检查法兰密封垫片,接头位置方便检查,应与管道同心;螺孔对正;管道、设备、阀门的端面应平行;垫片数量和质量符合要求;螺栓规格与方向一致	抽查10%;不少于2对法兰;目视检查	
		5. 螺纹连接要求	4.3.19	切割、攻制焊缝无开裂;现场攻制螺纹数符合规定;按管径大小9~11,12~14扣;螺纹表面质量要求,密封面料符合要求,拧紧后应外露1~3扣;铜管与球阀、仪表、管件,采用承插式管件	抽查10%;目视检查	
		6. 室内管道与墙的距离要求	4.3.20	室内明设,暗封管道与墙的净距,满足维护、检修的要求,依管径大小,30~90mm	抽查5%;尺量检查	
		7. 管道竖井内安装要求	4.3.21	土建完工后安装,穿隔应加套管,间隙不少于10mm,标志黄色以示区别,与其他管道间满足安装与维修;接头水位置在该层地面上1~1.2m	抽查20%;目视,尺量检查	
		8. 铝复合管安装要求	4.3.23	不得敷设在室外和紫外线照射的部位,管子调直符合规定,管道远离热源,与地面水平距离≥0.5m,在灶具上方,阀门应固定,不得让阀门自重和操作力传至管道	100%检查;目视,尺量检查	
		9. 燃气管道与燃具间软管连接要求	4.3.24	符合设计文件要求,软管与管道、灶具连接应严密,牢固,软管有缺陷不得使用,软管与灶具连接,软管长度不大于2m,移动工业灶具不大于30m,不多于2个接口,软管低于灶具面板30mm以上,不得穿墙、楼板、门、窗等	100%检查;目视,尺量检查	
		10. 立管安装垂直度要求	4.3.25	立管垂直度,每层≤3mm/m,且全长≤20mm,管道垂直交叉时,大管让小管于小管外侧	抽查5%;目视,尺量检查	

续表

检验批	项目	子项目	条文号	技术要求摘要	检验方法	检验批表号
1. 室内燃气管道及附件安装	一般项目	11. 室内燃气管与电气设备、管道之间间距	4.3.26	符合设计文件要求和规范规定	抽查10%尺量、目视检查	10020101
		12. 管道阀门安装允许偏差	4.3.28	符合规范规定	10%抽查,且不少于5处,目视尺量检查	
		13. 室内燃气管防腐规定	4.3.31	燃气管检查合格后进行除锈、防腐,符合设计要求和规范规定	5%抽查;目视、查阅设计文件	
2. 室内燃气管道暗埋或暗敷及附件安装	主控项目	1. 燃气管道连接方式	4.3.6	符合设计要求	100%,目视、设计文件	10020201
		2. 燃气检测-报警器具、阀门的水平距离	4.3.12		100%,目视、尺量检查	
		3. 室内燃气管道严禁作为接地导体或用电极	4.3.13		100%,目视检查	
		4. 燃气管道强度试验	8.2.1~8.2.5		100%,检查试验报告	
		5. 燃气管道严密性试验	8.3.1~8.3.4		100%,检查试验报告	
	一般项目	1. 燃气管与墙面的距离	4.3.20		10%,目视、尺量检查	
		2. 竖井内管道安装	4.3.21		10%,目视、尺量检查	
		3. 暗埋式敷设的要求	4.3.22	管槽不得伤及建筑钢筋、梁、柱、墙板,保证管槽尺寸,不得有接头,防止外力冲击,有效保护措施	100%,目视、尺量检查、设计文件	
3. 室内燃气管道支架安装	主控项目	1. 管道支、托、吊架安装	4.3.27 (1~3)	支、托、吊架安装,稳固不影响管道的安装、维护、检修,主管每层至少一个支架,有阀门支架尽量靠近	目视、尺量检查	10020301
	一般项目	2. 与不锈钢波纹软管、铝复合管直接连接作阀门要求	4.3.27 (4)	应设固定底座或管卡	目视检查	

续表

检验批	项目	子项目	条文号	技术要求摘要	检验方法	检验批表号
3. 室内燃气管道支架安装	一般项目	3. 管道支架最大间距要求	4.3.27 (5)	各种管道支架间距,符合表4.3.27的1~4表	目视检查	
		4. 水平管弯转处安装要求	4.3.27 (6)	应设固定托架或管卡座	目视检查	
		5. 支架结构形式	4.3.27 (7~8)	符合设计要求。管道与支架为不同材质时,二者之间应用良好绝缘性材料隔离	目视、尺量检查	10020301
		6. 支架涂漆	4.3.27 (9)	应符合设计要求	10%;目视、尺量检查	
4. 室内燃气管道计量装置安装(Ⅰ)	主控项目	1. 计量表安装	5.2.1	位置符合设计要求	目视、设计文件	
		2. 燃气计量表前的过滤器安装要求	5.2.2	过滤器安装符合产品说明书及设计要求	目视、设计文件、产品说明书	
		3. 计量表与燃具、电气设备最小水平距离	5.2.3	距离便于安装、检查和维修,距离20~100cm	100%;目视、尺量检查	
		4. 家用燃气计量表安装	5.3.1	安装要横平竖直。表的专用连接件位置符合要求,表与电气设备之间的距离符合要求,表宜有固定支架等	10%;目视、尺量检查	
	一般项目	1. 表的外观完好	5.2.4	外观无损,涂层完好	100%;目视手动检查	
		2. 膜式计量表钢支架安装要求	5.2.5	端正牢固,无倾斜	10%目视、手动检查	10020401
		3. 支架涂漆要求	5.2.6	涂漆种类、遍数符合设计要求,无脱皮、起泡、薄厚均匀一致、色泽一致	10%;目视、设计文件	
		4. 富氧燃具或鼓风燃烧计量表后的止回阀或泄压装置安装	5.2.7	加氧燃烧器、计量表后的止回阀、泄压装置符合设计要求	100%;目视、设计文件	

续表

检验批	项目	子项目	条文号	技术要求摘要	检验方法	检验批表号
4.室内燃气管道装置计量表安装（Ⅰ）	一般项目	5. 组合式燃气计量表安装	5.2.8	应牢固固定在墙上，或平稳放在地上	100%；目视检查	10020401
		6. 室外燃气计量表安装	5.2.9	室外安装在防护箱内，注意防火、防水	100%；目视检查	
		7. 燃气计量表与管道的连接	5.2.10	法兰、螺纹连接牢固平稳，便于维修管理	100%；目视检查	
5.室内燃气管道装置计量表安装 商业及工业企业用燃气表（Ⅱ）	主控项目	1. 流量小于5m³/h膜式计量表安装	5.4.1	高位、低位安装，安装牢固，离墙不小于30mm，便于维修管理	100%；目视、尺量检查	10020402
		2. 流量大于等于65 m³/h膜式计量表安装	5.4.2	安装平整、牢固，位置符合设计要求，按产品标识指向安装	100%；目视、尺量检查	
		3. 表与燃具间设备的水平距离	5.4.3	表与烟囱灶具水平距离不小于80cm，与热水炉水平距离不小于150cm	100%；目视、尺量检查	
		4. 计量表安装允许偏差	5.4.4	表底距地面±15mm，表后距墙面5mm，中心线垂直度1mm	100%；目视、尺量检查	
	一般项目	1. 不锈钢波纹软管连接燃气计量表的要求	5.4.5	软管弯曲成圆弧状，不得成直角	100%；目视检查	
		2. 法兰连接表的要求	5.4.6	法兰、螺纹同心、对正、垫片合格，位置便于维修，螺纹方向一致，紧固对称	100%；目视检查	
		3. 多台并排安装计量表的要求	5.4.7	每台表进出口安装阀门表之间距要满足维修	100%；目视检查、设计文件	

（四）用气设备安装子分部各分项工程检验批质量验收项目及检验方法摘要，见表3-6-4。

表 3-6-4　用气设备安装子分部检验批质量验收项目表

检验批名称、表号	项目	主控项目子项目及检验方法	条文号	项目	一般项目子项目及检验方法	条文号
1. 用气设备炊具安装（Ⅰ）10030101	主控项目	1. 设置灶具的房间要求。不得安装在卧室，起居室，厨房间应设门，房间净高≥2.2m。（100%目视、尺量检查）	4.2.1（CJJ 12）	一般项目	1. 灶台的高度，灶具与家具的净距。灶台高度 80cm 与后墙 10cm 与侧墙 15cm 与木家具 20cm（100%目视、尺量检查）	6.2.7
		2. 灶具安装位置要求。距墙面≥10mm 距木质家具≥20cm 距燃气管≥50cm 符合防火要求。（100%目视、尺量检查）	4.2.2		2. 嵌入式灶具安装要求。嵌入式灶具与灶台防水密封，台下开≥80cm²的通气孔（10%目视、尺量检查）	6.2.8
		3. 灶台的材料要求。不燃材料，难燃材料应加隔热板（100%目视检查、材料证明）	4.2.3		3. 燃具与可燃的墙、地板、家具之间设耐火隔热层及距离要求。> 10cm（100%目视、尺量检查）	6.2.9
		4. 灶台的结构尺寸要求。便于操作，台式灶台高度宜 70cm，嵌入式宜为 80cm，灶台面平稳贴合，连接处防水密封，下面柜应设通气孔。（100%目视、尺量检查）	4.2.4		4. 市网供电燃具电源接线的要求。有漏电保护功能，单相三孔电源插座；接地可靠，防水溅的位置。（100%目视检查）	6.2.10
		5. 灶具并列安装的要求。灶之间水平净距≥50cm（100%目视、尺量检查）	4.2.5			
		6. 灶具与燃气管的连接要求。灶具前供气支管应设快速切断阀，软管用螺纹连接，软管＜2m，连接后检查严密性。（100%、目视检查）	4.2.6			
		7. 燃气的种类和压力，燃具上的燃气接口，进出水的压力和接口要求。符合灶具说明书要求。（目视检查、燃具说明书）	6.2.2（CJJ 94）			

检验批名称、表号	项目	主控项目子项目及检验方法	条文号	项目	一般项目子项目及检验方法	条文号
1. 用气设备炊具安装（Ⅰ）10030101		8. 燃具与管道螺纹连接要求。 螺纹光滑端正，无斜丝、乱丝、断丝、破损，密封材料合格，拧紧密封料不挤入管内，外处理干净，外露1～3扣。 （10%目视检查）	6.2.4			
		9. 燃具与管道软管连接要求。 软管无接头，与燃具连接用专用接头，安装牢固，便于操作 （10%目视、手搬、尺量检查）	6.2.5			
		10. 燃具与电气设备、相邻管道水平距离。 明装电缆与灶具、热水器30cm，暗装电缆与灶具、热水器20cm，电插座、开关与灶具、热水器30cm，电箱、电表100cm。 （100%目视、尺量检查）	6.2.6			
2. 用气设备热水器安装（Ⅱ）10030102	主控项目	1. 安装热水器房间的要求。 不得安装在卧室、起居室。厨房间应设门，房间净高≥2.2m。 （100%目视、尺量检查）	4.3.1（CJJ 12）	一般项目	1. 燃具与墙、地、家具之间耐火隔热层及之间距离。 墙、地、家具距离＞10cm，之间设耐火隔热层。 （100%目视、尺量检查）	6.2.9
		2. 热水器安装位置要求。 离相邻灶具＞30cm，热水器的上部不得有电线、电气设备及易燃物。 （100%目视、尺量检查）	4.3.2		2. 市网供电燃具电源接线要求。 有漏电保护装置，单相三孔插座，接地可靠，防水溅的位置。 （100%目视检查）	6.2.10
		3. 安装热水器房地、墙面要求。 地面、墙面应为不燃材料。难燃材料时应加隔热板 （100%目视检查、材料证明）	4.3.3			
		4. 燃气管道、冷热水管道安装符合GJJ 12的4.3.4条的要求。（100%目视、设计文件）	4.3.4			
		5. 燃气种类和压力，燃具上燃气接口、进出水的压力和接口要求。 符合产品说明书要求。 （目视检查、查阅资料）	6.2.2（CJJ 94）			

检验批名称、表号	项目	主控项目子项目及检验方法	条文号	项目	一般项目子项目及检验方法	条文号
2. 用气设备热水器安装（Ⅱ）10030102		6. 热水器和采暖炉安装要求。 符合产品说明书及设计的要求。 （100％目视、尺量检查）	6.2.3			
		7. 燃具与燃气管道螺纹连接要求。 （20％目视检查）	6.2.4			
		8. 燃具与燃气管道软管连接要求。 软管无接头，专用接头 （20％目视检查）	6.2.5			
		9. 燃具与电气设备、相邻管道水平距离 20～100cm。 （100％目视、尺量检查）	6.2.6			
3. 用气设备采暖热水炉安装（Ⅲ）10030103	主控项目	1. 安装采暖、热水炉的房间要求。 不得安装在卧室。房间净高≥2.2m。 （100％目视、尺量检查）	4.4.1（CJJ 12）	一般项目	1. 燃具与地、墙面之间设耐热隔热层及之间距离。与墙、地、家具距离＞10cm，之间设耐火隔热层。 （100％目视、尺量检查）	6.2.9
		2. 采暖、热水炉安装位置要求。 符合 GJJ 12 的 4.3.2 条的规定。 （100％目视、尺量检查）	4.4.2		2. 市网供电燃具电源接线要求。 有漏电保护装置，单相三孔插座、接地可靠、防水溅的位置。 （100％目视检查）	6.2.10
		3. 采暖、热水炉地、墙面要求。 地面、封面应为不燃材料。难燃材料时应加隔热板 （100％目视检查、材料证明）	4.4.3			
		4. 燃气管、冷热水管、供回水管安装。 （100％目视检查、设计文件）	4.4.4			
		5. 敞开式采暖膨胀管严禁设阀门。 （目视检查、设计文件）	4.4.5			
		6. 采暖、热水炉室内温控器安装。 安装在距地 1.2～1.5m 空气流通的墙上，不受阳光照射及儿童能够到的地方。 （100％目视、尺量检查）	4.4.6			

检验批名称、表号	项目	主控项目子项目及检验方法	条文号	项目	一般项目子项目及检验方法	条文号
3. 用气设备采暖热水炉安装（Ⅲ）10030103	主控项目	7. 燃气种类、压力、燃具上燃气接口进出水压力和接口安装要求。符合产品说明书要求。（目视检查、查阅资料）	6.2.2（CJJ 94）	一般项目		
		8. 燃气热水器、采暖炉安装。安装牢固、端正，便于操作、维修。（100%目视、尺量检查）	6.2.3			
		9. 燃具与燃气管道螺纹连接。螺纹合格、光滑端正，密封材料合格，拧紧外露1～3扣。（20%、目视检查）	6.2.4			
		10. 燃具与燃气管道软管连接。螺纹连接、专用接头、安装牢固、便于操作（100%目视检查）	6.2.5			
		11. 燃具与电气设备，相邻管道水平距离。明装电缆＞30cm，暗装电缆＞20cm，电插座、开关＞30cm，电箱、电表＞100cm。（100%目视、尺量检查）	6.2.6			
4. 用气设备商业用气设备安装（Ⅳ）10030104		1. 商业用气设备安装在地下室、半地下室或地上密闭房间时，应严格按设计文件安装。（100%目视检查、设计文件）	6.3.1		1. 砖砌燃气灶燃烧安装规定。砖砌灶用燃烧器在灶膛中央，支架环孔周边有足够空间。（100%、目视、尺量检查）	6.3.3
		2. 商业用气设备安装要求。满足使用、操作、检修要求，设备前有＞1.5m通道，与地、墙、家具之间做防火隔热层。隔热层与地、墙、家具间距＞50mm。（100%目视、尺量检查）	6.3.2		2. 砖砌燃气灶施工规定。灶高应＜80cm，封闭炉膛与烟道安防爆门。（100%、目视、尺量检查、设计文件）	6.3.4
					3. 沸水器安装的要求。沸水器房间应有通风系统，沸水器设单独烟道，沸水器距墙＞0.5m，距屋顶＞0.6m，沸水器之间＞0.5m。（100%目视、尺量检查、设计文件）	6.3.5

检验批名称、表号	项目	主控项目子项目及检验方法	条文号	项目	一般项目子项目及检验方法	条文号
5. 通风设备室内给排气设备安装。（Ⅰ）10030201	主控项目	1. 室内燃具自然换气装置的规定。（目视检查、设计文件）	4.6.1	一般项目		
		2. 室内燃具机械换气装置的规定。（目视检查、设计文件）	4.6.2			
		3. 排烟罩安装要求。（目视检查、设计文件）	4.6.3			
		4. 固定式百叶窗要求。（目视检查、设计文件）	4.6.4			
		5. 门、窗间隙给气面积取值，符合设计要求。（目视检查、设计文件）	4.6.5			
		6. 室内有排气扇机械装置不限给气口位置和大小，符合设计要求。（目视检查、设计文件）	4.6.6			
		7. 室内直排式燃具排气扇排气量要求，符合设计要求。（目视检查、设计文件）	4.6.7			
		8. 室内吸油烟机与住宅共用排气道连接要求，符合设计要求。（目视检查、设计文件）	4.6.8			
		9. 燃具用排气管和给排气的质量要求，符合设计要求。（目视检查、设计文件）	4.6.9			
		10. 烟道排气口距门窗洞口的最小距离，符合设计要求。（目视检查、设计文件）	4.6.10			
		11. 半密闭自然排气式燃具的室内给气换气口设置要求，符合设计要求。（目视检查、设计文件）	4.6.11			
		12. 半密闭自然排气式燃具烟道安装要求，符合设计要求。（目视检查、设计文件）	4.6.12			

检验批名称、表号	项目	主控项目子项目及检验方法	条文号	项目	一般项目子项目及检验方法	条文号
		13. 半密闭自然排气式燃具烟囱风帽与屋顶和屋檐间的相互位置要求，符合设计要求。（目视检查、设计文件）	4.6.13			
		14. 独立烟道的结构和性能要求，符合设计要求。（目视检查、设计文件）	4.6.14			
		15. 主、支并列型共用烟道安装的要求，符合设计要求。（目视检查、设计文件）	4.6.15			
		16. 在燃具停用时，主、支并列共用烟道的要求，符合设计要求。（目视检查、设计文件）	4.6.16			
		17. 燃具用烟囱的抽力要求，符合设计要求。（目视检查、设计文件）	4.6.17			
5. 通风设备室内给排气设备安装。（Ⅰ）10030201	主控项目	18. 烟囱抽力和出口横截面积计算，符合设计要求。（目视检查、设计文件）	4.6.18	一般项目		
		19. 燃具不应与使用固体燃料的设计共用一个烟道，符合设计要求。（目视检查、设计文件）	4.6.19			
		20. 密闭式燃具用倒T形、U形、分离型共用给排气烟道，符合设计要求。（目视检查、设计文件）	4.6.20			
		21. 密闭式燃具与共用给排气烟道的连接要求，符合设计要求。（目视检查、设计文件）	4.6.21			
		22. 冷凝式燃具的烟道系统设置要求，符合设计要求。（目视检查、设计文件）	4.6.22			
		23. 高海拔地区排气系统、排气能力确定。（目视检查、设计文件）	4.6.23			

续表

检验批名称、表号	项目	主控项目子项目及检验方法	条文号	项目	一般项目子项目及检验方法	条文号
6. 通风设备平衡式隔室（Ⅱ）10030202		1. 半密闭式自然排气式燃具安装在平衡式隔室的要求，符合设计要求。（目视检查、设计文件）	4.7.1 CJJ12			
		2. 平衡式隔室的设计要求，符合设计要求。（目视检查、设计文件）	4.7.2 CJJ12			
		3. 平衡式隔室的自闭门要求，符合设计要求。（目视检查、设计文件）	4.7.3 CJJ12			
		4. 平衡式隔室设备保温要求，符合设计要求。（目视检查、设计文件）	4.7.4 CJJ12			
		5. 平衡式隔室给排气口距门窗洞口距离要求，符合设计要求。（目视检查、设计文件）	4.7.5 CJJ12			
7. 通风设备烟道安装（Ⅲ）10030203	主控项目	1. 通风设备烟道安装要求，符合设计要求。（100%尺量检查、设计文件）	6.5.1 CJJ 94	一般项目	1. 镀锌钢板烟道。均匀严密，顺烟气插管道，无缝隙弯折。（20%目视检查）	6.5.4
		2. 烟道抽力符合设计要求，符合设计要求。（100%尺量、计算书、检测）	6.5.2 CJJ 94		2. 钢板烟道要求。连接平整无缝隙，连接紧密牢固，保温厚度符合设计要求。（100%目视检查）	6.5.5
		3. 商业用火灶的烟道符合设计要求。（100%设计文件）	6.5.3 CJJ 94		3. 非金属强制执行烟道。砌筑烟道表面平整，内部无堆集粘合料，保温厚度符合设计要求。（100%目视检查）	6.5.6
					4. 金属烟道支吊架。位置正确，牢固、整齐。（100%目视、设计文件）	6.5.7
					5. 烟道、支架油漆。厚度符合要求，表面光洁。（100%目视、设计文件）	6.5.8
					6. 灶台用气设备同一水平烟道要求。符合设计要求。（100%目视、设计文件）	6.5.9

检验批名称、表号	项目	主控项目子项目及检验方法	条文号	项目	一般项目子项目及检验方法	条文号
8. 通风设备安全防火要求（Ⅳ）10030204	主控项目	1. 常用燃具与可燃材料、难燃材料装饰的建筑物部位的最小距离。燃气上方、侧方、后方、前方间隔距离 45～1000mm，符合设计要求。（100%目视、尺量检查、设计文件）	4.8.1 CJJ 12	一般项目		
		2. 灶具与上方吸油烟机等的距离要求。≥800mm。（100%目视、尺量检查）	4.8.2 CJJ 12			
		3. 排气管与建筑物的安全距离。一般＞150mm，有措施按设计要求。（100%目视、尺量检查、设计文件）	4.8.3 CJJ 12			
		4. 烟道出气口与建筑物最小距离。上方、前方、侧方、下方≥150mm，符合设计要求。（100%目视、尺量检查、设计文件）	4.8.4 CJJ 12			

（五）电气系统安装子分部各分项工程检验批质量验收项目及检验方法摘录，见表3-6-5。

表 3-6-5　电气系统安装子分部检验批质量验收目录表

检验批名称、表号	项目	主控项目子项目及检验方法	条文号	项目	一般项目子项目及检验方法	条文号
1. 电气系统报警系统安装 10040101	主控项目	1. 燃气/烟气浓度报警和切断装置安装。符合设计要求。（100%目视、设计文件）	3.4.1 CJJ 12	一般项目		
		2. 燃气报警系统安装。符合设计要求。（100%目视、设计文件）	3.4.2 CJJ 12			
		3. 家用燃气报警器及传感器安装。符合设计要求。（100%目视、设计文件）	3.4.3 CJJ 12			

检验批名称、表号	项目	主控项目子项目及检验方法	条文号	项目	一般项目子项目及检验方法	条文号
1. 电气系统报警系统安装 10040101	主控项目	4. 燃气报警器与燃具、阀门的水平距离。 0.5～8m。 （100%目视、尺量检查）	4.3.12 CJJ 94			
		5. 燃气报警器测试。 符合设计要求。 （100%测试记录）	4.3.29 CJJ 94			
2. 电气系统接地系统安装 10040201	主控项目	1. 安装燃具的场所应具备与燃具参数相符合的电源。 （100%产品说明书）	4.5.1 CJJ 12	一般项目	1. 燃气检测报警、火灾报警系统安装。 产品说明书。 （100%尺量检查、设计文件、产品说明书）	7.4.5 CJJ 94
		2. 电源线的截面积应满足燃具最大功率的要求。 （100%产品说明书）	4.5.2 CJJ 12		2. 自动报警，自动切断系统供电导线、敷设方式要求。 产品说明书。 （100%目视、设计文件、产品说明书）	7.4.6
		3. 燃具电源插座独立专用。 （100%产品说明书）	4.5.3 CJJ 12		3. 锅炉、冷热水机组控制安装。 产品说明书。 （100%产品说明书、设计文件）	7.4.7
		4. 卫生间热水器应设防水插座。 （100%目视检查）	4.5.4 CJJ 12			
		5. 设置调压装置的建筑物的耐火等级，防雷装置，设备接地、报警系统符合设计要求。 （100%设计文件、检测、安装记录）	7.3.5			
		6. 室内、外燃气道的防雷、防静电措施。符合设计要求。 （100%目视、按设计检测）	4.3.30 CJJ 94			
		7. 室内燃气管道严禁作接地导体或电极。 （100%、目视检查）	4.3.13			

续表

检验批 名称、表号	项目	主控项目子项目 及检验方法	条文号	项目	一般项目子项目及 检验方法	条文号
2. 电气系统 接地系统 安装 10040201	主控项目	8. 室内明敷燃气管道，不得设在屋面上的屋檐、檐角、屋脊等易受雷击部位。 （100%、目视、接地摇表）	4.3.14			
3. 防爆电气 系统安装 10040301 4. 自动控制 系统安装 10040401	主控项目	1. 燃气锅炉燃烧器安全保护、自动控制。 （100%、设计文件、安装记录）	7.4.1 CJJ 94	一般项目	1. 燃气检测报警、火灾报警系统安装。 （100%、尺量检查、设计文件、产品说明书）	7.4.5
		2. 手动快速切断和自动切断阀安装。 （100%、年检、产品说明书、设计文件）	7.4.2		2. 自动报警，自动切断系统供电导线、敷设方式要求。 （100%、目视、设计文件、产品说明书）	7.4.6
		3. 燃气浓度自动报警系统。独立的防爆排烟设施、通风设施、紧急自动切断阀连锁。 （100%、设计文件、产品说明书、联动测试）	7.4.3		3. 锅炉、冷热水机组控制安装。 （100%、产品说明书、设计文件）	7.4.7
		4. 火灾自动报警和自动喷水灭火系统设置。 （100%、设计文件、检验测试报告）	7.4.4			

四、检验批质量验收评定示例

（一）检验批质量验收合格的规定

（1）质量验收应符合《家用燃气燃烧器安装及验收规程》CJJ 12—2013 的第五章 5.0.1 条～5.0.8 条的规定；

（2）质量验收应符合《城镇燃气室内工程施工与质量验收规范》CJJ 94—2009 第八章的规定。

（二）检验批质量验收记录

（1）室内燃气管道暗埋或暗封管道及附件安装检验批质量验收记录，见示例表 3-6-6。

表 3-6-6　室内燃气管道暗埋或暗封管道及其附件安装检验批质量验收记录

单位（子单位）工程名称		××住宅楼	分部（子分部）工程名称	室内管道安装	分项工程名称	暗埋及暗封管道及附件安装
施工单位		××建筑公司	项目负责人	王××	检验批容量	一单元
分包单位		/	分包单位项目负责人	/	检验批部位	一单元
施工依据		《室内燃气管道安装工程施工工艺标准》Q 1001 及技术交底	验收依据	《城镇燃气室内工程施工与质量验收规范》CJJ 94—2009《家用燃气燃烧器具安装及验收规程》CJJ 12—2013		
验收项目			设计要求及规范规定	最小/实际抽样数量	检查记录	检查结果
主控项目	1	燃气管道连接方式应符合设计规定	4.3.6	/	符合规定	合格
	2	检测报警器、燃具、阀门水平距离规定	4.3.12	/	符合规定	合格
	3	燃气管道严禁做接地导体	4.3.13	/	符合规定	合格
	4	燃气管道强度试验	8.2.1～8.2.5	/	符合规定	合格
	5	燃气管道严密性试验	8.3.1～8.3.4	/	符合规定	合格
一般项目	1	燃气管道与墙面的净距	4.3.20	/	符合规定	合格
	2	竖井内管道安装规定	4.3.21	/	符合规定	合格
	3	暗埋式敷管的要求	4.3.22	/	符合规定	合格
施工单位检查结果		符合规范规定 专业工长：王×× 项目专业质量检查员：李×× ××××年××月××日				
监理单位验收结论		合格 专业监理工程师：张×× ××××年××月××日				

（2）验收内容及检查方法

参见 CJJ 94 标准 4.1.1～4.3.13 条对安装的规定，8.2.1～8.3.4 条强度与严密性试验的规定，4.3.20～4.3.22 条对一般项目的控制。

4.1.1　室内燃气管道系统安装前应对管道组成件进行内外部清扫。

4.1.2　室内燃气管道施工前应满足下列要求：

1　施工图纸及有关技术文件应齐备；

2　施工方案应经过批准；

3　管道组成件和工具应备齐，且能保证正常施工；

4　燃气管道安装前的土建工程，应能满足管道施工安装的要求；

5　应对施工现场进行清理，清除垃圾、杂物。

4.1.3　在燃气管道安装过程中，未经原建筑设计单位的书面同意，不得在承重的梁、柱和结构缝上开孔，不得损坏建筑物的结构和防火性能。

4.1.4　当燃气管道穿越管沟、建筑物基础、墙和楼板时应符合下列要求:

1　燃气管道必须敷设于套管中,且宜与套管同轴;

2　套管内的燃气管道不得设有任何形式的连接接头(不含纵向或螺旋焊缝及经无损检测合格的焊接接头);

3　套管与燃气管道之间的间隙应采用密封性能良好的柔性防腐、防水材料填实,套管与建筑物之间的间隙应用防水材料填实。

4.1.5　燃气管道穿过建筑物基础、墙和楼板所设套管的管径不宜小于表4.1.5的规定;高层建筑引入管穿越建筑物基础时,其套管管径应符合设计文件的规定。

表4.1.5　燃气管道的套管公称尺寸

燃气管	DN10	DN15	DN20	DN25	DN32	DN40	DN50	DN65	DN80	DN100	DN150
套管	DN25	DN32	DN40	DN50	DN65	DN65	DN80	DN100	DN125	DN150	DN200

4.1.6　燃气管道穿墙套管的两端应与墙面齐平;穿楼板套管的上端宜高于最终形成的地面5cm,下端应与楼板底齐平。

4.1.7　阀门的安装应符合下列要求:

1　阀门的规格、种类应符合设计文件的要求;

2　在安装前应对阀门逐个进行外观检查,并宜对引入管阀门进行严密性试验;

3　阀门的安装位置应符合设计文件的规定,且便于操作和维修,并宜对室外阀门采取安全保护措施;

4　寒冷地区输送湿燃气时,应按设计文件要求对室外引入管阀门采取保温措施;

5　阀门宜有开关指示标识,对有方向性要求的阀门,必须按规定方向安装;

6　阀门应在关闭状态下安装。

4.3.1　燃气室内工程使用的管道组成件应按设计文件选用;当设计文件无明确规定时,应符合现行国家标准《城镇燃气设计规范》GB 50028的有关规定,并应符合下列规定:

1　当管子公称尺寸小于或等于DN50,且管道设计压力为低压时,宜采用热镀锌钢管和镀锌管件;

2　当管子公称尺寸大于DN50时,宜采用无缝钢管或焊接钢管;

3　铜管宜采用牌号为TP2的铜管及铜管件;当采用暗埋形式敷设时,应采用塑覆铜管或包有绝缘保护材料的铜管;

4　当采用薄壁不锈钢管时,其厚度不应小于0.6mm;

5　不锈钢波纹软管的管材及管件的材质应符合国家现行相关标准的规定;

6　薄壁不锈钢管和不锈钢波纹软管用于暗埋形式敷设或穿墙时,应具有外包覆层;

7　当工作压力小于10kPa,且环境温度不高于60℃时,可在户内计量装置后使用燃气用铝塑复合管及专用管件。

4.3.2　当室内燃气管道的敷设方式在设计文件中无明确规定时,宜按表4.3.2选用。

表4.3.2　室内燃气管道敷设方式

管道材料	明设管道	暗埋管道	
		暗封形式	暗埋形式
热镀锌钢管	应	可	—
无缝钢管	应	可	—
钢管	应	可	可
薄壁不锈钢钢管	应	可	可
不锈钢波纹软管	可	可	可
燃气用铝塑复合管	可	可	可

注:表中"—"表示不推荐。

4.3.3　室内燃气管道的连接应符合下列要求:

1　公称尺寸不大于DN50的镀锌钢管应采用螺纹连接;当必须采用其他连接形式时,应采取相应的措施;

2　无缝钢管或焊接钢管应采用焊接或法兰连接;

3　铜管应采用承插式硬钎焊连接,不得采用对接钎焊和软钎焊;

4　薄壁不锈钢管应采用承插氩弧焊式管件连接或卡套式、卡压式、环压式等管件机械连接;

　5　不锈钢波纹软管及非金属软管应采用专用管件连接；

　6　燃气用铝塑复合管应采用专用的卡套式、卡压式连接方式。

4.3.4　燃气管子的切割应符合下列规定：

　1　碳素钢管宜采用机械方法或氧-可燃气体火焰切割；

　2　薄壁不锈钢管应采用机械或等离子弧方法切割；当采用砂轮切割或修磨时，应使用专用砂轮片；

　3　铜管应采用机械方法切割；

　4　不锈钢波纹软管和燃气用铝塑复合管应使用专用管剪切割。

4.3.5　燃气管道采用的支撑形式宜按表4.3.5选择，高层建筑室内燃气管道的支撑形式应符合设计文件的规定。

表4.3.5　燃气管道采用的支撑形式

公称尺寸	砖砌墙壁	混凝土制墙板	石膏空心墙板	木结构墙	楼板
DN15～DN20	管卡	管卡	管卡、夹壁管卡	管卡	吊架
DN25～DN40	管卡、托架	管卡、托架	夹壁管卡	管卡	吊架
DN50～DN65	管卡、托架	管卡、托架	夹壁托架	管卡、托架	吊架
>DN65	托架	托架	不得依赖	托架	吊架

主控项目

4.3.6　燃气管道的连接方式应符合设计文件的规定。当设计文件无明确规定时，设计压力大于或等于10kPa的管道以及布置在地下室、半地下室或地上密闭空间内的管道，除采用加厚的低压管或与专用设备进行螺纹或法兰连接以外，应采用焊接的连接方式。

检查数量：100％检查。

检查方法：目视检查和查阅设计文件。

4.3.12　可燃气体检测报警器与燃具或阀门的水平距离应符合下列规定：

　1　当燃气相对密度比空气低时，水平距离应控制在0.5～8.0m范围内，安装高度应距屋顶0.3m之内，且不得安装于燃具的正上方；

　2　当燃气相对密度比空气高时，水平距离应控制在0.5～4.0m范围内，安装高度应距地面0.3m以内。

检查数量：100％检查。

检查方法：目视检查及尺量检查。

4.3.13　室内燃气管道严禁作为接地导体或电极。

检查数量：100％检查。

检查方法：目视检查。

8.2　强度试验

8.2.1　室内燃气管道强度试验的范围应符合下列规定：

　1　明管敷设时，居民用户应为引入管阀门至燃气计量装置前阀门之间的管道系统；暗埋或暗封敷设时，居民用户应为引入管阀门至燃具接入管阀门（含阀门）之间的管道；

　2　商业用户及工业企业用户应为引入管阀门至燃具接入管阀门（含阀门）之间的管道（含暗埋或暗封的燃气管道）。

8.2.2　待进行强度试验的燃气管道系统与不参与试验的系统、设备、仪表等应隔断，并应有明显的标志或记录，强度试验前安全泄放装置应已拆下或隔断。

8.2.3　进行强度试验前，管内应吹扫干净，吹扫介质宜采用空气或氮气，不得使用可燃气体。

8.2.4　强度试验压力应为设计压力的1.5倍且不得低于0.1MPa。

8.2.5　强度试验应符合下列要求：

　1　在低压燃气管道系统达到试验压力时，稳压不少于0.5h后，应用发泡剂检查所有接头，无渗漏、压力计量装置无压力降为合格；

　2　在中压燃气管道系统达到试验压力时，稳压不少于0.5h后，应用发泡剂检查所有接头，无渗漏、压力计量装置无压力降为合格；或稳压不少于1h，观察压力计量装置，无压力降为合格；

　3　当中压以上燃气管道系统进行强度试验时，应在达到试验压力的50％时停止不少15min，用发泡剂检查所有接头，无渗漏后方可继续缓慢升压至试验压力并稳压不少于1h后，压力计量装置无压力降为合格。

8.3　严密性试验

8.3.1　严密性试验范围应为引入管阀门至燃具前阀门之间的管道。通气前还应对燃具前阀门至燃具之间的管道进行检查。

8.3.2　室内燃气系统的严密性试验应在强度试验合格之后进行。

8.3.3　严密性试验应符合下列要求：

1 低压管道系统

试验压力应为设计压力且不得低于5kPa。在试验压力下，居民用户应稳压不少于15min，商业和工业企业用户应稳压不少于30min，并用发泡剂检查全部连接点，无渗漏、压力计无压力降为合格。

当试验系统中有不锈钢波纹软管、覆塑铜管、铝塑复合管、耐油胶管时，在试验压力下的稳压时间不宜小于1h，除对各密封点检查外，还应对外包覆层端面是否有渗漏现象进行检查。

2 中压及以上压力管道系统

试验压力应为设计压力且不得低于0.1MPa。在试验压力下稳压不得少于2h，用发泡剂检查全部连接点，无渗漏、压力计量装置无压力降为合格。

8.3.4 低压燃气管道严密性试验的压力计量装置应采用U形压力计。

一般项目

4.3.20 室内明设或暗封形式敷设的燃气管道与装饰后墙面的净距，应满足维护、检查的需要并宜符合表4.3.20的要求；铜管、薄壁不锈钢管、不锈钢波纹软管和铝塑复合管与墙之间净距应满足安装的要求。

表4.3.20　室内燃气管道与装饰后墙面的净距

管子公称尺寸	<DN25	DN25～DN40	DN50	>DN50
与墙净距（mm）	≥30	≥50	≥70	≥90

检查数量：抽查比率不小于5%。

检查方法：尺量检查。

4.3.21 敷设在管道竖井内的燃气管道的安装应符合下列规定：

1 管道安装宜在土建及其他管道施工完毕后进行；

2 当管道穿越竖井内的隔断板时，应加套管；套管与管道之间应有不小于10mm的间隙；

3 燃气管道的颜色应明显区别于管道井内的其他管道，宜为黄色；

4 燃气管道与相邻管道的距离应满足安装和维修的需要；

5 敷设在竖井内的燃气管道的连接接头应设置在距该层地面1.0～1.2m处。

检查数量：抽查比率不小于20%。

检查方法：目视检查和尺量检查。

4.3.22 采用暗埋形式敷设燃气管道时，应符合下列规定：

1 埋设管道的管槽不得伤及建筑物的钢筋。管槽宽度宜为管道外径加20mm，深度应满足覆盖层厚度不小于10mm的要求。未经原建筑设计单位书面同意，严禁在承重的墙、柱、梁、板中暗埋管道。

2 暗埋管道不得与建筑物中的其他任何金属结构相接触，当无法避让时，应采用绝缘材料隔离。

3 暗埋管道不应有机械接头。

4 暗埋管道宜在直埋管道的全长上加设有效地防止外力冲击的金属防护装置，金属防护装置的厚度宜大于1.2mm。当与其他埋墙设施交叉时，应采取有效的绝缘和保护措施。

5 暗埋管道在敷设过程中不得产生任何形式的损坏，管道固定应牢固。

6 在覆盖暗埋管道的砂浆中不应添加快速固化剂。砂浆内应添加带色颜料作为永久色标。当设计无明确规定时，颜料宜为黄色。安装施工后还应将直埋管道位置标注在竣工图纸上，移交建设单位签收。

检查数量：100%检查。

检查方法：目视检查，尺量检查，查阅设计文件。

（3）验收说明

施工依据：《城镇燃气室内工程施工与质量验收规范》CJJ 94—2009，《家用燃气燃烧器具安装及验收规程》CJJ 12—2013，并制定专项施工方案、技术交底资料等。

验收依据：《城镇燃气室内工程施工与质量验收规范》CJJ 94—2009，《家用燃气燃烧器具安装及验收规程》CJJ 12—2013。

注意事项：

① 主控项目的质量经抽样检验均应合格；

② 一般项目的质量经抽样检验合格。当采用计数抽样时，合格点率应符合有关专业验收规范的规定，且不得存在严重缺陷；

③ 具有完整的施工操作依据、质量验收记录；

④ 本检验批的主控项目、一般项目已列入推荐表中。

（三）施工操作依据：施工工艺标准及技术交底

（1）企业标准《室内燃气管道安装施工工艺标准》Q1001

1　适用范围

本标准适用于建筑工程中工作压力不大于0.1MPa的室内低压燃气管道及器具安装工程。

2　施工准备

2.1　材料

2.1.1　主材：室内燃气管道宜采用镀锌碳素钢管及管件。镀锌碳素钢管及管件的规格种类应符合设计要求，管壁内外镀锌均匀，无锈蚀、无毛刺。管件无偏扣、乱扣、丝扣不全或角度不准等现象。管材及管件均应有出厂合格证，并按规定进行复验。

2.1.2　阀门应选用现行国家标准中适用于输送燃气介质，并且具有良好密封性和耐腐性的阀门。室内选用旋塞或球阀。阀门的规格型号应符合设计要求，阀体铸造规矩，表面光洁，无裂纹、气孔、缩孔、渣眼。阀门应开关灵活，关闭严密，填料密封完好无渗漏，手柄完整无损坏。安装前应做强度和严密性试验。

2.1.3　胶管应采用耐油橡胶管。

2.1.4　燃气表：燃气表应按煤气种类配套使用，必须有出厂合格证，厂家应有生产许可证；外观检查完好无缺；距出厂检验日期或重新校验日期不得超过半年。

2.1.5　生活燃气灶具：燃气灶具应按煤气种类配套使用，其基本参数和技术要求应符合有关标准规定，并有出厂合格证。

2.1.6　其他材料：型钢、圆钢、管卡子、螺栓、螺母、铅油、麻、聚四氟乙烯胶带、密封垫、黄油、电焊条等。

2.2　机具设备

2.2.1　机具：套丝机、砂轮切割机、台钻、电锤、手电钻、电气焊机、气筒、空压机等。

2.2.2　工具：套丝板、工作台、手锯、手锤、扳手、煨管器、气桶、U形管压力计、水平尺、线坠、钢卷尺、小线、检漏仪、刷子、油桶、肥皂等。

2.3　作业条件

2.3.1　地下管道铺设必须在房心回填土夯实后进行，沿管线铺设位置清理干净，立管安装宜在主体结构完成后进行。

2.3.2　管道穿墙处已预留孔洞或安装套管，其洞口尺寸和套管规格符合要求，坐标、标高正确；暗装管道应在管道井和吊顶未封闭前进行，支架安装完毕并符合要求；明装管干的托吊卡件均已安装牢固，位置正确。

2.3.3　立管安装前每层均应有明确的标高线，暗装在竖井内的管道，应把竖井内的模板及杂物清除干净。

2.3.4　支管安装应在墙体砌筑完毕，墙面未装修前进行。

2.4　技术准备

2.4.1　认真熟悉本专业和相关专业图纸，编制施工方案，进行技术交底。

2.4.2　管道坐标、标高经校核准确无误。

3　操作工艺

3.1　工艺流程

安装准备 → 预制加工 → 卡架安装 → 管道安装 → 阀门、气表安装 → 管道吹扫 → 强度、严密性试验 → 防腐、刷油 → 灶具及热水器安装

3.2　操作方法

3.2.1　安装准备：核对各种管道的坐标、标高是否准确，在结构施工阶段，配合土建预留孔洞、套管及预埋件。

3.2.2　预制加工：画出施工草图，在实际安装的结构位置做标记，按标记分段量出实际安装的准确尺寸，绘制在施工草图上，最后按草图进行预制加工。

3.2.3　卡架安装

3.2.3.1　应按设计要求或规范规定间距安装。吊卡安装时，先把吊棍按坡向、顺序依次穿入型钢支架上，吊环按间距位置套在管上，再把管抬起穿上螺栓拧上螺母，将管固定。安装托架上的管道时，先把管就位在托架上，把第一节管装好U形卡，然后安装第二节管，以后各节管均照此进行，紧固好螺栓。

3.2.3.2　沿墙、柱、楼板明设的燃气管道应采用支架、管卡或吊卡固定。燃气钢管的固定件间距不应大于表3.2.3.2的规定。

表3.2.3.2　燃气钢管的固定件间距

管径公称直径（mm）	管道固定件最大间距（m）
15	2.5
20	3
25	3.5
32	4

续表

管径公称直径（mm）	管道固定件最大间距（m）
40	4.5
50	5
70	6
80	6.5
100	7
125	8
150	10
200	12
250	14.5
300	16.5
350	18.5
400	20.5

3.2.4 管道安装

3.2.4.1 引入管安装

（1）室内管道安装应先安装引入管，后安装立管、水平管、支管等。室内水平管道遇到障碍物，直管不能通过时，可采取煨弯或使用管件绕过障碍物。当两层楼的墙面不在同一平面上时，应采用"之"字形式敷设。

（2）燃气引入管不得敷设在卧室、浴室、地下室；严禁敷设在易燃或易爆品的仓库、有腐蚀介质的房间、配电间、变电室、电缆沟、烟道和进风道等部位。燃气引入管应设在厨房或走廊等便于维修的非居住房间内，当确有困难可从楼梯间引入，此时引入管阀门宜设在室外。进入密闭室时，密闭室必须进行改造。

（3）燃气引入管穿过建筑物基础、墙或管沟时，均应加设套管，并应考虑沉降的影响，必要时采取补偿措施，套管穿墙孔洞应与建筑物沉降量相适应，套管尺寸可按表3.2.4.1选用，套管与管子间的缝隙用沥青油麻堵严，热沥青封口。

表 3.2.4.1 穿墙套管尺寸（mm）

燃气管公称直径	15	20	25	32	40	50	70
套管公称直径 DN	32	40	50	50	70	80	100

（4）燃气引入管应采用壁厚大于等于3.5mm的无缝钢管，最小公称直径不得小于40mm，引入管坡度不得小于0.2%，坡向干管。

3.2.4.2 干管安装

（1）建、构筑物内部的燃气管道应明设，燃气管道敷设高度（以地面到管道底部）应符合下列要求：

a. 在有人行走的地方，敷设高度不应小于2.2m。

b. 在有车通行的地方，敷设高度不应小于4.5m，可暗设，但必须便于安装和检修。

（2）当室内燃气管道穿过楼板、楼梯平台、墙壁和隔墙时，必须加设套管，套管内不得有接头，穿墙套管的长度与墙的两侧平齐，穿楼板套管上部应高出楼板30～50mm，下部与楼板平齐。穿墙套管尺寸见表3.2.4.1。

（3）室内燃气管道不得穿过易燃易爆品仓库、配电间、变电室、电缆沟、烟道、进风道等地方。

（4）室内燃气管道不应敷设在潮湿或有腐蚀性介质的房间内。当必须敷设时，必须采取防腐蚀措施。

（5）燃气管道严禁引入卧室。当燃气水平管道穿过卧室、浴室或地下室时，必须采用焊接连接的方式，并必须设置在套管中。燃气管道立管不得敷设在卧室、浴室或厕所中。

（6）燃气管道敷设高度（以地面到管道底部）应符合下列要求：

a. 在有人行走的地方，敷设高度不应小于2.2m。

b. 在有车通行的地方，敷设高度不应小于4.5m。

（7）燃气管道必须考虑在工作环境温度下的极限变形，当自然补偿不能满足要求时，应设补偿器，但不宜采用填料式补偿器。

（8）室内燃气管道和电气设备、相邻管道之间的净距不应小于表3.2.4.2的规定。

表 3.2.4.2　燃气管道和电气设备、相邻管道之间的净距

管道和设备		与燃气管道之间的净距（mm）	
		平行敷设	交叉敷设
电气设备	明装的绝缘电线或电缆	250	100（注）
	暗装的或放在管子中的绝缘电线	50（从所作的槽底或管子的边缘算起）	10
	电压小于 1000V 的裸露电线的导电部分	1000	1000
	配电盘或配电箱	300	不允许
相邻管道		应保证燃气管道和相邻管道的安装、安全维护和修理	20

注：当明装电线与燃气管道交叉净距小于 100mm 时，电线应加绝缘套管，绝缘套管的两端应各伸出燃气管道 100mm。

（9）地下室、半地下室、设备层敷设燃气管道时应符合下列要求：

a. 净高不应小于 2.2m。

b. 应有良好的通风设施，地下室和地下设备层内有机械通风和事故排风设施。

c. 应设有固定的照明设备。

d. 当燃气管道与其他管道一起敷设时，应敷设在其他管道的外侧。

e. 燃气管道应采用焊接或法兰连接。

f. 应用非燃烧体的实体墙与电话间、变电室、修理间和储藏室隔开。

g. 地下室内燃气管道末端应设放散管，并应引出地上。放散管的出口位置应保证吹扫放散时的安全和卫生要求。

（10）25 层以上建筑宜设燃气泄漏集中监视装置和压力控制装置，并宜有检修值班室。

3.2.4.3　立管安装

（1）核对各层预留孔洞位置是否垂直，吊线、剔眼、栽卡子。将预制好的管道按编号顺序运到安装地点。

（2）安装前有钢套管的先穿到管上，按编号从第一节开始安装。涂铅油缠麻将立管对准接口转动入扣，拧到松紧适度，对准调直标记要求，丝扣外露 2～3 扣，预留口平正为止，并清净麻头。

（3）检查立管的每个预留口标高、方向等是否准确、平整。将事先栽好的管卡子松开，把管放入卡内拧紧螺栓，用吊杆、线坠从第一节开始找好垂直度，扶正钢套管，最后配合土建填堵好孔洞，预留口必须加好临时丝堵。立管截门安装朝向应便于操作和修理。

（4）燃气立管敷设在厨房内或楼梯间。当室内立管管径不大于 50mm 时，一般每隔一层楼装设一个活接头，位置距地面不小于 1.2m。遇有阀门时，必须装设活接头，活接头的位置应设在阀门后边。管径大于 50mm 的管道上可不设活接头。

当建筑物位于防雷区外时，放散管的引线应接地，接地电阻应小于 10Ω。

（5）高层建筑的燃气立管应有承重支撑和消除燃气附加压力的措施。

3.2.4.4　支管安装

（1）检查煤气表安装位置及立管预留口是否准确。量出支管尺寸和灯叉弯的大小，管道与墙面的净距为 30～50mm，水平管应保持 0.1%～0.3%的坡度，坡向燃具。

（2）安装支管，按量出支管的尺寸，然后断管、套丝、煨灯叉弯和调直。将灯叉弯或短管两头缠聚四氟乙烯胶带，装好油任，接煤气表。横向燃气管与给水管道上、下平行敷设时，燃气管必须在给水管上面。

（3）用钢尺、水平尺、线坠校对支管的坡度和平行距墙尺寸，并复查立管及煤气表有无移动，合格后用支管替换下煤气表。按设计或规范规定压力进行系统试压及吹洗，吹洗合格后在交工前拆下连接管，安装煤气表。合格后办理验收手续。

3.2.4.5　暗设燃气管道应符合下列要求：暗设的燃气管道的管槽应设活动门和通风孔，暗设燃气管道的管沟应设活动盖板，并填充干沙。

（1）暗设的燃气立管，可设在墙上的管槽或管道井中，暗设的燃气水平管，可设在吊顶内和管沟中。

（2）暗设的燃气管道的管槽应设活动门和通风孔，暗设燃气管道的管沟应设活动盖板，并填充干沙。

（3）工业和实验室用的燃气管道可敷设在混凝土地面中，其燃气管道的引进和引出处应设套管，套管应高出地面 50～100mm。套管两端采用柔性的防水材料密封，管道应有防腐绝缘层。

（4）暗设的燃气管道可与空气、惰性气体、上水、热力管道等一起敷设在管道井、管沟或设备层中，此时燃气管道应采用焊接连接。

燃气管道不得敷设在可能渗入腐蚀性介质的管沟中。

（5）当敷设燃气管道的管沟与其他管沟相交时，管沟之间应密封，燃气管道应敷设在钢套管中。

（6）敷设燃气管道的设备层和管道井应通风良好，每层的管道井应设与楼板耐火极限相同的防火隔断，并应有进出方便的检修门。

（7）燃气管道应涂以黄色的防腐识别漆。

3.2.5 阀门与气表安装

3.2.5.1 室内燃气管道阀门的设置位置应符合下列要求：

（1）燃气表前。

（2）用气设备和燃烧器前。

（3）点火器和测压点前。

（4）放散管前（大型用气设备的燃气管道上应设放散管，放散管管口应高出屋脊 1m 以上，并应采取防止雨雪进入管道和吹洗放散物进入房间的措施）。

（5）燃气引入管阀门的位置，应符合下列要求：

a. 阀门宜设置在室内，对重要用户尚应在室外另设置阀门，阀门应选择快速式切断阀。

b. 地上低压燃气引入管的直径小于或等于 75mm 时，可在室外设置带丝堵的三通，不另设置阀门。

c. 管道上宜自设自动切断阀、泄漏报警器和送排风系统等自动切断联锁装置。

3.2.5.2 气表安装

（1）宜安装在非燃结构的室内通风良好处。

（2）严禁安装在卧室、浴室、危险品和易燃物品堆存处，以及与上述情况类似的地方。

（3）公共建筑和工业企业生产用气的计量装置，宜设置在单独房间内。

（4）安装皮膜表的工作环境温度应高于 0℃。

3.2.5.3 燃气表的安装应满足抄表、检修、保养和安全使用的要求。当燃气表装在燃气灶具上方时，燃气表与燃气灶的水平净距不得小于 3.0cm。

3.2.5.4 燃气表安装前应有出厂合格证、厂家生产许可证，表经法定检测单位检测，出厂日期不超过 4 个月。如超过，则需经法定检测单位检测，同时无明显损伤。

3.2.5.5 居民家庭每户应装一只气表，集体、营业、事业单位用气户，每个独立核算单位最少应装一只表。

3.2.5.6 气表安装过程中不准碰撞、倒置、敲击，不允许有铁锈、杂物、油污等物质掉入仪表内，其水平净距应符合表 3.2.5.6 的要求。安装完毕，先通气检查管道、阀门、仪表等安装连接部位有无渗漏现象，确认各处密封良好后，再拧下表上的加油螺塞，加入润滑油（油位不能超过指定窗口上的刻线），拧紧螺塞，然后慢慢地开启阀门，使表运转，同时观察表的指针是否均匀地平稳地运转，如无异常现象就可正常工作。

表 3.2.5.6 气表与周围设施水平净距（m）

设施名称	低压电器	家庭灶	食堂灶	开水灶	金属烟囱	砖烟囱
水平净距	1.0	0.3	0.7	1.5	0.6	0.3

3.2.6 管道吹扫：燃气管道试压与吹扫宜采用压缩空气或氮气。吹扫时应反复数次，直到吹净为止，并办理验收手续。

3.2.7 强度严密性试验

3.2.7.1 耐压试验范围为进气管总阀门至每个接灶管转心门之间的管段。试验时不包括煤气表，装表处应用短管将管道暂时先联通。严密性试验，在上述范围内增加所有灶具设备。

3.2.7.2 住宅内燃气管道强度试验压力为 0.1MPa（不包括表、灶），用肥皂液涂抹所有接头不漏气为合格。严密性试验：安表前用 7kPa 压力进行观察 10min 压力降不超过 0.2kPa 为合格。接通燃气表后用 3kPa 压力进行观察 5min 压力降不超过 0.2kPa 为合格。

3.2.7.3 公共建筑内燃气管道强度试验压力：低压燃气管道为 0.1MPa（不包括表、灶）。中压燃气管道为 0.15MPa（不包括表、灶），用肥皂液抹所有接头不漏气为合格。严密性试验：低压燃气管道试验压力为 7kPa，观察 10min 压力降不超过 0.2kPa 为合格。中压燃气管道压力为 0.1MPa，稳压 3h 观察 1h，压力降不超过 1.5% 为合格。煤气表不做强度试验，只做严密性试验，压力为 3kPa，观察 5min 压力降不超过 0.2kPa 为合格。

3.2.8 防腐、刷漆：室内燃气管道和附件除锈处理后，刷防锈漆一道，银粉漆两道。

3.2.9 居民用户灶具安装

3.2.9.1 居民生活用气应采用低压燃气。低压燃烧器的额定压力为：天然气 2kPa；人工煤气 1kPa。

3.2.9.2 安装燃气灶具的房间应满足以下条件：

（1）不应安装在卧室、地下室内。若选用卧室套间当厨房，应设门隔开。厨房应具有自然通风和自然采光，有直接通室外的门窗或排风口，房间高度不低于 2.2m。

（2）耐火等级不低于二级；当达不到此标准时，可在灶上 800mm 两侧及下方 100mm 范围内，加贴不可燃材料。

3.2.9.3 民用灶具安装，应满足以下条件：

（1）灶具应水平放置在耐火台上，灶台高度为 650～750mm。

（2）当灶和气表之间硬连接时，其连接管道的管径不小于 DN15mm，并应装有活接头一个。

（3）灶具如为软连接，连接软管长度不得超过 2m，软胶管与管道接头间应用卡箍固定，软管内径不得小于 8mm，并不应穿墙。

（4）公用厨房内当几个灶具并列安装时，灶与灶之间的净距不应小于 500mm。

3.2.10　公共建筑用户灶具安装

3.2.10.1　燃烧器前配管

（1）灶具的配管，如选用 8 管（作次火用）、13 管（作主火用）的立管燃烧器，这两燃烧器都是单进气管，口径分别为 DN15、DN20 螺纹连接。

安装时，应将活接头放在燃烧器进灶口的外侧，阀门与活接头之间应栽卡子，灶前管在高灶灶沿下方。

（2）蒸锅燃烧器的配管，如选用 18 管、24 管燃烧器头部内外圈隔开，双进气管，口径都是 DN20 螺纹连接。分别设阀门控制开关。30 管、33 立管燃烧器为单进气管，口径为 DN25 螺纹连接。燃烧器的开关为联锁器式旋塞，分别控制燃烧器及燃烧器的长明小火。燃烧器的配管口径为 DN25，小火的配管口径为 DN10，并引至燃烧器头部，并要求小火出火孔高出燃烧器立管火孔 10～20mm，使用时先开启长明小火开关，点燃长明小火，再开启联锁旋塞的大火开关，使燃烧器自动引燃。

3.2.10.2　燃烧器安装注意事项

（1）燃烧器的材质如为铸铁，配管时丝扣要符合要求，上管时用力要均匀，以防止将进气管撑裂。

（2）燃烧器前的旋塞一般选用拉紧式旋塞，安装时应使旋塞的轴线方向与灶体表面平行，便于松紧尾部螺母，以利维修。

3.2.11　热水器安装：热水器不应直接设置在浴室内，应装在通风良好的地方，但不宜装在室外。

3.2.11.1　热水器的安装位置应符合下列要求：

（1）热水器主要装在操作和检修方便、不易被碰撞的部位，热水器前的空间宽度应大于 0.8m。

（2）热水器的安装高度以热水器的观火孔与人眼高度相称为宜，一般距地面 1.5m。

（3）热水器应安装在耐火的墙壁上，热水器外壳距墙的净距离不得小于 20mm，如果安装在非耐火的墙壁上应垫以隔热板，隔热板每边应比热水器外壳尺寸大 100mm。

（4）热水器的供气、供水管道宜采用金属管道连接，也可采用软管连接。当采用软管连接时，燃气管应采用耐油管，水管应采用耐压管。软管长度不得超过 2m。软管与接头应用卡箍固定。

（5）热水器与煤气表、煤气灶的水平净距不得小于 300mm。

（6）热水器上部不得有电力明线、电气设备和易燃物，热水器与电气设备的水平净距应大于 300mm。

4　质量标准

4.1　主控项目

4.1.1　管道的耐压强度和严密性试验结果，必须符合设计要求和施工规范的规定。

检查方法：全数检查，检查系统或分区（段）试验记录。

4.1.2　管道的坡度必须符合设计要求。

检验方法：按系统内直线管段长度每 30m 抽查 2 段，不足 30m 时不少于 1 段；有分隔墙建筑的，以隔墙为分段数，抽查 5%，但不少于 5 段。用水平尺、拉线和尺量检查或检查测量记录。

4.1.3　燃气引入管和室内燃气管道与其他各类管、电气线路距离必须符合设计要求或施工规范的规定。

检查方法：全数检查，观察和尺量检查。

4.1.4　燃气管严禁作接地导体或电极。

检查方法：全数检查，观察检查。

4.2　一般项目

4.2.1　碳素钢管的螺纹加工精度符合有关标准的规定，螺纹清洁、规整、无断丝或缺丝，连接牢固，管螺纹根部有外露螺纹，镀锌碳素钢管无焊接口，镀锌碳素钢管和管件的镀锌层无破损，螺纹露出部分防腐蚀良好，接口处无漏油麻等缺陷。

检查方法：观察或解体检查

4.2.2　管道支（吊、托）架及管座（墩）的安装构造正确，埋设平正牢固，排列整齐，支架与管子接触紧密。

检查方法：观察和用手扳动检查。

4.2.3　阀门的型号、规格、耐压强度和严密性试验结果，符合设计要求，位置、进出口方向正确，连接牢固紧密，启闭灵活，朝向合理，表面洁净。

检查方法：手扳检查和检查出厂合格证和试验单。

4.2.4　楼板内套管，顶部高出地面不少于 30mm，底部与顶棚齐平；墙壁内的套管两端与饰面平，固定牢固，管口齐平，环缝均匀。

检查方法：观察和尺量检查。

4.2.5　埋地管道的防腐层材质和结构符合设计要求和施工规范规定，卷材与管道以及各层卷材间粘贴牢固，表面平整、无皱褶、空鼓、滑移和封口不严等缺陷。

检查方法：观察或切开防腐层检查。

4.2.6　允许偏差项目见表 4.2.6。

表 4.2.6 室内燃气管道允许偏差

项目			允许偏差（mm）		检验方法
			国标、行标	企标	
坐标			10	8	用水准仪（水平尺）直尺拉线和尺量检查
标高			±10	±10	
水平管道纵横方向弯曲	每米	DN≤100mm	0.5	0.4	用水平尺、直尺、拉线和尺量检查
		DN>100mm	1	1	
	全长（25m 以上）	DN≤100mm	≤13	≤12	
		DN>100mm	≤25	≤23	
立管垂直度	每米		2	1	吊线和尺量检查
	全长（5m）以上		≤10	≤9	
进户管阀门	阀门中心距地面		±5	±4	
燃气表	表底部距地面		±15	±15	尺量检查
	表后面距离内表面		5	5	
	中心线垂直度		1	1	
燃气嘴	距炉台表面		±15	±14	尺量检查
管道保温	厚度（δ为管道保温层厚）		$+0.1\delta$ -0.05δ	$+0.1\delta$ -0.05δ	用钢针刺入保温层检查
	表面平整度	卷材板材	5	4	用 2m 靠尺和楔形塞尺检查
		涂抹或其他	10	8	

5　成品保护

5.0.1　新建房屋要在住户迁入前将全部燃气管道安装竣工，并达到通气条件，对安装的房间要及时关锁。

5.0.2　已居住的房屋于安装竣工后，在燃气管理部门通气前，要采取措施，严禁用户随意改动燃气设施。

5.0.3　中断施工时，管口一定要临时封闭。

5.0.4　对已施工完毕的室内燃气管道，在建筑装修时应保护。

6　应注意的质量问题

6.0.1　管道安装时除严格按设计坐标和标高安装外，还应考虑结构施工偏差加以调整；另外在楼板凿或钻洞时，应吊线，防止立管甩口高度不准和不垂直。

6.0.2　为防止立管的套管出地面高度不够，造成顺管流水，施工时，应配合土建单位进行预埋套管，并考虑结构施工偏差。

7　质量记录

7.0.1　材料和设备的合格证，法定检测单位的检测报告。

7.0.2　预检记录。

7.0.3　隐蔽工程检查记录。

7.0.4　施工试验记录（强度严密性试验记录，管道吹扫试验记录等）。

7.0.5　施工检查记录。

7.0.6　检验批质量验收记录、分项质量验收记录。

7.0.7　竣工验收记录。

8　安全、环保措施

8.1　安全操作要求

8.1.1　手持电动工具应在空载情况下启动，操作人员应佩戴绝缘手套，穿绝缘胶鞋。

8.1.2　通气时应保证器具设备关闭，房间通风良好。

8.2　环保措施

施工过程中的垃圾必须用垃圾袋运至指定地点，不得从楼上向下抛撒。

（2）技术交底

技术交底示例见表 3-6-7。

表 3-6-7 施工技术交底记录

工程名称	××住宅楼	工程部位	一单元	交底时间	××××年××月××日
施工单位	××建筑公司	分项工程			室内燃气管道及附件安装
交底摘要	主体结构验收合格，室内燃气管道安装，强度、严密性保证。				

一、现场条件。主体结构经验收合格，建筑 50 线已弹好并验收。燃气管道引入管已安装，主管支管位置已弹线，穿墙穿档板位置弹线并已经将洞钻好。管道坐标、标高经核实无误。

二、材料要求：

管材及配件，经过进场检验验收，合格证、规格、品种符合设计要求，阀门经过试压符合设计要求，适合燃气介质使用，其他材料已备齐。管道内清理干净。

三、质量安全注意要点：

除按施工工艺施工外，还应重点注意。

1. 管道穿墙、穿楼板都应设套管，套管与管道间隙用沥青油麻堵严，热沥青封口，穿楼板下与楼板平，上部高出 30～20mm，墙与套管齐平。与土建施工配合。

2. 变形缝处，要在墙洞上下面空间（按设计要求），防地基不均匀下沉，管道受力。或装补偿装置。

3. 管道接头，阀门接头，都要保证强度和严密性，不漏气。安装完必须做强度试压合格，严密性试验合格。

4. 水平管坡度向外，支管坡度向主管，保证坡度。

5. 螺纹连接，连接牢固，接口处露螺纹 2～3 扣，麻丝清理干净。

6. 中断施工时管口必须临时封闭。

7. 管道严禁与电源线连接。

四、施工完清理现场，剩余材料运走，垃圾清理运走。

专业工长：李××

施工班组长：王××
××××年××月××日

（四）施工记录

施工记录示例见表 3-6-8。

表 3-6-8 室内燃气管道及附件安装施工记录

单位工程名称	××住宅楼	分部工程	燃气工程、室内管道安装	分项工程	管道及附件安装
施工单位	××建筑公司	项目负责人	王××	施工班组	燃气班 王××
施工期限	××××年××月××日×时至×日×时	气候	≤25℃ 阴√ 晴 雨 风		

一、施工部位：一单元燃气管道及附件安装

二、材料：管道有合格证、进场验收记录、符合设计要求。

阀门有合格证，进场验收记录，试压报告，符合设计要求。

三、施工过程：

1. 已学习施工工艺标准和进行技术交底；

2. 已了解优先工序实体质量和施工措施；

3. 管道安装前清理内部，按程序主管，支管，封堵管口；

4. 螺纹连接、接口紧密牢固，外留 2～3 扣，随手清理接头油麻达到清洁；

5. 支架按规定安设，紧固管道牢靠。

四、管道试压及严密性

引入管阀门后至计量表前管道，试压，按规定进行，并做好记录。

试验后，放完管道内水、堵好管口。监理参加试压、严密性试验符合要求。施工过程未发生技术故障和安全问题。

专业工长：李××

××××年××月××日

（五）质量验收评定记录

质量验收评定记录见示例表 3-6-9。

表 3-6-9　质量验收评定原始记录

主控项目

（1）燃气管道连接方式应符合设计规定。

本工程为住宅楼，设计压力为低压供气，管道为加厚低压管 DN50～DN25。采用螺纹连接方式。按设计文件进行施工。有施工方案及技术安全交底文件。

切割、攻制焊缝无开裂、螺纹光滑端正，密封用聚四氟乙烯胶带，螺纹外露 1～3 扣，密封料清理干净等都按规范规定进行施工。10% 检查，目视检查均合格。

（2）检测报警、燃具、阀门水平距离规定。本工程供气密度比空气低，水平距离均 0.5m，安装高度距屋顶面 0.3～0.2m 之间，10% 抽查，目视检查，距顶面均未大于 0.3m，每个管子距离一致。有施工记录、技术安全交底文件。

（3）室内燃气管道严禁作接地导体或电极。100% 检查，目视检查。各管道均未与导体电线连接，明敷及竖井内与电线、金属管道保持着有效的距离。有明确的技术规定，施工记录。

（4）燃气管道强度试验。

① 低压燃气管道，居民用户，强度试验范围：引入管阀门至燃气表阀门（含阀门）之间的管道；不参与试验的设备、仪表等已隔断；管内已吹扫干净。

② 强度试验压力为设计压力的 1.5 倍，且不低于 0.1MPa，用 0.1MPa 试压。

③ 接低压燃气管道系统达到试验压力时，稳压不少于 0.5h 后，用发泡剂检查所有接头，无渗漏，压力计量装置无压力降，为合格，各系统均达到无渗漏，无压力降。有个别接头班组自检时进行了返工修理，都达到了规定。

100% 检查，压力试验报告。有专项施工方案，技术交流，施工试验记录。

（5）燃气管道严密性试验。

① 严密性试验范围同强度试验范围，引入管阀门至燃气表前阀门之间的管道。通气前还应对燃具前阀门至燃具之间的管道进行严密性试验。

② 室内燃气系统的严密性试验应在强度试验合格后进行。

③ 低压管道系统，试验压力为设计压力且不得低于 5kPa。在试验压力，居民用户应稳压不少于 15min，用发泡剂检查全部连接点，无渗漏，压力计无压力降，为合格。

100%，目视检查，试验检查。有专项施工方案、技术交底、施工记录，严密性试验报告。

通气前还对燃具前阀门至燃具之间的管道，用 U 形压力计进行了严密性试验，试验无压力降，为合格。

一般项目

（1）燃气管道与墙面距离

本工程设计燃气管道管径为 DN50、DN25，与墙的净距为不小于 50mm。

经 10% 抽查，尺量检查。在燃具阀门之前的管道都达到了，达不到的进行了修理均达到不小于 50mm。有技术交底，施工记录。

（2）竖井内管道安装规定

规范规定，土建及其他管道施工完之后安装；穿越隔板加套管，标志颜色，保持间距，接头位置等规定。

经目视、尺量检查：有施工方案，技术安全交底文件，穿越楼板均加设套管，套管内无接头，套管与燃气管间隙大于 10mm，个别不够 10～15mm。防腐材料填充密实；管道标为黄色；燃气管道及与其他相邻管道之间距离均大于 80mm，燃气管在最外边，有管卡固定；连接接头在该层地面上 1.2m 左右，附近有管卡固定。

（3）暗埋式敷设管道。

本工程由竖井穿墙进入厨房，穿墙有套管、套管两端与墙面齐平，未有暗埋敷设的管道。

专业工长：李××　　　　　　　　　　　　　施工班组长：王××

××××年××月××日

（六）检验批质量验收完

填写好记录表 3-6-6，在表后附上施工工艺标准、技术交底、施工记录及质量验收原始记录，交监理工程师审核确认。

五、分部（子分部）工程质量验收评定

（一）室内燃气管道安装子分部工程质量验收表格

按《城镇燃气室内工程施工质量验收规范》CJJ 94 附录 A、A.0.2 表格式填报，示例见表 3-6-10。

表 3-6-10　室内燃气管道子分部工程质量验收记录

工程名称	××住宅楼	分部工程名称	燃气工程
施工单位	××建筑公司	项目技术（质量）负责人	李××
分包单位	／		／
序号	分项工程名称	施工单位 自检意见	监理（建设） 单位验收意见
1	管道及管道附件安装	符合规范规定	合格
2	暗埋、暗封管道及管道附件安装	符合规范规定	合格
3	支架安装	符合规范规定	合格
4	计量装置安装	符合规范规定	合格
5			
6			
7			
8			
观感质量	40 点，36 点"好"，"4"点"一般"，总评为"好"		
质量控制资料	4 项，经检查符合要求 4 项。		
验收结论	符合规范规定，同意验收		
验收 单位	分包单位	项目经理：／ ××××年××月××日	
	施工单位	项目经理：王×× ××××年××月××日	
	监理（建设）单位	总监理工程师：李×× （建设单位项目负责人） ××××年××月××日	

（二）室内燃气管道安装子分部工程所含分项工程核查汇总

室内燃气管道安装工程包括管道及附件安装，暗埋或暗封管道及附件安装，支架安装、计量装置安装等分项工程。

（1）分项工程由主控项目、一般项目组成。质量检验验收中，主控项目必须全部合格，一般项目经抽样检验应合格。当采用计数检验时，除专门有要求外，一般项目的合格点率不应低于 80%，且不合格点的最大偏差值不应超过其允许偏差值的 1.2 倍。验收不合格的项目，通过返修达到合格。

（2）当采用计数检验时，计数单位为：

① 直管段：每 20m 为一计数单位；

② 引入管：每一个引入管为一个计数单位；

③ 室内安装：每一用户单元为一个计数单位；

④ 管道连接：每个连接口（焊接、螺纹连接、法兰连接等）为一个计数单位。

（3）国家实行生产许可证，计量器具是有许可证的产品，产品生产单位必须提供相应质量证明文件。没有相关文件的产品不得安装使用。

室内工程所用燃气管道及组成件、设备有关材料规格、性能等应符合国家现行有关标准和设计文件的规定，并有出厂合格证文件，燃具用气设备和计量装置等必须用经国家有关部门认可的合格产品。符合规范和设计要求。

（4）工程质量验收应在施工单位自检合格的基础上，按分项工程、分部（子分部）工程进行。

（5）核查已完工各分项工程的质量，各分项工程都合格后，进行汇总。

该住宅楼 4 个单元，每单元各分项工程为一验收单位，每个分项工程有 4 个验收单位（或检验批），都验收合格，填入分部（子分部）工程质量验收记录表。

由于只列出室内燃气管道子分部工程的管道及管道附件安装分项工程的质量验收，只核对 1 个单元的验收记录表，另 3 个单元未经核对。同时，另外 3 个分项工程也未列出验收表来。现按 4 个分项工程都核对合格，来列出室内燃气管道安装子分部工程质量验收记录表。CJJ 94 标准的附录 A 的 A.0.2 表格，见表 3-6-10。

（三）观感质量

按质量验收规范规定，观感质量是全面的综合的质量，包括分项工程主控项目、一般项目的全部内容，凡是能看见的、能打开的、能操作的都可以查看，暗埋暗封室内燃气管道及附件安装子分部工程的观感质量，应包括其所含的 4 个分项工程的全部内容，以及各分项工程之间交叉的有关内容。可以按规定分点分片（处）综合检查评价，各点、处的质量等级，可以分为"好""一般""差"的评价。对于"差"的点，可以修理，不影响安全、功能和大的外观质量的也可以不修理，进行验收。以一个单元随机抽 2 层，共 8 层，每户 1 个检查点，共 40 个检查点。将 40 点分别评出"好""一般""差"的结果。假设经过组织检查，"好"的 36 点，"一般"的 4 点，该子分部工程评为"好"，记入表 3-6-10。

（四）质量控制资料

按 CJJ 94 应该有的资料包括：

（1）设计文件，施工图及会审记录 1 份；

（2）设备管道及组成件合格证，检定证书和质量证明书；

管道采用小于或等于 DN50，设计压力低压热镀锌钢管和镀锌配件，用螺纹连接，机械方法切割，支托形式用管卡和托架。

① 管道组成件、材料有出厂合格证，进场时对管道外观和合格证明文件检查验收，形成进场检验记录；管道合格证 2 份，进场验收记录 1 份。

② 计量表有出厂合格证，检测机构检测合格报告，在有效期内表的标牌上有 CMC 标志、最大流量、生产日期、编号和制造单位，符合设计要求；有检测报告 1 份。

（3）施工安装技术文件（螺纹连接）：

① 阀门试验记录 2 份；

② 燃气管道安装工程检查记录 4 份（每个单元 1 份）；

③ 室内燃气系统强度、严密性试验记录 4 份（每个单元 1 份）；

（4）质量事故。无。

（5）燃气分项工程质量验收记录 4 份（每个单元 1 份）；子分部工程质量验收记录 1 份。

将检查的资料 5 项，资料份数 19 份填入子分部工程质量验收记录表 3-6-10。

质量资料列出清单，各项记录表格依次附在子分部工程质量验收记录表 3-6-10 后边，交监理单位核验认可。

第四章　单位工程质量验收

第一节　单位工程质量验收规定

一、单位工程质量验收基本规定

（一）GB 50300 的有关规定

参见 GB 50300—2013 标准 4.0.2 条、5.0.4～5.0.5 条、6.0.4～6.0.6 条（其中，6.0.6 条为强制性条文）。

　　4.0.2　单位工程应按下列原则划分：

　　1　具备独立施工条件并能形成独立使用功能的建筑物或构筑物为一个单位工程；

　　2　对于规模较大的单位工程，可将其能形成独立使用功能的部分划分为一个子单位工程。

　　5.0.4　单位工程质量验收合格应符合下列规定：

　　1　所含分部工程的质量均应验收合格；

　　2　质量控制资料应完整；

　　3　所含分部工程中有关安全、节能、环境保护和主要使用功能的检验资料应完整；

　　4　主要使用功能的抽查结果应符合相关专业验收规范的规定；

　　5　观感质量应符合要求。

　　5.0.5　建筑工程施工质量验收记录可按下列规定填写：

　　4　单位工程质量竣工验收记录、质量控制资料核查记录、安全和功能检验资料核查及主要功能抽查记录、观感质量检查记录应按本标准附录 H 填写。

　　6.0.4　单位工程中的分包工程完工后，分包单位应对所承包的工程项目进行自检，并应按本标准规定的程序进行验收。验收时，总包单位应派人参加。分包单位应将所分包工程的质量控制资料整理完整，并移交给总包单位。

　　6.0.5　单位工程完工后，施工单位应组织有关人员进行自检。总监理工程师应组织各专业监理工程师对工程质量进行竣工预验收。存在施工质量问题时，应由施工单位整改。整改完毕后，由施工单位向建设单位提交工程竣工报告，申请工程竣工验收。

　　6.0.6　建设单位收到工程竣工报告后，应由建设单位项目负责人组织监理、施工、设计、勘察等单位项目负责人进行单位工程验收。

　　单位工程质量验收只在《建筑工程施工质量验收统一标准》GB 50300 中有规定，在各专项施工质量验收规范中都是检验批、分项、分部（子分部）工程的质量验收规定，没有单位工程的质量验收规定。单位工程质量验收只在 GB 50300 标准中列有，所以，将单位工程的质量验收单独列为一章来说明其验收用表及有关说明。各种验收表格的份数可协商确定。

（二）《房屋建筑和市政基础设施工程竣工验收规定》（建质〔2013〕171 号）的规定

　　第一条　为规范房屋建筑和市政基础设施工程的竣工验收，保证工程质量，根据《中华人民共和国建筑法》和《建设工程质量管理条例》，制定本规定。

　　第二条　凡在中华人民共和国境内新建、扩建、改建的各类房屋建筑和市政基础设施工程的竣工验收（以下简称工程竣工验收），应当遵守本规定。

　　第三条　国务院住房和城乡建设主管部门负责全国工程竣工验收的监督管理。县级以上地方人民政府建设主管部门负责本行政区域内工程竣工验收的监督管理，具体工作可以委托所属的工程质量监督机构实施。

　　第四条　工程竣工验收由建设单位负责组织实施。

　　第五条　工程符合下列要求方可进行竣工验收：

（一）完成工程设计和合同约定的各项内容。

（二）施工单位在工程完工后对工程质量进行了检查，确认工程质量符合有关法律法规和工程建设强制性标准，符合设计文件及合同要求，并提出工程竣工报告。工程竣工报告应经项目经理和施工单位有关负责人审核签字。

（三）对于委托监理的工程项目，监理单位对工程进行了质量评估，具有完整的监理资料，并提出工程质量评估报告。工程质量评估报告应经总监理工程师和监理单位有关负责人审核签字。

（四）勘察、设计单位对勘察、设计文件及施工过程中由设计单位签署的设计变更通知书进行了检查，并提出质量检查报告。质量检查报告应经该项目勘察、设计负责人和勘察、设计单位有关负责人审核签字。

（五）有完整的技术档案和施工管理资料。

（六）有工程使用的主要建筑材料、建筑构配件和设备的进场试验报告，以及工程质量检测和功能性试验资料。

（七）建设单位已按合同约定支付工程款。

（八）有施工单位签署的工程质量保修书。

（九）对于住宅工程，进行分户验收并验收合格，建设单位按户出具《住宅工程质量分户验收表》。

（十）建设主管部门及工程质量监督机构责令整改的问题全部整改完毕。

（十一）法律、法规规定的其他条件。

第六条 工程竣工验收应当按以下程序进行：

（一）工程完工后，施工单位向建设单位提交工程竣工报告，申请工程竣工验收。实行监理的工程，工程竣工报告须经总监理工程师签署意见。

（二）建设单位收到工程竣工报告后，对符合竣工验收要求的工程，组织勘察、设计、施工、监理等单位组成验收组，制定验收方案。对于重大工程和技术复杂工程，根据需要可邀请有关专家参加验收组。

（三）建设单位应当在工程竣工验收7个工作日前将验收的时间、地点及验收组名单书面通知负责监督该工程的工程质量监督机构。

（四）建设单位组织工程竣工验收。

1. 建设、勘察、设计、施工、监理单位分别汇报工程合同履约情况和在工程建设各个环节执行法律、法规和工程建设强制性标准的情况；

2. 审阅建设、勘察、设计、施工、监理单位的工程档案资料；

3. 实地查验工程质量；

4. 对工程勘察、设计、施工、设备安装质量和各管理环节等方面作出全面评价，形成经验收组人员签署的工程竣工验收意见。

参与工程竣工验收的建设、勘察、设计、施工、监理等各方不能形成一致意见时，应当协商提出解决的方法，待意见一致后，重新组织工程竣工验收。

第七条 工程竣工验收合格后，建设单位应当及时提出工程竣工验收报告。工程竣工验收报告主要包括工程概况，建设单位执行基本建设程序情况，对工程勘察、设计、施工、监理等方面的评价，工程竣工验收时间、程序、内容和组织形式，工程竣工验收意见等内容。

工程竣工验收报告还应附有下列文件：

（一）施工许可证。

（二）施工图设计文件审查意见。

（三）本规定第五条（二）、（三）、（四）、（八）项规定的文件。

（四）验收组人员签署的工程竣工验收意见。

（五）法规、规章规定的其他有关文件。

第八条 负责监督该工程的工程质量监督机构应当对工程竣工验收的组织形式、验收程序、执行验收标准等情况进行现场监督，发现有违反建设工程质量管理规定行为的，责令改正，并将对工程竣工验收的监督情况作为工程质量监督报告的重要内容。

第九条 建设单位应当自工程竣工验收合格之日起15日内，依照《房屋建筑和市政基础设施工程竣工验收备案管理办法》（住房和城乡建设部令第2号）的规定，向工程所在地的县级以上地方人民政府建设主管部门备案。

第十条 抢险救灾工程、临时性房屋建筑工程和农民自建低层住宅工程，不适用本规定。

第十一条 军事建设工程的管理，按照中央军事委员会的有关规定执行。

第十二条 省、自治区、直辖市人民政府住房和城乡建设主管部门可以根据本规定制定实施细则。

第十三条 本规定由国务院住房和城乡建设主管部门负责解释。

第十四条 本规定自发布之日起施行。《房屋建筑工程和市政基础设施工程竣工验收暂行规定》（建建〔2000〕142号）同时废止。

（三）《房屋建筑工程质量保修办法》（建设部令〔2000〕第80号发布）的有关规定

第一条 为保护建设单位、施工单位、房屋建筑所有人和使用人的合法权益，维护公共安全和公众利益，根据《中华人民共和国建筑法》和《建设工程质量管理条例》，制定本办法。

第二条 在中华人民共和国境内新建、扩建、改建各类房屋建筑工程（包括装修工程）的质量保修，适用本办法。

第三条 本办法所称房屋建筑工程质量保修，是指对房屋建筑工程竣工验收后在保修期限内出现的质量缺陷，予以修复。

本办法所称质量缺陷，是指房屋建筑工程的质量不符合工程建设强制性标准以及合同的约定。

第四条　房屋建筑工程在保修范围和保修期限内出现质量缺陷，施工单位应当履行保修义务。

第五条　国务院建设行政主管部门负责全国房屋建筑工程质量保修的监督管理。

县级以上地方人民政府建设行政主管部门负责本行政区域内房屋建筑工程质量保修的监督管理。

第六条　建设单位和施工单位应当在工程质量保修书中约定保修范围、保修期限和保修责任等，双方约定的保修范围、保修期限必须符合国家有关规定。

第七条　在正常使用下，房屋建筑工程的最低保修期限为：

（一）地基基础工程和主体结构工程，为设计文件规定的该工程的合理使用年限；

（二）屋面防水工程、有防水要求的卫生间、房间和外墙面的防渗漏，为5年；

（三）供热与供冷系统，为2个采暖期、供冷期；

（四）电气管线、给排水管道、设备安装为2年；

（五）装修工程为2年。

其他项目的保修期限由建设单位和施工单位约定。

第八条　房屋建筑工程保修期从工程竣工验收合格之日起计算。

第九条　房屋建筑工程在保修期限内出现质量缺陷，建设单位或者房屋建筑所有人应当向施工单位发出保修通知。施工单位接到保修通知后，应当到现场核查情况，在保修书约定的时间内予以保修。发生涉及结构安全或者严重影响使用功能的紧急抢修事故，施工单位接到保修通知后，应当立即到达现场抢修。

第十条　发生涉及结构安全的质量缺陷，建设单位或者房屋建筑所有人应当立即向当地建设行政主管部门报告，采取安全防范措施；由原设计单位或者具有相应资质等级的设计单位提出保修方案，施工单位实施保修，原工程质量监督机构负责监督。

第十一条　保修完成后，由建设单位或者房屋建筑所有人组织验收。涉及结构安全的，应当报当地建设行政主管部门备案。

第十二条　施工单位不按工程质量保修书约定保修的，建设单位可以另行委托其他单位保修，由原施工单位承担相应责任。

第十三条　保修费用由质量缺陷的责任方承担。

第十四条　在保修期内，因房屋建筑工程质量缺陷造成房屋所有人、使用人或者第三方人身、财产损害的，房屋所有人、使用人或者第三方可以向建设单位提出赔偿要求。建设单位向造成房屋建筑工程质量缺陷的责任方追偿。

第十五条　因保修不及时造成新的人身、财产损害，由造成拖延的责任方承担赔偿责任。

第十六条　房地产开发企业售出的商品房保修，还应当执行《城市房地产开发经营管理条例》和其他有关规定。

第十七条　下列情况不属于本办法规定的保修范围：

（一）因使用不当或者第三方造成的质量缺陷；

（二）不可抗力造成的质量缺陷。

第十八条　施工单位有下列行为之一的，由建设行政主管部门责令改正，并处1万元以上3万元以下的罚款。

（一）工程竣工验收后，不向建设单位出具质量保修书的；

（二）质量保修的内容、期限违反本办法规定的。

第十九条　施工单位不履行保修义务或者拖延履行保修义务的由建设行政主管部门责令改正，处10万元以上20万元以下的罚款。

第二十条　军事建设工程的管理，按照中央军事委员会的有关规定执行。

第二十一条　本办法由国务院建设行政主管部门负责解释。

第二十二条　本办法自发布之日起施行。

（四）《房屋建筑工程质量保修书》（示范文本）（建建〔2000〕185号）的相关资料

房屋建筑工程质量保修书（示范文本）

发包人（全称）：＿＿＿＿＿＿＿＿＿＿＿＿

承包人（全称）：＿＿＿＿＿＿＿＿＿

发包人、承包人根据《中华人民共和国建筑法》《建设工程质量管理条例》和《房屋建筑工程质量保修办法》，经协商一致，对（工程全称）签订工程质量保修书。

一、工程质量保修范围和内容

承包人在质量保修期内，按照有关法律、法规、规章的管理规定和双方约定，承担本工程质量保修责任。

质量保修范围包括地基基础工程、主体结构工程，屋面防水工程、有防水要求的卫生间、房间和外墙面的防渗漏，供热与供冷系统，电气管线、给排水管道、设备安装和装修工程，以及双方约定的其他项目。具体保修的内容，双方约定如下：＿＿＿＿＿＿＿＿＿＿＿＿＿＿＿＿＿＿＿＿＿＿＿＿＿＿

二、质量保修期

双方根据《建设工程质量管理条例》及有关规定，约定本工程的质量保修期如下：

1. 地基基础工程和主体结构工程为设计文件规定的该工程合理使用年限；

2. 屋面防水工程、有防水要求的卫生间、房间和外墙面的防渗漏为＿＿＿＿＿年；

3. 装修工程为＿＿＿＿＿年；

4. 电气管线、给排水管道、设备安装工程为＿＿＿＿＿年；

5. 供热与供冷系统为＿＿＿＿＿个采暖期、供冷期；

6. 住宅小区内的给排水设施、道路等配套工程为＿＿＿＿＿年；

7. 其他项目保修期限约定如下：＿＿＿＿＿＿＿＿＿＿＿＿＿＿＿＿＿＿＿＿。

质量保修期自工程竣工验收合格之日起计算。

三、质量保修责任

1. 属于保修范围、内容的项目，承包人应当在接到保修通知之日起7天内派人保修。承包人不在约定期限内派人保修的，发包人可以委托他人修理。

2. 发生紧急抢修事故的，承包人在接到事故通知后，应当立即到达事故现场抢修。

3. 对于涉及结构安全的质量问题，应当按照《房屋建筑工程质量保修办法》的规定，立即向当地建设行政主管部门报告，采取安全防范措施；由原设计单位或者具有相应资质等级的设计单位提出保修方案，承包人实施保修。

4. 质量保修完成后，由发包人组织验收。

四、保修费用

保修费用由造成质量缺陷的责任方承担。

五、其他

双方约定的其他工程质量保修事项：＿＿＿＿＿＿＿＿＿＿＿＿＿＿＿＿＿＿＿＿。

本工程质量保修书，由施工合同发包人、承包人双方在竣工验收前共同签署，作为施工合同附件，其有效期限至保修期满。

发包人（公章）：　　　　　　　　　　　　承包人（公章）：

法定代表人（签字）：　　　　　　　　　　法定代表人（签字）：
　　年　月　日　　　　　　　　　　　　　　　年　月　日

（五）《关于做好住宅工程质量分户验收工作的通知》（建质〔2009〕291号）的有关规定

一、高度重视分户验收工作

住宅工程质量分户验收（以下简称分户验收），是指建设单位组织施工、监理等单位，在住宅工程各检验批、分项、分部工程验收合格的基础上，在住宅工程竣工验收前，依据国家有关工程质量验收标准，对每户住宅及相关公共部位的观感质量和使用功能等进行检查验收，并出具验收合格证明的活动。

住宅工程涉及千家万户，住宅工程质量的好坏直接关系到广大人民群众的切身利益。各地住房城乡建设主管部门要进一步增强做好分户验收工作的紧迫感和使命感，把全面开展住宅工程质量分户验收工作提高到实践科学发展观、构建社会主义和谐社会的高度来认识，明确要求，制定措施，加强监管，切实把这项工作摆到重要的议事日程，抓紧抓好。

二、分户验收内容

分户验收内容主要包括：

（一）地面、墙面和顶棚质量；

（二）门窗质量；

（三）栏杆、护栏质量；

（四）防水工程质量；

（五）室内主要空间尺寸；

（六）给水排水系统安装质量；

（七）室内电气工程安装质量；

（八）建筑节能和采暖工程质量；

（九）有关合同中规定的其他内容。

三、分户验收依据

分户验收依据为国家现行有关工程建设标准，主要包括住宅建筑规范、混凝土结构工程施工质量验收、砌体工程施工质量验收、建筑装饰装修工程施工质量验收、建筑地面工程施工质量验收、建筑给水排水及采暖工程施工质量验收、建筑电气工程施工质量验收、建筑节能工程施工质量验收、智能建筑工程质量验收、屋面工程质量验收、地下防水工程质量验收等标准规范，以及经审查合格的施工图设计文件。

四、分户验收程序

分户验收应当按照以下程序进行：

（一）根据分户验收的内容和住宅工程的具体情况确定检查部位、数量；

（二）按照国家现行有关标准规定的方法，以及分户验收的内容适时进行检查；

（三）每户住宅和规定的公共部位验收完毕，应填写《住宅工程质量分户验收表》（见附件），建设单位和施工单位项目负责人、监理单位项目总监理工程师分别签字；

（四）分户验收合格后，建设单位必须按户出具《住宅工程质量分户验收表》，并作为《住宅质量保证书》的附件，一同交给住户。

分户验收不合格，不能进行住宅工程整体竣工验收。同时，住宅工程整体竣工验收前，施工单位应制作工程标牌，将工程名称、竣工日期和建设、勘察、设计、施工、监理单位全称镶嵌在该建筑工程外墙的显著部位。

五、分户验收的组织实施

分户验收由施工单位提出申请，建设单位组织实施，施工单位项目负责人、监理单位项目总监理工程师及相关质量、技术人员参加，对所涉及的部位、数量按分户验收内容进行检查验收。已经预选物业公司的项目，物业公司应当派人参加分户验收。

建设、施工、监理等单位应严格履行分户验收职责，对分户验收的结论进行签认，不得简化分户验收程序。对于经检查不符合要求的，施工单位应及时进行返修，监理单位负责复查。返修完成后重新组织分户验收。

工程质量监督机构要加强对分户验收工作的监督检查，发现问题及时监督有关方面认真整改，确保分户验收工作质量。对在分户验收中弄虚作假、降低标准或将不合格工程按合格工程验收的，依法对有关单位和责任人进行处罚，并纳入不良行为记录。

六、加强对分户验收工作的领导

各地住房城乡建设主管部门应结合本地实际，制定分户验收实施细则或管理办法，明确提高住宅工程质量的工作目标和任务，突出重点和关键环节，尤其在保障性住房中应全面推行分户验收制度，把分户验收工作落到实处，确保住宅工程结构安全和使用功能质量，促进提高住宅工程质量总体水平。

附件：住宅工程质量分户验收表

住宅工程质量分户验收表

工程名称		房（户）号	
建设单位		验收日期	
施工单位		监理单位	

序号	验收项目	主要验收内容	验收记录
1	楼地面、墙面和顶棚	地面裂缝、空鼓、材料环保性能，墙面和顶棚爆灰、空鼓、裂缝，装饰图案、缝格、色泽、表面洁净	
2	门窗	窗台高度、渗水、门窗启闭、玻璃安装	
3	栏杆	栏杆高度、间距、安装牢固、防攀爬措施	
4	防水工程	屋面渗水、厨卫间渗水、阳台地面渗水、外墙渗水	
5	室内主要空间尺寸	开间净尺寸、室内净高	
6	给排水工程	管道渗水、管道坡向、安装固定、地漏水封、给水口位置	
7	电气工程	接地、相位、控制箱配置，开关、插座位置	
8	建筑节能	保温层厚度、固定措施	
9	其他	烟道、通风道、邮政信报箱等	
分户验收结论			

建设单位	施工单位	监理单位	物业或其他单位
项目负责人： 验收人员： 　　年　月　日	项目经理： 验收人员： 　　年　月　日	总监理工程师： 验收人员： 　　年　月　日	项目负责人： 验收人员： 　　年　月　日

（六）《商品住宅实行住宅质量保证书和住宅使用说明书制度的规定》（建设部建房〔1998〕102 号）的规定

第一条 为加强商品住宅质量管理，确保商品住宅售后服务质量和水平，维护商品住宅消费者的合法权益，制定本规定。

第二条 本规定适用于房地产开发企业出售的商品住宅。

第三条 房地产开发企业在向用户交付销售的新建商品住宅时，必须提供《住宅质量保证书》和《住宅使用说明书》。《住宅质量保证书》可以作为商品房购销合同的补充约定。

第四条 《住宅质量保证书》是房地产开发企业对销售的商品住宅承担质量责任的法律文件，房地产开发企业应当按《住宅质量保证书》的约定，承担保修责任。商品住宅售出后，委托物业管理公司等单位维修的，应在《住宅质量保证书》中明示所委托的单位。

第五条 《住宅质量保证书》应当包括以下内容：

1. 工程质量监督部门核验的质量等级；

2. 地基基础和主体结构在合理使用寿命年限内承担保修；

3. 正常使用情况下各部位、部件保修内容与保修期：屋面防水 3 年；墙面、厨房和卫生间地面、地下室、管道渗漏 1 年；墙面、顶棚抹灰层脱落 1 年；地面空鼓开裂、大面积起砂 1 年；门窗翘裂、五金件损坏 1 年；管道堵塞 2 个月；供热、供冷系统和设备 1 个采暖期或供冷期；卫生洁具 1 年；灯具、电器开关 6 个月；其他部位、部件的保修期限，由房地产开发企业与用户自行约定。

4. 用户报修的单位，答复和处理的时限。

第六条 住宅保修期从开发企业将竣工验收的住宅交付用户使用之日起计算，保修期限不应低于本规定第五条规定的期限。房地产开发企业可以延长保修期。国家对住宅工程质量保修期另有规定的，保修期限按照国家规定执行。

第七条 房地产开发企业向用户交付商品住宅时，应当有交付验收手续，并由用户对住宅设备、设施的正常运行签字认可。用户验收后自行添置、改动的设施、设备，由用户自行承担维修责任。

第八条 《住宅使用说明书》应当对住宅的结构、性能和各部位（部件）的类型、性能、标准等作出说明，并提出使用注意事项，一般应当包含以下内容：

1. 开发单位、设计单位、施工单位，委托监理的应注明监理单位；

2. 结构类型；

3. 装修、装饰注意事项；

4. 上水、下水、电、燃气、热力、通讯、消防等设施配置的说明；

5. 有关设备、设施安装预留位置的说明和安装注意事项；

6. 门、窗类型，使用注意事项；

7. 配电负荷；

8. 承重墙、保温墙、防水层、阳台等部位注意事项的说明；

9. 其他需要说明的问题。

第九条 住宅中配置的设备、设施，生产厂家另有使用说明书的，应附于《住宅使用说明书》中。

第十条 《住宅质量保证书》和《住宅使用说明书》应在住宅交付用户的同时提供给用户。

第十一条 《住宅质量保证书》和《住宅使用说明书》以购买者购买的套（幢）发放。每套（幢）住宅均应附有各自的《住宅质量保证书》和《住宅使用说明书》。

第十二条 房地产开发企业在《住宅使用说明书》中对住户合理使用住宅应有提示。因用户使用不当或擅自改动结构、设备位置和不当装修等造成的质量问题，开发企业不承担保修责任；因住户使用不当或擅自改动结构，造成房屋质量受损或其他用户损失，由责任人承担相应责任。

第十三条 其他住宅和非住宅的商品房屋，可参照本规定执行。

第十四条 本规定由建设部负责解释。

第十五条 本规定从 1998 年 9 月 1 日起实施。

二、单位工程质量验收用表

为了规范工程质量验收用表，本书结合有关资料管理的要求，将建筑工程质量验收的用表进行了编码。

1. 工程质量验收表的编码是按《建筑工程施工质量验收统一标准》GB 50300—2013 附录表 B 规定的分部工程、子分部工程、分项工程的代码的 8 位数，按表 B 的顺序编码，检验批代码（依据专业验收规范）和资料顺序号为 11 位数的数码编号写在表的右上角，前 8 位数均印在表上，后留下画线空格，检查验收时填写检验批的顺序号。其编号规则具体说明如下：

（1）第 1、2 位数字是分部工程的代码；

（2）第 3、4 位数字是子分部工程的代码；

（3）第 5、6 位数字是分项工程的代码；

（4）第 7、8 位数字是检验批的代码；

（5）第 9、10、11 位数字是各检验批验收的顺序号。

同一检验批表格适用于不同分部、子分部、分项工程时，表格分别编号，填表时按实际类别填写顺序号加以区别；编号按分部、子分部、分项、检验批序号的顺序排列。

2. 建筑工程按《建筑工程施工质量验收统一标准》GB 50300 的规定，将一个单位工程划分为 11 个分部工程来验收，各分布工程验收表格的编号是：

（1）地基基础分部工程为 01；

（2）主体结构分部工程为 02；

（3）建筑装饰装修分部工程为 03；

（4）屋面分部工程为 04；

（5）建筑给水排水及采暖分部工程为 05；

（6）通风与空调分部工程为 06；

（7）建筑电气分部工程为 07；

（8）智能建筑分部工程为 08；

（9）电梯分部工程为 09；

（10）燃气分部工程为 10；

（11）建筑节能分部工程为 11。

各分部的子分部工程为第 3、4 位数字，分项工程为第 5、6 位数字，检验批是第 7、8 位数字。如主体结构分部、砌体结构子分部、砖砌体分项工程、第一层砌体的表编号为 02030101，再留 3 位数的空格填写检验批的顺序号，即 02030101□□□。

3. 建设单位建筑工程质量验收报告　　　　　　　　　　表 0001

4. 施工单位工程质量验收申请报告

（1）施工单位工程质量验收申请表　　　　　　　　　表 0002-1

（2）单位工程质量竣工验收记录　　　　　　　　　　表 0002-2

（3）单位工程质量控制资料核查记录　　　　　　　　表 0002-3

（4）单位工程安全和功能检验资料核查及主要功能抽查记录　　表 0002-4

（5）单位工程观感质量核查记录　　　　　　　　　　表 0002-5

（6）房屋建筑工程质量保修书　　　　　　　　　　　表 0002-6

5. 监理单位建筑工程质量评估报告　　　　　　　　　　表 0003

　　监理单位建筑工程质量预验收　　　　　　　　　　　表 0003-1

6. 建筑工程勘察文件质量检查评估报告　　　　　　　　表 0004

7. 建筑工程设计文件质量检查评估报告　　　　　　　　表 0005

8. 住宅工程质量分户验收记录　　　　　　　　　　　　表 0006

9. 住宅质量保证书　　　　　　　　　　　　　　　　　表 0007

10. 住宅使用说明书　　　　　　　　　　　　　　　　　表 0008

第二节 建设单位建筑工程质量验收报告

单位工程完工后，施工单位应组织有关人员进行自检。由施工单位向建设单位提交工程竣工报告，申请工程竣工验收。总监理工程师应组织各专业监理工程师对工程质量进行竣工预验收。存在施工质量问题时，应由施工单位整改。整改完毕后，监理单位审核认可，写出预验收报告，交建设单位。

建设单位收到工程竣工验收报告及预验收报告后，应由建设单位项目负责人组织监理、施工、设计、勘察等单位项目负责人进行单位工程验收。

一、工程质量验收报告的形成

（1）组成专家组及工程验收的专业组，在监理单位组织的工程预验收的基础上，分专业组根据相应的法规、规范和施工合同要求，对专业项目进行审查验收，并提出专业组验收意见。

（2）由建设单位主持召开工程验收会议。

（3）勘察、设计、施工、监理单位介绍工程质量评估情况及工程建设合同约定情况，以及建设过程执行法律、法规和工程建设强制性标准及工程质量验收情况。

（4）验收组实地查验工程质量。

（5）各专业验收组介绍专业组验收意见。

（6）按表0001的形式形成工程质量验收报告，形成"工程竣工验收结论"，讨论通过并签字盖章。

二、建设工程质量验收报表

建设工程质量验收报表即表0001，其验收报告模板如下。

工程质量验收报告

（一）内容材料目录

1. 工程概况

2. 工程施工质量验收实施情况

3. 工程质量评定及验收

4. 验收组人员名单

5. 工程验收结论及责任单位签章

6. 有关质量评定验收等竣工验收资料见表0002附件

（二）验收报告成型说明

1. 工程竣工验收报告由建设单位负责编写。

2. 填写内容应真实，语言简洁，字迹清晰。

3. 工程竣工报告一式三份。

有关附录：

（1）工程概况；

（2）工程竣工验收实施情况；

（3）工程质量评定；

（4）验收人员签字；

（5）工程验收结论。

工程名称：

验收日期：

建设单位（盖章）：

按报告内容对应填入表 001 中,主要分为以下 5 部分制作表格。

(一) 工程概况

工程名称		工程地点		
建筑面积		工程造价		
施工许可证号		层数		地上: ××层 地下: ××层
开工日期		监理许可证号		
监督单位		验收日期		
		总监理工程师		
建设单位				技术职称:
	项目负责人:			企业资质:
勘察单位				技术职称及证号:
	勘察技术负责人:			企业资质:
设计单位				技术职称及证号:
	结构负责人:			企业资质:
总包单位				技术职称及证号:
	技术负责人:			企业资质:
承建单位 (建筑与结构)		资质证号		技术职称及证号:
	建筑与结构项目经理:			企业资质:
承建单位 (装修)				技术职称及证号:
	项目经理:			企业资质:
承建单位 (设备安装)				技术职称及证号:
	项目经理:			企业资质:
监理单位				监理资格及证号:
	总监理工程师:			单位证书及编号:
施工图审查单位				技术职称及证号:
	审查负责人:			

(二) 工程竣工验收实施情况

1) 验收组织

建设单位组织勘察、设计、施工、监理等单位和其他有关专家组成验收组,根据工程特点,下设若干个专业组。

(1) 验收组

组长	
副组长	
组员	

（2）专业组

专业组	组长	组员
建筑与结构工程		
建筑设备安装工程		
建筑智能系统工程		
工程资料		
商务资料		

2）验收程序

（1）各专业组进行验收工作。

（2）建设单位主持验收会议。

（3）勘察、设计、施工、监理单位介绍工程合同履约情况和工程建设各个环节执行法律、法规和工程建设强制性标准及工程质量验收情况。勘察、设计、监理并提供质量评估报告。

（4）审阅勘察、设计、施工、监理单位的工程资料。

（5）验收组实地查验工程质量。

（6）各专业组介绍验收意见，有关人员提问及讨论。

（7）验收组形成工程竣工验收结论并签名盖章。

（三）工程质量评定

分部工程名称	验收意见	质量控制资料核查	安全和主要功能核查及抽查结果	观感质量验收
地基与基础工程				
主体结构工程				
建筑装饰装修工程				
建筑屋面工程		共　　项 经检查符合规定　　项	共核查　　项 符合规定　　项 共抽查　　项 符合规定　　项 经返工处理符合规定　　项	共抽查　　项，达到"好"和"一般"的　　项，经返修处理符合要求的　　项
建筑给水、排水及采暖工程				
建筑电气工程				
智能建筑工程				
通风与空调工程				
电梯工程				
燃气工程				
建筑节能工程				

（四）验收人员签名

姓名	工作单位	职称	职务

（五）工程验收结论

竣工验收结论：

建设单位： （公章） 单位（项目）负责人： ××××年××月××日	监理单位： （公章） 总监理工程师： ××××年××月××日	施工单位： （公章） 单位（项目）负责人： ××××年××月××日	设计单位： （公章） 单位（项目）负责人： ××××年××月××日	勘察单位： （公章） 单位（项目）负责人： ××××年××月××日

第三节　施工单位工程竣工验收申请报告

一、施工单位工程竣工验收申请报告

（一）工程竣工验收条件

（1）施工单位按照工程合同约定的内容及施工图设计文件的要求施工完毕，并按照《建筑工程施工验收质量统一标准》GB 50300 的规定，按照第 5.0.4 条的内容规定，组织相关人员对单位工程进行工程的自检评定，达到设计文件的要求、相关质量验收规范的规定及合同约定内容，提交监理单位进行工程质量竣工的预验收。

（2）监理单位总监理工程师组织专业监理工程师对工程质量竣工进行预验收。对存在的施工质量问题、技术资料问题，由施工单位整改。整改完毕，并经监理认可后，由施工单位向建设单位提交竣工验收报告，申请工程竣工验收。

（3）施工单位形成工程竣工验收报告。

（二）施工单位工程质量验收申请报告

施工单位工程质量竣工验收申请报告（施工过程概述、自我组织质量评定情况、施工资料、达到设计文件情况、达到规范情况、完成合同情况等说明）申请表的附表包括：

（1）施工单位工程质量验收申请报告（表 4-3-1）

表 4-3-1 施工单位工程质量验收申请报告

工程名称		工程地址	
建设单位		结构类型/层数	
勘察单位		建筑面积	
设计单位		开工日期	
监理单位		完成日期	
施工单位		合同日期	

	项目内容	施工单位自检
竣工条件具备情况	1. 完成工程施工图设计文件和合同约定情况	
	2. 主要建筑材料、构配件和设备合格证进场试验记录、复试报告资料汇总及说明	
	3. 工程质量验收资料汇总及说明	
	4. 质量控制资料及安全和使用功能核查及抽查资料汇总及说明	
	5. 施工安全评价资料说明	
	6. 工程款支付情况说明	
	7. 工程质量保修书、使用说明书说明	
	8. 有关质量整改问题的执行情况	

完成合同情况及自我质量评定情况已完成施工图设计合同约定的各项内容，并按照监理单位预验收的意见进行了整改，工程质量自查评定符合有关法律、法规和工程建设技术标准，特申请办理工程竣工验收手续。

项目经理：
项目负责人：（施工单位盖章）
年 月 日

监理单位意见：

总监理工程师签名：
年 月 日

（2）单位工程质量竣工验收记录（表 4-3-2）

表 4-3-2　单位工程质量竣工验收记录

工程名称		结构类型		层数/建筑面积	
施工单位		技术负责人		开工日期	
项目负责人		项目技术负责人		完工日期	

序号	项目	验收记录	验收结论
1	分部工程验收	共　分部，经查符合设计及标准规定　分部	
2	质量控制资料核查	共　项，经核查符合规定　项	
3	安全和使用功能核查及抽查结果	共核查　项，符合规定　项，共抽查　项，符合规定　项，经返工处理符合规定　项	
4	观感质量验收	共抽查　项，达到"好"和"一般"的　项，经返修处理符合要求的　项	
综合验收结论			

参加验收单位	建设单位	监理单位	施工单位	设计单位	勘察单位
	（公章）项目负责人：　年　月　日	（公章）总监理工程师：　年　月　日	（公章）项目负责人：　年　月　日	（公章）项目负责人：　年　月　日	（公章）项目负责人：　年　月　日

注：单位工程验收时，验收签字人员应由相应单位的法定代表人书面授权。

（3）单位工程质量控制资料核查记录（表 4-3-3）

表 4-3-3　单位工程质量控制资料核查记录

工程名称				施工单位			
序号	项目	资料名称	份数	施工单位		监理单位	
				核查意见	核查人	核查意见	核查人
1	建筑与结构	图纸会审记录、设计变更通知单、工程洽商记录					
2		工程定位测量、放线记录					
3		原材料出厂合格证书及进场检验、试验报告					
4		施工试验报告及见证检测报告					
5		隐蔽工程验收记录					
6		施工记录					
7		地基、基础、主体结构检验及抽样检测资料					
8		分项、分部工程质量验收记录					
9		工程质量事故调查处理资料					
10		新技术论证、备案及施工记录					
1	给排水与供暖	图纸会审记录、设计变更通知单、工程洽商记录					
2		原材料出厂合格证书及进场检验、试验报告					
3		管道、设备强度试验、严密性试验记录					
4		隐蔽工程验收记录					
5		系统清洗、灌水、通水、通球试验记录					
6		施工记录					
7		分项、分部工程质量验收记录					
8		新技术论证、备案及施工记录					
1	通风与空调	图纸会审记录、设计变更通知单、工程洽商记录					
2		原材料出厂合格证书及进场检验、试验报告					
3		制冷、空调、水管道强度试验、严密性试验记录					
4		隐蔽工程验收记录					
5		制冷设备允许调试记录					
6		通风、空调系统调试记录					
7		施工记录					
8		分项、分部工程质量验收记录					
9		新技术论证、备案及施工记录					

续表

序号	项目	资料名称	份数	施工单位 核查意见	施工单位 核查人	监理单位 核查意见	监理单位 核查人
1	建筑电气	图纸会审记录、设计变更通知单、工程洽商记录					
2		原材料出厂合格证书及进场检验、试验报告					
3		设备调整记录					
4		接地、绝缘电阻测试记录					
5		隐蔽工程验收记录					
6		施工记录					
7		分项、分部工程质量验收记录					
8		新技术论证、备案及施工记录					
1	智能建筑	图纸会审记录、设计变更通知单、工程洽商记录					
2		工程定位测量、放线记录					
3		隐蔽工程验收记录					
4		施工记录					
5		系统功能测定及设备调试记录					
6		系统技术、操作和维护手册					
7		系统管理、操作人员培训记录					
8		系统检测报告					
9		分项、分部工程质量验收记录					
10		新技术论证、备案及施工记录					
1	建筑节能	图纸会审记录、设计变更通知单、工程洽商记录					
2		原材料出厂合格证书及进场检验、试验报告					
3		隐蔽工程验收记录					
4		施工记录					
5		外墙、外窗节能检验报告					
6		设备系统节能检测报告					
7		分项、分部工程质量验收记录					
8		新技术论证、备案及施工记录					
1	电梯	图纸会审记录、设计变更通知单、工程洽商记录					
2		原材料出厂合格证书及进场检验、试验报告					

续表

序号	项目	资料名称	份数	施工单位		监理单位	
				核查意见	核查人	核查意见	核查人
3	电梯	隐蔽工程验收记录					
4		施工记录					
5		接地、绝缘电阻试验记录					
6		负荷试验、安全装置检查记录					
7		分项、分部工程质量验收记录					
8		新技术论证、备案及施工记录					
1	燃气	图纸会审记录、设计变更通知单、工程洽商记录					
2		原材料出厂合格证书及进场检验、试验报告					
3		隐蔽工程验收记录					
4		施工记录					
5		电线绝缘、接地电阻试验记录					
6		管道试压、严密性检验、清洗记录					
7		分项、分部工程质量验收记录					
8		新技术论证、备案及施工记录					

结论：

施工单位项目负责人：　　　　　　　　　　总监理工程师：
　　年　月　日　　　　　　　　　　　　　　年　月　日

（4）单位工程安全和功能检验资料核查及主要功能抽查记录（表 4-3-4）

表 4-3-4　单位工程安全和功能检验资料核查及主要功能抽查记录

工程名称				施工单位		
序号	项目	安全和功能检测项目	份数	检查意见	抽查结果	核查（抽查）人
1	建筑与结构	地基承载力检验报告				
2		桩基承载力检验报告				
3		混凝土强度试验报告				
4		砂浆强度试验报告				
5		主体结构尺寸、位置抽查记录				
6		建筑物垂直度、标高、全高测量记录				
7		屋面淋水或蓄水试验记录				
8		地下室渗漏水记录				

续表

序号	项目	安全和功能检测项目	份数	检查意见	抽查结果	核查（抽查）人
9	建筑与结构	有防水要求的地面蓄水试验记录				
10		抽气（风）道检查记录				
11		外窗气密性、水密性、耐风压检测报告				
12		幕墙气密性、水密性、耐风压检测报告				
13		建筑物沉降观测测量记录				
14		节能、保温测试记录				
15		室内环境检测报告				
16		土壤氡气浓度检测报告				
1	给排水与供暖	给水管道通水试验记录				
2		暖气管道、散热器压力试验记录				
3		卫生器具满水试验记录				
4		消防管道、燃气管道压力试验记录				
5		排水干管通球试验记录				
6		锅炉试运行、安全阀及报警联动测试记录				
1	通风与空调	通风、空调系统试运行记录				
2		风量、温度测试记录				
3		空气能量回收装置测试记录				
4		洁净室净度测试记录				
5		制冷机组运行调试记录				
1	建筑电气	建筑照明通电试运行记录				
2		灯具固定装置及悬吊装置的荷载强度试验记录				
3		绝缘电阻测试记录				
4		剩余电流动作保护器测试记录				
5		应急电源装置应急持续供电记录				
6		接地电阻测试记录				
7		接地故障回路阻抗测试记录				
1	智能建筑	系统试运行记录				
2		系统电源及接地检测报告				
3		系统接地检测报告				
1	建筑节能	外墙节能构造检查记录或热工性能检验报告				
2		设备系统节能性能检查记录				
1	电梯	运行记录				
2		安全装置检测报告				

续表

序号	项目	安全和功能检测项目	份数	检查意见	抽查结果	核查(抽查)人
1	燃气	引入管试压记录				
2		燃气管道强度、严密性试验记录				
3		燃气浓度检测报警器、自动切断阀试验记录				
4		灶具通气设备灭火保护装置及通风排烟设施试压记录				
5		防雷、防静电接地检测记录				

结论：

施工单位项目负责人：　　　　　　　　总监理工程师：
　年　月　日　　　　　　　　　　　　　年　月　日

（5）单位工程观感质量检查记录（表4-3-5）

表4-3-5　单位工程观感质量检查记录

工程名称				施工单位		
序号		项目		抽查质量状况		质量评价
1	建筑与结构	主体结构外观		共检查__点，好__点，一般__点，差__点		
2		室外墙面		共检查__点，好__点，一般__点，差__点		
3		变形缝、雨水管		共检查__点，好__点，一般__点，差__点		
4		屋面		共检查__点，好__点，一般__点，差__点		
5		室内墙面		共检查__点，好__点，一般__点，差__点		
6		室内顶棚		共检查__点，好__点，一般__点，差__点		
7		室内地面		共检查__点，好__点，一般__点，差__点		
8		楼梯、踏步、护栏		共检查__点，好__点，一般__点，差__点		
9		门窗		共检查__点，好__点，一般__点，差__点		
10		雨罩、台阶、坡道、散水		共检查__点，好__点，一般__点，差__点		
1	给排水与供暖	管道接口、坡度、支架		共检查__点，好__点，一般__点，差__点		
2		卫生器具、支架、阀门		共检查__点，好__点，一般__点，差__点		
3		检查口、扫除口、地漏		共检查__点，好__点，一般__点，差__点		
4		散热器、支架		共检查__点，好__点，一般__点，差__点		
1	通风与空调	风管、支架		共检查__点，好__点，一般__点，差__点		
2		风口、风阀		共检查__点，好__点，一般__点，差__点		
3		风机、空调设备		共检查__点，好__点，一般__点，差__点		
4		管道、阀门、支架		共检查__点，好__点，一般__点，差__点		
5		水泵、冷却塔		共检查__点，好__点，一般__点，差__点		
6		绝热		共检查__点，好__点，一般__点，差__点		

续表

序号	项　　目		抽查质量状况	质量评价
1	建筑电气	配电箱、盘、板、接线盒	共检查__点，好__点，一般__点，差__点	
2		设备器具、开关、插座	共检查__点，好__点，一般__点，差__点	
3		防雷、接地、防火	共检查__点，好__点，一般__点，差__点	
1	智能建筑	机房设备安装及布局	共检查__点，好__点，一般__点，差__点	
2		现场设备安装	共检查__点，好__点，一般__点，差__点	
1	电梯	运行、平层、开关门	共检查__点，好__点，一般__点，差__点	
2		层门、信号系统	共检查__点，好__点，一般__点，差__点	
3		机房	共检查__点，好__点，一般__点，差__点	
1	燃气	燃气管道计量表安装牢固严密	共检查__点，好__点，一般__点，差__点	
2		表前、表后开关方便，软管连接可靠	共检查__点，好__点，一般__点，差__点	
3		灶具位置正确，自动关闭有效，报警装置有效	共检查__点，好__点，一般__点，差__点	
	观感质量综合评价			

结论：

施工单位项目负责人：　　　　　　　　　　总监理工程师：
　　　年　月　日　　　　　　　　　　　　　年　月　日

注：1. 对质量评价为差的项目应进行返修；
　　2. 观感质量现场检查原始记录应作为本表附件；
　　3. 建筑节能的观感质量已包括在其他项目中。

（6）房屋建筑工程质量保修书（建建〔2000〕185号文）（表4-3-6）

表4-3-6　房屋建筑工程质量保修书

　　发包人（全称）：
　　承包人（全称）：
　　发包人、承包人根据《中华人民共和国建筑法》《建设工程质量管理条例》和《房屋建筑工程质量保修办法》，经协调一致对＿＿＿＿＿＿＿＿＿（工程全称）签订工程质量保修书。
　　一、工程质量保修范围和内容
　　承包人在质量保修期内，按照有关法律、法规、规章的管理规定和双方约定，承担本工程质量保修责任。
　　质量保修范围包括地基基础工程，主体结构工程，屋面防水工程、有防水要求的卫生间、房间和外墙面的防渗漏，供热与供冷系统，电气管线、给排水管道、设备安装和装修工程，以及双方约定的其他项目。具体保修的内容，双方约定如下：
＿＿＿。
　　二、质量保修期
　　双方根据《建设工程质量管理条例》及有关规定，约定本工程的质量保修期如下：
　　1. 地基基础工程和主体结构工程为设计文件规定的该工程合理使用年限；
　　2. 屋面防水工程、有防水要求的卫生间、房间和外墙面的防渗漏为＿＿＿＿＿＿＿年；
　　3. 装修工程为＿＿＿＿＿＿＿年；
　　4. 电气管线、给排水管道、设备安装工程为＿＿＿＿＿＿＿年；
　　5. 供热与供冷系统为＿＿＿＿＿＿＿个采暖期、供冷期；
　　6. 住宅小区的给排水设施、道路等配套工程为＿＿＿＿＿＿＿年；
　　7. 其他项目保修期限约定如下：
＿＿＿。

质量保修期自工程竣工验收合格之日起计算。

三、质量保修责任

1. 属于保修范围、内容的项目，承包人应当在接到保修通知之日起 7 天内派人保修。承包人不在约定期限内派人保修的，发包人可以委托他人修理。

2. 发生紧急抢修事故的，承包人在接到事故通知后，应当立即到达事故现场抢修。

3. 对于涉及结构安全的质量问题，应当按照《房屋建筑工程质量保修办法》的规定，立即向当地建设行政主管部门报告，采取安全防范措施；由原设计单位或者具有相应资质等级的设计单位提出保修方案，承包人实施保修。

4. 质量保修完成后，由发包人组织验收。

四、保修费用

保修费用由造成质量缺陷的责任方承担。

五、其他

双方约定的其他工程质量保修事项：_____。

本工程质量保修书，由施工合同发包人、承包人双方在竣工验收前共同签署，作为施工合同附件，其有效期限至保修期满。

发包人（公章）：   承包人（公章）：

法定代表人（签字）：   法定代表人（签字）：

   年 月 日   年 月 日

二、单位工程质量验收申请报告及资料整理

（一）单位工程质量竣工验收申请报告

单位工程质量验收是在所含分部工程全部验收合格的基础上进行的，各分部工程质量验收按有关专项质量验收规范规定验收的。单位工程质量的验收是按《建筑工程施工质量验收统一标准》GB 50300 的规定进行验收的。

1）表头的填写

（1）工程名称：填写施工合同中使用的名称全称；

（2）工程地址：填写施工合同中使用的地址全称；

（3）建设单位、勘察单位、设计单位、施工单位填写工程合同中使用的名称全称，和公章一致；

（4）结构类型/层数按设计文件中的结构类型/层数填写，有变更的，要按有效的变更通知填写，并应注明是变更的；

（5）建筑面积按竣工实际面积填写，如是因设计变更所致增加或减少建筑面积的，应注明是变更的；

（6）开工日期填写正式取得施工许可证明的日期；完工日期填写工程施工验收日期，在表中可空下，按竣工验收签字的日期填写；

（7）合同工期填写工程合同中的约定工期；如有协商文件延期或提前的，填写变更后的工期，应说明是变更的。这要与实际工期进行比较的。

2）竣工条件具备情况

（1）建筑工程竣工验收应执行《房屋建筑和市政基础设施工程竣工验收规定》（建质〔2013〕171 号文）的规定。

（2）完成工程施工图设计和合同约定的情况。工程施工图设计文件要求的内容也是合同约定的内容，应保质保量完成，包括设计变更的内容，因故未完成的内容，应列出

甩项竣工的清单，并经合同双方签字认可。工作量及造价随之变更。

（3）主要建筑材料、构配件和设备合格证、进场验收记录及复试报告资料。合格证的质量指标与订货合同应一致，符合设计要求，按进场批次都应覆盖工程用料量，数量能达到工程用料量的要求；进场验收记录应查明合格的内容：质量指标、数量，以及材料、构配件及设备包装、外观等没有损坏等。设计、规范要求复试的材料，应有抽样复试验收报告，复试的项目及技术指标能满足设计要求和规范规定，才能用于工程。

资料应按材料种类及编号依次整理。目录清单在前，原始资料按编号顺序附后。

主要材料是指结构材料、保温、防水材料，大宗材料设备及附属材料，以及有环保要求的材料等。具体可由施工、监理研究确定。

（4）工程质量验收资料。详见表 4-3-2～表 4-3-5。同时，附检验批、分项、分部（子分部）工程质量验收资料，以及质量验收同时验收的资料。检验批的施工依据、质量验收原始记录；分项工程的所含检验批的质量验收记录；分部（子分部）工程的质量控制资料、有关安全、节能、环境保护和主要使用功能的抽样检验结果等资料。

（5）单位工程质量竣工验收记录按表 4-3-2 这项整理填写。分部工程验收按施工顺序分别整理、核查，将结果填入表。质量控制资料核查、安全和使用功能核查，按表 4-3-3、表 4-3-4 核查结果填入表，观感质量验收按表 4-3-5 将核查结果填入。

（6）质量控制资料及安全和使用功能检查及抽查资料。按表 4-3-3、表 4-3-4 要求整理完整，按表列项目填写。如有设计要求，由施工、监理研究增加项目。没有的项目可不填写。按项目资料数量、各资料的数据内容符合规范要求进行检查整理，并将具体资料附在后面。

（7）施工安全评价资料。工程竣工安全生产管理资料必须写出评价报告。没有发生安全生产问题的，应总结经验做法，写出评价资料。若有安全生产问题，应将问题原因查明，坚持三不放过原则严肃进行处理，将处理的情况写入评价资料。

（8）工程款支付情况，按工程合同约定，将工程款应付款按合同约定付出。工程尾款应在竣工验收时，全部付清。可附上工程结算清单。

（9）工程质量保修书，按《房屋建筑工程质量保修书》（建建〔2000〕185 号文）及《住宅使用说明书》制备。住宅工程应按分户制备完整。

（10）有关质量整改问题的执行情况。在工程完工监理单位组织工程质量预验收中，对发现的质量问题提出整改。施工单位应制订整改计划，提出整改清单，项目完成后由监理工程师验收认可。

（11）施工单位项目经理、项目技术负责人签字，加盖公章。

（12）监理单位签注意见，由总监理工程师签字。

各项内容填写完成，由施工单位报给建设单位，申请验收。

（二）单位工程质量竣工验收记录（表 4-3-2，即 GB 50300 的附录表 H.0.1-1）

1）表头的填写要求同表 0002 的要求。

2）验收项目，在各分部工程验收完成后，依各专业质量验收规范的规定相应的分部工程进行各分部工程验收的内容填写。

（1）分部工程验收项目。验收的工程共有多少个分部工程，都应该验收符合设计要求及验收标准规定。应以一个分部工程为单位将各分部工程的验收资料分别整理依次附在表 4-3-2 的后边。在资料前附上目录。

当出现 GB 50300 标准第 5.0.6 条的情况时，在哪个分部出现应在哪个分部工程中说明。第一款是出现问题，已返工或返修，重新验收合格；第二款是资料缺失，不能说明该工程质量情况，经检测认可能达到设计要求。第一款、第二款都是合格工程，但质量管理有一定的缺陷，应予以说明的。

第三款是设计认可能够满足安全和使用功能的，虽不影响工程的安全和使用功能，可评为合格工程，但没达到设计要求，是有一定缺陷的合格工程，影响了结构的安全储备，应在分部工程验收中说明。

第四款是经返修或加固处理的工程，能满足安全及使用功能要求，是属于不合格的工程，不是按质量标准验收的工程，是按技术处理方案和协商文件要求验收的工程，是可使用工程。应在分部验收时注明，在单位工程验收时注明。尤其是销售给用户的工程，必须注明和告诉用户。

第四款是不合格工程，能使用按协商文件验收的工程。

(2) 质量控制资料核查项目。其包括制定的质量控制措施：原材料质量控制、施工工艺控制措施、施工记录、质量验收等技术管理措施。如表 4-3-3 各分部工程的质量控制资料（即 GB 50300 附录表 H.0.1-2）。在分部质量验收时应审查其是否达到完整。按分部核查各分部应共有多少项，经核查符合规定的多少项。核查内容按表 4-3-3，可按分部工程列出，也可按表 4-3-3 的形式，按单位工程列出，其内容是一致的。监理单位在施工单位自查的基础上核查。核查的办法是首先核查项目，验收的工程是否有，没有的项目不查，落实核查的项目；其次，核查项目中的资料数量能否满足质量控制的要求，能否覆盖工程的各分项工程；再次，核查各项资料的内容、数据和结论是否符合设计要求和标准规定，资料是否是有效的资料；最后按列表项目填写核查项及符合要求项。正常情况下，核查的项目都应符合规定。

(3) 安全和使用功能核查及抽查结果项目。在标准条文是核实和抽查二项，在表中合在一起，资料和主要使用功能的抽查两部分，安全和使用功能抽样检验主要是在分部工程进行，达不到要求的要整改达到要求。在单位工程验收时主要是按单位工程计算共核查多少项，符合规定的多少项。正常情况下，核查的项目都应该符合规定。

抽查的主要使用功能项目，是分部工程中不便检验的，或又经过装饰装修等的项目的影响，再检验一下，在单位工程完工后进行抽查抽测，达到相应专业质量验收规范的规定抽查的项目。由监理单位与施工单位协商进行。其核查的项目在表 4-3-4 中已经列出（即 GB 50300 附录表 H.0.1-3）。可按分部工程分别列出，也可按单位工程列出，其内容是一致的。监理单位在施工单位自查的基础上核查和竣工预验收核查。最后按表列项目填写核查项及符合要求项。

(4) 观感质量验收项目。施工单位在自检时按划分的检查"点"或"处"，按各专业质量验收规范分项工程工程主控项目、一般工程有关规定宏观检查，包括外在质量及能打开、能看到的，能简单测量及操作的项目进行检查。按"点"或"处"评出"好""一般""差"的点。按规范规定，只要不影响使用功能，不影响安全的评出"差"的"点"或"处"，验收双方无不同意见的都可通过验收。建议提出修理的施工单位应进行整改。在单位工程验收时，监理单位可在施工单位的检查表上，按检查原始记录选择一些"点"或"处"进行抽查认可，也可自行重新进行抽查检查确定。记录抽查的总项数，计算出"好"和"一般"的多少项；返修处理的多少项，进行记录。

3）综合验收结论。参加验收的人员在检查验收项目的1～4项的基础上，验收组要给出一个综合验收结论。完成了施工图设计文件和工程合同约定的任务，工程质量符合设计要求和工程质量验收规范的规定的，给出"同意验收"的结论。

4）参加验收单位和负责人签字并加盖公章。签字负责人应是该单位书面授权，代表单位负责的。注明验收日期。

（三）单位工程质量控制资料核查记录（表4-3-3，即 GB 50300 附录表 H. 0. 1-2）

工程产品是先订合同后生产，没有更换性，工程质量的管理就十分重要。工程质量控制资料是保证工程质量的重要技术措施。这些措施制定的针对性、有效性及落实，为保证工程质量打下了良好的基础，在工程建设开工前应很好落实。在工程质量验收时是检查的一项重点内容。控制资料应完整，覆盖各部位，对控制工程质量有针对性，施工过程中能很好落实到位，使工程质量达到设计要求和标准规定。执行这些措施不能达到保证质量的，说明控制资料针对性不好，应不断改进，直到能达到保证工程质量。这些资料在各专业质量验收规范中都有详细的规定。其主要控制资料项目在单位工程验收中，列出了表号，在单位工程质量验收时，按此表进行核查。如有特殊项目，经监理、施工共同商量确定。

通常单位工程质量控制资料按表4-3-3核查。核查的方法有3步：

一是先确定控制资料的项目验收工程中有的项目必须有，如建筑与结构的控制资料共有10项。验收的工程中没有出现质量事故，第9项的"工程质量事故调查处理资料"就不填；若验收的工程中也没有使用新技术，第10项的"新技术论证、备案及施工记录"也没有了。建筑与结构的质量控制资料只有8项，这叫作该有资料的项目都有了。

二是确定资料项目中的资料。如建筑与结构控制资料中的第一项"图纸会审记录、设计变更通知单、工程洽商记录"。图纸会审记录图纸一次到位只审查了一次，有1份图纸会审记录资料；设计变更通知单，整个工程有10项，按编号整理，不缺少；工程洽商记录，有8份，按编号整理不缺少。这个工程中这项控制资料有19份，这叫作项目中该有的资料都有了。

三是确定资料中的内容数据和结论是否符合设计要求和规范的规定。图纸会审记录内容是否符合要求，设计人员、施工主要技术负责人是否参加了，设计人员对设计中的重点及技术关键问题都说清楚了，施工单位对图纸中的提问都得到设计人员的解答，双方在会审记录签名认可，这个资料是有效的资料；设计变更通知单，变更的内容没有改变设计基本结构和用途，是局部变更，由设计单位有关专业人员签字（有关结构变更的必须有结构工程签认）并盖章，施工单位已按变更施工，这个资料是有效的资料，10份设计变更都认可为有效的资料；工程洽商记录有关人员签字认可，内容在施工中已执行，8项洽商都是有效的资料，这叫作资料中该有的内容、数据和结论符合设计要求和规范规定。

总结以上三句话还要加一句话：质量控制资料该有的项目都有了，各项目中该有的资料都有了，各资料中该有的内容、数据和结果都有了，才能保证结构安全和使用功能。在正常情况下按表核查就行了。

（四）单位工程安全和功能检验资料核查及主要功能抽查记录（表 4-3-4，即 GB 50300 附录表 H. 0. 1-3）

工程产品不能整体检测，只能做些构件或部位性能的检测，工程质量要依靠一些间接的性能检测来说明。所以有人讲工程质量是由工程实体质量和工程资料组成的，不是没有道理的。

工程安全和功能检测资料多数是在分部工程完工后就进行检测，有少数项目在单位工程完工后进行检测，主要由施工单位组织和委托有资质的检测单位来进行。在单位工程质量验收时，对一些主要功能也可以抽测，以验证检测的正确性。在单位工程质量验收标准条文中是列成两条的，在列表时又列为一项，可在表中随机抽取检测。由于在分部工程检测时，监理工程师是参与的，多数不抽测。这些资料是反映工程质量的重要指标，应随时核查，核查方法同（三）。

（五）观感质量验收（表 4-3-5，即 GB 50300 附录表 H. 0. 1-4）

观感质量在建筑工程质量中是一项重要指标，会影响到工程的使用功能，以及人们的生活、生产情况和情绪，和城市社会的环境等。在保证主体结构工程安全的前提下，又提供了宏观形体质量。装饰装修工程为保护结构提高使用功能的同时，也为工程的感观效果以更多的体现，就是主体结构的形状、形态也体现美的效果。连安装工程也在很大程度上体现美观效果，如建筑照明更多关注灯饰。建筑为人们创造美好宜居的人居环境。

观感质量的检查不限于单一的外观，还包括内外装饰安装的功能、安全、能操作活动部件的功能性。使用方便，操作灵活、安全等是工程整体质量的一个综合的总体验收。

检查方法是将检查的整体，按项目划分成若干个"点"或"处"，根据工程质量验收标准的内容，对这些"点"或"处"，进行评价，评价出"好""一般""差"的质量等级，合同双方进行协商验收。对不影响安全和使用功能的"差"的点，能修理的修理，不能修理的，甲乙双方认可也可验收。

检查时就按观感质量验收表 4-3-5 的内容验收。

（六）房屋建筑工程质量保修书（按表 4-3-6 整理）。见《房屋建筑和市政基础设施竣工验收规定》附件。

单位工程质量竣工验收时，施工单位应根据《房屋建筑工程质量保修书》（建建〔2000〕185 号文）由施工单位向建设单位提供。内容不得低于保修期限规定。为提高对用户的服务，可以延长。延长由建设单位和施工单位协商确定。内容见表 4-3-6。

（七）住宅工程质量保证书和住宅使用说明书

建设部颁布的《商品住宅实行住宅质量保证书和住宅使用说明书制度的规定》（建设部建房（1998）102 号），这些内容可在销售合同中约定。

1）住宅质量保证书

《住宅质量保证书》是房地产开发企业对销售的商品住宅承担质量责任的法律文件，应当按文件承担保修责任。

商品住宅售出后，应在《住宅质量保证书》中明示所委托的保修单位，物业管理公司或其他单位。

《住宅质量保证书》应包括以下内容：

（1）工程核定的质量等级；

（2）地基基础和主体结构工程保修期为设计文件规定的该工程的合理使用年限；

（3）正常使用情况下各部位、部件保修内容和期限：

屋面防水工程，有防水要求的卫生间、房间和外墙面的防漏渗，为5年；

供热与供冷系统，为两个采暖、供冷期；

电气管线，给排水管道，设备安装为2年；

装修工程为2年。

其他项目的保修期限，由房地产开发企业与用户自行约定。

（4）用户报修的单位，答复处理的时限、电话等。

保修期从开发企业将竣工验收的住宅交付用户使用之日起计算。

2）《住宅使用说明书》

《住宅使用说明书》是房地产开发企业对销售的商品住宅应承担的服务内容。应当对住宅的结构、性能和各部位（部件）的类型、性能标准等作出说明，告知使用注意事项。一般包含以下内容：

（1）开发单位、设计单位、施工单位及监理单位；

（2）结构类型；

（3）装饰、装修注意事项；

（4）上水、下水、电、热气、通风、消防等设施配置说明；

（5）有关设备、设施安装的预留位置的说明和安装注意事项；

（6）门窗类型，使用注意事项；

（7）配电负荷：住宅配置的设备、设施生产厂家有使用说明书的，应附在《住宅使用说明书》中；

（8）承重墙、保温墙、防水层、阳台等部位注意事项的说明；

（9）其他需说明的问题。

以达到指导用户对工程的使用与结构安装的正确使用，保证功能效果和安全。在交房时同时交给每个用户一份。必要时还可向用户进行说明。

《住宅质量保证书》和《住宅使用说明书》的样式，没有统一格式。企业应以用户方便使用和方便保存印制。

（八）住宅工程质量分户验收

这是进一步加强住宅工程质量管理，落实各方责任，在×××分项、分部工程验收合格的基础上，在住宅工程竣工验收前，根据建筑工程质量验收标准，对每户住宅质量的观感质量和使用功能等进行检查验收，并出具验收合格证书的活动。

1）分户验收的重要性

住宅工程涉及千家万户，关系到广大人民群众的切身利益，××部门要把这项工作提高到实践科学发展观，构建社会主义和谐社会的高度认识，摆上议事日程，把这项工作抓好。分户验收是施工企业实践科学发展观，提高服务水平，展现企业文化的实践活动。

2）分户验收内容

（1）地面、墙面和顶棚质量；

（2）门窗质量；

（3）栏杆、护栏质量；

（4）防水工程质量；

（5）室内主要空间尺寸；

（6）给水排水系统安装质量；

（7）室内电气工程安装质量；

（8）建筑节能和采暖工程质量；

（9）有关合同中规定的其他内容。

3）分户验收依据

《建筑工程施工质量验收统一标准》GB 50300 及其配套的各专业工程质量规范，以及施工图设计文件及合同约定。

4）分户验收程序

（1）分户验收内容视具体工程而定。

（2）按照有关质量验收规范规定的方法，对分户工程的内容定时检查。

（3）每户住宅工程验收完毕，应填写《住宅工程质量分户验收表》，施工单位项目负责人、监理单位项目总监理工程师分别签字认可。

（4）分户验收合格证。建设单位必须按户出具《住宅工程质量分户验收表》附上分户平面图，标明承重墙、墙面、地面、埋设的管线位置图，标明位置尺寸，作为《住宅质量保证书》附件，一同交给用户。

5）分户验收的组织实施

分户验收由施工企业提出，建设单位组织实施。建设主管部门和主管领导，参建各方的质量、技术人员参加，共同做好这件工作。真正做到对用户服务，对用户负责。

《住宅工程质量分户验收表》由建设单位、施工单位、监理单位、物业（管理单位）共同签字负责。加盖建设单位公章。

第四节　监理、设计、勘察单位质量评估报告

工程质量竣工验收是参与工程建设各责任主体的共同工作。建设单位是首要责任主体，工程质量竣工验收应由其组织进行，形成建筑工程质量验收报告。施工单位应对自己承担施工工程的质量进行检查评定，达到设计要求及验收规范规定和工程合同的约定，向建设单位提出工程质量申请验收的报告。监理单位在进行预验收后，写出监理单位质量评估报告，勘察单位、设计单位也应写出质量评估报告。住房和城乡建设部2013 年12 月关于《房屋建筑和市政基础设施工程施工验收规定》（建质〔2013〕171号）规定，对于委托监理的工程项目，监理单位对工程进行了验收及质量评估，应具有完整的监理资料，并提出工程质量评估报告。勘察、设计单位对勘察、设计文件的内容及施工过程中由设计单位签署的设计变更通知书，以及勘察、设计文件的落实情况进行

核查并提出质量评估报告。

一、监理单位建筑工程质量评估报告

（一）监理单位在施工单位提出工程质量竣工验收申请报告后，总监理工程师应组织专业监理工程师结合日常监理情况，对施工单位提交的单位工程竣工验收申请表，竣工资料，组织工程竣工预验收。存在问题的，应要求施工单位及时整改；合格的签认工程竣工验收报审表。为工程竣工验收做好准备，提供给建设单位组织竣工验收。

（二）监理单位建筑工程质量评估报告

监理单位建筑工程质量评估报告可以是专门的评估报告，也可以按《建设工程监理规范》GB/T 50319 的附表，在施工单位"单位工程竣工验收报审表"中批复说明该表。无论哪种表达方式，都应附上预验收表的具体审查情况。有问题的列出清单，并整改完成进行验收。

报审表见表 4-4-1，预验收表见表 4-4-2。

表 4-4-1　单位工程竣工验收报审表

致：＿＿＿＿＿＿＿＿＿＿＿＿（项目监理机构）
我方已按施工合同要求完成＿＿＿＿＿＿＿＿＿＿工程，经自检合格，现将有关资料报上请予以验收。
附件：1. 工程质量验收报告
2. 工程功能检验资料
施工单位（盖章） 　　　　　　　　　　　　　　　　　　　　　项目经理（签字） 　　　　　　　　　　　　　　　　　　　年　　月　　日

表 4-4-2　建筑工程质量预验收表

预验收意见：
经预验收，该工程合格/不合格，可以/不可以组织正式验收。
项目监理机构（盖章） 　　　　　　　　　　　　　　　　　总监理工程师（签字、加盖执业印章） 　　　　　　　　　　　　　　　　　　　　　　年　　月　　日

注：本表一式三份，项目监理机构、建设单位、施工单位各一份。

以下为监理单位建筑工程质量预验收，即表 4-4-2 报告的编写说明。

（1）质量评估报告由监理单位负责填写，提交给建设单位。作为工程竣工验收文件的内容之一。

（2）填写要求内容真实，语言简练，字迹清楚。

（3）凡需签名处，需先打印姓名后再亲笔签名。

（4）质量评估报告一式四份。

（5）"进场日期"填写监理单位进驻施工现场的时间。

（6）"工程规模"是指房屋建筑的建筑面积/层数、结构形式、工程造价、工程用途等情况。

（7）"工程监理范围"是指工程监理合同内的监理范围与实际监理范围的对比说明。

（8）"施工阶段原材料、构配件及设备质量控制情况"主要内容包括以下几个方面监理控制情况和结论性意见：

① 工程所用材料、构配件、设备的进场监控情况和质量证明文件是否齐全。

② 工程所用材料、构配件、设备是否按规定进行见证取样和送检的控制情况。

③ 采用新材料、新工艺、新技术、新设备的情况。

（9）"分部分项工程质量控制情况"主要内容包括：

① 分部、分项工程和隐蔽工程验收情况。

② 桩基础工程质量（包括桩基、地基检测等）。

③ 主体结构工程质量。

④ 消除质量通病工作的开展情况。

⑤ 对重点部位、关键工序的施工工艺和确保工程质量措施的审查。

⑤ 对承包单位的施工组织设计（方案）落实情况的检查。

⑦ 对承包单位按设计图纸、国家标准、合同施工的检查。

（10）"工程技术资料情况"核查工程技术资料是否完整。

（11）"整改意见"是指对工程实体质量、工程技术资料等存在的问题及未达到质量要求的工程项目提出改正、限期完成的意见。

（12）"工程质量综合评估意见"是指根据工程设计图、施工合同、国家有关施工质量验收规范和技术标准，全面评价工程质量水平，提出是否可以通过工程质量验收的意见。

以下分为 4 方面对验收表进行拆解分析。

（1）工程概况

工程名称		开工日期		
监理单位全称		进场日期		
工程规模 （建筑面积、层数等）				
项目监理机构组成（姓名、职务、执业资格等）	姓名	专业	职务	职称	执业资格证号
工程监理范围					

（2）建筑与结构工程质量情况

原材料、构配件及设备合格证、进场验收记录以及抽样复试资料	质量控制情况：
	存在问题：
工程质量控制资料及安全功能检测资料	审查情况：
	存在问题：
分部工程实体质量	质量控制情况：
	存在问题：

（3）建筑设备安装工程质量情况

原材料、构配件及设备合格证、进场验收记录以及抽样复试资料	质量控制情况：
	存在问题：
工程质量控制资料及安全功能检测资料	审查情况：
	存在问题：
分部工程实体质量	质量控制情况：
	存在问题：

注：也可分专业进行评估。

（4）工程质量评估意见

| 整改意见及整改结果 | |
| 质量综合评估意见 | |

编制人姓名：＿＿＿＿＿＿＿＿＿＿＿＿＿ 签名：
项目总监理工程师（盖注册章）：＿＿＿＿＿＿＿＿＿＿＿ 签名：
单位法定代表人：＿＿＿＿＿＿＿＿＿＿＿＿＿＿＿＿ 签名：
签发日期：＿＿＿＿年＿＿＿月＿＿＿日

二、勘察单位建筑工程质量评估报告

（1）勘察单位是工程质量责任主体之一，勘察文件的质量对工程设计、施工措施的制定及施工过程的安全起着主要作用，勘察的成果应达到勘察规范和工程合同的要求。设计文件、施工措施体现勘察文件的程度，是勘察单位提供服务的目标。勘察单位是参与工程建设责任主体之一，规范《建筑工程施工质量验收统一标准》GB 50300 规定，是单位工程质量验收单位之一，工程完工后应提出质量评估报告。

（2）勘察单位建筑工程质量评估报告见表4-4-3。

房屋建筑工程勘察单位质量评估报告填写说明如下：

① 勘察文件质量检查报告由勘察单位负责填写，提交给建设单位，作为工程竣工验收文件的内容之一。

② 填写要求内容真实，语言简练，字迹清楚。

③ 凡需签名处，需先打印姓名后再亲笔签名，并加盖公章。

④ 勘察文件质量检查报告一式四份。

表 4-4-3 勘察单位建筑工程质量评估表

工程项目名称		勘察报告编号	
勘察单位全称		资质等级及资质编号	
项目负责人		执业技术职称	
工程规模（建筑面积、层数等）			
工程勘察内容及范围			

	序号	检查内容	检查情况
勘察文件自查评价	1	编制勘察文件依据	
	2	勘察文件是否满足工程规划、选址、设计、岩土治理和施工的需要，文件编制要求	
	3	勘察文件是否满足工程建设强制性标准、合同约定的质量要求	
	4	勘察文件是否已向设计、施工、监理单位进行解释	
	5	勘察文件形成程序及签名、签章	

工程项目设计施工应用勘察文件情况

评估结论

项目负责人：＿＿＿＿＿＿＿＿＿＿ 签名：

单位技术负责人：＿＿＿＿＿＿＿＿＿＿＿＿＿ 签名：

勘察单位（公章）：

签发日期：＿＿＿年＿＿月＿＿日

三、设计单位建筑工程质量评估报告

（1）设计单位是工程质量责任主体之一，施工图设计文件是施工的依据，设计文件质量决定工程质量。规范规定设计单位是参加单位工程质量竣工验收者之一。工程完工应对设计文件质量做出评估，应对施工落实设计文件、体现设计意图的情况作出评估，应提出质量评估报告。

（2）设计单位建筑工程质量评估报告，见表4-4-4。

表 4-4-4 设计单位质量评估记录

工程项目名称		工程合理使用年限	
设计单位全称		资质证书及执业资格证编号	
工程规模（建筑面积、层数等）			
施工图审查机构		施工图审查批复文件号	
审查机构审查意见			

各专业主要设计人员名单（姓名、职务、执业资格、职务等）	姓名	专业	执业资格证号	职称

结构设计的特点	

		检查内容	检查情况
设计文件自查评价	1	编制设计文件依据	
	2	设计文件是否符合工程建设强制性标准、合同约定的质量要求	
	3	设计文件的设计程序执行情况评价	
	4	设计文件施工的编制深度	
	5	设计文件选用的材料、配件、设备是否已注明规格、型号、性能等技术指标	
	6	采用的新技术、新材料是否已经国家或省有关部门组织的审定	
	7	设计文件是否已向施工、监理单位进行技术交底	
	8	设计文件签名、签章是否齐全	

施工体现设计程度：工程是否满足设计文件要求，设计变更内容是否已在工程项目上得以实现

评估结论：

项目负责人：_____ 签名：
单位技术负责人：_____ 签名：
设计单位（公章）：
签发日期：_____年___月___日

设计单位质量评估报告填写说明如下：

① 设计单位质量检查评估报告由设计单位负责打印填写，提交给建设单位，作为工程竣工验收文件的内容之一。

② 填写要求内容真实，语言简练，字迹清楚。

③ 凡需签名处，需先打印姓名后再亲笔签名，并加盖公章。

④ 设计文件质量检查报告一式四份。

第五节　住宅工程质量分户验收

一、住宅工程质量分户验收

（一）分户验收有关规定

（1）2004 年开始全国各地为提高住宅工程质量水平，落实住宅工程参建各方主体质量责任，相继开展了住宅分户质量验收工作。住房城乡建设部也于 2009 年印发《关于做好住宅工程质量分户验收工作的通知》（建质〔2009〕291 号）文件，对住宅工程质量分户验收做出了规定。

（2）住宅工程质量分户验收，是指建设单位组织施工、监理等单位，在住宅工程各检验批、分项、分部工程验收合格的基础上。在住宅工程竣工验收前，依据国家有关工程质量验收标准，对每户住宅（即套房）及相关公共部位的观感质量和使用功能等进行检查验收，并出具验收合格证明的活动。

住宅工程涉及千家万户，住宅工程质量直接关系到广大人民群众的切身利益。各地住房城乡建设主管部门应进一步增强做好分户验收工作的紧迫感和使命感，把全面开展住宅工程质量分户验收工作提高到"实践科学发展观、构建社会主义和谐社会"的高度来认识，明确要求，制定措施，加强监管，切实把这项工作摆到重要的议事日程，抓紧抓好。

（3）住房城乡建设部 2013 年 12 月 2 号发布的竣工验收文件《房屋建筑和市政基础设施工程竣工验收规定》（建质〔2013〕171 号）中，第五条的第九项规定对于住宅工程，进行分户验收并验收合格，建设单位按户出具《住宅工程质量分户验收表》。并取消了城乡规划、公安消防、环保部门出具的认可文件或准许使用文件的规定。

（4）分户验收是在单位工程结构质量、安装质量、装饰装修质量验收的基础上，对住宅套房质量进行的补充检查验收，以为用户提供更好的服务。

（5）分户验收的依据：分户验收依据为国家现行有关工程建设标准，主要包括住宅建筑规范、混凝土结构工程施工质量验收、砌体工程施工质量验收、建筑装饰装修工程施工质量验收、建筑地面工程施工质量验收、建筑给水排水及采暖工程施工质量验收、建筑电气工程施工质量验收、建筑节能工程施工质量验收、智能建筑工程质量验收、屋面工程质量验收、地下防水工程质量验收等标准规范，以及经审查合格的施工图设计文件。

（6）分户验收的程序

分户验收应当按照以下程序进行：

① 根据分户（套房）验收的内容和住宅工程的具体情况确定检查部位、数量；

② 按照国家现行有关标准规定的方法，以及分户验收的内容适时进行检查；

③ 每户住宅和规定的相关公共部位验收完毕，应填写《住宅工程质量分户验收表》，建设单位和施工单位项目负责人、监理单位项目总监理工程师分别签字；

④ 分户验收合格后，建设单位必须按户出具《住宅工程质量分户验收表》，并作为《住宅质量保证书》的附件，一同交给住户。

分户验收不合格，不能进行住宅工程整体竣工验收。同时，住宅工程整体竣工验收前，施工单位应制作工程标牌，将工程名称、竣工日期和建设、勘察、设计、施工、监理单位全称镶嵌在该建筑工程外墙的显著部位。

（7）分户验收的组织

分户验收由施工单位提出申请，建设单位组织实施，施工单位项目负责人、监理单位项目总监理工程师及相关质量、技术人员参加，对所涉及的部位、数量按分户验收内容进行检查验收。已经预选物业公司的项目，物业公司应当派人参加分户验收。

建设、施工、监理等单位应严格履行分户验收职责，对分户验收的结论进行签认，不得简化分户验收程序。对于经检查不符合要求的，施工单位及时进行返修，监理单位负责复查。返修完成后重新组织分户验收。

工程质量监督机构要加强对分户验收工作的监督检查，发现问题及时监督有关方面认真整改，确保分户验收工作质量。对在分户验收中弄虚作假、降低标准或将不合格工程按合格工程验收的，依法对有关单位和责任人进行处罚，并纳入不良行为记录。

（8）分户验收的内容已列为表格，可参考执行。

（二）住宅工程质量分户验收记录表

住宅工程质量分户验收记录表见表 4-5-1。

表 4-5-1　住宅工程质量分户验收记录表

工程名称			房（户）号			分户验收时间	年 月 日
建设单位			监理单位				
施工单位			物业单位				
单位工程验收标准	工程概况		结构类型		层数		
			建筑面积		开竣工时间	开工：　年　月　日 竣工：　年　月　日	
	单位工程质量验收结果：						
	主体结构质量验收结果：						
	地基工程质量验收结果：						
	安装工程质量验收结果：						
序号	验收项目		主要验收内容			验收记录	
1	墙、楼地面、墙面和天棚		地面裂缝、空鼓、起砂、墙面爆灰、空鼓、裂缝、装饰图案、缝格、色泽、表面洁净、材料环保性能				
2	门窗		窗台高度、渗水、门窗启闭、玻璃安装				
3	栏杆		栏杆高度、间距、安全牢固、防攀爬措施				

续表

序号	验收项目	主要验收内容	验收记录
4	防水工程质量	屋面渗水、厨卫间渗水、阳台地面渗水、外墙及门窗渗水	
5	室内主要空间尺寸	开间净尺寸、室内净高	
6	给水排水系统安装质量	管道强度、管道渗水、管道坡面、安装牢固、地漏水封、给水口位置	
7	电气工程	接地、导线埋设位置，接头、控制箱配置、开关、位置	
8	建筑节能	保温层厚度、固定措施	
9	其他	烟道、通风道等	

分户验收结论：

建设单位	监理单位	施工单位	物业或其他单位
项目负责人： 验收人员： ××××年××月××日	总监理工程师： 验收人员： ××××年××月××日	项目经理： 验收人员： ××××年××月××日	单位名称： 验收人员： ××××年××月××日

作为表 4-5-1 的附件："屋内层高、开间净尺寸抽测表"见表 4-5-2。

表 4-5-2　屋内层高、开间净尺寸抽测表

房（户）号						抽测时间							
房间编号	净高推算值（mm）	净高实测值（mm）					开间轴线尺寸（mm）				开间轴线尺寸实测值（mm）		
	H	H_1	H_2	H_3	H_4	H_5	L_1	L_2	L_3	L_4	L_1	L_2	L_3	L_4

净高实测平均值：$H=$　　　　开间轴线尺寸平均：L_1、L_2平均值＝
L_1、L_2平均值＝

测量人员：　　　　　　　　年　月　日

室内净空尺寸测量示意图	套型图贴图区

说明：1. 室内净高度实测值与净高推算值之极差不大于 20mm；
　　　2. 净开间尺寸实测值极差不大于 20mm。

（三）分户验收的标准和内容

（1）分户验收说明

分户验收是在对住宅工程进行整体竣工验收的基础上，依据《建筑工程施工质量验

收统一标准》和相关验收标准，对每户住宅和单位工程公共部位进行观感质量、使用功能质量的专门检查验收，并逐户出具分户验收合格证明的活动。

分户验收的质量标准主要包括：《混凝土结构工程施工质量验收规范》《砌体结构工程施工质量验收规范》《建筑装饰装修工程施工质量验收标准》《建筑地面工程施工质量验收规范》《建筑给水排水采暖工程施工质量验收规范》《建筑电气工程施工质量验收规范》《建筑工程施工质量验收统一标准》以及经审查合格的施工图设计文件等。

分户验收以能在竣工验收后可观察到的工程观感质量和影响使用功能的质量为主要验收项目，主要包括以下检查内容：

① 楼地面、墙面和顶棚质量；

② 门窗质量；

③ 栏杆、护栏质量；

④ 防水工程质量；

⑤ 室内主要空间尺寸；

⑥ 给水系统安装质量；

⑦ 室内电气工程安装质量；

⑧ 建筑节能；

⑨ 其他有关合同规定的内容。

（2）有条件的开发商为提高对用户的服务质量，应做好分户验收。

① 分户的平面图标明房间的设计情况、承载的内容：墙、开间的尺寸、门窗位置等；标明装修时不能改动的部位等。

② 提供地面、墙面、水暖管道、电气管线等位置图，标明装修时应注意，以免损坏管线，造成漏水、漏电及引起危险的部位等。

（3）表格填写的说明

① 本表是在建设单位组织分户验收的基础上，由施工单位填写汇总，监理复核，相关单位及人员签章。公章为法人章或法人授权的工程验收专用章。

② 本表一式 5 份，1 份交给户主，另外 4 份为建设、监理、施工、物业单位各一份。

③ 防水工程质量指外窗淋水试验、屋面蓄水淋水试验、有防水要求的地面蓄水试验、有排水要求的地面的泼水试验等，应对每户试验情况进行描述（外窗淋水试验指单元淋水）。

④ 验收户数指实际验收的户数，按设计图文件与总户数一致。

⑤ 公共部位指楼梯间、门厅、电梯楼梯间等，主要检查有关方便使用的情况，如楼梯踏步宽高差、栏杆的高度及型式，通道及楼梯间的宽度等。

⑥ 保温节能主要是对保温节能专项验收情况。

⑦ 分户验收结论是符合要求或不符合要求。

二、商品住宅"住宅质量保证书"和"住宅使用说明书"

建筑工程质量竣工验收，如果工程是房地产开发企业出售的商品住宅，在工程施工验收时，还应考察做好商品住宅工程的"住宅质量保证书"和"住宅质量使用说明书"的资料检查验收，以加强商品住宅工程的质量管理。

根据《商品住宅实行住宅质量保证书和住宅使用说明书制度的规定》（建设部建房〔1998〕102 文）的规定，房地产开发企业在向用户交付销售的新建商品住宅时，必须提供住宅质量保证书和住宅使用说明书。住宅质量保证书可作为商品房销售合同的补充约定，是房地产开发企业对销售的商品住宅承担质量责任的法律文件。按约定承担保修责任。商品房出售应在住宅质量保证书中明确维修单位承担维修责任。本书将文件中住宅质量保证书和住宅使用说明书的内容，分别摘要列出两个表。

（1）住宅质量保修书见表 4-5-3。

表 4-5-3　住宅质量保修书

房地产开发企业名称 （公章）		电话	
	地址	邮编	
商品房项目名称		工程质量等级	
竣工验收时间		交付使用时间	
开发商负责质量保修部门			
施工企业名称、地址			
委托维修单位名称		地址	
联系电话	联系人	电话答复时限	
保修项目	保修期限	保修责任	
地基和主体结构	合理使用寿命年限内	正常使用情况下：负责修理、若是设备、器具问题，负责更换	
屋面防水	5 年		
墙面、厨房和卫生间、外墙、地面、地下室、渗漏	5 年		
墙面、顶棚抹灰层脱落	2 年		
地面空鼓开裂、大面积起砂	2 年		
门窗翘裂、五金件损坏	2 年		
卫生洁具、管道堵塞	2 年		
灯具、电气开关	2 年		
供冷系统和设备	2 个供暖、供冷期		
房地产开发公司承诺的其他保修项目			

注：开发商提供质量保证书，不得低于表列内容时限，可以增加内容延长时限，来提高售后服务质量。

（2）住宅使用说明书见表 4-5-4。

表 4-5-4　住宅使用说明书

填发日期：　　　年　　月　　日

开发单位（公章）	名称			
	地址			
	电话		邮箱	
设计单位	名称			
	地址			
	电话		邮箱	
施工单位	名称			
	地址			
	电话		邮箱	
监理单位	名称			
	地址			
	电话		邮箱	
结构类型				
住宅位置	使用说明和注意事项			
结构和装修装饰				
上下水				
热力				
供电设施、配电负荷				
通信				
燃气				
消防				
门、窗				
承重墙				
保温墙、防水层				
阳台				
有关设备、设施预留位置				
其他				

　　注：根据《商品住宅实行住宅质量保证书和住宅使用说明制度的规定》（建设部建房〔1998〕102 号文），由开发商向住户提供。

第六节　建筑工程施工资料管理

　　工程资料是工程建设管理和工程质量管理的重要部分，从大质量的概念角度，工程资料就是工程质量的一部分。建筑工程事先订合同后生产产品，施工生产期间，建设单位、设计单位、施工单位、监理单位等都在直接参与，工程质量是边生产边验收。从检验批验收、分项工程验收、分部（子分部）工程验收，到单位工程验收，施工过程形成了很多质量控制资料，包括检验资料、检测资料、质量验收资料等，没有这些资料，工程质量就说不清楚，工程质量就没有办法管理。各工程质量验收规范都规定工程质量资料要在施工过程中同步形成。检验批验收、分项工程验收、分部（子分部）工程验收，都要求相关的资料，单位工程验收时要求有系统的工程资料，工程施工验收要核查，要交付建设单位成套的工程技术资料，有的工程资料还要交城市档案馆保管一套，各方面对工程资料的要求都有，如何做好是一项重要的事情。

一、工程资料的作用及分类

（1）《建筑工程施工质量验收统一标准》GB 50300 及其配套的质量验收规范，都对施工阶段工程资料提出了要求。工程资料是工程质量管理和工程质量验收的主要措施和内容。工程资料包括施工准备资料、施工资料和工程质量验收资料。

① 施工准备资料，有施工策划、施工组织设计、专项施工方案，工程用建筑材料、设备、构配件质量证明资料，施工依据资料，施工工艺标准、施工操作规程、企业标准等。

② 施工资料有施工程序控制资料，施工过程检验检测资料和施工记录等。

③ 施工完工质量检验检测资料，施工质量验收资料等。

（2）现行《建筑工程资料管理规程》JGJ/T 185 规定，工程资料应与建筑工程建设过程同步形成，并真实反映建筑工程的建设情况和实体质量。

① 工程资料的管理应制度健全，岗位责任制明确，并纳入工程建设各环节和各级人员的职责范围；

② 工程资料的套数、费用、移交时间应在合同中明确；

③ 工程资料的收集、整理、组卷、移交归档应及时；

④ 工程资料的形成内容真实、完整、有效性，形成单位应负责；

⑤ 将工程资料分为工程准备阶段文件、监理资料、施工资料、施工图和工程竣工验收文件 5 类；

工程准备阶段文件：分为决策立项文件、建设用地文件、勘察设计文件、投招投标及合同文件、开工文件及商务文件 6 类；

监理资料：分为监理管理资料、进度控制资料、质量控制资料、造价控制资料、合同管理资料和竣工验收资料 6 类；

施工资料：分为施工管理资料、施工技术资料、施工进度及造价资料、施工物资资料、施工记录、施工试验记录及测试报告、施工质量验收记录、竣工验收资料 8 类；

工程竣工文件：分为竣工验收文件、竣工结算文件、竣工立档文件、竣工总结文件 4 类。

（3）《建设工程文件归档规范》GB 50328 规定，工程资料是工程建设有关的重要活动，记载工程建设主要过程和现状，具有保存价值的各种载体的文件。工程文件的形成和积累，应纳入工程建设的各个环节和有关人员的职责范围，工程文件应随工程建设进度同步完成，文件内容必须真实准确与工程实际相符。工程资料由建设单位、监理单位、施工单位、勘察设计单位共同形成。

（4）《建设工程质量管理条例》规定建设工程竣工验收应符合下列条件：

① 完成建设工程设计和合同约定的条项内容；

② 有完整的技术档案和施工管理资料；

③ 有工程使用的主要建筑材料、建筑构配件和设备的进场实验报告；

④ 有勘察、设计、施工、工程监理等单位分别签署的质量合格文件；

⑤ 有施工单位签署的工程保修书；

建设工程验收合格的，方可交付使用。

⑥ 建设单位应当严格按照国家有关档案管理的规定及时收集整理建设项目各环节的文件资料，建立健全建设项目档案，并在建设项目竣工后，及时向建设行政主管部门或者其他有关部门移交建设项目档案。

工程资料的形成，包括工程准备阶段、工程实施阶段和工程竣工阶段工程建设的全过程，工程资料是真实反映工程建设情况和实体质量的，是工程质量管理和工程质量验收的重要依据，是工程质量的一部分。

工程资料是工程建设全过程，由建设单位、勘察设计单位、施工单位和工程监理单位形成的。

（5）《建筑工程施工质量验收统一标准》GB 50300 将施工实施过程形成的资料分为：

① 质量控制资料，包括主要建筑材料、半成品、成品、建筑构配件、器具和设备的进场、检验、报检验和测试资料、施工依据、施工技术标准及自检记录、工序交接记录、施工记录等质量控制资料；

② 检验批、分项工程、分部（子分部）工程、隐蔽工程验收和单位工程的质量验收资料；

③ 涉及结构安全、节能环保和主要使用功能的抽样检验资料；

④ 观感质量验收资料等。

《建筑工程资料管理规程》JGJ/T 185 和《建设工程文件归档规范》GB 50328，都将资料分为 A、B、C、D、E 五类，A 为工程准备阶段文件、B 为监理文件、C 为施工文件、D 为竣工图、E 为工程竣工验收文件。

二、工程资料的形成和收集整理

（一）工程资料的形成与工程建设同步，由施工单位、监理单位各自形成相关资料

（1）工序工程施工前应对采用的主要材料、半成品、成品、建筑构配件、器具和设备进行进场检验，做好检验记录及收集物资合格证及出厂检验单，设计文件要求复验的，应抽样复验合格，形成检验报告，并经监理工程师认可，形成施工物资资料；

（2）各施工工序应按施工技术标准进行质量控制，先编制质量控制措施，形成文件资料经审批后，再开展施工，做好施工记录资料；每道施工工序完成后，施工班组应自检合格，施工单位应检查，评定合格后，做好检查评定原始记录，填写好检验批质量验收记录，经监理审核认可后，方能进入下道工序施工。各专业工序之间相关工序交接应进行交接检并做好记录。

工序施工及检验批验收阶段形成的工程资料包括：

① 质量控制措施，或称施工依据，包括施工规范、施工工艺标准、技术质量安全

交底等；

② 施工记录，包括施工过程的检验试验记录，施工过程质量管理的情况等；

③ 施工单位自检评定原始记录；

④ 检验批质量验收记录工程资料；

⑤ 隐蔽工程验收记录。

（3）分项工程验收阶段应形成的工程资料包括：

① 分项工程质量验收记录，对所包含的验收批进行核查汇总；

② 分项工程应检查质量项目的检查记录；

③ 分项工程需检验检测的项目，检验检测报告。

（4）分部（子分部）工程质量验收阶段所应形成的工程资料包括：

① 分部（子分部）工程质量验收记录对所包含的分项工程进行核查汇总。

② 质量控制资料，将所包含分项工程的控制资料汇总，列出项目清单。

③ 有关安全、节能、环境保护和主要使用功能抽样检验结果、检验记录、检测报告。

④ 观感质量检查记录，对所含分项工程的主控项目、一般项目的质量指标进行宏观检查，分成点、处，按符合不符合标准的要求作出评价，按"好""一般""差"评出结果。观感质量可以分部（子分部）为载体检查，也可以单位工程检查评出结果形成记录。

（5）单位工程质量验收阶段应形成的工程资料包括：

① 单位工程质量验收记录，对所含分部（子分部）工程进行核查汇总。

② 质量控制资料：将所含分部（子分部）工程的控制资料进行汇总，包括施工记录、隐蔽工程验收记录等。《建筑工程施工质量验收统一标准》GB 50300 附录表H. 0. 1-2 已列出汇总表，正常情况下就按其项目进行核查。没有发生过的项目不查。要增加项目，由施工单位和监理单位共同确定。

③ 所含分部工程中，有关安全、节能、环境保护和主要使用功能的检查资料。

④ 主要使用功能的抽查结果资料。

⑤ 观感质量检查结果记录，将各分部工程的检查汇总核查，或现场实地检查记录。

（6）施工验收文件包括：

① 施工单位工程质量竣工验收记录；

② 勘察工程质量检查报告；

③ 设计单位工程质量检查报告；

④ 监理单位验收评估报告；

⑤ 房屋建筑工程质量保修书；

⑥ 住宅质量保证书及住宅使用说明书；

⑦ 工程竣工档案预验收意见；

⑧ 工程决算资料；

⑨ 工程竣工验收报告、会议纪要、专家组名单；

⑩ 工程资料移交书；

⑪ 竣工图；

⑫ 工程影像资料等；

⑬ 工程竣工总结。

（二）工程资料应随工程进度形成

工程资料形成大致分为三个阶段，应符合图 4-6-1、图 4-6-2，由图中可见。工程资料形成是与工程同步的。

（三）工程资料质量要求

1) 工程资料内容要求

《建筑工程施工质量验收统一标准》GB 50300 及其配套验收规范规定，每一份工程资料都是有作用和相关要求，是要说明或证明一个过程、一个结果和一件事情的。

（1）施工依据是用其操作能保证质量安全的操作规程或控制措施，要有针对性、可操作性和技术含量的，把一个工序施工的全过程都能做到按规范管理，这个工程资料的质量就能符合要求。

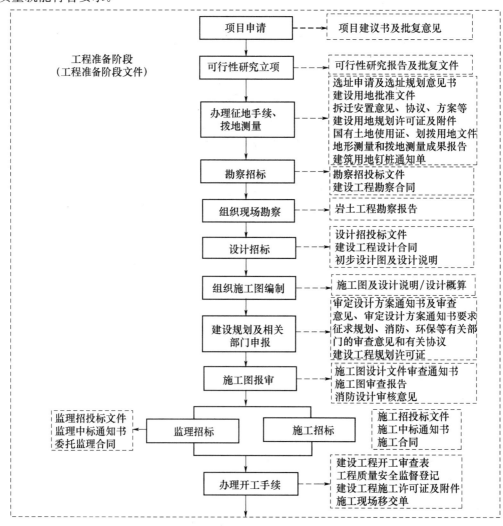

图 4-6-1　工程资料形成阶段图——准备阶段

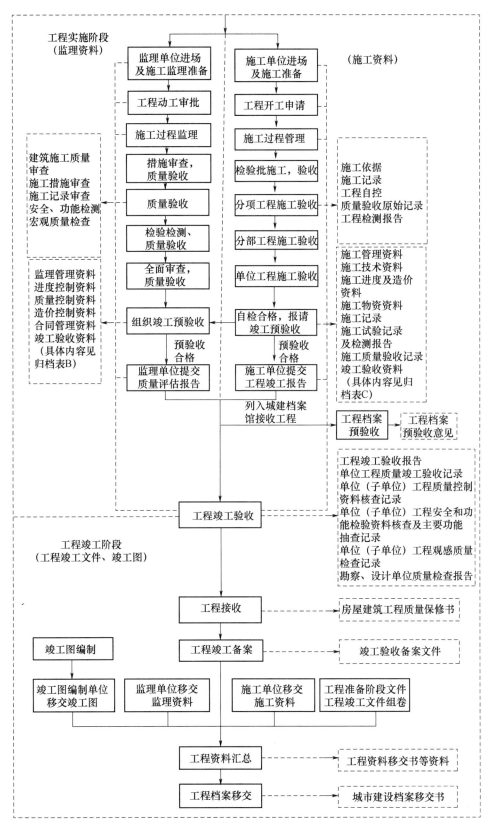

图 4-6-2　工程资料形成阶段图——实施与施工阶段

（2）施工记录是将施工过程的主要环节、主要事项记录下来，说明施工过程的规范性、可控性及过程中发生的有关情况，按施工依据操作过程的情况，以及出现意外情况的处理及结果，说明是在质量控制下施工的等。

（3）检测资料是施工过程管理和质量验收的资料中最关键的，是保证工程质量的，说明工程质量达到规范和设计要求的，检测机构是有资质的，检测人员是有资格的，检测方法操作是有规程的，检测数据和结论是有可比性的规范的，检测结论是符合规范和设计要求的。

（4）质量验收记录。对工程质量验收抽样是规范的，验收程序是规范的，验收的数据和要求是符合规范规定和设计要求的。由施工单位经办人负责人签字负责，监理单位监理工程师、建设单位技术负责人签字认可，即为正式验收记录。

2）《建筑工程资料管理规程》JGJ/T 185 还规定工程资料填写编制审核及审批的要求。

（1）工程准备阶段文件、监理资料、施工资料都应按符合相应规范规定的表格填写，编制审核和审批的程序，应保证工程资料内容的真实性、完整性和有效性。形成资料的单位必须负责工程资料的文字图表，印章应清晰，公证资料内容完整，结论明确，签字手续齐全。

工程资料应与工程建设过程同步形成，真实反映工程建设过程情况和工程实体质量。

（2）竣工图的编制审核。竣工图应真实反映施工竣工工程的实际情况，竣工图应与作业施工图对应。施工图、图纸会审记录、设计变更、工程洽商记录等内容要和竣工工程实体一致，没变化的施工图直接编进竣工图，竣工图的绘制应和施工图标准一致，竣工图有关责任人签字负责。

竣工图的编制份数、费用应在合同中约定，竣工图的编制单位应在开工前确定。

3）《建设工程文件归档规范》GB/T 50328 的规定

（1）工程文件的形成和积累应纳入工程建设管理的各个环节和有关人员的职责范围，工程文件应随工程建设同步形成，不得事后补编。建设单位应在招投标时与勘察设计施工、监理等单位在合同中明确工程档案的编制套数和编制费用，明确承担单位及档案和质量要求以及移交时间等。

（2）列入移交城建档案馆工程文件的工程，工程建设之初就应对工程文件质量要求作出规定。

① 归档的纸质工程文件应为原件，需要份数应在合同中明确。

② 工程文件的内容及其深度应符合国家现行有关工程勘察、设计、施工、监理等标准的规定。

③ 工程文件的内容必须真实，准确，与工程实际相符。

④ 工程文件的纸张和书写材料应采用耐久性强的，能长期保存的书写材料，纸张幅面尺寸规格应为 A4 幅面，297mm×210mm。

⑤ 竣工图及竣工图章应符合制图规范规定。

（3）归档城建档案馆的资料应有电子文档及纸质文档。

4）使用的表格各规范都有规定的样表

①《建筑工程施工质量验收统一标准》GB 50300 的附录 E 是检验批质量验收记录表，附录 F 是分项工程质量验收记录表，附录 G 是分部工程质量验收记录表，附录 H 是单位工程质量验收质量竣工验收记录表，而各配套质量验收规范，也规定了表格的样表，在工程质量验收时应参照执行。

②《建筑工程资料管理规程》JGJ/T 185 规定了监理资料用表施工资料用表的样表，《建设工程监理规范》GB/T 50319 也规定有监理资料用表的样表，在形成工程资料时，也应采用。

③ 有些没有规范推荐样表的项目，施工企业可自己设计或选用社会上的表格，最重要的是其内容必须保证能起到说明施工过程、主要环节生产情况和施工质量真实情况的作用。

（四）工程资料的收集整理

（1）工程资料应与工程建设过程同步形成，各参与工程建设的建设、勘察设计、施工、监理等单位应健全工程资料管理制度，岗位责任明确纳入工程各环节及各相关人员的职责范围，按时完成工程资料的编制收集和整理。

（2）规定长期保存的交城建档案馆的资料，应采用耐用、适于长期保存的纸张和书写材料以及工程资料的幅面规格尺寸，297mm×210mm（A4 纸）。

（3）实行总承包管理的工程项目，总包单位应负责收集汇总各分包单位形成的工程资料档案，并及时按约定向建设单位移交。各分包单位应将本单位形成的工程资料进行收集整理，立卷及时移交总包单位。

（4）建设单位按合同约定，在工程竣工验收前收集和汇总勘察、设计、施工、监理等单位的工程资料立卷归档，列入城建档案馆接收的工程，工程竣工验收前，提请当地城建档案馆管理机构对工程资料进行预验收，合格后进行竣工验收。

（5）工程资料收集整理的归档，各单位应根据自己技术管理制度进行保存利用，根据工程合同约定提交甲方约定的工程资料。各工程项目参建方对工程资料整理立卷范围项目的保存和移交项目，应参照《建设工程文件归档规范》GB 50328 附录 A 的表 A01（表 4-6-1）规定的建筑工程文件归档范围。

表 4-6-1　工程准备阶段文件（A）类

类别	归档文件	保存单位				
		建设单位	设计单位	施工单位	监理单位	城建档案馆
工程准备阶段文件（A类）						
A1	立项文件					
1	项目建议书批复文件及项目建议书	▲				▲
2	可行性研究报告批复文件及可行性研究报告	▲				▲
3	专家论证意见、项目评估文件	▲				▲
4	有关立项的会议纪要、领导批示	▲				▲
A2	建设用地、拆迁文件					

续表

类别	归档文件	保存单位				
		建设单位	设计单位	施工单位	监理单位	城建档案馆
1	选址申请及选址规划意见通知书	▲				▲
2	建设用地批准书	▲				▲
3	拆迁安置意见、协议、方案等	▲				△
4	建设用地规划许可证及其附件	▲				▲
5	土地使用证明文件及其附件	▲				▲
6	建设用地钉桩通知单	▲				▲
A3	勘察、设计文件					
1	工程地质勘察报告	▲	▲			▲
2	水文地质勘察报告	▲	▲			▲
3	初步设计文件（说明书）	▲	▲			
4	设计方案审查意见	▲	▲			▲
5	人防、环保、消防等有关主管部门（对设计方案）审查意见	▲	▲			▲
6	设计计算书	▲	▲			△
7	施工图设计文件审查意见	▲	▲			▲
8	节能设计备案文件	▲				▲
A4	招投标文件					
1	勘察、设计招投标文件	▲	▲			
2	勘察、设计合同	▲	▲			▲
3	施工招投标文件	▲		▲	△	
4	施工合同	▲		▲	△	▲
5	工程监理招投标文件	▲			▲	
6	监理合同	▲			▲	▲
A5	开工审批文件					
1	建设工程规划许可证及其附件	▲		△	△	▲
2	建设工程施工许可证	▲		▲	▲	▲
A6	工程造价文件					
1	工程投资估算材料	▲				
2	工程设计概算材料	▲				
3	招标控制价格文件	▲				
4	合同价格文件	▲		▲		△
5	结算价格文件	▲		▲		△
A7	工程建设基本信息					
1	工程概况信息表	▲		△		▲
2	建设单位工程项目负责人及现场管理人员名册	▲				▲
3	监理单位工程项目总监及监理人员名册	▲			▲	▲
4	施工单位工程项目经理及质量管理人员名册	▲		▲		▲

续表

类别	归档文件	保存单位				
		建设单位	设计单位	施工单位	监理单位	城建档案馆
监理文件（B类）						
B1	监理管理文件					
1	监理规划	▲			▲	▲
2	监理实施细则	▲		△	▲	▲
3	监理月报	△			▲	
4	监理会议纪要	▲		△	▲	
5	监理工作日志				▲	
6	监理工作总结				▲	▲
7	工作联系单	▲		△	△	
8	监理工程师通知	▲		△	▲	△
9	监理工程师通知回复单	▲		△	▲	△
10	工程暂停令	▲		△	△	▲
11	工程复工报审表	▲		▲	▲	▲
B2	进度控制文件					
1	工程开工报审表	▲		▲	▲	▲
2	施工进度计划报审表	▲		△	△	
B3	质量控制文件					
1	质量事故报告及处理资料	▲		▲	▲	▲
2	旁站监理记录	△		△	▲	
3	见证取样和送检人员备案表		▲	▲	▲	
4	见证记录		▲	▲	▲	
5	工程技术文件报审表			△		
B4	造价控制文件					
1	工程款支付	▲		△	△	
2	工程款支付证书	▲		△	△	
3	工程变更费用报审表	▲		△	△	
4	费用索赔申请表	▲		△	△	
5	费用索赔审批表	▲		△	△	
B5	工期管理文件					
1	工程延期申请表	▲		▲	▲	▲
2	工程延期审批表	▲			▲	▲
B6	监理验收文件					
1	竣工移交证书	▲		▲	▲	▲
2	监理资料移交书	▲			▲	

续表

类别	归档文件	保存单位				
		建设单位	设计单位	施工单位	监理单位	城建档案馆
施工文件（C类）						
C1	施工管理文件					
1	工程概况表	▲		▲	▲	△
2	施工现场质量管理检查记录			△	△	
3	企业资质证书及相关专业人员岗位证书	△		△	△	△
4	分包单位资质报审表	▲		▲	▲	
5	建设单位质量事故勘察记录	▲		▲	▲	▲
6	建设工程质量事故报告书	▲		▲	▲	▲
7	施工检测计划	△		△	△	
8	见证试验检测汇总表	▲		▲	▲	▲
9	施工日志			▲		
C2	施工技术文件					
1	工程技术文件报审表	△		△	△	
2	施工组织设计及施工方案	△		△	△	△
3	危险性较大分部分项工程施工方案	△		△	△	△
4	技术交底记录	△		△		
5	图纸会审记录	▲	▲	▲	▲	▲
6	设计变更通知单	▲	▲	▲	▲	▲
7	工程洽商记录（技术核定单）	▲	▲	▲	▲	▲
C3	进度造价文件					
1	工程开工报审表	▲	▲	▲	▲	▲
2	工程复工报审表	▲	▲	▲	▲	▲
3	施工进度计划报审表			△	△	
4	施工进度计划			△	△	
5	人、机、料动态表			△	△	
6	工程延期申请表	▲		▲	▲	▲
7	工程款支付申请表	▲		△	△	
8	工程变更费用报审表	▲		△	△	
9	费用索赔申请表	▲		△	△	
C4	施工物资出厂质量证明及进场检测文件，出厂质量证明文件及检测报告					
1	砂、石、砖、水泥、钢筋、隔热保温、防腐材料、轻骨料出厂证明文件	▲		▲	▲	
2	其他物资出厂合格证、质量保证书、检测报告和报关单或商检证等	△		▲	△	

续表

类别	归档文件	保存单位				
		建设单位	设计单位	施工单位	监理单位	城建档案馆
3	材料、设备的相关检验报告、型式检测报告、3C强制认证合格证书或3C标志	△		▲	△	
4	主要设备、器具的安装使用说明书	▲		▲	△	
5	进口的主要材料设备的商检证明文件	△		▲		
6	涉及消防、安全、卫生、环保节能的材料、设备的检测报告或法定机构出具的有效证明文件	▲		▲	▲	△
7	其他施工物资产品合格证、出厂检验报告					
	进场检验通用表格					
1	材料、构配件进场检验记录				△	
2	设备开箱检验记录			△	△	
3	设备及管道附件试验记录	▲		▲	△	
	进场复试报告					
1	钢材试验报告	▲		▲	▲	▲
2	水泥试验报告	▲		▲	▲	▲
3	砂试验报告	▲		▲	▲	▲
4	碎（卵）石试验报告	▲		▲	▲	▲
5	外加剂试验报告	△		▲	▲	▲
6	防水涂料试验报告	▲		▲	△	
7	防水卷材试验报告	▲		▲	△	
8	砖（砌块）试验报告	▲		▲	▲	▲
9	预应力筋复试报告	▲		▲	▲	▲
10	预应力锚具、夹具和连接器复试报告	▲		▲	▲	▲
11	装饰装修用门窗复试报告	▲		▲	△	
12	装饰装修用人造木板复试报告	▲		▲	△	
13	装饰装修用花岗石复试报告	▲		▲	△	
14	装饰装修用安全玻璃复试报告	▲		▲	△	
15	装饰装修用外墙面砖复试报告	▲		▲	△	
16	钢结构用钢材复试报告	▲		▲	▲	▲
17	钢结构用防火涂料复试报告	▲		▲	▲	▲
18	钢结构用焊接材料复试报告	▲		▲	▲	▲
19	钢结构用高强度大六角头螺栓连接副复试报告	▲		▲	▲	▲
20	钢结构用扭剪型高强螺栓连接副复试报告	▲		▲	▲	▲
21	幕墙用铝塑板、石材、玻璃、结构胶复试报告	▲		▲	▲	▲
22	散热器、供暖系统保温材料、通风与空调工程绝热材料、风机盘管机组、低压配电系统电缆的见证取样复试报告	▲		▲	▲	▲

类别	归档文件	保存单位				
		建设单位	设计单位	施工单位	监理单位	城建档案馆
23	节能工程材料复试报告	▲		▲	▲	▲
24	其他物资进场复试报告					
C5	施工记录文件					
1	隐蔽工程验收记录	▲		▲	▲	▲
2	施工检查记录			△		
3	交接检查记录			△		
4	工程定位测量记录	▲	▲	▲	▲	
5	基槽验线记录	▲	▲	▲	▲	
6	楼层平面放线记录			△	△	△
7	楼层标高抄测记录			△	△	△
8	建筑物垂直度、标高观测记录	▲		▲	△	△
9	沉降观测记录	▲		▲	△	▲
10	基坑支护水平位移监测记录			△	△	
11	桩基、支护测量放线记录			△	△	
12	地基验槽记录	▲	▲	▲	▲	▲
13	地基钎探记录	▲		△	△	▲
14	混凝土浇灌申请书			△	△	
15	预拌混凝土运输单	▲	▲	▲	▲	▲
16	混凝土开盘鉴定	▲		△	△	▲
17	混凝土拆模申请单			△	△	
18	混凝土预拌测温记录			△		
19	混凝土养护测温记录			△		
20	大体积混凝土养护测温记录			△		
21	大型构件吊装记录	▲		△	△	▲
22	焊接材料烘焙记录			△		
23	地下水工程防水效果检查记录	▲		△	△	
24	防水工程试水检查记录	▲		△	△	
25	通风（烟）道、垃圾道检查记录	▲		△	△	
26	预应力筋张拉记录	▲		▲	△	▲
27	有黏结预应力结构灌浆记录	▲		▲	△	▲
28	钢结构施工记录	▲		▲	△	
29	网架（索膜）施工记录	▲		▲	△	▲
30	木结构施工记录	▲		▲	△	
31	幕墙注胶检查记录	▲		▲	△	

续表

类别	归档文件	保存单位				
		建设单位	设计单位	施工单位	监理单位	城建档案馆
32	自动扶梯、自动人行道的相邻区域检查记录	▲		▲	△	
33	电梯电气装置安装检查记录	▲		▲	△	
34	自动扶梯、自动人行道电气装置检查记录	▲		▲	△	
35	自动扶梯、自动人行道整机安装质量检查记录	▲		▲	△	
36	其他施工记录文件					
C6	施工试验记录及检测文件					
	通用表格					
1	设备单机试运转记录	▲		▲	△	△
2	系统试运转调试记录	▲		▲	△	△
3	接地电阻测试记录	▲		▲	△	△
4	绝缘电阻测试记录	▲		▲	△	△
	建筑与结构工程					
1	锚杆试验报告	▲		▲	△	△
2	地基承载力检验报告	▲		▲	△	▲
3	桩基检测报告	▲		▲	△	▲
4	土工击实试验报告	▲		▲	△	▲
5	回填土试验报告（应附图）	▲		▲	△	▲
6	钢筋机械连接试验报告	▲		▲	△	△
7	钢筋焊接连接试验报告	▲		▲	△	△
8	砂浆配合比申请书、通知单	▲		△	△	△
9	砂浆抗压强度试验报告	▲		▲	△	▲
10	砌筑砂浆试块强度统计、评定记录	▲		▲		△
11	混凝土配合比申请书、通知单	▲		△	△	△
12	混凝土抗压强度试验报告	▲		▲	△	▲
13	混凝土试块强度统计、评定记录	▲		▲		△
14	混凝土抗渗试验报告	▲		▲	△	△
15	砂、石、水泥放射性指标报告	▲		▲	△	△
16	混凝土碱总量计算书	▲		▲	△	△
17	外墙饰面砖样板黏结强度试验报告	▲		▲	△	△
18	后置埋件抗拔试验报告	▲		▲	△	△
19	超声波探伤报告、探伤记录	▲		▲	△	△
20	钢构件射线探伤报告	▲		▲	△	△
21	磁粉探伤报告	▲		▲	△	△
22	高强度螺栓抗滑移系数检测报告	▲		▲	△	△

类别	归档文件	保存单位				
		建设单位	设计单位	施工单位	监理单位	城建档案馆
23	钢结构焊接工艺评定			△	△	△
24	网架节点承载力试验报告	▲		▲	△	△
25	钢结构防腐、防火涂料厚度检测报告	▲		▲	△	△
26	木结构胶缝试验报告	▲		▲	△	△
27	木结构构件力学性能试验报告	▲		▲	△	△
28	木结构防护剂试验报告	▲		▲	△	△
29	幕墙双组分硅酮结构胶混匀性及拉断试验报告	▲		▲	△	△
30	幕墙的抗风压性能、空气渗透性能、雨水渗透性能及平面内变形性能检测报告	▲		▲	△	△
31	外门窗的抗风压性能、空气渗透性能和雨水渗透性能检测报告	▲		▲	△	△
32	墙体节能工程保温板材与基层黏结强度现场拉拔试验	▲		▲	△	△
33	外墙保温浆料同条件养护试件试验报告	▲		▲	△	△
34	结构实体混凝土强度验收记录	▲		▲	△	△
35	结构实体钢筋保护层厚度验收记录	▲		▲	△	△
36	围护结构现场实体检验	▲		▲	△	△
37	室内环境检测报告	▲		▲	△	△
38	节能性能检测报告	▲		▲	△	▲
39	其他建筑与结构施工试验记录与检测文件					
	给水排水及供暖工程					
1	灌（满）水试验记录	▲		△	△	
2	强度严密性试验记录	▲		▲	△	△
3	通水试验记录	▲		△	△	
4	冲（吹）洗试验记录	▲		▲	△	
5	通球试验记录	▲		△	△	
6	补偿器安装记录			△	△	
7	消火栓试射记录	▲		▲	△	
8	安全附件安装检查记录			▲	△	
9	锅炉烘炉试验记录			▲	△	
10	锅炉煮炉试验记录			▲	△	
11	锅炉试运行记录	▲		▲	△	
12	安全阀定压合格证书	▲		▲	△	
13	自动喷水灭火系统联动试验记录	▲		▲	△	△
14	其他给水排水及供暖施工试验记录与检测文件					

类别	归档文件	保存单位				
		建设单位	设计单位	施工单位	监理单位	城建档案馆
	建筑电气工程					
1	电气接地装置平面示意图表	▲		▲	△	△
2	电气器具通电安全检查记录	▲		△	△	
3	电气设备空载试运行记录	▲		▲	△	△
4	建筑物照明通电试运行记录	▲		▲	△	△
5	大型照明灯具承载试验记录	▲		▲	△	
6	漏电开关模拟试验记录	▲		▲	△	
7	大容量电气线路结点测温记录	▲		▲	△	
8	低压配电电源质量测试记录	▲		▲	△	
9	建筑物照明系统照度测试记录	▲			△	
10	其他建筑电气施工试验记录与检测文件					
	智能建筑工程					
1	综合布线测试记录	▲		▲	△	△
2	光纤损耗测试记录	▲		▲	△	△
3	视频系统末端测试记录	▲		▲	△	△
4	子系统检测记录	▲		▲	△	△
5	系统试运行记录	▲		▲	△	△
6	其他智能建筑施工试验记录与检测文件					
	通风与空调工程					
1	风管漏光检测记录	▲		△	△	
2	风管漏风检测记录	▲		▲		
3	现场组装除尘器、空调机漏风检测记录			△	△	
4	各房间室内风量测量记录	▲		△	△	
5	管网风量平衡记录	▲		△	△	
6	空调系统试运转调试记录	▲		▲	△	△
7	空调水系统试运转调试记录	▲		▲	△	△
8	制冷系统气密性试验记录	▲		▲	△	
9	净化空调系统检测记录	▲		▲	△	△
10	防排烟系统联合试运行记录	▲		▲	△	△
11	其他通风与空调施工试验记录与检测文件					
	电梯工程					
1	轿厢平层准确度测量记录	▲		△	△	
2	电梯层门安全装置检测记录	▲		▲	△	
3	电梯电气安全装置检测记录	▲		▲	△	

续表

类别	归档文件	保存单位				
		建设单位	设计单位	施工单位	监理单位	城建档案馆
4	电梯整机功能检测记录	▲		▲	△	
5	电梯主要功能检测记录	▲		▲	△	
6	电梯负荷运行试验记录	▲		▲	△	△
7	电梯负荷运行试验曲线图表	▲		▲	△	
8	电梯噪声测试记录	△		△	△	
9	自动扶梯、自动人行道安全装置检测记录	▲		▲	△	
10	自动扶梯、自动人行道整机性能、运行试验记录	▲		▲	△	△
11	其他电梯施工试验记录与检测文件					
C7	施工质量验收文件					
1	检验批质量验收记录	▲				
2	分项工程质量验收记录	▲		▲	▲	
3	分部（子分部）工程质量验收记录	▲		▲	▲	▲
4	建筑节能分部工程质量验收记录	▲		▲	▲	▲
5	自动喷水系统验收缺陷项目划分记录	▲		△	△	
6	程控电话交换系统分项工程质量验收记录	▲		▲	△	
7	会议电视系统分项工程质量验收记录	▲		▲	△	
8	卫星数字电视系统分项工程质量验收记录	▲		▲	△	
9	有线电视系统分项工程质量验收记录	▲		▲	△	
10	公共广播与紧急广播系统分项工程质量验收记录	▲		▲	△	
11	计算机网络系统分项工程质量验收记录	▲		▲	△	
12	应用软件系统分项工程质量验收记录	▲		▲	△	
13	网络安全系统分项工程质量验收记录	▲		▲	△	
14	空调与通风系统分项工程质量验收记录	▲		▲	△	
15	变配电系统分项工程质量验收记录	▲		▲	△	
16	公共照明系统分项工程质量验收记录	▲		▲	△	
17	给水排水系统分项工程质量验收记录	▲		▲	△	
18	热源和热交换系统分项工程质量验收记录	▲		▲	△	
19	冷冻和冷却水系统分项工程质量验收记录	▲		▲	△	
20	电梯和自动扶梯系统分项工程质量验收记录	▲		▲	△	
21	数据通信接口分项工程质量验收记录	▲		▲	△	
22	中央管理工作站及操作分站分项工程质量验收记录	▲		▲	△	
23	系统实时性、可维护性、可靠性分项工程质量验收记录	▲		▲	△	
24	现场设备安装及检测分项工程质量验收记录	▲		▲	△	
25	火灾自动报警及消防联动系统分项工程质量验收记录	▲		▲	△	

续表

类别	归档文件	保存单位				
		建设单位	设计单位	施工单位	监理单位	城建档案馆
26	综合防范功能分项工程质量验收记录	▲		▲	△	
27	视频安防监控系统分项工程质量验收记录	▲		▲	△	
28	入侵报警系统分项工程质量验收记录	▲		▲	△	
29	出入口控制（门禁）系统分项工程质量验收记录	▲		▲	△	
30	巡更管理系统分项工程质量验收记录	▲		▲	△	
31	停车场（库）管理系统分项工程质量验收记录	▲		▲	△	
32	安全防范综合管理系统分项工程质量验收记录	▲		▲	△	
33	综合布线系统安装分项工程质量验收记录	▲		▲	△	
34	综合布线系统性能检测分项工程质量验收记录	▲		▲	△	
35	系统集成网络连接分项工程质量验收记录	▲		▲	△	
36	系统数据集成分项工程质量验收记录	▲		▲	△	
37	系统集成整体协调分项工程质量验收记录					
38	系统集成综合管理及冗余功能分项工程质量验收记录	▲		▲	△	
39	系统集成可维护性和安全性分项工程质量验收记录	▲		▲	△	
40	电源系统分项工程质量验收记录	▲		▲	△	
41	其他施工质量验收文件					
C8	施工验收文件					
1	单位（子单位）工程竣工预验收报验表	▲		▲		▲
2	单位（子单位）工程质量竣工验收记录	▲		▲		▲
3	单位（子单位）工程质量控制资料核查记录	▲		▲		▲
4	单位（子单位）工程安全和功能检验资料核查及主要功能抽查记录	▲		▲		▲
5	单位（子单位）观感质量检查记录	▲		▲		▲
6	施工资料移交书	▲		▲		
7	其他施工验收文件					
	竣工图（D）类					
1	建筑竣工图	▲		▲		▲
2	结构竣工图	▲		▲		▲
3	钢结构竣工图	▲		▲		▲
4	幕墙竣工图	▲		▲		▲
5	室内装饰竣工图	▲		▲		
6	建筑给水排水及供暖竣工图	▲		▲		▲
7	建筑电气竣工图	▲		▲		▲
8	智能建筑竣工图	▲		▲		▲

续表

类别	归档文件	保存单位				
		建设单位	设计单位	施工单位	监理单位	城建档案馆
9	通风与空调竣工图	▲		▲		▲
10	室外工程竣工图	▲		▲		▲
11	规划红线内的室外给水、排水、供热、供电、照明管线等竣工图	▲		▲		▲
12	规划红线内的道路、园林绿化、喷灌设施等竣工图	▲		▲		▲
工程竣工验收文件（E类）						
E1	竣工验收与备案文件					
1	勘察单位工程质量检查报告	▲		△	△	
2	设计单位工程质量检查报告	▲		△	△	▲
3	施工单位工程竣工报告	▲		▲	△	▲
4	监理单位工程质量评估报告	▲		△▲		▲
5	工程竣工验收报告	▲	▲	▲	▲	
6	工程竣工验收会议纪要	▲	▲	▲	▲	▲
7	专家组竣工验收意见	▲	▲	▲	▲	▲
8	工程竣工验收证书	▲	▲	▲	▲	▲
9	房屋建筑工程质量保修书	▲				
10	住宅质量保证书、住宅使用说明书	▲		▲		
11	建设工程竣工验收备案表	▲	▲	▲	▲	▲
12	建设工程档案预验收意见	▲		△		▲
13	城市建设档案移交书	▲				▲
E2	竣工决算文件					
1	施工决算文件	▲		▲		△
2	监理决算文件	▲			▲	△
E3	工程声像资料等					
1	开工前原貌、施工阶段、竣工新貌照片	▲		△	△	▲
2	工程建设过程的录音、录像资料（重大工程）	▲		△	△	▲
E4	其他工程文件					

注：表中符号"▲"表示必须归档保存；"△"表示选择性归档保存。

第五章　建筑工程施工质量优良工程质量验收

　　《建筑工程施工质量评价标准》GB/T 50375 是建筑工程评优良施工质量的标准。建筑工程施工质量评价是在建筑工程按照《建筑工程施工质量验收统一标准》GB 50300 及其配套的质量验收规范验收合格的基础上，抽查评定该工程质量的优良等级。建筑工程施工质量合格验收和优良评价是一个规范体系，是质量验收的两个阶段。其原始资料是一致的，评价标准也是以检验批、分项、分部（子分部）工程的验收资料及其相关资料为基础，以分部工程质量为单元进行抽查核定，来评价该工程优良质量等级的，所以，这里只列出评优良的资料，作为工程质量验收资料的一部分。也就是说，优良工程评价资料和合格质量验收资料共用，组成了工程质量验收资料。

　　《建筑工程施工质量评价标准》GB/T 50375 是为建筑工程建设创优良工程提出了提高内容和方法。在合格基础上提高，并不是改变设计，更换好的材料，而是提高工程的一次成活、一次成优，体现在结构强度的均质性、尺寸偏差的施工精度、工程整体效果、功能的更加完善和工程资料的完整性等方面。其方法是不断改进质量控制措施、操作方法，不断完善质量指标，不断提高工程质量均质性和操作精度，最终达到优良标准和更高标准。

第一节　建筑工程施工质量优良评价规定

　　一个单位工程质量优良评价分为 6 个部分，13 个评分部分，每个评分部分为 4 个评价项目，整个工程为结构工程和单位工程两个阶段评价。

一、建筑工程施工质量评价优良工程用表

　　建筑工程施工质量评价优良工程用表编号及表的目录见表 5-1-1。

二、建筑工程施工质量评价基本规定

　　参见 GB/T 50375—2016 标准 3.1.1～3.3.4 条。

　　3.1　评价基础

　　3.1.1　建筑工程质量评价应实施目标管理，健全质量管理体系，落实质量责任，完善控制手段，提高质量保证能力和持续改进能力。

　　3.1.2　建筑工程质量管理应加强对原材料、施工过程的质量控制和结构安全、功能效果检验，具有完整的施工控制资料和质量验收资料。

　　3.1.3　评优良的过程应完善检验批的质量验收，具有完整的施工操作依据和现场验收检查原始记录。

　　3.1.4　建筑工程施工质量评价应对工程结构安全、使用功能、建筑节能和观感质量等进行综合核查。

　　3.1.5　建筑工程施工质量评价应按分部工程、子分部工程进行。

　　3.2　评价体系

　　3.2.1　建筑工程施工质量评价应根据建筑工程特点分为地基与基础工程、主体结构工程、屋面工程、装饰装修工程、安装工程及建筑节能工程六个评价部分，13 个评分部分来评价。如图 3.2.1。

表 5-1-1 建筑工程施工质量评价优良工程用表编号及表的目录

单位工程项目及编号

| 评价项目名称及编号 | 地基与基础 01 | 主体结构 02 | | | 屋面工程 03 | 装饰装修 04 | 安装工程 05 | | | | | | 建筑节能 06 |
		混凝土 02-1	钢结构 02-2	砌体 02-3	03	04	给排水供暖 05-1	建筑电气 05-2	通风与空调 05-3	电梯 05-4	智能建筑 05-5	燃气 05-6	06
1 性能检测项目及评分 表01	0101	0201-1	0201-2	0201-3	0301	0401	0501-1	0501-2	0501-3	0501-4	0501-5	0501-6	0601
2 质量记录项目及评分 表02	0102	0202-1	0202-2	0202-3	0302	0402	0502-1	0502-2	0502-3	0502-4	0502-5	0502-6	0602
3 允许偏差项目及评分 表03	0103	0203-1	0203-2	0203-3	0303	0403	0503-1	0503-2	0503-3	0503-4	0503-5	0503-6	0603
4 观感质量项目及评分 表04	0104	0204-1	0204-2	0204-3	0304	0404	0504-1	0504-2	0504-3	0504-4	0504-5	0504-6	0604

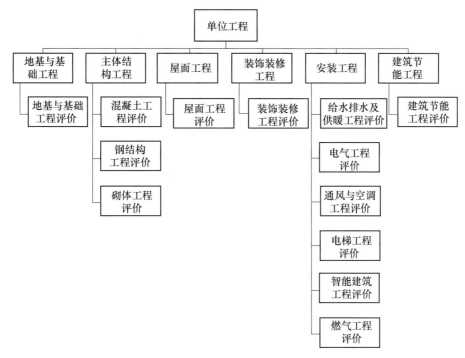

图 3.2.1 工程质量评价框图

注：1. 地下防水工程的质量评价列入地基与基础工程。
    2. 地基与基础工程中的基础部分的质量评价列入主体结构工程。

3.2.2 每个评价部分应根据其在整个工程中所占工作量及重要程度给出相应的权重，其权重应符合表 3.2.2 的规定。

表 3.2.2 工程评价部分权重

工程评分部分	权重（%）
地基与基础工程	10
主体结构工程	40
屋面工程	5
装饰装修工程	15
安装工程	20
建筑节能工程	10

注：1. 主体结构、安装工程有多项内容时，其权重可按实际工作量分配，但应为整数；
    2. 主体结构中的砌体工程若是填充墙，最多只占 10% 的权重；
    3. 地基与基础工程中基础及地下室结构列入主体结构工程中评价。

3.2.3 每个评价部分应按工程质量的特点，分为性能检测、质量记录、允许偏差、观感质量四个评价项目。
    每个评价项目应根据其在该评价部分内所占的工作量及重要程度给出相应的项目分值，其项目分值应符合表 3.2.3 的规定。

表 3.2.3 评价项目分值

序号	评价项目	地基与基础工程	主体结构工程	屋面工程	装饰装修工程	安装工程	节能工程
1	性能检测	40	40	40	30	40	40
2	质量记录	40	30	20	20	20	30

序号	评价项目	地基与基础工程	主体结构工程	屋面工程	装饰装修工程	安装工程	节能工程
3	允许偏差	10	20	10	10	10	10
4	观感质量	10	10	30	40	30	20

注：用本标准各检查评分表检查评分后，将所得分换算为本表项目分值，再按规定换算为本标准表 3.2.2 的权重。

3.2.4　每个评价项目应包括若干项具体检查内容，对每一具体检查内容应按其重要性给出分值，其判定结果分为两个档次：一档应为 100％ 的分值；二档应为 70％ 的分值。

3.2.5　结构工程、单位工程施工质量评价综合评分达到 85 分及以上的建筑工程应评为优良工程。

3.3　评价方法

3.3.1　性能检测评价方法应符合下列规定：

1　检查标准：检查项目的检测指标一次检测达到设计要求及规范规定的应为一档，取 100％ 的分值；按相关规范规定，经过处理后满足设计要求及规范规定的应为二档，取 70％ 的分值。

2　检查方法：核查性能检测报告。

3.3.2　质量记录评价方法应符合下列规定：

1　检查标准：材料、设备合格证、进场验收记录及复试报告、施工记录及施工试验等资料完整，能满足设计要求及规范规定的应为一档，取 100％ 的分值；资料基本完整并能满足设计及规范要求的应为二档，取 70％ 的分值。

2　检查方法：核查资料的项目、数量及数据内容。

3.3.3　允许偏差评价方法应符合下列规定：

1　检查标准：检查项目 90％ 及以上测点实测值达到规范规定值的应为一档，取 100％ 的分值；检查项目 80％ 及以上测点实测值达到规范规定值，但不足 90％ 的应为二档，取 70％ 的分值。

2　检查方法：在各相关检验批中，随机抽取 5 个检验批，不足 5 个的取全部进行核查。

3.3.4　观感质量评价方法应符合下列规定：

1　检查标准：每个检查项目以随机抽取的检查点按 "好" "一般" 给出评价。项目检查点 90％ 及其以上达到 "好"，其余检查点达到 "一般" 的应为一档，取 100％ 的分值；项目检查点 80％ 及其以上达到 "好"，但不足 90％，其余检查点达到 "一般" 的应为二档，取 70％ 的分值。

2　检查方法：核查分部（子分部）工程质量验收资料。

三、建筑工程创建优良工程的内容和方法

（一）社会对工程质量的要求越来越高

建筑工程质量评价是施工质量管理、质量验收中的一项重要内容。现行国家标准《建筑工程施工质量验收统一标准》GB 50300 及其配套的各专业工程质量验收规范只设有合格质量等级，这只是加强政府管理的主要手段，以确保工程质量达到安全和使用功能。这项工作对施工企业和用户而言，是最低的质量要求，是施工企业必须做到的底线，建设单位必须按其验收，否则不许交工使用。但是，随着工程建设的发展，广大施工企业施工技术水平的提高，质量管理水平的改进以及人民生活水平的提高，对建筑工程质量的要求也在提高，如果仍停留在达到合格的水平上，就满足不了社会的要求。为此，在建筑工程质量验收合格的基础上，制定施工质量优良等级的评价标准，势在必行。

建筑工程施工质量优良评价标准是在建筑工程施工质量验收合格基础上的提高，是充分发挥施工企业创优积极性，发展施工技术，提高施工管理水平，提高施工工匠操作水平，提高企业社会信誉，占领建筑市场的重要手段，为社会创建优良的工程质量做出贡献。这是广大人民在生活水平日益提高的基础上提出的新要求，不仅生活、生产的场所要保证使用安全、保证基本的使用功能，而且房屋还要更耐用、更方便、更舒适、更

环保和节能，也要更协调美观。建筑工程施工质量优良评价标准的颁布，具有比较深厚的社会基础，是社会生产发展、物质发展、文明发展的要求，对推动建筑业的发展和社会经济建设发展将会有一定的支持作用，这就是《建筑工程施工质量评价标准》出台的主要背景，其在使用 10 年后，现又进行了修订。

（二）评优良标准提高施工质量的主要内容

《建筑工程施工质量评价标准》GB/T 50375 是在现行国家标准《建筑工程施工质量验收统一标准》GB 50300 及其配套的各专业工程质量验收规范的基础上提高的，与其编制指导思想是一致的，与其控制原则也是一致的。优良评价是在质量合格验收的基础上再进行评价，优良评价不是一个新体系，与施工质量验收规范是一个体系，是在合格基础上的再提高，为工程施工质量创优提供了内容和方法。主要从以下几个方面来提高：

（1）提高控制措施编制及落实的有效性。制定的质量控制措施简明扼要，有针对性、可操作性，是对操作工人培训的教材、施工技术交底的主要内容，并能很好地落实到施工过程中，能起到很好的指导施工的作用。讲究操作一次成活，一次成优。

① 针对工程项目质量指标编制质量控制措施，由于是先订合同，后生产产品，有的工序质量还是先验收质量，后验证质量指标。保证质量通过验收和达到设计要求，工程质量验收规范规定和合同约定，保证工序质量先通过验收，后验证质量指标。控制措施的针对性、有效性，工程项目管理制度的有效性就成了建筑施工的管理重点，施工企业的技术关键。

技术质量措施的制定要简明扼要，有针对性、可操作性，重要部位、关键工序的质量控制措施要经过有关专业工程的工长、施工员讨论研究，以对其进行优化。在正式施工前还可以试用，或先做样板验证其有效性，称为首道工序样板制。

② 质量控制措施是企业技术管理的重要方面，是保证工程质量达到合同约定的技术保证，企业技术部门应高度重视。针对一项工程质量指标或一个工序质量制定的质量控制措施，不是一次就能完善的，是经过多次施工实践，工程质量的不断改进，措施也不断改进完善的，是企业技术水平不断提高的表现。在验证质量控制措施完善后，企业技术部门要及时将其形成施工工艺标准或企业标准，以积聚企业的技术水平。

③ 质量控制措施一定要落实到施工中去，一方面针对质量指标施工、规范施工，同时也在不断验证控制措施的有效性。根据施工实施中工程的特点不同、操作人员不同、施工的环境不同，不断完善施工措施。

④ 质量控制措施一定要体现其有效性，按其进行施工操作，能保证工程质量达到一次成活、一次成优，能减少返工返修浪费，能提高企业经济效益，是企业对操作工人培训的教材，是施工技术交底的主要内容，是施工企业技术保证能力的主要体现。创优良工程更要加强控制措施的规划管理，制定创优目标，编制和落实控制措施，重视实用技术的完善配套，提高企业的质量保证能力和持续改进能力。

⑤ 施工企业要重视质量控制措施的不断完善和提高，这是施工企业技术进步的重要内容。施工企业的总工程师、技术部门、质量部门要将其作为企业技术管理的重点内容，列出计划在工程项目实施的过程中，作为质量管理目标下达到工程项目部，落实到人头，落实经费。随着工程项目的实施，达到质量控制措施的完善，形成施工工艺标准

或企业标准，使企业技术水平不断提高。

⑥ 体现质量控制措施的编制和落实的有效性，最有效最实际的办法是工程质量的水平。要用工程质量的一次验收检验综合效果来验证，用工程安全和功能质量检测一次达标率来验证。只要主要性能的检测检验项目一次检测检验达标通过，就表明其质量控制措施是有效的，落实是到位的。

⑦ 性能检测的重要性。工程质量的评价历来是重过程控制，重技术资料的佐证。但对工程性能，特别是综合性能的检测，在现行国家标准《建筑工程施工质量验收统一标准》GB 50300 及其配套的工程质量验收规范编制中，为了强调结构工程质量及使用功能质量，规范编制组以分部工程、子分部工程为主体提出了工程性能检测项目，是工程完工后的检测，是施工的结果质量，是分部系统施工结果的质量，这就分别体现了工程的最终质量，是质量控制的成果。

（2）提高工程质量强度的均质性和施工精度。工程质量由设计确定其强度等级及使用寿命期限，施工过程不能随便提高其强度等级，不然就是改变了设计质量控制，提高了设计等级，也提高了工程造价。施工过程的质量提高主要是通过加强过程管理，使各项工程的质量水平达到均衡均质，减少离散性，并能用平均值、均方差、最大最小值限制等来表示；使各工程部位的质量尽可能达到均质的强度，来提高工程的安全性和使用寿命；保证工程质量的操作精度，也是减少经济损失，提高经济效益，保证工程质量的重要内容。提高建设工程的质量是企业最大的经济效益。

① 对混凝土强度、砂浆强度等用数值表示的质量，用平均值、全距值、均方差值表示最好，能代表强度的均质性，减少离散性。

② 对有强度等级要求的原材料等，必须经过试验达到强度要求才能用于工程。

③ 对施工完质量要检测和测量的项目，其实测值必须达到设计要求，其离散性要达到管理的目标，来提高工程的安全性和使用寿命。

以上用数据表示质量结果的项目，可用平均值、最大最小值及全距值、均方差值等来判定，达到管理控制标准。有条件时，用全距值、均方差表示均质性会更好一些。其绘制的直方图呈现正态分布的形状。

④ 工程质量的精度是代表工程质量水平的重要方面，均质性是一方面；工程构件位置及尺寸准确，偏差小，体现了工程施工的精准是另一方面；工程结构的强度精准，构件位置与尺寸偏差小，能保证结构承载力传递荷载的准确性，为工程使用空间、机电设备安装及装饰装修打下了良好基础，不仅提高了工程安全性，也为减少经济损失，提高企业经济效益做出贡献。

主体结构强度的均质性和精度要求，是工程质量控制的主要方面，在工程项目施工中，应首先做好。

⑤ 工程质量的精度在结构构件位置与尺寸偏差方面，也是质量控制的主要内容。如果结构构件的轴线位移、构件表面的平整度、构件的垂直度等尺寸偏差大，会影响工程空间的利用、设备安装及装饰装修的质量。构件位置与尺寸超标造成位置偏差、尺寸减小，使工程受力不够；尺寸增大造成墙体增厚、楼板增厚等，引起浪费建筑材料、增加工程自重降低工程安全度、影响使用功能等后果。

⑥ 装饰装修工程提高精度是体现工程质量水平的重要方面。线条顺直，图案规正，

局部精细，地面、墙面表面平整清新，整体工程面貌效果好，是完善工程使用功能的重要条件，是施工质量水平的综合展现。

⑦ 机电设备安装精度是体现工程使用功能、使用安全，以及方便适用的重要方面。很多设备除了使用功能，还起到了装饰美化环境的作用，其安装牢固、位置正确，色彩线条及图形图案的精准到位，在体现使用功能的基础上，同时取得装饰美化的效果。因此，其精细准确十分重要。

⑧ 均质性和精度是工程质量控制的主要内容，提高和保证其质量是施工的中心工作。其质量提高体现着质量控制的效果。

（3）提高使用功能的完善性。工程的价值就是要保证使用功能，但必须在确保工程安全的情况下，确保设计的使用功能，才是真正的保证使用功能。提高施工质量可以更好地发挥使用功能，其中主体结构、空间尺寸、设备设施的安装、装饰装修效果都直接关系到使用功能和使用效果，把各项质量搞好，就能很好地保证工程使用功能的完善，让工程更可靠、更适用、更方便。

① 提高工程质量可保证设计使用功能的实现。结构、安装及装饰的质量好使工程设计的使用功能得到保证，使用安全，方便可靠。

② 建筑结构、设备安装及装饰装修在施工过程中进一步细化和完善，能使工程使用功能提升。如灶台的高低结合用户主人的身高做适当调整，使用起来更方便。例如照顾幼儿、适老化等，对一些电源开关方便、墙角护理防止碰着人，以及环境颜色满足用户要求，体现人性化关怀，能为用户带来很多方便。这也是工程质量的重要方面。

③ 做好功能质量，服务用户。可在开工前做一下用户调查，征求用户想法，然后进行一个综合规划。以此为依据对设计图纸做一些微调或变更，例如选用一些用户喜爱的器具、设备、颜色图案，在不影响造价的情况下，做到使工程使用功能更方便、更适用，用户更满意。其中有很多工作可以做，尽最大努力来满足用户要求。服务质量也是工程质量的一部分。

（4）提高装饰装修及工程整体效果。装饰装修是工程质量的一个重要方面，在工程结构安全得到保证、使用功能得到满足的前提下，工程的装饰效果，对工程本身、对周围环境、对城市面貌都有重要影响，是不可忽视的一个重要方面。它体现了工程的艺术性、社会性、文化性等诸多因素。要实现工程的整体效果，必须在施工过程中精心组织、精心施工、精心操作，提高工程施工精度才能达到目的。

建筑工程是城市建设的分子、元素，影响着城市的景观与功能，对其整体效果是必须重视的。

① 装饰装修质量的重要性是不可忽视的。在结构质量得到保证前提下，装饰装修质量水平的高低就代表了工程质量的整体水平。要做好装饰装修质量，必须做好事前的规划，实地进行测量放线、定位找方、分中预排，在做好准备之后，再正式施工。

② 装饰装修的材料很重要。施工前应进行选择，首先按设计要求确定品种规格尺寸后，还应保证其环保性能，要确保其挥发性、污染性符合要求；在规格确定后，要检查其尺寸偏差，若偏差较大，要经质量检查，分别使用；若用天然木材、石材，要将其缺陷削除，对其花纹颜色进行预拼，有规律使用使其形成图案或色泽。根据材料筛选情况，实地校正放线。

③ 根据放线及材料预拼，实地落实。要使花式比例调节适当，线条粗细颜色适宜。块材饰面最好不出现破活，无法避免时，破活要放在次要位置。重要场面最好要对称，有图案的要注意对比。同时，最小的破活不能小于整材的1/4。

④ 装饰装修完工后，表面要清理干净，不得有余灰、污染、破损、裂缝等，显示出原材料的本来面目。

⑤ 装饰装修档次是代表工程质量的整体水平，其评价有以下4个档次。

合格质量：装饰装修面层，粘贴牢固，色泽图案、装饰块的排列基本满足规范规定，安全适用。在检查验收时，70%及以上的点为"好"，其余为"一般"，少数点是修补的，个别点为"差"，但不影响其整体的安全和使用功能。

优良质量：装饰装修面层在合格的基础上，色泽图案协调，比例规矩，装饰块图案排列到位，有较好的美感，安全适用。在检查验收时，90%及以上的点为"好"，其余点为"一般"，个别点修补，没有"差"的点。

讲究质量：装饰装修既是工程，又是艺术品，建筑艺术是八大艺术之一，又是综合艺术，绘画、雕刻、雕塑等的综合，体现民族文化及当代科学技术。其尺度、比例、对比、协调，多种材料、艺术的搭配，色彩的协调，可以讲出很多效果，给人以智慧的集合。在检查验收时，都超过规范观感的要求。

魅力质量：装饰装修是一个建筑的各个方面，外檐、内檐的顶、墙、地等，各方面从选材、构图、施工每个方面都达到讲究，并构成工程整体效果，再用讲究来形容，已经说不完了，而且也没法说，只能去领会、感知、感悟。有的形容伟大、壮观、宏伟等，就如形容少男少女时，帅、漂亮，只能意会，不可言传，这就是艺术的感染力。

（5）提高工程资料的完整性。工程建设的特点是过程验收，不能完全进行整体测试和试验，是间接的或不完整的。而一些过程又会被后边的过程、工序所覆盖，到工程完成时已经看不到，测不到了。这些情况就要靠工程资料来证明和佐证。所以，工程资料包括原材料、控制资料、质量记录、验收资料、检测资料等都是工程质量不可缺少的部分，或者广义地说就是工程质量的一部分。工程质量包括实体质量和工程资料。经过精心管理，使施工过程各工序质量的验收资料、质量记录、检测数据做到真实、及时有效，资料完善，数据齐全，能反映工程建设过程情况及工程质量的全部情况，并为工程的验收、维护维修，未来的改造利用发挥作用。工程资料的完整性是工程质量的一个重要方面。

有的部门把工程质量概括为工程实体质量和工程资料质量两部分，也是有一定道理的。工程资料这么重要，一定要做好。

① 工程资料是工程质量的一部分，对工程资料，在《建筑工程施工质量验收统一标准》GB 50300 及其配套的各专业质量验收规范中，都提出了明确的要求。所以，我们把工程资料作为工程质量的一部分必须管好，作为提高改进工程质量的一部分。

② 制定好工程资料的形成计划。工程资料多数是在工程建设过程中形成的，与工程生产同步。资料计划在制定工程项目施工组织设计时，应该一并编制，作为施工组织设计的一部分。在施工生产过程中同步形成工程资料，做到形成资料及时、真实、准确、齐全。

③ 工程资料应有专人管理。工程项目资料员应按资料的形成计划，及时督促相关

人员完成工程资料，及时收集整理，以保证工程资料的同步性和完整性。

④ 工程资料应由相关专业施工人员填写完成，工程项目的施工组织设计应由工程项目技术负责人组织有关人员编制，并组织审查批准，督促有关人员依据组织设计做好施工准备和组织施工。各专业工种的专项施工方案由各专业施工员、专业工长组织编写，由专业项目技术负责人组织审查批准。

工程资料主要包括如下几方面：

一是建筑材料、构配件、器具设备进场质量验收记录、合格证及出厂试验报告、进场复试报告，由工程项目专业材料员及材料负责人进行填写和收集，并经专业监理工程师审查确认。

二是工程施工依据、操作规程、工艺标准及工序施工交底材料等控制资料，由专业施工员、工长制定和编制交底材料，经专业监理工程师审查认可，并依据其向操作工人交底。

三是工程施工记录，按工序施工或检验批施工，由专业施工员、专业工长组织施工班组长，与工程施工同步形成。与施工同步的工程检测试验资料也应同步形成。

四是质量验收资料，是过程验收的凭证，是双方验收的文件。先由施工单位编制，根据实体工程的检查检验而得到的结果，经检验评定合格，再交经监理单位核查验收；是质量验收双方认可的文件；是完成合同约定的见证资料；是由检验批、分项工程、分部工程和单位工程成套的验收资料。

五是检测资料是工程施工过程和分部工程、单位工程完工后，工程项目实体质量的真实情况的测量和检验，是代表实体质量实质性的资料，是分项工程、分部（子分部）工程和单位工程的安全性能和使用功能的实测，是判定成品质量的依据、质量验收的重要依据资料。

六是工程资料的形成要做好计划。随工程进度形成，资料要能反映工程控制过程，覆盖全部部位，达到资料的完整性。

概括说，提高施工质量就是从以上五个方面来改进提高，但这些改进提高是有过程的，不一定一次两次实践就可以完成。但只要认准方向不懈努力，一定会达到提高施工质量目的的。工程质量优良评价标准要从上述五个方面进行，主要是通过数据及专家评分两个方面来进行评价。其控制模式如图 5-1 所示。

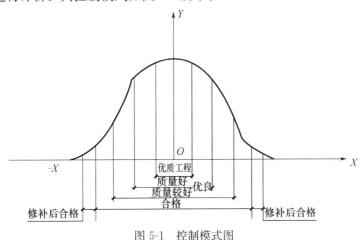

图 5-1　控制模式图

国际上常用的评价方法包括：一是数据；二是专家评分。

本优良工程评价方法就是利用数据和专家评分来实现的，创建优良工程控制的主要内容包括：

① 控制措施制定及落实的有效性；

② 工程质量的均质性；

③ 使用功能的完善性；

④ 工程整体装饰及效果的讲究性；

⑤ 工程资料的完整性。

（6）创优良工程必须加强科学管理

此外，工程创优是一个系统工程，必须制定系统的措施，全过程统筹安排，各工序都应加以控制，管理要到位，措施要有针对性和可操作性，程序过程要有序不紊，操作技能要精湛，要做到一次成活，道道工序是精品，还要注重节约，注重文明安全施工、绿色施工，创造良好的经济效益和社会效益。

① 实施创优的工程必须在工程开工前制定创优的质量目标，进行系统的质量策划，做到实施质量目标管理，只有目标明确了，才能根据目标的要求制定有效的控制措施。创优目标是动员企业广大职工积极性的有力武器，只有目标明确了，才能动员企业（项目经理部）的广大职工为创优目标进行工作。创优目标的制定应结合企业自身的实际情况，逐步提高质量目标、提高管理水平、提高操作水平，不断改进、不断总结，经过多次努力，才能创出高质量水平的工程。不能凭空制定不切实际的目标，目标定得太高，管理技术操作都跟不上，目标就很难实现，这样会损害职工的积极性，并且会形成目标是目标，实现是实现，失掉了质量目标的严肃性，也损失了职工的工作热情。在企业管理中，一定要形成一种风气，一种企业文化，凡企业对外承诺的事，一定要办到，凡企业制定的质量目标，一定要实现。这样的企业管理才是科学的，是有计划的有效的管理，使企业职工养成一种说话算数的企业品质，这就是诚信。

现在很多投标承诺中，承诺创鲁班奖，创国优工程，有几个实现的？实现不了不就是没有诚信兑现吗？这样下去诚信何在？

因为鲁班奖、国优工程是即便工程质量达到要求也不一定能评得上，这些工程奖的质量指标也不够具体，实现起来比较难。为什么在投标承诺中不提倡承诺优良工程？因为质量指标具体明确，实体质量对工程的安全性、耐久性、使用功能等的保证，对用户都有好处，对企业技术管理有促进，对社会效益大，为什么不承诺创优良工程呢？

目标管理是有计划的管理，是企业经营管理的核心。创优计划是要动员企业职工为之努力的一项工作，必须有明确的目的。创优的出发点是：

一是对合同的承诺，建设单位要求工程创优，这种情况在工程承包合同中一定要明确质量目标的具体要求，明确有关参与方的责任，创优是要有投入的，创优的费用在合同中要明确。有的合同还规定了质量目标实现结果的奖罚条款，这更要明确目标判定的标准、判定的权限等。

二是企业自身创信誉而提出的目标，这也要明确企业内部的责任，将有关要求落实到各部门，落实到各"工程项目部"。同时，要与外部单位进行沟通，求得支持，只有这样，目标才能落实。

② 创优的工程应推行科学管理。建筑工程质量管理重点是过程控制，要强化过程中工序质量的控制。工序质量管理是创优的基础，各个工序质量控制好了，整个工程的质量就会好的。主要包括以下 4 个方面。

第一，创优的工程一定要落实每个工序的质量目标。把每个工序的目标和措施作为工程管理的重点，要从原材料的质量控制开始，不合格的材料不能用于工程。工程所用材料要有合格证、进场验收记录、检验复核报告资料来证明其质量合格，要由监理工程师验证认可。

第二，工序施工重点是操作工艺要规范。企业要有适合自己的操作工艺，才能创出自己的工程质量水平，每个企业要研究自己的操作工艺（企业标准），这是代表一个企业标准化程度的重要标志，企业标准就是企业的质量水平。所以，工序质量来源于严格的操作，严格的操作依靠科学的操作标准。企业标准是经过企业技术人员、操作工人自己创造的，是经过实践证明有效的，是达到质量目标的控制措施，经过企业技术负责人批准的企业自己的标准，并在实践中不断完善提高，是创优的基本要素之一。操作班组要按企业标准进行操作，操作过程中随时进行自我检查，做好施工记录。班组施工记录是证明自身质量水平，并助其不断改进的依据。

第三，企业标准是培养企业操作人员的基本教材，是提高操作技能的基础。工人上岗前应经过培训，能达到企业标准的要求，才能正式上岗操作，保证道道工序质量一次成活、一次成优，严防返工、修理、整改，这样既保证工程质量、加快了工程进度，又能减少浪费，提高企业的经济效益。

第四，工序施工完成后要加强检测验收。这是目标实现的重要阶段，也就是目标考核。验收要经过必要的检测检验，要有具体的数据来说明质量的水平，检测数据要有分析，要能把一些同类项数值进行统计分析，确定其离散程度，评价其质量水平及效果，并进一步将每个工程有关结构安全的数据、使用功能的数据、尺寸偏差的数据、资料齐全程度等，用数据表示出来，反映工程建设过程控制的水平及达到的质量等级。评价工程优良一定要注重科技进步，注重对环保、绿色施工和节能等先进技术的应用。科技进步、环保、节能、绿色施工等先进技术的应用是推进工程质量提高，使用功能完善，建设节约型社会的重要支柱，是推动建筑技术发展、工程质量水平提高的有效措施，也是工程质量的重要内容，应在整个工程建设中加以重视，并在资源配置奖励中给予倾斜支持，使之得到优先发展和重点扶持的机会，所以优良评价标准中还专门做了直接加分的规定。

（7）优良工程评价标准还应注重企业管理机制的质量保证能力及持续改进能力

① 企业管理机制的质量保证能力是优良评定的基础，创建优良工程企业必须有完善的质量保证能力，以增强企业活力和竞争力为重点，提高建筑业整体素质；以改革创新精神，紧紧依靠企业做好质量安全技术管理工作，解决生产安全和工程质量问题。

② 大力提倡增强企业对质量保证能力和持续改进能力的建设。将检查参与工程建设各方履行质量行为的重点，落实到对质量保证能力上。在施工过程中，除了材料、设计文件等基本因素外，施工企业的质量保证能力是必不可少的。这种能力是质量保证的实际能力，除了重视资质、制度文件等，更要注重"实际能力"，实际能力还体现在"持续改进能力"上。

③ 一个工程在长时间施工过程中，一点缺陷不出现是不可能的，错了能及时发现，及时主动纠正，这是企业真实的质量保证能力，体现高质量和管理水平。

一个企业、一个班组一开始就高素质、高水平的很少，也可以说是没有的。其素质水平不是天生的，是不断学习，不断实践得来的。所以，一个企业应重视学习和改进。每施工一个工序，班组要总结、检查一次自己的工作哪些地方好，哪些地方还不够好，及时发现及时改进。施工过程中能自己发现问题，能自己采取措施来改进，这是质量保证能力。企业在做一个工程后也要总结检查一次，这个工程哪些地方做得好，哪些地方还不够好，好的用企业标准的形式将其固定下来，不够好的采取措施来改进，这就是搞好工程质量的一个永恒的公式，保持持续的改进能力。我国的建设者前辈们把建筑工程看作一项艺术品，就如一个画家对自己画的画一样，永远达不到完美的境地。建筑工程质量也同样如此，只有更好，没有最好。

（三）改进质量的主要方法

由于各地区各企业的技术水平的差异，施工质量水平也有差异，还有新企业和老企业之间的差别，新的工人和老的工人之间的差别等，使建筑工程的质量水平差异也较大。工程质量的提高是循序渐进的，是经过不断努力，逐步改进的，不管是企业还是个人都一样。如何一步一步提高施工质量呢？这里介绍几种方法，可以有效提高施工质量，创出优良工程。

（1）工程项目施工是施工企业生产的唯一形式，施工企业应研究以工程项目质量管理为主的改进工程质量的方法。以工程项目制定控制计划，配备好的项目管理班子，把工程质量目标落实到项目管理上，企业做好人、财、物的优化配置，做好施工组织设计、专项施工方案，督促检查项目管理班子按计划完成以质量为主的各项目标。

（2）按工程建设技术标准，抓住强制性条文开展工作。新企业或初次施工这类工程，必须认真学习规范标准，结合工程特点，制定技术措施，培训操作人员，按施工方案进行施工。首先，摘录相关的强制性条文，制定落实措施，检查有效情况，改进措施，这样经过几次循环，直到工程质量符合质量目标为止，成型的措施可以形成施工工艺标准，供今后使用。

（3）问题解决型。在工程施工中，发现薄弱环节，制定控制措施，进行改进，这种情况多为做过一些工程的企业，在质量改进提高过程中，发现自己的质量问题，问题可以是单项的，也可是多项的来进行改进。在改进项目提出来之后，就应针对问题制定控制措施。这是一种解决质量问题的方法。

（4）创新型。企业有一定的技术基础，不满足于当前的工程质量和效益状况，为企业提高竞争力，开展提高改进质量的活动。这是一种在现有基础上，提高工程质量的方法。找出目前工程质量的不足、不规范的问题，制定控制措施进行提高完善。找出质量问题的方法包括：分析当前问题，找出主要问题来解决；或用因果分析图、排列图找出存在的主要问题；也可用开会讨论的方式，找出主要问题。针对问题制定措施，解决质量问题。

对（2）、（3）、（4）的方法可交叉使用，重复使用，直至解决质量问题。

（5）创优型。这是指企业施工技术水平有了一定程度的提高，技术管理水平不断完善，操作技术能力有了明显的可控性，企业的技术装备有了可靠的保证，要将工程质量水平全面提升，展现企业的综合技术水平，来开展创优工作。这里必须解决几个认识问题：

① 创优不是只增加投入。企业的发展质量保证是第一位的，创优的投入是为企业发展。创优必须用合格的材料，有基本的生产设备条件和生产技术，合格的操作人员和管理人员，这些条件都是必须保证的。

② 创优不是提高工程质量标准。工程质量是施工图设计文件规定了的，施工只是体现设计意图，把图纸变成实物工程。有的企业老板把提高混凝土强度等级来创优质量工程，把抹灰墙面改成贴面砖来创优质工程，这都是不对的。提高混凝土强度等级是改变设计的可靠度，是不允许的；抹灰墙改为贴面砖是提高了装饰标准也是不可取的。创优质工程是提高施工质量，提高施工技术措施的针对性、完善性和落实措施，把设计的质量做好，提高工程强度的匀质性和精度，提高工程的使用功能的完善性，提高工程装饰装修的整体效果，提高工程技术资料的真实性、完整性。根本上是提高保证工程质量控制措施的有效性，形成规范化施工、标准化施工和管理，充分发挥企业的技术管理水平。

③ 创优质工程不是企业的额外工作，是企业发展的必经之路。一个企业成立是想做成百年企业，不是短命企业，三年五年就完了；也不是从企业成立到企业解散几十年一直保持原始水平。要发展必须提高产品质量，要生存也必须提高产品质量。

④ 创优发展必须理顺质量和效益的关系，树立创新路径，思考创优道路和方法。企业发展必须创新创优，要坚定信心，走创新创优之路就必须是提高企业技术水平，提高经济效益，提高企业信誉，这是创优发展的有效方法。

⑤ 创优质工程的方法很多，但基本方法是过程精品，就是把各过程质量都做好了，整个工程的质量就有了保证。首道工序质量样板制是过程精品的有效方法。把每个工序的第一个工序工程质量做成样板工程，经过验收达到质量控制目标，后边的各道工序都要达到这个质量标准，就是每道工序高品质、道道工序高品质；每个工人工作高品质，每个环节精益求精，力求完美。创优质工程创精品工程的具体做法见本章第三节的内容。

在创出优质工程、精品工程之后，就能知道质量与效益的关系，只有用质量求效益、求发展才是正确之路，有了质量，效益也就有了。

⑥ 工序样板制度。实施过程精品，在创优计划确立之后，要落实质量目标计划，必须从头开始，在每个分项工程（工序工程）的第一个检验批施工中要按质量目标计划做出样板工程，经检查验收达到目标计划，对施工技术措施进行改进完善，符合该工序工程施工要求，要求施工班组对之进行学习和考核，以首道工序工程质量样板为标准培训考核后正式施工，后续的每个工序质量都必须达到首道工序质量的水平，这是创优良工程、落实质量目标计划最有效的做法。

第二节　评价优良工程示例

以主体结构部分的混凝土结构工程质量评价为例，包括性能检测、质量记录、允许偏差、观感质量 4 个项目的质量。

一、性能检测评价

（一）性能检测项目及评分表

性能检测项目及评分表示例见表5-2-1。

表5-2-1　混凝土结构工程性能检测项目及评分表

工程名称	×××住宅楼			建设单位	××房地产公司	
施工单位	×××建筑公司			评价单位	施工单位及监理公司	
序号	检查项目	应得分	判定结果 100%	判定结果 70%	实得分	备注
1	结构实体混凝土强度	40	40		40	
2	结构实体钢筋保护层厚度	40	40		40	
3	结构实体位置与尺寸偏差	20		14	14	工序抽检
	合计得分	100	80	14	94	
核查结果	观感质量项目分值40分 应得分合计：100分 实得分合计：94分 <div align=center>混凝土结构工程性能检测得分＝94/100×40＝37.6</div><div align=center>评价人员：质量员王××</div><div align=right>××××年××月××日</div>					

（二）检查标准及检查方法

（1）检查标准：检测项目的检测指标一次检测达到设计要求及规范规定的为一档，取100%的分值；按相关规范规定，经过处理后满足设计要求及规范规定的应为二档，取70%的分值。

（2）检查方法：核查性能检测报告。

（三）检测标准及检查方法说明

（1）结构实体混凝土强度检验

① 检查标准：结构实体混凝土强度应按不同强度等级分别验证，检验方法宜采用同条件养护试件方法，检验符合规范规定的应为一档，取100%的分值；当未取得同条件养护试件强度或同条件养护试件强度不符合要求时，可采用回弹取芯法进行检验。检验符合规范规定的应为二档，取70%的分值。

② 检查方法：核查混凝土结构子分部工程验收资料。

③ 本工程由12组同条件试件评定，符合规范规定，评价为一档。有检测机构检测报告。

（2）结构实体钢筋保护层厚度检验

检查标准：梁类、板类构件纵向受力钢筋的保护层厚度的允许偏差应符合表5-2-2的规定。

表 5-2-2　结构实体纵向受力钢筋保护层厚度的允许偏差

构件类型	允许偏差（mm）
梁	$+10$，-7
板	$+8$，-5

结构实体钢筋保护层厚度一次检测合格率达到 90% 及以上时应为一档，取 100% 的分值；一次检测合格率小于 90% 但不小于 80% 时，可再抽取相同数量的构件进行检验，当按两次抽样总和计算合格率达到 90% 及以上时应为二档，取 70% 的分值。

抽样检验结果中不合格点的最大偏差均不应大于本规定允许偏差的 1.5 倍。

检查方法：核查混凝土结构子分部工程验收资料。

本工程按梁、板受力筋抽测符合率达 94%，符合一档。有检测机构检测报告。

（3）结构实体位置及尺寸偏差检验

① 检查标准：允许偏差及检验方法应符合表 5-2-3 的规定。

表 5-2-3　结构实体位置与尺寸偏差检验项目及检验方法

位置、尺寸允许偏差项目			检验方法
项目	允许偏差（mm）		
	现浇结构	装配式结构	
柱截面尺寸	$+10$，-5	±5	选取柱的一边量测柱中部、下部及其他部位，取 3 点平均值
柱垂直度　层高≤6m	10	5	沿两个方向分别量测，取较大值
柱垂直度　层高>6m	12	10	
墙厚	$+10$，-5	±4	墙身中部量测 3 点，取平均值；测点间距不应小于 1m
梁高、宽	$+10$，-5	±5	量测一侧边跨中及两个距离支座 0.1m 处，取 3 点平均值；量测值可取腹板高度加上此处楼板的实测厚度
板厚	$+10$，-5	±5	悬挑板取距离支座 0.1m 处，沿宽度方向取包括中心位置在内的随机 3 点取平均值；其他楼板，在同一对角线上量测中间及距离两端各 0.1m 处，取 3 点平均值
层高	设计层高	设计层高	与板厚测点相同，量测板顶至上楼层板板底净高，层高量测值为净高与板厚之和，取 3 点平均值

结构实体位置与尺寸偏差检验项目的合格率为 80% 及以上的应为一档，取 100% 的标准值；当检验项目的合格率小于 80%，但不小于 70% 时，可抽取相同数量的构件进行检验；当按两次抽样总和计算的合格率为 80% 及以上时，应为二档，取 70% 的标准值。

检查方法：核查混凝土结构子分部工程验收资料。

② 本工程由公司测量组检查，结构为现浇结构，按规定抽查，第一次，未达到 80%，二次抽样，同样数量点检查两次计算达到 81.6%，符合二档。见检测记录。

（4）《混凝土结构工程施工质量验收规范》GB 50204 的有关规定

参见 GB 50204—2015 标准 10.1.1～10.1.5 条，及附录 C、附录 D、附录 E、附录 F。

10.1 结构实体检验

10.1.1 对涉及混凝土结构安全的有代表性的部位应进行结构实体检验。结构实体检验应包括混凝土强度、钢筋保护层厚度、结构位置与尺寸偏差以及合同约定的项目；必要时可检验其他项目。

结构实体检验应由监理单位组织施工单位实施，并见证实施过程。施工单位应制定结构实体检验专项方案，并经监理单位审核批准后实施。除结构位置与尺寸偏差外的结构实体检验项目，应由具有相应资质的检测机构完成。

10.1.2 结构实体混凝土强度应按不同强度等级分别检验，检验方法宜采用同条件养护试件方法；当未取得同条件养护试件强度或同条件养护试件强度不符合要求时，可采用回弹-取芯法进行检验。

结构实体混凝土同条件养护试件强度检验应符合本规范附录 C 的规定；结构实体混凝土回弹-取芯法强度检验应符合本规范附录 D 的规定。

混凝土强度检验时的等效养护龄期可取日平均温度逐日累计达到 600℃·d 时所对应的龄期，且不应小于 14d。日平均温度为 0℃ 及以下的龄期不计入。

冬期施工时，等效养护龄期计算时温度可取结构构件实际养护温度，也可根据结构构件的实际养护条件，按照同条件养护试件强度与在标准养护条件下 28d 龄期试件强度相等的原则由监理、施工等各方共同确定。

10.1.3 钢筋保护层厚度检验应符合本规范附录 E 的规定。

10.1.4 结构位置与尺寸偏差检验应符合本规范附录 F 的规定。

10.1.5 结构实体检验中，当混凝土强度或钢筋保护层厚度检验结果不满足要求时应委托具有资质的检测机按国家现行有关标准的规定进行检测。

附录 C 结构实体混凝土同条件养护试件强度检验

C.0.1 同条件养护试件的取样和留置应符合下列规定：

1 同条件养护试件所对应的结构构件或结构部位，应由施工、监理等各方共同选定，且同条件养护试件的取样宜均匀分布于工程施工周期内；

2 同条件养护试件应在混凝土浇筑入模处见证取样；

3 同条件养护试件应留置在靠近相应结构构件的适当位置，并应采取相同的养护方法；

4 同一强度等级的同条件养护试件不宜少于 10 组，且不应少于 3 组。每连续两层楼取样不应少于 1 组；每 2000m³ 取样不得少于一组。

C.0.2 每组同条件养护试件的强度值应根据强度试验结果按现行国家标准《普通混凝土力学性能试验方法标准》GB/T 50081 的规定确定。

C.0.3 对同一强度等级的同条件养护试件，其强度值应除以 0.88 后按现行国家标准《混凝土强度检验评定标准》GB/T 50107 的有关规定进行评定，评定结果符合要求时可判结构实体混凝土强度合格。

附录 D 结构实体混凝土回弹-取芯法强度检验

D.0.1 回弹构件的抽取应符合下列规定：

1 同一混凝土强度等级的柱、梁、墙、板，抽取构件最小数量应符合表 D.0.1 的规定，并应均匀分布；

2 不宜抽取截面高度小于 300mm 的梁和边长小于 300mm 的柱。

表 D.0.1 回弹构件抽取最小数量

构件总数量	最小抽样数量
20 以下	全数
20～150	20
151～280	26
281～500	40
501～1200	64
1201～3200	100

D.0.2 每个构件应选取不少于 5 个测区进行回弹检测及回弹值计算，并应符合现行行业标准《回弹法检测混凝土抗压强度技术规程》JGJ/T 23 对单个构件检测的有关规定。楼板构件的回弹宜在板底进行。

D.0.3 对同一强度等级的混凝土，应将每个构件 5 个测区中的最小测区平均回弹值进行排序，并在其最小的 3 个测区各钻取 1 个芯样。芯样应采用带水冷却装置的薄壁空心钻钻取，其直径宜为 100mm，且不宜小于混凝土骨料最大粒径的 3 倍。

D.0.4 芯样试件的端部宜采用环氧胶泥或聚合物水泥砂浆补平，也可采用硫黄胶泥修补。加工后芯样试件的尺寸偏差与外观质量应符合下列规定：

1 芯样试件的高度与直径之比实测值不应小于 0.95，也不应大于 1.05；

2 沿芯样高度的任一直径与其平均值之差不应大于 2mm；

3　芯样试件端面的不平整度在 100mm 长度内不应大于 0.1mm；

4　芯样试件端面与轴线的不垂直度不应大于 1°；

5　芯样不应有裂缝、缺陷及钢筋等杂物。

D.0.5　芯样试件尺寸的量测应符合下列规定：

1　应采用游标卡尺在芯样试件中部互相垂直的两个位置测量直径，取其算术平均值作为芯样试件的直径，精确至 0.1mm；

2　应采用钢板尺测量芯样试件的高度，精确至 1mm；

3　垂直度应采用游标量角器测量芯样试件两个端线与轴线的夹角，精确至 0.1°；

4　平整度应采用钢板尺或角尺紧靠在芯样试件端画上，一面转动钢板尺，一面用塞尺测量钢板尺与芯样试件端面之间的缝隙；也可采用其他专用设备测量。

D.0.6　芯样试件应按现行国家标准《普通混凝土力学性能试验方法标准》GB/T 50081 中圆柱体试件的规定进行抗压强度试验。

D.0.7　对同一强度等级的混凝土，当符合下列规定时，结构实体混凝土强度可判为合格：

1　三个芯样的抗压强度算术平均值不小于设计要求的混凝土强度等级值的 88%；

2　三个芯样抗压强度的最小值不小于设计要求的混凝土强度等级值的 80%。

附录 E　结构实体钢筋保护层厚度检验

E.0.1　结构实体钢筋保护层厚度检验构件的选取应均匀分布，并应符合下列规定：

1　对非悬挑梁板类构件，应各抽取构件数量的 2% 且不少于 5 个构件进行检验。

2　对悬挑梁，应抽取构件数量的 5% 且不少于 10 个构件进行检验；当挑梁数量少于 10 个时，应全数检验。

3　对悬挑板，应抽取构件数量的 10% 且不少于 20 个构件进行检验；当悬挑板数量少于 20 个时，应全数检验。

E.0.2　对选定的梁类构件，应对全部纵向受力钢筋的保护层厚度进行检验；对选定的板类构件，应抽取不少于 6 根纵向受力钢筋的保护层厚度进行检验。对每根钢筋应选择有代表性的不同部位量测 3 点取平均值。

E.0.3　钢筋保护层厚度的检验，可采用非破损或局部破损的方法，也可采用非破损方法并用局部破损方法进行校准。当采用非破损方法检验时，所使用的检测仪器应经过计量检验，检测操作应符合相应规程的规定。

钢筋保护层厚度检验的检测误差不应大于 1mm。

E.0.4　钢筋保护层厚度检验，纵向受力钢筋保护层厚度的允许偏差应符合表 E.0.4 的规定。

表 E.0.4　结构实体纵向受力钢筋保护层厚度的允许偏差

构件类型	允许偏差（mm）
梁	+10，−7
板	+8，−5

E.0.5　梁类、板类构件纵向受力筋的保护层厚度应分别进行验收，并应符合下列规定：

1　当全部钢筋保护层厚度检验的合格率为 90% 及以上时，可判为合格；

2　当全部钢筋保护层厚度检验的合格率小于 90% 但不小于 80% 时，可再抽取相同数量的构件进行检验；当按两次抽样总和计算的合格率为 90% 及以上时，仍可判为合格；

3　每次抽样检验结果中不合格点的最大偏差均不应大于本规范附录 E.0.4 条规定允许偏差的 1.5 倍。

附录 F　结构实体位置与尺寸偏差检验

F.0.1　结构实体位置与尺寸偏差检验构件的选取应均匀分布，并应符合下列规定：

1　梁、柱应抽取构件数量的 1%，且不应少于 3 个构件；

2　墙、板应按有代表性的自然间抽取 1%，且不应少于 3 间；

3　层高应按有代表性的自然间抽查 1%，且不应少于 3 间。

F.0.2　对选定的构件，检验项目及检验方法应符合表 F.0.2 的规定，允许偏差及检验方法应符合本规范表 8.3.2 和表 9.3.10 的规定，精确至 1mm。

表 F.0.2　结构实体位置与尺寸偏差检验项目及检验方法

项目	检验方法
柱截面尺寸	选取柱的一边量测柱中部、下部及其他部位，取 3 点平均值
柱垂直度	沿两个方向分别量测，取较大值
墙厚	墙身中部量测 3 点，取平均值；测点间距不应小于 1m
梁高	量测一侧边跨中及两个距离支座 0.1m 处，取 3 点平均值；量测值可取腹板高度加上此处楼板的实测厚度

项目	检验方法
板厚	悬挑板取距离支座 0.1m 处,沿宽度方向取包括中心位置在内的随机 3 点取平均值;其他楼板,在同一对角线上量测中间及距离两端各 0.1m 处,取 3 点平均值
层高	与板厚测点相同,量测板顶至上层楼板板底净高,层高量测值为净高与板厚之和,取 3 点平均值

F.0.3 墙厚、板厚、层高的检验可采用非破损或局部破损的方法,也可采用非破损方法并用局部破损方法进行校准。当采用非破损方法检验时,所使用的检测仪器应经过计量检验,检测操作应符合国家现行有关标准的规定。

F.0.4 结构实体位置与尺寸偏差项目应分别进行验收,并应符合下列规定:

1 当检验项目的合格率为 80% 及以上时,可判为合格;

2 当检验项目的合格率小于 80% 但不小于 70% 时,可再抽取相同数量的构件进行检验;当按两次抽样总和计算的合格率为 80% 及以上时,仍可判为合格。

(四)性能检测项目的重要性

检查标准:检查项目的检测指标一次检测达到设计要求及规范规定的应为一档,取 100% 的分值;按规范规定经过处理后满足设计要求及规范规定的应为二档,取 70% 的分值。强调了一次成活一次成优,体现了过程控制和过程精品的指导思想。

(1)性能检测检查标准除了上述统一要求外,还有针对各具体项目的检查标准。具体评价标准要依据《建筑工程施工质量评价标准》GB/T 50375—2016 的规定。

(2)性能检测项目抽查评定除了保证建筑工程安全和主要使用功能外,还考察建设过程中的质量保证能力,质量控制措施的编制和落实的有效性,以及企业的技术管理水平。一次检验合格的规定,对企业技术管理能力、控制能力的提高是会有推动作用的。

(3)性能检测项目代表了工程质量综合水平的质量,只要这些性能检测项目能达到要求,整个工程质量就会是安全的、适用的,所以其权重占了工程质量的 40%,对这项质量指标要特别重视。

(4)性能检测项目汇总,将 6 项部位 13 项分部性能检测项目摘录于表 5-2-4。

表 5-2-4　各评价部分性能检测项目表

部分名称		性能检测项目	表号
1. 地基与基础		1. 地基承载力 2. 复合地基承载力 3. 桩基单桩承载力及桩身质量检验 4. 地下渗漏水检验 5. 地基沉降观测	0101
2. 主体结构	(1)混凝土结构	(1)结构实体混凝土强度 (2)结构实体钢筋保护层厚度 (3)结构实体位置与尺寸偏差	0201-1
	(2)钢结构	(1)焊缝内部质量 (2)高强度螺栓连接副紧固质量 (3)防腐涂装 (4)防火涂装	0201-2
	(3)砌体结构	1. 砂浆强度 2. 混凝土强度 3. 砌体全高垂直度	0201-3

续表

部分名称		性能检测项目	表号
3. 屋面工程		1. 屋面防水质量检查 2. 保温层厚度测试	0301
4. 装饰装修工程		1. 外窗三性检测 2. 外窗、外门的安装牢固检验 3. 装饰吊、挂件和预埋件试验或拉拔力试验 4. 阻燃材料的阻燃性试验 5. 幕墙的三性及平面变形性检验 6. 幕墙金属框架与主体结构连接检测 7. 幕墙后置预埋件拉拔力试验 8. 外墙块材镶贴的粘贴强度检测 9. 有防水房间地面储水试验 10. 室内环境质量检测	0401
5. 安装工程	(1) 给排水及供暖工程	1. 给水管道系统通水试验，水质检测 2. 承压管道、消防管道系统、设备系统水压试验 3. 非承压管道和设备灌水试验，排水干道管通球试验，系统通水试验，卫生器具满水试验 4. 消防栓系统试射试验 5. 锅炉系统、供暖管道、散热器压力试验；系统调试、试运行；安全阀、报警装置联动系统测试	
	(2) 电气工程	1. 接地装置、防雷装置的接地电阻测试及接地（等电位）联结导通性能测试 2. 剩余电流动作保护器测试 3. 照明全负荷试验 4. 大型灯具固定及悬挂装置过载试验 5. 电气设备空载试运行和负载试运行试验	
	(3) 通风与空调工程	1. 空调水管道系统水压试验 2. 通风管道严密性试验及风量、温度测试 3. 通风、除尘系统联合试运转与调试，空调系统联合试运转与调试，净化空调系统联合试运转与调试，洁净度测试，防排烟系统联合试运转与测试	
	(4) 电梯工程	1. 电梯、扶梯、人行道电气装置接地、绝缘电阻试验 2. 电力驱动、液压电梯安全保护测试，性能运行试验；自动扶梯、人行道自动停止运行试验、性能运行试验 3. 电力驱动电梯限速器安全钳联动试验，电梯层门与轿门试验；液压电梯限速器安全钳联动试验，电梯层门与轿门试验；自动扶梯、人行道性能试验	
	(5) 智能建筑工程	1. 接地电阻测试 2. 系统检测 3. 系统集成检测	
	(6) 燃气工程	1. 燃气管道强度、严密性试验 2. 燃气浓度检测报警器、自动切断阀和通风设施试验 3. 采暖、制冷、灶具熄火保护装置和排烟设施试验 4. 防雷防静电接地测试	
6. 建筑节能工程		1. 外围护结构节能实体检验 2. 外窗气密性现场实体检验 3. 建筑设备工程系统节能性能检验	

二、质量记录评价

（一）质量记录项目评分表

质量记录项目评分表示例参见表 5-2-5。

表 5-2-5 混凝土结构工程质量记录项目及评分表

工程名称		×××住宅楼	建设单位		××房地产公司	
施工单位		×××建筑公司	评价单位		施工单位及监理公司	
序号	检查项目		应得分	判定结果		实得分	备注
				100%	70%		
1	材料合格证、进场验收记录及复试报告	钢筋、混凝土拌和物合格证、进场坍落度测试记录、进场验收记录，钢筋复试报告，钢筋连接材料合格证及材料合格证及试验报告	30		21	21	
		预制构件合格证、出厂检验报告及进场验收记录					
		预应力锚夹具、连接器合格证、出厂检验报告、进场验收记录					
2	施工记录	预拌混凝土进场工作性能测试记录	30		30	30	
		混凝土施工记录					
		装配式结构安装连接施工记录					
		预力筋安装、张拉及灌浆封锚施工记录					
		隐蔽工程验收记录					
3	施工试验	混凝土配合比试验报告、开盘鉴定报告	40		40	40	
		混凝土试件强度试验报告及强度评定报告					
		钢筋连接试验报告					
		无黏结预应力筋防水检测记录，预应力筋断丝检测记录					
		装配式构件安装检验					
合计得分			100	70	21	91	
核查结果	观感质量项目分值 30 分 应得分合计 100 分 实得分合计 91 分 混凝土结构工程质量记录得分＝（91/100）×30＝27.3 评价人员：质量员李×× ××××年××月××日						

（二）检查标准及检查方法

（1）检查标准：材料、设备合格证、进场验收记录及复试报告、施工记录及施工试验等资料完整，能满足设计要求及规范规定的应为一档，取 100％的分值；资料基本完整并能满足设计要求及规范要求的应为二档，取 70％的分值。

（2）检查方法：核查资料的项目、数量及数据内容。

（三）检测标准及检查方法说明

（1）检查项目的选择

按表 5-2-5 列项目检查，因为是抽查，通常不增加项目，表中项目工程中没有的不检查，只评价有的项目；

（2）材料的合格证，进场验收记录按进场材料批检查，材料数量和使用材料数量基本相同；设计要求和规范规定复试的材料，按规定复试项目进行复试，试验结果符合要求；

（3）施工记录。在评价的工程中，按表中有的项目进行检查，并符合规范规定；

（4）施工试验。在评价的工程中，表中有的项目就应有施工试验报告，报告内容符合规范规定。

（四）质量记录的分值权重

质量记录是工程技术资料的重要内容，技术资料是工程质量的重要内容，在工程质量中是代表质量管理水平，说明质量达到规范及设计程度的，或者说资料就是工程质量的一部分，其分值占权重值的 30%。其评价标准各项目都一样。

三、允许偏差评价

（一）允许偏差项目及评分表

允许偏差项目及评分表示例见表 5-2-6。

表 5-2-6　混凝土结构工程允许偏差项目及评分表

工程名称		×××住宅楼		建设单位	××房地产公司	
施工单位		×××建筑公司		评价单位	施工单位及监理公司	
序号	检查项目		应得分	判定结果 100%	判定结果 70%	实得分	备注
1	混凝土现浇结构	轴线位置	墙、柱、梁 8mm	40	40		40	59/60
		标高	层高±10mm，全高±30mm					
		全高垂直度	$H \leqslant 300m$　118m　24mm $H/30000+20mm$ $H > 300m$ $H/10000$ 且 $\leqslant 80mm$	40	40		40	6/6
		表面平整度	8mm	20	20		20	37/40
2	装配式结构	装配轴线位置	柱、墙 8mm	40				
			梁、板 5mm					
		标高	柱、梁、墙板、楼板底面±5mm	40				
		构件搁置长度	梁、板±10m	20				
	合计得分			100	100	0	100	
核查结果	允许偏差项目分值 20 分 应得分合计 100 实得分合计 100 混凝土结构工程允许偏差得分＝（100/100）×20＝20 评价人员：质量员李×× ××××年××月××日							

（二）检查标准及检查方法

（1）检查标准：检查项目90％及以上测点实测值达到规范规定值的应为一档，取100％的分值；检查项目80％及以上测点实测值达到规范规定值，但不足90％的应为二档，取70％的分值。

（2）检查方法：在各相关检验批中，随机抽取5个检验批，不足5个的取全部进行核查。

（三）检查标准及检查方法说明

允许偏差项目按表5-2-6列项目检查，表中没有的项目不查，只评价有的项目，因为是抽查，通常不增加项目。按有的项目在检验批表中摘取检查。

（四）允许偏差的分值权重

允许偏差项目内容主要是施工过程控制工程质量的手段，在质量过程验收中很重要。在检验批验收中，允许偏差起着重要作用，是代表工程施工的精度，对工程质量的影响很大。但在工程竣工后，做优良工程评价的内容相对较少，也必须作为优良的验收内容，所以，其分值占权重值的20％。其评价标准各项目都一样。

四、观感质量评价

（一）观感质量项目及评分表

观感质量项目及评分表示例见表5-2-7。

表5-2-7　混凝土结构工程观感项目及评分表

工程名称	×××住宅楼		建设单位		××房地产公司	
施工单位	×××建筑公司		评价单位		施工单位及监理公司	
序号	检查项目	应得分	判定结果		实得分	备注
			100％	70％		
1	露筋	15	15			39/40
2	蜂窝	10	10			36/40
3	孔洞	10	10			39/40
4	夹渣	10		7		32/40
5	疏松	10	10			38/40
6	裂缝	15	15			37/40
7	连接部位缺陷2260	15		10.5		33/40
8	外形缺陷	10	10			39/40
9	外表缺陷	5		3.5		34/40
	合计得分	100	70	21	91	
核查结果	观感质量项分值10分 应得分合计100 实得分合计91 　　　　混凝土工程观感质量得分＝（91/100）×10＝9.1 　　　　　　评价人员：质量员李×× 　　　　　　　　　　　　　　　　　　　××××年××月××日					

（二）检查标准及检查方法

（1）检查标准：每个检查项目以随机抽取的检查点按"好""一般"给出评价。项目检查点 90％及其以上达到"好"，其余检查点达到"一般"的应为一档，取 100％的分值；项目检查点 80％及其以上达到"好"，但不足 90％，其余检查点达到"一般"的应为二档，取 70％的分值。

（2）检查方法：核查分部（子分部）工程质量验收资料。

（三）检查标准及检查方法说明

评价项目按表列项目检查，先确定检查的点，再按质量验收规范的标准规定进行综合评价，评出"好""一般"的检查点，合格工程验收允许有"差"的点，优良工程评价不应出现"差"的检查点。

（四）观感质量的分值权重

观感质量检查是带有整体性、艺术性的产品质量，不能用数据等来确定好坏程度的一种有效的检验方法，对工程质量来讲，是对工程质量的整体性、协调性内外各方面的综合评价，补充了各项检查之间的交接缺漏。工程施工之后的成品保护以及宏观的协调的全面评价，是建筑工程质量评价不能缺少的内容，是综合了各质量验收，主控项目、一般项目等全部内容，来确定"好""一般"的各项目的评价标准。

第三节　施工质量综合评价示例

施工质量优良等级评价分为结构质量评价和单位工程质量评价两个阶段。因为优良工程首先必须结构工程质量优良，结构工程质量优良后，才能继续评价单位工程质量优良。结构工程质量达不到优良工程，单位工程则不必再评，因为已失去了评优良工程的基础。

一、结构工程质量评价

（一）结构工程质量评价基本规定

（1）建筑工程施工质量评价应实施目标管理，健全质量管理体系，落实质量责任，完善控制手段，提高质量保证能力和持续改进能力。

（2）建筑工程质量管理应加强对原材料、施工过程的质量控制和结构安全、功能效果检验以及施工精度管理，应具有完整的施工控制资料和质量验收资料。

（3）评优良的工程应完善检验批的质量验收，具有完整的施工操作依据和现场验收检查原始评定记录。

（4）建筑工程施工质量评价应对工程结构安全、使用功能、建筑节能和观感质量等进行综合核查。

（5）建筑工程施工质量评价应按分部、子分部工程进行。

（6）建筑工程施工质量评价的程序和组织应符合现行国家标准《建筑工程施工质量验收统一标准》GB 50300 的相关规定。

（7）结构工程质量应包括地基与基础工程和主体结构工程，在其分部（子分部）工程质量验收合格后进行，质量评价在合格验收的基础上抽查核定。核定抽查的内容可按相关表格规定的内容进行。地基与基础工程已包括了地下防水工程；主体结构工程主要有混凝土结构、钢结构和砌体结构工程等。主体结构工程中，对钢管混凝土结构、型钢混凝土结构、铝合金结构、木结构等，由于目前使用较少，暂未列出。如实际工程中有，可参照相关工程质量验收规范，列出评价项目的内容。

（8）结构工程、单位工程施工质量评价综合评分应达到 85 分及以上的才能评为优良工程。结构工程应先评价，综合评分达到 85 分及以上，评为结构优良工程，然后才能继续评价单位工程优良工程。结构工程达不到优良工程，单位工程不能评优良工程。

（二）结构工程质量核查评分计算

（1）结构工程质量评价包括地基与基础工程和主体结构工程。

（2）地基与基础工程按《建筑工程施工质量验收统一标准》GB 50300—2013，评价包括了地基与桩基工程、地下防水工程。有关基坑支护、地下水控制、土方、边坡，不参加质量评价的核查，基础工程和地下室工程不参加地基与基础工程质量的评价核查，而参加相应的主体结构的核查。其权重占整个工程的 10%。

（3）主体结构工程按《建筑工程施工质量验收统一标准》GB 50300—2013，主要列出了混凝土结构、钢结构和砌体结构工程，包括基础中相应内容的部分，其权重占整个工程的 40%。当混凝土工程、钢结构工程、砌体结构工程 3 种结构全有时，每种结构的权重按在工程中占的比重及重要程度来综合确定。但砌体结构为填充墙时，只占权重的 10%。

例如：有一个工程主体结构有混凝土结构、钢结构及砌体结构 3 种结构工程。其中，混凝土结构工程工作量占 70%，钢结构工程占 15%，砌体工程（填充墙）占 15%。但砌体工程只是填充墙，其主体结构权重按 10% 计。主体结构的权重分配为混凝土结构 75%，钢结构 15%，砌体结构（填充）10%。即主体结构的 40% 中，混凝土结构占 30%，钢结构工程占 6%，砌体结构工程占 4%。

若主体结构工程中有钢管混凝土结构、型钢混凝土结构、铝合金结构、木结构几种或 1 种时，可按规定分配权重。但权重总值 40 不变。且分配时，取整数值，以方便计算。

（4）结构工程质量核查评分计算

计算方式：

$$P_s = A + B$$

式中　P_s——结构工程权重实得分；

　　　A——地基与基础工程权重实得分；

　　　B——主体结构工程权重实得分。

A 权重评价应得分 10，以下式表示：

$$A\ 权重评价实得分 = \frac{地基与基础工程评价实得分}{地基与基础工程评价应得分} \times 10$$

$$B\ 权重评价实得分 = B_1 + B_2 + B_3$$

式中　B_1——混凝土结构工程权重实得分；

　　　B_2——钢结构工程权重实得分；

　　　B_3——砌体结构工程权重实得分。

各量按如下公式计算：

$$B_1 = \frac{混凝土结构工程评价实得分}{混凝土结构工程评价应得分} \times 30$$

$$B_2 = \frac{结构工程评价实得分}{钢结构工程评价应得分} \times 6$$

$$B_3 = \frac{砌体结构工程（填充墙）评价实得分}{砌体结构工程（填充墙）评价应得分} \times 4$$

（5）结构工程质量核查评价实得分合计见表5-3-1。

表 5-3-1 结构工程质量评价实得分

序号	工程部分评价项目	×××住宅楼主体结构工程			
		地基与基础工程	混凝土结构	钢结构	砌体结构
1	性能检测	32.8	40.0	40.0	40.0
2	质量记录	35.2	27.3	30.0	27.3
3	允许偏差	10.0	16.4	17.0	17.0
4	观感质量	7.6	9.1	9.0	8.5
合计		85.6×0.1=8.56	92.8×0.3=27.84	96.0×0.06=5.76	92.8×0.04=3.71
		(8.56+27.84+5.76+3.71) /0.5=91.74			

（6）结构工程质量核查评分达不到85分，结构工程不能评结构优良工程。单位工程质量优良评价也不必再进行评价了。

（三）填写结构工程质量评价表

结构工程质量评价表示例见表5-3-2，各方签字认可，附上地基与基础、主体结构工程评价资料，作为结构工程评价报告，继续评价优良单位工程。

表 5-3-2 结构工程质量评价表

项目名称：××××住宅楼

建设单位	×××房地产公司	勘察单位	×××勘察公司
施工单位	×××建筑公司	设计单位	×××设计公司
监理单位	×××监理公司		

工程概况	框剪结构，高度134m，混凝土及钢结构混合结构，砌块填充墙，地下3层，地上3层大开间商用房，38层住宅楼，建筑面积24.6万m²，工期2年8个月。地基为钢筋混凝土灌注桩496根，钢套管护壁，桩径800mm。地上大开间用钢模板，标准层用定型钢模板。预拌混凝土C40、C35
工程评价	基础施工期间正是雨季，地下水位较高，后采取地面排水加加强抽排水，采用钢套管，保证桩位控制、混凝土浇筑排除雨天等措施，桩基础质量得到保证。主体结构期间，接受基础教训，重新制订措施，质量得到保证。监理对主要材料核验签认，对控制措施审查认可，加强工序质量验收，起到了好的作用
评价结果	结构质量评价得分达到91.74分。其中桩基质量只达到8.6分，主体质量得分达到93.73分，且质量较均衡。达到合同约定。 评为结构优良工程 　　　　　　　　　　　　　　　　　　　　　　　　　　×××年××月××日

建设单位意见 　同意评价结果 项目负责人：张×× （公章） 　××××年××月××日	施工单位意见 　评为结构优良工程。 项目负责人：王×× （公章） 　××××年××月××日	监理单位意见 　同意评价结果 总监理工程师：李× （公章） 　××××年××月××日

二、单位工程质量评价

（一）单位工程质量评价基本规定

（1）结构工程质量评价的基本规定也适用于单位工程的质量评价。

（2）单位工程质量评价应包括结构工程、屋面工程、装饰装修工程、安装工程及建筑节能工程。

（3）凡在施工中采用绿色施工、先进施工技术并获得省级及以上奖励的，可在单位工程核查后直接加 1～2 分。

（4）安装工程应包括建筑给水排水及供暖工程、建筑电气工程、通风与空调工程、电梯工程、智能建筑工程、燃气工程全部内容。各项权重分配应符合表 5-3-3，当 6 项工程不全有时，可按所占工程量大小分配权重，但权重总值 20 不变。且分配时取整数值，以方便计算。

表 5-3-3　安装工程权重分配表

工程名称	权重值
建筑给水排水及供暖工程	4
建筑电气工程	4
通风与空调工程	3
电梯工程	3
智能建筑工程	3
燃气工程	3

（二）单位工程质量核查评分计算

（1）单位工程质量核查评分计算

计算按下式：

$$P_c = P_s + C + D + E + F + G$$

式中　P_c——单位工程质量核查实得分；

C——屋面工程权重实得分；

D——装饰装修工程权重实得分；

E——安装工程权重实得分；

F——节能工程权重实得分；

G——附加分（获得省级及以上奖励的加分）。

各项得分按下式计算：

$$C = \frac{屋面工程评价实得分}{屋面工程评价应得分} \times 5$$

$$D = \frac{装饰装修工程评价实得分}{装饰装修工程评价应得分} \times 15$$

$$E = \frac{安装工程评价实得分}{安装工程评价应得分} \times 20$$

$$F = \frac{建筑节能工程评价实得分}{建筑节能工程评价应得分} \times 10$$

（2）安装工程质量核查评分计算

按下式计算：

$$E = E_1 + E_2 + E_3 + E_4 + E_5 + E_6$$

式中　E_1——建筑给水排水及供暖工程权重实得分；

E_2——建筑电气工程权重实得分；

E_3——通风与空调工程权重实得分；

E_4——电梯工程权重实得分；

E_5——智能建筑工程权重实得分；

E_6——燃气工程权重实得分。

E_1、E_2、E_3、E_4、E_5、E_6 的计算参照 E 计算方法。

当安装工程6项工程不全有时，可按规定进行权重分配，但权重总值20不变。

（3）安装工程质量核查评分合计见表5-3-4

表5-3-4　安装工程质量核查评分合计

序号	各部分评分评价项目	给水排水及供暖工程 (4)	电气工程 (4)	通风与空调工程 (3)	电梯工程 (3)	智能建筑工程 (3)	燃气工程 (3)	合计
1	性能检测	34.0×0.04 $= 1.36$	40×0.04 $= 1.60$	40×0.03 $= 1.20$	40×0.03 $= 1.20$	35.2×0.03 $= 1.06$	40×0.03 $= 1.20$	7.62
2	质量记录	16.2×0.04 $= 0.65$	16.4×0.04 $= 0.66$	16.4×0.03 $= 0.49$	20×0.03 $= 0.60$	18.2×0.03 $= 0.55$	18.2×0.03 $= 0.55$	3.50
3	允许偏差	8.5×0.04 $= 0.34$	8.8×0.04 $= 0.35$	7.9×0.03 $= 0.24$	10×0.03 $= 0.30$	8.5×0.03 $= 0.26$	9.1×0.03 $= 0.27$	1.76
4	观感质量	2.4×0.04 $= 0.96$	27.3×0.04 $= 1.09$	27.3×0.03 $= 0.82$	30×0.03 $= 0.90$	26.85×0.03 $= 0.81$	28.2×0.03 $= 0.85$	5.43
合　计		3.30	3.70	2.75	3.00	2.68	2.87	18.30
		85%	92.5%	91.7%	100%	89.3%	95.7%	92.0%

（4）附加分的增加。凡在工程施工中采用绿色施工、先进施工技术等并获得省级及以上奖励的，应有正式奖励文件，可在单位工程质量核查评价后直接加1～2分的附加分。加分只限一次，有多项奖励时，可选取大分值。

（5）单位工程质量核查评分合计见表5-3-5。

表5-3-5　单位工程核查评分汇总表

序号	工程部分评价项目	地基与基础工程	主体结构工程	屋面工程	装饰装修工程	安装工程	建筑节能工程	备注
1	性能检测	3.04	16.00	2.00	4.50	7.62	4.00	
2	质量记录	3.52	11.08	1.00	2.46	3.50	2.10	
3	允许偏差	1.00	6.80	0.50	1.37	1.76	0.91	
4	观感质量	0.76	3.61	1.50	5.28	5.53	1.87	
合计		8.32	37.49	5.00	13.61	18.41	8.88	91.71%
		83.2%	93.7%	100%	90.7%	92.1%	88.8%	

注：按表竖向评价项目得分合计，可分析各工程部分的质量水平。

（三）单位工程质量评价结果分析

将各评价项目分值核查结果，填入表5-3-5"单位工程核查评分汇总表"，计算分析各评价项目质量水平、各评价部分质量水平，以及单位工程总体质量水平。

本工程没有附加分。

（四）填写单位工程质量评价表的内容进行评价

表5-3-6可作为单位工程评价结果，将有关评价过程的评价资料附上后即为评价结果报告。

表5-3-6　单位工程质量评价表

项目名称：×××住宅楼

建设单位	×××房地产公司	勘察单位	×××勘察公司
施工单位	×××建筑公司	设计单位	×××建筑设计院
监理单位	×××监理公司		

工程概况	框剪结构，高度134m，混凝土及钢结构混合结构，地下3层，地上3层大厅。38层住宅楼，建筑面积24.6万 m²，工期2年8个月。精装饰竣工，工程质量合同签订为优良工程
工程评价	工程开始由于雨季，地下水位也较高，桩基控制不够严格，后经各方办公会议工程确定，接受桩基教训，责成施工单位加强控制，主体结构期监理加强措施核验，控制较好。屋面工程质量最好。装饰期间，由于抢工，又受到一些影响。总体质量较好
评价结果	总体质量评分达到91.71%，大于85分。并且质量较均衡。达到合同约定的优良工程目标。建设、施工、监理三方同意：评为优良工程 ××××年××月××日

建设单位意见 同意评价结果 项目负责人：张×× （公章） ××××年××月××日	施工单位意见 评为结构优良工程。 项目负责人：王×× （公章） ××××年××月××日	监理单位意见 同意评价结果 总监理工程师：李× （公章） ××××年××月××日